高等学校专业教材

谷物科学原理

周惠明　主编

中国轻工业出版社

图书在版编目（CIP）数据

谷物科学原理/周惠明主编. —北京：中国轻工业出版社，2019.7

高等学校专业教材

ISBN 978-7-5019-3817-9

Ⅰ. 谷… Ⅱ. 周… Ⅲ. 谷物-研究 Ⅳ. S51

中国版本图书馆 CIP 数据核字（2002）第 084164 号

责任编辑：李亦兵　责任终审：孟寿萱　封面设计：杨焐龙
版式设计：丁　夕　责任校对：李　靖　责任监印：张　可

出版发行：中国轻工业出版社（北京东长安街 6 号，邮编：100740）
印　　刷：三河市万龙印装有限公司
经　　销：各地新华书店
版　　次：2019 年 7 月第 1 版第 6 次印刷
开　　本：787×1092　1/16　印张：22.25
字　　数：534 千字
书　　号：ISBN 978-7-5019-3817-9　定价：45.00 元
邮购电话：010-65241695
发行电话：010-85119835　传真：85113293
网　　址：http://www.chlip.com.cn
Email：club@chlip.com.cn
如发现图书残缺请与我社邮购联系调换
190811J1C106ZBW

编写说明

谷物科学是食品科学领域中十分重要的内容，与人们的日常生活有密切的联系。谷物科学是一门古老又年轻的科学，随着科学技术的发展，谷物科学也取得了巨大的进步。食品科学与工程专业的学生了解谷物科学的基本原理，对于扩大他们的知识面，加深对食品的理解是十分重要的。

《谷物科学原理》是根据全国高等学校食品科学与工程专业教材编写委员会会议精神，为适应本科专业目录调整，重新制定食品科学与工程专业教学计划需要而编写的一本教材。

本书的第一章、第二章、第三章、第四章由钱海峰（江南大学）编写；第五章由赵学伟（国家粮食储备局郑州科学研究设计院）编写；第六章由卞科（郑州工程学院）编写；第七章由周惠明（江南大学）编写；第八章由姜元荣（江南大学）编写；第九章、第十章由陈正行（江南大学）编写。

本书的编写过程中，参考和引用了已出版的各种教材和教学参考书中的有关资料，在此一并表示感谢。

《谷物科学原理》是一本新编的教材，需要在教学实践中不断丰富和完善。由于编写时间比较紧，书中难免存在错误和疏漏，敬请读者批评指正。

周惠明
江南大学

目　录

第一章　谷物的生产与构造 …… (1)
第一节　稻谷 …… (2)
第二节　小麦 …… (3)
第三节　玉米 …… (8)
第四节　大麦 …… (9)
第五节　高粱 …… (11)
第六节　粟 …… (13)
第七节　燕麦 …… (15)
复习题 …… (16)
参考文献 …… (16)
第二章　谷物淀粉 …… (17)
第一节　谷物淀粉概述 …… (17)
第二节　淀粉粒的结构 …… (18)
第三节　谷物淀粉的性质 …… (22)
一、淀粉的分子结构 …… (22)
二、淀粉的物理性质 …… (26)
三、淀粉的化学性质 …… (30)
第四节　淀粉转化 …… (30)
一、淀粉转化糖 …… (30)
二、淀粉发酵制品 …… (36)
三、淀粉改性 …… (37)
复习题 …… (46)
参考文献 …… (46)
第三章　谷物蛋白质 …… (47)
第一节　蛋白质分子的组成 …… (47)
一、蛋白质的元素组成 …… (47)
二、蛋白质的基本组成单位——氨基酸 …… (47)
三、氨基酸的分类 …… (47)
第二节　蛋白质的结构及其功能 …… (50)
一、蛋白质的一级结构 …… (50)
二、蛋白质的空间结构 …… (50)
三、蛋白质的结构与功能的关系 …… (53)
第三节　蛋白质的理化性质 …… (53)
一、蛋白质的胶体性质 …… (54)
二、蛋白质的两性电离和等电点 …… (54)

三、蛋白质的变性……………………………………………………………………………………（54）
四、蛋白质的沉淀……………………………………………………………………………………（55）
五、蛋白质的呈色反应………………………………………………………………………………（56）
第四节　蛋白质的分类 ………………………………………………………………………………（57）
一、简单蛋白质 ………………………………………………………………………………………（57）
二、结合蛋白质 ………………………………………………………………………………………（58）
第五节　蛋白质的分离、提纯和鉴定………………………………………………………………（59）
第六节　谷物蛋白质 …………………………………………………………………………………（60）
一、小麦蛋白质 ………………………………………………………………………………………（60）
二、其他谷物的蛋白质………………………………………………………………………………（63）
复习题 …………………………………………………………………………………………………（67）
参考文献 ………………………………………………………………………………………………（68）
第四章　谷物的其他成分 ……………………………………………………………………………（69）
第一节　非淀粉多糖 …………………………………………………………………………………（69）
一、纤维素 ……………………………………………………………………………………………（69）
二、半纤维素和戊聚糖………………………………………………………………………………（70）
三、低聚糖 ……………………………………………………………………………………………（72）
四、果胶物质 …………………………………………………………………………………………（73）
第二节　脂类 …………………………………………………………………………………………（74）
一、脂类的一般概念…………………………………………………………………………………（74）
二、油脂 ………………………………………………………………………………………………（74）
三、蜡 …………………………………………………………………………………………………（79）
四、磷脂 ………………………………………………………………………………………………（80）
五、其他脂类 …………………………………………………………………………………………（84）
六、小麦粉中的脂类与烘焙品质的关系……………………………………………………………（87）
第三节　酶类 …………………………………………………………………………………………（88）
一、淀粉酶 ……………………………………………………………………………………………（88）
二、蛋白酶 ……………………………………………………………………………………………（89）
三、酯酶 ………………………………………………………………………………………………（90）
第四节　维生素 ………………………………………………………………………………………（91）
一、维生素的分类和命名 ……………………………………………………………………………（91）
二、脂溶性维生素的化学特点和生理功能 …………………………………………………………（92）
三、水溶性维生素的化学特点和生理功能 …………………………………………………………（94）
第五节　矿物质 ………………………………………………………………………………………（97）
一、谷物中的灰分……………………………………………………………………………………（97）
二、谷物中矿物质元素的种类和存在状态 …………………………………………………………（98）
三、矿物质元素的生理功能 …………………………………………………………………………（99）
复习题 …………………………………………………………………………………………………（99）
参考文献 ………………………………………………………………………………………………（99）

第五章　谷物干燥……（101）
第一节　谷物干燥原理……（101）
一、谷物中的水分……（101）
二、湿空气特性……（102）
三、热量传递过程……（105）
四、谷物的薄层干燥……（106）
五、谷物的冷却……（111）
六、谷物的缓苏……（111）
第二节　谷物干燥特性……（112）
一、谷物的物理特性……（113）
二、谷物的热特性……（116）
第三节　谷物干燥方法……（121）
一、对流干燥法……（121）
二、传导干燥法……（125）
三、辐射干燥法……（126）
四、组合干燥法……（127）
五、谷物冷却的几种形式……（127）
第四节　谷物干燥机……（129）
一、固定床通风干燥机……（129）
二、低温通风干燥仓……（130）
三、高温连续干燥机……（133）
四、循环干燥机……（138）
五、流化床干燥机……（138）
六、转筒干燥机……（140）
七、谷物烘后裂纹……（140）
八、干燥系统供热设备……（145）
九、谷物干燥系统……（147）
复习题……（147）
参考文献……（148）
第六章　谷物安全贮藏……（149）
第一节　谷物贮藏概述……（149）
一、发达国家粮食贮藏简介……（149）
二、中国的粮食贮藏技术研究进展……（150）
三、贮藏技术发展趋势……（151）
第二节　粮食贮藏生态系统……（152）
第三节　谷物贮藏过程中的变化……（154）
一、影响谷物贮藏稳定性的主要因素……（154）
二、谷物贮藏过程中主要组分的变化……（159）
三、微生物所引起的粮食发热与霉变……（162）
四、由贮粮害虫所引起的粮食品质变化……（167）

第四节 谷物贮藏技术……(167)
一、机械通风……(167)
二、适时密闭……(172)
三、低温贮藏技术……(173)
四、气调贮粮技术……(177)
五、缺氧贮藏技术……(180)
六、“双低”贮粮技术……(182)
第五节 小麦和小麦粉的贮藏……(182)
一、小麦的贮藏特性……(182)
二、小麦的贮藏方法……(183)
三、小麦粉的贮藏特性……(184)
四、小麦粉的贮藏方法……(185)
第六节 稻谷和大米的贮藏……(185)
一、稻谷的贮藏特性……(185)
二、稻谷的贮藏方法……(187)
三、大米的贮藏……(188)
四、糙米的贮藏……(190)
第七节 玉米的贮藏……(191)
一、玉米的贮藏特性……(192)
二、玉米的贮藏方法……(193)
复习题……(194)
参考文献……(194)
第七章 谷物干法加工……(196)
第一节 脱壳碾米……(196)
一、概述……(196)
二、搓撕脱壳……(197)
三、选糙……(202)
四、擦离碾白和研削碾白……(207)
五、稻谷加工的产品和副产品……(213)
第二节 多道研磨制粉……(217)
一、小麦水分调节……(217)
二、选择性粉碎……(224)
三、逐道研磨……(228)
四、麦路与粉路……(230)
五、通用小麦粉与专用小麦粉……(242)
第三节 其他谷物加工……(250)
一、玉米制粉……(250)
二、燕麦压片……(255)
三、大麦脱壳精碾……(256)
复习题……(256)

参考文献……………………………………………………………………………………（257）
第八章　谷物湿法加工……………………………………………………………………（258）
第一节　玉米淀粉的生产…………………………………………………………………（258）
一、原料的选择与清理 ……………………………………………………………………（258）
二、玉米浸泡 ………………………………………………………………………………（258）
三、玉米籽粒的破碎和胚芽的分离洗涤 …………………………………………………（260）
四、纤维的分离和洗涤 ……………………………………………………………………（261）
五、淀粉与蛋白质的分离 …………………………………………………………………（262）
六、淀粉的洗涤精制 ………………………………………………………………………（263）
七、淀粉的干燥 ……………………………………………………………………………（263）
第二节　小麦面筋蛋白与小麦淀粉的生产………………………………………………（264）
一、小麦面筋蛋白 …………………………………………………………………………（264）
二、小麦淀粉 ………………………………………………………………………………（265）
三、谷朊粉和小麦淀粉的生产工艺 ………………………………………………………（265）
四、小麦面筋粉的干燥 ……………………………………………………………………（267）
第三节　米粉的加工………………………………………………………………………（267）
一、水磨糯米粉的加工 ……………………………………………………………………（268）
二、米淀粉的加工 …………………………………………………………………………（268）
三、水磨糯米粉与米淀粉的用途 …………………………………………………………（269）
复习题………………………………………………………………………………………（269）
参考文献……………………………………………………………………………………（269）
第九章　谷物加工副产品的利用…………………………………………………………（270）
第一节　植物化学素………………………………………………………………………（270）
一、类胡萝卜素 ……………………………………………………………………………（270）
二、生物黄酮………………………………………………………………………………（270）
三、纤维素…………………………………………………………………………………（271）
四、燕麦的 β－葡聚糖……………………………………………………………………（273）
五、三磷酸肌醇 ……………………………………………………………………………（275）
第二节　稻谷加工副产品的利用…………………………………………………………（276）
一、稻谷加工的副产品 ……………………………………………………………………（276）
二、米糠和米胚的性质……………………………………………………………………（277）
三、米糠的利用 ……………………………………………………………………………（284）
四、米胚的利用 ……………………………………………………………………………（290）
五、碎米的利用 ……………………………………………………………………………（290）
六、发芽糙米 ………………………………………………………………………………（292）
第三节　小麦加工副产品的利用…………………………………………………………（293）
一、小麦加工副产品 ………………………………………………………………………（293）
二、小麦胚的利用 …………………………………………………………………………（293）
三、麦麸和次粉的利用 ……………………………………………………………………（297）
第四节　玉米加工副产品的利用…………………………………………………………（300）

一、玉米加工的副产品 …… (300)
二、玉米胚的利用 …… (300)
三、玉米皮的利用 …… (302)
四、玉米浆的利用 …… (303)
五、玉米蛋白粉的利用 …… (305)
复习题…… (308)
参考文献…… (308)
第十章　谷物中功能性成分的提取与分离方法…… (309)
第一节　生物细胞破碎…… (309)
一、机械破碎方法 …… (310)
二、物理破碎方法 …… (311)
三、化学破碎方法 …… (311)
四、酶学破碎方法 …… (312)
第二节　色谱分离技术…… (312)
一、吸附色谱…… (313)
二、分配色谱…… (316)
三、离子交换色谱 …… (325)
四、凝胶色谱…… (328)
五、亲和色谱…… (331)
第三节　离心分离…… (333)
一、离心机的种类与用途 …… (333)
二、离心方法的选择 …… (334)
三、离心条件的确定 …… (335)
第四节　超临界流体萃取…… (337)
一、基本原理和方法 …… (337)
二、超临界流体萃取的应用…… (340)
第五节　膜分离技术…… (340)
一、膜 …… (341)
二、膜分离技术的类型和特性…… (341)
三、膜分离的优点 …… (344)
复习题…… (344)
参考文献…… (345)

第一章　谷物的生产与构造

禾谷类作物都属于单子叶的禾本科(gramineae)植物,生产干的单种果实,这类果实就是“颖果”,通常称为“籽粒”,具有外果皮、果皮、种皮、胚乳、胚等基本结构,各结构之间的联系也大致相同。禾谷类果实的基本构造分为皮层、胚和胚乳三部分。

果皮和种皮合称皮层。

果皮由子房壁发育而成,一般分三层,即外果皮、中果皮和内果皮。但稻谷、小麦、玉米等果皮分化均不明显,外果皮通常由一层或两层表皮细胞所组成,常有茸毛和气孔,可依茸毛的有无和多少来确定品种。如硬粒小麦,上端无茸毛或不明显,而普通小麦茸毛很长。中果皮大多数只有一薄层,内果皮一层至数层不等。果皮有颜色,是由于花青素或其他杂色体存在导致的。未成熟的果实中含大量叶绿素。

种皮由一层或两层珠被发育而成,外珠被发育成外种皮,内珠被发育成内种皮。外种皮革质、坚韧、质厚;内种皮多呈薄膜状。禾谷类果实的种皮只留有一层细胞,故不易查清楚或只留有痕迹。在种皮细胞中不含细胞质,所以这种细胞是无生命的。

在种皮上留有脐,禾谷类作物的脐很小。

胚是种子的最主要部分,是受精卵发育而成的。各类种子的胚形状各异,但基本器官大体是相同的。胚可分为胚芽、胚茎(轴)、胚根和子叶四部分。

(1)胚芽。胚芽也称幼芽,是叶和茎的原始体,位于胚茎的上端。它的顶端是茎的生长点。胚芽在萌发前分化程度不同,有的在生长点基部形成一片或数片初生叶,有的只是一团分生细胞。禾本科植物的胚芽由3~5片胚叶所组成,着生在最外部的一片呈圆筒状,称为芽鞘。

(2)胚茎。胚茎又称胚轴,是连接胚芽和胚根的部分。在种子发芽前大都不明显,它位于子叶着生点以下,因此也称下胚轴。胚茎与胚根的界限,从外观上看不清楚,只有通过解剖才能看出。禾本科籽粒在发芽时,胚芽显著生长,下胚轴仍然很短,籽粒则遗留在土中。

(3)胚根。胚根又称幼根,在下胚轴下面,为植物未发育的初生根,有一条或多条。在胚根中已经能区分出初生根的构造,在根尖有分生细胞,当种子萌发时这些分生细胞很快分化而产生根部的次生根组织。禾本科植物的胚根外包着两层薄壁组织,称为胚根鞘。当种子萌发时,胚根突出根鞘而伸入土中。

(4)子叶。子叶即种胚的幼叶。禾本科植物只有一片子叶,称内子叶或单子叶、子叶盘、值片。子叶在发芽时能分泌酶,分解并吸收胚乳中的养料,以供胚利用。

每粒种子通常只有一个胚,但有时也有多胚现象,这种现象在禾本科较普遍。禾谷类籽粒的胚呈扁平型,很小,位于胚乳的侧面或背面的基部。如稻谷、小麦、玉米等。

由极细胞受精后直接发育成的胚乳称为内胚乳;由珠心层直接发育成的胚乳称为外胚乳。禾本科类籽粒的胚乳较发达。胚乳中贮藏着营养物质,主要由淀粉构成,所以禾本科作物一般被作为主食,如稻谷(rice)、小麦(wheat)、玉米(corn, maize)、大麦(barley)、高粱(sorghum)、粟(foxtail millet)、燕麦(oat)等。

第一节 稻　　谷

目前的栽培稻绝大多数属于禾本科稻属(*Oryza*),普通栽培稻亚属(*Oryza Sative L*),谷粒长4~7mm,分布极广。

普通栽培稻可分为籼稻和粳稻两个亚种。籼稻粒形细长而稍扁平,稃毛短而稀,一般无芒,即使有芒也很短,稻壳较薄,腹白较大,耐压性差,易折断,加工时碎米多,米质胀性较大而黏性较弱,并且与野生稻易杂交结实。粳稻则粒形短而宽厚,稃毛长而密,芒较长,稻壳较厚,腹白和心白较小或者完全没有,耐压性强,加工时不易产生碎米,故出米率高,米质胀性较小而黏性较强。

无论籼稻还是粳稻,根据其淀粉性质的不同,可分为糯稻和非糯稻两类,非糯稻又称黏稻,含直链淀粉10%~30%,色较深,呈半透明的角质状态,米质硬而脆,一般作主食之用。糯稻淀粉几乎全部为支链淀粉,色乳白,不透明,呈蜡状,米质较疏松,产量一般较低,适宜做糕点和酿酒之用。根据其生长期的长短不同,可以分为早稻、中稻和晚稻。另外,根据栽种地区土壤水分的不同,又可分为水稻和旱稻等。

稻谷是我国重要的粮食作物,它高产、稳产,适应性强,经济价值高。稻谷在我国国民经济中占极其重要的地位。

稻谷在收获时,黏附着稻壳,稻壳约占毛稻质量的20%,它是由花被(外稃和内稃)形成的,稻壳含有丰富的纤维素(25%)、木质素(30%)、戊聚糖(15%)和灰分(21%),灰分中含有大约95%的二氧化硅。

除去稻壳以后的稻谷称为糙米,它包括果皮、种皮、外胚乳、胚乳和胚等部分,在其中,胚乳占了米粒的最大部分,包括糊粉层和淀粉细胞。

通常,稻谷胚乳是硬质和半透明的,但是也有不透明的栽培品系,某些稻谷品种有不透明的区域(称为腹白),是由胚乳中的空气间隙所引起的,薄壁胚乳细胞紧紧地挤在一起,具有多角形的复粒淀粉(即一粒大的淀粉粒由许多小的淀粉粒所组成)和蛋白质,靠近糊粉层的胚乳细胞中的蛋白质比靠近胚乳中心细胞中的蛋白质多得多,多角形的复粒淀粉可能是在籽粒发育期内,由淀粉粒受压复合而成,在禾谷类作物中,稻谷和燕麦是仅有的两种具有复合淀粉粒结构的谷物,单个的稻谷淀粉颗粒是很小的,其直径仅为2~4μm。

糊粉层由排列整齐的近乎方形的厚壁细胞组成。糊粉层细胞比较大,胞腔中充满着微小的粒状物质,称做糊粉粒,其中含有蛋白质、脂肪、维生素和有机磷酸盐。淀粉细胞由横向排列的长形薄壁细胞组成。其细胞比糊粉层细胞更大,而且愈进入组织内部,细胞愈大。其纵向长度几乎相等,只是横向伸长。胞腔中充满着一定形状的淀粉粒,越是深入胚乳组织内部的细胞,其中淀粉粒越大。淀粉粒的间隙中,充满着一种类蛋白质的物质,如果此类物质多,淀粉粒挤得紧密,则胚乳组织透明而坚实,为角质胚乳,如果此类物质少,淀粉粒之间有空隙,则胚乳组织松散而呈粉状,为粉质胚乳。米粒的腹白和心白就是胚乳的粉质部分。

将稻谷经过一定的处理后制成横切片或纵切片,固定染色后在显微镜下观察,可以看出稻谷籽粒各部分的详细结构,如图1-1所示。

糙米碾白时,米粒的果皮、种皮、外胚乳和糊粉层等被剥离而成为米糠,果皮种皮称为外糠层,外胚乳和糊粉层称为内糠层。

糙米出糠率的大小取决于米糠层的厚度和糠层的表面积。在加工同一精度的大米时,品

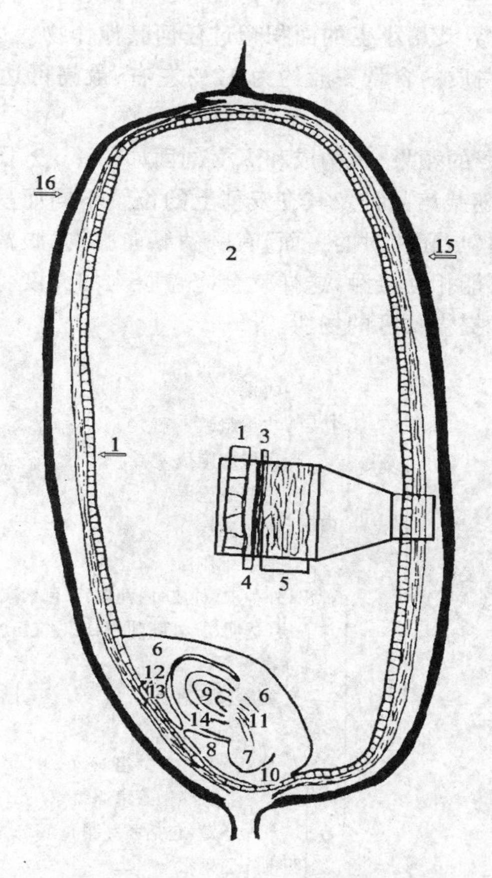

图 1－1　稻谷颖果的纵剖面示意图

1—糊粉层　2—胚乳　3—种皮　4—珠心层　5—果皮　6—盾片　7—胚根　8—外胚叶　9—胚芽　10—胚根鞘　11—中胚轴　12—腹鳞　13—侧鳞　14—胚芽鞘　15—外稃　16—内稃

质优良的品种及成熟而饱满的稻谷,因其纵沟较浅,糠层较薄,表面积相对减小,出糠率较低,出米率较高。此外,腹白和心白多的稻谷,结构疏松,硬度低,加工时易出碎米,品质较差,耐贮性差。有爆腰的稻谷,加工时碎米多。爆腰率与稻谷的晒干程度有关,稻谷晒得过干,爆腰率高,影响米的品质。

碾米时,除糠层被碾去外,大部分的胚也被碾下来。加工高精度的白米时,胚几乎全部脱落,进到米糠中。从理论上讲,白米应当是纯胚乳,但实际上,糠层和胚都不会完全被碾去。因此,根据米粒留皮的程度和留胚的多少可以判断大米的精度。大米的精度愈高,除去的糠层和糊粉层就愈多。糠层和糊粉层中含有极丰富的维生素和蛋白质。从营养角度看,不宜追求过高的加工精度。

第二节　小　麦

小麦属于禾本科大麦族小麦属,是越年生(冬小麦)或一年生(春小麦)草本植物。小麦喜温燥,耐寒力较强,又因其种类(冬、春麦)不同而适应范围较广,在各种土壤中均能栽培。小麦是我国主要粮食作物之一，全国各地都有分布，种植面积仅次于水稻。世界上半数以上的人口以小麦作为主要食物，全世界栽培小麦的面积超过任何其他作物。小麦籽粒中含有蛋白质、脂肪、淀粉等营养物质，其蛋白质的含量一般约为 12%左右，最高可达 25%。就营养价值来说，小麦高于稻米。

小麦籽粒为不带内外稃的颖果，其构成和纵横剖面如图 1－2、图 1－3 所示。麦粒平均长 8mm，重 35mg。麦粒大小随栽培品种及其在麦穗上的位置不同而呈现较大的差异，麦粒背面（有胚的一面）呈圆形，腹面（与胚相对的一面）有一条纵向腹沟，腹沟几乎有整个麦粒那么长，深度接近麦粒中心，两颊可能相互接触，这样就会掩盖腹沟的深度，腹沟不仅影响制粉时的出粉率，而且为微生物和灰尘提供藏匿的场所。

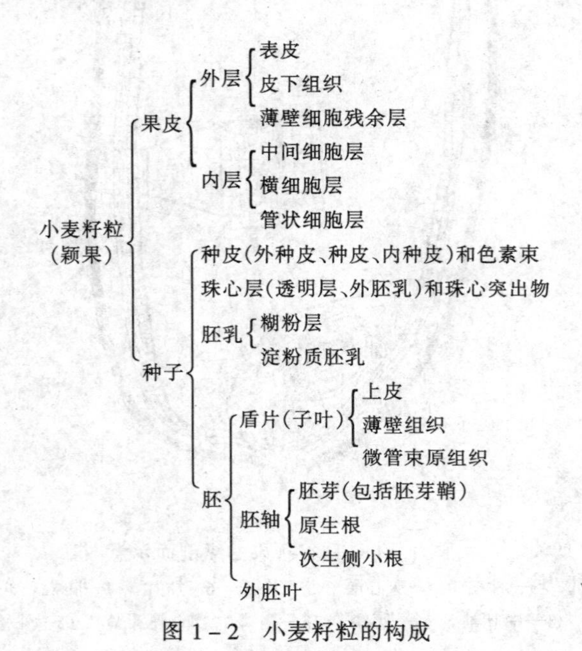

图 1－2　小麦籽粒的构成

小麦按籽粒质地可分为软质小麦和硬质小麦。籽粒横断面有一半或一半以上透明的为硬质小麦，籽粒横断面有一半以上不透明的为软质小麦。硬质小麦蛋白质含量较高，结构紧密，筋力好；软质小麦蛋白质含量较低，组织疏松，筋力较差。硬质小麦出粉率高，营养价值也较高，烤制面包品质好，但粉色较差。

影响小麦出粉率的因素是多方面的。一般籽粒大而饱满（即千粒重大）的小麦出粉率高。此外，皮层厚薄与出粉率密切相关，皮薄的小麦出粉率高于皮厚的小麦。

果皮包住整个种子，有若干层组织（图 1－4）。外果皮常称为表皮（beeswing）。外果皮的最内层由薄壁细胞的残余所组成，由于它们缺乏连续的细胞结构，从而形成一个分割的自然面。当它们裂解的时候，表皮即可脱掉。除去这几层，则有利于水分进入果皮内。

内果皮由中间细胞、横细胞和管状细胞组成。中间细胞和管状细胞都不完全覆盖整个籽粒。横细胞呈长圆柱形（约 $125\mu m \times 20\mu m$），其长轴垂直于麦粒的长轴。横细胞之间结构紧密，胞间隙小或没有。管状细胞的大小和形状与横细胞相同，但它们的长轴平行于麦粒的长轴。管状细胞之间不是板结相连，因此有许多胞间隙。整个果皮大约占籽粒的 5%，约含蛋白质 6%，灰分 2.0%，纤维素 20%，脂肪 0.5%，其余是戊聚糖。

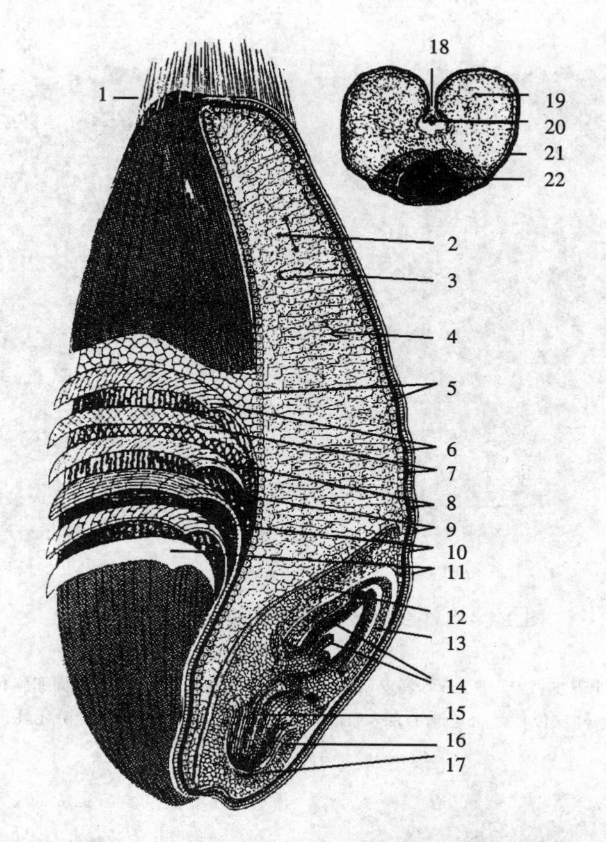

图 1－3　小麦籽粒的纵切面及横切面示意图

1—茸毛　2—胚乳　3—淀粉细胞（淀粉粒充填于蛋白质间质之间）　4—细胞的纤维壁　5—糊粉细胞层（属胚乳的一部分，与糠层分离）　6—珠心层　7—种皮　8—管状细胞　9—横细胞　10—皮下组织　11—表皮层　12—盾片　13—胚芽鞘　14—胚芽　15—初生根　16—胚根鞘　17—根冠　18—腹沟　19—胚乳　20—色素束　21—皮层　22—胚

种皮的外侧与管状细胞紧连，而内侧则与珠心层紧连。种皮由三层组成：较厚的外表皮；色素层（决定小麦颜色）；较薄的内表皮。白皮小麦的种皮只有两层压扁的纤维细胞层，含色素少或不含色素。种皮的厚度为 5～8μm 不等。珠心层（或称透明层）厚约 7μm，紧夹在种皮和糊粉层之间。

糊粉层一般只有一层细胞厚，完全包围着整个麦粒，既覆盖着淀粉质胚乳，又覆盖着胚芽，从植物学的观点看，糊粉层是胚乳的外层。然而，制粉时，糊粉层随同珠心层、种皮和果皮一同被除去，而成为麸皮。糊粉细胞是厚壁细胞，基本上呈长方形，无淀粉（图 1－5）。细胞的平均厚度约为 50μm，细胞壁厚 3～4μm，细胞壁中含有大量的纤维素。糊粉细胞包括一个大核和大量的糊粉粒。糊粉粒的结构和成分是复杂的。糊粉层含有相当高的灰分、蛋白质、总磷、植酸盐、脂肪和尼克酸。此外，糊粉层中的硫胺素和核黄素含量也高于皮层的其他部分，酶活性也高。包住胚部的糊粉细胞有所不同，是薄壁细胞，可能不含糊粉粒。胚部糊粉层的厚度平均约为 13μm，或小于其他部位糊粉层厚度的 1/3。

小麦胚占籽粒的 2.5%～3.5%。如图 1－2 所示，胚由两个主要部分组成：胚轴（不育根和茎）和盾片。盾片的功能是作为储备器官。胚含有相当高的蛋白质（25%）、糖（18%）、脂肪（胚轴含脂肪 16%，盾片含脂肪 32%）和灰分（5%）。胚不含淀粉，但含有较高的 B 族维生

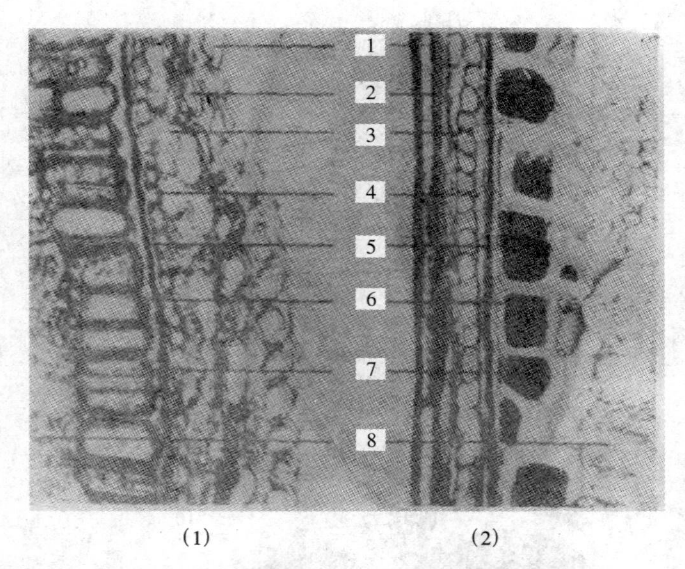

(1)　　　　　　　　(2)

图 1-4　小麦籽粒的果皮及邻近组织的剖面图

(1)横切面　(2)纵切面

1—外表皮(EP)　2—下表皮(HP)　3—横细胞(CC)　4—管状细胞(TC)

5—种皮(SC)　6—珠心层(NE)　7—糊粉层(AL)　8—淀粉胚乳(E)

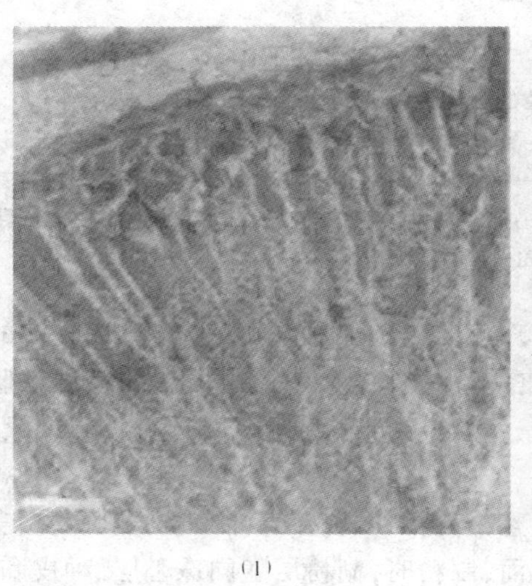

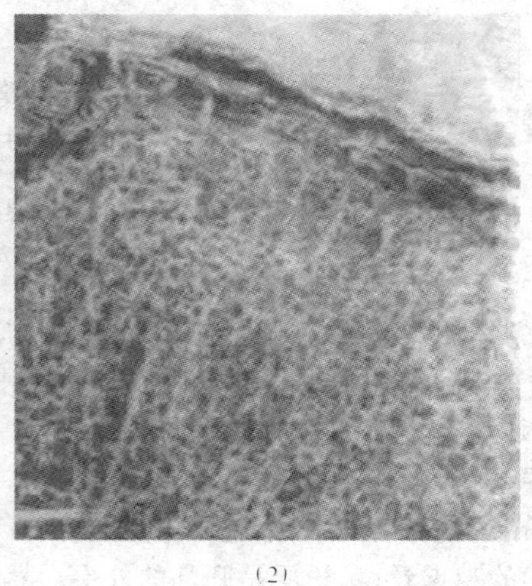

(1)　　　　　　　　(2)

图 1-5　冬小麦切面扫描电子显微镜图

(1)硬质冬小麦:细胞壁破损　(2)软质冬小麦:细胞破损

素和多种酶类。胚中维生素 E(总生育酚)含量很高,其值可达 500mg/kg;糖类主要是蔗糖和棉籽糖。

淀粉胚乳不包括糊粉层,由三类细胞组成:边缘细胞、棱柱形细胞和中心细胞。淀粉细胞的大小、形状及在籽粒中的位置各异。边缘细胞是糊粉层下面的第一层细胞,一般较小,各方向的直径相等,大小为 $150\mu m \times 50\mu m$。中心细胞在棱柱形细胞里面,它们的大小和形状都较其他细胞不规则得多。

胚乳细胞壁由戊聚糖、其他半纤维素和 β-葡聚糖组成,但没有纤维素。细胞壁的厚度因在籽粒中的位置不同而异,靠近糊粉层的细胞壁较厚。栽培品种不同及硬麦和软麦之间细胞壁的厚度也呈现出显著差异(图1-5)。硬麦和软麦之间的不同可能导致一种可选择性,即需要高的吸水率可选择硬麦(制面包的小麦),因为硬麦中的半纤维素能吸收大量的水分。与此相反,如不需要软麦粉去吸收大量的水分,就要选择低吸水率的薄细胞壁。

硬麦和软麦的另一个不同点是籽粒破碎时破裂点的不同。硬麦的最先破裂点产生在细胞壁而不是通过细胞内含物,刚好处于糊粉层下面的细胞,这一特点更为明显。软麦的裂纹穿过细胞内含物。这一迹象表明,在硬麦中,细胞内含物之间的相互结合是很牢固的,从而使薄弱点在细胞壁。当然,如果将籽粒变成小麦粉,硬麦细胞内含物也就破裂了。

胚乳细胞的内含物和细胞壁构成小麦粉。这些细胞中挤满了充填在蛋白质间质中的淀粉粒。小麦蛋白质的绝大部分是贮藏蛋白质——面筋。小麦成熟时,在蛋白质体中合成面筋蛋白。但是,随着麦粒的成熟,蛋白质体被压在一起而成为一种像泥浆或黏土状的间质,蛋白质体不再辨别得出。淀粉粒有大小两种,大的淀粉颗粒像小扁豆状,扁平面的直径可达 $40\mu m$,小的球形淀粉粒直径为 $2 \sim 8\mu m$。实际上,人们还可发现大小和形状介于这两种之间的各种淀粉粒,不过,这两种大小和形状的淀粉粒占优势。

在硬质小麦中,蛋白质和淀粉是紧密黏附着的。蛋白质好像湿外套很好地黏附在淀粉表面,这是硬质小麦的特点。蛋白质不仅使淀粉良好地湿润,而且使两者结合紧密。结合强度高的证据是硬质小麦的破损发生在细胞壁,而不是通过细胞内含物,破损处穿过某些淀粉粒,而不是在淀粉与蛋白质的分界面。而在软质小麦中,表现出很大的不同,蛋白质不湿润淀粉表面,淀粉和蛋白质之间的结合很容易破裂,故没有破损的淀粉粒。杜伦小麦比普通硬质小麦硬得多,因此,当麦粒破碎时,会产生更加大量的破损淀粉粒。当向一个细胞施加足够的力时,淀粉粒破裂,而不是淀粉与蛋白质的结合面破裂。蛋白质与淀粉结合的强度可以说明籽粒的硬度。在软质小麦中,蛋白质与淀粉的结合容易破裂,因此,籽粒用较小的力即可粉碎。在较硬小麦中,蛋白质与淀粉的结合也相应增强。

淀粉与蛋白质结合的性质还不清楚,然而,用水处理小麦粉之后,蛋白质和淀粉能很容易相互分离这一事实表明,其结合是因水而破裂或削弱的。采用免疫荧光技术的研究工作已证实,在硬质小麦蛋白质与淀粉的分界面处含有一种特殊的水溶性蛋白质,而软质小麦不含有这种特殊的蛋白质。

除硬度的区别之外,小麦胚乳的另一个重要特点是其外观的不同。某些小麦具有玻璃质、角质或半透明的外观,而另一些小麦却是不透明或粉质的。一般认为透明度与硬度和高蛋白含量相关联,不透明度与软度和低蛋白含量相关联。但是,透明度和硬度并不是同一根本因素造成的,有时,完全可能硬质小麦不透明而软质小麦却是玻璃质的,尽管这种现象很少见。

籽粒中有空气间隙时,由于衍射和漫射光线,从而使得籽粒呈现为不透明或粉质。籽粒充填紧密时,没有空气间隙,光线在空气和麦粒界面衍射并穿过麦粒,没有反复的衍射作用,形成半透明的或玻璃质的籽粒。谷物中空气间隙的存在形成不透明的籽粒,其密度小。空气间隙显然是在谷物干燥期间形成的。由于谷物失去水分,故蛋白质皱缩、破裂并留下空气间隙。玻璃质的籽粒,其蛋白质皱缩时仍保持完整,从而成为密度较大的籽粒。如果收获的谷物籽粒未成熟,并采用冷冻干燥,将变得完全不透明。这说明玻璃质的特性是在田间的最终干燥过程中产生的。玻璃质谷粒在田间或实验室里受潮和干燥,将失去其透明度。

总之,小麦胚乳的质地(硬质)和外观(透明度)是有差异的。一般来说,高蛋白的硬质小麦往往是玻璃质的,低蛋白的软质小麦往往是不透明的。硬度是由胚乳中蛋白质和淀粉之间的结合强度产生的,这种结合强度凭借遗传控制,而玻璃质则是籽粒中缺乏空气间隙造成的。控制机理还不清楚,但显然与样品中蛋白质的量有关。例如,高蛋白的软质小麦比低蛋白的软质小麦透明,低蛋白的硬质小麦比高蛋白的硬质小麦不透明。

第三节　玉　米

玉米的俗名很多,有玉蜀黍、苞萝、棒子、苞米、苞谷、苞芦、大谷、珍珠米等。玉米是我国主要粮食作物之一,种植面积大,属短日照作物,分布范围很广,全国各地都有栽培,但它主要分布在东北、华北和西南各省区。

玉米属禾本科蜀黍属,为一年生高大草本植物。玉米是重要谷物之一,茎叶为牛马饲料。因栽培历史悠久,变种很多,茎实心,叶大而阔平,花单性同株,雄花序顶生,为点状花序排列大形圆锥花序,小穗成对,有小花 2 个,雌花序腋生,小穗成对以 8 ~ 18 行密集于粗状海绵质的总轴上,成多数的纵列,轴外为多数的苞片包裹,花柱丝状,常突出于花序外。

全世界种植的玉米有很多种,最常见的是马齿种,它是普通谷物种子中最大的一种,粒重

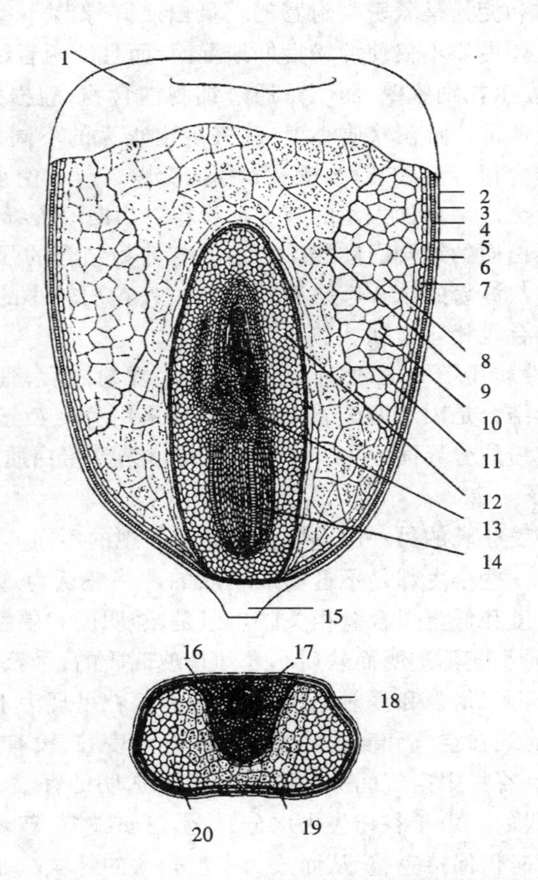

图 1－6　玉米籽粒的纵切面及横切面示意图

1—皮壳　2—表皮层　3—中果皮　4—横细胞　5—管状细胞　6—种皮　7—糊粉层(属胚乳的一部分)　8—角质胚乳　9—粉质胚乳　10—淀粉细胞　11—细胞壁　12—盾片　13—胚(残留的茎和叶)　14—初生根　15—基部　16—盾片　17—胚轴　18—果皮　19—粉质胚乳　20—角质胚乳

平均为 370mg，籽粒分为四个基本部分，即皮壳或糠层(果皮和种皮)、胚、胚乳和基部，基部是籽粒与玉米棒子的连接点，脱粒时可能与籽粒相连，也可能被去掉。

玉米颖果的植物学结构与小麦相似，籽粒颜色变化较多，从白色到黑褐色或紫红色，可能是纯色的，也可能是杂色的，白色或黄色是最普遍的颜色。皮层约占籽粒的 5% ~ 6%，胚较大，占籽粒的 10% ~ 14%，其余部分为胚乳。

玉米脂肪含量较高，维生素较多，糖类的含量略低于大米和小麦粉，蛋白质比小麦粉略低而比大米高。玉米胚乳中含角质淀粉较多的品种品质较好，含粉质淀粉较多的品质较差。玉米蛋白质中缺少赖氨酸和色氨酸，所以玉米的蛋白质为缺价蛋白质。玉米粉适口性差。

玉米与小麦不同，在一颗玉米籽粒中存在半透明和不透明的胚乳。半透明胚乳结构紧密，没有空气间隙。淀粉粒呈多边形，紧密地结合在间质蛋白质中。这些蛋白质已确定为玉米醇溶蛋白体。在不透明胚乳中(图 1 – 6)，淀粉粒是球形的，为间质蛋白体所覆盖，不含蛋白质，其不透明性是因为有许多空气间隙。化学分析表明不透明和半透明的胚乳含有等量的蛋白质，但蛋白质的类型不同。

通常，玉米籽粒是相当硬的。从图 1 – 7(1)中可见大量的破损淀粉粒，这说明蛋白质和淀粉颗粒之间的结合是非常牢固的。玉米湿法加工中，单用水不能使蛋白质和淀粉很好地分离，这一点说明玉米中的蛋白质和淀粉的结合与小麦不同。玉米中的不透明胚乳一般称为“软”胚乳。籽粒不透明部分的显微照片图 1 – 7(2)中未见破损淀粉粒，这与软胚乳的说法一致。

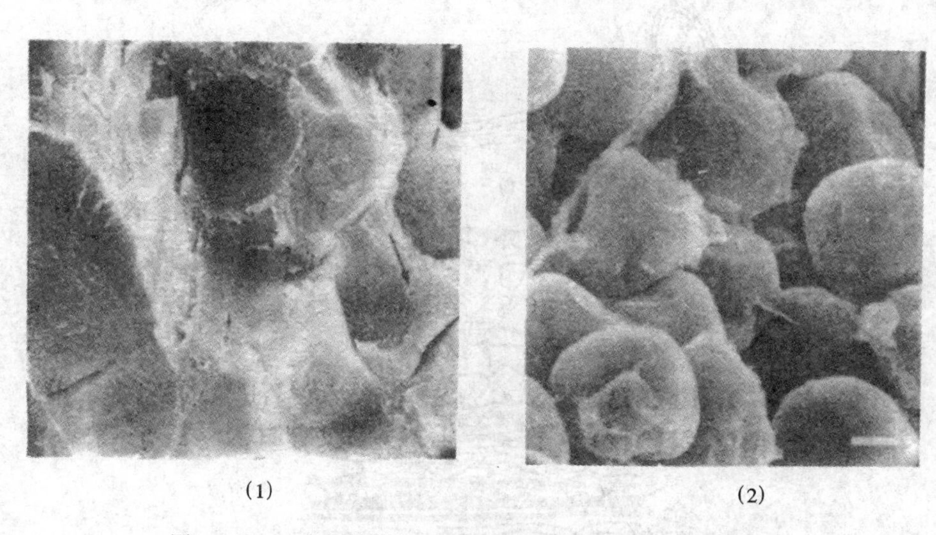

(1) (2)

图 1 – 7　玉米籽粒的扫描电子显微镜图(单位长度为 5μm)

(1)籽粒硬质胚乳横切面，可见到破损淀粉(BS)

(2)籽粒不透明部分横切面，可见到淀粉粒的球形、蛋白质以及大量的空气间隙

第四节　大　　麦

大麦为禾本科大麦族大麦属，越年生（大麦)或一年生(裸麦)草本植物。大麦属约有 20 多种，为一年生或多年生草本植物。每个小穗有小花 1 朵，3 个小穗聚生于穗轴节上，颖极狭，外稃有芒，颖果成熟后常不易分离。根据大麦的小穗发育特性和结实性可分为六棱大麦、四棱

大麦、二棱大麦三个亚种。大麦占世界谷物种植面积的第 6 位，次于小麦、玉米、水稻、燕麦及黑麦，在我国则超过燕麦、黑麦占第 4 位。我国冬大麦主要产区在长江流域，集中于江苏、湖北、四川、河南和安徽五省。

带稃大麦有内外稃各一片组成外壳，因皮层成熟时分泌一种黏性物质，将内外稃紧密黏合，以致脱粒时不能除去，外稃比内稃宽大，从背面包向腹面两侧，上有七条纵脉，顶端有长芒，芒宽而扁，内稃位于腹面，基部有一基刺，上有茸毛。去稃后的大麦粒呈纺锤形，两端尖，中间宽，背面隆起，基部着生胚，腹面有腹沟，裸大麦顶端有茸毛。

大麦籽粒颜色差异很大，有白、紫、蓝、蓝灰、紫红、棕红、黑等颜色。这些颜色主要有两种着色素：一为花青色素，在酸性状况下呈红色，碱性时呈蓝色；另一为黑色素化合物，呈黑色。色素存在于稃、果皮和糊粉层中，有时也存在于淀粉胚乳中。若所有色素均不存在则为白色。稃及果皮中的花青色素常呈现紫色，表示这些组织常呈酸性；而在糊粉层中的花青色素常呈蓝色，表示糊粉层为碱性。花青色素在裸麦果皮中比在糊粉层中表现更为明显。大麦籽粒由外壳、果皮、种皮、糊粉层、胚乳、胚等组成(图 1-8)，各部分构成见图 1-9。

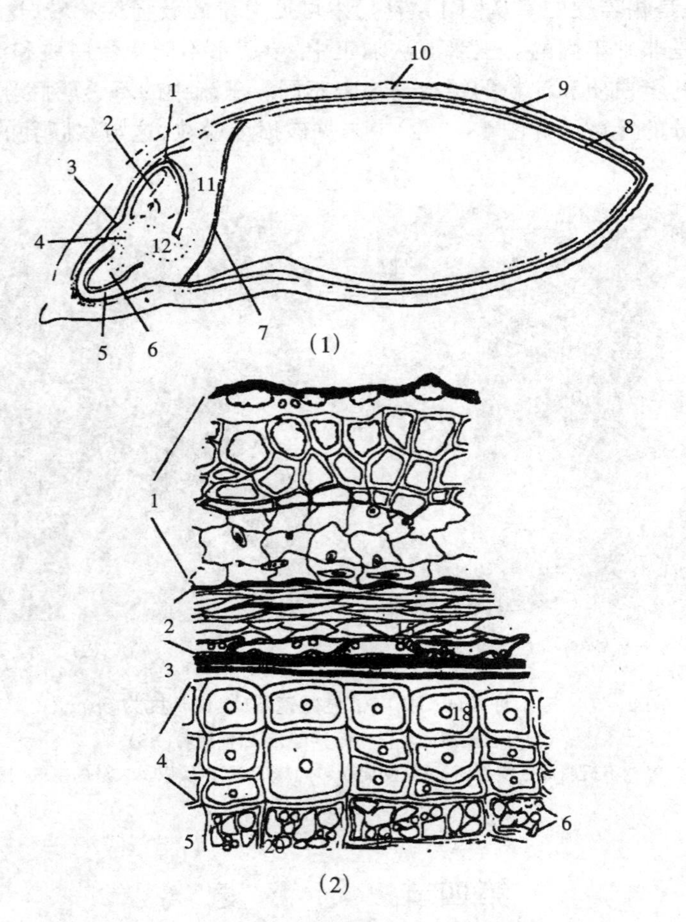

图 1-8　大麦籽粒横切面示意图

(1)淀粉质胚乳　1—胚芽鞘　2—叶状茎　3—盾片节　4—初生根　5—胚根鞘　6—根　7—胚鳞上皮细胞　8—糊粉层　9—果皮-种皮　10—外壳　11—盾片　12—维管系统

(2)籽粒外层　1—外壳　2—果皮　3—种皮　4—糊粉层　5—胚乳　6—淀粉粒

大麦籽粒
- 稃壳
  - 表皮：已硅质化的细胞
  - 皮下组织：由1～3层纤维组成，为具有纹孔的细胞
  - 薄壁组织：具有不整齐的细胞间隙
  - 内表皮：细胞引长，位于顶部
- 果皮
  - 表皮（外果皮）
  - 薄壁组织
  - 横细胞
  - 管细胞
- 种皮：由两层细胞组成，来自内珠被，已强烈角质化，可防止水分浸入
- 胚乳
  - 糊粉层
  - 淀粉质胚乳：大量厚壁细胞，淀粉粒较小麦的为小，粉质胚乳含淀粉多而蛋白质少，角质胚乳含淀粉少而蛋白质多
- 胚：没有中胚轴和外胚叶，胚芽包于胚芽鞘之内，内含包旋的幼叶，结构与小麦胚基本相似

图1－9 大麦籽粒的构成

第五节 高　粱

高粱又名蜀黍、卢粟、茭子，是黍属的一种，为我国北方的主要粮食作物之一。高粱籽粒脱粒时，外壳脱离，籽粒通常呈球形，粒重20～30mg，呈白、红、黄或褐色。图1－10所示为高粱籽粒的组成部分。

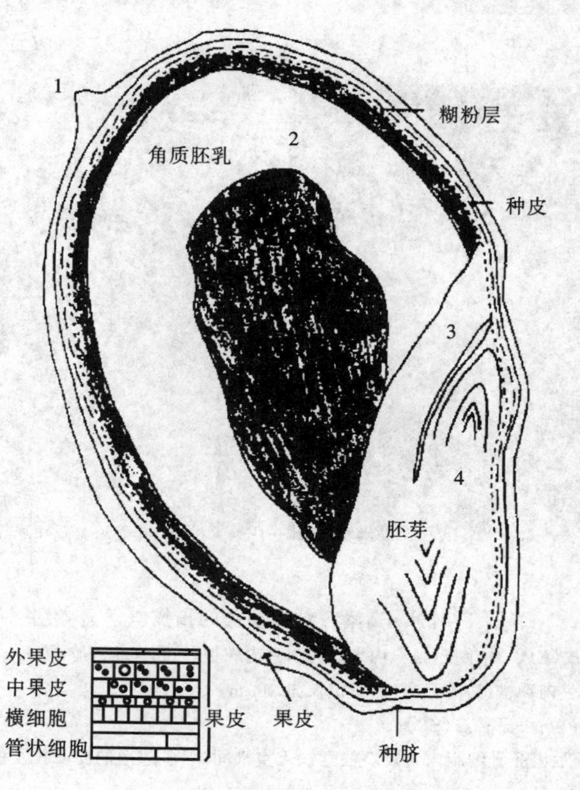

图1－10 高粱籽粒解剖图

1—花柱残迹(SA)　2—胚乳(E)　3—盾片(S)　4—胚轴(EA)

手工解剖高粱籽粒，测得皮层（大致上是果皮加种皮）占7.9%、胚占9.8%、胚乳占82.3%。从高粱籽粒外层的扫描电子显微图中，可见果皮较厚，由外果皮、中果皮和内果皮三层组成(图1－11、图1－12)，与其他谷物不同，高粱的果皮中含有淀粉粒，这些淀粉粒位于中果皮，大小为1～4μm。内果皮由横细胞和管状细胞组成。

成熟的高粱颖果可能有着色的内珠被[图1－11(2)]，也可能没有[图1－11(3)]，内珠被经常被错误地称为种皮层，真正的种皮紧贴在内珠被的外缘，所有成熟的高粱种子都有种皮，但有些品种没有着色的内珠被，着色的内珠被往往含有较多的缩合单宁，味苦。

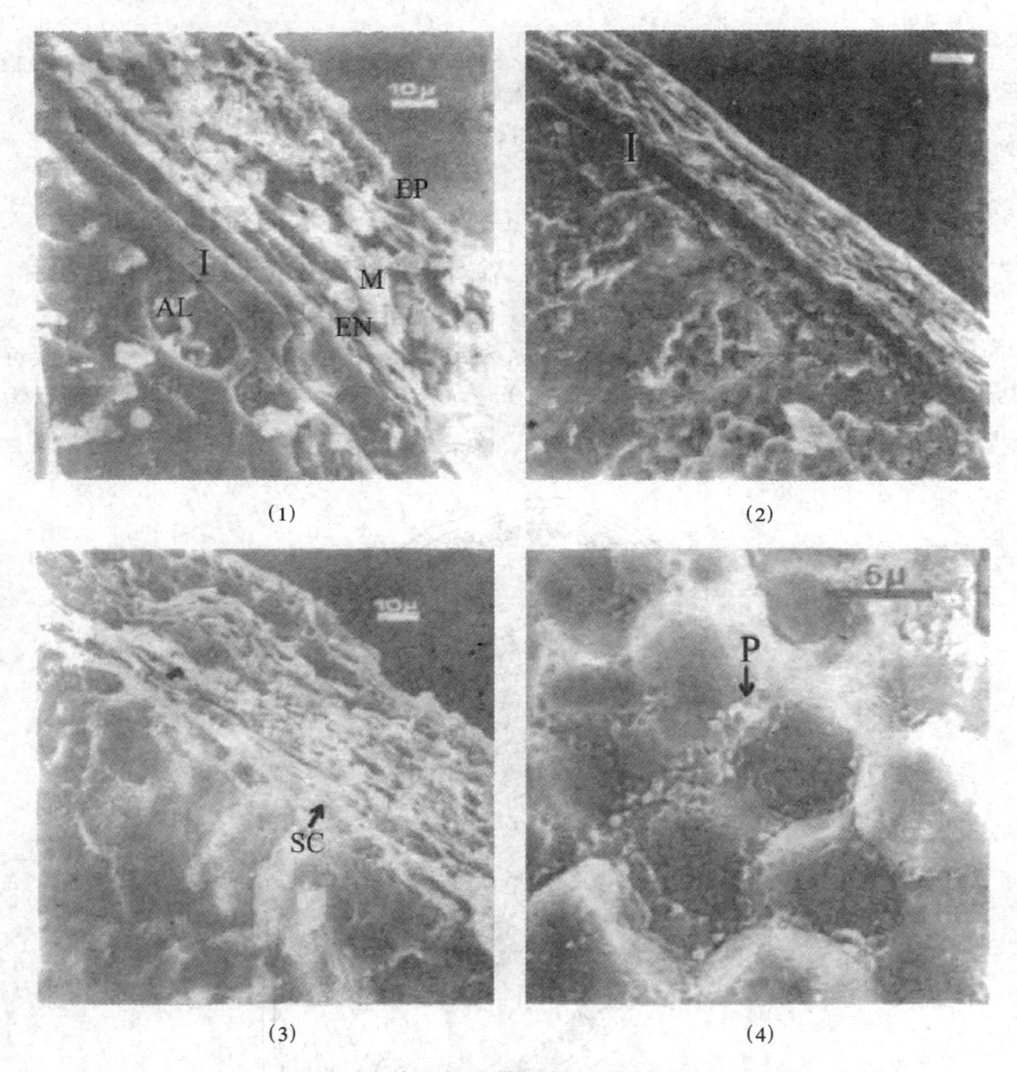

图1－11　高粱籽粒横切面的扫描电子显微图

(1)籽粒外缘：示出外果皮(EP)、中果皮(M)、内果皮(EN)、内珠被(I)和糊粉细胞（AL)，注意中果皮中的小颗淀粉粒

(2)外部边缘：示出厚着色内珠被(I)的存在(每单位长为20μm)

(3)不含内珠被的高粱籽粒：可见种皮(SC)

(4)籽粒的玻璃质部分：示出胚乳细胞内含物。注意缺乏空气间隙，多边形的淀粉粒及蛋白质体(P)

和其他谷物一样，糊粉细胞是胚乳的外层，在淀粉质胚乳中，紧靠糊粉层下面的细胞含有

较多的蛋白质，几乎没有淀粉粒，蛋白质主要是以直径为2~3μm的蛋白质体形式存在[图1-11(4)]，和玉米籽粒一样，高粱籽粒中同时含有半透明和不透明胚乳，不透明胚乳中的颗粒间存在大的空气间隙(图1-12)，正是这些空气间隙造成了其外观的不透明。

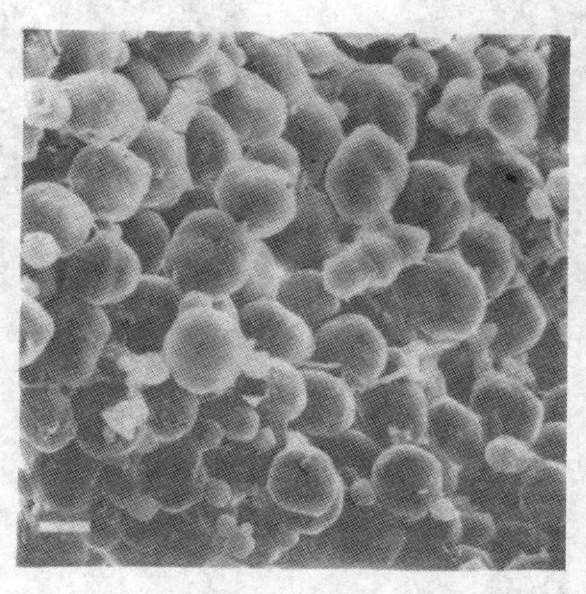

图1-12　高粱籽粒不透明部分横切面的扫描电子显微图(每单位长10μm)

第六节　粟

粟，又名谷子，去稃加工以后成品称为小米，在我国南方为了区别于稻谷而称其为小米，在北方则将其称为谷子。

粟为禾本科黍族狗尾草属，一年生草本植物。狗尾草属约有140种，我国约有17种，为一年生或多年生草本，圆锥花序顶生呈塔状，小穗无芒，有小花1~2朵，外稃革质，平滑或有皱纹。

粟为我国很早就栽培的一种粮食作物，有很多品种和品系，是我国主要粮食作物之一。种植范围很广，北起黑龙江畔，南到五指山区，从东海之滨到西藏高原都有生产，主要产区为淮河以北至黑龙江省。

粟是假果，带壳，粒呈卵形，壳即为其内外稃，有光泽，颜色有多种，常见的有黄、乳白、红、土褐色等，外稃较大，位于背中央而边缘包向腹面，中央有三条脉，内稃较小，位于腹面，无脉纹，去掉内外稃的颖果即为小米。谷子籽粒较小(8~9mg)，呈泪珠形，其颖果与其他谷物相似，果皮很薄，其横细胞与管细胞相似，种皮由一单层的大细胞组成，果皮中不像高粱那样含有淀粉，也不含有着色的内珠被。胚较大，约占籽粒的17%。胚乳中同时有半透明和不透明的部分，这与高粱和玉米相同。不透明的胚乳中含有许多空气间隙和球形的淀粉粒[图1-13(1)]，半透明的胚乳无空气间隙，在蛋白质间质中充填着多边形的淀粉粒[图1-13(2)]，间质中还含有直径为0.3~4μm的蛋白质体。从透射电子显微图中可见蛋白质体的内部结构(图1-14)。

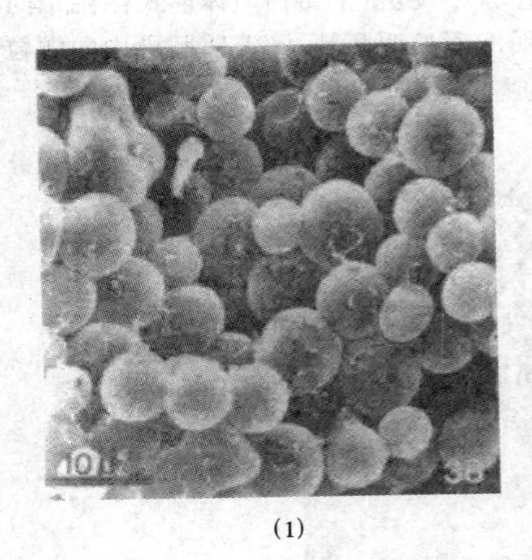

(1)

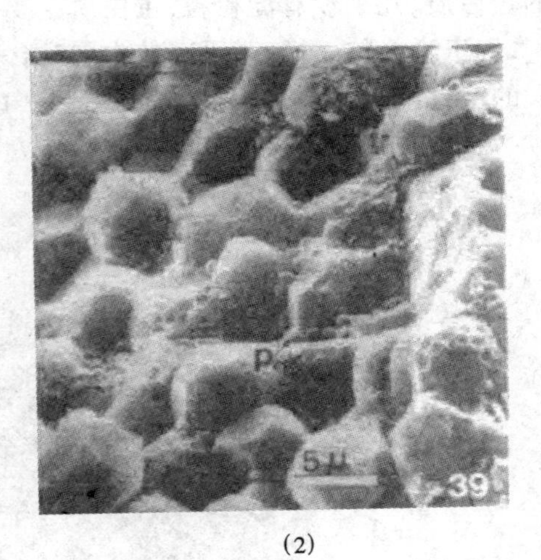

(2)

图 1-13　粟籽粒横切面的扫描电子显微图

(1)不透明部分:可见空气间隙和球形淀粉粒

(2)玻璃质部分:无空气间隙,可见多边形的淀粉粒和蛋白质体(P)

图 1-14　小米蛋白质体的透射电子显微图

粟的成品粮营养丰富,可作主食,也可制酒。加工副产品如草、糠的质地柔软、营养丰富,是良好的牲畜饲料。由于其茎中常含有白瑞香类配糖体,因此在用秆、叶饲喂牲畜时,要注意防止中毒情况发生。

粟的成品粮小米含有较多的维生素,尤其是B族维生素含量较高,其维生素A含量也达到1600IU,色氨酸、蛋氨酸等必需氨基酸含量很高(每100g含色氨酸192mg,含蛋氨酸297mg),比大米、玉米、高粱或小麦粉都高。蛋白质含量为9.2%~14.3%,比大米和玉米的蛋白质还要高,脂肪含量3.0%~4.0%,也比大米高。

第七节 燕　　麦

燕麦为禾本科燕麦族燕麦属一年生或多年生草本植物。

燕麦属约有50种，我国有8种，多数有较高的营养价值。小穗有花2～6朵，结成疏散的圆锥花序，颖膜质，大而多脉；外硬，背部常有旋钮状长芒。我国最常见的为野燕麦，常混生于麦田中。燕麦和裸燕麦在我国西南、西北有栽培。燕麦果实为内外稃所包被，裸燕麦则易与外稃分离。一年生燕麦称真燕麦，多年生燕麦为饲用牧草。燕麦还可分为带壳燕麦和裸粒燕麦（图1－15）裸粒燕麦又称莜麦、油麦或香麦。

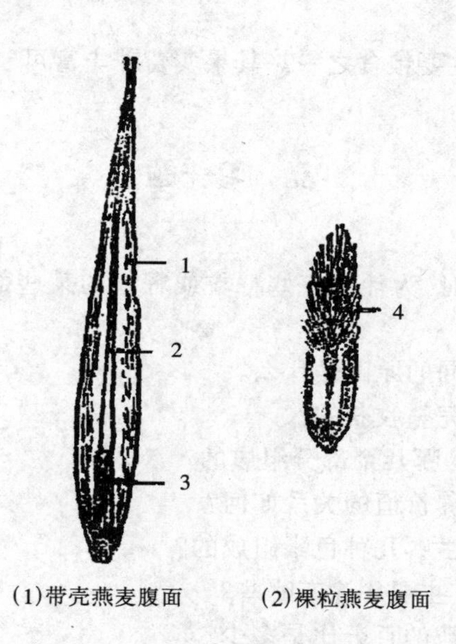

（1）带壳燕麦腹面　　（2）裸粒燕麦腹面

图1－15　燕麦籽粒外形图
1—外稃　2—内稃　3—基刺　4—茸毛

我国燕麦主要分布于北方的牧区和半农半牧区，以内蒙古、青海、甘肃及山西北部为多。除裸燕麦外，燕麦的籽粒都有内稃包围，但二者并不粘连。外稃与内稃形成籽粒壳（谷壳），籽粒壳占籽粒的百分率是判定燕麦质量的重要指标，通常籽粒壳约占全籽粒质量的25%～30%。有时可低到20%或高到45%。

籽粒一般细长，纺锤形，长约8～11mm，宽约1.6～3.2mm。表面具有细长毛。

籽粒由谷壳与皮层、胚乳、胚三部分组成。

谷壳与皮层：谷壳包括内外稃。外稃由表皮、下皮层、薄壁组织、内表皮构成，内稃结构与外稃相似，仅下皮层较薄。皮层包括果皮和种皮。果皮为2～3列细胞的薄层，其层次不易区分，包括外果皮、中果皮、横细胞和内果皮。

外果皮（表皮）细胞为薄壁，稍呈串珠状并引长。顶部与基部直径相似。毛长1～2mm，单生或2～4（或更多）成束而生，其覆盖面以顶端部分为多，毛愈近两端则愈细尖。基部常较中部窄小。

中果皮（中部薄壁组织）有数层相似的引长细胞，具有薄壁，籽粒成熟时渐渐解体。

横细胞为叶绿细胞层的产物。在成熟籽粒中形成很不明显的单层细胞，排列为整齐的序列。

内果皮(管细胞)被强烈吸收,只剩下少数不明显的管细胞。

种皮由二层内珠被产生,最后成为很不明显的一层。

胚乳:糊粉层为一列细胞,与小麦单列细胞相同,细胞稍呈立方形,其壁比小麦、大麦及黑麦的糊粉层细胞薄;淀粉质胚乳与小麦的粉质胚乳不同,而与大麦的相似,细胞大而壁薄,有多量细小多面体淀粉粒,通常聚集成圆形或者椭圆形的团块。蛋白质不能形成面筋质。

胚:包括子叶、胚茎(轴)、胚芽、胚根几个部分。

子叶为肉质,有叶形的轮廓,比胚的中轴长,其背面有发达的脊背,具有单个子叶,维管束往上并分支伸达顶端;胚直接与胚轴相接;整个胚根包在胚根鞘之内;胚茎位于胚芽与胚根之间。

燕麦为我国部分省区的主要粮食之一。其果实营养丰富可制麦片,茎叶适宜作牲畜饲料,也可作为造纸的原料。

复 习 题

1. 什么是颖果?

2. 说明在观察粮粒剖面时,为什么有些籽粒或籽粒的某些部分是不透明或粉质的,而另一些是玻璃质的。

3. 说明不同谷物硬度不同的原因是什么。

4. 哪些谷物通常是带壳完整收获的?

5. “米糠”主要是由米粒的哪几个部分组成的?

6. 大米碾白精度与其营养价值的关系如何?

7. 大麦籽粒颜色主要是由哪几种色素组成的?

8. 大麦有哪几个亚种,其主要用途有哪些?

9. 玉米胚芽约占整个籽粒的百分比是多少?

10. 什么谷物有时含有较多的单宁?

参 考 文 献

1. [美]R. 卡尔 . 霍斯尼 . 谷物科学与工艺学原理 . 北京:中国食品出版社,1989

2. 周惠明,陈正行 . 小麦制粉与综合利用 . 北京:中国轻工业出版社,2001

3. 唐新元 . 粮食 . 营养 . 健康 . 北京:中国财政经济出版社,1991

4. 周世英,钟丽玉 . 粮食学与粮食化学 . 北京:中国商业出版社,1986

5. 佘纲哲 . 粮食生物化学 . 北京:中国商业出版社,1987

第二章 谷物淀粉

第一节 谷物淀粉概述

植物中的叶绿素利用太阳能把二氧化碳和水合成葡萄糖，其反应式为：

$$6H_2O + 6CO_2 \xrightarrow{\text{光照,叶绿素}} C_6H_{12}O_6 + 6O_2$$

葡萄糖是植物生长和代谢的要素，但其中有一部分被用作下一代生长发育的养料储备起来。在植物体内葡萄糖是以多糖的形式贮藏的，其中最主要的多糖形式是淀粉，其在植物体内由葡萄糖缩合形成的途径如下：

首先，由磷酸化酶把 2 个葡萄糖分子缩合为麦芽糖。

$$\alpha - D - \text{葡萄糖} \xrightarrow{\text{磷酸化酶}} \text{麦芽糖}$$

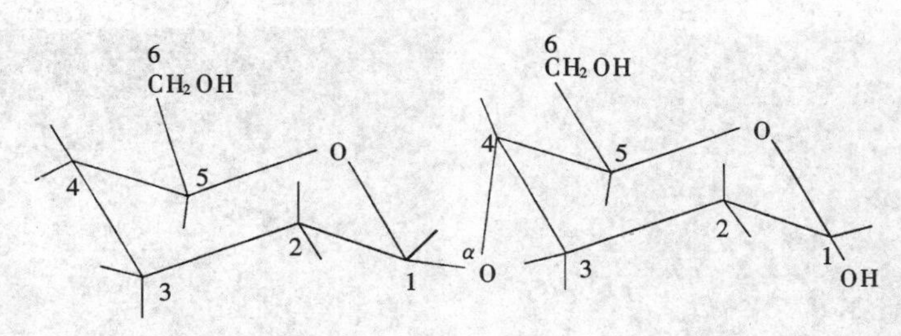

第二步由麦芽糖$\xrightarrow{\text{磷酸化酶}}$淀粉缩合的方法有多种，随着氧连在 1－4，1－3 或 1－6 位而定，形成了不同结构的淀粉，由 1－4 键连接构成的淀粉为直链淀粉，由 1－3 或 1－6 键连接构成的淀粉为支链淀粉，在谷物中贮藏的淀粉主要由这两种成分构成。

谷物籽粒以淀粉的形式贮藏能量，不同谷物中淀粉的含量是不同的，一般可以占到总量的 60%～75%，因此，人们消耗的食品大都是淀粉，它是人体所需要热能的主要来源，同时，淀粉也是食品工业的重要原料，各种谷物的淀粉含量见表 2－1。

表 2－1　　各种谷物籽粒中的淀粉含量（干基）　　单位：%

名　　称	淀粉含量	名　　称	淀粉含量
糙米	75～80	燕麦（不带壳）	50～60
普通玉米	60～70	燕麦（带壳）	35
甜玉米	20～28	荞麦	44
高粱	69～70	大麦（带壳）	56～66
粟	60	大麦（不带壳）	40
小麦	58～76		

第二节　淀粉粒的结构

淀粉分子在谷物中是以白色固体淀粉粒(starch granule)的形式存在的,淀粉粒是淀粉分子的集聚体,不同谷物由于遗传及环境条件的影响,形成不同结构及性质的淀粉粒,因此淀粉粒结构及性质的研究,对于鉴别谷物品种,了解和改进谷物食用品质,具有重要意义。

淀粉粒的形态可分为圆形、椭圆形和多角形三种(图 2-1),一般高水分作物其淀粉粒比较大,形状也比较整齐,多呈圆形或椭圆形,如马铃薯、木薯的淀粉粒。而禾谷类淀粉粒一般粒小,常呈多角形,如稻米的淀粉粒是不规则的多角形。同种谷物的淀粉粒不是整齐一致的,如小麦淀粉粒就有大粒及小粒两种,无中间类型。再如玉米淀粉粒在胚的附近,由于受到压力的关系,呈多角形,而在顶部则呈圆形。淀粉粒的大小是以长轴的长度来表示的。最小的为 2μm,最大的可达 170μm,通常用大小极限范围和平均值来表示淀粉粒的大小。

在(400~600)×显微镜下仔细观察淀粉粒,常常可以看到淀粉粒表面有轮纹(striations)结构,样式与树木的年轮相似(图 2-2),又称层状结构。各轮纹层围绕的一点称作"粒心",又称作"脐"(hilum)。禾谷类淀粉粒的粒心常在中央,称为"中心轮纹",马铃薯淀粉粒的粒心常偏于一侧,称为"偏心轮纹"。粒心的大小和显著程度随谷物品种而有所不同。由于粒心部分

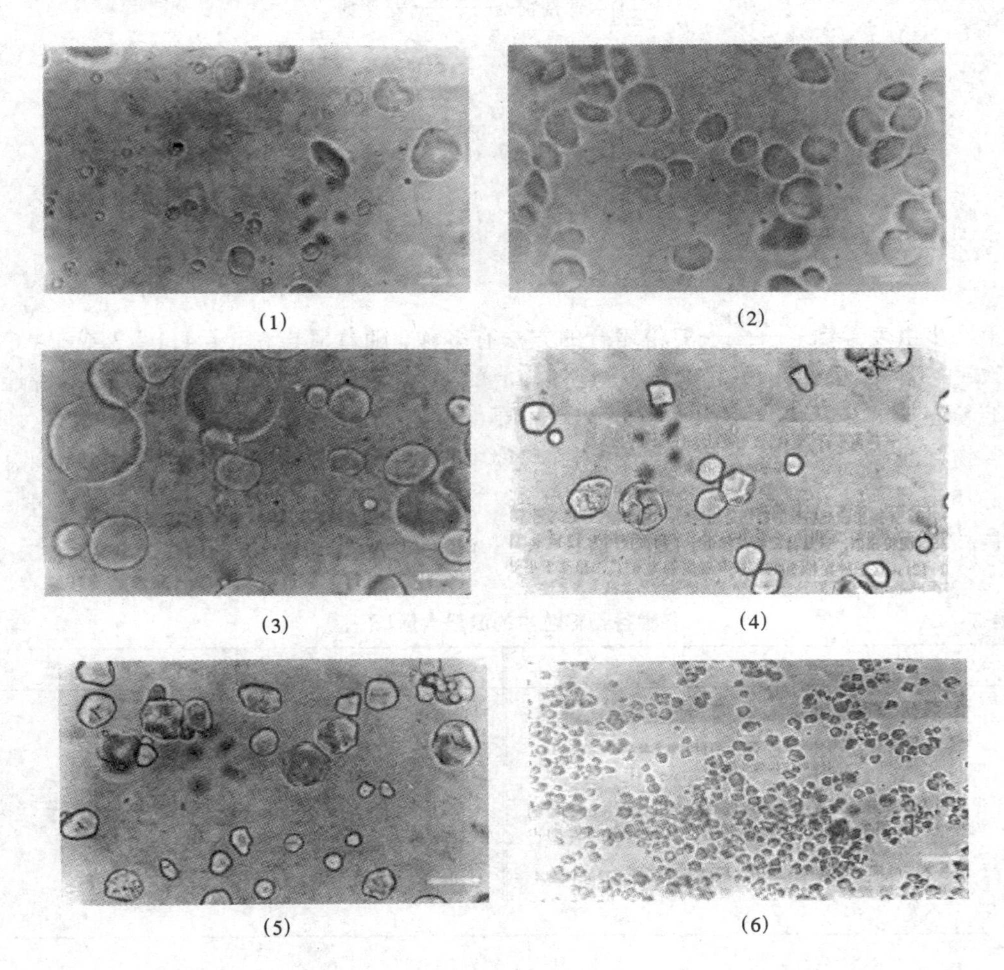

(1)　(2)　(3)　(4)　(5)　(6)

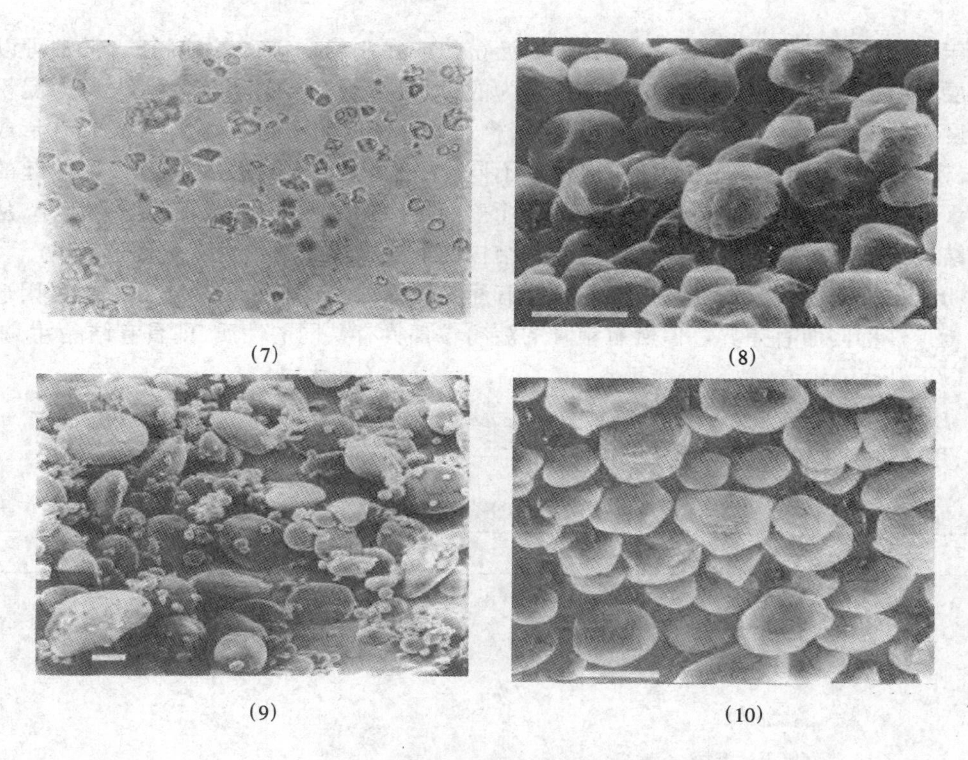

(7) (8)

(9) (10)

图 2－1　各种谷物淀粉粒的结构

(1)小麦　(2)大麦　(3)黑麦　(4)高粱　(5)玉米　(6)大米　(7)燕麦淀粉粒的光学显微镜图
(8)粟　(9)小麦　(10)玉米淀粉粒的扫描电子显微镜图(单位长度为 10μm)

图 2－2　用 α－淀粉酶处理过的高粱籽粒横切面扫描电子显微镜图
可见破损淀粉粒中的轮纹(单位长度为 10μm)

含水分较多,比较柔软,所以在加热干燥时,常常造成星状裂纹,根据这种裂纹的形状,可以辨别淀粉粒的来源特点,如玉米(corn)淀粉粒心呈星状裂纹。另外,不同谷物的淀粉粒,根据粒心及轮纹情况可分为所谓的“单粒”、“复粒”及“半复粒”,如小麦淀粉粒主要是单粒,大米的淀粉粒以复粒为主。

近年来用扫描电子显微镜观察经处理的淀粉粒或在制粉中破碎的淀粉粒，常常可以清楚地看到层状结构。淀粉粒的层状结构不是人为的，而是客观存在的事实。有人认为淀粉粒各部分密度不同，折射率大小不同而造成层状结构。这种密度的不同，是由于淀粉粒在形成过程中，受昼夜光照的差别，造成葡萄糖供应数量不同，致使淀粉合成速度有快有慢而引起的。因为在白天供应葡萄糖多，形成淀粉的密度大，而夜间供应葡萄糖少，形成淀粉的密度小，从而出现层状结构，也有人反对这种观点，认为层状结构的形成是由于酶活力变化而造成的。

淀粉粒由直链淀粉分子和支链淀粉分子有序集合而成。淀粉粒的形态和大小可因遗传因素及环境条件不同而有差异。但所有粮种的淀粉粒都具有共同的性质，即具有结晶性，其根据主要有以下几点：

(1)用 X 射线衍射法证明淀粉粒是有一定形态的晶体构造。

(2)用 X 射线衍射法测得各种淀粉粒都有一定的结晶化度，见表 2 - 2。

表 2 - 2　　淀粉粒的结晶化度　　单位：%

种类	结晶化度
小麦	36
大米	38
玉米	39
糯玉米	39
高直链玉米淀粉	19
马铃薯	25

(3)淀粉粒在偏光显微镜(polarizingmicroscope)下观察，具有双折射性(birefringence)，在淀粉粒粒面上可看到以粒心为中心的黑色十字形，称为偏光十字(polarization cross)，见图 2 - 3。这种偏光十字是球晶(spherulite)所具有的特性。因而淀粉粒也是一种球晶，但它具有一般球晶没有的弹性变形的现象。在偏光显微镜下不仅可以观察到淀粉粒的偏光十字，而且根据双折射圈(birefringence map)，可以分析淀粉粒内部晶体结构的方向。

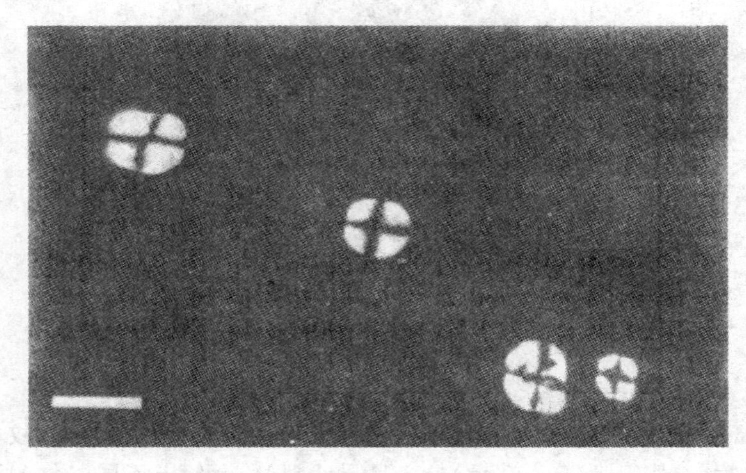

图 2 - 3　用十字棱镜拍摄的小麦淀粉粒的光学显微镜图

显出马耳他十字(单位长度为 10μm)

(4)用酸及酶处理淀粉粒的结果,说明淀粉粒中具有耐酸、耐酶作用的结晶性部分及易被酸、酶作用的非晶质部分。Kainuma 和 French(1972)提出淀粉粒的模式图,如图 2-4 所示。

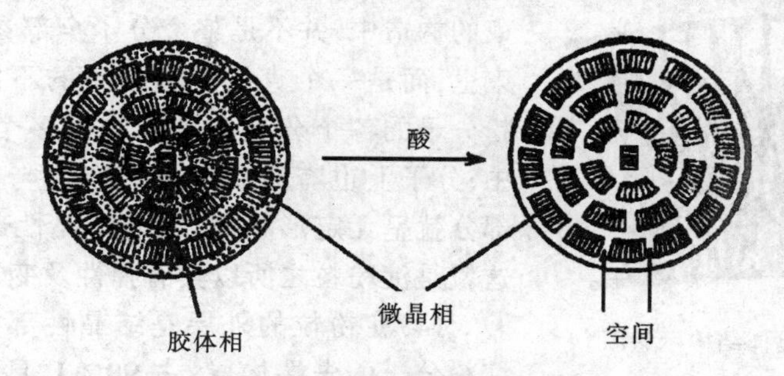

图 2-4　用酸处理淀粉粒得到的 Nageli 淀粉糊精的模式图(Kainuma 和 French,1972)

(5)淀粉粒的结晶性主要由支链淀粉分子非还原端葡萄糖链相互靠拢,呈近乎平行位置以氢键彼此缔合,形成微晶束而构成的,直链淀粉也参与微晶束结构之中。

针对上述事实,支链淀粉分子在淀粉粒中的存在状态,不像前面提到过的那几种分子模型,而是形成簇状结构。如图 2-5 所示。

图 2-5　支链淀粉的簇状结构模型图

(1)Kainuma 模型　(2)French 模型

微晶束有一定的大小和密度。在图 2-5 的簇状结构图中,Kainuma 及 French 的模式图中微晶束直径约 15nm(10~30nm),而在 Robin 等模式图中则只有 5~6nm。这可能是由于研究方法不同所造成的。桧作等人提出微晶束结构如图 2-6 所示。

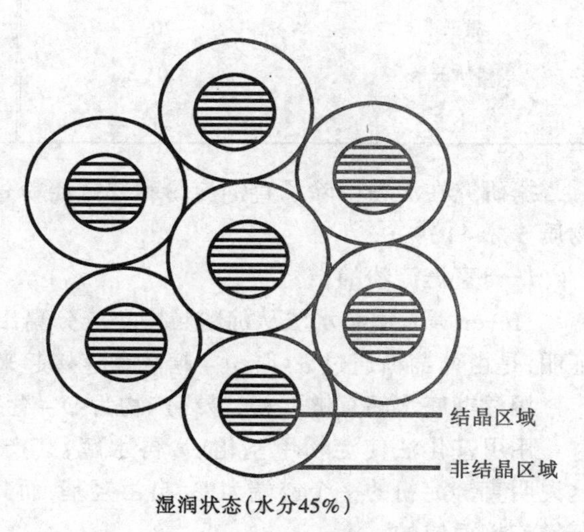

图 2-6　淀粉粒微晶束结构模型(桧作)

淀粉粒的晶体结构可以归纳成以下几点:

(1)淀粉粒是由许多排列成放射状的微晶束构成的。

(2)微晶束以支链淀粉分子作为骨架,以其葡萄糖链先端相互平行靠拢,并借氢键彼此结合成簇状结构。直链淀粉分子主要在淀粉粒内部，分子间有某种结合，有部分分子也伸到微晶束中去。

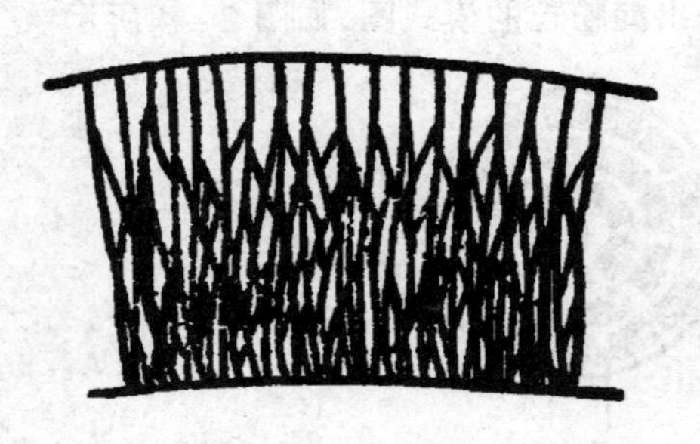

图 2－7　淀粉粒晶体结构示意图

(3)淀粉分子(包括支链及直链两种)参加到微晶束的构造中，并不是整个分子全部参加到同一个微晶束里，而是一个直链淀粉分子的不同链段，或支链淀粉分子的各个分支分别参加到多个微晶束的组成之中；分子上也有某些部分并未参与微晶束的组成，这部分就呈无定形状态(即非结晶性部分，见图 2－7)，这就是淀粉粒之所以具有弹性及变形特点的由来。

(4)淀粉粒的外层是结晶性部分，它主要由支链淀粉分子的先端构成(占 90%)，具有一定的抵抗酸、酶作用的能力。

(5)微晶束有一定的大小和密度。

第三节　谷物淀粉的性质

一、淀粉的分子结构

淀粉不是单一的化合物，1940 年 Meyer 等人用温水法将淀粉分成两种成分，一种是直链淀粉(amylose)，一种是支链淀粉(amylopectin)，一般谷物种子中含有 20%～25%的直链淀粉和 75%～80%的支链淀粉，糯性品种如糯米、糯玉米等的淀粉几乎全部是支链淀粉，而其他的品种如豆类淀粉则几乎全部是直链淀粉，见表 2－3。

表 2－3　谷物籽粒直链淀粉含量(占纯淀粉)　单位：%

名　称	直链淀粉含量	名　称	直链淀粉含量
大米	17	糯米	0
普通玉米	26	燕麦	24
甜玉米	70	高粱	27
蜡质玉米	0	糯高粱	0
小麦	24		

据研究在淀粉中除了直链淀粉和支链淀粉外，尚有中间形式的物质，淀粉中一般含有这种物质 5%～10%。

(一)直链淀粉的结构

Meyer 等人用温水法从淀粉粒中首先分离出来的成分，称为直链淀粉，其结构经下列实验证明，是由葡萄糖通过 α－1,4－糖苷键连接起来的直链状的高分子化合物：

用酸彻底水解直链淀粉，最终产物为 D－葡萄糖。

用甲基化法使淀粉甲基化后，再水解，其产物主要是 2,3,6－O－三甲基－D－葡萄糖。这说明直链淀粉的一个链端为 C_4 自由羟基，而其分子主链是同麦芽糖一样，通过 α－1,4－糖苷键连接而成的。

用还原法测定分子质量与渗透压法测定的分子质量基本一致。

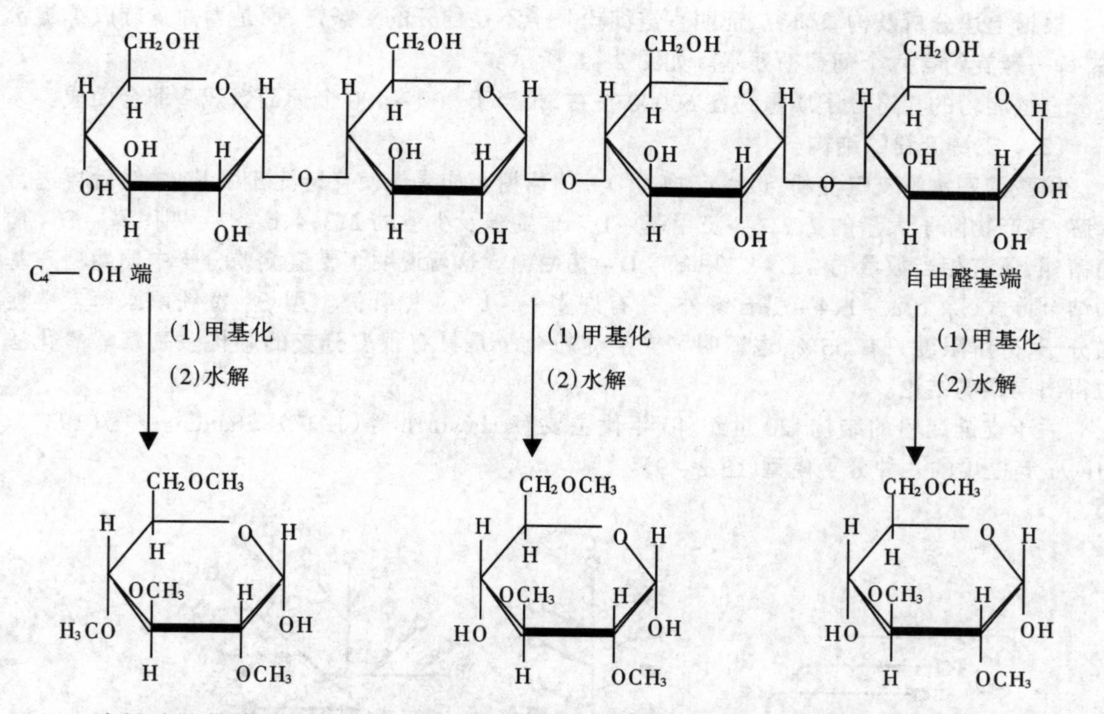

β－淀粉酶能使直链淀粉分子完全水解，生成麦芽糖。Meyer 等认为这是最有力的证据。因此，直链淀粉分子结构可用下列示意结构式表示：

直链淀粉除了直链状分子外，还存在一些带有少数分支的直链分子，这种分支点的结合键可能为 α－1,6－糖苷键。通常采用的直链淀粉分离法（Meyer 等的温水法及 Schoch 的正丁醇复合体法）所得到的直链淀粉是这两种直链分子的混合物。

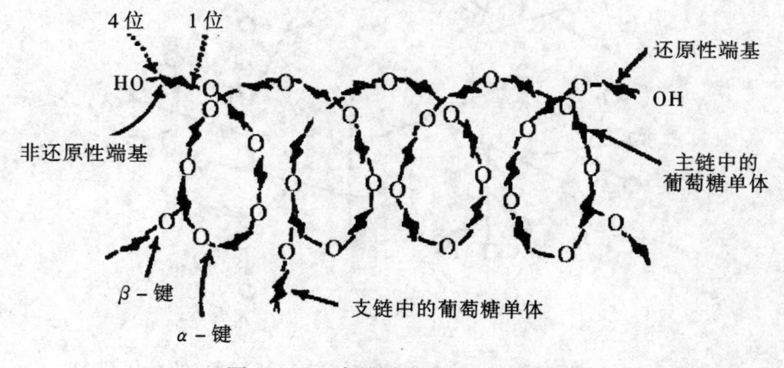

图 2－8　直链淀粉结构示意图

根据上述分析及构象研究，证明直链淀粉分子不是伸开的一条链，而是卷曲盘旋成螺旋状态，每一螺旋约含六个葡萄糖残基。如图 2-8 所示。

直链淀粉的相对分子质量约在 60000 左右，相当于 300~400 个葡萄糖残基缩合而成。

（二）支链淀粉的结构

用酸彻底水解支链淀粉，最终产物为 D-葡萄糖。如果先使支链淀粉甲基化，然后再进行水解，其产物除了大量的 2,3,6-三甲基-D-葡萄糖及少量的 2,3,4,6-O-四甲基-D-葡萄糖外，还有相当数量的 2,3-二甲基-D-葡萄糖。这就说明了支链淀粉分子中葡萄糖残基的结合方式，除了 α-1,4-糖苷键外，还有许多 α-1,6-糖苷健。用 β-淀粉酶水解支链淀粉分子，分解限度只有 55%，也证明了支链淀粉分子是具有很多分支的结构。高碘酸氧化法也得出同样的结论。

关于支链淀粉的结构，20 世纪 40 年代主要有 Haworth 等（1937）、Staudinger 等（1937）、Meyer 等提出的几种分子模型（图 2-9）。

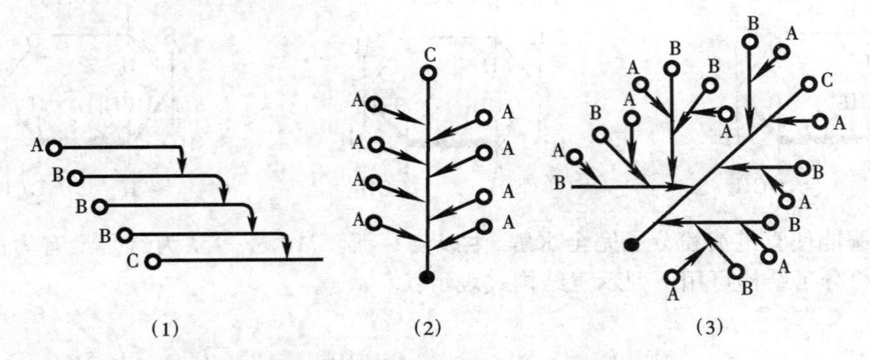

图 2-9　支链淀粉分子的结构（模式图）

（1）Haworth 的模型　（2）staudinger 的模型　（3）Meyer 的模型

○—非还原末端　●—还原末端　——α-1,4-糖苷键连接链　←—α-1,6-糖苷键

后来，Gunja-smith 等用糯玉米的支链淀粉及动物糖原做实验材料，先用磷酸化酶处理，再用甘薯 β-淀粉酶处理。根据所得到的实验结果，在 Meyer 分子模型基础上提出一种不规则的树枝状模型。如图 2-10 所示。

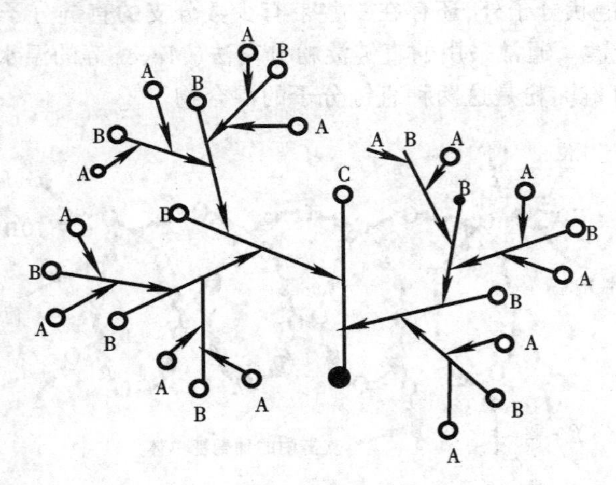

图 2-10　Gunja-smith（1970）支链淀粉（糖原）的分子模型

A—A 链　B—B 链　C—C 链　○—非还原末端　●—还原末端

上述分子模型只能示意说明支链淀粉的分支状结构，而不是反映每一种支链淀粉的真实结构。图 2－11 表示支链淀粉分子葡萄糖残基的结合方式，图 2－12 为 Meyer 的支链淀粉分子结构示意图。

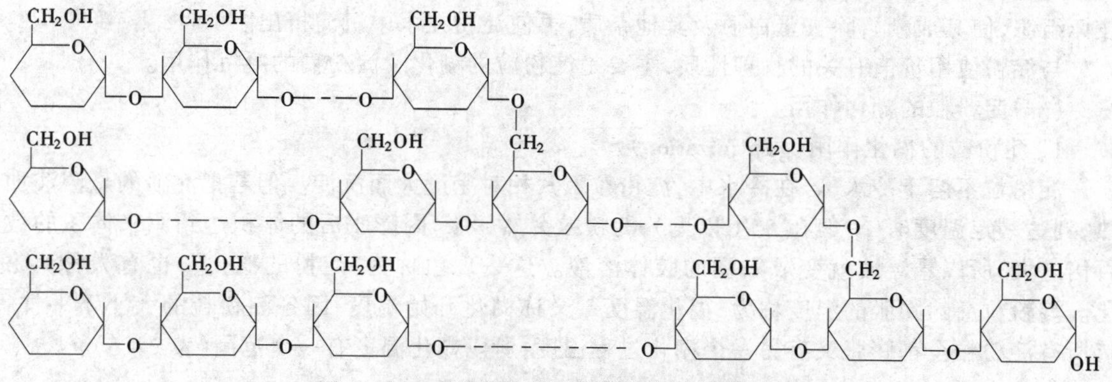

图 2－11　支链淀粉分子葡萄糖残基结合方式

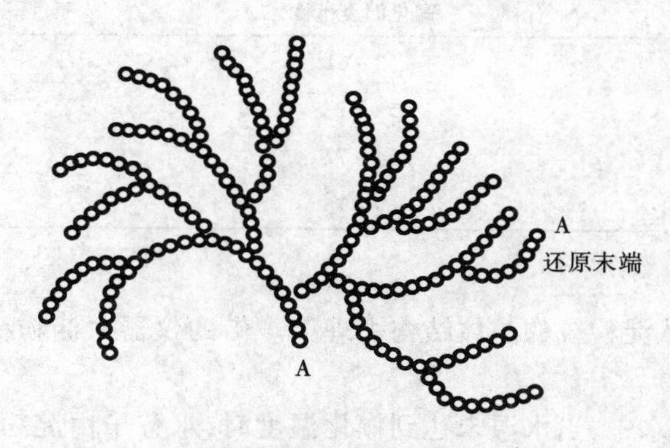

图 2－12　支链淀粉分子结构示意图（Meryer，1940）

支链淀粉的相对分子质量比直链淀粉大得多，一般称在 200000 以上，相当于由 1300 个以上的葡萄糖残基组成，分子中有 50 个以上的支链，每一支链由 24～30 个葡萄糖残基组成，表 2－4 是应用甲基化法、高碘酸氧化法以及酶解法测出支链淀粉的一些数据。

表 2－4　　**常见谷物支链淀粉的分子结构数据**　　单位：葡萄糖残基数

支链淀粉来源	平均链长	分支链长	枝间距离
大麦	26	18	7
发芽的大麦	17～18	10	6～7
玉米	25	18	6
小麦	23	16～17	5～6
马铃薯	27	18～19	7～8
甜玉米	12	8	3
糯玉米	22	14	7
糯高粱	25	15～16	8～9

二、淀粉的物理性质

淀粉粒的相对密度约为1.5，不溶于冷水，这是淀粉制造工业的理论基础，所谓水磨法，就是利用这一性质。先将原料打碎成糊（若原料为玉米一类籽粒粮则必须先行浸泡，然后湿磨破坏组织，使其成糊），除去蛋白质及其他杂质，再使淀粉在水中沉淀析出。

与淀粉使用价值有关的物理性质，主要是淀粉粒的糊化及淀粉糊的凝沉作用。

(一)淀粉粒的糊化作用

1. 淀粉粒的糊化作用(gelatinization)

淀粉粒不溶于冷水，若在冷水中，淀粉粒因其相对密度大而沉淀。但若把淀粉的悬浮液加热，到达一定温度时（一般在55℃以上），淀粉粒突然膨胀，因膨胀后的体积达到原来体积的数百倍之大，所以悬浮液就变成黏稠的胶体溶液。这一现象称为"淀粉的糊化"，也有人称为 α 化。淀粉粒突然膨胀的温度称为"糊化温度"，又称糊化开始温度，因各淀粉粒的大小不一样，待所有淀粉粒全都膨胀又有另一个糊化过程温度，所以糊化温度有一个范围（表2-5）。

表2-5　几种谷物淀粉粒的糊化温度　　单位：℃

淀粉种类	糊化温度范围	糊化开始温度
大米	58～61	58
小麦	65～67.5	65
玉米	64～72	64
高粱	69～75	69

2. 糊化的本质

淀粉糊化的本质要从淀粉粒的晶体结构去理解。借助仪器对淀粉糊化过程的观察，可将糊划分为三个阶段：

第一阶段：淀粉粒在水中，当水温未达到糊化温度时，水分子由淀粉粒的孔隙进入淀粉粒内，与许多无定形部分的极性基相结合，或被吸附。这一阶段，淀粉粒内层虽有膨胀，但悬浮液黏度变化不大，淀粉粒外形未变，在偏光显微镜下观察，仍可看到偏光十字，这说明淀粉粒内部晶体结构没有变化，此时取出淀粉粒干燥脱水，仍可恢复成原来的淀粉粒。所以这一阶段的变化是可逆的。

第二阶段：水温达到开始糊化温度时，淀粉粒突然膨胀，大量吸水，淀粉粒的悬浮液迅速变成为黏稠的胶体溶液。这时若用偏光显微镜进行观察，则偏光十字全部消失。若将溶液迅速冷却，也不可能恢复成原来的淀粉粒了。这一变化过程是不可逆的。偏光十字的消失，就意味着晶体崩解，微晶束结构破坏。所以淀粉粒糊化的本质，是水分子进入微晶束结构，拆散淀粉分子间的缔合状态，淀粉分子或其集聚体经高度水化形成胶体体系。由于糊化，晶体结构解体，变成混乱无章的排列，所以糊化后的淀粉无法恢复成原有的晶体状态。

第三阶段：淀粉糊化后，如果继续加热，使温度进一步升高，则会使膨胀的淀粉粒继续分离支解，淀粉粒成为无定形的袋状，溶液的黏度继续增高。

3. 淀粉糊化后淀粉糊黏度的变化

与淀粉使用品质有很大关系的是糊化后的淀粉性质。为了表示淀粉糊的性质及其在不同温度下黏度的变化，一般采用淀粉糊化仪(amylograph)给出的黏度曲线来表示，各种谷物淀粉具有不同的黏度曲线，如图2-13所示。

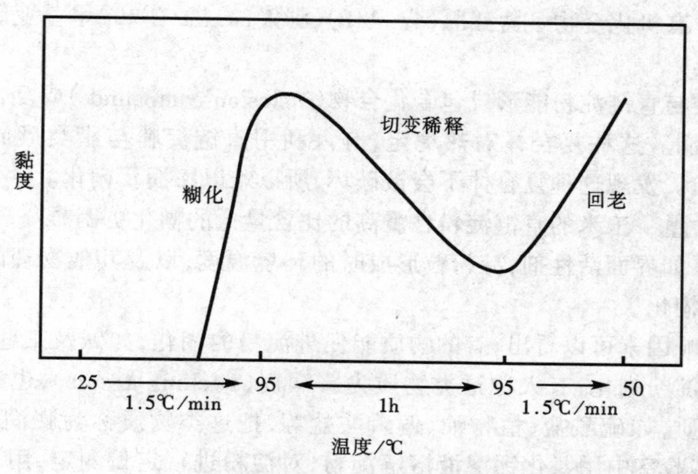

图 2-13　淀粉-水混合物的黏度仪曲线

除了加压烹调装置之外，在黏度仪中，与食品加工装置中一样，温度在不超过100℃时，装置内就会沸腾。因此，黏度仪在达到95℃后停止加热，在95℃下保持1h，淀粉即被认为已熟化（有时可能更短至30min，视原料不同而异）。1h内，淀粉混合物的黏度显著下降，黏度的下降是因为淀粉混合物在受到搅拌的情况下，可溶淀粉分子自身定向排列而引起的，这一现象称为切变稀释（sheart thining），是淀粉糊的一个重要特性。如果想做浓汤，不可过度搅拌，不可用泵通过管道输送，因为这两种情况都会产生切变稀释，从而降低黏度。不同的淀粉所表现的切变稀释不同，一般来说，越易溶的淀粉，其抗切变力越弱。

在95℃条件下稳定加热1h后，控制冷却速度（1.5℃/min），使黏度仪从95℃冷却到50℃，此时，黏度迅速上升，这一现象称为回生（setback）。不同淀粉的回生程度是不同的。回生现象是因混合物系统中能量降低，产生更多的氢键，从而使黏度增加。

4. 影响淀粉糊化的因素

各种谷物淀粉粒的淀粉分子彼此之间的缔合程度不同，分子排列的紧密程度也不同，即微晶束的大小及密度各不相同，一般来说，分子间的缔合程度大，分子排列紧密，那么拆散分子间的聚合，拆开微晶束就要消耗更多的能量，这样的淀粉粒就不容易糊化，反之，分子间缔合得不紧密，不需要很高能量，就可以将其拆散，因而这种淀粉粒易于糊化，而在同一种淀粉中，淀粉粒大的糊化温度较低，淀粉粒小的糊化温度较高。除此之外，一般认为还有下列几个因素能影响淀粉的糊化。

（1）水分　为了使淀粉充分糊化，水分含量必须在30%以上，水分含量低于30%，糊化就不完全或者不均一。

（2）碱　淀粉在强碱作用下，室温下可以糊化。据研究，淀粉粒吸收碱服从Freundlich吸收公式，碱达到一定量，淀粉就糊化，例如玉米淀粉糊化所需的NaOH的量为0.4mmol/g，马铃薯淀粉为0.32mmol/g。在日常生活中，煮稀饭加碱，就是利用了碱有促使淀粉糊化的性质。

（3）盐类　硫氰酸钾、碘化钾、硝酸铵、氯化钙等浓溶液在室温下可促使淀粉粒糊化。阴离子促进糊化的顺序是：OH^- > 水杨酸$^-$ > SCN^- > Br^- > Cl^- > SO_4^{2-}，而阳离子促进糊化的顺序是：$Li^+ > Na^+ > K^+ > R^{2+}$。

(4)极性高分子有机化合物　盐酸胍(4mol/L)、脲素(4mol/L)、二甲基亚砜等在室温下或低温下可促进糊化。

(5)脂类　脂类与直链淀粉能形成包合化合物(inclusion compound)或复合体 (complex),它可抑制糊化及膨润。这种复合体对热稳定,有人利用直链淀粉与脂类形成的复合体放在100℃水中进行实验。发现这种复合体不会被破坏,所以难以膨润及糊化。

(6)直链淀粉含量　玉米的直链淀粉含量高的比含量低的糊化更困难。

(7)其他因素　如界面活性剂,淀粉粒形成时的环境温度,以及其他物理的及化学的处理都可以影响淀粉的糊化。

由上述各种影响因素可以看出,有的物质能促进淀粉的糊化,如碱及某些盐类,在室温下或低温下就可以使淀粉糊化,有人称这类物质为膨润剂(swelling agents),也有一些可以提高淀粉糊化温度的物质,如硫酸盐、植物油、偏磷酸盐等,把这类物质称为膨润抑制剂(swelling inhibitors)。如在实验室中用氯化钙溶液溶解淀粉,对淀粉进行定量测定,用乳酸洗出小麦粒中的淀粉,来测定小麦理论出粉率,就是因为这两种物质都是淀粉膨润剂的道理。

(二)淀粉的凝沉作用

1. 淀粉的凝沉(retrogradation)作用

淀粉的稀溶液在低温下静置一定时间后,溶液变混浊,溶解度降低,而沉淀析出。如果淀粉溶液浓度比较大,则沉淀物可以形成硬块而不再溶解,这种现象称为淀粉的凝沉作用,也称淀粉的老化作用。

淀粉的凝沉作用在固体状态下也会发生,如冷却的陈馒头、陈面包或陈米饭,放置一定时间后,便失去原来的柔软性,也是由于其中的淀粉发生了凝沉作用。

2. 淀粉凝沉的化学本质

在温度逐渐降低的情况下,溶液中的淀粉分子运动减弱,分子链趋向于平行排列,相互靠拢,彼此以氢键结合形成大于胶体的质点而沉淀。因淀粉分子有很多羟基,分子间结合得特别牢固,以至不再溶于水中,也不能被淀粉酶水解。也有人认为淀粉的凝沉是淀粉链在凝胶中的结晶作用导致的。

3. 凝沉作用的影响因素及防止的方法

淀粉的凝沉与淀粉的种类及直、支链淀粉的比例、分子的大小、溶液的 pH 及温度等因素都有关系,其一般规律如下:

(1)分子构造的影响　直链淀粉分子呈直链构造,在溶液中空间障碍小,易于取向,易于凝沉,支链淀粉分子呈树枝状构造,在溶液中空间障碍大,不易凝沉。

(2)分子大小的影响　直链淀粉分子中分子质量大的,取向困难,分子质量小的,易于扩散,只有分子质量适中的直链淀粉分子才易于凝沉。

(3)溶液浓度的影响　溶液浓度大,分子碰撞机会多,易于凝沉;溶液浓度小,分子碰撞机会少,不易凝沉。浓度为30%~60%的淀粉溶液最容易发生凝沉作用,水分含量在10%以下的干燥状态下,淀粉不易凝沉。

(4)pH 及无机盐类的影响　无机盐离子阻止淀粉凝沉有下列顺序:$CNS^- > PO_4^{3-} > CO_3^{2-} > I^- > NO_3^- > Br^- > Cl^-$,$Ba^{2+} > Sr^+ > Ca^{2+} > K^+ > Na^+$,溶液的 pH 对淀粉的凝沉也有影响,有报道 pH2 时最易引起凝沉,pH9 时也易凝沉,还有人则认为 pH 在 13 以上淀粉不容易凝沉。

(5)冷却速度的影响　淀粉溶液温度下降速度对其凝沉作用有很大的影响,缓慢冷却可以使淀粉分子有时间取向排列，故可加速凝沉；迅速冷却淀粉分子来不及取向排列，可减少凝沉。

淀粉凝沉可以给食品带来不良影响，如面包老化。生产上为了防止面包的老化，常常采用化学添加剂的方法，如添加表面活性剂等。如在小麦粉中加入一定量的单甘油酯，一方面可以抑制淀粉粒的膨润作用，同时使直链淀粉与它形成复合体（complex），防止淀粉的凝沉作用。

在生产上为了防止淀粉的凝沉作用发生，采用高温糊化，同时进行激烈的搅拌，使淀粉分子充分分散，但必须严格控制加热时间及搅拌条件，使淀粉糊液保持一定的黏度。

淀粉发生凝沉作用，可使食品的品质下降，但有时也可利用淀粉的凝沉作用制造各类制品，如我国粉丝的制造，就是利用含直链淀粉高的淀粉（如绿豆淀粉、豌豆淀粉等），通过糊化、凝沉、干燥等步骤制成的。

（三）淀粉的吸附性质

淀粉可以吸附许多有机化合物和无机化合物。直链淀粉和支链淀粉因分子形状不同，所以具有不同的吸附性质，其中具有实践意义的有以下几项：

1．对一些极性有机化合物的吸附

直链淀粉分子由于在高温溶液中分子伸展，极性基团暴露，很容易与一些极性有机化合物，如正丁醇、百里酚、脂肪酸等通过氢键相互缔合，形成结晶性复合体（complex molecule）而沉淀。这种结晶性复合体呈螺旋状，相当于每六个葡萄糖残基为一节距。支链淀粉分子因其不成线状，而呈树枝状，存在空间障碍，故不易与这些化合物形成复合体沉淀。目前用来分离直链淀粉和支链淀粉的方法——复合体形成分离法，就是利用直链淀粉分子这一吸附性质。

2．对碘的吸附

不论是淀粉溶液还是固体淀粉和碘作用，都生成有色复合体。这是由于淀粉分子对碘具有吸附作用。但直链淀粉与支链淀粉对碘吸附作用是不同的。支链淀粉分子与碘作用产生紫色至红色的复合体（根据支链淀粉分子的分枝长短而定），直链淀粉分子与碘作用则形成蓝色的复合体。应用 X 光衍射分析，也证实了直链淀粉分子呈螺旋的卷曲状态，每六个葡萄糖残基形成若干个螺圈，其中恰好容纳一个碘分子，如图 2－14 所示。

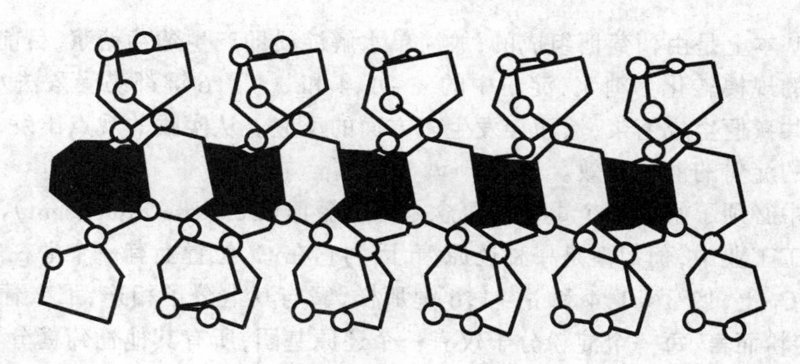

图 2－14　直链淀粉分子与碘分子的吸附作用

用电位滴定法，可以测出每克纯直链淀粉可与 200mg 碘结合，从而粗略估计每一个碘分子与 7～8 个葡萄糖残基结合，这与上述 X 光衍射法分析结果大致相符。支链淀粉分子只能形成为数很少的螺旋，吸附极少量的碘。淀粉与碘作用，产生的颜色与螺旋数目有关，如表

2－6所示。

表 2－6　淀粉与碘复合体的颜色反应

链长/葡萄糖残基数	螺旋的圈数	颜色
12	2	无
12～15	2	棕
20～30	3～5	红
35～40	6～7	紫
45以上	9以上	蓝

根据以上实验数据，可以估计支链淀粉分子的分枝长度，应当是20～40个葡萄糖残基。淀粉对碘的吸附作用是形成复合体，这两种物质，仍保留其本身的性质，当淀粉溶液中加入碘，形成蓝色复合体后，如将该溶液加热至70℃，蓝色消失，冷却后蓝色再次出现。这可能由于加热时，淀粉分子伸展形成的复合体解体所造成的。

从淀粉的吸附性质可以看出：天然存在的淀粉分子（在固体状态或在溶液中）具有一定的螺旋结构。一般假定在溶液中这种螺旋结构是不规则的，若在溶液中有碘分子、脂肪酸等存在时，则变成有规则的螺旋。

三、淀粉的化学性质

淀粉分子是由许多葡萄糖通过糖苷键连接而成的高分子化合物，它有许多化学性质基本上与葡萄糖相似，但因它分子质量比葡萄糖大得多，所以也具有其特殊的性质。如淀粉与酸的作用、淀粉的成酯作用、淀粉的氧化作用等，参见第四节淀粉转化。

第四节　淀 粉 转 化

一、淀粉转化糖

由于淀粉基本上是由葡萄糖组成的，故简单水解淀粉即产生葡萄糖浆，目前有大量的淀粉以工业化生产的规模转化为糖浆，淀粉中的 $\alpha-1,4$ 和 $\alpha-1,6$ 键都易受酸法水解的影响，直接将淀粉与酸共煮便生成糖浆，然而会发生多方面的反应。从实践的观点出发，酸水解仅对正处于胶凝之时的淀粉的液化有效。

淀粉转化中必须了解的一个重要的概念是葡萄糖值（Dextrose Equivalent），简称DE，它被广用于湿法加工工业中，葡萄糖是一种还原糖，因为它在 C_1 位置上有一个潜在的自由醛基，如果在葡萄糖的 C_1 上，像 $\alpha-1,4$ 和 $\alpha-1,6$ 键那样，氧与其他分子相连，那么葡萄糖将不再具有还原性，对淀粉而言，每一个淀粉分子仅有一个还原基团，所有其他葡萄糖分子都是在 C_1 位置上相连的。因此，每水解一个 $\alpha-1,4$ 键和 $\alpha-1,6$ 键，就会有一个位于葡萄糖分子上的还原基释放出来，淀粉分解程度通常是以葡萄糖值（DE）来表示的。

$$\mathrm{DE}(\%)=\frac{\text{还原糖（以葡萄糖表示）}}{\text{固形物}}\times 100$$

葡萄糖值（DE）表示了已水解的糖苷键的百分率。如果我们使葡萄糖链裂解10个以 $\alpha-$

1,4 键和 α – 1,6 键结合的葡萄糖单位,测定其还原能力,除以总碳水化合物,得到的值将为10%,代表纯葡萄糖值(10DE)。如果我们水解链中任一位置上的另一个键,则还原能力加倍,而总碳水化合物不少,那么得到的葡萄糖值将为 20%(或 20DE)。因此,DE 代表被水解的糖苷键的百分率,而不能表明糖浆的化学组成。

淀粉糖的成分大致有糊精、麦芽糖、葡萄糖三种,其制品的性状随其成分的比例而变化,淀粉分解时,如果 DE 增加,平均分子质量减小,同时制品的黏度下降,甜味增浓,平均分子质量减小时,冰点下降,渗透压增加,这可以用在冰淇淋制造上,用部分的饴糖代替蔗糖,使其易于结冰,麦芽糖的含量随糖化的进行,虽无很大的变化,但是在含量较高的 DE 产品中,对制品的吸湿性和抑制葡萄糖结晶的影响很大。淀粉糖的 DE 与性质的关系见表 2 – 7。

表 2 – 7　　淀粉糖的 DE 与性质

名称	DE	甜味	黏度	结晶性	结晶的抑制作用	吸湿性	溶液冰点	平均分子质量
结晶葡萄糖	99.8 ~ 100	大	小	大	小	小	低	小
精制葡萄糖	97 ~ 98							
粉末葡萄糖	92 ~ 96							
固形葡萄糖	80 ~ 85							
液状葡萄糖	55 ~ 65							
水饴葡萄糖	35 ~ 50							
粉饴葡萄糖	20 ~ 40	小	大	小	大	大	高	大

普通的淀粉水解产品,DE 为 42 ~ 43 左右,水分含量约为 16%,DE 在此以下时,产品黏度较高,糊精易于老化;DE 在 60 以上时,糖化液易于着色和过度分解,同时葡萄糖含量增加,产品容易结晶,伴随浑浊和沉淀的产生;DE 在 60 ~ 80 的液体产品,除特殊用途外,一般不予制造;DE 在 80 以上者,葡萄糖更易结晶,故其浓缩糖液易成固体,可制成含水结晶葡萄糖或无水的结晶葡萄糖。

酸法水解淀粉制糖始于 19 世纪的欧洲,在酸的存在下使淀粉胶凝,这可降低淀粉糊的黏度,而不致用大量的水。单独用酸水解可制得糖浆,但达到约 40DE 时,水反应开始起重要作用,所得糖浆颜色深。20 世纪 20 年代开始了含水结晶葡萄糖的工业化生产。用酸或酸与 α – 淀粉酶相结合制取的低 DE 糖浆 (即糊精),可用作黏性充填物和保湿剂。DE 为 10 ~ 25 的固体糖有商品销售,也可用作调味剂的稀释料。酸法液化后,用 α – 淀粉酶和 β – 淀粉酶的混合物可生产高麦芽糖糖浆,其 DE 约为 42。1966 年以后采用 β – 淀粉酶液化和葡萄糖淀粉酶糖化的全酶法生产结晶葡萄糖的工艺,逐渐淘汰了酸法糖化的工艺,生产高麦芽糖糖浆的另一种方法是将脱支酶 (如支链淀粉酶)与 β – 淀粉酶混合使用。这样可得到较高的麦芽糖百分率和较高的 DE。注意纯麦芽糖溶液的 DE 仅为 50,用 α – 淀粉酶和 β – 淀粉酶处理液化的淀粉,完成反应后糖浆的 DE 可达 70。α – 淀粉酶和 β – 淀粉酶混合不能裂解 α – 1,6 或 β – 1,4 键,反应至 α – 1,6 键时中止。因此,含 α – 1,6 键的残基将剩下来。

生产高 DE 糖浆,必须使用葡萄糖淀粉酶。该酶从淀粉链的非还原末端产生葡萄糖,既能水解 α – 1, 4 键,也能水解 α – 1,6 键。因此,从理论上说,该酶可生产 100DE 的糖浆,在工业化生产中却多为 92 ~ 95DE。高 DE 糖浆含有高水平的葡萄糖,较甜,几乎可完全发酵,产生渗透压高的溶液,不同葡萄糖的性质见表2-8。

为了获得较高的甜度,必须将部分葡萄糖转化为果糖,这要使用葡萄糖异构酶,用葡萄糖异构酶处理高DE玉米糖浆,产品的典型分析值为50%葡萄糖,42%果糖和8%的低聚糖,这就是商品高果糖玉米糖浆,其甜度刚好相当于蔗糖(以干基计),在许多应用中,这种糖浆能非常成功地取代蔗糖。虽然高果糖浆的甜度相当于蔗糖,但它比蔗糖溶液具有较高的渗透压和水分活度。由于葡萄糖和果糖都是还原糖,而蔗糖不是还原糖,因此高果糖浆比蔗糖易于褐变。

更高果糖水平(60%和90%)的玉米糖浆已生产出来,这是采用离子交换技术,从42%的高果糖浆中分离而制取的。

各种不同淀粉水解糖化产品的生产过程示意如图2-15所示。

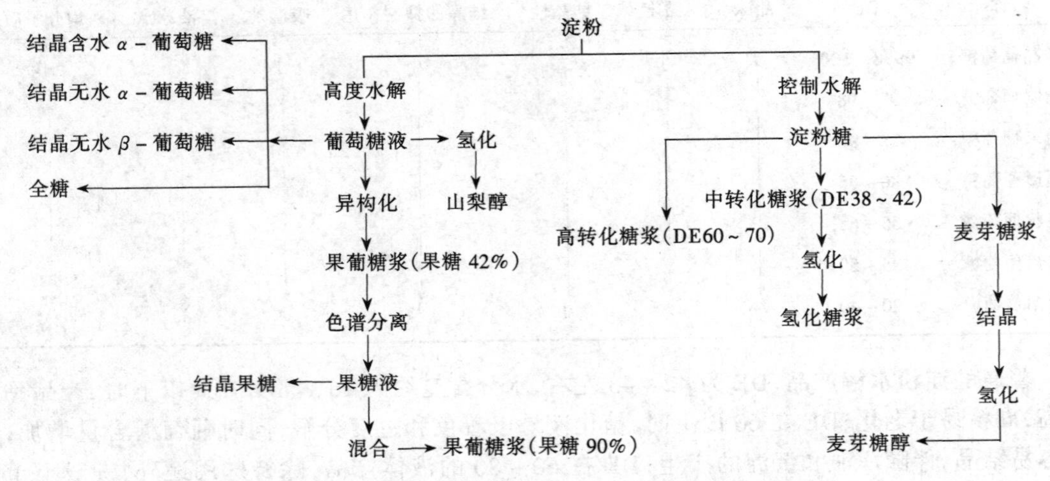

图2-15 各种不同的淀粉水解糖化产品的生产过程示意图

表2-8 不同葡萄糖的性质比较

葡萄糖种类	结晶含水 α-葡萄糖	结晶无水 α-葡萄糖	结晶无水 β-葡萄糖
结晶形状	薄片六角形	斜方平面晶形	斜方形
熔点/℃	83	146	150
溶解度(25℃)/%	30.2	62	72
比旋光度$(X)^{20}D$	112.2~527	112.3~527	187~527
溶解热(25℃)/(J/g)	-105.44	-59.41	-25.94
相对溶解速度(蔗糖=100)	0.35	0.55	1.35

1. 淀粉转化糖的种类

(1)结晶葡萄糖　结晶葡萄糖产品主要有含水 α-葡萄糖、无水 α-葡萄糖和无水 β-葡萄糖三种。结晶葡萄糖的生产是用结晶罐在25~40℃下冷却结晶,无水 α-葡萄糖是用真空罐在60~70℃下结晶,无水 β-葡萄糖是用真空罐在85~110℃下结晶,目前含水 α-葡萄糖生产的产量最大,上述三种结晶葡萄糖在性质方面存在一定的差别。

(2)全糖　是指由酶法生产所得的产品,其纯度高,甜味纯正,经精制以后,喷雾干燥成颗粒产品,或冷却结成块状,再经切削成粉末产品,称为全糖。生产这种产品省去了结晶工序,工艺简单,成本低,其质量虽然不及结晶葡萄糖产品,但适用于食品工业,其糖分可达到97%的葡萄糖含量,其余为低聚糖。酸法所得淀粉糖化液纯度低,味道也差。

(3)高转化糖浆　葡萄糖值在60~70之间,葡萄糖和麦芽糖含量分别为35%和40%,浓度为80%~83%,在4℃以上温度贮藏,性质稳定,不发生葡萄糖结晶。通常采用酸酶法工艺生产。先用酸法将淀粉糖化到葡萄糖值约50,再用糖化酶继续糖化到葡萄糖值63,然后脱色、过滤,浓缩得到产品。其糖分组成为葡萄糖37.5%、麦芽糖34.2%、三糖和四糖16.1%、糊精12.2%。

(4)中转化糖浆　这种糖浆DE为38~40,这是目前淀粉糖中产量最大的一种。因为这种糖浆要求的淀粉水解程度较低,分解和复合反应少,所以仍采用酸法水解中转化糖浆的组成成分见表2-9。

表2-9　中转化糖浆的组成成分

葡萄糖值(DE)	42	三糖和四糖/%	16.2
浓度/°Bé	43	糊精/%	29.6
水分/%	19.7	灰分/%	0.3
干物质/%	80.3	pH	5.0
葡萄糖/%	17.6	黏度(38℃)/Pa·s	15
麦芽醇/%	16.6		

(5)低转化糖浆(麦芽糊精)　淀粉水解程度较低,葡萄糖值在20以下的产品称为低转化产品,因为其糖分主要组成为糊精,所以又称为麦芽糊精,以区别于淀粉经水热作用生成的糊精,这种产品具有水溶性,不甜或微甜,易于消化,适宜在儿童食品中应用,产品不吸潮,多用于增稠剂及填充剂,用量比例很高,也不影响食品风味,这种产品的DE在10~20之间,DE在10以上的产品黏度较低,易于喷雾干燥,DE在5左右的产品黏度太高,具有不同DE的产品的糖分组成如表2-10所示。

表2-10　低转化糖浆的成分分析

葡萄糖值(DE)	4~6	9~12	13~17	18~22
葡萄糖/%	—	0.5	1.0	1.0
二糖/%	—	3.5	3.5	6.0
三糖/%	—	6.5	7.5	8.0
四糖以上/%	100	89.5	88.0	85.0

(6)果葡糖浆　酶法糖化得到的糖化液,其DE约为98,再经过异构化酶作用将部分葡萄糖转化为果糖,称为果葡糖浆,几种果葡糖浆的糖分组成及性质见表2-11。

表2-11　果葡糖浆的成分及性质

项目＼种类	42%的果葡糖浆	55%的果葡糖浆	90%的果葡糖浆
浓度/°Bé	71	77	80
水分/%	29	—	—

续表

项目 \ 种类	42%的果葡糖浆	55%的果葡糖浆	90%的果葡糖浆
果糖/%	42	55	90
葡萄糖/%	53	41	7
低聚糖/%	5	4	3
灰分/%	0.05	0.03	0.03
黏度/Pa·s	0.16	—	—

(7)麦芽糖浆　系采用 β – 淀粉酶水解淀粉产成麦芽糖。这种淀粉酶广泛存在于高级植物中,特别是谷物中的大麦,经发芽含量大大增加,所以一般采用大麦芽糖化淀粉物料生产麦芽糖浆,俗称饴糖,这种麦芽糖浆含麦芽糖约 30% ~ 40%,其余为糊精。近年来发现多黏杆菌,也产生 β – 淀粉酶,适用于生产应用,用酸酶法将淀粉液化,再用 β – 淀粉酶糖化,可得到含麦芽糖 60% ~ 70%的产品,这种糖浆热稳定性好,将这种高麦芽糖浆浓缩到 80%的浓度,再冷却到35℃左右,加入结晶麦芽糖为晶种,继续降温可以得到结晶麦芽糖产品。利用 β – 淀粉酶糖化,麦芽糖的产率最高为 70%,这是因为 β – 淀粉酶不能水解淀粉的 α – 1,6 糖苷键,若采用异淀粉酶或普鲁兰酶与 β – 淀粉酶共同作用糖化,则能大大提高麦芽糖的产率,最高可达95%。

通过氢化反应能将糖浆中的葡萄糖、麦芽糖、低聚糖等转化为相应的糖醇,使其还原性完全消失,热稳定性大大提高,即使与含氮物共热,加热到 200℃也不变色或分解。

2. 淀粉糖的性质

正确了解淀粉糖的物理化学性质,对淀粉糖的生产应用有重要作用。

(1)甜味　甜味是淀粉糖的重要性质,甜味的标准是以蔗糖的甜度为标准,比较其他糖的相对甜度。糖的甜度随浓度增高而增加,但是增加的程度随糖种类的不同而有所差异(表 2 – 12),不同的糖混合在一起,有时可以互相提高甜度。

表 2 – 12　　几种糖的相对甜度

品　种	相对甜度
蔗糖	1.0
果糖	1.5
葡萄糖	0.7
麦芽糖	0.5
乳糖	0.4
木糖醇	1.0
麦芽糖醇	0.9
果葡糖浆(42%转化率)	1.0
淀粉糖浆(DE42)	0.5
淀粉糖浆(DE52)	0.6
淀粉糖浆(DE62)	0.7
淀粉糖浆(DE70)	0.8

(2)溶解度　甜味是糖溶解在唾液中刺激味蕾产生的甜的感觉，试验证实，10%～25%的糖浓度可能是人们可以感觉到的最适宜的甜度，食用甜味要求甜味纯正、反应快、甜度适中、甜味很快消失。糖品的溶解度因品种不同而异，果糖最高，蔗糖次之，葡萄糖、乳糖再次之，溶解度随温度的增加而上升。

糖的溶解度与贮存性能有一定关系。淀粉糖浆浓度80%以上。贮存性能较好，葡萄糖浆浓度50%以上则会结晶析出，而50%浓度的淀粉糖浆贮存性能较差。

糖溶解于水中要吸收一定的热量。在25℃以下，每克含水α－葡萄糖溶解吸热105J，是一般糖中吸热最多的，所以吃葡萄糖有凉爽的感觉。每克蔗糖溶解吸热23J，为一般糖中最低的。

(3)结晶　葡萄糖容易结晶，但晶体小，果糖不易结晶，这种不同的结晶性质对糖的应用至关重要。蔗糖不宜用来生产硬糖果。当蔗糖水分熬煮到1.5%以下时，蔗糖则结晶破裂，不能得到坚硬透明的糖果，旧式方法在制硬糖果时加进一定量的有机酸，使蔗糖进行部分水解，达到防止结晶的目的，新式方法是掺入35%～40%淀粉糖浆，以防止蔗糖结晶。淀粉糖浆的吸潮性比转化糖浆低，因此防止蔗糖结晶的效果比转化糖浆好，同时淀粉糖浆含有糊精，可增加糖果的韧性强度和黏度，并有冲淡甜味的效果，使甜味温和可口。

(4)吸潮性和保潮性　吸潮性是指在空气湿度较高环境中但不吸收水分的性质。保潮性是指在较高湿度环境中吸收水分和较低湿度环境中散失水分的性质。葡萄糖的吸湿性因异构体而不同。含水α－葡萄糖在相对湿度60%时吸收水分，随湿度增高吸收水分速度增快。其水分达15%～18%时，晶粒开始溶化，无水α－葡萄糖的吸湿性很强，容易向含水α－葡萄糖转变，约30～60min转化完成。

含水α－葡萄糖的吸湿性见表2－13。糖的保潮性是高好还是低好，应根据食品本身的需要决定，如面包需要保潮适宜采用高转化糖浆和果葡糖浆，生产硬糖果以使用蔗糖和低转化糖浆为好。

表2－13　　含水α－葡萄糖的吸湿性

时间/d	吸水(25℃)/%		
	相对湿度62.7%	相对湿度81.8%	相对湿度98.8%
1	0.04	0.62	4.68
3	0.04	2.04	8.61
7	0.04	5.15	15.02
11	—	—	21.78
17	0.38	9.7	—
20	—	—	28.43
26	—	—	33.95
30	0.43	9.62	—
40	—	—	42.82
50	0.79	9.77	—
60	1.07	9.60	—
70	1.74	9.60	—

(5)渗透压　利用糖贮藏食品是一种很重要的食品保鲜方法，如蜜饯、果脯等，较高浓度的

糖液能抑制许多微生物的生长,如50%浓度的蔗糖溶液能抑制酵母生长,65%~80%的蔗糖溶液能抑制细菌和霉菌的生长,这主要是利用糖的渗透压使微生物菌体内的水分流失,从而使微生物生长受到抑制。

糖液的渗透压随浓度增高而增加,单糖的渗透压约为二糖的5倍,所以葡萄糖和果糖比蔗糖具有更好的保藏食品的效果。

淀粉糖浆虽然具有一定的抑制微生物生长的作用,但是有些酵母菌和霉菌即使在较高浓度的淀粉糖浆中也能生长。

(6)黏度　糖的黏度与食品的质量有关,如糖果和糖藏食品。蔗糖溶液的黏度比葡萄糖、果糖高,淀粉糖浆的黏度随转化程度而变,转化程度高则黏度低,反之则高。黏度与糖化工艺也有关。在食品上主要利用其黏度来提高产品的稠度和可口性,如果汁饮料和食用糖浆中都应用淀粉糖浆来增加黏度。

(7)发酵性　葡萄糖、果糖、蔗糖和麦芽糖都能在酵母的作用下发酵,但低聚糖、糊精就不行,乳糖也不能被普通酵母发酵。

3. 淀粉糖的应用

淀粉糖是一个重要的食用糖源,其用途日益广泛,主要用于食品、医药、化工等工业部门。在美国,淀粉糖主要应用于面包、谷物食品、糖果、雪糕、乳制品、饮料、罐头、果酱等食品中,还有少量作非食品应用。

低聚糖、饴糖主要用于食品方面;糊精、葡萄糖主要用于医药方面,如口服和注射用葡萄糖,果葡糖浆由于具有甜度高、风味柔、低热值和冷甜的特点,很适合制作冷饮食品,果糖和蔗糖混合使用其甜度比单一甜度之和要高,由于果糖分子质量小,渗透压大,不利于微生物生长,有较好的防腐保鲜效果,很适于作蜜饯、果浆等食品;由于果糖热稳定性低,遇热易分解,与氨基酸形成有色物质,所以用果糖制作面包,可以得到很好的焦糖色。

果糖在医疗保健食品方面的应用发展很快,如糖尿病患者,由于胰腺的β-细胞被损导致胰岛素分泌不足,食用果糖可以减轻胰腺的负担。果糖进入肝细胞,可以自由渗入,不需要胰岛素的作用,而葡萄糖必须有胰岛素作用。果糖进入肝脏后很快被磷酸化,合成糖原储存起来,或被分解产生能量,也不需要胰岛素作用,而葡萄糖的磷酸化必须有胰岛素参与才能完成。所以食用果糖不增加胰腺β-细胞的负担,又能产生能量。

另一相反的情况是,血糖偏低的患者,是起因于胰腺β-细胞分泌过多的胰岛素,使葡萄糖很快分解,降低了血液中的血糖水平,因而引起精神疲劳,有饥饿现象,医治这种低血糖病的有效办法是"节食",以减少葡萄糖对胰腺β-细胞的刺激,但同时会出现血糖供应不足,缺乏能量。而食用果糖就能很好解决这一问题,既能提供能量,又不刺激胰岛素的分泌。

葡萄糖也是重要的化工原料,如用发酵法生产的山梨醇、甘露醇、维生素、葡萄糖酸、葡萄糖醛酸、葡萄糖二酸、谷氨酸、柠檬酸、乙酸等,用途很广。

二、淀粉发酵制品

淀粉发酵制品主要有乳酸、柠檬酸、葡萄糖酸等多种有机酸。利用淀粉发酵,可以大大提高经济效益。

制造乳酸的大致过程为:将淀粉糊化,用酸、麦芽或曲进行糖化,然后将其移至发酵罐内,加上预先准备好的乳酸菌种,使其发酵,发酵的方式有单行复发酵式、平行复发酵式和上述两者的折中方式,随着发酵的进行,逐渐加碱,将酸中和,或在开始时加入过量的碳酸钙,以备中和，在发酵终止时加入微量的石灰浆，使呈弱碱性，通过加热使菌体和其他悬浮物沉淀，然后分离其上清液，冷却后析出乳酸钙晶体，若在晶体中加入硫酸，除去硫酸钙，即可得到40%左右的制品。这种乳酸经过乙醚提取、采用分馏法、酯化法、锌盐法精制，可以得到食品工业用乳酸或结晶乳酸。

食用乳酸是将乳酸钙用骨炭处理，使其脱色及再结晶后，用优质的硫酸按在适量水中交替加入乳酸钙和硫酸的方法，使反应析出乳酸，充分地除去石膏，再一次脱色、脱臭处理。这样即制成浓度为50%的淡黄色的无臭乳酸制品。

乳酸的用途很广。在皮革、印染、食品、增塑剂、合成树脂方面应用最多，如在皮革中用作脱石灰剂，在丝织品或羊毛的印染中作为媒染剂，在食品中，除了作为制造果汁、香精、果汁萃取物的添加剂和糕点、糖果等的填加物外，还可用于制造清凉饮料和食品乳化剂。

三、淀粉改性

由谷物和薯类制得的淀粉，未经任何加工处理，一般称为原淀粉或天然淀粉。此种淀粉具有一定的性质，如马铃薯淀粉与玉米淀粉在糊化时特性不同，而且两种淀粉的耐凝沉性也不相同，都有优点和缺点。为了满足应用需要，把天然淀粉经过物理或化学方法处理，改变其某些物理性质，如水溶解特性、黏度、色泽、味道及流动性等，此种经过处理的淀粉或其制品称为变性淀粉。变性淀粉有很多种类，在工业上占有重要地位。变性淀粉一般是指除淀粉糖、发酵产品以外的糊精、α－淀粉和引入各种官能团的衍生物等，大部分是在变性基础上具有低聚糖以上分子链的淀粉。

变性淀粉有很长的历史，1804年西欧出现了糊精，到19世纪中叶，糊精有了新的发展。同时作为炸药用的硝酸淀粉也获得了发展。本世纪初，可溶性淀粉进入了实用阶段，接着又实现了α－淀粉的工业化生产，在结构上通过避免解聚引入官能团，抑制颗粒的泡胀。抗老化等特性的改善，提供了经济的合成用试剂，20世纪50年代已研制出了羟乙基淀粉、阳离子淀粉、直链淀粉等，以及以高分子为目标，发展到现在的合成高分子共聚物。

天然淀粉的可利用性主要取决于淀粉分子所组成的淀粉颗粒结构以及淀粉分子中直链淀粉和支链淀粉的含量。淀粉分子有大量的醇烃基，经氢键等分子间力的缔合作用，构成不同分子结构和性质。淀粉可供利用的性质是：①颗粒性质，表示凝聚态的流动性、压缩性等，反应离子化状态的吸附性、凝聚性、吸湿性、水湿性等；②糊或浆液性质，加热或冷却时的黏度变化，搅拌时精度变化的耐机械性，低温贮藏和冻融过程中糊黏度的稳定性、保水性、凝沉性等，以及无保护胶体或乳化作用的性能；如成膜性等，其他包括耐药性、透明清澈度等；③干淀粉膜性质，冷水或热水可溶性和溶解速度、吸湿性、透气性、可塑性、弹性、坚韧性、再湿性等。

要了解变性淀粉，就必须先了解天然淀粉的属性和性能界限。天然淀粉具有冷水不溶性、老化脱水、耐药性和机械性差、缺乏乳化力、被膜性差和缺乏耐水性等缺陷。为了改进这些缺陷，根据淀粉的结构及物理化学性质，开发了淀粉变性技术。这种淀粉变性技术主要是利用各种官能团的反应试剂改变淀粉的天然性质、增强某些机能或引进某些新的特性。

制造变性淀粉的原理和方法是：用某些化合物取代淀粉中的葡萄糖单位，减少和增加葡萄糖单位的聚合度；添加化学试剂使葡萄糖分子2、3、6碳上的OH与其他化合物作用，生成醚、酯及其他衍生物，改变淀粉的物理特性使之符合工业用途的要求。

（一）变性淀粉分类

由于看不出淀粉分子中的化学变化，几乎不能分辨出淀粉的葡萄糖残基，因此在分类上很困难。目前变性淀粉的分类方法大致有三种:按用途分类、按产品性质分类、按生产方法分类。

1. 按用途分类

(1)食品类　如汤罐头用的高黏度淀粉,馅饼料葡萄冻及香草奶油酱配方中用的瞬时胶凝淀粉,作为增稠剂、胶体生成剂、保潮剂、乳化剂、黏合剂用的变性淀粉等。

(2)医药用类　用作片剂、丸剂的充填剂。

(3)工业用类　棉麻、毛、人造丝等用的浆料可取代部分或大部分 PVA;贴面用胶黏剂,如木纹纸贴面等;造纸用上胶料,纸板、纸袋、纸盒、瓦楞纸用的黏着剂。

(4)其他类　制造农用地膜的配料、石油钻泥的配料、铸造模型、沙芯用的黏合剂,去污洗涤剂以及化妆品、牙膏的底料。

2. 按产品性质分类

(1)淀粉分离物　主要指直链淀粉和支链淀粉。

(2)淀粉分解产物　烘焙糊精,烘焙可溶性糊精、白糊精、黄糊精;干法制品,绝干淀粉、涂粉淀粉、微粒化淀粉、放射线处理淀粉、高频处理淀粉;α 化产品,各种淀粉的 α 化制品、各种变性淀粉的 α 化制品;氧化淀粉,次氯酸氧化淀粉、过氧化氢氧化淀粉、双醛淀粉、酸变性淀粉;普鲁蓝;环糊精等。

(3)化学衍生物　淀粉酯,醋酸淀粉、琥珀酸淀粉、硫酸淀粉、硝酸淀粉、磷酸淀粉、黄原酸淀粉;淀粉醚,烯丙基淀粉、甲基淀粉醚、羧甲基淀粉、羧乙基淀粉、羟甲基淀粉、羟乙基淀粉、羟丙基淀粉、阳离子淀粉;交联淀粉,甲醛交联淀粉、环氧氯丙烷交联淀粉、磷酸交联淀粉、丙烯醛交联淀粉;其他,淀粉接枝共聚物。

(4)其他制品　生物降解膜、淀粉/苯酚压塑粉和清漆,以及用玉米淀粉生产聚醚树胶等。

3. 按生产方法分类

(1)物理变性淀粉　如 α 化淀粉等。

(2)化学变性淀粉　如酸变性淀粉等。

(3)酶法变性淀粉　如糊精等。

化学变性可以是非解聚变性或解聚变性。非解聚变性是通过化学官能团取代或交联反应。引入各种基团以改变淀粉粒的膨胀和缔合或老化性质。取代作用可减弱淀粉粒之间的引力,改善黏度、稳定性、溶解度、凝沉性、膨胀性等。交联作用能够提高产品的糊化温度和淀粉悬浮体系的稳定性等,这类变性的程度主要取决于取代基团的原始特性和取代度大小。例如亲水基取代将增加淀粉的水溶解度,疏水基取代将促进淀粉在丙酮、氯仿等有机溶剂中的溶解度,高取代度的衍生物将具有取代度的性质。解聚变性包括接枝共聚物、酸处理淀粉、次氯酸盐或高碘酸氧化淀粉、酸热处理制取糊精、酸和酶水解制取直链淀粉等。这类淀粉在化学变性的同时,伴随有淀粉分子的解聚过程。例如,接枝共聚物的制取过程中,首先是淀粉分子产生活性游离基,此时往往伴随有淀粉分子的解聚,然后高分子游离基同接枝物反应。

化学变性方法有干法、湿法、不均匀法和均匀法四种。

淀粉衍生物这一术语包括一些淀粉分子中吡喃葡萄糖残基产生化学结构的变化。虽然变性产品可以作为淀粉衍生物的主要产品,但其他类型的变性,诸如水解作用、糊精化则不属于衍生物一类。

淀粉衍生物被用于改善凝胶过程和颗粒状淀粉的蒸煮熟化特性,以减少凝胶化含直链淀粉的胶质化倾向,在低温条件下,增加淀粉内溶物的持水性。另一方面,引进其他高分子取代基,授予亲水或疏水特性,使淀粉产品在增稠、黏合及成膜方面性质得以改善。

淀粉衍生物的特性取决于以下因素：淀粉的预处理(酸催化、水解和糊精化)；直链和支链淀粉的比值；一些分子质量分布的程度或聚合度(DP)；衍生物的类型(酯化、醚化、氧化)；取代基团的性质(醋酸酯，氢氧基丙基)；取代度(DS)或摩尔取代程度(MS)；产品状态(颗粒状，预糊化)；与成分有关的形态(蛋白质、脂肪酸、磷化物等)或天然取代基。运用对淀粉的多重处理可获得预期的组合特性，如用酸变性淀粉或糊精来制取淀粉衍生物可获得低黏度淀粉产品，这种低黏度产品要比用天然淀粉制取的产品硬些，分散性好。次氯酸氧化淀粉也可进一步用来制取衍生物。有时则是未解聚的淀粉制取衍生物。随后再加酸变性，糊精化作用或氧化作用等处理，以期获得预期的黏度。交联反应往往用于与其他衍生物的结合处理，变性处理的次序根据取代基的稳定性，或处理淀粉的随后反应而定。

淀粉衍生物的取代度一般以DS表示，DS是代表在每一个D－吡喃葡萄糖基(一般称为脱水葡萄糖基，缩写为AGU)单位上测定所衍生的羟基平均数，淀粉AGU上最多有3个可以被取代的羟基，所以，DS最大值为3，绝大多数淀粉衍生物都是低DS产品，DS一般低于0.2。

(二) 变性淀粉加工工艺

1.α 化淀粉

α 化淀粉历史悠久。1920年开始工业化生产以来，得到了很快发展，直到今天还在大量生产和应用。α 化淀粉的制造，主要有滚筒法和挤压法。

(1)滚筒法　有单滚筒和双滚筒两种类型(图2－16)，双滚筒式的两个滚筒的运转方向是相反的，具体操作是将蒸汽通入滚筒的中心，升温至150℃左右，在单滚上或两个滚筒之间输入淀粉液，使之糊化，在滚筒表面形成薄膜，通过安装在滚筒上的刮刀，把薄膜刮下进入收集器，然后粉碎，过筛，包装，即得成品。

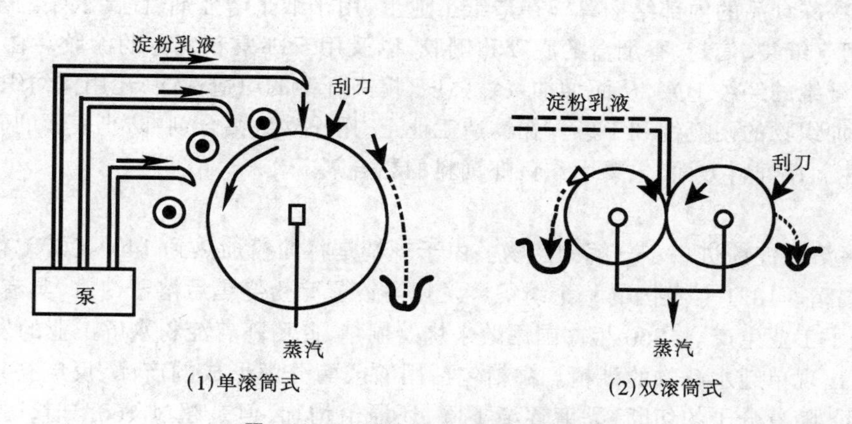

图2－16　单滚筒式和双滚筒式示意图

影响 α 化淀粉质量的因素很多，首先，原料淀粉的质量，如磷、钙、镁等的含量，淀粉原料的品种成熟度、淀粉加工的水质等。其次，取决于糊化的好坏、承受的剪切力、干燥过程中的老化程度及体系黏度等。第三，在操作中乳液滞留的程度、滚筒表面的温度、淀粉乳的浓度、滚筒的速度要根据产品的用途来确定。第四，制造 α 化淀粉最忌混入异物，如在干燥中干燥不完全的部分老化回生，成为不溶性异物，滚筒与刮刀摩擦有时产生铁粉，用刮刀不能完全刮下淀粉时，余下薄膜变成角质的褐色物。

双滚筒只利用了滚筒的一半面积，在提高滚筒转速时，出现未干燥产品，因此能效率、热效率不理想。单滚筒式生产是在一个滚筒上装有附加的小滚筒，在其前方有2个以上的滴孔滴下淀粉乳液，在滚筒上形成2～3层重叠薄膜，然后也是用小刀刮下，经粉碎过筛，包装即为成品。单滚筒式几乎利用了滚筒全部表面，因此能效率、热效率均好，但由于滚筒和附加滚筒之间的剪切力引起黏度下降，操作比较麻烦。

挤压法：利用塑料挤压成型机制造的方法；将淀粉乳注入图2－17所示的钢筒中，在120～160℃的温度下，用螺旋桨高压挤压；由顶端小轮以爆发式喷出，通过瞬时膨胀、干燥、粉碎，就可连续获得产品。

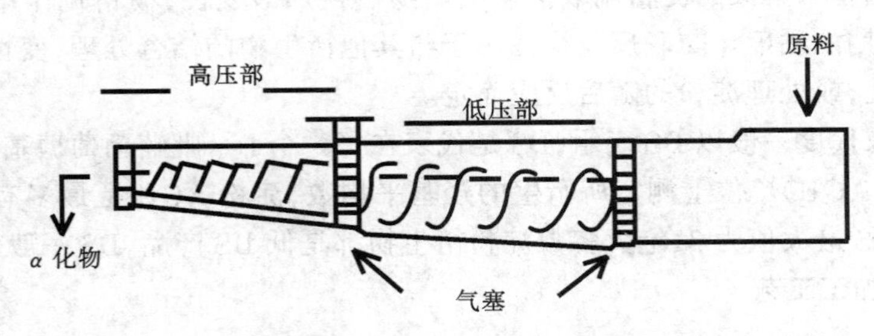

图2－17　挤压法生产α化淀粉示意图

这种方法基本不需要加水，能够用内摩擦热维持温度。同时原料的利用效率高，减少费用，还可大大改变成品的组成性质和外观，用此法所得产品不易被微生物污染，很少破坏其中的维生素。由于它只需低费用的热源来蒸发干燥，所以这种方法被认为是最经济的。

α化淀粉用途很广。很久以前便用于食品工业、造纸工业、纺织工业、黏合剂及饲料等方面。在食品方面，用α化淀粉可省去热处理，用于增黏保型，还可用于改善糕点配合原料的质量，以及稳定冷冻食品的内部结构等。在造纸工业上，用于纸张增强剂，提高纸张的强度，作为黏合剂主要用于纸袋、信封、香烟盒的底胶和侧胶，以及用于邮票和证券的涂胶。在纺织工业中，用于各种纤维的经纱上浆，从而增加浆纱强度，提高纤维的织造性能，还用作纺织成品精加工的浆料，增加织物的硬挺性和手感。在铸造工业上，用作砂型黏合剂，防止表面的砂掉落，使砂失去流动性。在饲料方面，主要用作鱼虾饲料的黏合剂。

2．糊精

糊精是可溶性淀粉进一步分解的产物。由于糊精是将淀粉加热到140～200℃得到的，所以又称烧焙糊精。1821年英国的一个纺织厂发现马铃薯淀粉烧焦后溶于冷水，具有很高的黏性，以后开始了工业生产。1860年德国用酸来烧焙糊精，此后随着淀粉水解工业的发展，到20世纪60年代出现单纯水解物的糊精。糊精包括用酸或酶分解形成的产品，反应初期，在低温多水的状态下，随着分子的切断，黏度逐渐下降，还原值增加，但是超过160℃时，可以看到淀粉溶解度上升，还原值反而减少的现象。

糊精产品按形态分，大致有三种：①粉末糊精，与可溶性淀粉近似，分解度很低，有白色糊精和黄色糊精之分；②无定形状糊精，外形与阿拉伯胶相似，但分解度有所提高，一般为黄色或黄褐色；③浓厚的乳状物糊精，这种产品市售很少。

制造糊精有直接烧焙法、加酸烧焙法和干式法。

（1）直接烧焙法　把淀粉放在装有搅拌器的锅内，用150～250℃高温加热2h或更长时间，达到有适当的颜色并显示出有溶解的迹象时，停止加热，并急速地使全部冷却，磨碎过筛，即得产品。

（2）加酸烧焙法　加少量的酸进行烧焙，能加速反应，而且用较低的温度就能达到目的，普通使用盐酸或硝酸，有时也使用类似氧化剂的药品，酸的浓度大致为0.15%～0.25%，往淀粉中加酸时，先将淀粉置于铁桶内，一面不断地搅拌，一面用水把酸稀释并喷在淀粉内，混合均匀，放置24h后进行烧焙，先用100～125℃烧焙1～ 2h，再把温度升到140℃烧焙20～30min即停止加热。

(3)干式法 按照药浸→预干燥→冷却→调匀湿度等工序进行。药浸可使用各种类型的混合机，把盐酸、硝酸或者氨、碳酸钠用水稀释，均匀地浸透淀粉，为了保证烧焙时粉体的流动性，在预干燥时使水分含量降到10%以下，烧后用冷却装置结束反应。同时，为了使用方便要经过调湿装置再制成成品。白色糊精的反应温度是120℃左右，黄色糊精的反应温度是145℃，英国胶要加热到150～180℃，在工艺中要避免淀粉局部过热，注意避开爆炸极限(7～280g/m^3)，以防止燃烧和爆炸，糊精的制造条件及物理性质见表2－14。

表2－14 糊精的制造条件及物理性质

糊精种类	白色糊精	黄色糊精	英国胶
烧焙温度/℃	110～130	135～160	150～180
烧焙时间/h	3～7	8～14	10～24
催化剂用量	多	中	少
溶解度	从低到高	高	从低到高
黏度	从低到高	低	从低到高
颜色	从白色到乳白色	从浅黄色到棕黄色	从浅黄色到棕黄色

烧焙装置有转筒式、敞开式、回转连续式等。要求烧焙装置能均匀地加热粉体，并迅速除去挥发物。目前比较先进的装置是罐式或回转炉式。

糊精的用途：糊精主要用于纤维的加工和整形、纸张表面上胶和黏涂料、水溶性涂料、各种黏结剂。优质的黄色糊精溶于冷水，黏度低，其黏度与牛顿流体黏度接近，能够粘结纤维素原料并形成水溶性膜，以及粘接无机材料等。白色糊精用作片剂、丸剂的填充料。

3．酸变性淀粉

淀粉经无机酸处理后，可以得到一种颗粒状的低分子水解物。对于酸变性淀粉产品的要求，主要是黏度与流度的比值(所用条件为弱酸性，在淀粉糊化温度以下处理)。淀粉在低于它的糊化温度下经酸处理制得的产品具有一个较低的热糊黏度和一个较高的冷糊黏度比，这个黏度比可以不受限制地变化。同原淀粉比较，酸变性淀粉显示不同的性质。如较低的碘亲和力、较低的固有黏度，以及在热水中糊化时，随着溶解度增加其颗粒膨胀度较原淀粉低。并根据渗透压的大小，显示出较低的平均分子质量、较高的苛性钠临界吸收值，以及在冷的无水二甲基亚砜中缓慢溶解速度。经酸处理的薯类淀粉和小麦淀粉具有高的热流动性，而冷却后具有类似玉米原淀粉产生的短而僵硬的凝胶体，经进一步处理可得冷却后不凝胶的产品。

酸变性淀粉的制备：最早由林德(Lindner)发现，所以称为林德法，产品亦称为林德淀粉，其具体酸化过程是用7.5%的盐酸在室温下作用7d或40℃作用3d。贝尔马斯(Bermas)用1%～3%酸在50～55℃作用12～14h，得尔伊(Delly)用0.2%～2.0%浓度的酸，在55～60℃处理淀粉0.5～4h，而凯茨(Ketz)研究了酸浓度对最终产品的黏度的影响，使用0.61%浓度的硫酸，在50℃作用24h。上述这些产品的流度为60s。蜡质玉米淀粉通过酸处理、悬浮液pH在1.8左右，在48～55℃下搅拌5h，就能制得流度为62s的产品。

在酸处理过程中，随着酸变性作用的增加，将会降低热糊化黏度和冷却糊凝胶的僵硬性和破裂强度,相反,它是随着酸浓度的降低和反应时间的延长而降低其胶凝能力的。

为了获得稠度大的流态糊以制备胶姆糖果,有人用改变酸浓度、温度和时间等常规反应条件来制取,如在含有盐酸的水中,在30℃温度下调制玉米淀粉得到22°Bé的淀粉乳,酸在乳液中的浓度为0.6mol/L,当淀粉流度达到60s时(约3h)搅拌淀粉乳,用无水碳酸钠中和到pH5.2,分离出淀粉后,洗涤、干燥,即得成品。

酸变性淀粉的用途:淀粉经酸处理后,其非结晶部分结构被破坏,使颗粒结构变得脆弱,一般以碎片分散形式而不是以膨胀形式被溶解,其糊液对温度的稳定性减弱,受热易溶解,冷却则凝胶化,这些性质可以用在食品、造纸、纺织等方面,酸变性淀粉大量用于生产胶冻软糖和胶姆糖,在这些产品中,通常使用流度为40~60s的酸变性淀粉,高流动度产品制取的糖果,质地紧凑,外形柔软,富有弹性,在高温下吃不收缩,不起砂,能够在较长时间内保持产品的稳定性。在造纸上,主要用于特等纸生产的砑光机上胶,改善纸的耐磨性、耐油墨性,提高印刷性能。在未经漂白处理的衬里纸板生产中,用流度为20~40s的酸变性淀粉上胶,可以提高纸板的耐磨性。用12%~14%浓度渗透性好的流度为60s的酸变性淀粉液作牛皮纸的表面施胶,可改善其印刷性能,在纺织工业上,利用其良好的渗透性和凝聚性,可以将纤维紧紧黏聚,提高纺织产品表面光洁度和耐磨性。

4. 氧化淀粉

从1829年利比格(Libig)发表淀粉与氯及次氯酸反应的文章后,到1896年发现了作为古老的变性淀粉——氧化淀粉,进入了工业规模生产。由于制造方法简单,用途很广,生产量亦逐步扩大。在制造方法上也不断改进,一直到现在仍在大量生产氧化淀粉。

生产氧化淀粉是在某种条件下,淀粉分子的还原端葡萄糖单体的环状结构容易在C_1位上的氧原子处断开,而在C_1位上形成1个醛基。所以通常被认为有三个类型的基团被氧化成羧基或羰基,即还原端的醛基和葡萄糖分子中的伯、仲醇羟基被氧化。

氧化淀粉的氧化剂有漂白和氧化作用。氧化剂可以分为三类:①酸性试剂,如硝酸、铬酸、高锰酸盐、过氧化氢、卤化物(氟、氯、溴、碘)、卤氧酸(次氯酸氯化钠、氯酸、高氯酸),其他过氧化物(过硼酸钠;过硫酸铵、过氧醋酸等),以及光照辐射、臭氧等。②碱性氧化溶剂,如碱性次氯酸盐、碱性次溴酸盐、碱性次碘酸盐、碱性高锰酸钾;碱性过氧化物、碱性氧化汞、碱性过硫酸盐。③中性试剂,如溴、碘等。

工业上从操作方便和经济考虑,通常采用碱性次氯酸盐作为氧化剂。通过调节氧化剂浓度,添加氧化剂速度、抑制淀粉膨胀试剂的添加量、pH和温度等,来控制淀粉的氧化程度,而制备出具有不同性质的产品。

影响淀粉氧化的因素,由于原料淀粉品种及其含杂质量的不同,产品的糊化温度、糊液的透明度、稳定性、黏着力、成膜性等都有一定的差别,这种差别对淀粉氧化反应产生影响。

在氧化反应过程中,分子中生成羧基和羰基,同时也发生一些糖苷键键的断裂,导致相对分子质量降低,随着羧基和羰基的产生,反应混合液的pH下降,故经常要用HCl和NaOH控制体系的pH。pH高,有利于羧基的产生,当pH在7左右时,羰基生成量最高,并且主要是在C_2和C_3位上的羟基被氧化,这时的反应速度可达到最大,反应速度与温度之间成正比关系,但温度过高,会导致淀粉颗粒膨胀而阻碍氧化反应的正常进行,因此一般将温度控制在50℃以下,温度高低取决于次氯酸盐的用量,添加钴离子、溴离子或硫酸镍等催化剂能加速反应。

氧化淀粉产品的性质取决于反应过程中产生基团的质和量以及解聚程度。其一般的物理化学性质如下:①可溶性。糊化开始后,淀粉就以碎片的形式进行溶解。这种倾向随氧化反应率——羧基产生量的提高及解聚程度的提高而明显上升，显示出低黏度和高流动性，因此提高了糊液透明度、渗透性及成膜性。干薄膜透明、均匀，并有良好的抗拉强度。②稳定度。由于官能团的生成对分子间缔合起阻碍作用（认为沿着淀粉链在100～200个甚至300个羟基中，只要有一个羟基被氧化或取代就会对其物理性质产生影响），以及氧化淀粉中羧基具有抑制回生和溶解作用，所以能提供稳定、不易回生的糊，所形成的凝胶结构比天然淀粉的要更松散和脆弱，而且由于具有阳离子而对胶体产生保护作用。③白度。氧化反应过程中同时对淀粉具有漂白作用，在反应中杂质被溶解，因而产品的白度提高，同时还可能除去天然淀粉的异味。

氧化淀粉的制造：首先是将氯气溶解到稀 NaOH 溶液中，冷却到4℃左右，制得次氯酸钠溶液，在控制条件的情况下，将淀粉悬浮液与碱性次氯酸钠溶液反应，这种作业在淀粉工厂进行，将精制后的淀粉乳以18～24°Bé（约33%～44%干淀粉）的浓度直接送入反应罐中。反应罐装有可以升降的搅拌器，并装有可供添加化学试剂的导管和温度表。反应罐是夹层的，可以通蒸汽加热。当淀粉乳进入反应罐中开动搅拌器，使淀粉呈悬浮液状，用大约3%氢氧化钠溶液将pH调到8～10，温度40～50℃范围内，在规定时间内加入含有5%～10%有效氯的次氯酸溶液。在反应过程中，pH的控制是通过添加稀氢氧化钠溶液进行中和而产生的酸性物质来进行的。并通过调节次氯酸钠溶液加入的速度或冷却设施，将放热的氧化反应温度控制在21～38℃之间，通过调节淀粉乳浓度、添加次氯酸的速度、反应时间、温度和pH，可以制得不同性质的产品。

当氧化反应达到预定要求时（通常用黏度计测定黏度），就将pH降低至5～7，并用亚硫酸钠溶液或二氧化硫气体使过量的氯失效而停止反应。然后通过过滤机和离心分离机从反应物中把淀粉分离出来，除去可溶性副产品、盐及碳水化合物降解产品。

氧化淀粉品种很多，主要有过氧化氢氧化淀粉和双醛淀粉。

过氧化氢氧化淀粉是在碱性条件下，过氧化氢（H_2O_2）产生新生态游离氧（O），这种新生态氧可使淀粉断键裂解、氧化。利用这种性质可制得氧化淀粉。

用玉米制取过氧化氢氧化淀粉的生产过程如图2－18所示。

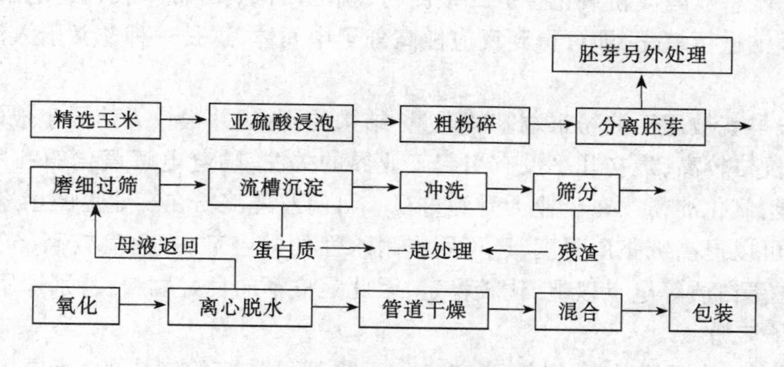

图2－18　过氧化氢氧化淀粉生产流程

氧化工艺操作程序：用60℃的温水冲洗流槽内沉淀的玉米淀粉，控制淀粉的浓度在30%以上，经筛分后泵入4000L反应池中，测定淀粉乳浓度并计算淀粉量。用2%浓度的碱液调节pH10。加热反应液温度调至45℃左右，加入过氧化氢1.5%，反应1.5h，每隔0.5h测定一次恩氏黏度。当半成品黏度为75±5/s时，泵入离心脱水工序，经管道干燥后的氧化淀粉与适量填充料混合，即为过氧化氢氧化淀粉，经检验合格包装出厂。

过氧化氢氧化淀粉由于黏合力强，使用方便，成本低，在纸加工中普遍用作黏合剂，特别是瓦楞纸板的制作中应用更多，在造纸过程中，常用作表面施胶和涂布黏结剂，由于过氧化氢氧化淀粉不像次氯酸钠氧化淀粉那样污染环境，因此过氧化氢氧化淀粉发展较快。

双醛淀粉：在淀粉的悬浊液中加入略大于或等摩尔的高碘酸水溶液（淀粉以葡萄糖单位计）。在25℃左右不断搅拌下保持18h，经反复水洗除去碘酸盐。最后以丙酮洗涤，在40℃下干燥得成品，氧化度达95%～100%。

高碘酸氧化淀粉将葡萄糖单位中第2个和第3个碳间的键打开，生成两个醛基，如下列化学式所示：

$$\text{葡萄糖单位}\ (CH_2OH;\ C\text{—}O;\ C,\ H,\ OH;\ C(OH)\text{—}C(OH)) \xrightarrow{HIO_4} \text{双醛单位}\ (CH_2OH;\ C\text{—}O;\ C,\ H;\ H\text{—}C{=}O,\ H\text{—}C{=}O) + HIO_3$$

此氧化作用需要很多高碘酸，每葡萄糖单位需用1.0～1.5mol/L的高碘酸，生产成本很高。现用电解法，可将高碘酸的用量降低到理论量的7.5%，原理是将被还原的碘酸经电解氧化成高碘酸连续作用，淀粉和碘酸的水溶液为阳极液，稀硫酸为阴极液。电流为3A。可以控制氧化度至任何阶段（0.5%～100%）。双醛淀粉在外观上与原淀粉相似，但理化性能差别很大，如遇碘不呈蓝色，无偏光十字，不溶于冷水而溶于热水，添加5%～10%的酸性亚硫酸钠、醋酸钠、硼砂等缓冲盐类能提高其溶解度，其水溶液蒸发后成为透明薄膜。

双醛淀粉氧化率高，不受淀粉酶的作用，性能稳定。双醛淀粉同水反应形成分子中的伯醇和半缩醛或以半醛醇的形式存在。表明由于一个葡萄糖残基内有2个羰基，因而有很高的化学活性，可以用作天然高分子或合成高分子的交联剂。

如果进一步将双醛淀粉氧化生成二羧淀粉，就可以得到近似果胶构造的水溶性胶，用镍催化剂或氧化硼钠进行氧化，即可得到反应性高分子中间体，这是一种非常引人注目的淀粉衍生物。

高碘酸很早就被用于淀粉末端基的定量、结构的研究，并很快弄清了生成的氧化淀粉的特性，可是由于价格较高，最初几乎没有引起工业界的关注，随着电解氧化的利用使过碘酸的研究进一步发展，氧化淀粉才在工业上受到重视。目前双醛淀粉在工业上的用途很多，主要用于造纸工业，它可以提高纸张湿强度，还可用作耐水性的黏合剂，氧化度较高（50%以上）的双醛淀粉酸碱度在蛋白质等电点以上，比较稳定，因此是皮革的良好鞣料，特别适用于制衣服用革。

5. 阳离子淀粉

阳离子淀粉一般是把各种置换胺、铵盐、亚胺等引进淀粉制成的，形成工业化生产仅20年，和其他淀粉衍生物一样，目前在纤维素工业领域里仍属先进技术，早在20世纪30年代已经报道利用卤化叔烷胺、环氧胺、乙烯亚胺等各种衍生物。其中主要有2－二乙基胺基乙基氯化物制备的叔胺型（2－1）和2,3－环氧丙基三甲基胺氯化物制备的季胺型（2－2）。以后虽然还有一些发展。但还是由上述两种反应式发展而来的。一般置换度为（DS）0.01～0.05，分子质量大的，即使置换度低也显示其效能。但是，进行低黏度作业时，置换度要高。

$$淀粉-OH + ClCH_2CH_2N(C_2H_5)_2HCl \xrightarrow{NaOH} [淀粉-OCH_2CH_2N^+(C_2H_5)_2H]Cl^- \quad (2-1)$$

$$淀粉-OH + \overset{O}{CH_2—CH}CH_2N(CH_3)_2Cl \xrightarrow{NaOH} [淀粉-OCH_2CHOHCH_2N^+(CH_3)_3]Cl^- \quad (2-2)$$

阳离子淀粉的制造:阳离子淀粉是使淀粉分子进行阳离子化反应后制取的,阳离子化剂为各种胺化合物。在阳离子化反应中有湿法和干法两种。在大量水分存在的条件下进行的反应为湿法,在少量水分存在条件下进行的反应为干法,湿法具有容易制取均质阳离子淀粉的优点,缺点是反应后脱水或干燥需要消耗大量的能源,而干法含水率低,反应后脱水或干燥时节省能源。干法是在干燥状态下,以卤代醇为阳离子化剂,使之与淀粉进行反应。这种方法在酸性以至碱性广泛的 pH 范围内,均可制取阳离子淀粉。在淀粉中添加碱的同时,添加碳数 1~10 的脂肪族一元醇,其添加量为淀粉液总量的 4%~85%,水添加量为 5%~35%,水与醇总量为 9%~90%,在该条件下使淀粉与阳离子化剂反应。之所以选择脂肪族一元醇,是因其具有防止淀粉被碱和水局部膨润之效果。另外,一元醇沸点低,能与水同时蒸发。脂肪醇中碳数不可高于 11,如果超出 10 的范围防止局部膨润作用小,沸点高,蒸发困难。

碱剂可使用 NaOH,可预先将乙醇添加在淀粉中,然后添加固体 NaOH,也可将 NaOH 作为水溶液添加。亦可将 NaOH 溶于乙醇中,也可将乙醇添加到 NaOH 溶液中,然后再添加到淀粉中。

干法反应时,必须严格控制水量,限制在 5%~35%范围内。水量如果低于 5%,淀粉与阳离子反应难以进行。反之,若高于 35%,乙醇防止膨润效果减退,失去干法特点。从产品中排水、干燥需要耗费大量能源,乙醇有防止水和碱使淀粉局部膨润的作用,所以加入乙醇的量比反应时存在的水量要多些,但是反应中乙醇量超过 85%,反应后除去乙醇很困难。

阳离子淀粉的用途:阳离子淀粉具有电化学吸引作用,可显著提高纤维间的结合力,它具有助留剂和絮凝剂的作用,可减少纤维及颜料的流失,从而提高得率,降低成本。由于阳离子淀粉的电化学作用,可以把细纤维和添加料均匀分布于纸中,因而能有效地改善纸的正反面差,印刷性能好,同时用离子淀粉施胶压榨可提高其他填料的使用效率,降低造纸成本等。

阳离子淀粉在纤维工业中,可以用作纺织上浆剂,在水处理工业中,可以用作沉淀剂,在造纸工业中,可以用作增强剂、中性抄纸施胶剂,还可用于净化矿石等。

6. 交联淀粉

交联淀粉是多元官能团作用于淀粉乳,使 2 个或 2 个以上的淀粉分子间交联在一起的淀粉衍生物。淀粉交联的形式有酰化交联、酯化交联和醚化交联等,交联淀粉也是一种变性淀粉,其物理化学性质与普通淀粉有很大区别,如糊化温度升高,糊化的稳定性增强,随着交联度的提高,淀粉性质变化越明显,如在高温下不糊化、遇水不溶胀等。

使淀粉分子发生交联反应的试剂称做交联剂,目前交联剂有几十种,常见的有:氯氧化磷、三偏磷酸盐、丙烯醛、表氯醇等。

淀粉用多功能试剂处理后,分子间发生交联结构或搭成键桥,反应后,交联淀粉的平均分子质量显著增加,在反应中,由于分子表面结构紧密,反应条件影响不到内部,分子内部反应少,整个反应进程趋向于分子间交联,但淀粉与其他基质如纤维素之间亦可以交联结合,所以,包括具有湿耐磨性和造纸用的涂布和耐水黏接剂的淀粉,都可以通过将淀粉与乙二醛和尿素或者间苯二酚-甲醛型热固性树脂等交联剂反应制备。交联的作用主要是依靠那些暂时形成的弱键,如氢键等。通常只需要淀粉质量 0.005%~0.1%的交联剂就可以明显改变淀粉颗粒的糊化和膨胀性质，这是由于颗粒韧化而导致淀粉粒糊化时颗粒膨胀受到抑制，抑制程度就是相对交联量，所以交联剂有时也称为“抑制剂”。

复 习 题

1. 直链淀粉与支链淀粉在分子结构上有什么区别？
2. 什么是淀粉的双折射性？
3. 如何分离直链淀粉与支链淀粉？
4. 什么叫淀粉的糊化作用？
5. 影响淀粉糊化作用的因素有哪些？
6. 淀粉老化的化学本质是什么？
7. 简要说明淀粉对碘的吸附作用。
8. 什么是淀粉糖的 DE？
9. 变性淀粉按生产方法分，主要有哪几种产品？
10. 什么是淀粉衍生物的取代度(DS)，用于食品的淀粉衍生物的 DS 是怎样的？
11. 糊精有哪些主要品种？
12. 常见的淀粉交联剂是什么？

参 考 文 献

1.（日）二国二郎，淀粉科学手册．北京：中国轻工业出版社，1990

2.（美）惠斯特勒等，淀粉的化学与工艺学．北京：中国食品出版社，1987

3. 董仁威，淀粉深度加工新技术．成都：四川科学技术出版社，1988

4. 邱瑞钦等，淀粉的深度加工与综合利用．北京：中国食品出版社，1990

5. 张力田，淀粉糖．北京：轻工业出版社，1981

6. 尤新，淀粉糖品生产与应用手册．北京：中国轻工业出版社，1997

7. Banks, W. and Greenwood, C. T., Starch and its components, Edinburgh University Press, Edinburgh, 1975

8. Dengate, H. N., Swelling, pasting and gelling of wheat starch, Advances in Cereal Science and Technology, Vol.6, P49 ~ 82

9. Manners, D. J., Some aspects of the structure of starch. Cereal Food World, 30:461 - 467, 1985

10. Zobel, H. F., Gelatinization of starch and mechanical properties of starch pastes, Starch Chemistry and Technology, 2nd ed. 1984

第三章 谷物蛋白质

蛋白质是生物体的基本组成成分。人体内的蛋白质含量很多,约占人体固体成分的45%,它的分布很广,几乎所有的器官组织都含蛋白质,与所有的生命活动都有密切联系。例如,机体新陈代谢过程中的一系列化学反应几乎都依赖于生物催化剂——酶的作用,而酶的本质就是蛋白质;调节物质代谢的激素有许多也是蛋白质或其衍生物;其他诸如肌肉的收缩,血液的凝固,免疫功能,组织修复以及生长、繁殖等主要功能无一不与蛋白质相关。近代分子生物学的研究表明,蛋白质在遗传信息的控制、细胞膜的通透性、神经冲动的发生和传导以及高等动物的记忆等方面都起着重要的作用。

第一节 蛋白质分子的组成

一、蛋白质的元素组成

单纯蛋白质的元素组成为碳 50% ~ 55%、氢 6% ~ 7%、氧 19% ~ 24%、氮 13% ~ 19%。除此之外,还有硫 0 ~ 4%。有的蛋白质含有磷、碘。少数含铁、铜、锌、锰、钴、钼等金属元素。

各种蛋白质的含氮量很接近,平均为 16%。由于生物组织内的主要含氮物是蛋白质,因此,只要测定生物样品中的氮含量,就可以按下式推算出蛋白质大致含量:

每克样品中蛋白质含量 = 每克样品中含氮克数 × 6.25

二、蛋白质的基本组成单位——氨基酸

蛋白质可以受酸、碱或酶的作用而水解。例如,一种单纯蛋白质用 6mol 盐酸在真空下110℃水解约 16h,可达到完全水解(酸水解的条件下,色氨酸、酪氨酸易被破坏)。利用层析等手段分析水解液,就可证明组成蛋白质分子的基本单位是氨基酸。构成天然蛋白质的氨基酸共 20 种。

这些氨基酸为 L - α - 氨基酸(L - α - amino acid),其结构通式如下:

$$H_3N^+—\overset{\displaystyle COO^-}{\underset{\displaystyle R}{C}}—H \qquad\qquad H—\overset{\displaystyle COO^-}{\underset{\displaystyle R}{C}}—NH_3^+$$

L - α - 氨基酸　　　　D - α - 氨基酸

生物界中也发现一些 D 系氨基酸,主要存在于某些抗菌素以及个别植物的生物碱中。

三、氨基酸的分类

组成蛋白质的氨基酸按其 α - 碳原子上侧链 R 的结构分为 20 种,20 种氨基酸按 R 的结构和极性的不同有以下两种分类方法。

(一)根据 R 的结构不同分类(表 3－1)

表 3－1　　组成蛋白质的氨基酸

名　称	结构式	解离基团			pI
		pK_1	pK_2	pK_3	
1. 脂肪族氨基酸	一氨基一羧基				
(1)甘氨酸	$H-CH(NH_2)-COOH$	2.34	9.60	—	5.97
(2)丙氨酸	$H_3C-CH(NH_2)-COOH$	2.35	9.69	—	6.02
(3)缬氨酸	$(H_3C)_2CH-CH(NH_2)-COOH$	2.32	9.62	—	5.96
(4)亮氨酸	$(H_3C)_2CH-CH_2-CH(NH_2)-COOH$	2.36	9.60	—	5.98
(5)异亮氨酸	$H_3C-CH_2-CH(CH_3)-CH(NH_2)-COOH$	2.36	9.69	—	6.02
(6)丝氨酸	$HO-CH_2-CH(NH_2)-COOH$	2.21	9.15	—	5.68
(7)苏氨酸	$H_3C-CH(OH)-CH(NH_2)-COOH$	2.63	10.43	—	6.16
(8)半胱氨酸	$HS-CH_2-CH(NH_2)-COOH$	1.96	8.18	10.28	5.07
(9)蛋氨酸	$H_3C-S-(CH_2)_2-CH(NH_2)-COOH$	2.28	9.21	—	5.74
	一氨基二羧基酸及其酰胺衍生物				
(10)天门冬氨酸	$HOOC-CH_2-CH(NH_2)-COOH$	1.88	3.65	9.60	2.77
(11)天门冬酰胺	$H_2N-CO-CH_2-CH(NH_2)-COOH$	2.02	8.80	—	5.41
(12)谷氨酸	$HOOC-CH_2-CH_2-CH(NH_2)-COOH$	2.19	4.25	9.67	3.22
(13)谷氨酰胺	$H_2N-CO-CH_2-CH_2-CH(NH_2)-COOH$	2.17	9.13	—	5.65
	二氨基一羧基酸				
(14)精氨酸	$H_2N-C(=NH)-NH-(CH_2)_3-CH(NH_2)-COOH$	2.17	9.04	12.48	10.76

续表

名　称	结构式	解离基团			pI
		pK_1	pK_2	pK_3	
(15)赖氨酸	$H_2N\text{-}(CH_2)_4\text{-}CH(NH_2)\text{-}COOH$	2.18	8.95	10.53	9.74
2. 芳香族氨基酸					
(16)苯丙氨酸	$C_6H_5\text{-}CH_2\text{-}CH(NH_2)\text{-}COOH$	1.83	9.13	—	5.48
(17)酪氨酸	$HO\text{-}C_6H_4\text{-}CH_2\text{-}CH(NH_2)\text{-}COOH$	2.20	9.11	10.07	5.65
3. 杂环氨基酸					
(18)组氨酸	咪唑基$\text{-}CH_2\text{-}CH(NH_2)\text{-}COOH$	1.82	6.00	9.17	7.58
(19)色氨酸	吲哚基$\text{-}CH_2\text{-}CH(NH_2)\text{-}COOH$	2.38	9.39	—	5.89
4. 杂环亚氨基酸					
(20)脯氨酸	$H_2C<(CH_2\text{-}CH(COOH))(CH_2\text{-}NH)$（环状）	1.99	10.60	—	6.30

(二)根据侧链 R 的极性不同分类

根据侧链 R 的极性不同分为非极性和极性氨基酸。

氨基酸的 R 基团不带电荷或极性极微弱的属于非极性中性氨基酸，如：甘氨酸、丙氨酸、缬氨酸、亮氨酸、异亮氨酸、蛋氨酸、苯丙氨酸、色氨酸、脯氨酸。它们的 R 基团具有疏水性。

氨基酸的 R 基团带电荷或有极性的属于极性氨基酸，它们又可分为：

(1)极性中性氨基酸　R 基团有极性，但不解离，或仅极弱地解离，它们的 R 基团有亲水性。如：丝氨酸、苏氨酸、半胱氨酸、酪氨酸、谷氨酰胺、天门冬酰胺。

(2)酸性氨基酸　R 基团有极性，且解离，在中性溶液中显酸性，亲水性强。如天门冬氨酸、谷氨酸。

(3)碱性氨基酸　R 基团有极性，且解离，在中性溶液中显碱性，亲水性强。如组氨酸、赖氨酸、精氨酸。

这 20 种氨基酸都有各自的遗传密码，它们是生物合成蛋白质的构件，无种属差异。在体内，一些特殊蛋白质分子中还含有其他氨基酸，如甲状腺球蛋白中的碘代酪氨酸，胶原蛋白中的羟脯氨酸及羟赖氨酸，某些蛋白质分子中的胱氨酸等，它们都是在蛋白质生物合成之后(或合成过程中)，相应的氨基酸残基被修饰形成的。还有的是在物质代谢过程中产生，如鸟氨酸(由精氨酸转变而来)等，这些氨基酸在生物体内都没有相应的遗传密码。

第二节　蛋白质的结构及其功能

蛋白质为生物大分子物质之一，具有三维空间结构，具有复杂的生物学功能。蛋白质结构与功能之间的关系非常密切。在研究中，一般将蛋白质分子的结构分为一级结构与空间结构两类。

一、蛋白质的一级结构

蛋白质是一切生命有机体中天然产生的一种多聚体，它们由氨基酸借肽键链聚而成。图 3－1 所示为两个氨基酸之间的连接方式及肽键的形成。

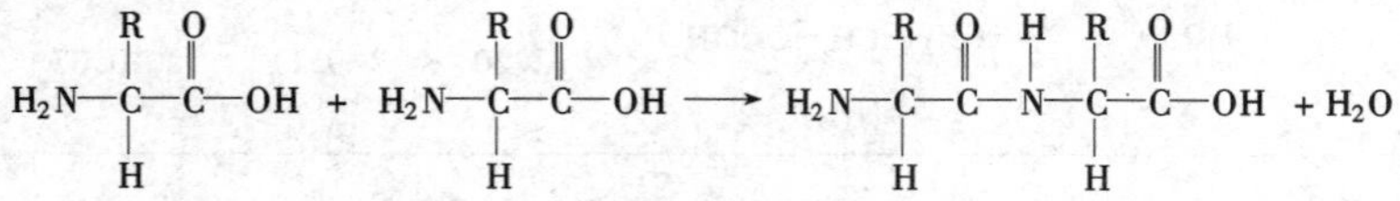

$$H_2N-\underset{\substack{|\\H}}{\overset{\substack{R\\|}}{C}}-\overset{\substack{O\\\|}}{C}-OH + H_2N-\underset{\substack{|\\H}}{\overset{\substack{R\\|}}{C}}-\overset{\substack{O\\\|}}{C}-OH \longrightarrow H_2N-\underset{\substack{|\\H}}{\overset{\substack{R\\|}}{C}}-\overset{\substack{O\\\|}}{C}-\overset{\substack{H\\|}}{N}-\underset{\substack{|\\H}}{\overset{\substack{R\\|}}{C}}-\overset{\substack{O\\\|}}{C}-OH + H_2O$$

图 3－1　氨基酸形成肽键的反应

在蛋白质分子中，氨基酸之间是以肽键（peptide bond）相连的。肽键就是一个氨基酸的 α－羧基与另一个氨基酸的 α－氨基脱水缩合形成的键。

氨基酸之间通过肽键连结起来的化合物称为肽（peptide）。两个氨基酸形成的肽称为二肽，三个氨基酸形成的肽称为三肽……十个氨基酸形成的肽称为十肽，一般将十肽以下者称为寡肽（oligopeptide），十肽以上者称多肽（polypeptide）或称多肽链。

组成多肽链的氨基酸在相互结合时失去了一分子水，因此把多肽中的氨基酸单位称为氨基酸残基（amino acid residue）。

在多肽链中，肽链的一端保留着一个 α－氨基，另一端保留一个 α－羧基，带 α－氨基的末端称氨基末端（N 端）；带 α－羧基的末端称羧基末端（C 端）。

蛋白质的一级结构（primary structure）是蛋白质多肽链中氨基酸残基的排列顺序（sequence），也是蛋白质最基本的结构。它是由基因上遗传密码的排列顺序所决定的。各种氨基酸按遗传密码的顺序，通过肽键连接起来，成为多肽链，故肽键是蛋白质结构中的主键。

迄今已有约 1000 种左右蛋白质的一级结构被研究确定，如胰岛素、胰核糖核酸酶、胰蛋白酶等。

蛋白质的一级结构决定了蛋白质的二级、三级等高级结构，成百亿的天然蛋白质各有其特殊的生物学活性，它们决定每一种蛋白质的生物学活性的结构特点，首先在于其肽链的氨基酸序列，由于组成蛋白质的 20 种氨基酸各具特殊的侧链，侧链基团的理化性质和空间排布各不相同，当它们按照不同的序列关系组合时，就可形成多种多样的空间结构和不同生物学活性的蛋白质分子。

二、蛋白质的空间结构

蛋白质分子的多肽链并非呈线形伸展，而是折叠和盘曲构成特有的比较稳定的空间结构。蛋白质的生物学活性和理化性质主要决定于空间结构的完整，因此仅仅测定蛋白质分子的氨基酸组成和它们的排列顺序并不能完全了解蛋白质分子的生物学活性和理化性质。例如球状蛋白质（多见于血浆中的白蛋白、球蛋白、血红蛋白和酶等）和纤维状蛋白质（角蛋白、胶原蛋白、肌凝蛋白、纤维蛋白等），前者溶于水，后者不溶于水。显而易见，此种性质不能仅用蛋白质的一级结构的氨基酸排列顺序来解释。

蛋白质的空间结构是指蛋白质的二级、三级和四级结构。

（一）蛋白质的二级结构

蛋白质的二级结构（secondary structure）是指多肽链中主链原子的局部空间排布即构象，不涉及侧链部分的构象，如：肽键平面（或称酰胺平面，amide plane），蛋白质主链构象的结构单元，α－螺旋、β－片层结构、β－转角、无规卷曲等。

（二）超二级结构和结构域

超二级结构（supersecondary structure）是指在多肽链内顺序上相互邻近的二级结构常常在空间折叠中靠近，彼此相互作用，形成规则的二级结构聚集体。目前发现的超二级结构有三种基本形式：α 螺旋组合（$\alpha\alpha$）；β 折叠组合（$\beta\beta\beta$）和 α 螺旋 β 折叠组合（$\beta\alpha\beta$），其中以 $\beta\alpha\beta$ 组合最为常见。它们可直接作为三级结构的“建筑块”或结构域的组成单位，是蛋白质构象中二级结构与三级结构之间的一个层次，故称超二级结构。

结构域（domain）也是蛋白质构象中二级结构与三级结构之间的一个层次。在较大的蛋白质分子中，由于多肽链上相邻的超二级结构紧密联系，形成两个或多个在空间上可以明显区别它与蛋白质亚基结构的特征。一般每个结构域约由 100～200 个氨基酸残基组成，各有独特的空间构象，并承担不同的生物学功能。如免疫球蛋白（IgG）由 12 个结构域组成，其中两个轻链上各有 2 个，两个重链上各有 4 个；补体结合部位与抗原结合部位处于不同的结构域。一个蛋白质分子中的几个结构域有的相同，有的不同；而不同蛋白质分子之间肽链中的各结构域也可以相同。如乳酸脱氢酶、3－磷酸甘油醛脱氢酶、苹果酸脱氢酶等均属于以 NAD^+ 为辅酶的脱氢酶类，它们各自由 2 个不同的结构域组成，但它们与 NAD＋结合的结构与构象基本相同。

（三）蛋白质的三级结构

蛋白质的多肽链在各种二级结构的基础上再进一步盘曲或折叠形成具有一定规律的三维空间结构，称为蛋白质的三级结构（tertiary structure）（图 3－2）。蛋白质三级结构的稳定主要

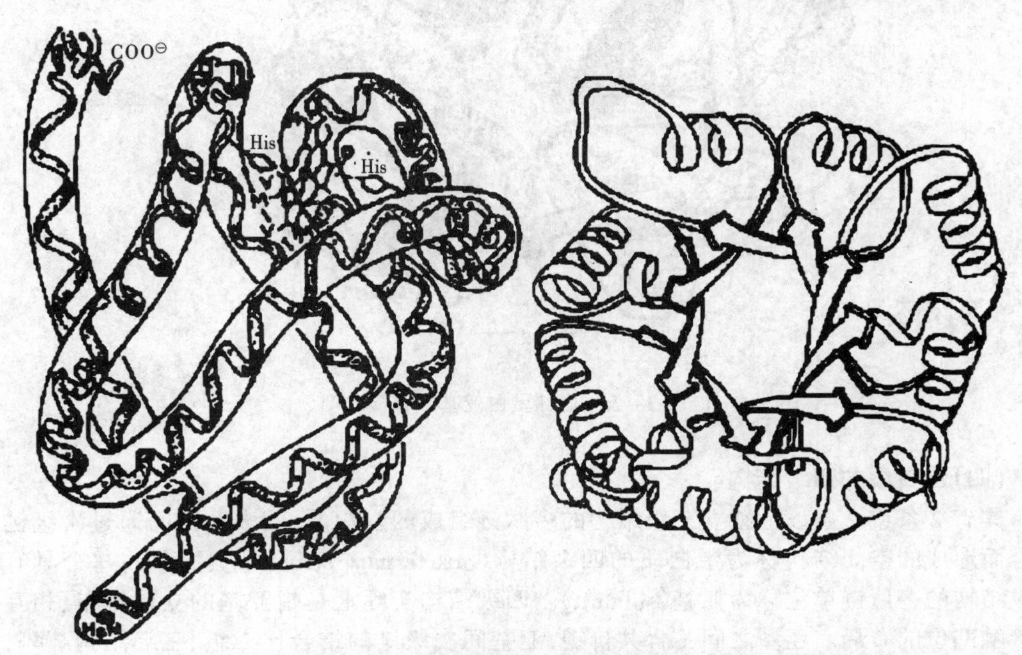

图 3－2　肌红蛋白的三级结构和丙糖磷酸异构酶的三级结构图

靠次级键，包括氢键、疏水键、盐键以及范德华力（Van der Wasls 力）等。这些次级键可存在于与一级结构序号相隔很远的氨基酸残基的 R 基团之间，因此蛋白质的三级结构主要指氨基酸残基的侧链间的结合。次级键都是非共价键，易受环境中 pH、温度、离子强度等的影响，有变动的可能性。二硫键不属于次级键，但在某些肽链中能使远隔的两个肽段联系在一起，这对于蛋白质三级结构的稳定上起着重要作用。

也有学者认为蛋白质的三级结构是指蛋白质分子主链折叠盘曲形成构象的基础上，分子中的各个侧链所形成一定的构象。侧链构象主要是形成微区（或称结构域 domain）。对球状蛋白质来说，形成疏水区和亲水区。亲水区多在蛋白质分子表面，由很多亲水侧链组成。疏水区多在分子内部，由疏水侧链集中构成，疏水区常形成一些“洞穴”或“口袋”，某些辅基就镶嵌其中，成为活性部位。

具备三级结构的蛋白质从其外形上看，有的细长（长轴比短轴大 10 倍以上），属于纤维状蛋白质（fibrous protein），如丝心蛋白；有的长短轴相差不多基本上呈球形，属于球状蛋白质（globular protein），如血浆清蛋白、球蛋白、肌红蛋白，球状蛋白的疏水基多聚集在分子的内部，而亲水基则多分布在分子表面，因而球状蛋白质是亲水的，更重要的是，多肽链经过如此盘曲后，可形成某些发挥生物学功能的特定区域，例如酶的活性中心等。血红蛋白亚基结合模式图见图 3-3。

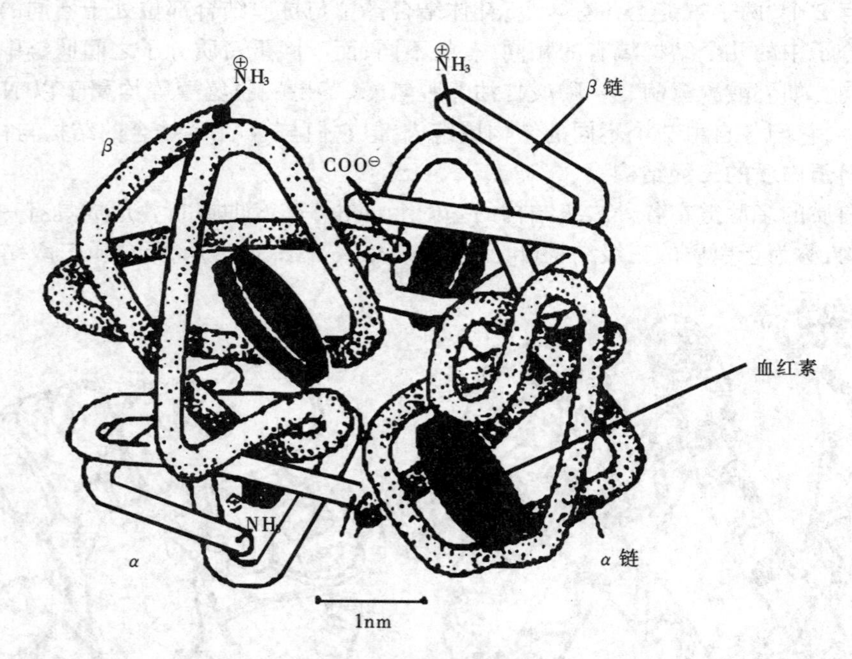

图 3-3　血红蛋白亚基结合模式图

（四）蛋白质的四级结构

具有 2 条或 2 条以上独立三级结构的多肽链组成的蛋白质，其多肽链间通过次级键相互组合而形成的空间结构称为蛋白质的四级结构（quarternary structure）。其中，每个具有独立三级结构的多肽链单位称为亚基（subunit）。四级结构实际上是指亚基的立体排布、相互作用及接触部位的布局。亚基之间不含共价键，亚基间次级键的结合比二级、三级结构疏松，因此在一定的条件下，四级结构的蛋白质可分离为其组成的亚基，而亚基本身构象仍可不变。

一种蛋白质中，亚基结构可以相同，也可不同。如烟草斑纹病毒的外壳蛋白是由2200个相同的亚基形成的多聚体；正常人血红蛋白A是两个α亚基与两个β亚基形成的四聚体；天冬氨酸氨甲酰基转移酶由六个调节亚基与六个催化亚基组成。有人将具有全套不同亚基的最小单位称为原聚体(protomer)，如一个催化亚基与一个调节亚基结合成天冬氨酸氨甲酰基转移酶的原聚体。

某些蛋白质分子可进一步聚合成聚合体(polymer)。聚合体中的重复单位称为单体(monomer)，聚合体可按其中所含单体的数量不同而分为二聚体、三聚体……寡聚体(oligomer)和多聚体(polymer)而存在，如胰岛素(insulin)在体内可形成二聚体及六聚体。

三、蛋白质的结构与功能的关系

(一)蛋白质的一级结构与其构象及功能的关系

蛋白质一级结构是空间结构的基础，特定的空间构象主要是由蛋白质分子中肽链和侧链R基团形成的次级键来维持，在生物体内，蛋白质的多肽链一旦被合成后，即可根据一级结构的特点自然折叠和盘曲，形成一定的空间构象。

Anfinsen以一条肽链的蛋白质核糖核酸酶为对象，研究二硫键的还原和氧化问题，发现该酶的124个氨基酸残基构成的多肽链中存在四对二硫键，在大量β-巯基乙醇和适量尿素作用下，四对二硫键全部被还原为-SH，酶活力也全部丧失，但是如将尿素和β-巯基乙醇除去，并在有氧条件下使巯基缓慢氧化成二硫键，此时酶的活力水平可接近于天然的酶。Anfinsen在此基础上认为蛋白质的一级结构决定了它的二级、三级结构，即由一级结构可以自动地发展到二、三级结构。

一级结构相似的蛋白质，其基本构象及功能也相似，例如，不同种属的生物体分离出来的同一功能的蛋白质，其一级结构只有极少的差别，而且在系统发生上进化位置相距愈近的差异愈小。

在蛋白质的一级结构中，参与功能活性部位的残基或处于特定构象关键部位的残基，即使在整个分子中发生一个残基的异常，那么该蛋白质的功能也会受到明显的影响。被称之为“分子病”的镰刀状红细胞性贫血仅仅是574个氨基酸残基中，一个氨基酸残基即β亚基N端的第6号氨基酸残基发生了变异所造成的，这种变异来源于基因上遗传信息的突变。

(二)蛋白质空间构象与功能活性的关系

蛋白质多种多样的功能与各种蛋白质特定的空间构象密切相关，蛋白质的空间构象是其功能活性的基础，构象发生变化，其功能活性也随之改变。蛋白质变性时，由于其空间构象被破坏，故引起功能活性丧失，变性蛋白质在复性后，构象复原，活性即能恢复。

在生物体内，当某种物质特异地与蛋白质分子的某个部位结合，触发该蛋白质的构象发生一定变化，从而导致其功能活性的变化，这种现象称为蛋白质的别构效应(allostery)。蛋白质(或酶)的别构效应，在生物体内普遍存在，这对物质代谢的调节和某些生理功能的变化都是十分重要的。

第三节　蛋白质的理化性质

蛋白质是由氨基酸组成的大分子化合物，其理化性质一部分与氨基酸相似，如两性电离、等电点、呈色反应、成盐反应等，也有一部分又不同于氨基酸，如高分子质量、胶体性、变性等。

一、蛋白质的胶体性质

蛋白质分子质量很大，介于1万到100万之间，故其分子的大小已达到1～100nm范围内。球状蛋白质的表面多亲水基团，具有强烈地吸引水分子作用，使蛋白质分子表面常为多层水分子所包围，称水化膜，从而阻止蛋白质颗粒的相互聚集。

与低分子物质比较，蛋白质分子扩散速度慢，不易透过半透膜，黏度大。因此在分离提纯蛋白质过程中，我们可利用蛋白质的这一性质，将混有小分子杂质的蛋白质溶液放于半透膜制成的囊内，置于流动水或适宜的缓冲液中，小分子杂质皆易从囊中透出，保留了比较纯化的囊内蛋白质，这种方法称为透析(dialysis)。

蛋白质大分子溶液在一定溶剂中超速离心时可发生沉降。沉降速度与向心加速度之比即为蛋白质的沉降系数 S。校正溶剂为水，温度20℃时的沉降系数 $S_{20}W$ 可按下式计算：

$$S_{20}W=\frac{dx/dt}{\omega^2 x}$$

式中　x——沉降界面至转轴中心的距离

ω——转子角速度

$\omega^2 x$——向心加速度

dx/dt——沉降速度。单位用s，即Svedberg单位，为 1×10^{13}s，分子愈大，沉降系数愈高，故可根据沉降系数来分离和检定蛋白质

二、蛋白质的两性电离和等电点

蛋白质是由氨基酸组成的，其分子中除两端的游离氨基和羧基外，侧链中尚有一些解离基，如谷氨酸、天门冬氨酸残基中的 γ－和 β－羧基，赖氨酸残基中的 ε－氨基，精氨酸残基的胍基和组氨酸的咪唑基。作为带电颗粒它可以在电场中移动，移动方向取决于蛋白质分子所带的电荷。蛋白质颗粒在溶液中所带的电荷，既取决于其分子组成中碱性和酸性氨基酸的含量，又受所处溶液的pH影响。当蛋白质溶液处于某一pH时，蛋白质游离成正、负离子的趋势相等，即成为兼性离子(zwitterion，净电荷为0)，此时溶液的pH称为蛋白质的等电点(isoelectric point，简写pI)。处于等电点的蛋白质颗粒，在电场中并不移动。蛋白质溶液的pH大于等电点，该蛋白质颗粒带负电荷，反之则带正电荷。

$$R\begin{cases}NH_3^+\\COOH\end{cases} \underset{H^+}{\overset{OH^-}{\rightleftharpoons}} R\begin{cases}NH_3^+\\COO^-\end{cases} \underset{H^+}{\overset{OH^-}{\rightleftharpoons}} R\begin{cases}NH_2\\COO^-\end{cases}$$

阳离子 $pH<pI$　　兼性离子 $pH=pI$　　阴离子 $pH>pI$

各种蛋白质分子由于所含的碱性氨基酸和酸性氨基酸的数目不同，因而有各自的等电点。

凡碱性氨基酸含量较多的蛋白质，等电点就偏碱性，如组蛋白、精蛋白等。反之，凡酸性氨基酸含量较多的蛋白质，等电点就偏酸性，人体体液中许多蛋白质的等电点在pH5.0左右，所以在体液中以负离子形式存在。

三、蛋白质的变性

天然蛋白质的严密结构在某些物理或化学因素作用下，其特定的空间结构被破坏，从而导致理化性质改变和生物学活性的丧失，如酶失去催化活力，激素丧失活性，称为蛋白质的变性

作用(denaturation)。变性蛋白质只有空间构象的破坏,一般认为蛋白质变性本质是次级键、二硫键的破坏,并不涉及一级结构的变化。

变性蛋白质和天然蛋白质最明显的区别是溶解度降低,同时蛋白质的黏度增加,结晶性破坏,生物学活性丧失,易被蛋白酶分解。

引起蛋白质变性的原因可分为物理和化学因素两类。物理因素可以是加热、加压、脱水、搅拌、振荡、紫外线照射、超声波的作用等;化学因素有强酸、强碱、尿素、重金属盐、十二烷基磺酸钠(SDS)等。在临床医学上,变性因素常被应用于消毒及灭菌。反之,注意防止蛋白质变性就能有效地保存蛋白质制剂。

变性并非是不可逆的变化,当变性程度较轻时,如去除变性因素,有的蛋白质仍能恢复或部分恢复其原来的构象及功能,变性的可逆变化称为复性。例如,前述的核糖核酸酶中四对二硫键及其氢键,在 β-巯基乙醇和 8mol/L 尿素作用下发生变性,失去生物学活性,变性后如经过透析去除尿素和 β-巯基乙醇,并设法使巯基氧化成二硫键,酶蛋白又可恢复其原来的构象,生物学活性也几乎全部恢复,此称变性核糖核酸酶的复性。

许多蛋白质变性时被破坏严重,不能恢复,称为不可逆性变性。

四、蛋白质的沉淀

蛋白质分子凝聚从溶液中析出的现象称为蛋白质沉淀(precipitation),变性蛋白质一般易于沉淀,但也可不变性而使蛋白质沉淀,在一定条件下,变性的蛋白质也可不发生沉淀。

蛋白质所形成的亲水胶体颗粒具有两种稳定因素,即颗粒表面的水化层和电荷。若无外加条件,不致互相凝集。然而若除掉这两个稳定因素(如调节溶液 pH 至等电点和加入脱水剂),蛋白质便容易凝集析出。

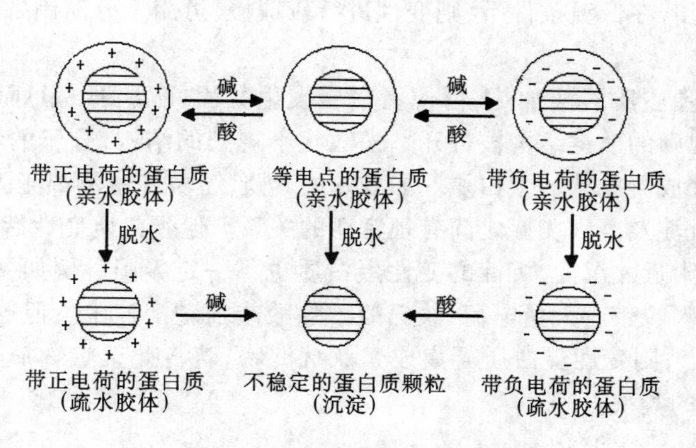

图 3-4　蛋白质胶体颗粒的沉淀

如图 3-4 所示,将蛋白质溶液 pH 调节到等电点,蛋白质分子呈等电状态,虽然分子间同性电荷相互排斥作用消失了,但是还有水化膜起保护作用,一般不致于发生凝聚作用,如果这时再加入某种脱水剂,除去蛋白质分子的水化膜,则蛋白质分子就会互相凝聚而析出沉淀;反之,若先使蛋白质脱水,然后再调节 pH 到等电点,也同样可使蛋白质沉淀析出。

引起蛋白质沉淀的主要方法有下述几种:

1. 盐析(Salting Out)

在蛋白质溶液中加入大量的中性盐以破坏蛋白质的胶体稳定性而使其析出,这种方法称为盐析。常用的中性盐有硫酸铵、硫酸钠、氯化钠等。各种蛋白质盐析时所需的盐浓度及 pH 不同,故可用于对混合蛋白质组分的分离。例如用半饱和的硫酸铵来沉淀出血清中的球蛋白,饱和硫酸铵可以使血清中的白蛋白、球蛋白都沉淀出来。盐析沉淀的蛋白质,经透析除盐,仍保证蛋白质的活性。调节蛋白质溶液的 pH 至等电点后,再用盐析法则蛋白质沉淀的效果更好。

2. 重金属盐沉淀蛋白质

蛋白质可以与重金属离子如汞、铅、铜、银等结合成盐沉淀,沉淀的条件以 pH 稍大于等电点为宜。因为此时蛋白质分子有较多的负离子易与重金属离子结合成盐。重金属沉淀的蛋白质常是变性的,但若在低温条件下并控制重金属离子浓度,也可用于分离制备不变性的蛋白质。

临床上利用蛋白质能与重金属盐结合的这种性质,抢救误服重金属盐中毒的病人,给病人口服大量蛋白质,然后用催吐剂将结合的重金属盐呕吐出来解毒。

3. 生物碱试剂以及某些酸类沉淀蛋白质

蛋白质又可与生物碱试剂(如苦味酸、钨酸、鞣酸)以及某些酸(如三氯醋酸、过氯酸、硝酸)结合成不溶性的盐沉淀,沉淀的条件是 pH 小于等电点,这样蛋白质带正电荷容易于与酸根负离子结合成盐。

临床血液化学分析时常利用此原理除去血液中的蛋白质,此类沉淀反应也可用于检验尿中蛋白质。

4. 有机溶剂沉淀蛋白质

可与水混合的有机溶剂,如酒精、甲醇、丙酮等,对水的亲和力很大,能破坏蛋白质颗粒的水化膜,在等电点时使蛋白质沉淀。在常温下,有机溶剂沉淀蛋白质往往引起变性。例如酒精消毒灭菌就是如此,但若在低温条件下,则变性进行较缓慢,可用于分离制备各种血浆蛋白质。

5. 加热凝固

将接近等电点的蛋白质溶液加热,可使蛋白质发生凝固(coagulation)而沉淀。加热首先是使蛋白质变性,有规则的肽链结构被打开呈松散状不规则的结构,分子的不对称性增加,疏水基团暴露,进而凝聚成凝胶状的蛋白块。如煮熟的鸡蛋,蛋黄和蛋清都凝固。

蛋白质的变性、沉淀及凝固相互之间有很密切的关系。但蛋白质变性后并不一定沉淀,变性蛋白质只在等电点附近才沉淀,沉淀的变性蛋白质也不一定凝固。例如,蛋白质被强酸、强碱变性后由于蛋白质颗粒带着大量电荷,故仍溶于强酸或强碱溶液中。但若将强碱和强酸溶液的 pH 调节到等电点,则变性蛋白质凝集成絮状沉淀物,若将此絮状物加热,则分子间相互盘缠而变成较为坚固的凝块。

五、蛋白质的呈色反应

1. 茚三酮反应(Ninhydrin Reaction)

α - 氨基酸与水化茚三酮(苯丙环三酮戊烃)作用时,产生蓝色反应,这是由于蛋白质是由许多 α - 氨基酸组成的,所以也呈此颜色反应。

2. 双缩脲反应(Biuret Reaction)

蛋白质在碱性溶液中与硫酸铜作用呈紫红色,称为双缩脲反应。凡分子中含有 2 个以上—CO—NH—键的化合物都呈此反应,蛋白质分子中氨基酸是以肽键相连。因此,所有蛋白质都能与双缩脲试剂发生反应。

3. 米伦反应(Millon Reaction)

蛋白质溶液中加入米伦试剂(亚硝酸汞、硝酸汞及硝酸的混合液),蛋白质首先沉淀,加热则变为红色沉淀,此为酪氨酸的酚核所特有的反应,因此含有酪氨酸的蛋白质均可发生米伦反应。

此外,蛋白质溶液还可与酚试剂、乙醛酸试剂、浓硝酸等发生颜色反应。

第四节 蛋白质的分类

蛋白质的种类繁多,结构复杂,迄今为止没有一个理想的分类方法。着眼点不同,分类也就各异。例如从蛋白质形状上,可将它们分为球状蛋白质及纤维状蛋白质;从组成上可分为单纯蛋白质(分子中只含氨基酸残基)及结合蛋白质(分子中除氨基酸外还有非氨基酸物质,后者称辅基);此外,还可以按蛋白质的功能将其分为活性蛋白质(如酶、激素蛋白质、运输和贮存蛋白质、运动蛋白质、受体蛋白质、膜蛋白质等)和非活性蛋白质(如胶原、角蛋白等)两大类。按不同标准分类的蛋白质如表 3-2、表 3-3 所示。

表 3-2　　蛋白质按溶解度分类

蛋白质分类	举　例	溶　解　度
白蛋白	血清白蛋白	溶于水和中性盐溶液,不溶于饱和硫酸铵溶液
球蛋白	免疫球蛋白、纤维蛋白原	不溶于水,溶于稀中性盐溶液,不溶于半饱和和硫酸铵溶液
谷蛋白	麦谷蛋白	不溶于水、中性盐及乙醇;溶于稀酸、稀碱
醇溶谷蛋白	醇溶谷蛋白、醇溶玉米蛋白	不溶于水、中性盐溶液;溶于 70%～80%乙醇中
硬蛋白	角蛋白、胶原蛋白、弹性蛋白	不溶于水、稀中性盐、稀酸、稀碱和一般有机溶剂
组蛋白	胸腺组蛋白	溶于水、稀酸、稀碱、不溶于稀氨水
精蛋白	鱼精蛋白	溶于水,稀酸、稀碱、稀氨水

表 3-3　　蛋白质按化学成分分类

蛋白质类别	举　例	非蛋白成分(辅基)
单纯蛋白质	血清蛋白、球蛋白	无
核蛋白	病毒核蛋白、染色体蛋白	核酸
糖蛋白	免疫球蛋白、黏蛋白、蛋白多糖	糖类
脂蛋白	乳糜微粒、低密度脂蛋白、极度密度脂蛋白、高密度脂蛋白	各种脂类
磷蛋白	酪蛋白、卵黄磷酸蛋白	磷酸
色蛋白	血红蛋白、黄素蛋白	色素
金属蛋白	铁蛋白、铜蛋白	金属离子

自然界中蛋白质种类繁多,分子结构较为复杂。通常根据蛋白质的组成和特性将其分为简单蛋白质和结合蛋白质两类。

一、简单蛋白质(simple protein)

简单蛋白质指分子中只含 α-氨基酸的一类蛋白质,自然界中许多蛋白质属于这一类。根据其特性又可分为下列七种蛋白质:

(1)清蛋白类(albumins)　此类蛋白质溶于水,加热凝固,为强碱、金属盐类或有机溶剂所沉淀,能被饱和硫酸铵盐析,其等电点一般为 pH4.5~5.5。如卵清蛋白、小麦清蛋白、大麦清蛋白及豆清蛋白等。

(2)球蛋白类(glubulins)　此类蛋白质不溶于水,溶于中性盐稀溶液,加热凝固,为有机溶剂所沉淀,添加硫酸铵至半饱和状态时则沉淀析出,其等电点为 pH5.5~6.5。

清蛋白类与球蛋白类的溶解度比较见表 3-4。

表 3-4　清蛋白类与球蛋白类的溶解度比较

溶剂名称	清蛋白类	球蛋白类
蒸馏水	溶解	不溶解
稀盐溶液(NaCl)	溶解	溶解
Na_2SO_4 饱和溶液	溶解	不溶解
$(NH_4)_2SO_4$ 半饱和溶液	溶解	不溶解
$(NH_4)_2SO_4$ 饱和溶液	不溶解	不溶解

在化学成分上,清蛋白类与球蛋白类也有区别,如清蛋白类所含的甘氨酸极少,而球蛋白类所含的甘氨酸较多。

(3)醇溶性谷蛋白类(prolamins)　此类蛋白质不溶于水及中性盐溶液,可溶 70%~90%的乙醇溶液,也可溶于稀酸及稀碱溶液,加热凝固。

该类蛋白质仅存在于谷物中,典型代表为小麦醇溶谷蛋白(gliadin of wheat),玉米胶蛋白(zein of corn)和大麦胶蛋白(hordein of barley)。

醇溶蛋白水解产生大量的谷氨酰胺、脯氨酸、氨及少量的碱性氨基酸。玉米胶蛋白完全缺乏赖氨酸和色氨酸。小麦胶蛋白是面筋蛋白质主要成分之一。

(4)谷蛋白类(glutelin)　此类蛋白质不溶于水、中性盐溶液及乙醇溶液中,但溶于稀酸及稀碱溶液,加热凝固。该蛋白也仅存在于谷类籽粒中,常常是与醇溶谷蛋白分布在一起,典型的例子是小麦谷蛋白。

(5)硬蛋白类(albuminoids or scleroproteins)　此类蛋白质存在于动物结缔组织中。不溶于水、稀酸、碱和盐溶液中。

(6)组蛋白类(histones)　此类蛋白质溶于水和稀酸,虽可溶于稀氢氧化钠,但加氨则沉淀析出,加热凝固,凝固后又可迅速溶于稀酸或稀碱。该类蛋白质仅存在于动物细胞中,而且都与另外一些物质如核酸、铁结合分别形成核蛋白和血红蛋白。

(7)精蛋白类(Protamines)　此类蛋白质溶于水、稀酸或稀碱,但加氨则沉淀,加热不凝固,并为乙醇所沉淀,其等电点为 pH12.0~12.4。该类蛋白质存在于动物和蔬菜中。精蛋白类为最简单的蛋白质,仅约含 8 种氨基酸,主要为精氨酸,其次为赖氨酸和组氨酸。此类蛋白质多存在于卵子、精子及脾中,是细胞核的构成成分之一。

二、结合蛋白质(conjugated protein)

结合蛋白质是由一个蛋白质分子与一个或多个非蛋白质分子结合而成的,其非蛋白质部分称为辅基(prosthetic group)。结合蛋白质按其辅基的不同可分下列五类:

(1)色蛋白类(chromoproteins)　由单纯蛋白质与色素结合而成。此类蛋白质中以含有铁卟啉为辅基者最重要。如生物体中的氧化还原酶(细胞色素氧化酶、过氧化氢酶、过氧化物酶等)即属于此类。

(2)脂蛋白类(lipoproteins) 此类蛋白质是由蛋白质与脂类结合而成的化合物。它们通常不溶于醚、苯或氯仿等溶剂,脂蛋白类是细胞膜的重要成分,它同细胞膜的半透性有关。

(3)糖蛋白类(glycoproteins) 此类蛋白质是由蛋白质与糖类结合而成的化合物,糖蛋白类和脂蛋白类存在于细菌的夹膜中。糖蛋白水解时,其产物除氨基酸外,尚有糖基部分,其中主要有葡萄糖胺、氨基半乳糖胺、半乳糖、甘露糖等。但在各种糖蛋白的含糖辅基中,这些物质并不是同时都存在的。

(4)磷蛋白类(phosphoproteins) 此类蛋白质是由蛋白质与磷酸结合而成的化合物。磷蛋白水解时,其产物除氨基酸外,尚可得到不同量的磷酸。磷蛋白在等电点时不溶于水,但溶于碱,将碱溶液酸化时,磷蛋白又重新析出沉淀。磷蛋白加热不凝固。

(5)核蛋白类(nucleoproteins) 此类蛋白质是由蛋白质与核酸(RNA,DNA)结合而成的化合物,它在细菌和霉菌中的含量最高,约占总蛋白质的1/3~2/3,是细胞核和原生质的重要组成部分。

第五节 蛋白质的分离、提纯和鉴定

蛋白质在组织或细胞中一般都是以复杂的混合物形式存在,每种类型的细胞都含有上千种不同的蛋白质。制备蛋白质的步骤包括抽提(extraction)、分离(separation)、提纯(purification)和鉴定(characterization)。现在已有200多种酶得到结晶体,上千种酶进行了部分的提纯、还有几百种其他蛋白质获得高纯度的制品。

1. 抽提

蛋白质有可溶性的和难溶性的两类,制备时可根据它们的溶解特性,用适当的溶剂进行抽提。谷物中的蛋白质主要是可溶性蛋白质,如小麦清蛋白、大麦清蛋白等,清蛋白类可用水抽提,球蛋白可用稀中性盐溶液抽提,小麦醇溶蛋白和小麦谷蛋白可分别用70%乙醇和稀酸或稀碱进行抽提。

在抽提之前应当采取适当的(包括机械的、化学的或酶的)方法,将原料打碎,如谷物籽粒则首先进行粉碎。制备有活性的蛋白质时,要在低温下操作,防止蛋白质变性。

2. 分离

蛋白质抽提液先经过滤、除去细胞碎片和部分杂质,再根据蛋白质特性和纯度要求,采用不同的方法进行分离,如等电点沉淀法、有机溶剂沉淀法、盐析法或稀释法将蛋白质分离出来。稀释法是在含NaCl 5%~10%蛋白质溶液中加水,使NaCl浓度降低,蛋白质即沉淀。透析法是稀释法的一种,它适用于可溶于稀中性盐溶液中的蛋白质,如豌豆蛋白质、玉米蛋白质等都可用稀释法沉淀。

3. 纯化

从抽提液中沉淀出来的蛋白质,仍含有各种各样的杂质(包括盐类、非蛋白质和其他蛋白质),需要进行纯化才能把它们清除出去,使制品达到一定纯度。现在纯化蛋白质常用的方法主要有凝胶过滤法、纤维素柱上层析法和电泳法等。

4. 纯度鉴定

鉴定一种蛋白质的纯度(或均一性)是比较困难的,因为至今还没有一种完善的方法能正确判断一种蛋白质的纯度。蛋白质的纯度鉴定包括蛋白质总量和混合物中某种蛋白质含量的测定,以及制品的纯度鉴定。

测定蛋白质总量常用的方法有凯氏定氮法、双缩脲法、苯酚试剂法、紫外吸收法以及双缩脲－苯酚试剂联合法等。

蛋白质制品纯度的鉴定,通常要采用物理化学方法,例如电泳、沉降和扩散等分析方法。较好而又简便的方法是层析法和电泳法。其中以分辨率较高的聚丙烯酰胺(polyacrylamide)凝胶圆盘电泳法应用较广。不过,任何一种蛋白质制剂的均一性都不能单靠一种方法测得的数据来判断,需套用两种以上的方法相互验证,才能加以确定。

对于蛋白质提纯来说,结晶是最后一项重要的步骤,因为结晶往往要经过反复多次的分级分离与提纯,直到某种蛋白质组分在数量上占优势时才能实现。蛋白质纯度愈高,溶液愈浓就愈容易结晶。此外,结晶过程本身也伴随着一定程度的提纯,而重结晶更是除去少量杂蛋白质的有效方法。由于变性蛋白质从未出现过结晶,因而通过蛋白质的结晶便可以判断制品是否仍然处于天然状态。

第六节　谷物蛋白质

蛋白质是生物体的主要组成部分,植物体内的蛋白质虽然比动物体的要少,但也是植物细胞的重要成分,表3－5列出了一些常见谷物的蛋白质含量,但这也不是绝对的,谷物中的蛋白质含量会因种类、品种、土壤、气候及栽培条件等的不同而呈现差异。

表3－5　一些常见谷物的蛋白质含量

蛋白质来源	蛋白质含量/%	蛋白质来源	蛋白质含量/%
普通硬麦	12～13	燕麦	11～12
普通软麦	7.5～10	高粱	10～12
硬粒小麦	13.5～15	大麦	12～13
大米	7～9	玉米(马齿种)	9～10
黑麦	11～12		

一、小麦蛋白质

在各种谷物粉中,仅有小麦粉能形成可夹带气体从而生产出松软烘烤食品的具有黏弹性的面团。小麦蛋白质,更准确地说,面筋蛋白质,是小麦具有独特性质的根源。面筋蛋白质是小麦的贮藏蛋白质,因为它不溶于水,故较容易分离提纯。在水流中揉搓面团,淀粉和水溶性物质可从面筋中除去。冲洗后,剩下的便是一块胶皮团状的面筋。1728年,意大利的贝克卡里(Beccari)首先用这种方法提取了面筋,那是第一次从植物源中提取蛋白质。在这之前,人们认为蛋白质仅来自动物源。从小麦粉中提取的面筋含蛋白质约80%(干基),脂类8%,其余为灰分和碳水化合物。

面筋复合物由两种主要的蛋白质组成,即麦胶蛋白（一种醇溶谷蛋白)和麦谷蛋白（一种谷蛋白)。这两种蛋白质分离方便,在稀酸中溶解面筋,添加乙醇配成70%的乙醇溶液,然后添加足够的碱以中和酸,在4℃下放置一夜,麦谷蛋白沉淀,溶液中剩下麦胶蛋白。

麦胶蛋白是一大类具有类似特性的蛋白质,其平均相对分子质量约为40000,单链,水合时胶黏性极大,这类蛋白质的抗延伸性小或无,这可以认为是造成面团黏合性的主要原因。

麦谷蛋白是一类不同组分的蛋白质，多链，相对分子质量变化于100000至数百万之间，平均相对分子质量为3000000，有弹性但无黏性，显然，是麦谷蛋白使面团具有抗延伸性。

淀粉凝胶或聚丙烯酰胺凝胶电泳已用于刻画这两种蛋白质的特性。麦胶蛋白的迁移示出大量的谱带（图3－5）。麦谷蛋白一般不迁移到淀粉凝胶中去，因为它们太大了，进不了凝胶微孔。麦谷蛋白不是迁移，而是在凝胶表面聚集，形成条纹。在非凝胶溶液中电泳时，大多数麦谷蛋白能以具流动性的谱带迁移，与移动最快的麦胶蛋白谱带相似。实质上，所有面筋的淀粉凝胶都具有迁移较快的谱带，它们就是清蛋白和球蛋白，它们被认为是污染物，而不是面筋复合物的组分。然而，还没有直接的证据说明这些蛋白质不包括在面筋复合物中。

麦胶蛋白的多相性可通过等电聚焦和淀粉凝胶电泳相结合的方式较好地图示出来，用这种技术已鉴定出40余种麦胶蛋白。

另一可用的技术是用一试剂如巯基乙醇还原二硫键后，采用十二烷基硫酸钠电泳，这一技术对麦谷蛋白特别适用。麦谷蛋白被还原后，能迁移进入凝胶，其迁移度与各片断的相对分子质量有关。麦谷蛋白亚基的相对分子质量在小于16000至大约133000范围内变化。

为什么面筋蛋白质能彼此相互作用形成具有黏弹性的面团，至今仍然未搞清楚。然而，有些因素可能与面筋形成面团相关。表3－6中氨基酸的组成表明，面筋蛋白质中谷氨酸含量非常高（约占总蛋白质的35%），这就是说，在面筋中每三个氨基酸就有一个是谷氨酸。谷氨酸残基在蛋白质中的存在形式是谷氨酸胺，而不是游离的酸。蛋白质不能在碱性pH范围内迁移证明，在碱介质中的面筋蛋白质分子上实际上没有负电荷存在。

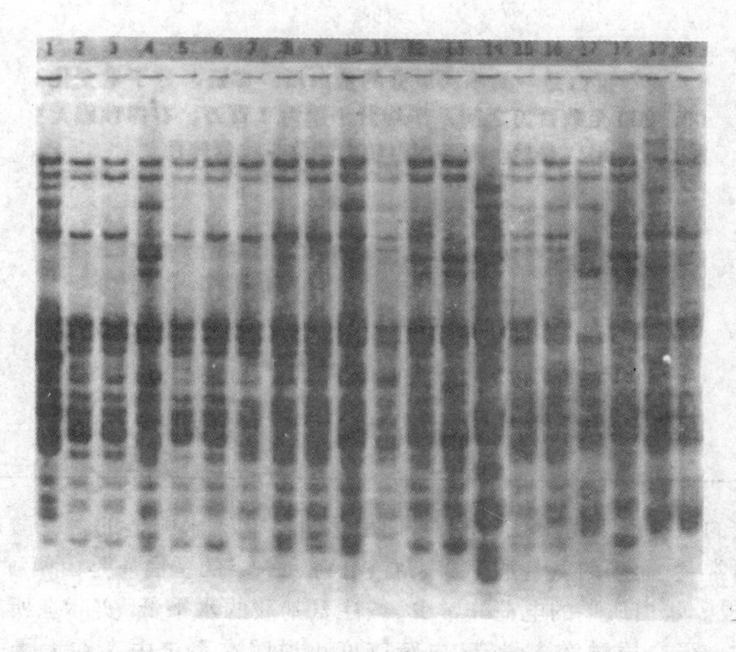

图3－5　不同栽培品系麦胶蛋白的聚丙烯酰胺凝胶电泳图

面筋蛋白质中碱性氨基酸的含量很少，赖氨酸水平低是众所周知的。因此，面筋蛋白质基本上没有潜在的负电荷，仅有少量的潜在正电荷。据此可知，面筋蛋白质的电荷密度是小的，电荷小意味着蛋白质中相互排斥的力弱，这样，蛋白质链便能相当容易的相互作用，这一条件对面团的形成显然是必需的。

关于面筋氨基酸组成的另一个最值得注意的问题是脯氨酸水平高，约占蛋白质的 14%或残基的 1/7。由于脯氨酸的氨基包含在一个环状结构中，故脯氨酸的肽键是不易弯曲的，这样，在蛋白质链中，凡是在有脯氨酸存在的地方，都出现一个硬结，使蛋白质不易形成 α－螺旋。测定面筋中的螺旋结构，其值通常是低的。这并不一定意味着面筋蛋白质不具备有序的结构，仅能说明它不是 α－螺旋。有趣的是，小麦面筋的微分扫描式量热法温度自计曲线不能示出一个确切的变性峰。这可用来说明面筋蛋白质中没有有序的结构。很清楚，在完全明了面筋蛋白质的结构之前，还有大量的工作要做。

表 3－6　面筋、麦胶蛋白、麦谷蛋白的氨基酸组成　单位：mol/105g 蛋白质

氨基酸	面筋	麦胶蛋白	麦谷蛋白
精氨酸	20	15	20
组氨酸	15	15	13
赖氨酸	9	5	13
苏氨酸	21	18	26
丝氨酸	40	38	50
天冬氨酸	22	20	23
谷氨酸	290	317	278
甘氨酸	47	25	78
丙氨酸	30	25	34
缬氨酸	45	43	41
亮氨酸	59	62	57
异亮氨酸	33	37	28
脯氨酸	137	148	114
酪氨酸	20	16	25
苯丙氨酸	32	38	27
色氨酸	6	5	8
胱氨酸/2	14	10	10
蛋氨酸	12	12	12
氨	298	301	240

面筋中其余的氨基酸不是很独特的，它们由适量具有疏水侧链的氨基酸以及较少的含硫氨基酸组成。通常，就面筋的氨基酸组成来看，有将近一半的蛋白质是由两种氨基酸（谷氨酸和脯氨酸）所组成。蛋白质上的电荷非常少，碱性氨基酸的水平低，实际上所有的羧基都以其酰胺的形式存在。蛋白质酰胺含量高、电荷密度小说明在系统中存在大量的氢键。用重水(D_2O)代替 H_2O 混合小麦粉，从混合曲线上可看出氢键的重要性(图 3－6)。从小麦粉调混性自动记录仪图谱的宽度来看，说明面团筋力增强多了。如果用一种能破坏氢键的试剂(如尿素)来绘制调混性图谱，则面团会弱得多。

面筋蛋白质束缚脂类是相当有效的。小麦粉含有约 0.8%的可被石油醚提取的脂类，但是，小麦粉加水并和成面团之后，从冻干的面团中仅可以提取约 0.3%的脂类。面筋也能束缚

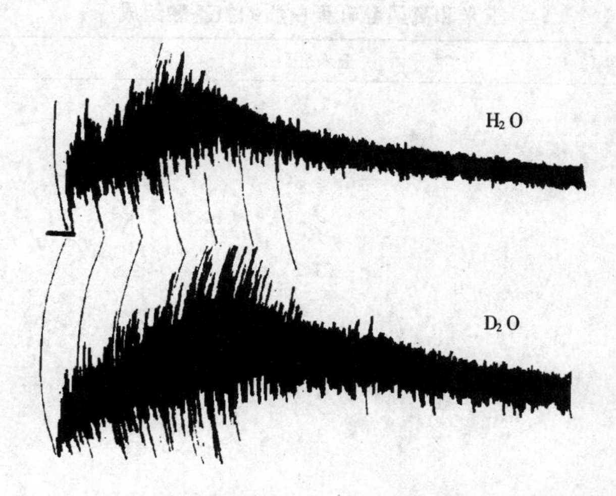

图 3-6　分别用 H_2O 和 D_2O 混合小麦粉的揉混仪图谱

在混合期间添加到小麦粉中的脂类。束缚脂类的这种能力说明蛋白质具有借氢键相互作用的能力。

由于小麦中谷氨酰胺水平高引起氮含量高，小麦蛋白质的含量估计是其含氮量的 5.7 倍。

二、其他谷物的蛋白质

其他谷物的蛋白质没有任何程度的面团成形特性。黑麦和黑小麦虽大致上能揉得拢，但充其量仍只不过是筋力弱的面团。在世界上的许多地区，杂粮（玉米、高粱和珍珠粟）被用于制做面团型的食品，诸如中美和南美的不发酵玉米煎饼（tortilla）或印度的"烙贴"（roti）。这种面团与小麦粉的面团是不同的，主要的黏合力是由水的表面张力产生的，而不是凭借谷物蛋白质。

其他谷物的蛋白质含量以含氮量的 6.25 倍计算，除稻谷和小麦外，这个系数适用于其他一切谷物。

1. 玉米蛋白质

玉米蛋白质以离散的蛋白质体和间质蛋白质形式存在于胚乳中，蛋白质体主要由一种被称为玉米醇溶蛋白（zein）的醇溶谷蛋白组成。玉米胚乳蛋白质含约 5% 清蛋白和球蛋白，约 44% 的玉米醇溶蛋白，约 28% 的谷蛋白和约 17% 采用传统的奥斯本 - 门德尔（Osborne - Mendel）分离法在小麦中未发现的部分。这一部分是以二硫键交链的玉米醇溶蛋白，溶于含巯基乙醇或类似溶剂的醇中，这是将谷物蛋白质分类的兰德里 - 莫雷尤克斯（Landry - Moureaux）法的基础。玉米胚乳蛋白质的氨基酸组成见表 3-7。玉米蛋白质有高水平的谷氨酸，氨基氮水平低表明谷氨酸是以酸而不是以酰胺的形式存在的。

特别使人感兴趣的是氨基酸组成中的高水平亮氨酸含量，被认为与糙皮病（一种 B 族维生素缺乏症）的发生有连带关系。水溶和盐溶性部分及谷蛋白部分表现出具有良好的氨基酸平衡（表 3-7）。玉米醇溶蛋白和交链玉米醇溶蛋白含赖氨酸少，而含亮氨酸非常多。交链玉米醇溶蛋白部分中的高水平脯氨酸（18%）也使人感兴趣。与高粱及珍珠粟同样，玉米籽粒中的胚乳同时有玻璃质和不透明部分，而在这两种胚乳中，蛋白质的分配是不同的。由于蛋白质不同，氨基酸的组成也不同。

表 3-7　　玉米和高粱胚乳蛋白质的氨基酸组成　　单位:g/100g 蛋白质

氨基酸	玉米胚乳	高粱胚乳
赖氨酸	2.0	2.8
组氨酸	2.8	2.3
精氨酸	3.8	4.5
天冬氨酸	6.2	7.7
谷氨酸	21.3	22.8
苏氨酸	3.5	3.3
丝氨酸	5.2	4.2
脯氨酸	9.7	7.7
甘氨酸	3.2	3.3
丙氨酸	8.1	9.2
缬氨酸	4.7	5.1
胱氨酸	1.8	1.3
蛋氨酸	2.8	1.7
异亮氨酸	3.8	4.0
亮氨酸	14.3	13.2
酪氨酸	5.3	4.3
苯丙氨酸	5.3	5.1

2. 大米蛋白质

稻谷中蛋白质的含量一般比其他谷物低。稻谷中蛋白质的量为 N×5.95,这个系数比其他谷物低,但比小麦高。稻谷氨基酸的组成平衡较好,赖氨酸的值约占总蛋白的3.5%。赖氨酸是第一限制性氨基酸,其次是苏氨酸。苏氨酸为什么是限制性氨基酸的理由还不清楚,因为分析表明其含量是充足的。谷氨酸的水平较低(小于20%)。

稻谷蛋白质用传统的奥斯本分离法分析表明,谷蛋白(米谷蛋白,Oryzenin)是主要组分,约占总蛋白的80%。稻谷中的醇溶谷蛋白组分相当低(3%~5%)。一般使用0.1mol/L的氢氧化钠溶液来溶解稻谷蛋白质,其他溶剂包括亚硫酸盐或巯基乙醇效果都较差。

大米蛋白含量与小麦和玉米相比虽然偏低,但却具有优良的营养品质。这主要表现在三个方面:①含 Lys 高的谷蛋白占大米蛋白的80%以上,而品质差的醇溶蛋白含量低,因此,Lys 含量比其他一些粮食种子高。见表 3-8。②大米蛋白的氨基酸组成配比比较合理,大米蛋白的必需氨基酸组成及小麦蛋白、玉米蛋白的必需氨基酸组成与 WHO 认定的蛋白氨基酸最佳配比模式(%)比较见表 3-9。③蛋白的利用率高,大米蛋白与其他谷物蛋白相比生物价(BV)和蛋白质效用比率(PER)高。见表 3-10。

表 3-8　　谷物籽粒中蛋白的主要组成和 Lys 含量　　单位:%

谷物	清蛋白	球蛋白	醇溶蛋白	谷蛋白	赖氨酸
小麦	5~10	5~10	40~50	30~45	2.3
大米	2~5	2~10	1~5	75~90	3.8
玉米	2~10	2~20	50~55	30~45	2.5

续表

谷物	清蛋白	球蛋白	醇溶蛋白	谷蛋白	赖氨酸
大麦	3~10	10~20	35~50	25~45	3.2
燕麦	5~10	50~60	10~16	5~20	4.0
高粱	5~10	5~10	55~70	30~40	2.7
黑麦	20~30	5~10	20~30	30~40	3.7

表3-9　大米蛋白、小麦蛋白、玉米蛋白的必需氨基酸组成

必需氨基酸	大米蛋白/%	小麦蛋白/%	玉米蛋白/%	WHO模式
赖氨酸	4.0±0.1	2.52	2.00	7.0
胱氨酸	21.7±0.2	2.24	1.70	5.5
蛋氨酸	2.2±0.3	2.11	1.30	4.0
异亮氨酸	4.1±0.1	3.59	4.20	4.0
亮氨酸	8.2±0.3	6.79	14.6	1.0
苯丙氨酸	5.1±0.3	4.75	3.20	5.0
酪氨酸	5.2±0.3	3.20	5.20	
色氨酸	1.7±0.3	1.32	0.60	
缬氨酸	5.8±0.4	4.22	5.70	
苏氨酸	3.5±0.2	2.87	4.10	

表3-10　几种蛋白质的BV和PER

谷物	BV	PER
大米	77	1.36~2.56
小麦	67	1.0
玉米	60	1.2
大豆	58	0.7~1.8
鸡蛋	—	4.0
棉籽	—	1.3~2.1

3. 高粱蛋白质

高粱蛋白质在许多方面与玉米蛋白质相似。高粱的醇溶蛋白(Kafirin)与玉米醇溶蛋白的氨基酸组成相似,而且高粱的总氨基酸组成也与玉米的非常相似(表3-11)。两种谷物蛋白质的主要区别在于醇溶蛋白的溶解性及交链醇溶蛋白的量。高粱醇溶蛋白在室温下不溶于70%的乙醇,如果温度上升到60℃,则可溶。高粱醇溶蛋白在室温下溶于60%的特丁醇。

高粱中交链高粱醇溶蛋白的含量约为31%,而玉米中交链玉米醇溶蛋白的含量约为17%。醇溶蛋白部分也是不同的,高粱中的高粱醇溶蛋白的含量约为17%,玉米中的玉米醇溶蛋白的含量约为20%。与玉米一样,醇溶蛋白(高粱醇溶蛋白和交链高粱醇溶蛋白)的赖氨酸水平是很低的。

表 3-11　　玉米蛋白质的氨基酸组成　　单位:g/100g 蛋白质

氨基酸	清蛋白和球蛋白	玉米醇溶蛋白	交链玉米醇溶蛋白	谷蛋白
赖氨酸	4.18	0.46	0.57	4.38
组氨酸	2.38	1.28	6.77	2.52
精氨酸	7.35	2.16	3.46	4.49
天冬氨酸	10.06	5.12	1.73	7.90
苏氨酸	4.60	2.93	3.86	4.04
丝氨酸	5.23	5.11	4.03	5.15
谷氨酸	14.70	22.18	23.61	16.70
脯氨酸	5.06	9.84	17.83	6.95
甘氨酸	6.69	2.02	4.72	4.12
丙氨酸	7.10	9.01	4.92	7.49
半胱氨酸/2	3.73	2.27	0.87	0.64
缬氨酸	5.28	3.43	6.07	5.27
蛋氨酸	1.73	0.94	1.63	2.86
异亮氨酸	4.25	3.53	2.23	3.97
亮氨酸	6.50	17.49	10.23	12.09
酪氨酸	3.25	4.54	2.52	4.72
苯丙氨酸	3.57	6.11	2.56	5.31

4. 燕麦蛋白质

从营养观点看,燕麦的氨基酸平衡非常好,在谷物中是独一无二的(表 3-12)。与联合国粮农组织规定的标准蛋白质相比,燕麦蛋白质质量好。此外,脱壳燕麦的蛋白质含量通常比其他谷物高得多。即便在蛋白质含量较高时,其良好的氨基酸平衡也是稳定的,而其他谷物往往不是如此。因此从多方面看,燕麦与其他谷物相比,在营养含量上显然是占优势的。

如上所述燕麦中蛋白质的分配不同于其他谷物,醇溶谷蛋白仅占总蛋白的 10%~15%,占优势的是球蛋白(55%),谷蛋白约占 20%~25%。燕麦中的醇溶谷蛋白称为燕麦蛋白(avenins)。

表 3-12　　燕麦及其组成部分的氨基酸组成

氨基酸	整粒燕麦/%	去壳燕麦/%	胚乳/%	FAO 评分模式
赖氨酸	4.2	4.2	3.7	5.5
组氨酸	2.4	2.2	2.2	—
精氨酸	6.4	6.9	6.6	—
天冬氨酸	9.2	8.9	8.5	—
苏氨酸	3.3	3.3	3.3	—
丝氨酸	4.0	4.2	4.6	—

续表

氨基酸	整粒燕麦/%	去壳燕麦/%	胚乳/%	FAO评分模式
谷氨酸	21.6	23.9	23.6	—
半胱氨酸	1.7	1.6	2.2	—
蛋氨酸	2.3	2.5	2.4	3.5
甘氨酸	5.1	4.9	4.7	—
丙氨酸	5.1	5.0	4.5	—
缬氨酸	5.8	5.3	5.5	5.0
脯氨酸	5.7	4.7	4.6	—
异亮氨酸	4.2	3.9	4.2	4.0
亮氨酸	7.5	7.4	7.8	7.0
酪氨酸	2.6	3.1	3.3	—
苯丙氨酸	5.4	5.3	5.6	6.0

5. 黑麦蛋白质

从营养观点看,黑麦蛋白质的氨基酸组成比大多数其他谷物稍好些,燕麦当然明显除外。黑麦中的赖氨酸(约占蛋白质的3.5%)高于小麦及其他大多数谷物。色氨酸是第一限制性氨基酸,谷氨酸含量约为25%,亮氨酸的含量明显低(约6%)。

黑麦具有良好的氨基酸组成是由于含有较高水平的清蛋白和球蛋白。清蛋白约占总蛋白的35%,球蛋白约占10%。黑麦醇溶谷蛋白约占总蛋白的20%,溶于稀酸的谷蛋白仅占10%左右。然而,约有20%的蛋白质不溶于标准的奥斯本系统。

6. 大麦蛋白质

大麦和其他大多数谷物一样,赖氨酸是第一限制性氨基酸,苏氨酸是第二限制性氨基酸。

大多数大麦都是带完整外壳(外稃和内稃)收获的,外壳约占整个籽粒的10%。外壳中蛋白质的含量通常很低,但其蛋白质中含有较高水平的赖氨酸。胚蛋白质的赖氨酸含量也高,相比之下,胚乳蛋白的赖氨酸含量较低(约3.2%),但仍然高于许多谷物。胚乳中含有高水平的谷氨酸(约35%)和脯氨酸(约62%)。谷氨酸是以游离酸的形式而不是以酰胺 (谷氨酰胺)的形式存在。

大麦的醇溶谷蛋白称为大麦醇溶蛋白(hordein),大麦醇溶蛋白约占大麦总蛋白的40%,赖氨酸含量很低。而谷蛋白,特别是清蛋白和球蛋白中,赖氨酸含量较高。

复 习 题

1. 构成蛋白质主链的结构是什么?
2. 什么是蛋白质的变性作用,引起蛋白质变性的因素有哪些?
3. 蛋白质的空间构象与其性质之间的关系是什么?
4. 溶液 pH 与离子强度是怎样影响蛋白质性质的?
5. 蛋白质按溶解度分类可以分为哪几类?
6. 引起蛋白质沉淀的主要方法有哪几种?
7. 简要说明小麦面筋的组成。

8．大米、小麦、玉米这三种主要谷物蛋白质的氨基酸组成与营养价值如何？

参 考 文 献

1．陶慰孙等．蛋白质分子基础．北京：人民教育出版社，1982

2．[美]阿伯特·莱特．张维钦译．蛋白质的结构与功能．北京：高等教育出版社，1982

3．[美]P.L．佩科特．范文洵等译．蛋白质食物的营养评价．北京：人民卫生出版社，1992

4．阎隆飞，孙之荣．蛋白质分子结构．北京：清华大学出版社，1999

5．[美]D.R．马歇克．蛋白质纯化与鉴定实验指南．北京：科学出版社，1999

6．Bodwell, C.E., and L.Petit (Eds.), Plant protein for human food, Martinus Nijhoff / Dr.W.Junk Publishers, The Hague, The Netherlands, 1982

7．Fox, P.F., and J.J.Condon (eds.), Food Proteins, Applied Science Publishers, London, 1982

8．Khan, k., and W.bushuk, Structure of wheat gluten in relation to functionality in breadmaking, in Functionality and Protein Structure, Am.Chem.Soc., Washington, D.C., p191 – 206, 1979

9．Kinsella, J.E., Relationships between structure and functional properties of food Proteins, in Food Proteins (P.F.Fox and J.J.Kondon, eds.), Applied Science Publishers, London, p51 – 103, 1982

10．Norton, G.(eds.), Plant Proteins, Butterworths, London, 1978

第四章　谷物的其他成分

第一节　非淀粉多糖

一、纤　维　素

纤维素是植物中的主要结构多糖，是组成植物细胞壁的主要成分，它在细胞壁的机械物理性质方面起着重要的作用，在初生细胞壁中纤维素的含量较低，除纤维素以外，还有较多的半纤维素和果胶质，纤维素完全水解后，产生大量的葡萄糖，若部分水解则产生纤维二糖。纤维素甲基化后，再经过水解，主要产物为2,3,6－3－O－甲基－β－D－葡萄糖和少量的2,3,4－6－4－O－甲基－β－D－葡萄糖。纤维素是由D－葡萄糖以β－1,4－糖苷键连接的直链状高分子化合物，基本结构为纤维二糖（图4－1）。纤维素是一个大聚合体，其长度很明显因来源和分离方法不同而异，由于纤维素是没有分支的，而且基本上是直线结构，纤维素自身之间的联系紧密，不易溶解于水，天然的纤维素是不完全的结晶体，其高度的有序性和水不溶性，加上β键的结合，使得这种多聚体能够抵抗许多生物体及酶的攻击。在植物组织中，纤维素通常与木质素和其他非淀粉多糖联系在一起。

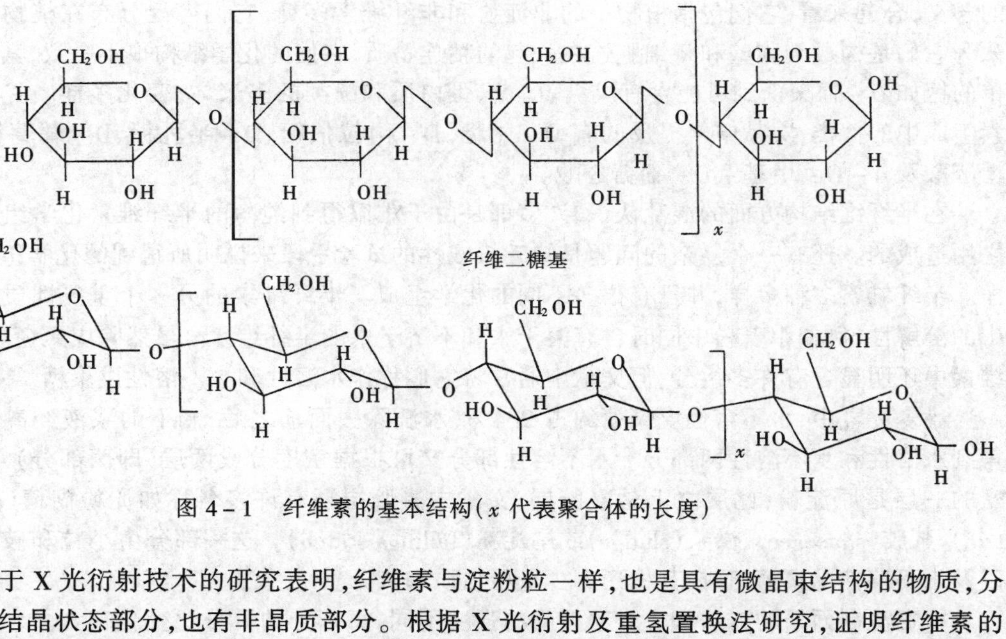

图4－1　纤维素的基本结构（x代表聚合体的长度）

借助于X光衍射技术的研究表明，纤维素与淀粉粒一样，也是具有微晶束结构的物质，分子中既有结晶状态部分，也有非晶质部分。根据X光衍射及重氢置换法研究，证明纤维素的结晶化度比淀粉粒高，可达60%～70%的程度。纤维素的微晶束是由100～200条呈螺旋状长链的纤维素分子彼此平行排列通过氢键结合而成，而且微晶束要比每个纤维素分子短得多。可见每个长链纤维素分子不只在一个微晶束里面，而是同时参加到多个微晶束里面。

近年来，有人提出纤维素存在着所谓一级结构和高级结构的问题，如同蛋白质一样，一级结构决定纤维素的空间构象。

纤维素甲基化后彻底水解可得到4 - *O* - 甲基葡萄糖和3 - *O* - 甲基葡萄糖，按照它们所占的比例计算，纤维素的链长大约有300～2500个葡萄糖残基，相对分子质量约为50000～400000，这与用X射线测得的结果大致相同。由于纤维素是高分子化合物，而且不是一种单纯的物质，通常是各种聚合度的混合物。所以测定的所谓相对分子质量只是它的平均相对分子质量。

纤维素分子的极性基团绝大部分参与氢键的缔合作用(分子间氢键)，分子间集聚力很强，再加上纤维素分子内也有氢键，所以要拆散这些氢键是困难的。因此纤维素不溶于水及一般的有机溶剂，纤维素的水解比淀粉困难得多。一般是在浓酸中或用稀酸在加压的情况下进行水解。水解过程中，可得到一些中间产物，最终产物为β - D - (+)葡萄糖。

$$\text{纤维素}\xrightarrow{\text{水解}}\text{纤维素糊精}\xrightarrow{\text{水解}}\text{纤维二糖}\longrightarrow\text{葡萄糖}$$

纤维素可溶于氢氧化铜的氨溶液中，加酸后又沉淀出来。纤维素具有与淀粉相同的许多化学性质，如无还原性，可发生成酯、成醚反应等，近年来又研究出了纤维素的新溶剂，为纤维素化学反应和纤维素的加工提供了新的前景。

纤维素是茎秆、粗饲料及皮壳的主要成分，这些组织中纤维素的含量可以达到40%～50%，因此，那些带壳收获的谷物(稻谷、大麦和燕麦)中含有的纤维素较多，谷物果皮中也富含纤维素(可以达到30%)，胚乳中的纤维素含量一般较少，只有0.3%左右。

二、半纤维素和戊聚糖

半纤维素(hemicellulose)和戊聚糖(pentosans)这两个术语经常可以互用，两者都没有确切的含义，合起来看，它们包括植物中的非淀粉和非纤维素多糖，它们广泛分布在植物界。一般认为它们是构成细胞壁和将细胞连在一起的粘连物质，它们的化学结构很不一致，其成分从简单的糖如β - 葡聚糖到可能含有戊糖、己糖、蛋白质和酚类的多聚体，变化多样。谷物半纤维素组成中的糖类，文献中常提及的有D - 木糖、D - 阿拉伯糖、D - 半乳糖、D - 葡萄糖、D - 葡糖醛酸及4 - O - 甲基 - D - 葡糖醛酸。

在半纤维结构方面的混乱认识，许多都是由于难以得到纯净的半纤维素化学组分供研究之用造成的。还有一个复杂的问题是缺乏权威性的试验手段来说明所得到的化学组分是否纯净。半纤维素多种多样，并且有很多不同的化学组成。半纤维素的另一个重要性质是其在水中的溶解性，例如小麦粉中同时含有溶于水和不溶于水的半纤维素。虽然除戊聚糖之外，半纤维素中还明显含有许多组分，但文献中通常将它们称作水溶性和水不溶性戊聚糖。

小麦胚乳中，水不溶性戊聚糖约占2.4%，水洗除去面筋之后，剩下的浆液经离心分离可得到水溶性和水不溶性两部分。水不溶性部分又可根据密度分成两层(即两部分)，底部较稠密的一层是原淀粉，此层之上是凝胶层，文献中凝胶层还有许多名称如淀粉糊精(amylodextrin)、浆胶(squeegee)、淤浆(sludge)或尾淀粉(tailings starch)。这一部分由小粒和破损的淀粉以及水不溶性戊聚糖组成，其中还有少量蛋白质和灰分。

根据洗制面筋的方法和小麦粉碾磨的强度不同，每部分的百分比变化很大。水不溶性戊聚糖中含有L - 阿拉伯糖、D - 木糖和D - 葡萄糖。文献中对半乳糖和甘露糖的存在说法不一。

水不溶性戊聚糖结构的深入研究表明，它们与水溶性戊聚糖相类似，但分枝程度较高，主链一般是以β - 1,4键结合的D - 吡喃木糖单位，具有L - 阿拉伯糖侧链；侧链是很特殊的，仅有一个单糖残基的长度。如果是单一的取代，侧链一般接在木糖残基的 3 位上，也可同时在 2、3 位上发生取代。在所研究的水不溶性戊聚糖中，约有 60% 的木糖残基是支链，而且大约 30% 的分枝同时接在 2、3 位上。

用冷水洗提小麦粉时，可获得 1.0% ~ 1.5% 可溶性的戊聚糖。除木糖和阿拉伯糖之外，水溶性戊聚糖一般还含有半乳糖和蛋白质。对典型水溶性戊聚糖的深入研究表明，其主链是以 $\beta-1,4$ 键结合的 D－吡喃木糖残基，在 2、3 位上具有一个脱水 L－呋喃阿拉伯糖残基(图 4－2)。戊聚糖的溶解性看来是由侧链造成的，因为除去该阿拉伯糖侧链将变成不溶性的木聚糖多聚体。分枝度是较高的，阿拉伯糖侧链有时接在孤立的木糖残基上，有时在相邻的残基上也有一个侧链，在三个残基上都有侧链的很少见，从未有接在四个或更多连续的残基上的。

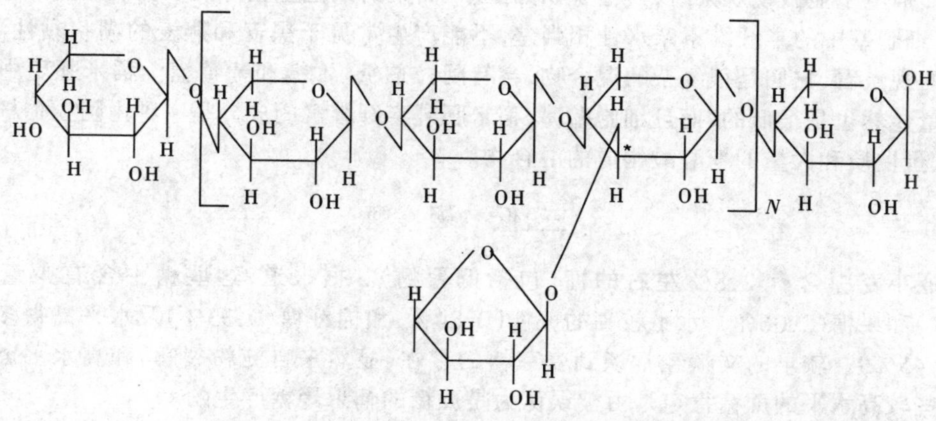

图 4－2　小麦粉中主要水溶性阿拉伯木聚糖结构

N—多聚体单位数　　　　*—分枝的位置

分离水溶性戊聚糖的早期尝试得到许多组分，且不同的研究之间组分差异颇大，从而造成了很大的混乱。现在混乱大多已经消除，水溶性戊聚糖已被证明是由不溶于饱和硫酸铵的阿拉伯木聚糖(为游离蛋白质所污染)和与蛋白质共价相链的阿拉伯半乳聚糖所组成。

除碳水化合物和蛋白质之外，水溶性戊聚糖还含有少量的酯化酚酸(阿魏酸，图 4－3)，它仅接在最易溶的阿拉伯木聚糖上。

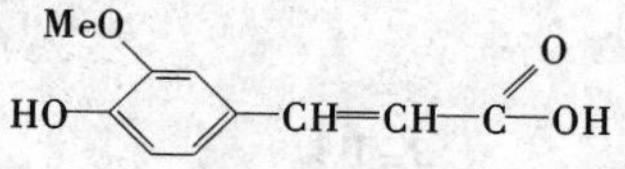

MeO

HO—⟨苯环⟩—CH═CH—C(═O)—OH

图 4－3　阿魏酸的结构

水溶性戊聚糖在水中可形成黏滞的溶液。此外，某些氧化剂(如过氧化氢)能使小麦粉—水浆液的相对黏度大大增加。实际上是这些氧化剂能使水溶物成分形成凝胶，现已证明了水溶性戊聚糖是产生这种凝胶的主要原因。这种氧化凝胶显然是某些谷物粉中戊聚糖的独特性质，因此，对这一特性进行了广泛的研究。由于在 320nm 处存在紫外线吸收(阿魏酸在此波长吸光)，从而推测在该凝胶中有阿魏酸存在。

许多氧化剂在产生氧化凝胶中都有效，研究得最多的一种是过氧化氢。实际上，活性试剂是过氧化氢和过氧化物酶(小麦粉固有的一种酶)的混合物。究竟氧化凝胶现象在面包制作或其他谷物加工中有多么重要，现在还不清楚。

非小麦谷物的半纤维素研究不多，但大麦例外，因为在制麦芽和酿造中，对大麦细胞壁的功能及多糖进行了详细研究。大麦细胞壁含有70%的β-葡聚糖和20%的阿拉伯木聚糖，剩下的是蛋白质和少量的甘露聚糖。很多酶能迅速地降解细胞壁，特别是在籽粒发芽之后。

黑麦的半纤维素（通常又称为戊聚糖）与其烘焙特性密切相关。黑麦粉中戊聚糖的含量比其他谷物高得多，含量一般为8%。

燕麦中的主要半纤维素也是β-葡聚糖。像黑麦那样，燕麦的半纤维素水平高于大多数谷物，β-葡聚糖的水平为4%~6%。由于燕麦胶据称可降低胆固醇，故近来已引起人们的很大兴趣。据报道燕麦胶（半纤维素）中含70%~87%的β-葡聚糖。

用扫描电子显微镜观察时，其他谷物如玉米、高粱的细胞壁显得比小麦或黑麦的细胞壁薄得多，其细胞壁中的半纤维素亲水性相当差，不能产生常见于黑麦和燕麦的糊状黏性混合物，从化学的观点看，它们是很复杂的混合物，含有阿拉伯糖、木糖和葡萄糖。稻米胚乳中半纤维素的含量显然也是很低的，而且细胞壁薄，稻米胚乳半纤维素的成分是一种由阿拉伯糖、木糖、半乳糖、蛋白质和大量的糖醛酸构成的混合物。

三、低　聚　糖

普通小麦中含有2.8%左右的糖（包括低聚糖）。据报道，这些糖中含有少量葡萄糖（0.09%）和果糖（0.06%），水平较高的蔗糖（0.84%）和棉籽糖（0.33%）及水平高得多的葡果聚糖（1.45%）。较早的文献经常谈到麦芽糖的存在（显然来自淀粉裂解）和高水平蔗糖的存在。这些较高水平的蔗糖肯定是由被误认为是蔗糖的葡果聚糖产生的。

葡果聚糖又称利沃辛（levosine），结构如图4-4所示。蔗糖是葡果聚糖系列中最小的成员，接着是葡双果糖，再然后便是低聚糖。相对分子质量可增至2000左右。葡果聚糖的结构与菊粉的结构即使不完全相同，也是很相似的。菊粉是某些块根作物如菊芋（洋姜）的贮藏碳水化合物。

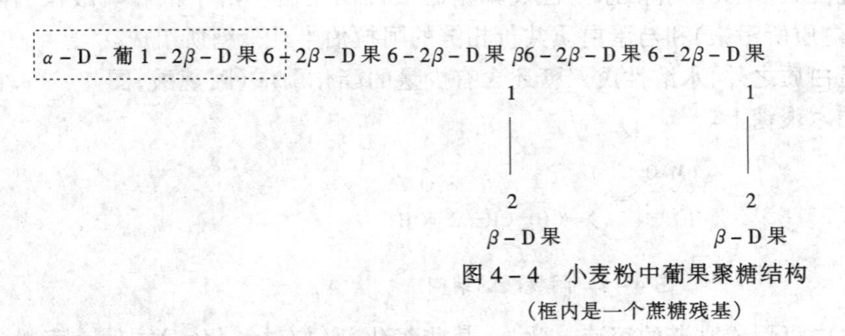

图4-4　小麦粉中葡果聚糖结构

（框内是一个蔗糖残基）

糖类已用于判断小麦在不理想的条件下贮藏期间所发生的变化。所发生的复杂变化以及与糖的含量和类型测定有关联的一些问题使得结果难以解释。糖类分析方法近来的进展可能有助于这些方面的研究。

小麦胚中总糖含量相当高（24%），主要是蔗糖和棉籽糖。在手工解剖的胚中未发现葡果聚糖。蔗糖和棉籽糖在麸皮中也是主要的糖，达4%~6%。麸皮中还有许多其他含量较少的糖。小麦粉中发现的糖与整粒小麦中发现的糖相同。葡果聚糖看来集中在胚乳中，而在胚芽和麸皮中则缺乏。

糙米约含有 1.3% 的糖，主要是蔗糖，其次有葡萄糖、果糖，棉籽糖也有文献报道；白米仅含有约 0.5% 的糖，也还是以蔗糖为主；燕麦也含有和其他谷物几乎相同水平的糖，在其淀粉胚乳中，蔗糖和棉籽糖是主要的糖。无论是燕麦还是稻谷都不含有显量的葡果聚糖。在高粱中，总糖含量可能在 1% ~ 6% 之间变化，某些用于制糖的特殊栽培品种含糖量较高。在那些品种中，蔗糖是主要的糖，三糖棉籽糖和四糖水苏糖的含量很少。珍珠粟中糖的含量比高粱的低，变化在 2.6% ~ 2.8% 之间，蔗糖约占总糖的 2/3。高粱和黍粟显然不含葡果聚糖。

四、果 胶 物 质

主要谷物籽粒中含有少量的果胶物质，它与纤维素、半纤维素共同存在于植物细胞壁中，起到粘连细胞的作用。

果胶是由糖类物质组成的高分子聚合物，在植物体内有三种存在方式：原果胶、果胶和果胶酸，它们在结构上有共同之处，在性质上有些差别。

(1)原果胶　它是由半乳糖醛酸甲酯分子通过 α – 1,4 – 糖苷键连接而成的高分子化合物。结构式如下：

(2)果胶　它是原果胶的降解产物，是由半乳糖醛酸甲酯残基构成的一种多糖，相对分子质量比原果胶小，可溶于水，遇乙醇或 50% 的丙酮时沉淀，在可溶性果胶中加入酸或者糖时可形成凝胶，这是果胶的一种特殊性质，广泛用于食品工业。

可溶性果胶在稀碱或果胶酶的作用下，容易脱去甲氧基，形成甲醇和果胶酸(即半乳糖醛酸)。

(3)果胶酸　它是果胶的降解产物，相对分子质量进一步变小，果胶酸的分子大约由一百多个半乳糖醛酸残基缩合而成，可溶于水，呈酸性，在溶液中与钙离子形成沉淀(图 4 – 5)，通常利用这个反应来测定果胶物质的含量。果胶酸在有糖存在时不能形成凝胶，所以在工业上制取果胶时，尽量不使果胶水解，以免降低果胶的胶化能力。

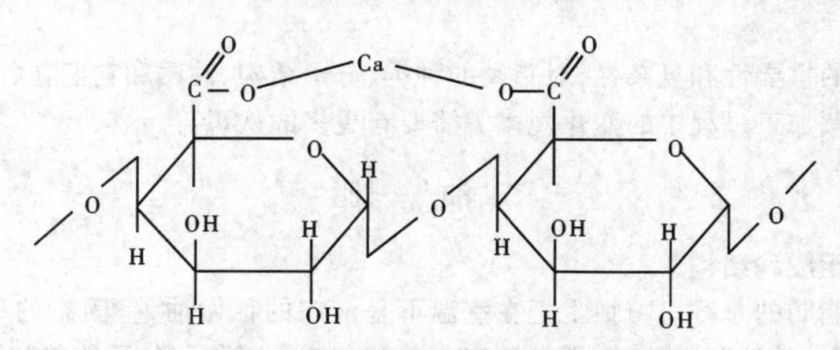

图 4 – 5　果胶酸通过钙离子的结合形式

第二节 脂 类

一、脂类的一般概念

脂类(lipids)是油脂及类脂的总称。这类化合物在分子结构上有很大的差别,但是有一个共同的特性即脂溶性。所谓脂溶性,是化合物不溶于水而溶于乙醚、氯仿、苯等有机溶剂的性质。这类具有脂溶性的化合物统称为脂类或脂质。

(一)脂类分类

植物体内的脂类根据它们的化学结构和组成,可分为三大类:

(1)简单脂类(simple lipids) 脂肪酸与醇所成的酯。通常按醇的性质又分为:①油脂(oil 或 fat),脂肪酸与甘油所成的酯;②蜡(waxes),脂肪酸与长链一元醇所成的酯。

(2)复合脂类(complex lipids) 复合脂类的分子中除了脂肪酸与醇外,尚有其他化合物,如谷物、油料中重要的复合脂类有下列几类:①磷脂类(phospholipids),含有脂肪酸、醇(甘油醇或鞘氨醇)、磷酸及一个含氮碱基;②糖脂类(glycolipids),含有糖(半乳糖、葡萄糖)、脂肪酸、甘油或鞘氨醇。

(3)异戊二烯系脂类 不含脂肪酸组分,如萜类(terpenes)和甾醇类(steroids)。

在植物油脂工业中,人们习惯于把油脂以外的脂类称为类脂,它们在油品制取过程中因其脂溶性而与油品一起取出,这类化合物可以划分为可皂化和不可皂化两种类型。与油脂一样具有皂化性能的物质有蜡、磷脂、糖脂、游离脂肪酸,不具有皂化性能的物质有萜类、甾醇类等物质,它们都能溶于油脂及油溶剂中。

(二)脂类的用途

脂类是一些有重要生理功能的化合物,如磷脂和糖脂是生物膜的重要组分,与生物膜许多特性和功能,如柔软性、对极性分子的不可透性、高电阻性等有密切关系。有些脂类是动植物的激素、维生素和色素的组成部分。在机体表面的脂类有滑润、防止机械损伤、防止热量的散发等功用。另外,从营养学观点分析,油脂是人类重要营养物质之一,每克油脂在体内氧化可放出热量 38kJ,是生物体代谢所需“燃料”的最紧凑的贮藏形式和运输形式。油脂也是维生素 A、维生素 D、维生素 E、维生素 K 等许多生物活性物质的良好溶剂。油脂还可提供某些人体不能自身合成的必需不饱和脂肪酸,并可增加食品风味。因此可以认为油脂是食物和饲料的重要成分。在工业上,油脂、磷脂和油脂的水解产物甘油和脂肪酸,是一些工业原料,用于涂料、制药、制皂、农药等工业。

就谷物贮藏、加工而言,脂类在谷物、油料籽粒中的分布和含量与食用品质和耐藏性有密切关系。

正因为脂类的重要性和复杂性,对脂类的种类、分子结构、性质和它们在谷物、油料中的存在状态以及在贮藏加工过程中的变化规律等需要有更多的认识。

二、油 脂

(一)油脂的组成和结构

油脂是油与脂肪的总称。习惯上把在室温下呈液态的称做油,呈固态的称做脂肪。但从化学结构来看,都是甘油和脂肪酸,即甘油三个羟基和三个脂肪酸分子的羧基脱水缩合而成的酯，学名为三酰甘油(triacyglycerols)。

$$\begin{array}{c} CH_2OH \\ | \\ HO-C-H \\ | \\ CH_2OH \end{array} + 3HO-\overset{O}{\overset{\|}{C}}-P \longrightarrow \begin{array}{c} \qquad\qquad H_2C-O-\overset{O}{\overset{\|}{C}}-R_1 \\ \qquad\qquad | \\ R_2-\overset{O}{\overset{\|}{C}}-O-CH \\ \qquad\qquad | \\ \qquad\qquad H_2C-O-\overset{O}{\overset{\|}{C}}-R_3 \end{array} + 3H_2O$$

甘油　　脂肪酸　　　　　　三酰甘油

当甘油分子与一个脂肪酸分子缩合时，称为单酰甘油；与两个脂肪酸分子缩合时，称为二酰甘油。它们虽然是植物体内某些生化反应的重要产物，但在植物体内很少积累。在自然界，三酰甘油是常见的一种脂类，也是一种较为重要的脂类。三酰甘油通常称为脂肪或真脂，也曾称为甘油三脂肪酸酯或甘三酯，一些谷物籽粒的油脂含量见表 4－1。

表 4－1　　一些谷物籽粒的油脂含量　　单位：%(以干粒重计)

种　类	含　量	种　类	含　量
小麦	2.1～3.8	玉米胚	23～40
大麦	3.3～4.6	小麦胚	12～13
黑麦	2.0～3.5	米糠	15～21
稻米	0.86～3.1	高粱	2.1～5.3
小米	4.0～5.5	玉米	3～5

三酰甘油在动植物细胞中以小油滴状态悬浮在细胞质中，在含油量高的种子或果实中，这些小油滴聚合成大油滴。构成三酰甘油分子中的甘油，在化学上和来源上都和糖类有密切关系，但就功能与分布来说，它和三酰甘油的关系更为密切。

未经酯化的甘油能溶于水和乙醇，不溶与脂溶剂中。当它的三个羟基和脂肪酸缩合成酯以后，性质就起了相反的变化，即不溶于水而溶于脂溶剂。三酰甘油的部分水解物，如双酰甘油和一酰甘油，由于分子两端具有亲脂性基团，另一端具有亲水性基团，因而可使三酰甘油乳化分散于水相中，有利于三酰甘油消化和吸收。工业上最早合成单、双酰甘油等作为食品乳化剂。

甘油在高温下与脱水剂(无水 $CaCl_2$、$KHSO_4$ 等)共热，失去 2 分子水，产生丙烯醛，可作为鉴别甘油特征的反应。三酰甘油分子中，甘油是固定成分，与甘油相结合的脂肪酸则种类繁多。因此，油脂的性质取决于脂肪酸的种类及其在各种三酰甘油中的含量和比例。研究三酰甘油分子结构和性质首先要了解脂肪酸的种类和性质。

(二)脂肪酸(Fatty acid)

简单和复合脂类分子组分中都含有脂肪酸。研究表明：在自然界存在最多的是含偶数碳原子的饱和与不饱和的单羧基脂肪酸。在组织和细胞中，绝大多数脂肪酸是以结合形式存在，游离形式存在的脂肪酸极少。

各种脂肪酸之间的类别，主要是碳原子数、碳原子间双键的数目及其所在位置或取代基团不同。脂肪酸常用简写方法表示，简写法的原则是先写碳原子数目，再简写出双键数目，两个数目以比号隔开，最后在括号内表示出双键位置。例如硬脂酸 $CH_3(CH_2)_{16}COOH$，可表示为 18:0。油酸 $CH_3(CH_2)_7CH=CH(CH_2)_7COOH$ 可表示为 18:1(9)或 18:1Δ9，有时在表示双键位置的数字后标有字母 *c* 或 *t*，它们分别表示双键的构型为顺式（*cis* -）和反式（*trans* -），如果在表示双键位置数字后面不标任何字母时，就表示为顺式构型。

在植物中的脂肪酸，已被测定的大约有 300 多种。它们大多数存在于少数的植物体中。根据不同的研究方法，脂肪酸的分类方法通常有两种：①按照脂肪在植物体内分布的情况分类，分为主要脂肪酸，次要脂肪酸和稀有脂肪酸三类；②按照脂肪酸的化学结构和性质分为饱和脂肪酸、不饱和脂肪酸和具有取代基团的脂肪酸。

1. 饱和脂肪酸

饱和脂肪酸一般为 $C_4 \sim C_{30}$，在油料和谷物籽粒中最普遍的饱和脂肪酸为软脂酸、硬脂酸和花生酸。天然油脂常见的饱和脂肪酸见表 4 - 2。

饱和脂肪酸的空间构型均呈锯齿形，以硬脂酸为例，经研究测得有关结构和数据见图 4 - 6。

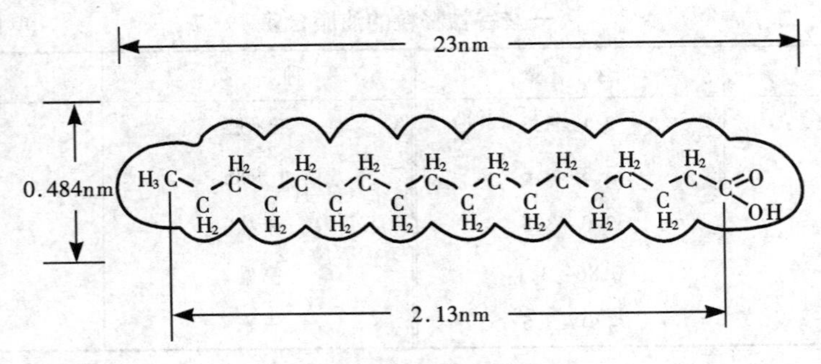

图 4 - 6　硬脂酸的结构

实际上，由于碳单键的旋转，饱和脂肪酸以无数的构象存在，但能量最小的构象如图 4 - 7 所示的平面锯齿形。

图 4 - 7
饱和脂肪酸的构象

脂肪酸分子中，非极性的碳氢链是“疏水”的。极性基团羧基是“亲水”的。具有长碳键的脂肪酸，由于疏水的碳氢链占有分子体积的绝大部分，因此高级脂肪酸为脂溶性。

在低级脂肪酸中，丁酸与水可以任何比例混合。随脂肪酸分子质量的增加，溶解度则迅速下降，已酸、辛酸、癸酸微溶于水。而月桂酸及较高的同系物则不溶于水。在水中不溶解的脂肪酸，由于分子中存在极性基团羧基，所以也能被水所润湿，例如在 69℃时每 100g 硬脂酸可以润湿的水为 0.92g。

2. 不饱和脂肪酸

不饱和脂肪酸是指碳链中有双键存在的脂肪酸。油料、谷物籽粒中常见的不饱和脂肪酸如表 4 - 3 所示。

不饱和脂肪酸有两类异构体，即几何性（顺、反）与位置性（双键位置不同）异构体。

（1）顺、反异构体　不饱和脂肪酸因有不能旋转的双键，故有顺反异构体（图 4 - 8）。在顺式构型中，双键旁 2 个碳上的氢原子在同一方向。在反式构型中，2 个氢原子在双键的不同方向上，由于双键的存在，分子的顺式构象使碳键发生大约 30°的弯曲。

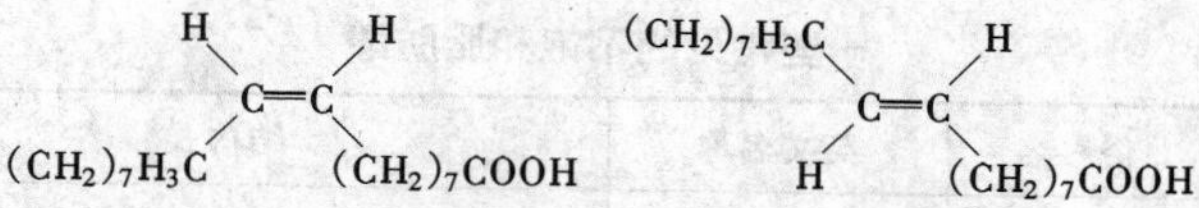

$$\begin{array}{cc} \mathrm{H} \quad\quad \mathrm{H} & (\mathrm{CH_2})_7\mathrm{H_3C} \quad\quad \mathrm{H} \\ \mathrm{C{=}C} & \mathrm{C{=}C} \\ (\mathrm{CH_2})_7\mathrm{H_3C} \quad (\mathrm{CH_2})_7\mathrm{COOH} & \mathrm{H} \quad\quad (\mathrm{CH_2})_7\mathrm{COOH} \end{array}$$

油　酸　　　　　　　　反油酸

图 4-8　脂肪酸的顺反异构体

高等植物的不饱和脂肪酸几乎都具有相同的几何构型，而且都属于顺式（*cis*－），顺式不饱和脂肪酸在加入一些催化剂并加热时可转为反式。如食用菜籽油催化加氢时，即可产生反油酸。

（2）位置异构体　较常见的有两种类型，含有多个不饱和键的脂肪酸分子中，不饱和键之间通常被一个亚甲基隔开，这种体系称为非共轭体系：

$$-\mathrm{CH{=}CH}-\underset{\text{亚甲基}}{\mathrm{CH_2}}-\mathrm{CH{=}CH}-$$

大多数天然的不饱和脂肪酸都是非共轭酸，含有多个不饱和键的脂肪酸分子中，单键与双键交互出现，这种体系称为共轭体系。桐油中的 α－桐酸是一个具有三个双键的共轭酸，其构象如下：

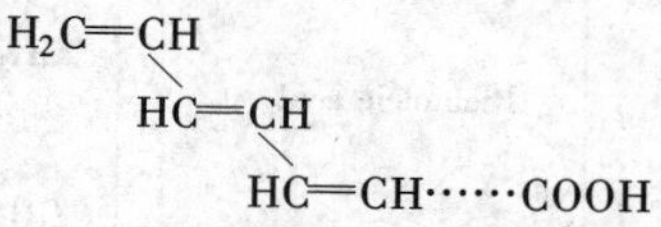

$$\begin{array}{l} \mathrm{H_2C{=}CH} \\ \quad\quad \mathrm{HC{=}CH} \\ \quad\quad\quad\quad \mathrm{HC{=}CH\cdots\cdots COOH} \end{array}$$

α－桐酸

含有多个不饱和共轭体系与非共轭体系的脂肪酸在反应活性上，表现出极大的差别，前者较后者更易被氧化。

表 4-2　　　　一些天然的饱和脂肪酸

系统命名	俗　名	英文名称	分子式	简写符号
n－丁酸	酪　酸	Butyric acid	C_3H_7COOH	4:0
正已酸	羊油酸	Caproic acid	$C_5H_{11}COOH$	6:0
正辛酸	羊脂酸	Caprvlic acid	$C_7H_{15}COOH$	8:0
正癸酸	羊蜡酸	Capric acid	$C_9H_{19}COOH$	10:0
十二酸	月桂酸	Lauric acid	$C_{11}H_{23}COOH$	12:0
十四酸	豆蔻酸	Myristric acid	$C_{13}H_{27}COOH$	14:0
十六酸	软脂酸	Palmitic acid	$C_{15}H_{31}COOH$	16:0
十八酸	硬脂酸	Stearic acid	$C_{17}H_{35}COOH$	18:0
二十酸	花生酸	Arachidic acid	$C_{19}H_{39}COOH$	20:0
二十二酸	山俞酸	Behenic acid	$C_{21}H_{43}COOH$	22:0
二十四酸	掬焦酸	Lignoceric acid	$C_{23}H_{47}COOH$	24:0
二十六酸	虫蜡酸	Wax acid	$C_{25}H_{51}COOH$	26:0

表 4-3 一些常见的不饱和脂肪酸

系统命名	俗 名	英文名称	结构式	简写符号
9-十六碳烯酸	棕榈油酸	Palmitoleic acid	$CH_3(CH_2)_5CH=CH(CH_2)_7COOH$	16:1△9
9-十八碳烯酸	油酸	Oleic acid	$CH_3(CH_2)_7CH=CH(CH_2)_7COOH$	18:1△9
9,12-十八碳二烯酸	亚油酸	Linoleic acid	$CH_3(CH_2)_3(CH_2CH=CH)_2(CH_2)_7COOH$	18:2△9·12
9,12,15-十八碳三烯酸	亚麻酸	Linolenic acid	$CH_3(CH_2CH=CH)_3(CH_2)_7COOH$	18:3△9·12·15
5,8,11,14-二十碳四烯酸	花生四烯酸	Arachidonic acid	$CH_3(CH_2)_4(CH=CHCH_2)_3CH=CH(CH_2)_3COOH$	20:4△5 8 11 14

3. 取代酸

在脂肪酸碳链上具有取代基团的酸称为取代酸,其种类很多,常见的如表 4-4 所示。

表 4-4 一些常见的具有取代基的脂肪酸

系统命名	俗名	英文名称	结构式
环戊烯十三酸	大枫子酸	Chaulmoogric acid	HC═CH, H_2C—CH_2 成环, CH—$(CH_2)_{12}$—COOH
12-羟十八烯(9)酸	蓖麻油酸	Ricinoleic acid	$CH_3(CH_2)_5CH(OH)CH_2CH=CH(CH_2)_8COOH$
α-羟-二十四烯(15)酸			$CH_3(CH_2)_7CH=CH(CH_2)_{12}-CH(OH)COOH$
β-羟基脂肪酸			$CH_3(CH_2)n-CH(OH)CH_2COOH$
环氧丙烷脂肪酸	乳酸杆(菌)酸	Lactobacillic acid	$CH_3(CH_2)_5HC-CH(CH_2)_4COOH$ (两个CH之间以O桥连)

(三)脂肪酸在谷物籽粒中的分布

谷物籽粒中油脂的脂肪酸成分随科属不同而异,往往种属相同者,其脂肪酸成分大致相似。但也因品种和栽培条件的不同而有一些差异。表 4-5 列出了几种谷物籽粒的脂肪酸组成。

表 4-5 几种谷物籽粒中油脂的脂肪酸组成

谷物	油脂中脂肪酸组成								
	14:0	14:1	16:0	16:1	18:0	18:1	18:2	18:3	20:0
小麦			7~24	1~2	1~2	4~8	55~60	3~5	
大麦	2	1	21~24	<1	<2	9~14	56~59	4~7	
黑麦			18	<3	1	25	46	4	
糙米	<1		15~28	<1	<3	31~47	25~47	4	2
小米			16~25		2~8	18~31	40~55	2~5	<1
玉米			4~7	1	<4	23~46	35~66	<3	

三、蜡

(一)植物蜡的组成

化学上,将蜡定义为一类由高级脂肪酸和高级脂肪醇所形成的酯,它与油脂所不同的是:形成蜡的醇不是甘油而是高级一元醇。

实际上,植物蜡是多种成分的混合物。包括下列化合物:

1. 烃类及其衍生物

在不同植物或同一植物的不同组织的蜡中,烃类所占的比例不同,它是由 $C_{21} \sim C_{37}$烃类组成的混合物。高等植物的蜡中的烃类最主要的是 C_{29}和 C_{31}的饱和烃。

带有支链的烃类和烃类的含氧衍生物也存在于植物蜡中。

2. 蜡酯

植物蜡是由脂肪酸和脂肪醇形成的单酯,其结构式为:

$$R_1—\overset{\overset{\displaystyle O}{\|}}{C}—O—R_2$$

式中 R_1——脂肪酸的烃基

R_2——一元醇的烃基

脂肪酸一般包括 $C_{12} \sim C_{36}$,脂肪醇一般也是含有偶数碳原子(C_{22},C_{30})的直链饱和醇,其中以 C_{26}和 C_{28}为主要成分。

在蜡中还含有游离醇、游离脂肪酸、醛类、甾醇化合物等。

植物体内的蜡可分为三类,叶面角质层蜡、果实角质层及种皮的蜡、细胞中的蜡等。

蜡对皮肤、毛皮、羽毛、树叶、果实、粮粒的表面和许多昆虫的体表都有保护作用。谷物、油料籽粒的果皮、种皮的细胞壁含有相当数量的蜡,其作用是增加皮层的不透水性和稳定性,防止籽粒受到伤害。然而对蜡的生理功能,迄今报道很少。

(二)蜡在谷物、油料籽粒中的含量

米糠油含蜡高达 0.4%,大豆含蜡为 0.002%,高粱含蜡为 0.32%,蜡质玉米可以抽出 0.01% ~ 0.03%的蜡。

(三)蜡的一些性质

蜡由于分子两端都是非极性的长链烃基,故不溶于水,能溶于油脂或脂溶剂(如乙醚、丙酮、苯和氯仿等),但溶解度较油脂小。蜡不能被脂肪酶所水解。

蜡在常温下为固体,温度稍高时,蜡是柔软固体,温度低时变硬,熔点在 60 ~ 80℃之间,蜡在空气中稳定不易被氧化,也难于皂化,皂化速度远低于油脂和磷脂。

不同来源的蜡可用物理常数和化学常数加以鉴定。表 4 – 6 是几种谷物油料籽粒中蜡的一些特性。

表 4 – 6　几种谷物油料籽粒中蜡的一些特性

	米糠蜡	玉米蜡	高粱蜡	大豆蜡
熔点/℃	77.9	80 ~ 81	77 ~ 82	58.5
酸值	15.2	1.9	10 ~ 16	–
皂化值	80.7	120.3	20 ~ 25	102.4
碘值	15.2	42	15.5 ~ 20.5	0.4
脂肪酸成分	$C_{22,24,25}$	$C_{22,24}$	$C_{24,30}$	C_{22}
醇成分	$C_{26,28}$	C_{30}	$C_{26,30}$	$C_{28,30,32}$

(四)蜡的用途

蜡在人体及动物消化道内不能被消化,故无营养价值。蜡在造纸、皮革、纺织、制药、绝缘材料、文化用品、润滑油等方面,都有广泛的用途。虫蜡也可作为新鲜水果表面涂料,使水果保持新鲜,或延长保存时间。

四、磷　　脂

磷脂包括磷酸甘油脂(Phos Phoglycerises)和神经鞘磷脂(sphingomyelins),它们都是含有磷酸组分的脂类。

磷脂几乎存在于植物体内各个部分,但是它不像油脂那样以分散的油滴形式存在,而是与蛋白质等以结合态形式存在于组织中。磷脂也可作为贮藏物质存在于种子中,特别是油料作物种子,磷脂含量较高,种子萌发时,作为能量的一个来源。

表 4-7　　谷物籽粒中的磷脂含量　　单位:%

谷物种类	含　量	谷物种类	含　量
小麦	0.4~0.5	糙米	0.64
玉米	0.2~0.3	黑麦	0.5~0.6
大麦	0.74		

(一)磷脂的分类

磷脂按其组成可分为磷酸甘油酯和神经鞘磷脂两大类,前者为甘油醇酯衍生物,后者为神经氨基醇酯的衍生物。

1. 磷酸甘油酯类

这类化合物甘油上 C_3 的羟基被磷酸酯化,其他两个羟基被脂肪酸酯化,所生成的化合物称为磷脂酸(phosphatidic acid),它是磷酸甘油酯的母体化合物,磷脂酸与含有羟基的化合物结合形成各种磷脂酰化合物。

(1)磷酸甘油酯的结构　磷酸甘油酯类包括许多组成不同的脂类,但是这些脂类有一个共同的结构特点,即以磷脂酸为结构基础。

基本结构式:

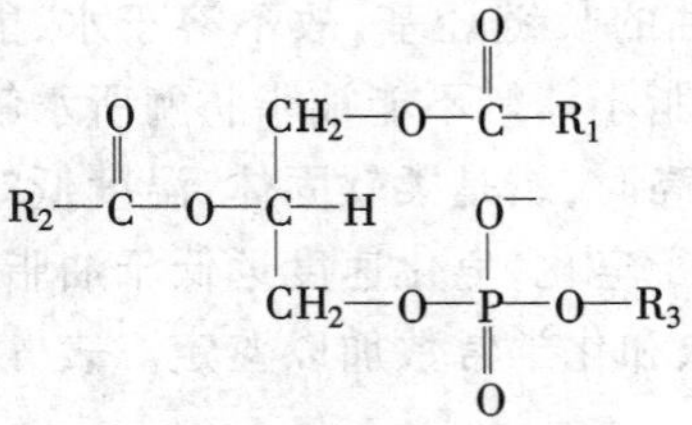

```
                              O
                              ‖
              O     CH2—O—C—R1
              ‖      |
       R2—C—O—C—H    O⁻
                     |      |
                    CH2—O—P—O—R3
                            ‖
                            O
```

基本组成:

R_3:-H　磷脂酸 phosphatidic acid(PA)

R_3:$-CH_2CH_2N^+(CH_3)_3$　磷脂酰胆碱 phosphatidyl choline(PC)

R_3:$-CH_2CH_2NH_2$　磷脂酰乙醇胺 phosphatidyl anolamine(PE)

R_3:$-CH_2CH(NH_2)COOH$　磷脂酰丝氨酸 phosphatidyl serine(PS)

R_3:-甘油　磷脂酰甘油 phosphatidyl glycerol(PG)

R_3:-肌醇　磷脂酰肌醇 phosphatidyl myo-inositol(PI)

在磷酸甘油酯中，R_1 和 R_2 表示两个相同或不同的脂肪酸残基，通常 R_1 为饱和脂肪酸，R_2 为不饱和脂肪酸。

由结构式可以看出，磷酸甘油酯含有两个长的碳氢链，使分子的一部分具有非极性的性质。而甘油分子的第三个羟基与磷酸以酯键相连，因而具有极性性质。有人把这个极性部分称为极性头(polar head)，把非极性的碳氢链称为非极链尾部(nonpolar tail)，所以这类化合物称为极性脂类(polar lipids)。不同类型的磷酸甘油酯的分子的大小、形状、极性头部基团的电荷等都不相同。每一类磷酸甘油酯又可根据它所含的脂肪酸不同而分为若干种。

(2)几种主要磷酸甘油酯

①3 – Sn – 磷脂酰胆碱(二酰基胆碱磷酸甘油酯)：是由磷脂酸与胆碱结合而成，它是在动植物中分布最广的磷脂，蛋黄含量多达 8% ~ 10%，最初是从蛋黄中提取得到，故曾称卵磷脂(lecithin)。其结构如下：

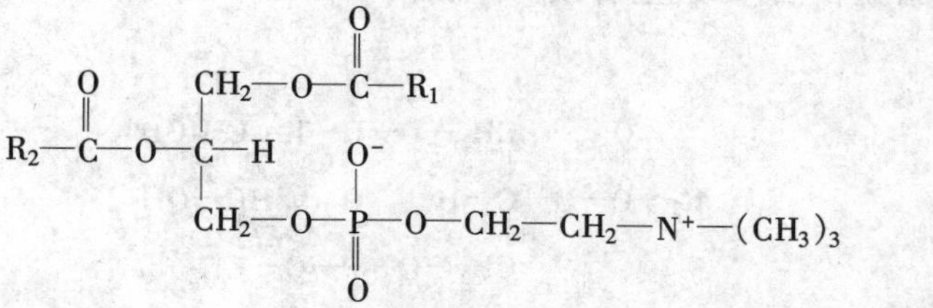

$$
\begin{array}{l}
\qquad\qquad\qquad\quad CH_2-O-\overset{O}{\overset{\|}{C}}-R_1 \\
R_2-\overset{O}{\overset{\|}{C}}-O-\underset{|}{\overset{|}{C}}-H \qquad O^- \\
\qquad\qquad\qquad\quad CH_2-O-\underset{\underset{O}{\|}}{\overset{|}{P}}-O-CH_2-CH_2-N^+-(CH_3)_3
\end{array}
$$

磷脂酰胆碱的磷酸基上的 H 和胆碱基的 N 上的 – OH 都可解离，故其结构式写成双离子形式。卵磷脂分子中 R_1 为硬脂酸或软脂酸。R_2 为油酸、亚油酸、亚麻酸及花生四烯酸等不饱和脂肪酸。磷脂酰胆碱有调节动物体的脂类代谢、防止形成脂肪肝的作用。

②3 – Sn – 磷脂酰乙醇胺(二酰基乙醇胺磷酸甘油酯)：结构式如下：

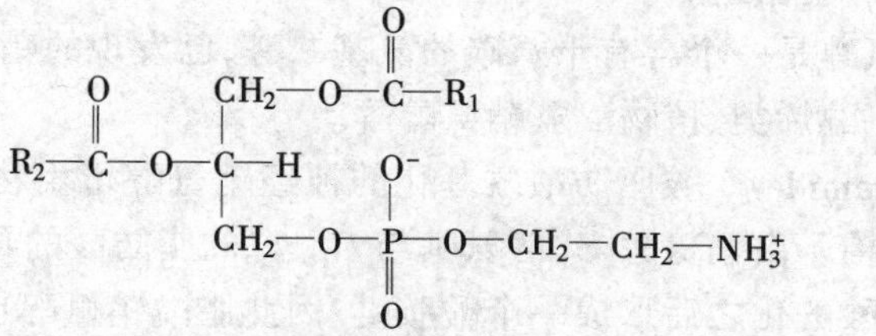

$$
\begin{array}{l}
\qquad\qquad\qquad\quad CH_2-O-\overset{O}{\overset{\|}{C}}-R_1 \\
R_2-\overset{O}{\overset{\|}{C}}-O-\underset{|}{\overset{|}{C}}-H \qquad O^- \\
\qquad\qquad\qquad\quad CH_2-O-\underset{\underset{O}{\|}}{\overset{|}{P}}-O-CH_2-CH_2-NH_3^+
\end{array}
$$

磷脂酰乙醇胺的结构和栓质与磷脂酰胆碱极为相似。

磷脂酰乙醇胺与血液凝固有关，可能是凝血酶致活酶的辅基。

③3 – Sn – 磷脂酰丝氨酸(二酰基丝氨酸甘油酯)：基本结构与磷脂酰乙醇胺相似，只是磷酰基团与丝氨酸的羟基以酯键相连，其结构式如下：

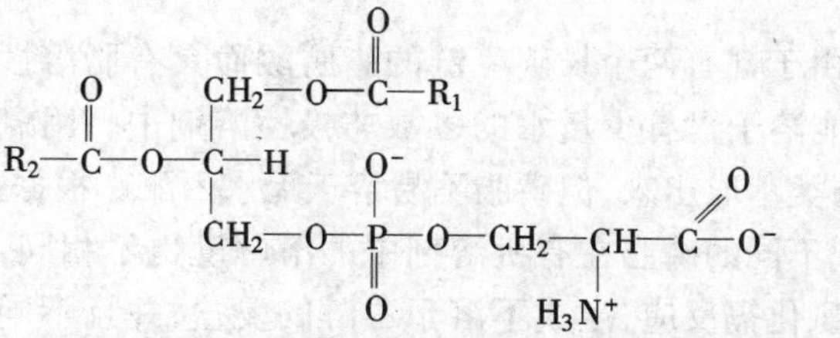

$$
\begin{array}{l}
\qquad\qquad\qquad\quad CH_2-O-\overset{O}{\overset{\|}{C}}-R_1 \\
R_2-\overset{O}{\overset{\|}{C}}-O-\underset{|}{\overset{|}{C}}-H \qquad O^- \\
\qquad\qquad\qquad\quad CH_2-O-\underset{\underset{O}{\|}}{\overset{|}{P}}-O-CH_2-\underset{\underset{H_3N^+}{|}}{CH}-\overset{O}{\overset{\|}{C}}-O^-
\end{array}
$$

脑磷脂(cephalin)最早从脑组织和神经组织中提出，并非单纯物质，至少含有两种以上物质，已知有磷脂酰乙醇胺和磷脂酰丝氨酸。

④3 – Sn – 磷脂酰肌醇(二酰基肌醇磷酸甘油酯)：它的极性基部分有一个六碳环状糖醇

即肌醇。磷脂酰连接在肌醇的 C_1 羟基上，其结构式如下：

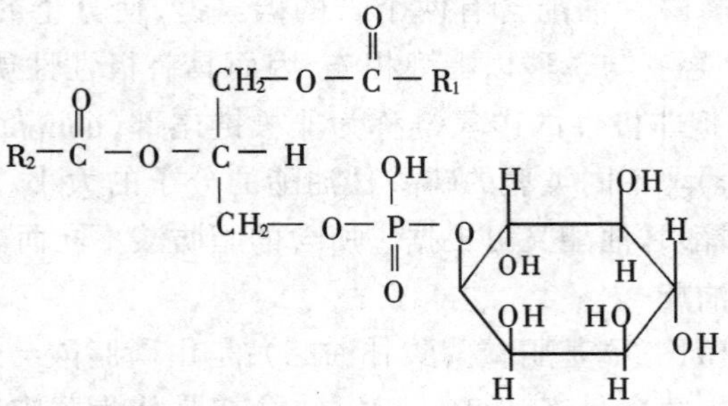

```
                         O
                         ‖
               CH2—O—C—R1
      O         |
      ‖         |
R2—C—O—C—H      OH            H        OH
                |        |
               CH2—O—P—O                 H
                       ‖      OH      H
                       O
                            OH    HO        OH
                            H          H
```

⑤3 - Sn - 磷脂酰甘油（二酰基甘油磷酸脂）：极性基团是一个甘油分子，其结构式如下：

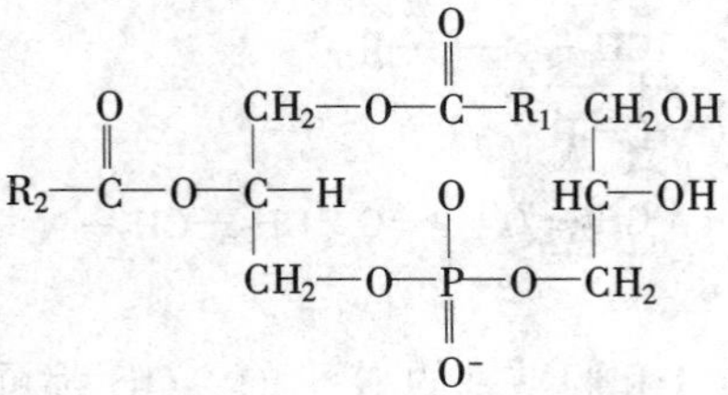

```
                         O
                         ‖
      O      CH2—O—C—R1   CH2OH
      ‖       |                 |
R2—C—O—C—H    O          HC—OH
              |          |      |
             CH2—O—P—O—CH2
                         |
                         O⁻
```

它在叶绿体中含量较高。

2. 磷酸（神经）鞘脂类

磷酸（神经）鞘脂类（sphingolipids）是以神经鞘氨醇衍生物为基础的极性脂类，它们由神经鞘氨醇、脂肪酸、磷酸和胆碱组成。

（1）鞘氨醇　鞘氨醇是一个含有十八碳的氨基二醇，已发现的鞘氨醇类有30多种，常见的有二氢鞘氨醇类、鞘氨醇烯类、植物二氢鞘氨醇等。

（2）神经酰胺（ceramide）　被脂肪酸酰基化的神经鞘氨醇衍生物称为神经酰胺，它是构成神经鞘脂类的母体结构。由鞘氨醇 C_2 的氨基与 $C_{18\sim26}$ 的脂肪酸的羟基形成的酰胺键，构成脂酰鞘氨醇。由于氨基酸酰化之后形成一个酰胺键，因此脂酰鞘氨醇也称神经酰胺。

（3）鞘磷脂　鞘磷脂是神经酰胺（*N* - 脂酰鞘氨醇）第一个碳原子上的羟基与磷酸胆碱、磷酸乙醇或磷酸肌醇以酯键相连而构成的。神经酰胺（*N* —脂酰鞘氨醇）组成分子的疏水尾部，其第一个碳原子上的羟基所带磷酸胆碱等基团组成分子的亲水头部。

（二）磷脂的性质

1. 溶解性

自然状态的磷脂，由于都有两个长碳氢链的脂肪酸而具有脂溶性。磷脂的另一组分为磷酰化合物是亲水基，因此能溶于含有少量水的多数非极性溶剂中。用氯仿 - 甲醇混合溶剂很容易将组织和细胞中的磷脂类萃取出来，但磷脂不易溶于无水丙酮。根据这个特点，可以用丙酮把磷脂中的其他脂类溶解。不同的磷脂在有机溶剂中的溶解度也不相同，因而可把不同的磷脂分离开来。另外，磷脂能与氯化镉反应，生成不溶于乙醇的复盐，并且不同的磷脂所生成的复盐具有不同的溶解特性。例如磷脂酰乙醇胺的氯化镉盐在乙醚中不溶解，而磷脂酰胆碱生成的复盐能够溶于乙醚。利用磷脂 - 氯化镉复盐的溶解特性的差别，可进行磷脂的纯化与鉴定。

2. 氧化性

由于磷脂中含有大约50%的不饱和脂肪酸,所以磷脂容易被氧化。纯净的磷脂是白色蜡状固体,暴露于空气中则发生颜色的改变,颜色变化为白色－黄色－黑色。其原因可能是不饱和脂肪酸首先被氧气氧化为过氧化物,然后过氧化物聚合成黑色聚合物。

3．磷脂水解作用

磷酸甘油酯可被磷脂酶(phospholipase)水解,见图4－9,磷脂酶A1专一水解磷酸甘油分子中与甘油分子的第一碳原子上相连的酯键。磷脂酶A2专一水解与甘油分子第二碳原子相连的酯键。磷脂酶C专一水解甘油和磷酸形成的酯键。而磷脂酶D专一水解极性头部基团与磷酸形成的另一个酯键。

磷脂酰乙醇胺经磷脂酶A2作用后,形成溶血磷脂酰乙醇胺,它是代谢过程的中间产物。在组织和细胞中含量很少。高浓度的溶血磷酸甘油酯能引起细胞膜中毒,并损伤细胞膜。

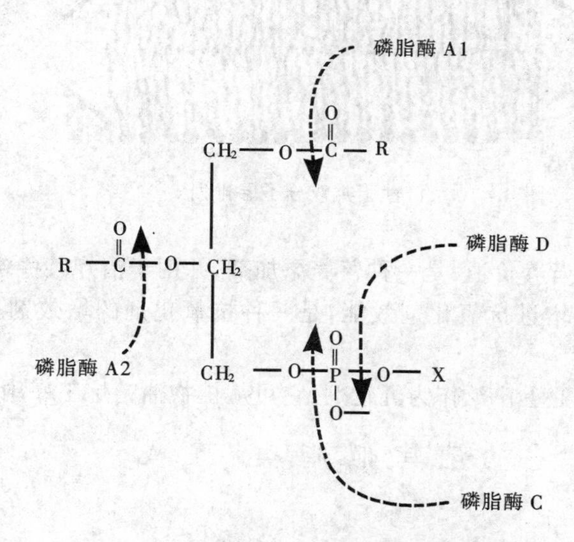

图4－9　磷脂酶类水解作用

磷脂酰甘油酯失去一个脂肪酸后的产物称做溶血磷脂。

和油脂相似,磷酸甘油酯也能被碱水解,由于碱性强度不同,生成不同的水解产物。在弱碱性条件下,磷脂酰胆碱的水解反应如下:

$$R_2{-}\overset{O}{\overset{\|}{C}}{-}O{-}CH(CH_2{-}O{-}\overset{O}{\overset{\|}{C}}{-}R_1){-}CH_2{-}O{-}P(O)(=O){-}O{-}CH_2{-}CH_2{-}NH_3^+ \xrightarrow{\text{弱碱}}$$

$$HO{-}CH(CH_2{-}OH){-}CH_2{-}O{-}P(O^-)(=O){-}O{-}CH_2{-}CH_2{-}NH_3^+ + R_1COO^- + R_2COO^-$$

在强碱条件下，磷脂酰胆碱进一步被水解生成脂肪酸、胆碱和磷酸甘油。

(三)磷脂的功能作用

(1)磷脂是构成生物膜的重要成分。磷脂酰胆碱、磷脂酰乙醇胺及鞘磷脂都参与膜的组成。由于磷脂分子是双型性分子，当它们处于极性介质(水)中时，非极性的脂肪酸碳氢链的尾部有强烈的避开水相、自相粘附的倾向，构成疏水的内层，而把亲水的磷脂酰碱基头部伸向两侧表面。因而形成反向排列的两层脂类分子，即“脂类双分子层”(图 4 – 10)。它是生物膜的基本骨架，脂类分子的这种紧密有序的排列使生物膜具有良好的保护作用，能维持膜内微环境的相对稳定，使其中的水分、无机盐、各种离子和营养物不致流失，为各种生命物质的生存和生理活动创造适宜条件。

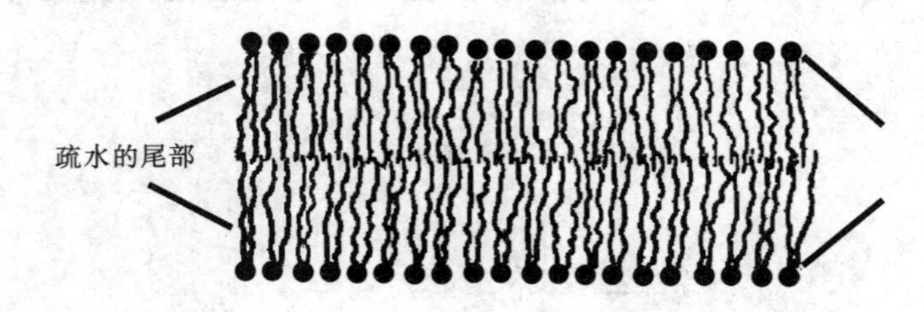

图 4 – 10　极性脂类双分子层排列

(2)磷脂对人体有一定的营养价值，是一种营养添加剂，并用于治疗某些疾病。

(3)磷脂酰乙醇胺等具有增进抗氧化剂效能，是一种抗氧化剂的增效剂。从这个意义来说，保留在食油中是有利的。

(4)磷脂酰胆碱在食品工业上广泛作为乳化剂，它可从植物油精炼工序副产品中制取。

五、其 他 脂 类

(一)糖脂

糖脂(glycolipids)是脂类中的一种含糖的脂溶性化合物。分子中含有一个或一个以上的单糖分子。糖脂也是一种极性脂，其亲水头部基团通过糖苷键而与糖分子相连。植物糖脂的化学结构及其分布是 Carter 等人 1956 年首次报道的，1958 年 Wicbery 确定了糖脂甘油残基为 D 型构象，1961 年 Carter 等用红外光诸测定得出相同的结论。1972 年 Clayton 用 TLC – GLC 分析小麦的糖脂，1969 年 Destefams 和 Ponte 从小麦籽粒制备糖脂。1980 年 Morison 系统介绍谷物中糖脂的测定方法，谷物糖脂的研究越来越引起人们的重视。

谷物中的糖脂类分为甘油醇糖脂(glycosylglycerides)和神经酰胺糖脂(glycosvlceramides)两大类。

1. 甘油醇糖脂

甘油醇糖脂是由双脂酰甘油与已糖(主要是半乳糖或甘露糖，或脱氧葡萄糖)结合而成的化合物，广泛存在于绿色植物中，又称植物糖脂。有的糖脂只含一分子已糖，有的含二分子或三分子己糖，有的糖脂中已糖还带有 SO_3 基，称为硫脂。

组成糖脂的脂肪酸成分主要为亚麻酸(18:3)，另外就是一定分量的软脂酸(16:0)，在叶部的糖脂中，亚麻酸占全部脂肪酸的 90%。

硫脂主要含有亚油酸、亚麻酸和软脂酸，有时也含有一定量的油酸。硫脂与糖脂不同，分

表 4-8　　一些谷物及植物中的糖脂和硫脂

糖脂种类	英文名称	简称
单半乳糖甘二酯	monogalactosyldiglyceride	MGDG
（或单半乳糖双酰甘油）	diacylgalactosylglycerol	MGD
双半乳糖甘二酯	digalactosyldiglyceride	DGDG
（或双半乳糖双酰甘油）	diacylgalabiosylglycerol	DGD
单半乳糖甘二酯	monogalactosylmonoglyceride	MGMG
（或单半乳糖单酰甘油）	monoacylgalactosylglycerol	MGM
双半乳糖甘一酯	digalactosylmonoglyceride	DGMG
（或双半乳糖单酰甘油）	monoacylgalactosylglycerol	DGM
磺基异鼠李糖双酰甘油	diacylsulfoquinovosylglycerol	SQD

子中脂肪酸的分布没有严格规律，其饱和脂肪酸既可以结合在甘油的 C_1 羟基上，也可以结合在甘油 C_2 的羟基上。

糖脂和硫脂多存在于叶绿体及细胞内的各种代谢活跃部位。因此它们可能是某些代谢序列或合成反应中的主要辅助因子。例如在绿叶中，主要的脂类是糖脂，其含量为磷脂的 5 倍。在叶绿体中主要脂类是糖脂和硫脂。

在不同的组织中，糖脂的分布也不同，如光合组织中单半乳糖脂含量高于双半乳糖脂。在非光合组织中，单半乳糖脂低于双半乳糖脂。小麦籽粒 DGDG 含量高于其他几种脂类。

2. 神经酰胺糖脂

这类化合物也含有三个基本结构成分，一分子脂肪酸，一分子鞘氨醇和一个或多个单糖分子，其结构方式是由鞘氨醇和脂肪酸（$C_{13} \sim C_{25}$）形成神经酰胺，其羟基与单糖分子以 β-糖苷键相连作为极性头。因此也称 N-酰基鞘氨醇糖脂，又名神经酰胺糖脂。在植物神经酰胺糖脂中，有的是一系列具有多达 8 个单糖残基的化合物。谷物中常见神经酰胺糖脂。主要包括一些神经酰胺已糖苷，如 N-脂酰鞘氨醇已糖苷（ceramide monohexosides，简称 CMH），N-脂酰鞘氨醇已二糖苷（ceramide dihexosides，简称 CDH），N-脂酰鞘氨醇已三糖苷（ceramide trihexosides，简称 CTH）等。

3. 糖脂在谷物中的分布

各种糖脂在不同谷物中的含量各不相同，小麦、玉米中 MGDG、MGMG、DGDG 和 DGMG 的含量见表 4-9，糙米的糖脂含量见表 4-10。

表 4-9　　小麦、玉米中各种糖脂的含量　　单位：mg/kg

糖脂种类	春小麦粉	冬小麦粉	玉米
MGDG	87	115	1.9
MGMG	83	17	-
DGDG	214	322	1.7
DGMG	58	52	7.5

表 4-10　糙米各部分的糖脂含量　单位:%

糖质种类	糙米	米糠	胚乳	蛋白体	淀粉
ESG	23	22	25	38	1
SG	32	32	33	47	55
MGDG	9	7	15	8	1
MGMG	0.2	28	17	2	1
DGDG	25	0.3	痕量	1	9
DGMGSL	1	1	1	3	10
TGDG	3	4	痕量	–	–
其他	7	6	9	1	23

糙米粗糖脂中还含有 CMH、CDH 等。

(二)异戊二烯系脂类

1. 萜类

萜类不含脂肪酸,也不能被皂化,是一种异戊二烯的衍生物。

萜类可根据异戊二烯的数目进行分类,由 2 个异戊二烯构成的萜类称为单萜,由 4 个、8 个异戊二烯构成的分别称为二萜、四萜等。谷物和油料中常见萜类有类胡萝卜素、维生素 E、维生素 K 等。

类胡萝卜素是胡萝卜素、番茄红素及其氧化物的统称,约有 300 多种。在谷物、油料中最主要的类胡萝卜素有:α – 胡萝卜素、β – 胡萝卜素、γ – 胡萝卜素、玉米黄素等,都由 8 个异戊二烯单位构成,胡萝卜素和叶黄素都是天然色素,易受氧化而脱色,油脂加热过程颜色变化可能与此有关。

小麦胚中含胡萝卜素较多,如硬质红色春小麦、硬质红色冬小麦和硬质小麦,平均每克小麦分别含胡萝卜素总量为 5.65mg、5.81mg 和 7.21mg。

2. 甾醇类

甾醇类属于脂类中的不皂化物,在有机溶剂中容易结晶出来。一般甾醇结构都有一个环戊烷多氢菲环。在环戊烷多氢菲的 AB 环之间和 CD 环之间各有一个甲基,称为角甲基。带有角甲基的环戊烷多氢菲称"甾"。

(1)甾醇的结构　甾醇有 α 型及 β 型。

根据国际化学物质命名规定,C_{10}上的 CH_3 如果在立体型平面上方,任何取代基位于平面下方即与 C_{10}上的 CH_3位置相反者称为 α 型,以虚线连接。与 C_{10}上的 CH_3 同在一平面者称为 β 型,以实线连接。α 型和 β 型甾醇结构如下:

各种植物甾醇之间的区别主要在于分子结构中的侧链及其双键数目、位置的不同。如α_1 – 甾醇、β – 谷甾醇、豆甾醇等。

(2)甾醇性质　植物甾醇溶于油脂和油溶剂(如乙醚、氯仿、丙酮等),每一种植物所含甾醇不止一种,往往是几种甾醇的混合物,小麦、玉米胚油中含有多种甾醇,表 4 – 11 所示为小麦胚油甾醇组成。

一般油料籽粒中含甾醇约在 1% 以下,它们是油品不皂化物中最主要部分。油脂精炼加碱脱酸时,大部分甾醇可被皂粒所吸附。因此可从皂脚中把甾醇提取出来。

从油脚中提炼出的甾醇,主要有豆甾醇、β – 谷甾醇,可以作为制造"妊娠激素"和雄素酮的原料。

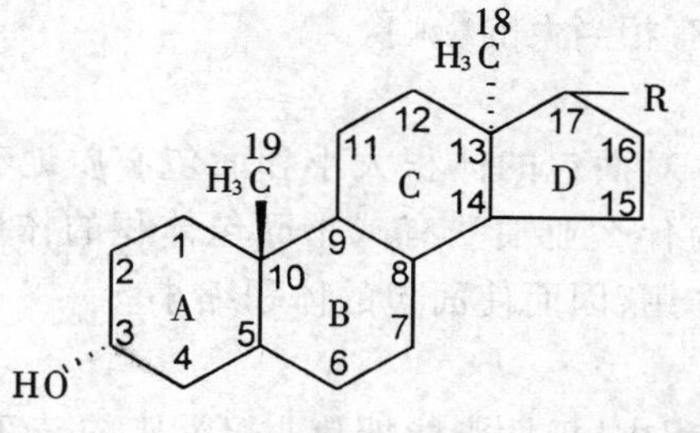

α 型甾醇

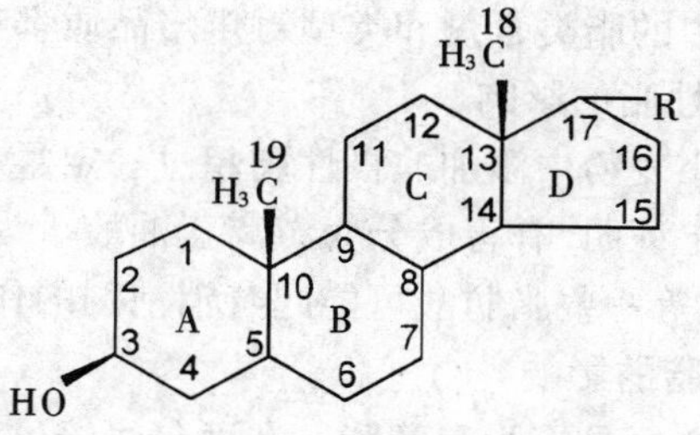

β 型甾醇

表 4-11 小麦、玉米胚油甾醇组成

甾醇名称	小麦胚油	玉米胚油
胆甾醇	微量	–
菜籽甾醇	微量	–
豆甾醇	微量	7.8%
Δ^5-燕麦甾醇	6%	–
Δ^7-豆甾醇	3%	–
Δ^7-燕麦甾醇	2%	–
菜油甾醇	22%	11.8%
β-谷甾醇	67%	80.4%

六、小麦粉中的脂类与烘焙品质的关系

小麦粉和面团中的脂类,可分为淀粉脂类和非淀粉脂类。

淀粉脂类存在于淀粉粒内部,处于直链淀粉的螺旋结构中,十分稳定。这种脂类需要用水使淀粉膨胀或用冷冻干燥等方法,使淀粉粒产生缝隙,结构破坏,脂类分子才会漏出。一般用热丁醇一水定量混合液就能把它提取出来。

非淀粉脂类包括淀粉粒以外的籽粒各部分中的脂类,在室温条件下用一般极性溶剂就可提取出来。根据脂类结构的差别,非淀粉脂类又可分为非极性脂类(nonpolar lipids)和极性脂类(polar lipids);根据存在状态又可分为游离脂类(以游离状态存在)和结合脂类(与蛋白质和淀粉结合),前者可用石油醚等溶剂提取,后者要用饱和丁醇水溶液或氯仿-甲醇-水混合液提取。

小麦粉中的各种非极性脂类(无论是游离态还是结合态)均以不同比例存在。面团形成时,各种游离脂类也都由不同比例转变为结合状态。

脂类的结合有人认为是由于脂类和蛋白质疏水部分之间微弱的疏水键,以及脂类和面团中其他大分子之间的氢键和亲水键所产生的。

面团的揉合条件影响着脂类的结合,特别是糖脂的结合。实验表明,此种结合随着揉面机内的氧气减少而增加。

淀粉脂类大概在从面团形成直到烘焙过程中开始糊化之前,均无任何活性作用。但非淀粉脂类中的游离脂类和结合脂类,以及加入的表面活性剂,则在小麦粉揉合形成面团,制成面包,直到面包陈化的各个阶段,都起着重要作用。

小麦粉中的脂类含量和类型对烘焙品质都有相当大的影响。

1. 非极性脂的影响

向脱脂小麦粉中添加非极性脂超过一定量,对面包的体积大小和面包心质地有着不良影响。经过鉴定证明,有害成分为游离亚油酸。为什么亚油酸有减小面包体积的作用呢?有人认为,亚油酸等一些脂肪酸可能起着消泡剂的作用,因而使面包的体积缩小。

2. 极性脂的影响

极性脂主要是糖脂和磷脂。在面包烘焙过程中,极性脂能抵消非极性脂的破坏作用,改进烘焙品质。Seguchi 等人的实验表明,在 100g 脱脂小麦粉中,各加入 0.2g 极性脂和非极性脂时烘制面包体积明显不同。加入非极性脂时烘制面包体积缩小,而加入极性脂,可使面包的体积得到不同程度的增加。

在极性脂中,糖脂对于促进面团的醒发和改变体积最为有效,特别是 DGDG 作用更为显著。实验表明,小麦粉添加糖脂,不仅使原来的品质得到保证,而且使面包的体积显著增加,质地松软并能保鲜,其原理尚不很清楚。有人认为,糖脂有多元醇类的极性特性,又有长链脂肪族亲脂的特性,故既能表现出良好的水溶性,又具亲脂性。当小麦粉加水后,麦胶蛋白和麦谷蛋白形成面筋,面团因此拥有一种保持发酵时所产生 CO_2 的特性。糖脂能与麦胶蛋白通过氢键结合,而与麦谷蛋白进行疏水结合,因此面筋便成为一种麦胶蛋白 - 糖脂 - 麦谷蛋白的复合物。

同时在面团中,一部分糖脂结合到淀粉粒的表面,在烘焙温度下,游离糖脂和结合在蛋白质分子上的糖脂,都能与淀粉形成蛋白质 - 糖脂 - 淀粉复合物,使面包心软化,并起着抗老化的作用。

糖脂和磷脂都是良好的发泡剂和面团中的气泡稳定剂,特别是当有蛋白质存在时,其作用更为明显。在小麦粉中天然存在或添加糖脂对制作面包是有好处的。

第三节 酶 类

酶是活细胞内产生的具有高度专一性和催化效率的蛋白质,生物体在新陈代谢过程中,几乎所有的化学反应都是在酶的催化下进行的。

酶学知识来源于生产实践,随着蛋白质分离技术的进步,其分子结构、作用机理的研究得到发展。迄今为止,已有 2000 余种酶被鉴定出来,其中有 200 余种得到结晶,特别是近 30 年来,有些酶的结构和作用机理已被阐明。随着酶学理论不断深入,必将对揭示生命本质研究做出更大的贡献。

谷物中存在不同类型的酶,它们影响着谷物加工品质和加工制品的食用品质,其中引起人们重视的有以下几种。

一、淀 粉 酶

谷物中的淀粉酶,基本属于水解酶类,按照其作用方式可以分为以下四大类:①作用于淀粉分子(包括糖原)内部的 $\alpha-1,4$ 糖苷键的 α 淀粉酶;②从淀粉分子链的非还原末端逐次水解麦芽糖单位,作用于 $\alpha-1,4$ 糖苷键的 β 淀粉酶;③从淀粉分子链的非还原末端逐次水解葡萄糖单位,作用于 $\alpha-1,4$ 糖苷键以及分支点 $\alpha-1,6$ 糖苷键的葡萄糖淀粉酶;④只作用于糖苷以及支链淀粉分支点 $\alpha-1,6$ 糖苷键的脱支酶。

各种淀粉酶对底物作用具有高度专一性，其分布、性质、作用特点与谷物品质的关系也各不相同，在谷物中，以 α 淀粉酶和 β 淀粉酶最为常见。

(一)α 淀粉酶

α 淀粉酶广泛存在于动物、植物和微生物中，在玉米、稻米、高粱、小麦、谷子等多种谷物中均存在 α 淀粉酶，其他谷物种子如大麦，本身 α 淀粉酶含量很低，但是在发芽时，α 淀粉酶含量会急剧增加，现在已经可以将大麦芽 α 淀粉酶结晶出来，供科学研究使用。

α 淀粉酶全名 $\alpha-1,4-$ 葡聚糖 $-4-$ 葡聚糖水解酶，作用于淀粉和糖原时，从底物分子内部随机内切 $\alpha-1,4$ 键生成一系列相对分子质量不等的糊精和少量低聚糖、麦芽糖和葡萄糖。一般不水解支链淀粉的 $\alpha-1,6$ 键和紧靠 $\alpha-1,6$ 键外的 $\alpha-1,4$ 键，但是可以跨过 $\alpha-1,6$ 键和淀粉的磷酸酯键。

对不同的淀粉，α 淀粉酶的作用程序也不同。对直链淀粉作用较快，并且形成的产物中葡萄糖含量较高，可以达到13%，不形成糊精。当 α 淀粉酶水解支链淀粉时，作用稍慢，并且产物中通常含有8%左右的糊精。α 淀粉酶水解淀粉糊时，淀粉糊黏度下降很快，工业上称为液化型淀粉酶，随着淀粉分子质量的下降，水解速度变慢，所以工业上主要利用其对淀粉分子进行前阶段的液化处理。

α 淀粉酶对谷物的食用品质有很大影响，如用发芽小麦制成的面粉，其 α 淀粉酶含量相对较高，用这种面粉进一步制成面包，会由于 α 淀粉酶的水解作用导致面包的黏芯，用发芽小麦搭配制粉，同样要控制数量，并在贮藏中注意分级保管。当稻谷贮藏时间过长，容易导致稻谷的陈化，加工出来的陈米会由于本身 α 淀粉酶活力的丧失，蒸煮品质下降，缺乏新鲜米饭特有的黏软口感。谷物干燥时，注意水分和烘干的温度，这些都与 α 淀粉酶的活力有关。

(二)β 淀粉酶

β 淀粉酶全名 $\alpha-1,4-$ 葡聚糖 $-4-$ 麦芽糖水解酶，作用于淀粉分子时，从非还原端开始，每次切下2个葡萄糖单位，并且将产物的构型转为 β 型。不能作用于 $\alpha-1,6$ 键，也不能跨过 $\alpha-1,6$ 键，当水解至 $\alpha-1,6$ 键分支点的2~3个葡萄糖单位时，水解停止。水解产物为较大分子的极限糊精和麦芽糖。

β 淀粉酶广泛存在于植物(大麦、小麦、大豆、山芋等)和微生物(1964年第一次发现)中。最佳作用温度为60℃(来自微生物的在40~50℃左右)左右，最佳作用pH5~6(来自芽孢杆菌的 β 淀粉酶较高，pH7~8左右)。目前工业上用 $\beta-$ 淀粉酶的主要来源植物(成本高)，但是因为最佳作用pH偏碱性，热稳定性不好，所以工业上主要利用植物来源的 β 淀粉酶生成麦芽糖。

β 淀粉酶对谷物的食用品质有很大的影响，如鲜薯在蒸煮或者烘烤过程中，有50%以上的淀粉被 β 淀粉酶水解为麦芽糖，而当鲜薯被制成薯干时，β 淀粉酶由于干燥失去活性，就再也不能蒸煮成鲜薯的味道了。面粉发酵作馒头或者面包时，也需要有适量的 β 淀粉酶存在。

二、蛋白酶

一般粮食种子中都含有蛋白酶，研究得比较详细的是小麦和大麦种子中的蛋白酶，小麦蛋白酶与面筋的品质有关，大麦蛋白酶对啤酒品质产生很大影响。

实验证明，小麦和大麦种子中既有蛋白酶，又有肽酶，是一种含有 $-SH$ 的化合物，H_2S、CyS、GSH等都可以成为它们的激活剂，而 H_2O_2、$KBrO_3$、KIO_3、$K_3Fe(CN)_6$ 等氧化剂是它们的抑制剂,小麦籽粒各部分的蛋白酶的相对活力,以胚最强,内子叶和糊粉层次之。小麦发芽时蛋白酶的活力迅速增加,在发芽的第7天增加9倍或者更多,这是由于在麦胚中含有大量还原型GSH(一般可以达到干物质的0.45%)的活化作用导致,而在皮层和胚乳淀粉细胞中,不论是在休眠或者发芽状态,蛋白酶的活力都是很低的。

蛋白酶对小麦面筋有弱化作用,发芽、虫蚀或者发霉的小麦磨出的面粉,因为蛋白酶含量过高,使面筋蛋白质溶化,所以只能形成少量的面筋或者不能形成面筋,大大影响了面粉的工艺品质和食用品质,溴酸盐、碘酸盐、过硫酸盐具有抑制蛋白酶的作用,所以对面粉品质有一定的改善作用。发芽的小麦、大麦芽等除了含有蛋白酶以外,还含有肽酶,这两种酶的最佳作用pH不同,蛋白酶的最佳作用pH为4.1,而肽酶则为pH7.3~7.9。

三、酯　　酶

酯酶是指能够水解酯键的酶类,在谷物中,影响食用品质的主要有脂肪酶和植酸酶。

(一)脂肪酶

脂肪酶也称为脂肪水解酶,它能够催化油脂水解,也能够水解一般由无机酸或者有机酸与一元醇构成的酯类,不同来源的脂肪酶对其作用底物有不同的专一性的要求。

脂肪酶对于谷物在贮藏期间的稳定性有很大关系,谷物在贮藏期间的质变,最初的一个现象是游离脂肪酸含量的增加,这主要是由于脂肪酶催化水解脂肪的结果,这虽然不一定影响食用品质,但是它可以助长以后的进一步变质,对于成品粮和油料的保管来说,其破坏作用更大,谷物在贮藏期间出现的问题,与脂肪酶有或多或少的关系:

(1)杂粮,如玉米面等不耐贮藏,容易变苦。

(2)米糠油、小麦胚芽油等油料若精炼不及时或者精炼不好,油品酸价增加很快,严重影响油品质量。

(3)精度不高的面粉,由于脂肪含量较高,在贮藏期间受到脂肪酶的作用,不仅容易导致面粉食用品质的下降,而且对面筋蛋白质和烘焙品质产生影响。

粮食、油料如小麦、玉米、稻米、高粱、大豆等一般含有脂肪酶,大麦和棉籽中的脂肪酶在发芽后迅速产生。脂肪酶一般存在谷物糊粉层中,在正常情况下,脂肪酶与其作用的底物在细胞中有一个固定的位置,彼此不会发生反应,但是当被制成成品粮时,酶与底物有了相互接触的机会。所以,从这个角度出发,成品粮相对原粮更难保管。

(二)植酸酶

植酸酶在谷物如小麦、稻米、玉米以及一些豆类作用中,都含有植酸酶,植酸酶可以水解植酸,生成肌醇和磷酸。

小麦、稻米、玉米、高粱等谷物在糊粉层中均含有植酸,植酸与钙可以形成难以溶解的钙,人类如果从谷物中吸取过多的植酸则会在体内与钙结合成不溶性物质,从而不能被消化吸收,降低钙的生物利用率。因此植酸有碍于人类对钙质的吸收利用。植酸酶的存在可以使植酸水解,这不仅可以促进钙的吸收,而且生成的肌醇还是人体的重要营养物质。

植梭酶的最适pH为5.2,最适温度55℃。当环境pH发生变化时,酶活力发生显著的变化。据研究,当pH4或6时,酶活力大约减少一半,若pH3.0以下或pH7.2以上,则酶的催化作用完全停止。钙对植酸酶的活性有抑制作用。

植酸酶在成熟的种子中才出现,它对干燥和冬眠的种子中的植酸不发生水解作用。然而当贮藏条件不适当时,该酶就要发生催化植酸的水解作用。如小麦贮藏在温度高、湿度大的条件下，无机磷含量增加，同时植酸含量下降，因此小麦在贮藏过程中无机磷的增加，就意味着小麦贮藏条件不佳，应引起注意。

硬质小麦的植酸酶活力，一般高于软质小麦，植酸酶在小麦籽粒的分布，糊粉层39.5%、胚乳34.1%、盾片为15.3%。

植酸在植物种子里，通常是以它的钙、镁复盐形式即非丁的形式存在。它在米糠中的含量特别丰富。非丁能被酸或碱水解，工业上常采用稀酸萃取的方法。以米糠为原料来制取植酸及肌醇，这些产品广泛应用于医药、食品及化学化工等领域。

第四节 维　生　素

维生素是维持人和动物机体健康所必需的一类营养素，本质为低分子有机化合物，它们不能在体内合成，或者所合成的量难以满足机体的需要，所以必须由食物供给。维生素的每日需求量甚少（常以mg或μg计），它们既不是构成机体组织的原料，也不是体内供能的物质，然而在调节物质代谢、促进生长发育和维持生理功能等方面却发挥着重要作用，如果长期缺乏某种维生素，就会导致疾病（avitaminosis）。

谷物籽粒中含有多种维生素，大部分分布在胚和糊粉层中，胚乳中很少，谷物加工以后维生素大多数转入副产品中，所以谷物加工精度越高，保留下来的维生素含量就越低，从营养学角度出发，合理的加工过程，应该是既能达到一定精度，又可以尽量保留谷物原有的维生素。

一、维生素的分类和命名

维生素按它们溶解性的不同，可以分为脂溶性维生素和水溶性维生素两类（表4－12）。

表4－12　常见的各主要维生素的类别和命名

类别	名　称
脂溶性	维生素A，视黄醇（retinol） 维生素D，钙化醇（calciferol） 维生素E，生育酚（tocopherol） 维生素K，凝血维生素（phylloquinone）
水溶性	1.B族维生素 维生素B_1，硫胺素（thiamine） 维生素B_2，核黄素（riboflavin） 泛酸（遍多酸）（pantothenic acid） 维生素pp，尼克酸，尼克酰胺（nicotinic acid and nicotinamide） 维生素B_6，吡哆醇（pyndoxine）及其醛、胺衍生物 生物素（biotin） 叶酸（folic acid） 维生素B_{12}，钴胺素（cobalamin） 2.维生素C，抗坏血酸（ascorbic acid） 3.维生素P，通透性维生素（pioflavonoids）

维生素的命名是用拉丁字母顺序取名，将维生素命名为维生素A、维生素B、维生素C、维生素D等，其中有维生素K和维生素P虽用字母，但并非顺序而另有涵义。维生素K取拉丁

文字头(KOaqulation),维生素 P 是取原文 permeability 的第一个字母。维生素 B 自成一族,将其取名为维生素 B_1、维生素 B_2、维生素 B_6 等。

其外,还以化学和生理作用命名,如维生素 B_1 含有一个胺而又含硫,因此称它为硫胺素,因其摄入量不足时容易导致脚气病的发生,所以又称为抗脚气病维生素。

二、脂溶性维生素的化学特点和生理功能

(一)维生素 A

维生素 A 是由 β-白芷酮环和两分子 2-甲基丁二烯构成的不饱和一元醇。一般所说维生素 A 系指维生素 A_1,在淡水鱼肝油中尚发现另一种维生素 A,称为维生素 A_2,其生理效用仅及维生素 A_1 的 40%。从化学结构上比较,维生素 A_2 在 β-白芷酮环上比维生素 A_1 多一个双键。

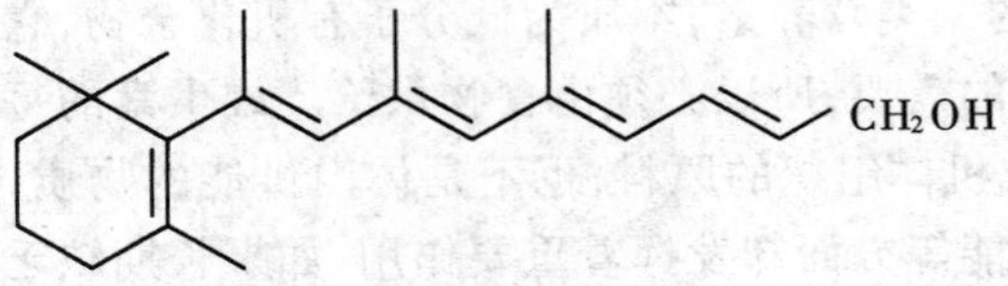

CH_2OH

维生素 A_1(视黄醇)
全反型

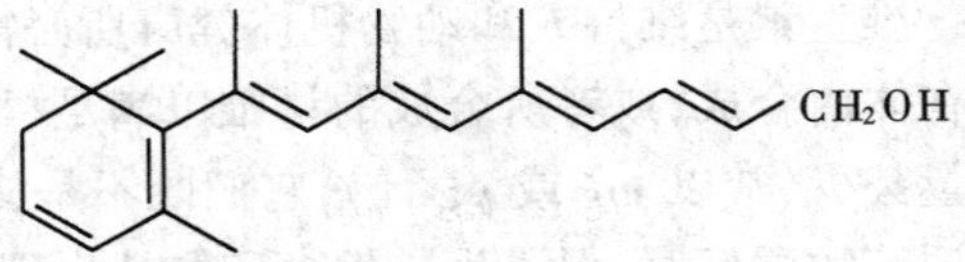

CH_2OH

维生素 A_2(3-脱氢-视黄醇)
全反型

维生素 A 的化学性质活泼,易被空气氧化而失去生理作用,紫外线照射亦可使之破坏,故维生素 A 的制剂应装在棕色瓶内避光贮存。维生素 A 只存在于动物性食品(肝、蛋、肉)中,但是在很多植物性食品中含有具有维生素 A 效能的物质,例如各种类胡萝卜素(carotenoid),其中最重要者为 β-胡萝卜素(β-carotene)。

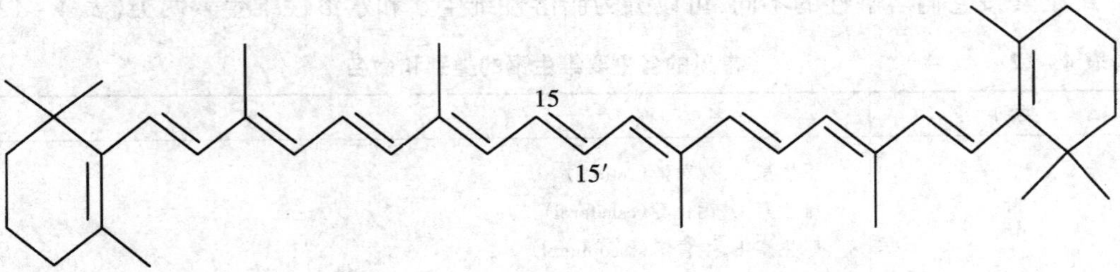

15
15′

β-胡萝卜素

β-胡萝卜素可被小肠黏膜或肝脏中的加氧酶(β-胡萝卜素-15,15-加氧酶)作用转变成为视黄醇,所以又称做维生素 A 原(provitamin A)。尽管理论上 1 分子 β-胡萝卜素可以生成 2 分子维生素 A,但由于胡萝卜素的吸收不良,转变有限,所以实际上 6μgβ-胡萝卜素才具有 1μg 维生素 A 的生物活性。谷物种子中不含有维生素 A,但是含有少量的 β-胡萝卜素。例如在玉米胚乳中,β-胡萝卜素含量随胚乳的颜色不同而异(表 4-13)。

表 4-13　　玉米胚乳的 β-胡萝卜素含量　　单位:μg/g

胚乳颜色	β-胡萝卜素含量
白色	0.03
黄白色	1.35
浅黄色	3.00
深黄色	4.50

小麦籽粒中的类胡萝卜素主要是黄体黄素，不具有维生素 A 的活力。

维生素 A 是构成视网膜的感光物质的重要来源，当维生素 A 缺乏时，与人体暗视觉密切相关的视网膜杆状细胞中的视紫红质得不到足够的补充，暗适应的能力下降，严重时可致夜盲（night blindness）中医学称此症状为"雀目"。

维生素 A 同时也是维持上皮结构的完整与健全的重要物质。当维生素 A 缺乏时，上皮干燥、增生及角化，其中以眼、呼吸道、消化道、泌尿道及生殖系统等的上皮影响最为显著。

维生素 A 同时与人体的生长、发育有关，维生素 A 缺乏时，儿童可出现生长停顿、骨骼成长不良和发育受阻。缺乏维生素 A 的雌性大鼠则出现排卵减少，影响生殖。

（二）维生素 D

维生素 D 系固醇类的衍生物，人体内维生素 D 主要是由 7－脱氢胆固醇经紫外线照射而转变，称为维生素 D_3 或胆钙化醇（cholecalciferol）。植物中的麦角固醇经紫外线照射后可产生另一种维生素 D，称为维生素 D_2 或钙化醇，维生素 D_2 及维生素 D_3 均为无色针状结晶，易溶于脂肪和有机溶剂，除对光敏感外，化学性质一般较稳定。

两种维生素 D 具有同样的生理作用，能促进小肠对食物中钙和磷的吸收，维持血中钙和磷的正常含量，促进骨和齿的钙化作用。人体主要从动物食品中获取一定量的维生素 D_3（它常与维生素 A 共同存在），然而，正常成人所需要的维生素 D 主要来源于 7－脱氢胆固醇的转变。7－脱氢胆固醇存在于皮肤内，它可由胆固醇脱氢产生，也可直接由乙酰 CoA 合成。人体每日可合成维生素 $D_3$200IU（1IU = 0.025μg 维生素 D_3），因此只要充分接受阳光照射，即完全可以满足生理需要。

谷物中不含有维生素 D，但是某些植物油，如棉籽油的不皂化部分和小麦胚芽油中，含有少量的麦角固醇，麦角固醇经过紫外线照射后可以转化为维生素 D_2，被人体吸收利用。

（三）维生素 E

维生素 E 又称为生育酚，已经发现的生育酚有 α、β、γ 和 δ 四种，其中以 α－生育酚的生理效用最强。它们都是苯并二氢吡喃的衍生物。α－生育酚的结构如下：

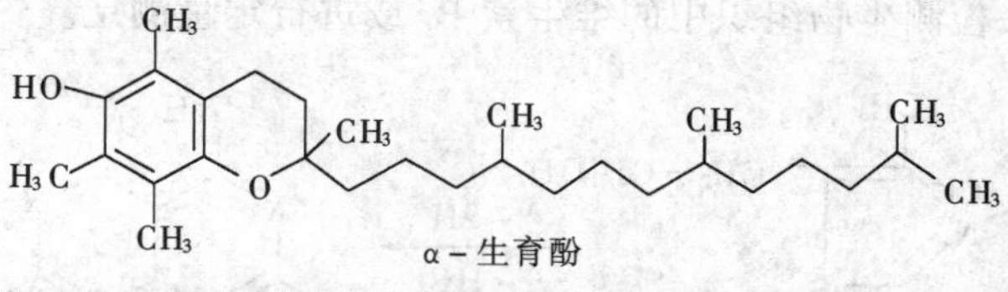

HO, CH_3, H_3C, O, CH_3, CH_3, CH_3, CH_3, CH_3

α－生育酚

维生素 E 为油状物，具有特异的紫外吸收光谱（295nm 波长处），在无氧状况下能耐高热，对酸和碱有一定抵抗力，但对氧却十分敏感，是一种有效的抗氧化剂。维生素 E 被氧化后即失效。

维生素 E 与动物生殖机能有关，雌性动物缺少维生素 E 则失去正常生育能力，一般虽能受孕，但由于子宫机能障碍，易引起胎儿死亡及吸收，导致流产。在雄性动物缺少维生素 E 则睾丸生殖上皮发生退行性病变，伴有输精管萎缩，精子退化，尾部消失，丧失活动力。在人类单纯由于缺少维生素 E 而发生的病尚属罕见，但在临床上它可作为药物使用，治疗某些习惯性流产，有时能收到一定效果。维生素 E 还与稳定体内不饱和脂肪酸，促进与生物氧化有关的辅酶 Q 的合成等多方面的作用，对维持脂肪代谢和肌肉代谢的调节作用，降低组织的氧化速度有密切关系。

维生素 E 的分布很广，特别在小麦胚中含量较高（158μg/g），所以维生素 E 也被称为"麦胚醇”。从小麦或者稻米胚芽油的不皂化部分，经过去杂和减压蒸馏，可以得到维生素 E 制剂，它是几种维生素 E 的混合物，植物油中维生素 E 的含量见表 4-14。

表 4-14　植物油中的维生素 E 的含量　　单位：mg/100g

来源	总含量	α 型	β 型	γ 型
小麦胚芽油	279	192	87	—
大豆油	168	20	98	50
玉米油	102	12.6	89.4	—
米糠油	91	58	33	—
棉籽油	86	41	36	9
花生油	42	20	22	—

三、水溶性维生素的化学特点和生理功能

(一)维生素 B 复合体

维生素 B 复合体是一个大家族(B 族维生素)，至少包括十余种维生素。其共同特点是在自然界常共同存在，同其他维生素比较，B 族维生素作为酶的辅基而发挥其调节物质代谢作用。

从性质上看此类维生素大多易溶于水，对酸稳定，易被碱破坏，各个维生素尚有其特点，谷物籽粒中重要的维生素有以下几种：

1. 硫胺素(维生素 B_1)

硫胺素因其结构中有含 S 的噻唑环与含氨基的嘧啶环故名，其纯品大多以盐酸盐或硫酸盐的形式存在。盐酸硫胺素为白色结晶，有特殊香味，在水中溶解度较大，在碱性溶液中加热极易分解破坏，而在酸性溶液中虽加热到 120℃也不被破坏。氧化剂及还原剂均可使其失去作用，硫胺素经氧化后转变为脱氢硫胺素(又称硫色素 thiochrome)，它在紫外光下呈蓝色荧光，可以利用此特性来检测生物组织中的维生素 B_1 或进行定量测定。

NH₂, CH₃, CH₂—CH₂OH, CH₂, Cl⁻, N⁺, N, H₃C, NH—HCl, S

$\xrightarrow[-HCl]{-2H}$

NH₂, CH₃, N, H₃C, S, CH₂—CH₂OH

盐酸硫胺素　　脱氢硫胺素(硫色素)

维生素 B_1 易被小肠吸收，在肝脏中维生素 B_1 被磷酸化成为焦磷酸硫胺素(TPP，又称辅羧酶)，它是体内催化 α-酮酸氧化脱羧的辅酶，也是磷酸戊糖循环中转酮基酶的辅酶(参见糖代谢)。当维生素 B_1 缺乏时，由于 TPP 合成不足，丙酮酸的氧化脱羧发生障碍，导致糖的氧化利用受阻。在正常情况下，神经组织的能量来源主要依靠糖的氧化供给，所以维生素 B_1 缺乏首先影响神经组织的能量供应，并伴有丙酮酸及乳酸等在神经组织中的堆积，出现手足麻木、四肢无力等多发性周围神经炎的症状。严重者可以引起心跳加快、心脏扩大和心力衰竭，临床上称为脚气病(beriberi)，因此又称维生素 B_1 为抗脚气病维生素。

维生素 B_1 尚有抑制胆碱酯酶(choline esterase)的作用，当缺乏维生素 B_1 时，由于胆碱酯

酶活性增强，乙酰胆碱水解加速，使神经传导受到影响，可造成胃肠蠕动缓慢、消化液分泌减少、食欲不振和消化不良等症状。反之，则可增加食欲、促进消化。

维生素 B_1 在谷物中大多集中在皮层和胚部，其中以内子叶最多，胚乳中极少，谷物籽粒中的维生素 B_1 的含量见表 4－15。

表 4－15　　谷物中的维生素 B_1 的含量　　单位：mg/100g

名　称	维生素 B_1 的含量	名　称	维生素 B_1 的含量
小麦	0.37～0.61	糙米	0.3～0.45
麸皮	0.7～2.8	皮层	1.5～3.0
麦胚	1.56～3.0	胚	3.0～8.0
面粉		胚乳	0.03
出粉率 85%	0.3～0.4		
出粉率 73%	0.07～0.1	玉米	0.3～0.45
出粉率 60%	0.07～0.08	大豆	0.1～0.6

由此可见，谷物加工精度越高，维生素的损失量越大。

2．维生素 B_2

维生素 B_2 是由核醇(ribitol)与异咯嗪(isoalloxazine)结合构成的，由于异咯嗪是一种黄色色素，所以维生素 B_2 又称为核黄素。维生素 B_2 为橘黄色针状结晶，溶于水呈绿色荧光，在碱性溶液中受光照射时极易破坏，因此维生素 B_2 应贮于褐色容器，避光保存。维生素 B_2 分子中的异咯嗪，其第 1 位和第 10 位氮原子可反复接受和放出氢，因而具有可逆的氧化还原特性，这一特点与它的主要生理功能相关。

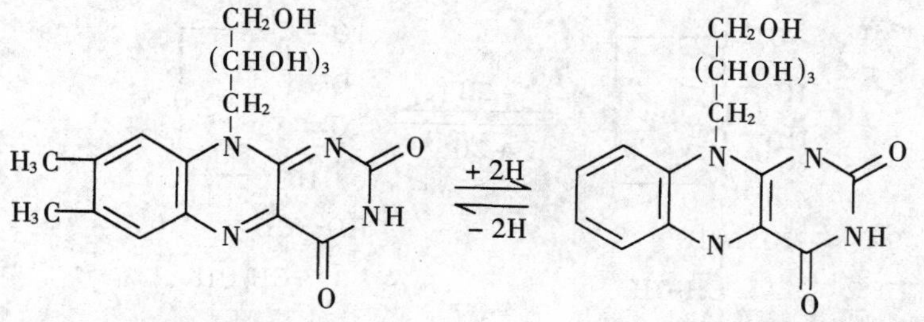

核黄素(黄色)　$\underset{-2H}{\overset{+2H}{\rightleftharpoons}}$　还原型核黄素(无色)

核黄素在体内经磷酸化作用可生成黄素单核苷酸(FMN)和黄素腺嘌呤二核苷酸(FAD)，它们分别构成各种黄酶的辅酶参与体内生物氧化过程。

缺乏维生素 B_2 时，主要表现为口角炎、舌炎、阴囊炎及角膜血管增生等。幼儿缺乏它则生长迟缓。但这些症状机理尚不清楚。

谷物籽粒中的维生素 B_2 含量较维生素 B_1 少，在籽粒中的分布情况则与维生素 B_1 大致相同，小麦籽粒中的维生素 B_2 含量分布见表 4－16。

表 4－16　　小麦及其加工制品中的维生素 B_2 的含量　　单位：mg/100g

名　称	维生素 B_2 的含量
全麦粉	0.06～0.37
麸皮	0.78～1.45
麦胚	0.28～0.69
标一粉	0.04～0.13

在谷物加工过程中，保留维生素 B_2 的方法与保留维生素 B_1 的方法是一致的。

谷物种子发芽时，维生素 B_2 的含量有所增加，如表 4－17 所示。

表 4－17　谷物种子发芽前后维生素 B_2 的含量对比　单位：mg/100g

名　称	全粒种子	发芽 5d
玉米	0.14	0.43
小麦	0.11～0.12	0.54
燕麦	0.13	1.16

（二）维生素 C

维生素 C 又名抗坏血酸（ascorbic acid），它是含有内脂结构的多元醇类，其特点是具有可解离出 H^+ 的烯醇式羟基，因而其水溶液有较强的酸性。维生素 C 可脱氢而被氧化，有很强的还原性，氧化型维生素 C（脱氢抗坏血酸 dehydroascorbic acid）还可接受氢而被还原。

维生素 C 含有不对称碳原子，具有光学异构体，自然界存在的、有生理活性的是 L 型抗坏血酸。

维生素 C 在酸性水溶液（$pH < 4$）中较为稳定，在中性及碱性溶液中易被破坏，有微量金属离子（如 Cu^{2+}、Fe^{3+} 等）存在时，更易被氧化分解；加热或受光照射也可使维生素 C 分解。此外，植物组织中尚含有抗坏血酸氧化酶，能催化抗坏血酸氧化分解，失去活性，所以蔬菜和水果贮存过久，其中维生素 C 可遭到破坏而使其营养价值降低。

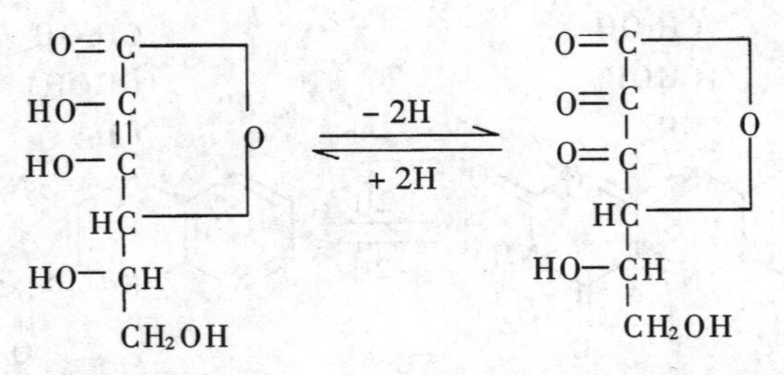

抗坏血酸（维生素 C）　　脱氢抗坏血酸（氧化型维生素C）

大多数动物能够利用葡萄糖以合成维生素 C，但是人类、灵长类动物和豚鼠由于体内缺少合成维生素 C 的酶类，所以不能合成维生素 C，而必须依赖食物供给。食物中的维生素 C 可迅速自胃肠道吸收，吸收后的维生素 C 广泛分布于机体各组织，以肾上腺中含量最高。但是维生素 C 在体内贮藏甚少，必须经常由食物供给。

维生素 C 具有广泛的生理作用，除了防治坏血病外，临床上还有许多应用，从感冒到癌症，维生素 C 是应用最多的一种维生素。但是其作用机理有些还不十分清楚，从使用的剂量来看，有越来越大的趋势，已超出了维生素的概念，而是作为保健药物使用了。已知维生素 C 参与体内代谢功能主要有参与体内的羟化反应、保护巯基和使巯基再生（还原作用）、促进铁的吸收和利用、促进抗体生成等重要生理作用。

维生素 C 主要来源于新鲜的水果和蔬菜中，谷物一般不含有维生素 C，但是在种子发芽时，会出现维生素 C 增长的情况。谷物种子发芽时的维生素 C 的增长情况见表 4－18。

表 4-18　　谷物种子发芽时的维生素 C 的增长情况

发芽天数/d	小麦/(ug/g 干物质)	大豆/(mg/株豆芽)	豌豆/(mg/株豆芽)
0	0	0	0
2	0	0.55	0.89
3	—	1.28	未测
4	91	未测	2.28
5	166	2.06	未测

第五节　矿　物　质

谷物样品经烧灼后,其中的矿物元素都完全被氧化变成灰分,灰分中的这些矿质元素,又可称为灰分元素。经化学分析证明,谷物中的矿物元素有 P、K、Mg、Ca、Na、Fe、Si、S、Cl 等。此外,还有 Zn、Al、I、Mn 等微量元素。这些矿物元素有的是细胞壁或原生质的组合成分,如稻壳中的 Si,蛋白质中的 S,核蛋白和磷脂中的 P、叶绿素中的 Mg、果胶中的 Ca,以及植酸盐中的 Ca 和 Mg 等,有的是生物有机体生理活动机能的调节者,如 K 对于光合作用,Ca 对养分运转和物质交换,Fe 对叶绿素的形成都具有调节作用,有的还是酶的组合成分,如 Fe 是抗坏血酸氧化酶和多酚氧化酶的组分,这些元素就成为酶的活化促进剂。总之,矿物元素是一切动植物生长所不可缺少的物质基础之一。

一、谷物中的灰分

灰分在籽粒中的含量,因谷物种类不同而异。同一种谷物又因品种、土壤、气候以及栽培管理条件和施肥种类与数量的不同而有多少的差别。一般谷物的灰分含量为 1.5% ~ 3.0%(表 4-19、表 4-20),稻谷因稻壳的关系又要高于其他谷类。

表 4-19　　几种谷物的灰分含量　　单位:%

种类	灰分含量	种类	灰分含量
稻谷	5.30	小麦	1.95
玉米	1.50	大麦	2.70
高粱	1.70	元麦	2.10
粟	2.80	燕麦	3.60

表 4-20　　几种主要谷物的灰分含量表　　单位:%

谷物种类	灰分含量	灰分中的矿物元素							
		K_2O	Na_2O	CaO	MgO	P_2O_5	SO_3	SiO_2	Cl_2
小麦	1.68	0.52	0.03	0.05	0.20	0.79	0.01	0.03	0.01
黑麦	1.79	0.58	0.03	0.05	0.20	0.85	0.02	0.03	0.01
大麦	1.70	0.28	0.07	0.01	0.21	0.56	0.05	0.49	–
燕麦	2.67	0.48	0.04	0.10	0.19	0.68	0.05	1.05	0.03
玉米	1.24	0.37	0.01	0.03	0.19	0.57	0.01	0.03	0.02
黍	2.95	0.33	0.04	0.02	0.28	0.65	0.01	1.56	0.01
高粱	1.60	0.33	0.04	0.02	0.24	0.65	–	0.12	–

上表的数据说明，带壳谷物（稻谷）的灰分含量比无壳谷物（小麦）的要高，谷物籽粒中矿物元素的分布与加工产品质量有很大关系，矿物元素在谷物籽粒的外层（壳、皮、糊粉层）含灰量最多，胚的灰分含量也很高，比较起来以内胚乳的灰分含量为最少。以稻谷为例，稻谷全粒灰分含量为5.3%，其稻壳灰分为17%，皮及糊粉层灰分可达11%，而内胚乳只含0.4%。又如小麦全粒含灰量为2.18%，则果皮、种皮和糊粉层的灰分高达8%～11%，胚灰分则为5%～6%。内胚乳灰分仅0.45%。其他谷物籽粒的情况大致与小麦、稻谷相似。

谷物籽粒的外层（果皮和种皮）其灰分含量很高，它们多是纤维素和半纤维素集聚部位，也是碾米、磨粉时应去掉的部分。灰分与谷物籽粒中的纤维素含量就有正相关性，说明谷物籽粒中纤维素含量多的部位其灰分含量亦高，反之就低。所以在碾米，磨粉过程中，去皮程度愈大加工精度愈高，就说明被加工的谷物中的胚乳部分与果皮、种皮及胚芽等部分，分离得就越彻底。因为谷物中的灰分主要分布在果皮、种皮及胚乳中，所以高精度加工得到的米、小麦粉的灰分含量，基本上接近于内胚乳，只要有部分的皮及胚芽留在米、面中，就会明显地增加灰分含量，因此各国都以灰分的含量多少，作为鉴别小麦粉精度高低或确定等级上下的依据。灰分可以间接表示其中所含麸皮的多少，即灰分少精度就高，反之则低。例如：用小麦胚乳中心部分制得的精制小麦粉，其含灰分量是0.75%，而标准粉的灰分量为1.2%，若磨制全麦粉则灰分高达2.0%。然而灰分在小麦粒中分布最多的部位并不是纤维素和半纤维素最多的皮层，而是糊粉层。如黑麦籽粒灰分为1.66%，其各部的平均灰分是，果皮：3.54%，种皮：2.89%，糊粉层：7.97%，胚乳：0.42%，胚：5.30%。谷物籽粒中糊粉层的灰分比皮层要高得多，其纤维素含量则远比皮层为低。因此在磨制精白小麦粉时可用灰分来表示小麦粉加工精度的高低。但在磨制标准粉时，为提高出粉率，只要求去掉果皮和种皮，保留大部分糊粉层，所以标准粉中的纤维素含量并不很高，而灰分较高，因此以灰分表示小麦粉加工精度的高低，受到了一定限制，在这种情况下必须和其他检验项目结合起来才能比较准确地评定小麦粉品质的优劣。

二、谷物中矿物质元素的种类和存在状态

谷物灰分中的矿物元素有30多种，含量较多的有P、K、Mg、Ca、Na、S、Fe、Si、Cl等。含量极少的有Zn、Ni、Mn、B、Cu、Al、Br、I、As、Co等。

谷物灰分中的矿质元素以磷为最多，约占总灰分量的40%～50%，其次，钾的含量也比较多，约占20%，镁的含量大于钙和钠，其他各元素都很少。小麦和稻谷灰分中矿物元素的含量如表4－21。

表4－21　小麦和稻谷灰分中矿物元素的含量　单位：%

谷物种类	占总矿物元素的百分率								
	K_2O	Na_2O	CaO	MgO	P_2O_5	Fe_2O_3	SO_3	Cl_2	SiO_2
小麦	28.4～32.16	0.06～1.88	2.55～4.52	12.10～15.30	43.07～50.95	1.33	0.06～0.16	0.04～0.47	0.09～1.92
糙米	22.47	4.55	2.93	12.30	48.31	1.63	0.28	0.91	6.53

各种矿物元素在谷物中存在的状态，目前了解得还不十分清楚。磷在谷物中有一部分以无机磷酸盐（KH_2PO_4、K_2HPO_4、$CaHPO_4$）的形式存在，而大部分则为以有机化合物的状态：如糖磷酯，核苷酸许多辅酶和辅基核酸、磷脂、磷酸、核蛋白、磷酸糖、肌醇磷酸等的形式存在。但谷物中含磷量最多的化合物还是磷酸盐。钾少部分以无机盐形式存在于谷物中，而多数以K^+状态存在。钾对淀粉与蛋白质的合成有密切关系，所以在淀粉与蛋白质丰富的部位钾的含

量也高。

镁是叶绿素的成分，它与光合作用有关，同时又是细胞呼吸作用过程酶的激活剂。另外钙还是构成细胞壁的一种元素，如细胞壁中的胶层果胶钙。

硫的含量很少，它是蛋白质中某些含硫氨基酸及辅酶A的主要组成部分，而铁元素是辅基(铁卟啉)的主要成分。硅在稻壳中含量很高，多以硅酸钙盐状态存在于细胞壁里。

灰分中含有为量极少的钠和氯，它们可能以氯化钠的形态存在于谷物中。

三、矿物质元素的生理功能

谷物中所含的矿物元素是人体所需要的，故称矿质营养成分。由于食物所提供的矿物元素一般都比较充足，营养学家只考虑食品中比较欠缺的钙与铁，来评定食物中的矿物元素的营养价值。

(一)钙和磷的生理功能

钙和磷都是骨骼和牙齿的重要成分，它们以轻磷灰石 $3Ca_3(PO_4)_2$、$Ca(OH)_2$ 的形式沉积在骨骼的有机质上(主要是胶原蛋白)，使骨骼成为坚硬而具有支持作用的组织。

血浆中的 Ca^{2+} 有促进血液凝固和降低肌胸神经兴奋性的作用。磷与细胞内糖、脂肪、蛋白质代谢有密切关系，是形成葡萄糖－6－磷酸、磷酸甘油、核苷酸(如ATP·NAD等)和核酸必不可少的物质。

(二)铁的生理功能

铁是构成血红蛋白的主要成分。人体中72%的铁存在于血红蛋白中，血红蛋白的每一个亚单位都含有一个铁原子。如果没有它，血红蛋白就不能被制造出来，氧就不能得到输送。在血红蛋白分子中铁原子与氧原子结合而把氧贮藏起来，直至需要时才释放出氧来。因此，为了输送氧，就需要很多的含铁原子的血红蛋白。食物中的铁元素摄入量不足就会出现缺铁性贫血。铁还是构成各种细胞色素、过氧化氢酶及过氧化物酶、肌红蛋白物质的组分。

复 习 题

1. 谷物中常见的非淀粉多糖有哪些?
2. 纤维素的分子链构成是怎样的? 它有怎样的水解特性?
3. 简要叙述原果胶、果胶和果胶酸的区别。
4. 不饱和脂肪酸的异构体主要分为哪几类?
5. 谷物中常见的复合脂类有哪些? 它们各自有什么样的主要性质?
6. 生物酶类一般具有哪些共同的特性?
7. 简要叙述底物浓度对酶促反应的影响。
8. 常见的脂溶性维生素有哪些?
9. 维生素 B_1 和维生素 B_2 有哪些重要的生理作用?
10. Fe有什么生理作用?

参 考 文 献

1. 唐新元．粮食·营养·健康．北京:中国财政经济出版社,1991
2. [美]O.R. 菲尼马．食品化学(第二版)．北京:中国轻工业出版社,1991
3. 刘志皋．食品营养学．北京:中国轻工业出版社,1991

4. Barnes, P. J., ed. Lipids in Cereal Technology, Academic Press, Orlando, FL. 1984

5. Brich, G. G., and L. F. Green(eds.), Molecular Structure and Function of Food Carbohydrate, John Wiley and Sons, New York, 1973

6. Mottram, R. F., Huamn Nutrition, 3rd ed., Edward Arnold, 1979

7. Saderson, G. R., Polysacchrides in foods, Food Technol, 7:50 - 57, 1981

第五章　谷物干燥

收获后的谷物只有在水分含量降到安全水分含量时，才能进行长期贮藏。对谷物进行人工干燥，降低谷物水分含量是谷物收后的重要处理环节，也是能耗最高的收后处理单元。了解谷物干燥的基本原理和主要特性，了解谷物干燥方法和干燥机型，对节约一次性投资，降低干燥成本，保证谷物烘后品质等都很重要。

第一节　谷物干燥原理

谷物干燥过程是干燥介质把热量传递给谷物，同时带走谷物水分的过程，是谷物与干燥介质之间传热与传质的过程。

一、谷物中的水分

谷物的主要组成成分包括淀粉、蛋白质、脂类、矿物质和水分等。淀粉、蛋白质属于胶体物质，所以谷物是具有胶体毛细管的多孔性生物物料。谷物中的水分由于与谷物胶体物质结合力的不同而以不同的形式存在。

（一）谷物中水分存在形式

1. 机械结合水

机械结合水是指处于谷物表面和粗毛细管内的水分。这部分水分与物料结合较松弛，没有一定的数量比例，以液态存在且易于蒸发。机械结合水极易被微生物及酶所利用，谷物干燥过程中必须除去这部分水分。

2. 物理化学结合水

物理化学结合水可分为吸附水分、渗透水分和结构水分。这部分水分与物料之间没有严格的数量比例。吸附水分包括物理吸附水和化学吸附水。由于谷粒及毛细管内壁表面分子引力的不平衡性，该分子要通过分子间力、范德华力、氢键等吸附周围水蒸气中的水分子以达到平衡，这部分水分为物理吸附水分；化学吸附水分指与吸附物料以化学力相结合的那部分水分；渗透水分指在渗透压的作用下进入细胞内的那部分水分；结构水分指胶体物质固化形成凝胶时，保留在凝胶内部的水分。谷物干燥过程中要除去物理吸附水分、渗透水分及部分化学吸附水分和部分结构水分。

3. 化学结合水

化学结合水是指渗入物料分子的内部，与物料结合非常牢固的那部分水分。要用化学反应或强烈热处理的方法才能除去这部分水分。去除化学结合水必然引起谷物物理及化学性质的变化。该部分水分与物料之间有着严格的数量比例。化学结合水不是谷物干燥过程中要去除的水分。

（二）谷物水分含量表达形式

谷物可以看做是由其中的干物质和水分组成的混合物，有干基水分和湿基水分两种表达形式。

1. 干基水分

干基水分为谷物中每千克干物质所含的水分质量，通常用 M（kgH_2O/kg 干物质）表示。表达式如下：

$$M=\frac{W_W}{W_{bd}}$$

2. 湿基水分

湿基水分是指水分质量占相应湿谷物质量的百分比，通常用 M'（%）表示。表达式如下：

$$M'=\frac{W_W}{W_b}\times 100$$

在商业贸易中湿基水分应用较多。

3. 两者之间的换算关系

根据干物质不变的原则，可以推导出两者之间的换算关系如下：

$$M'=\frac{M}{1+M} \tag{5-1}$$

（三）水分分布的不均匀性

对一批谷物来说，不同谷粒之间的水分含量可能会有很大的差异，这与谷物收获时就存在粒间水分差异及收后处理有关。我国华南地区的稻谷在收获时同一稻穗上最低水分含量为15.8%（湿基），而最高水分含量达34.1%（湿基），收后贮藏可以降低水分差。谷粒间水分的不均匀性是导致烘后谷物水分不均匀的主要因素之一。

就单一谷粒来说，胚和胚乳之间的水分含量存在差异，谷粒内外层之间水分含量也存在差异。J.M.Frias 等利用 NMR 研究稻谷在30℃干燥条件下谷粒内外水分随干燥时间的变化时发现：在干燥初期谷粒内外的水分梯度很大，随着干燥的进行水分梯度降低。稻粒周围脂类含量高的环行带将阻碍内部水分向外扩散。谷物不同组织结构部位水分含量差异是由其物质组成和细胞结构不同造成的，谷粒内外层之间水分含量的差异会对谷物的干燥特性产生影响，也使研究谷物的干燥特性变得困难。

（四）水分对谷粒力学特性的影响

研究表明，对玉米来说，随着水分含量的增加，其抗压强度、弹性模量、最大压应力及剪应力都降低。研究发现，随着小麦水分含量增加，最大压应力和弹性模量降低。干燥将使谷粒内部产生应力，谷粒力学特性的不同将导致不同水分的谷粒对相等的应力有不同的反应，从而决定谷粒在干燥过程中是否产生裂纹，所以，了解谷粒的力学特性对了解裂纹的产生很重要。

对于温度相同的谷粒或谷粒的不同部位，由于水分含量的不同，可能使其处于不同的相态—玻璃态或橡胶态。研究表明，谷物处于橡胶态时的热体积膨胀系数是处于玻璃态时的6倍。谷物处于不同相态时，力学特性将发生明显变化，谷物力学特性的不同将决定在后续的处理过程中是否产生裂纹甚至破碎。

水分除对谷粒的力学特性产生影响外，还对谷物的其他物理特性如几何尺寸、密度，以及热特性如比热容、导热系数等产生影响。

二、湿空气特性

通常采用的干燥介质——热空气是含有一定量水分的，废气的湿含量更高，所以，它们可以统称为湿空气。

(一)状态方程及道尔顿定律

可以把湿热空气看成是理想气体,则其符合理想气体的状态方程:

$$p_a v_a = w_a RT \tag{5-2}$$

式中 p_a——气体压力,Pa

v_a——气体体积,m^3

w_a——湿空气质量,kg

R——气体常数,kJ/kg·K

T——气体温度,K

按照道尔顿定律,湿空气的压力为干空气分压与水蒸气分压之和,即:

$$p_a = p_{ad} + p_v$$

对干空气与水蒸气可分别写出气体状态方程:

$$p_{ad} v_a = w_{ad} R_{ad} T \tag{5-3}$$

$$p_v v_a = w_v R_v T \tag{5-4}$$

式中 R_{ad}——干空气的气体常数,$R_{ad} = 0.287$kJ/kg·K

R_v——水蒸气的气体常数,$R_v = 0.461$kJ/kg·K

(二)湿含量

湿含量是指1kg干空气所含有的水蒸气的质量,是表明湿空气中水蒸气数量多少的一个状态参数,一般用d(gH_2O/kg干空气)表示,即:

$$d = \frac{W_v}{W_{ad}}$$

把式(5-3)和式(5-4)带入上式得:

$$d = 0.622\frac{p_v}{p_{ad}} \tag{5-5}$$

把 $p_{ad} = p_a - p_v$代入式(5-5)得:

$$d = 0.622\frac{p_v}{p_a - p_v} \tag{5-6}$$

因为 p_v 很小,$p_a - p_v$ 可以看成是常数,故 d 与 p_v 成正比。

(三)相对湿度

相对湿度是指在湿空气的湿含量与相同状态下饱和湿含量的百分比,一般用 RH(%)表示,即:

$$RH = \frac{d_v}{d_{sb}} \times 100$$

由于 d 与 p_v 成正比,则:

$$RH = \frac{p_v}{p_{sb}} \times 100$$

(四)质量热容

质量热容是指单位质量物质每升高或降低1℃时吸收或放出的热量,一般用 c(kJ/kg·K)表示。湿空气的比热可以看成其中干空气质量热容(c_{ad})与其中的水蒸气质量热容(c_v)的和,用 c_a(kJ/kg干物质·K)表示,则:

$$c_a = c_{ad} + c_v \tag{5-7}$$

一般 c_{ad}取1.005kJ/kg·K,c_v取1.883kJ/kg·K。

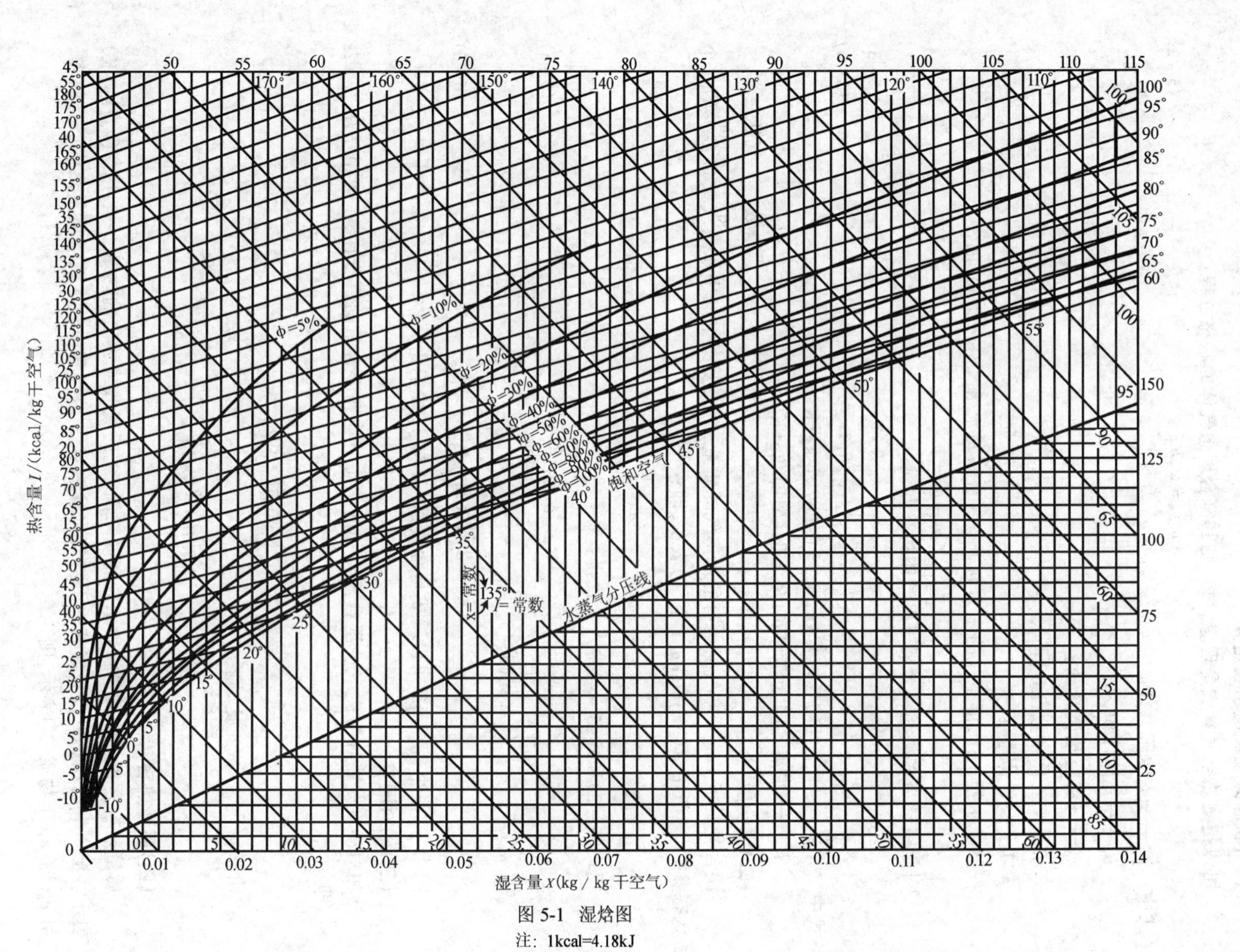

图 5-1　湿焓图

注：1kcal=4.18kJ

（五）比体积

比体积为 1kg 干空气所对应的湿空气的体积，一般用 v（m^3/kg 干空气）表示，即：

$$v=\frac{V_a}{W_{ad}}$$

再结合式（5－4）、式（5－5）得式（5－8）

$$v=\frac{R_d T_{abs}}{p}(1+1.608d) \tag{5-8}$$

（六）比焓

比焓是表示湿空气的一个复合状态参数，可以认为湿空气的比焓等于干空气的热量与其中的水蒸气热量之和，一般用 I（kJ/kg 干空气）表示，并规定在 0℃时的比焓为 0。由于干空气的比热容 c_{ad}一般取 1.005kJ/kg·℃，则其比焓 $I_d=1.005T$。水蒸气比焓包括水分汽化潜热 h_0 和升温显热两部分，可以取 $h_0=2500kJ/kgH_2O$，又由于水蒸气比热容 $c_v=1.883kJ/kg·℃$，则：$I_v=(1.883T+2500)d/1000$。最后得湿空气的比焓公式：

$$I=1.005T+(1.88T+2512)\frac{d}{1000} \tag{5-9}$$

（七）湿焓图（图 5－1）

湿空气的一些状态参数与大气压有关，在一定大气压下，将湿空气的干球温度 T（℃）、湿含量 d、比焓 I、相对湿度 RH、水蒸气分压 p_v 等状态参数之间的相互关系绘制在一张图上即得湿焓图，又称 I－D 图，见图 5－1。湿空气的干球温度 T、湿含量 d、水蒸气分压 p_v 是湿空气的三个基本状态参数。I－D 图采用 135°斜坐标系，以比焓为纵坐标，湿含量为横指标，I－D 图中各状态参数曲线的走向如图 5－2 所示。

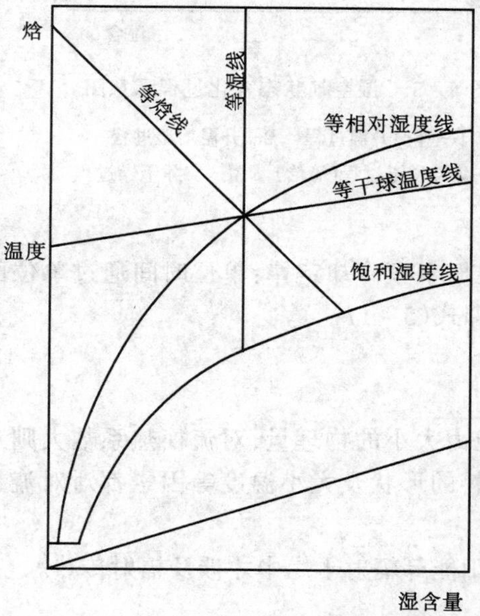

图 5－2　I－D 图中各种状态参数曲线走向示意图

只要知道湿空气任意两个状态参数，就能通过 I－D 图找到其对应的状态点，从而可以查到湿空气的其他状态参数。在 I－D 图上还可以表示出湿空气的状态变化过程，如：等湿升温过程，降温增湿过程，升温增湿过程，图 5－3中 2、3（3′）分别表示等湿升温过程、升温增湿过程、降温增湿过程。对流干燥中的空气加热为等湿升温过程；干燥过程中干燥介质经历降温增湿过程，由于干燥过程中热风带进去的热量不可避免地有一部分用于谷物升温，还有一部分通过干燥机机壁散失出去，所以，焓值有所降低，实际过程如图中虚线所示；冷却过程中空气经历升温增湿过程。

三、热量传递过程

传热是指热量在空间上发生位置转移的过程。传热过程中热流总是由高温物体流向低温物体或从物体的高温部分流向物体的低温部分，传热是由温度梯度或温度差来推动的。热量传递包括传导、对流和辐射三种方式。

(一)传导传热——傅立叶定律

热传导是指静止介质之间的热量传递过程。热传导引起的能量传递方式有两种,第一种是通过分子的相互作用,即高能位的分子(温度高)由于较剧烈的运动,将能量传递给邻近低能位的分子;第二种是靠"自由"电子进行能量传递,主要是指纯金属固体中的热传导。谷物在加热及冷却的过程中谷粒内部存在的热传导现象主要靠第一种方式。

根据 Fourier 定律:单位时间通过单位面积内的热量(称为热流密度)与法线方向的温度梯度成正比,即式(5-10)。因为热流方向与温度梯度方向相反,式(5-10)中取负值。κ 为导热系数(W/m·K 或 kW/m·K),它是表明物料导热性能大小的物理量,κ 越大,物料的导热性能越强。物料的导热系数主要与物料的性质、水分及温度有关。

$$q = -\kappa \Delta T \tag{5-10}$$

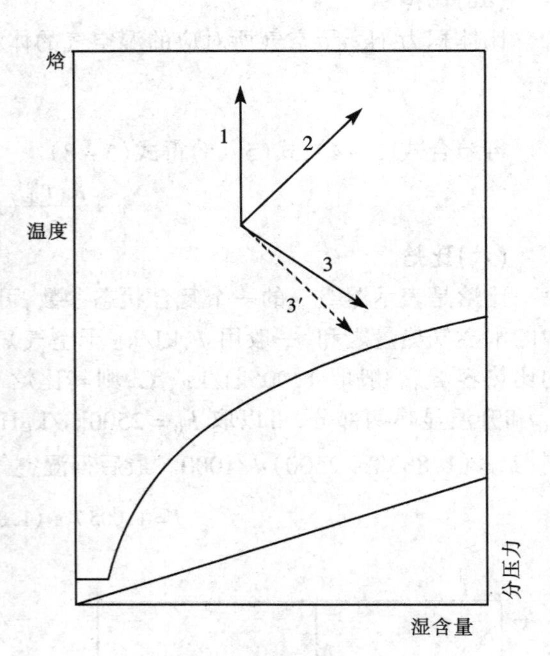

图 5-3 湿空气状态变化过程示意图

1—等湿升温过程 2—升温增湿过程

3—降温增湿过程(等焓) 3′—实际干燥过程

(二)对流传热——牛顿冷却定律

对流传热是指流动介质各部分发生相对位移时引起的热量传递现象。谷物干燥过程中干燥介质与谷物之间的热量传递即为对流传热。根据牛顿冷却定律:单位时间通过单位面积内的热量与流体与物体表面之间的温度差成正比,即式(5-11)。

$$q = -h\Delta T \tag{5-11}$$

式中 h——对流换热系数,W/m²·K 或 kW/m²·K

对流换热系数是反映流体与固体之间对流传热能力大小的物理量,对流换热系数大则对流传热能力强。流体的种类、运动状态、物理性质、物料的形状及大小温度等因素都对对流换热系数产生影响。

谷物干燥一般是采用对流干燥的形式,只有在太阳能等辐射干燥中才涉及辐射传热。

四、谷物的薄层干燥

薄层干燥是指谷物干燥层的厚度很薄,可以是单层谷粒也可以是多层谷粒,干燥介质通过谷物薄层以后温度和相对湿度可以认为没有变化的干燥过程。薄层的厚度取决于风速、风温及相对湿度。研究表明,对稻谷来说,在空气流速大于 2m/s 时,只要谷物层厚度小于 2.7cm 即为薄层干燥。谷物的薄层干燥特性是研究谷物厚床干燥特性的基础。

常用单位时间内的降水量,即干燥速率来表示物料干燥的快慢,表示为微分形式 dm/dt。t 为干燥时间,根据 dm/dt 随 t 变化的情况,物料的干燥可分为恒速干燥阶段和降速干燥阶段。

(一)恒速干燥阶段

恒速干燥阶段是降水速率不随着干燥的进行而降低的干燥阶段。在恒速干燥阶段,物料表面就像存在一层自由水,物料的干燥速度等于同一条件下自由水分的蒸发速度,物料温度不升高，等于湿空气的湿球湿度（T_{wb}），空气通过对流传递给物料的热量 Q_1 等于水分蒸发吸收的热量 Q_2。

$$Q_1 = h_s A(T_a - T_{wb})$$

$$Q_2 = -\rho_d V_d h_0(\frac{dM}{dt})$$

令 $Q_1 = Q_2$，并整理方程可得以下恒速干燥阶段的干燥速率公式。

$$\frac{dM}{dt} = \frac{h_s A}{\rho_d V_d h_0}(T_a - T_{wb}) \tag{5-12}$$

式中 ρ_d——干物质密度，kg/m^3

V_d——干物质体积，m^3

A——表面积，m^2

h_s——表面对流换热系数，$kJ/m^2 \cdot ℃$

h_0——自由水分汽化热，$kJ/kg \cdot H_2O$

物料在恒速干燥阶段时，内部水分扩散到表面的速度等于表面水分的蒸发速度，干燥速率取决于干燥介质温度、相对湿度和介质流速，属于外部控制阶段。恒速干燥阶段结束时物料的含水量称为临界水分含量。高水分（湿基水分超过70%～75%）的生物物料在干燥的开始时存在一个恒速干燥阶段，但持续时间较短。谷物干燥中一般不存在恒速干燥阶段。

（二）降速干燥阶段

当水分含量低于物料的临界水分含量时，物料表面的水蒸气分压 p_v 降至湿球温度时的水蒸气分压 p_{vwb} 以下，干燥的动力来源 $\Delta p_v = p_{vwb} - p_v$ 变小，干燥速率降低，进入降速干燥阶段，同时物料内部出现水分梯度，物料温度开始上升，高于湿球温度。在该阶段，谷物表面的水分蒸发速度大于内部水分的扩散速度，干燥过程由内部扩散速度控制。一般情况下谷物的干燥均处在降速干燥阶段。生物物料不同干燥阶段中水分及温度变化曲线见图5-4。

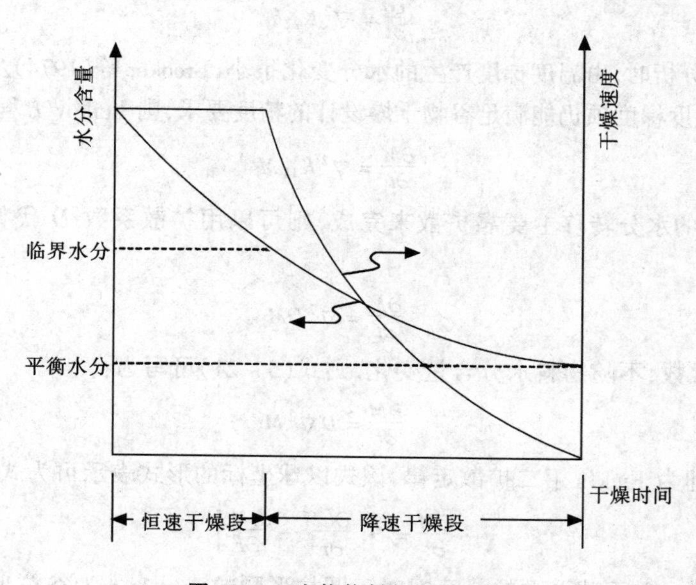

图5-4 生物物料的干燥曲线

描述谷物降速干燥阶段的模型有扩散模型、半经验模型和经验模型3种。

1. 扩散模型——菲克第二定律

前苏联学者 Luikov 提出如下方程组来描述多孔性物料的降速干燥过程。

$$\frac{\partial M}{\partial t} = \nabla^2 K_{11} M + \nabla^2 K_{12} \theta + \nabla^2 K_{13} p \tag{5-13}$$

$$\frac{\partial \theta}{\partial t} = \nabla^2 K_{21} M + \nabla^2 K_{22} \theta + \nabla^2 K_{23} p \tag{5-14}$$

$$\frac{\partial P}{\partial t} = \nabla^2 K_{31} M + \nabla^2 K_{32} \theta + \nabla^2 K_{33} p \tag{5-15}$$

式中　p——水蒸气分压

θ——物料温度

K_{11}、K_{22}、K_{33}——惟象系数

其他 K——耦合系数

K 值与温度、湿含量及压力有关。

$\nabla^2 = \frac{\partial^2}{\partial x^2} + \frac{\partial^2}{\partial y^2} + \frac{\partial^2}{\partial z^2}$称为拉普拉斯算子。

只有当物料温度很高(该温度大大超过谷物干燥时所使用的温度)时,由压力梯度产生的水分流动才显著,所以对谷物干燥来说压力项可以忽略不计,则上述方程组变成:

$$\frac{\partial M}{\partial t} = \nabla^2 K_{11} M + \nabla^2 K_{12} \theta \tag{5-16}$$

$$\frac{\partial \theta}{\partial t} = \nabla^2 K_{21} M + \nabla^2 K_{22} \theta \tag{5-17}$$

Husain 等(1972)通过研究指出,在谷物干燥中,可以不考虑温度与水分的耦合效应,上式又简化为:

$$\frac{\partial M}{\partial t} = \nabla^2 K_{11} M \tag{5-18}$$

$$\frac{\partial \theta}{\partial t} = \nabla^2 K_{22} \theta \tag{5-19}$$

在谷物干燥分析时,由温度梯度产生的水分变化很小,Brooker 等(1974)及 Meiring 等(1977)研究认为:忽略温度梯度项仍能满足谷物干燥设计的精度要求,则 Luikov 方程最终简化为:

$$\frac{\partial M}{\partial t} = \nabla^2 K_{11} M \tag{5-20}$$

如果物料内的水分转移主要靠扩散来完成,则可以用扩散系数 D 代替系数 K_{11},上式变为:

$$\frac{\partial M}{\partial t} = \nabla^2 DM \tag{5-21}$$

如果 D 为常数,不随物料水分含量变化,则式(5-21)可写为:

$$\frac{\partial M}{\partial t} = D \nabla^2 M \tag{5-22}$$

式(5-22)即为 Fick′s 第二扩散定律,该式以球坐标的形式表示可为式(5-23):

$$\frac{\partial M}{\partial t} = D\left[\frac{\partial^2 M}{\partial r^2} + \frac{c\partial M}{r\partial r}\right] \tag{5-23}$$

c 为形状系数,对于球形颗粒,$c=2$,对于圆柱形颗粒,$c=1$,r 为谷粒半径方向坐标($0 \leqslant r \leqslant r_0$)。

在下列边界条件下对式(5-23)进行求解,

$$M(r,0) = M_i \quad r < r_o$$
$$M(r_o, t) = M_{eq} \quad t > 0$$

当把谷物颗粒作为球体时式(5－23)的解可表示为式(5－24)，称为球形扩散模型，小麦、玉米、大豆可看做球形进行处理。

$$MR = \frac{6}{\pi^2}\sum_{n=1}^{\infty}\frac{1}{n^2}\exp\left[-\frac{n^2\pi^2}{9}x^2\right] \tag{5-24}$$

当把谷物颗粒作为圆柱体时式(5－23)的解可表示为式(5－25)，称为圆柱扩散模型，一般把稻谷、大麦、燕麦看做圆柱体。

$$MR = \sum_{n=1}^{\infty}\frac{1}{\lambda n^2}\exp\left[-\frac{\lambda n^2}{4}x^2\right] \tag{5-25}$$

式(5－24)、式(5－25)中

λ_n——0阶贝塞尔函数的根

$MR = \frac{M - M_e}{M_i M_e}$，称为水分比

$x = \frac{A}{V}(D_t)^{0.5}$

式中　A——谷粒表面积，m^2

V——谷粒体积，m^3

对球形谷粒$\frac{A}{V} = \frac{3}{r_o}$；对圆柱形谷粒$\frac{A}{V} = \frac{2}{r_o}$

扩散方程较为准确地描述了谷物的干燥过程，并且式(5－23)能够描述干燥过程中谷物颗粒内部的水分分布情况，其运算及求解较为复杂。

如果干燥时间长，可以只取式(5－24)或式(5－25)的前一项或前两项，称为简化的理论方程。如果谷粒为球形颗粒，并且只取前一项，则方程简化为

$$MR = \frac{6}{\pi^2}\exp\left[\frac{-D\pi^2}{r_o^2}t\right] \tag{5-26}$$

也有采用以下更为一般性的简化形式

$$MR = \frac{6}{\pi^2}\exp(-Kt) \tag{5-27}$$

$$MR = A_0\exp(-K_0 t) \tag{5-28}$$

$$MR = A_0\exp(-K_0 t) + A_1\exp(-K_1 t) \tag{5-29}$$

扩散方程的简化形式由于较为简单，并能满足工程的精度要求(尤其是在干燥时间长时)，在实践中应用相对较为广泛。

2. 半经验模型

假设干燥过程与冷却过程之间存在相似性，Lewis(1921)提出以牛顿冷却速率方程的形式来描述谷物的薄层干燥过程，即干燥速率与谷物平均水分与平衡水分的差成正比，谷物的干燥速率可表示为式(5－30)：

$$\frac{dM}{dt} = -K(\overline{M} - M_e) \tag{5-30}$$

其中，K为干燥常数，一般采用阿列纽斯方程的形式，即式(5－31)或式(5－32)，也有表示为二次多项式的形式的。

$$K = C_1\exp\left[-\frac{C_2}{\theta_{abs}}\right] \tag{5-31}$$

$$K = C_3\exp\left[-\frac{C_5}{\theta_{abs}}\right] \tag{5-32}$$

K 因谷物的种类、水分含量及干燥介质状态等因素不同而不同，一般采用半响应时间法，根据实验数据求出。对式(5-30)进行积分可得薄层干燥方程(5-33)，称为牛顿方程。

$$MR = \exp(-Kt) \tag{5-33}$$

该式对干燥开始阶段的干燥速率估计偏高而对后期干燥速率的估计偏低。

Page(1949)提出式(5-33)的改进形式，即式(5-34)，称为 Page 方程，该式对干燥开始阶段的干燥速率估计偏高。为了使 Page 方程能够更好地反映谷物的薄层干燥特性，有人对 Page 方程进行的改进，提出式(5-35)。

$$MR = \exp(-Kt^n) \tag{5-34}$$

$$MR = \exp[-(Kt)^n] \tag{5-35}$$

Hukill(1989)根据亲水物料与空气间水分传递的速度与水蒸气分压的差成正比提出式(5-36)。Vasconcelos(1992)提出用式(5-37)来描述谷物的薄层干燥过程。

$$\frac{dM}{dt} = -K(p_{vk} - p_{va}) \tag{5-36}$$

$$\frac{dM}{dt} = -[mq(M - M_e)(p_s - p_v)^n]t^q \tag{5-37}$$

式中　m, q, n——经验常数

Page 方程及其改进形式在研究谷物薄层干燥方程的时候应用较多，一般是先选定一方程作为回归模型，而后对实验数据进行回归分析，建立方程中的参数 K、n 与干燥条件及谷物初始条件的关系式。

3. 经验模型

经验方程是根据实验数据直接建立干燥时间与水分含量相互关系的方程式。式(5-38)、式(5-39)是最为常用的两个经验方程。

$$MR = 1 + at + bt^2 \tag{5-38}$$

$$t = A\ln MR + B(\ln MR)^2 \tag{5-39}$$

$$A = a_1 + b_1 T$$

$$B = c_1 e^{c_2 T}$$

其中，式(5-39)是式(5-38)的转化形式。式(5-38)是 Thompson(1967)年提出来的，主要用于玉米的干燥。也有采用上述经验模型来描述稻谷、小麦和大豆干燥的。

经验方程相对要简单得多，只要实际干燥条件与建立方程时的实验条件一致，经验方程能够很精确地反映实际的干燥过程。

如上所述，半经验模型忽略了谷物干燥的内部阻力，而认为干燥常数只依赖干燥介质的状态；扩散模型则只考虑谷物干燥的内部阻力；半经验模型和扩散模型均认为谷物和干燥介质之间温度达到平衡。

(三)谷物的吸湿

在谷物干燥的工程实践中，由于不正当的操作，可能会出现谷物的吸湿现象，如干燥段或冷却段高度设计不当或风量过小以及烘后谷物长时间暴露于相对湿度高的空气中，都可能出现谷物吸湿。谷物的吸湿过程可近似看做是干燥的逆过程，可以采用与薄层干燥方程相似的形式来描述谷物的吸湿过程，只是方程中的常数要发生变化。例如：M. M. Banaszek 和 T. J. Siebenmorgen(1990)采用 Page 方程的形式来描述稻谷的吸湿过程。具体如下：

$$MR = \exp(-K't^n) \tag{5-40}$$

$$K' = 0.003818M_i + 0.008185T - 0.038923$$

$$n = 0.679247$$

式中　　T——12.5～30℃

空气相对湿度——70%～90%

M_i——初水分 9%～12%

吸湿时间 170h

五、谷物的冷却

谷物经过干燥以后往往温度较高，必需经过冷却使谷物的温度降低到一定的程度才能进行长期安全贮藏。我国现行标准规定，如果外温低于 0℃，冷却后的谷物温度不得超过 8℃，如果外温高于 0℃，冷却后的谷物温度不得超过外温 8℃。谷物的冷却过程以降温为主，但降温的同时也必然存在降水现象。在谷物冷却的过程中，可以认为谷物和干燥介质之间的水分传递已经达到平衡，即在冷却空气离开谷物之前其降水量已经达到最大值。H. T. Olesen（1985）就大麦的混流冷却提出可以用以下式近似描述冷却过程中的降水量。

$$\Delta W = \gamma(\theta_2 - T_0) \tag{5-41}$$

式中　γ——剩余干燥系数，与大气的相对湿度和谷物的最终含水量有关，具体取值见表5－1

表 5－1　　式(5－41)中的剩余干燥系数 γ

RH	70%	80%	90%	相对湿度
γ	0.015	0.012	0.009	干燥到湿含量为 14%时
γ	0.020	0.017	0.014	干燥到湿含量为 15%时
γ	0.024	0.021	0.018	干燥到湿含量为 16%时

根据冷却过程中能量守衡得：

$$Ph_{fg}(M_2 - M_3) + \rho_{ad}L_0c_{ad}(T_3 - T_0) = c_p(\theta_2 - \theta_3)P \tag{5-42}$$

式中　P——小时生产能力，kg 干物质/h

L_0——冷却空气体积，m^3/h

M_2, θ_2——冷却前谷物的水分和温度

M_3, θ_3——冷却后谷物的水分和温度

T_0——空气入口温度

T_3——冷却废气温度

h_{fg}——谷物水分汽化热

可由式(5－43)得出冷却后谷物的温度：

$$\theta_3 = \theta_2 - \frac{L_0c_{ad}\rho_{ad}}{Pc_p}(T_3 - T_0) - \frac{h_{fg}}{c_p}\Delta W \tag{5-43}$$

六、谷物的缓苏

缓苏指在谷物通过一个干燥过程以后停止干燥，保持温度不变，维持一定时间段，使谷粒内部的水分向外扩散，降低内外的水分梯度。可把谷粒视为球形复合体，如图 5－5 所示。

假设谷物内部温度是均匀的，则当 $r = r_0, t > 0$ 时，

$$\frac{\partial T}{\partial x}=0,\frac{\partial H}{\partial x}=0,\frac{\partial M}{\partial r}=0$$

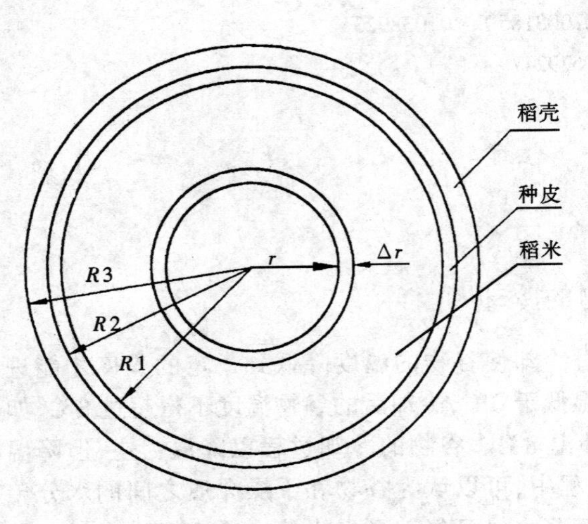

图 5-5　球形复合体结构籽粒示意图

式中　T——谷物温度,℃

x——谷粒以外的空间坐标,m

H——谷粒间空隙中空气的湿含量,kgH_2O/kg

M——谷粒水分(干基)

r——谷粒半径方向坐标,m

r_0——谷粒当量半径,m

用球面复合体液体扩散模型来模拟缓苏过程:

$$\frac{\partial M_i}{\partial t}=D\left[\frac{(2_i+c)M_{i+1}+(2_i-c)M_{i-1}}{2r\Delta r^2}\right] \tag{5-44}$$

式中　D——扩散系数,m^2/s

t——缓苏时间,s

c——常数。对玉米,$c=2$;对稻谷,$c=1$

缓苏开始时,上一干燥段输出的谷物水分分布就是缓苏开始时谷粒内部的水分分布情况,即:$M(r,t_0)=M(r,0)$。

可采用数值求解方法,将球形颗粒沿半径方向作 n 等分,每一等份的厚度为 Δr,用差分方程组近似的表示 M 对时间的导数,可得:

$$M_{i+1}=M_i+\frac{\partial M}{\partial r}\bigg|\, i\Delta r+\frac{1}{2}\frac{\partial^2 M}{\partial r^2}\bigg|\, i\Delta r^2 \tag{5-45}$$

$$M_{i-1}=M_i-\frac{\partial M}{\partial r}\bigg|\, i\Delta r+\frac{1}{2}\frac{\partial^2 M}{\partial r^2}\bigg|\, i\Delta r^2 \tag{5-46}$$

式中　$i\neq 1$

将式(5-45)、式(5-46)代入式(5-44),并注意到 $r=i\Delta r$,则有:

$$\frac{\partial M_i}{\partial t}=D\left[\frac{(2_i+c)M_{i+1}+(2_i-c)M_{i-1}}{2r\Delta r^2}\right] \tag{5-47}$$

式中　$r=1,2,\cdots\cdots,n-1$

c——常数球形物料,$c=2$

图 5-6 为玉米粒经顺流干燥后内部各层水分随缓苏时间的变化,其中顺流干燥的条件为:玉米初水分为 24%,热风温度为 90℃,表观风速为 0.45m/s,干燥段高度为 1m,干燥时间为 1h。可以看出,随着缓苏时间的增加,谷粒内部各层之间的水分含量趋于均匀。

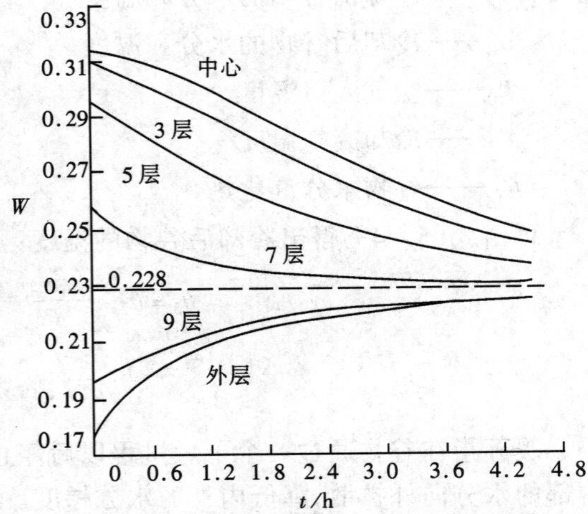

图 5-6　缓苏过程中谷粒内部水分的变化

第二节　谷物干燥特性

与化工物料干燥不同,谷物干燥的对象是

一个有生命的有机体，在不断地进行着呼吸作用，水分含量是影响谷物呼吸作用强弱的最重要的因素，谷物干燥的目的在于降低谷物的水分，从而降低呼吸强度，利于安全贮藏，但是，如果干燥条件过于强烈，谷物中的一些酶将失活，蛋白质将变性，使谷物失去生命力。

谷物由多种组分组成，不同的物质有着不同的干燥特性。不同品种谷物的各组分的含量不同，所以不同品种的谷物有不同的干燥特性。

谷物的一些物理特性及热特性将直接影响到谷物与干燥介质之间的热量传递和水分传递，从而对谷物的干燥特性产生影响。

一、谷物的物理特性

（一）谷粒的物理特性

1. 谷粒的当量直径和比表面积

谷粒的当量直径可以由与谷粒体积相等的球体的直径（d_e）来表示。由定义可得出如下公式：

$$d_e = \sqrt[3]{\frac{6V_{ke}}{\pi}} \quad (5-48)$$

由当量直径可以求出谷粒的表面积为 $A = \pi d_e^2$，谷粒的体积为 $V = \frac{\pi d_e^3}{6}$，比表面积为 $\frac{A}{V} = \frac{6}{d_e}$。

一些谷物颗粒的当量直径及比表面积见表 5-2。

表 5-2　一些谷粒的当量直径及比表面积

谷物品种	当量直径/mm	谷粒面积/m^2	谷粒体积/m^3	比表面积/m^2/m^3	数据来源
玉米	7.88	195	256	0.76	Pabis 和 Henderson(1962)
玉米	4.83				李业波(1993)
小麦	3.48	38.04	22.07	1.72	Bekasov 和 Denisov(1952)
稻谷	1.7				李业波(1993)
稻谷	1.47				李业波(1993)

2. 谷粒密度

谷粒密度为单粒谷物的质量与其体积的比，用 ρ_k（kg/m^3）表示，即：

$$\rho_k = \frac{W_k}{V_k} \quad (5-49)$$

谷粒密度也可表示为干物质密度，即：

$$\rho_{kd} = \frac{W_{kd}}{V_{kd}}$$

谷粒密度与含水量有关，Muhlbawer 和 Scherer(1977)就玉米给出关系式(5-50)，系数 c_1 与玉米品种有关。

$$\rho_k = \rho_{kd}{}^{-c_1 M} \quad (5-50)$$

Shahab Sokhansanj 等(1996)就谷粒密度与水分的关系推导出式(5-51)。

$$\rho_k = \frac{\rho_{kd}}{1 + \left(\frac{\rho_{kd}}{\rho_w} - 1\right) M} \quad (5-51)$$

式中　ρ_w——水的密度

一些谷物的单粒谷物密度见表 5－3。

表 5－3　一些谷物的谷粒密度

谷物品种	水分含量（kgH_2O/kg 干物质）	谷粒密度/（kg/dm^3）	数据来源
小麦	0.10～0.20	1.29～1.49	Pabis(1982)
玉米	0.10～0.20	1.19～1.25	Pabis(1982)
大豆	0.10～0.20	1.13～1.24	Pabis(1982)
大麦	0.14～0.20	1.34～1.37	Muir 和 Sinha(1988)
油菜籽	0.09	1.09～1.13	Muir 和 Sinha(1988)
燕麦	0.14～0.20	1.30～1.33	Muir 和 Sinha(1988)

（二）批量谷物的物理特性

1. 谷物密度及比表面积

谷物密度指一批谷物的质量与体积的比，用 ρ_b（kg/m^3）表示，其中体积包括谷粒体积和粒间空隙体积，即：

$$\rho_b = \frac{W_b}{V_b}$$

批量谷物密度也可表示为干物质密度形式，即：

$$\rho_{bd} = \frac{W_{bd}}{V_{bd}}$$

谷物密度与含水量有关，Muhlbawer & Scherer（1977）就玉米给出式（5－52），系数 c_1 与玉米品种有关。

$$\rho_b = \rho_{bd} - c_1 M \tag{5-52}$$

Chung（1985）就长粒稻谷及中粒稻谷的密度与水分的关系分别给出式（5－53）、式（5－54）。

$$\rho_b = 16.02(32.425 + 33.0M') \tag{5-53}$$

$$\rho_b = 16.02(31.195 + 52.0M') \tag{5-54}$$

式中　M'——稻谷水分含量（湿基，小数）

一些谷物的密度见表 5－4。

表 5－4　一些谷物的密度

谷物品种	水分含量（kgH_2O/kg 干物质）	谷粒密度/（kg/dm^3）	数据来源
小麦	0.14～0.20	725～780	Muir 和 Sinha(1988)
稻谷	0.14～0.15	540～600	Webb(1991)
玉米	0.10～0.20	600～850	Pabis(1982)
大豆	0.10～0.20	650～750	Pabis(1982)
大麦	0.14～0.20	592～667	Muir 和 Sinha(1988)
油菜籽	0.09	664～703	Muir 和 Sinha(1988)
燕麦	0.14～0.20	480～555	Muir 和 Sinha(1988)

谷物比表面积为一批谷物谷粒表面积的和与总体积的比，用 a（m^2/m^3）表示，一些谷物的

比表面积见表 5-5。

表 5-5 一些谷物的比表面积

谷物品种	比表面积/(m^2/m^3)	数据来源
大麦	1483	Bakker - Arkema(1971)
小麦	1820	Giner & Calvebo(1987)
软麦	1181	Bakker - Arkema(1971)
稻谷	1036.5 ~ 1063.0	
稻谷	1132	Wratten(1969)
玉米	784.12	李业波(1993)

2. 孔隙度

就一批谷物来说,颗粒间空隙体积与这批谷物总体积的百分比称为空隙度,一般用 ε(%)表示。

$$\varepsilon = 100\left(1 - \frac{V_b - V_k}{V_b}\right)$$

$$\rho_k = \frac{W_k}{V_k}$$

$$\rho_b = \frac{W_b}{V_b}$$

代入上式,忽略谷粒间空气的质量,并注意到就一批谷物来说 $W_k = W_b$,可得公式(5-55)。

$$\varepsilon = 100\left(1 - \frac{\rho_b}{\rho_k}\right) \quad (5-55)$$

Chung & Coverse(1977)就小麦和玉米分别回归出空隙度与谷物密度的关系式(5-56)、式(5-57)。一些谷物的空隙度见表 5-6。

小麦:
$$\varepsilon = 100(14.4 - 0.149\rho_b) \quad (5-56)$$

玉米:
$$\varepsilon = 100(16.4 - 0.20\rho_b) \quad (5-57)$$

表 5-6 一些谷物的空隙度

谷物品种	空隙度/%	数据来源
小麦	38 ~ 40	Muir 和 Sinha(1988)
玉米	53 ~ 56	Pabis(1982)
大豆	38	Muir 和 Sinha(1988)
大麦	44 ~ 50	Muir 和 Sinha(1988)
油菜籽	33 ~ 35	Muir 和 Sinha(1988)
燕麦	52 ~ 59	Muir 和 Sinha(1988)

3. 粮层阻力

当空气穿过谷物层时，由于空气和谷粒之间的摩擦及涡流的作用，要消耗空气一定的能量，表现为空气穿过粮层以后压力要降低，这个压力降低值即为谷物对空气的阻力，即粮层阻力。单位高度上的粮层阻力称为单位粮层阻力，用 Δp（Pa/m 或 mmH_2O/m）表示，常用以下经验公式〔式(5-58)、式(5-59)〕表示，式(5-58)中的系数见表5-7。

$$\Delta P = \frac{aQ^2}{\ln(1+bQ)} \quad (\mathrm{Pa/m}) \tag{5-58}$$

式中　Q——气流量，$m^3/s \cdot m^2$

　　a、b——常数

$$\Delta P = a'Q + b'Q^2 \tag{5-59}$$

表5-7　　式(5-58)中一些谷物的常数

谷物品种	$a/(\mathrm{Pa.s^2/m^3})$	$b/(\mathrm{m^2 \cdot s/m^3})$	$V/(\mathrm{m^3/s \cdot m^2})$
大麦	2.14×10^4	13.2	0.0056~0.203
玉米	2.07×10^4	30.4	0.0056~0.304
玉米	9.77×10^4	8.55	0.00025~0.203
稻谷	2.57×10^4	13.2	0.0056~0.152
高粱	2.12×10^4	8.06	0.0056~0.203
大豆	1.02×10^4	16.0	0.0056~0.304
小麦	2.70×10^4	8.77	0.0056~0.203
小麦	8.41×10^4	2.72	0.00056~0.0203

Bakker-Arkema 等(1969)提出如下半经验公式来描述气流阻力与农产品特性之间的关系：

$$\Delta P = Ke\times15\frac{(1-\varepsilon)^2\mu Q}{\varepsilon^3 g_c d_e^2} + 1.75\frac{(1-\varepsilon)\rho Q^2}{\varepsilon^3 g_c d_e} \tag{5-60}$$

式中　K_e——物料特性系数

　　μ——空气动力黏度，$kg/m \cdot s$

　　g_c——转换系数，$kg \cdot m/N \cdot s^2$

除气流量这一影响单位粮层阻力的主要因素外，以下因素也对单位粮层阻力产生影响：

谷物品种：不同品种的谷物由于其颗粒大小及几何特性的不同，单位粮层阻力将有很大的差异。

杂质的性质与含量：对于大杂，含量越高单位粮层阻力越小；对于小杂，杂质含量越高单位粮层阻力越大。

粮堆空隙度与装粮方式：空隙度越大单位粮层阻力越小，由于装粮方式的不同将导致空隙度的不同，对粮层阻力产生影响，这一点在谷物就仓通风时应当引起足够重视。

气体温度：空气温度升高则动力黏度系数变小，单位粮层阻力将降低，这一点在进行高温连续谷物干燥机的设计时应当引起足够重视。

二、谷物的热特性

热特性都是就批量谷物来说的。

(一)比热容

谷物的比热容是指单位质量的谷物每升高或降低 1℃时吸收或放出的热量,通常用 c_p (kJ/kgdm·K)表示。谷物的比热容可以看成其中干物质比热容(c_d)与水分比热容(c_w)的和,水在 0~80℃温度范围内的比热容为 4186J/kg·K,可得谷物比热容公式(5-61)。由于不同的谷物其化学组成不同,c_d 也不同,一些研究者提出更为合理的经验公式(5-62),各种谷物具体的比热容公式见表 5-8。

$$c_p = c_d + 4186M \tag{5-61}$$

$$c_p = c_d + aM \tag{5-62}$$

表 5-8　　一些谷物的比热容公式

	公　式	水分含量	数据来源
玉米	$c_p = 1.465 + 5.63M'$		李业波(1993)
玉米	$c_p = 1.465 + 3.56M'$		Brooker 等(1992)
小麦	$c_p = 1.34 + 3.475M'$		李业波(1993)
软麦	$c_p = 1.394 + 4.09M'$		Brooker 等(1992)
稻谷	$c_p = 0.9214 + 5.44M'$		李业波(1993)
稻谷	$c_p = 0.256 + 1.07M'$		Chung(1985)
稻谷	$c_p = 0.302 + 0.833M'$		Singh
中粒稻谷	$c_p = 1.109 + 4.48M'$		Brooker 等(1992)
大豆	$c_p = 1637 + 19M'$	$0 < M' < 24\%$	Alam 和 Shove(1972)
高粱	$c_p = 1397 + 32M'$	$1 < M' < 30\%$	Sharma 和 Thompson(1973)

上述公式只有在谷物内不存在结冰水分时才适用,如果谷物的含水量超过其结合水分临界含量,当温度低于 0℃时,其中的自由水分将发生相变转变为冰,这部分结冰的水分在发生相变时虽然吸收热能但并不表现为温度上升。一些谷物的结合水临界含量见表 5-9。

表 5-9　　一些谷物的结合水临界含量

	临界结合水/(kgH_2O/kg·dm)	临界结合水/(%湿基)
玉米	0.285	22.2
小麦	0.293	22.7
大麦	0.285	22.2
油菜籽	0.147	12.8
燕麦	0.246	19.7

(二)导热系数

导热系数为温度梯度为 1℃时,单位时间内通过单位截面积的热量,通常用 κ(W/m·K)表示。由于谷粒之间空气的导热系数比谷粒的导热系数要小,所以谷物的导热系数与谷物的密

实度有关,关系式如下:

$$\kappa = a + b\rho_b \tag{5-63}$$

谷物的导热系数还与谷物的含水量和温度有关,但是,温度对导热系数影响较小。谷物水分与导热系数之间存在经验关系式(5-64),一些谷物的导热系数回归方程见表5-10。

$$\kappa = \kappa_d + a_1 M \tag{5-64}$$

表5-10　　一些谷物的导热系数回归方程

谷物品种	公　式	水分范围	数据来源
大麦	$\kappa = 0.1153 + 0.217M$	$0 < M < 0.25\%$	Gadaj 和 Cybulska(1973)
玉米	$\kappa = 0.1409 + 0.0011M'$	$0.9 < M' < 30.2\%$	Kazarian 和 Hall(1965)
玉米	$\kappa = 0.1580 + 0.42M$	$0 < M < 0.3\%$	Pabis 等(1970)
燕麦	$\kappa = 0.0988 + 0.307M$	$0 < M < 0.19\%$	Gadaj 和 Cybulska(1973)
油菜籽	$\kappa = 0.1600 + 0.043M$	$0 < M < 0.30\%$	Pabis 等(1970)
稻谷	$\kappa = 0.0865 + 0.0013M'$	$9.9\% < M' < 19.3\%$	Wrattenal 等(1969)
高粱	$\kappa = 0.0976 + 0.0015M'$	$0 < M' < 25\%$	Sharma 和 Thompson(1973)
小麦	$\kappa = 0.1170 + 0.00113M'$	$0.7 < M' < 20.3\%$	Kazarian 和 Hall(1965)
小麦	$\kappa = 0.1337 + 0.252M$	$0.5\% < M < 0.22\%$	Gadaj 和 Cybulska(1973)

(三)热扩散系数

在谷物加热及冷却的过程中,存在非稳态传热现象,使谷物颗粒内部存在温度梯度,与用水分扩散系数来表示扩散性能相似,通常用热扩散系数 α(m^2/h)来评价谷物的导温性能。α 是表示热量扩散进入或离开物料速率的量度,它与导热系数、比热容及密度有关。关系式如下:

$$\alpha(M) = \frac{k(M)}{c(M)\rho_b}$$

把式(5-64)代入上式得:

$$\alpha(M) = \frac{k_d + a_1 M}{c(M)\rho_b} \tag{5-65}$$

谷物的热扩散系数可以利用式(5-65)求得,也可根据实验数据直接建立热扩散系数与谷物水分之间关系式,如 Wratten 等(1969)就稻谷给出式(5-66)。

$$\alpha = 0.000250 + 0.000005M' \quad (10\% < M' < 20\%) \tag{5-66}$$

(四)对流换热系数

在谷物加热、冷却及干燥的过程中都存在对流换热现象,而且是强制对流传热。对流换热系数可由 Nusellt 准数确定,关系式为式(5-67),Nusellt 准数由实验测定。

$$N_u = \frac{hd_e}{k_a} \tag{5-67}$$

对流换热系数分体积对流换热系数和面积对流换热系数两种,分别用 hv($kW/m^3 \cdot K$)、hs($kW/m^2 \cdot K$)表示。流体的种类、运动状态、物理性质、固体的形状及大小、温度等因素都对对流换热系数产生影响,一些研究者通过实验直接建立它们之间的经验关系式见表5-11。

表 5-11　　一些谷物的对流换热系数计算公式

谷物品种	计算公式	数据来源
小麦	$h_v = 856.8\left[\frac{G_a T}{P_{at}}\right]^{0.621}$	李业波(1993)
小麦	$h_s = 2.35\,V^{0.494}$(J/m²·s·K), V:cm/min	Pabis(1965)
小麦	$h_v = 837.6\left[\frac{G_a T}{P_{at}}\right]^{0.6011}$	Boyce(1965)
玉米	$h_v = 99.592\,G_a^{0.494}a$　a:比表面积	李业波(1993)
玉米	$h_s = 100\,G_a^{0.49}$(W/m²·K)　G_a:kg/m²·s	Bakker-Arkema(1974)
稻谷	$h_s = 0.0308\,G_a^{0.59}$(kJ/m²·s·K)($G_a < 500m^3/h$)	Walker
稻谷	$h_s = 0.0715\,G_a^{0.49}$(kJ/m²·s·K)($G_a < 500m^3/h$)	Walker
大麦	$h_v = 856.8\left[\frac{G_a T}{P_{at}}\right]^{0.6011}$	Boyce(1965)

式中　T——热风温度,K

G——气流量,kg/m²·s

p_{at}——绝对压力,Pa

h_v——体积对流传热系数,kW/m³·K

(五)水分扩散系数

当谷物处于降速干燥阶段时,一般认为其去水的机理是水分扩散,该过程可以用菲克第二定律来描述。水分扩散系数(D)与谷物种类、谷物水分及谷物温度有关,其关系符合 Arrhenius 方程形式。但 Arrhenius 方程有时不能对全部干燥过程进行正确描述,一些研究者直接建立水分扩散系数与热风温度、谷物水分等干燥条件之间的关系式。

(六)谷物的平衡水分

当谷物处在一定温度和湿度的空气中时,如果谷物表面的水蒸气分压大于周围空气的水蒸气分压,则谷物的水分向周围空气转移,反之,则谷物从周围空气中吸收水分。当谷物的水蒸气分压与周围空气的水蒸气分压相等时,谷物的含水量与周围空气达到平衡,不再发生变化,这时的水分称为谷物的平衡水分。谷物的平衡水分除与谷物自身的特性有关外,还与周围空气的温度及相对湿度、水蒸气分压、水分平衡方式、谷物品种和成熟度有关。谷物通过吸湿达到的平衡水分往往比通过解吸达到的平衡水分要低,这种现象称为吸湿滞后。下面是常见的 5 种谷物的平衡水分方程式:

1. G.A.B. 方程

$$M_e = \frac{A \cdot B \cdot C \cdot RH}{(1 - C \cdot RH)[1 + (B-1)CRH]} \tag{5-68}$$

2. 改进的 Henderson 方程

$$M_e = \frac{1}{100}\left[\frac{\ln(1 - RH)}{-A(T + C)}\right]^{\frac{1}{B}} \tag{5-69}$$

3. Chung & Pfost 方程

$$M_e = A - B\ln[-(T + C)\ln(RH)] \tag{5-70}$$

4. 改进的 Oswin 方程

$$M_e = (A + B \cdot T)\left[\frac{RH}{1 - RH}\right]^{\frac{1}{C}} \tag{5-71}$$

5. 改进的 Halsey 方程

$$M_e = \left[\frac{-\exp(A + B \cdot T)}{\ln RH}\right] \tag{5-72}$$

式中　T——温度,℃

RH——相对湿度(小数)

M_e——平衡水分,$kgH_2O/kg \cdot dm$

A, B, C——常数。

式(5-69)、式(5-70)是被 ASAE 推荐采用的两种谷物平衡水分方程形式,其中的系数分别见表 5-12、表 5-13。

表 5-12　　式(5-69)中一些谷物的系数 A、B、C 及 RH、T

品种	A	B	C	RH	T/℃
大麦	2.2919×10^{-5}	2.0123	195.267	0.20~0.95	0~50
黄玉米	8.6541×10^{-5}	1.8634	49.810	0.20~0.95	0~50
稻谷	1.9187×10^{-5}	2.4451	23.318	0.20~0.95	0~50
高粱	0.8532×10^{-5}	2.4757	113.725	0.20~0.95	0~50
大豆	30.5327×10^{-5}	1.2164	134.136	0.20~0.95	0~50
硬小麦	2.3007×10^{-5}	2.2587	55.815	0.20~0.95	0~50
软小麦	1.2299×10^{-5}	2.5558	64.346	0.20~0.95	0~50

表 5-13　　式(5-70)中一些谷物的系数 A、B、C 及 RH、T

品种	A	B	C	RH	T/℃
大麦	0.33363	0.05279	91.323	0.20~0.95	0~50
黄玉米	0.33876	0.058790	30.205	0.20~0.95	0~50
稻谷	0.29394	0.046015	35.703	0.20~0.95	0~50
高粱	0.35649	0.050907	102.849	0.20~0.95	0~50
大豆	0.36793	0.071853	100.288	0.20~0.95	0~50
硬小麦	0.35616	0.056788	50.998	0.20~0.95	0~50
软小麦	0.27908	0.042360	35.662	0.20~0.95	0~50

(七)水分的汽化热

自由水分从液态转变为气态时需要能量,即汽化热,另外,谷物内部的水分与谷物组分之间存在物理作用和化学作用,要蒸发水分必须有额外的能量来克服这部分作用力,因此,谷物水分的汽化热应是上述两部分的和,用 h_{fg}(kJ/kgH_2O)表示。水分含量不同时,水分与谷物组分的作用力不同,所以,谷物水分的汽化热与水分含量有关,Gallaher(1951)就汽化热与谷物水分含量建立如下关系式:

$$h_{fg} = h_0[1 + a\exp(bM)] \tag{5-73}$$

$$h_0 = h_0[T = 0] - 0.00237T \tag{5-74}$$

$$h_0[T = 0] = 2500.8(kJ/kg)$$

一些谷物的水分汽化热经验公式见表 5-14。

表 5-14　　一些谷物的水分汽化热经验公式

谷物品种	公　式	数据来源
玉米	$h_{fg}=(2544.6-1.3257\theta)[1+4.35\exp(-28.25M)]$	李业波(1993)
小麦	$h_{fg}=(2502.2-2.39\theta)[1+1.2925\exp(-16.961M)]$	Perry(1984)
	$h_{fg}=(2544.6-1.3257\theta)[1+23.0\exp(-40.0M)]$	李业波(1993)
	$h_{fg}=2500[1+23.0\exp(-40.0M)]$	Gallagher(1959)
稻谷	$h_{fg}=[1795.44-0.811\theta_{abs}]M^{-0.346}$	李业波(1993)
	$h_{fg}=2.326(2501.75-2.386\theta)[1+2.566\exp(-20.176M_{db})]$	Sutherland
	$h_{fg}=(1547-1.46\theta_{abs})M^{-0.346}$	Paul Singh
	$h_{fg}=(2502.2-2.39\theta)[1+2.0692\exp(-21.739M)]$	Perry(1984)
大豆	$h_{fg}=1150+1950\exp(8.99M)$	Nuh(1997)

第三节　谷物干燥方法

根据谷物与干燥介质热量传递方式的不同，谷物干燥方法可以分为对流干燥法、传导干燥法、辐射干燥法，如果把上述干燥方法中的几种结合在一起，则称为组合干燥法。

一、对流干燥法

对流干燥法是指干燥介质通过对流把热量传递给谷物的干燥方法。根据谷物床层的性质又可分为固定床干燥法、移动床干燥法、疏松床干燥法和流化床干燥法。

(一)固定床干燥法

固定床干燥法是指谷物不流动，干燥介质从粮层的下部或上下交替穿过粮层，或从粮层中间沿径向穿过粮层，从谷物中带走水分的干燥方法，分别称为单向通风干燥法、换向通风干燥法、径向通风干燥法(图 5-7)。

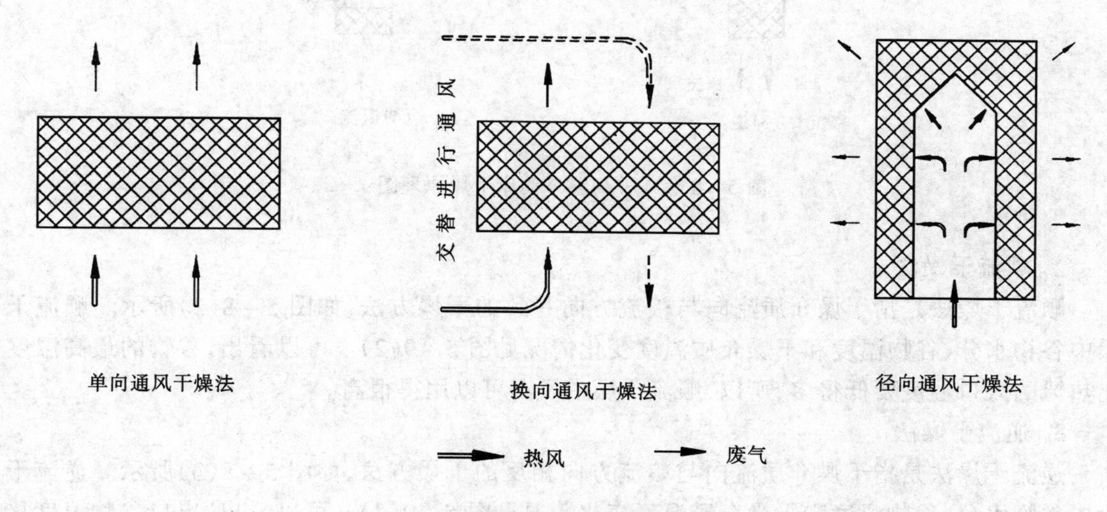

图 5-7　固定床干燥法原理图

就仓干燥也属于固定床干燥法，只是干燥仓除用于干燥外，在完成谷物干燥以后还可用于贮藏谷物。为了提高就仓干燥的均匀性,可以在干燥的过程中用螺旋搅拌谷物,也可以使谷物处于循环状态。

(二)移动床干燥法

移动床干燥法是指在整个干燥过程中谷物因重力不断向下移动的干燥方法。根据粮流方向与干燥介质流向的相互关系,移动床干燥法又可分为错流干燥法、顺流干燥法、逆流干燥法和混流干燥法。

1. 错流干燥法

错流干燥法是指干燥介质流向与粮流方向垂直的干燥方法,如图 5-8(1)所示。错流干燥中谷物水分、谷物温度和干燥介质温度变化情况见图 5-9(1)。可以看出,错流干燥中内外层谷物受热也不均匀,降水也不均匀。

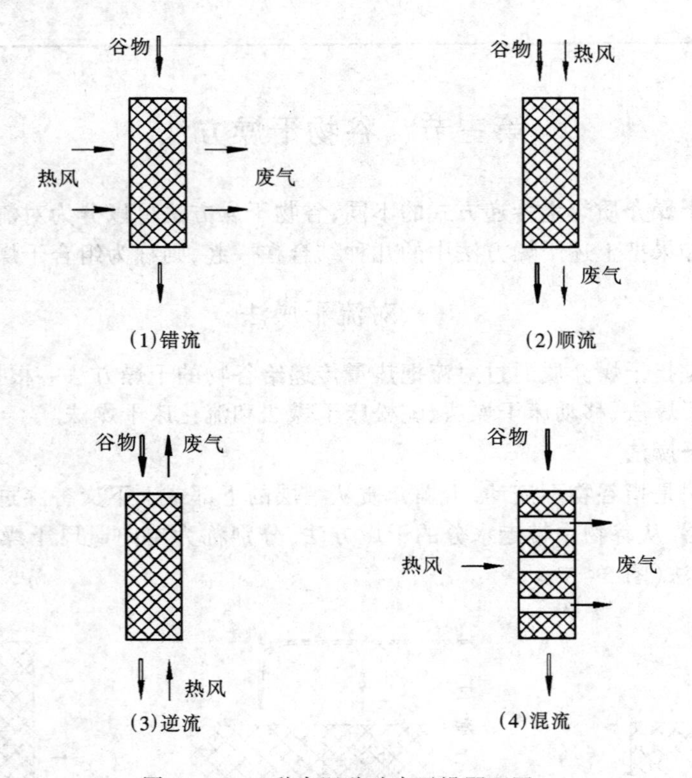

图 5-8　4 种高温移动床干燥原理图

2. 顺流干燥法

顺流干燥法是指干燥介质流向与粮流方向一致的干燥方法,如图 5-8(2)所示。顺流干燥中谷物水分、谷物温度和干燥介质温度变化情况见图 5-9(2)。可以看出,谷物的最高温度比热风的入口温度要低得多,所以,顺流干燥中风温可以用得很高。

3. 逆流干燥法

逆流干燥法是指干燥介质流向与粮流方向相反的干燥方法,如图 5-8(3)所示。逆流干燥中谷物水分、谷物温度和干燥介质温度变化情况见图 5-9(3)。可以看出,出口谷物温度接近进口热风温度,所以,逆流干燥中所用风温要低。

4. 混流干燥法

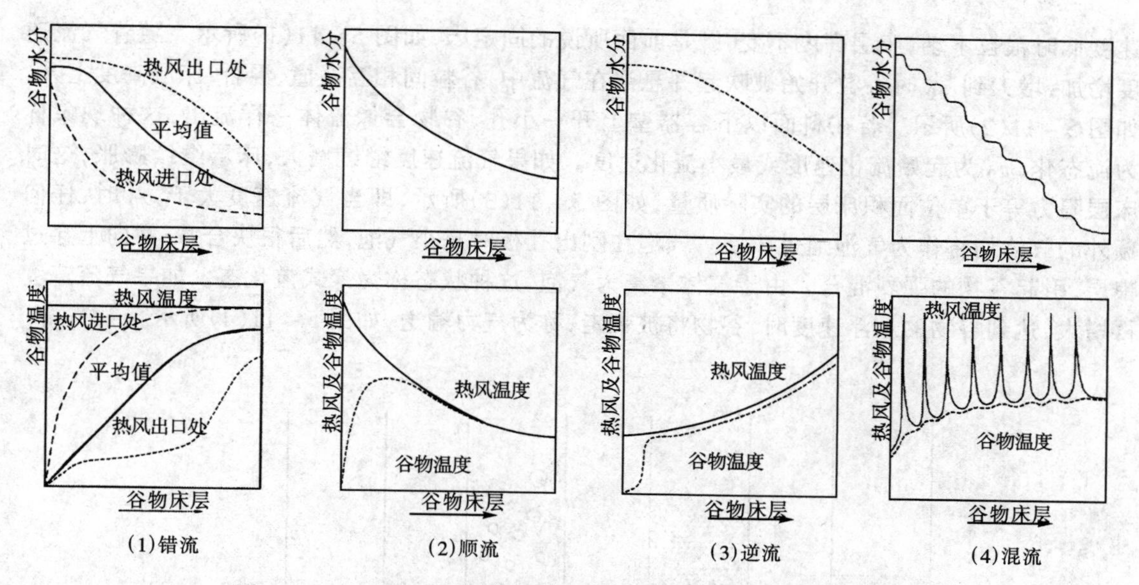

图 5-9　4 种高温移动床干燥中谷物水分与温度变化过程示意图

混流干燥法是指干燥介质流向与粮流方向既存在顺流又存在逆流甚至错流的一种的干燥方法,如图 5-8(4)所示。逆流干燥中谷物水分、谷物温度和干燥介质温度变化情况见图 5-9(4),谷物在整个干燥过程中交替多次地经过逆流干燥-顺流干燥,谷物温度低于进口热风温度,所以,混流干燥中所用风温较高。

一般把混流干燥的上半部分看做逆流干燥,把下半部分看做顺流干燥,分别利用上述顺流、逆流偏微分模型来模拟混流干燥过程。

(三)疏松床干燥法

转筒干燥法是最为常见的疏松床干燥法。图 5-10 所示为转筒干燥原理图,它采用一个稍微倾斜的转筒,转筒内壁装有抄板,谷物与干燥介质均进入转筒内,在转筒转动的过程中抄板将谷物不断地抄起落下,同时干燥介质从转筒内流过,穿过下落的粮流,使谷物得到干燥。因为谷物在转筒内呈疏松状态,这种干燥方法称为疏松床干燥法。热风与谷物的流向可以采用顺流形式也可以采用逆流形式。筒壁可以采用双层结构,夹层内通入热风,通过内壁对谷物进行传导加热,这实际上是对流干燥与传导干燥的结合。

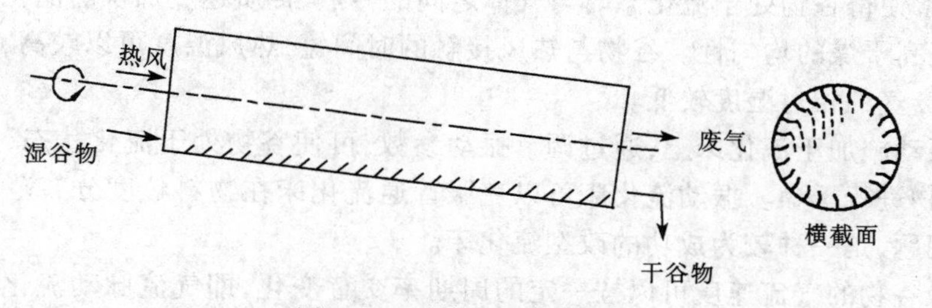

图 5-10　转筒干燥原理图

(四)流化床干燥法

如图 5-11 所示,谷物堆放在孔板上,气流从容器底部送入,通过孔板穿过粮层。当气流速度低时粮粒不动，床层高度不变，既是前面所说的固定床，如图 5-11(1)所示。随着气流速度增加，增大到 v_0 时谷粒开始被吹起并悬浮在气流中，谷粒间相互碰撞、混合，床层高度上升，如图 5-11(2)所示。若在料面以下容器壁上开一小孔，谷物会像流体一样流出，这种现象称为流态化，v_0 为起始流化速度或最小流化速度。如果气流速度继续增大，床层继续膨胀，这时床层阻力等于单位面积床层的实际质量，如图 5-11(3)所示，即当气流速度大于 v_0 时，任何额外的气体均将作为气泡通过床层。气泡在刚出孔板时是小气泡，然后很快合并，并向上穿过粮层，引起谷物的强烈混合。由于气体聚集为气泡，这种状态称为聚式流化态。如果气流速度再增大，达到谷物的悬浮速度时，谷物将被带走，称为气力输送，如图 5-11(4)所示。

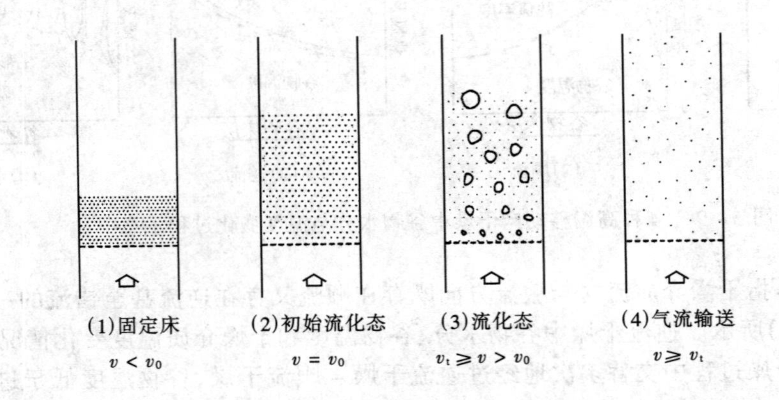

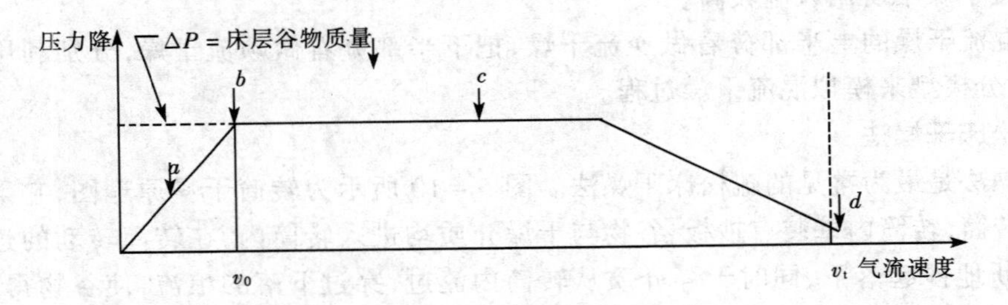

图 5-11　流化床干燥原理图

在流化干燥时，气流速度比固定床时明显要高，谷物处于流态化，则谷粒与气体接触面积增加，这些因素使得谷物处于流化态时与气体之间的传热、传质速度加快。流化过程中谷物的混合有利于提高干燥的均匀性。谷物与热风接触的时间短，热风温度可以较高，因而干燥速率大，但是排出废气的相对湿度较低。

将机械振动施加于流化床上，通过调节振动参数，可使谷物处于流化状态，热风从孔板下面送入，对谷物进行干燥。振动流化床可以克服普通流化床在物料粒度分布范围大时存在的严重夹带等问题，是一种较为成功的改型流化床。

用于干燥谷物的气流速度可以按一定的周期率交替变化，即气流脉动流化干燥。在脉动流化干燥中，谷物表面存在非稳态传热传质，可以提高干燥速率；热风的作用时间短、强度大，可以提高干燥强度。

二、传导干燥法

传导干燥法是指干燥介质通过传导把热传递给谷物的干燥方法。根据干燥介质不同又可分为蒸汽干燥法和惰性粒子干燥法。

(一)蒸汽干燥法

蒸汽干燥可以分为加热和去水两个阶段,如图 5-12 所示,在加热段,高温水蒸气通过对流把热量传递给钢管,钢管再通过传导把热量传递给谷物,谷物获得热量,温度升高,水分向外扩散。因谷物不断向下移动,进入排潮段以后,由干燥介质带走谷物表面汽化出来的水分。

在加热段钢管要交错排列,使谷物在流经加热段时可以更多地与钢管接触,增加谷物加热效果。在排潮段,一般采用混流的方式进行去水。对于蒸汽干燥,由于水蒸气可循环利用,故热利用率较高。

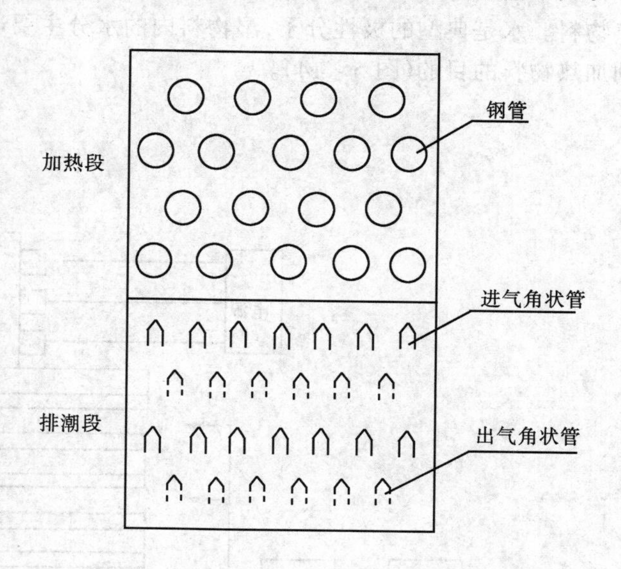

图 5-12　蒸汽干燥示意图

(二)惰性粒子干燥法

将谷物与加热的固体颗粒如沙子、沸石、钢球混合,热量以传导的方式传递给谷物,达到干燥谷物目的的干燥方法称为惰性粒子干燥法。在这种干燥方法中,由于谷物与惰性粒子接触面积大,传热系数高,介质温度高,因此干燥速度快。通过搅拌混合,干燥得比较均匀。图 5-13 为一惰性粒子干燥机的结构简图。以沙子作为干燥介质,湿谷物从右侧进入干燥机,与加热室出口处的沙子混合,由位于加热室和锥形外壳间的螺旋输送机向左输

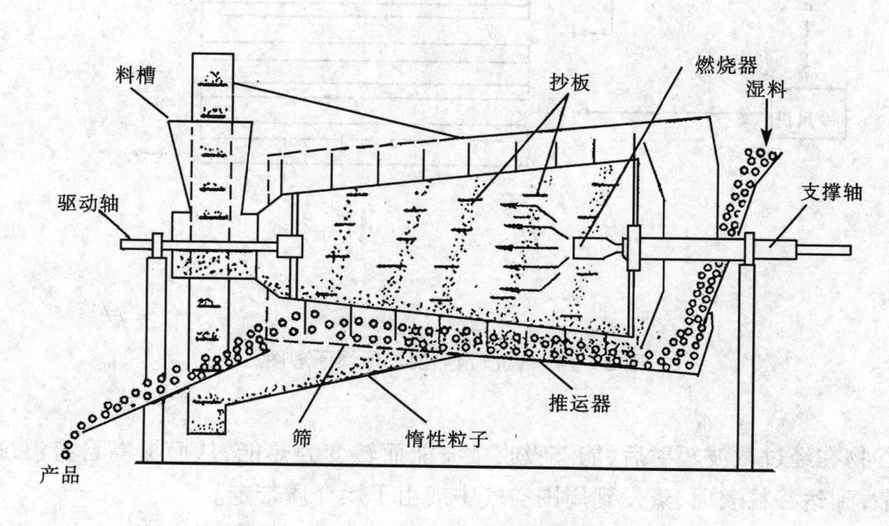

图 5-13　惰性粒子干燥机

送，滚筒和加热室一起旋转使谷物混合，由于外滚筒后半部分为筛板，可将谷物与沙子分离，筛出的沙子可以重新送回加料槽循环利用。

三、辐射干燥法

辐射干燥法是以辐射能量为热源的一种干燥方法。包括微波干燥法、红外干燥法和太阳能干燥法。

（一）微波干燥法

频率范围为 300MHz～300GHz 的电磁波称为微波。微波通过离子传导和偶极子转动加热物料。水是典型的极性分子，湿物料内的水分主要通过偶极子转动把微波能转化为热能，达到加热物料的目的（图 5－14）。

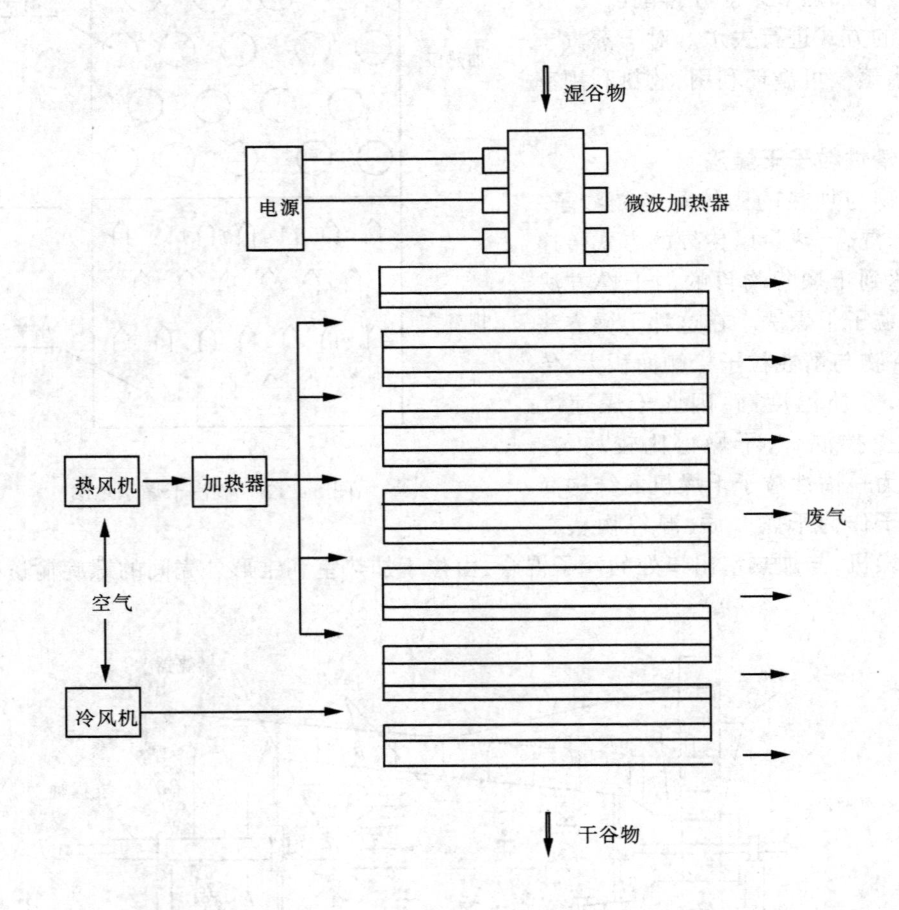

图 5－14　微波预热混流干燥原理图

含水谷物在经过微波辐射后，能够吸收微波能而转变为热能，从而提高自身温度，水分由内向外扩散，到达谷粒表面，蒸发到周围空气中或由干燥介质带走。

微波干燥具有加热速度快、加热均匀、能量利用率高、加热有选择性的优点。由于微波加热先从谷粒内部加热，温度梯度方向与水分转移方向一致，所以，微波干燥速度快。高水分谷粒由于水分含量高,吸收的微波能也多,降水速度快,所以,可以利用微波的这种加热特点降低谷物干燥的不均匀性。

微波干燥通常与热风干燥结合使用,一般用于辅助加热谷物,水分由干燥介质来带走。目前微波干燥法在谷物干燥方面应用较少,微波用于谷物干燥受限的主要原因在于大功率微波发生器制造技术不过关、设备投资大以及微波泄露引起的安全问题。

(二)红外干燥法

波长为 4~325μm 的电磁波称为远红外线,波长为 0.76~4.0μm 的电磁波称为近红外线。用红外线辐射物体时,物体将吸收一部分光能而转化为热能,提高自身温度。能够发射红外线的装置称为红外辐射加热器,它是红外干燥的核心装置,从供热方式来分有直热式和旁热式两种。直热式是指电热辐射元件既是发热元件又是热辐射体,如电阻带、炭硅棒等;旁热式是指由外部供热给辐射体而产生远红外辐射,其能源可以是电、煤气、蒸汽、燃气等。

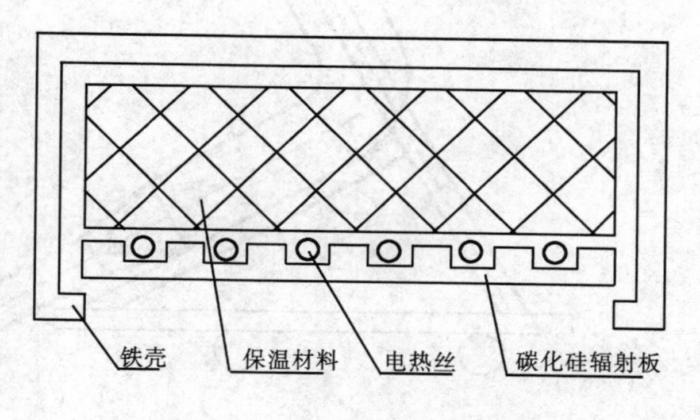

图 5-15　远红外加热器示意图

我国在 20 世纪 70 年代利用电能加热陶瓷板,发射红外线,谷物吸收辐射后水分汽化,达到干燥谷物的目的,图 5-15 为远红外加热器示意图。国外已采用远红外辐射与热风干燥相结合,利用烟道气通过辐射加热器转变为远红外辐射能,实现对稻谷的高效加热与干燥。

(三)太阳能干燥法

太阳能是取之不尽、用之不竭的能源,利用太阳辐射热将物料中水分蒸发出去的干燥方法称为太阳能干燥法。太阳能干燥的主要部件为太阳能集热器,一般由吸热体、盖板、保温层和外壳构成。吸热体吸收太阳能转化为自身的热能,温度升高,当外部空气流经吸热体时,通过对流换热得到升温,既可用于谷物的干燥。图 5-16 为连续式太阳能谷物干燥机,它由干燥塔、太阳能集热器和鼓风系统 3 部分组成,采用错流干燥形式。图 5-17 为简易的太阳能谷物干燥仓。

四、组合干燥法

两种或两种以上干燥方法联合应用称为组合干燥法。如前面论述的微波干燥与对流干燥的组合。转筒干燥法及蒸气干燥法实际是对流干燥与传导干燥的组合。

高低温联合干燥法是指谷物经高温连续干燥,当水分降到 18%左右时,将谷物转移到低温干燥仓内,采用低温通风干燥,除去剩余水分。高低温联合干燥法具有能耗低、谷物烘后品质好的优点,但是要配置大容量的通风干燥仓,所以设备基础投资大。

五、谷物冷却的几种形式

对烘后谷物进行冷却,降低谷物温度,是不可缺少的处理环节。谷物冷却方法有顺逆流冷却、逆顺流冷却和混流冷却。顺逆流冷却是谷物干燥以后先经过一个顺流冷却段,而后经过一

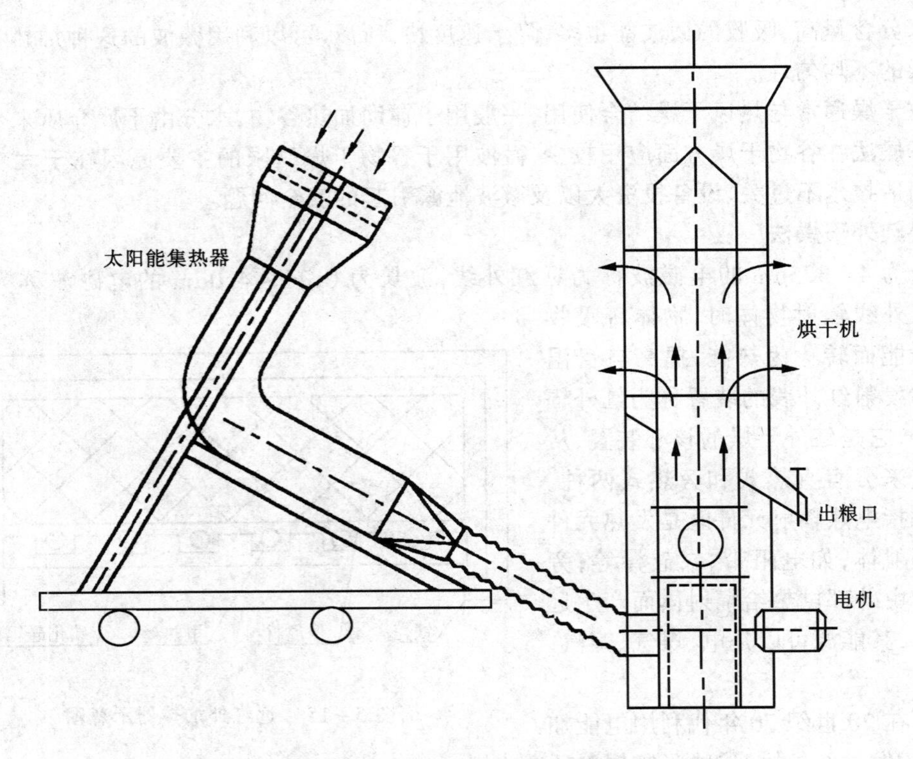

图 5－16　连续式太阳能谷物干燥机

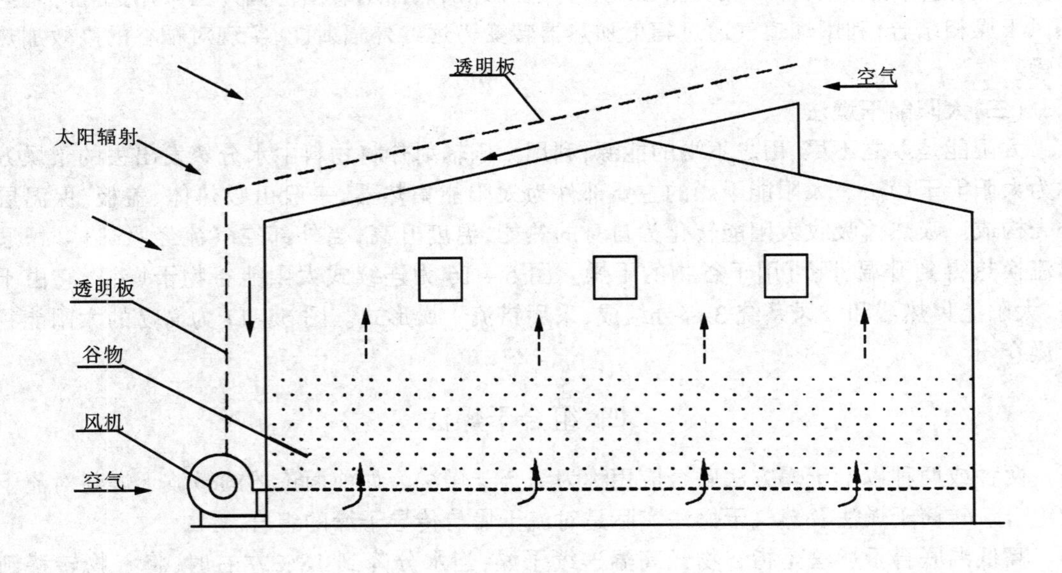

图 5－17　太阳能谷物干燥仓

个逆流冷却段，空气的进出均采用角状管。逆顺流冷却是谷物从干燥段出来以后先经过一个逆流冷却段，而后经过一个顺流冷却段，空气的进出也采用角状管。逆顺流冷却效果较好，但在逆流冷却段存在急冷现象，对谷物品质不利。混流冷却与混流干燥结构形式相同，冷却空气从进气角状管进入从排气角状管排处，达到冷却谷物的目的。

第四节　谷物干燥机

一、固定床通风干燥机

(一)单向通风干燥机

图 5-18 所示为一单向通风干燥机,加热空气从下部经通风孔板后穿过粮层,达到干燥谷物的目的。在通风干燥时不是把整仓谷物都干燥到安全水分,只要整仓谷物的平均水分达到安全水分,即把该批谷物卸出,通过混合让谷物水分自然平衡。该种干燥机造价低但干燥不均匀。为降低不均匀度,粮层不宜太厚。

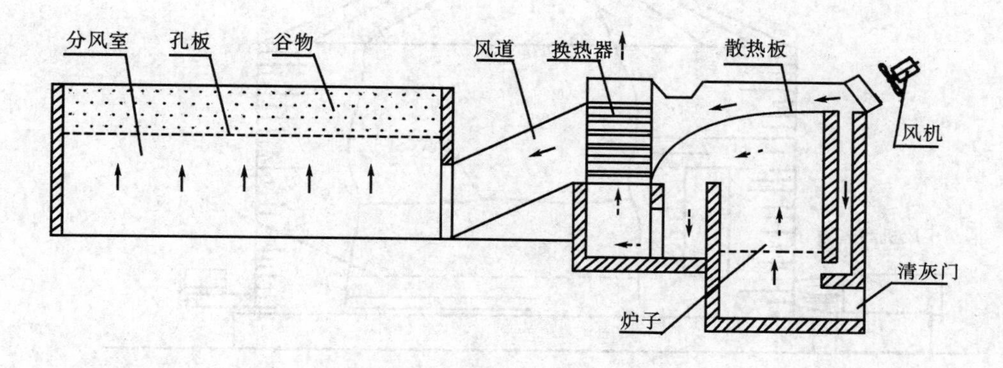

图 5-18　单向通风干燥机

(二)换向通风干燥机

图 5-19 所示为换向通风干燥机,加热空气交替地从谷物床的上下方进入粮层,可以改善单向通风干燥机中上下层水分不均匀的问题。

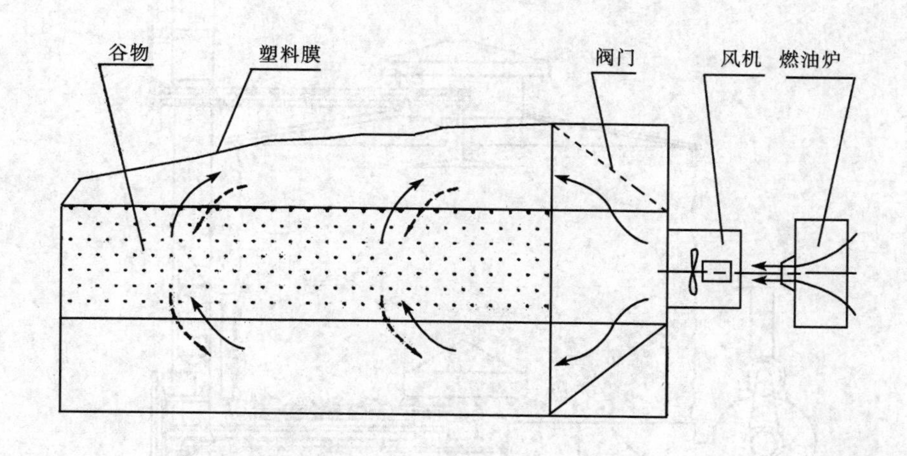

图 5-19　换向通风干燥机

二、低温通风干燥仓

(一)贮藏干燥仓

图5-20所示为一贮藏干燥仓,它是由仓体、通风孔板、布粮器、风机、加热器组成,有的还配备有清仓绞龙和卸粮绞龙。湿谷物进仓后启动风机和加热器,用低温热风干燥谷物,随着湿谷物不断入仓,仓内的干燥带也不断上移,装满以后继续通风干燥一段时间,最后达到整仓谷物干燥的目的。贮藏干燥仓采用的风量较小,一般为1~3m³/min·t。该仓易造成下部谷物过干。

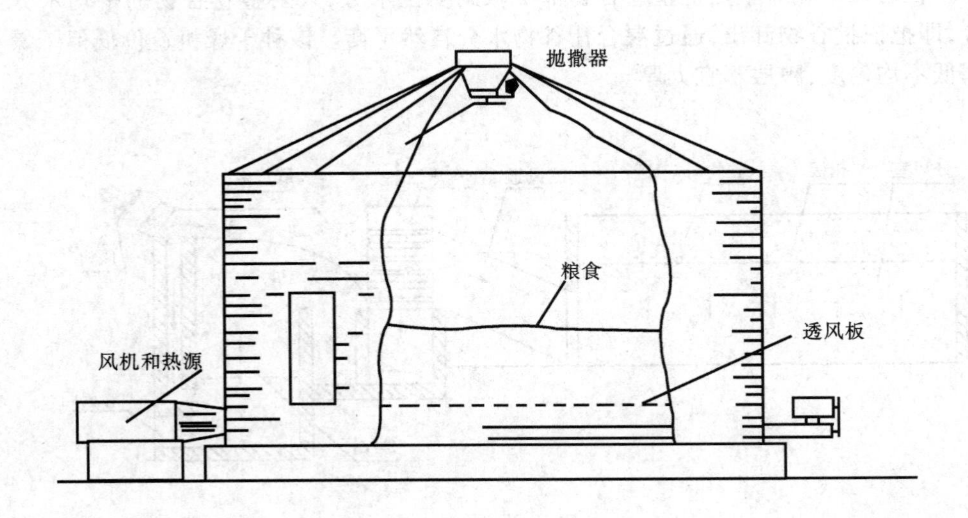

图5-20　贮藏干燥仓

(二)循环流动干燥仓

图5-21所示为循环流动干燥仓,谷物经提升机进入上输送搅龙,通过布粮器均匀地撒落

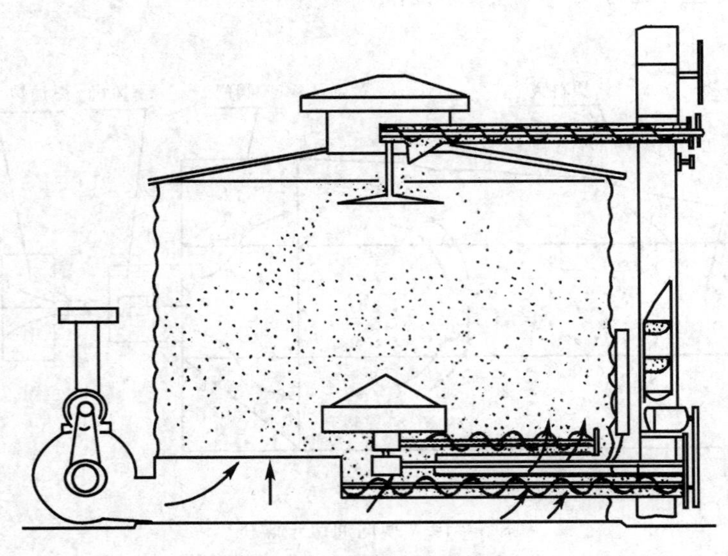

图5-21　循环流动干燥仓

在通风孔板上，达到一定厚度时开始通风干燥。为了避免干燥的不均匀性，在干燥的同时，启动上输送绞龙、提升机、下输送绞龙、扫仓绞龙，使谷物处于循环状态，使每层谷物干燥的机会均等，达到均匀干燥的目的。

（三）顶仓式干燥仓

顶仓式干燥仓如图 5－22 所示。在仓式干燥机的顶部下方 1m 处安装锥形通风孔板，风机和加热器装在孔板下边。谷物干燥以后，利用绳索拉动活门，谷物落到下面的孔板上。在底部设有通风风机用于冷却落下的谷物，与此同时，顶部又装入新的湿粮。该仓的优点是干燥与冷却同时进行，卸粮的同时不影响干燥。物料下落时有部分混合作用，可提高干燥的均匀性。

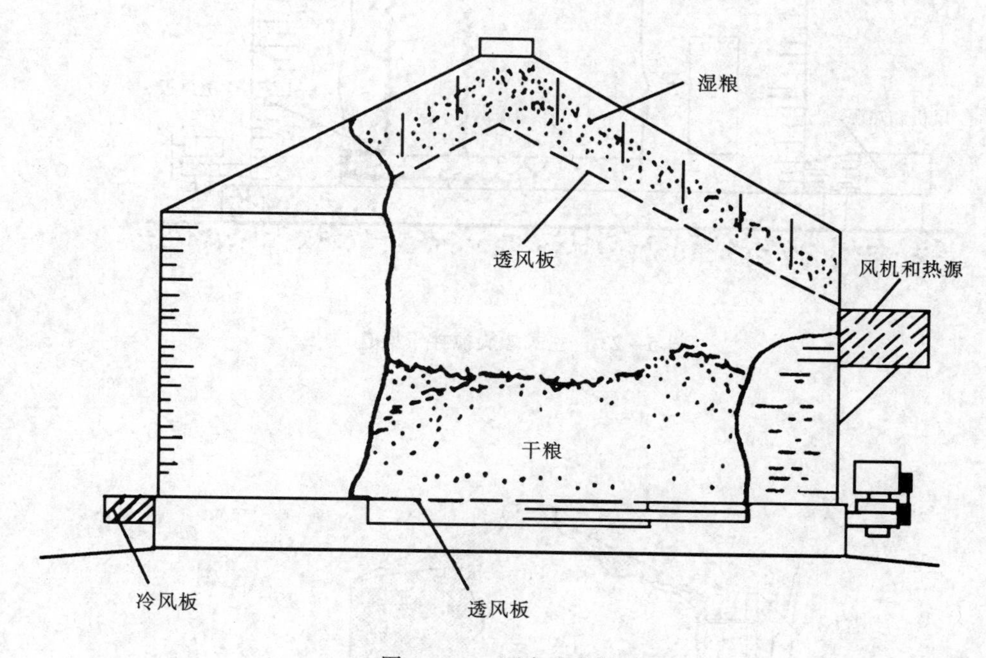

图 5－22　顶仓式干燥仓

（四）立式螺旋搅拌干燥仓

为了既增加床层厚度又保证干燥的均匀性，可在仓式干燥机内安装立式绞龙，对粮食进行搅拌，如图 5－23 所示。绞龙除自转外还能绕仓中心公转，同时还可以在半径方向上移动。由于绞龙的搅拌作用，使谷物床层变得疏松，有利于提高干燥速率、降低干燥不均匀度和减小粮层阻力。

（五）连续式就仓干燥机

图 5－24 所示为连续式就仓干燥机。由水分传感器测定仓底谷物的水分，达到指定水分时，装在底部的清仓绞龙启动，把谷物输送到仓的中心，再通过仓下的输送绞龙出仓，如果测得谷物水分高于指定水分，清仓绞龙自动停止工作。清仓绞龙要经过特殊设计，以达到使径向不同位置均匀卸粮的目的。由于干粮不断卸出，与热风接触的始终是湿谷物，所以，这种干燥仓可以采用较高的风温。

（六）径向通风干燥仓

图 5－25 所示为一径向通风干燥仓，内圆筒上开有通风孔，加热空气径向穿过谷物，带走

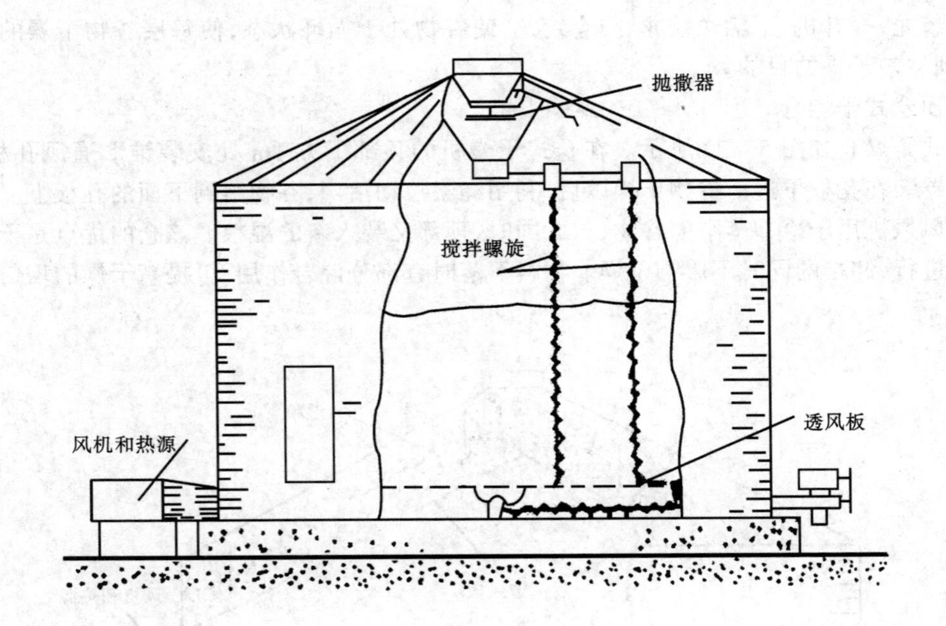

图 5-23　立式螺旋搅拌干燥仓

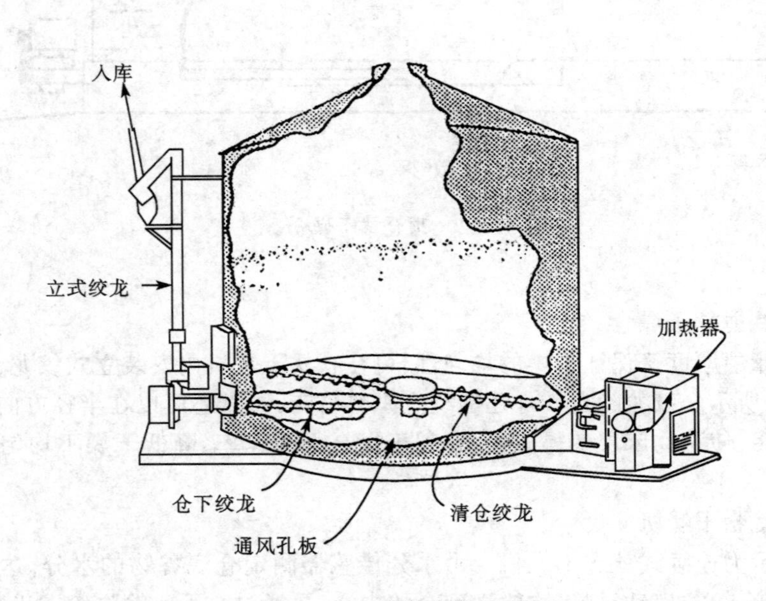

图 5-24　连续式就仓干燥机

水分。在通风筒内部有一个可以上下活动的活塞，根据装粮高度而上下移动活塞，保证不出现漏风现象。

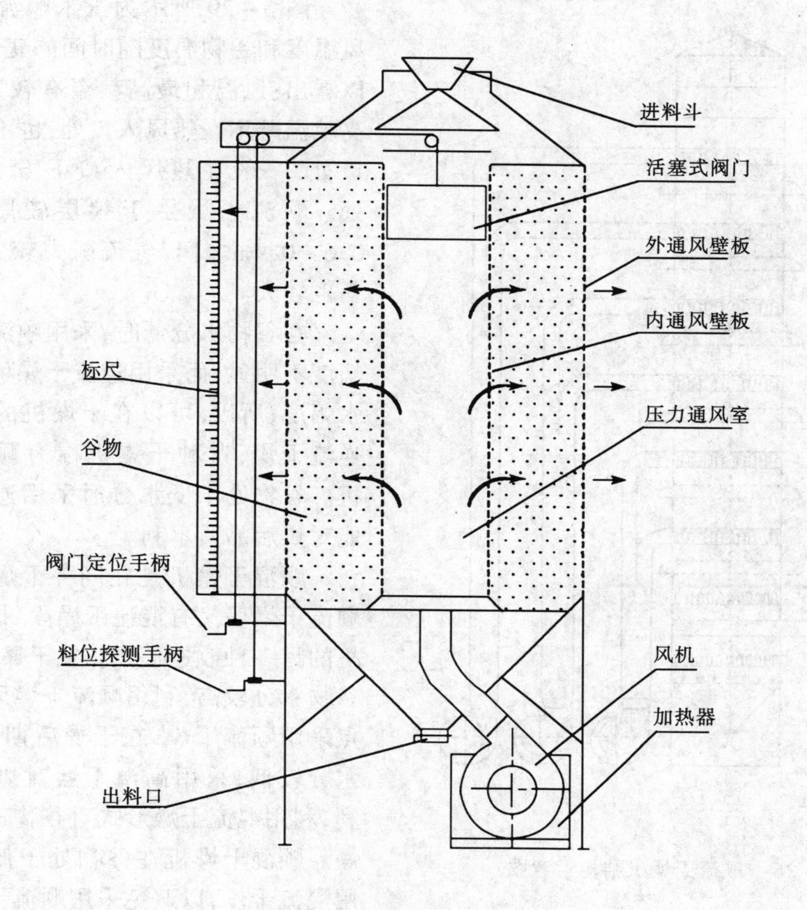

图 5 - 25　径向通风干燥仓

三、高温连续干燥机

(一)顺流干燥机

图 5 - 26 所示为一顺流干燥机的结构示意图。最上部为贮粮段,以下分别是布风段、干燥段和缓苏段,根据降水幅度的不同,可以采用多级干燥多级缓苏,最后谷物经冷却段由排粮机构排出。在布风段,热风经过通风节的均匀布风,向下穿过粮层,带走谷物水分,废气从角状管排出。通风节的结构见图 5 - 27,谷物经圆筒内向下流动进入干燥段,热风从圆筒外向下流动穿过粮层,达到谷物和干燥介质均匀向下流动的目的。

谷物干燥时要求排粮机构卸粮均匀,并且产量在一定范围内可调。谷物排粮方式有六叶轮式、栅板式、翻板式、振动栅板式等多种形式,其中六叶轮式排粮应用最广,图 5 - 28 为其结构示意图。

在顺流干燥机中,由于热风与谷物的流向相同,高温热风首先与高湿低温谷物接触,所以,风温可以很高,国内一般选用 120 ~ 160℃,国外由于谷物流速高,最高风温可达 250℃。风温高则干燥机的热效率就可能高,因此,顺流干燥机比较节能。

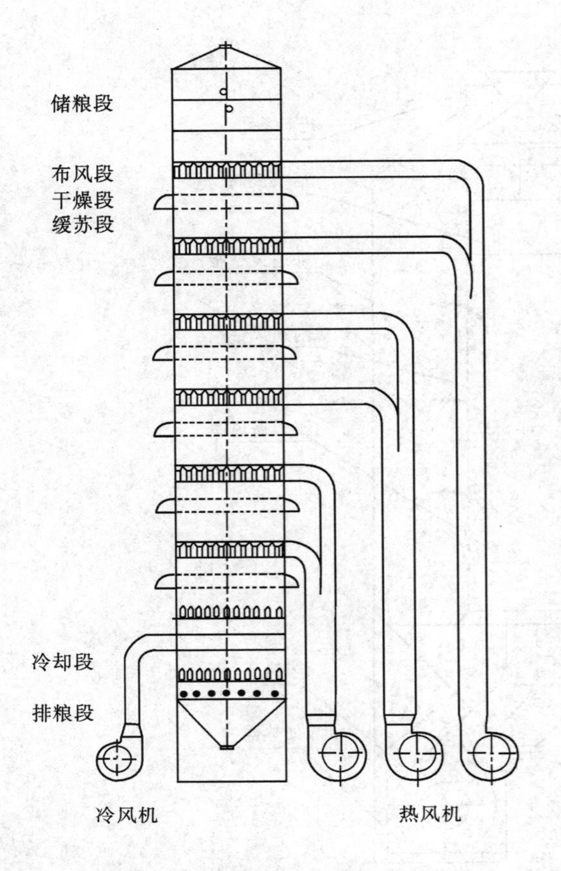

图 5－26　顺流干燥机结构示意图

图 5－29 所示为玉米顺流干燥中热风温度和谷物温度随时间的变化过程，可以看出：风温和最高粮温有较大差别，最高粮温既不在热风入口处，也不在热风出口处，一般在热风入口下方 10～20cm 处。顺流干燥由于粮层较厚，一般在 0.6～0.9m之间，气流阻力较大，风机功率也较大。

在谷物水分低时，采用顺流干燥降水幅度不明显，而采用逆流干燥可以提高降水幅度，所以，可以在干燥机的下段采用逆流干燥，这种干燥机称为顺逆流干燥机。谷物处于低水分时采用逆流干燥可能对烘后品质不利。

顺混干燥机是在同一干燥机内既有顺流干燥段又有混流干燥段，是顺流干燥机的另一种改进形式。在干燥开始阶段，谷物水分较高，利用顺流干燥风温高的特点采用顺流干燥，在干燥后期，由于谷物水分较低，采用高温干燥对烘后品质不利，利用混流干燥形式对谷物进行低温干燥。顺混干燥机在谷物处于低水分时采用混流干燥，以避免采用顺流干燥时降水困难和采用逆流干燥时对谷物烘后品质

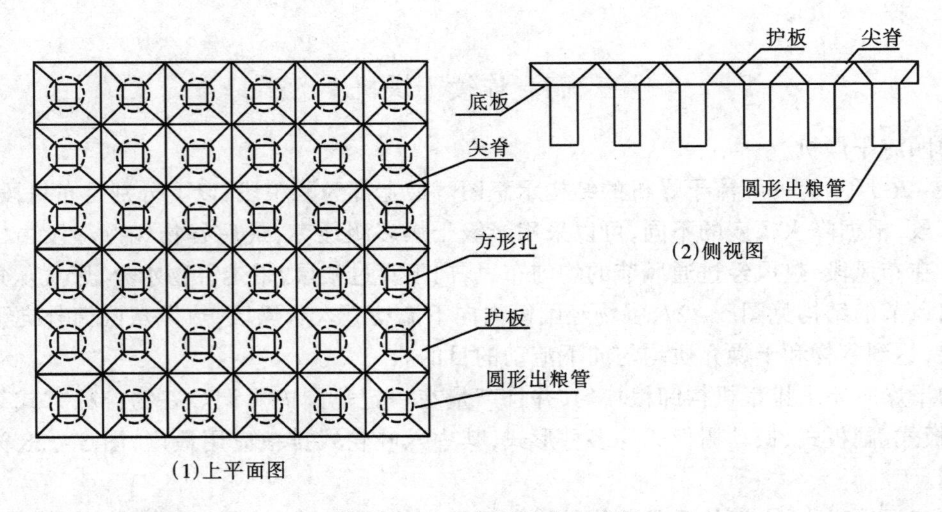

图 5－27　布风段结构示意图

的不利，可能成为用于稻谷、大豆等易烘损粮种干燥的理想机型。

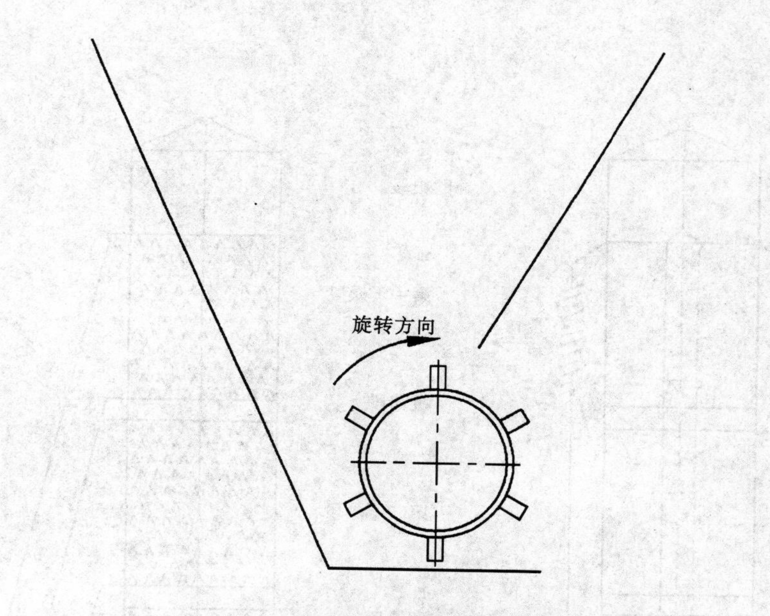

图 5-28　六叶轮式排粮结构示意图

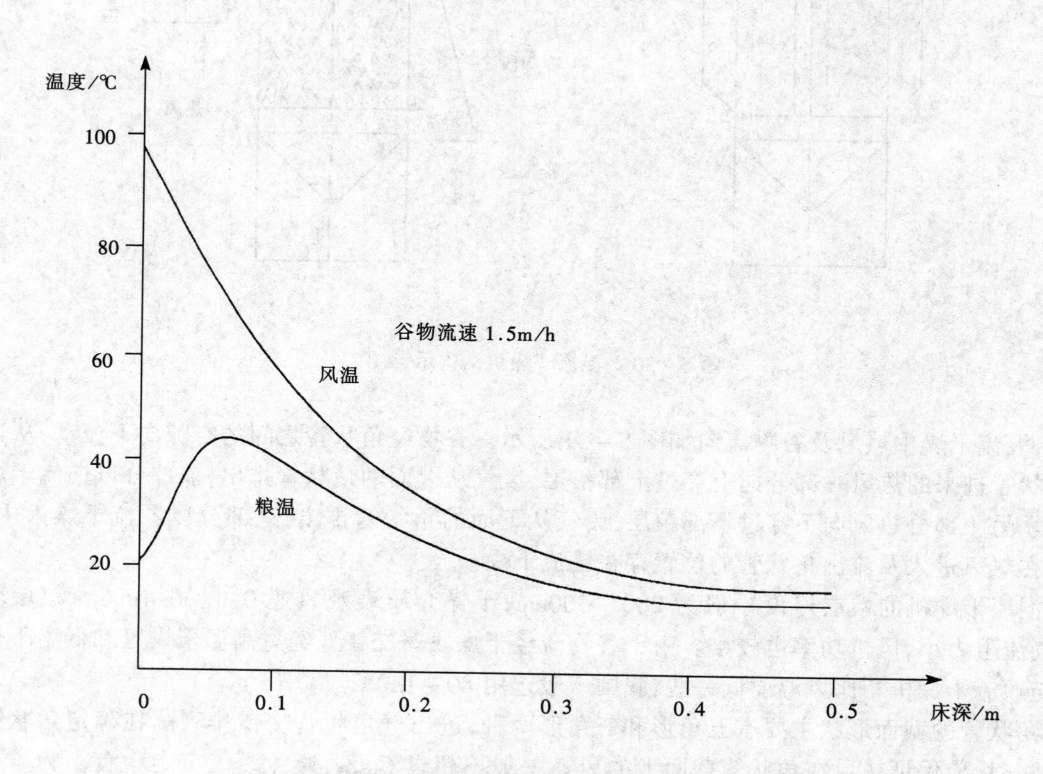

图 5-29　顺流干燥中风温和谷温沿床层的变化

(二)混流干燥机

图 5-30 所示为混流干燥机结构示意图。上部为贮粮段,干燥段分上下两部分,可以分别采用不同的热风温度,下部为冷却段。它是采用一层一层交替排列的角状管达到混流干燥的

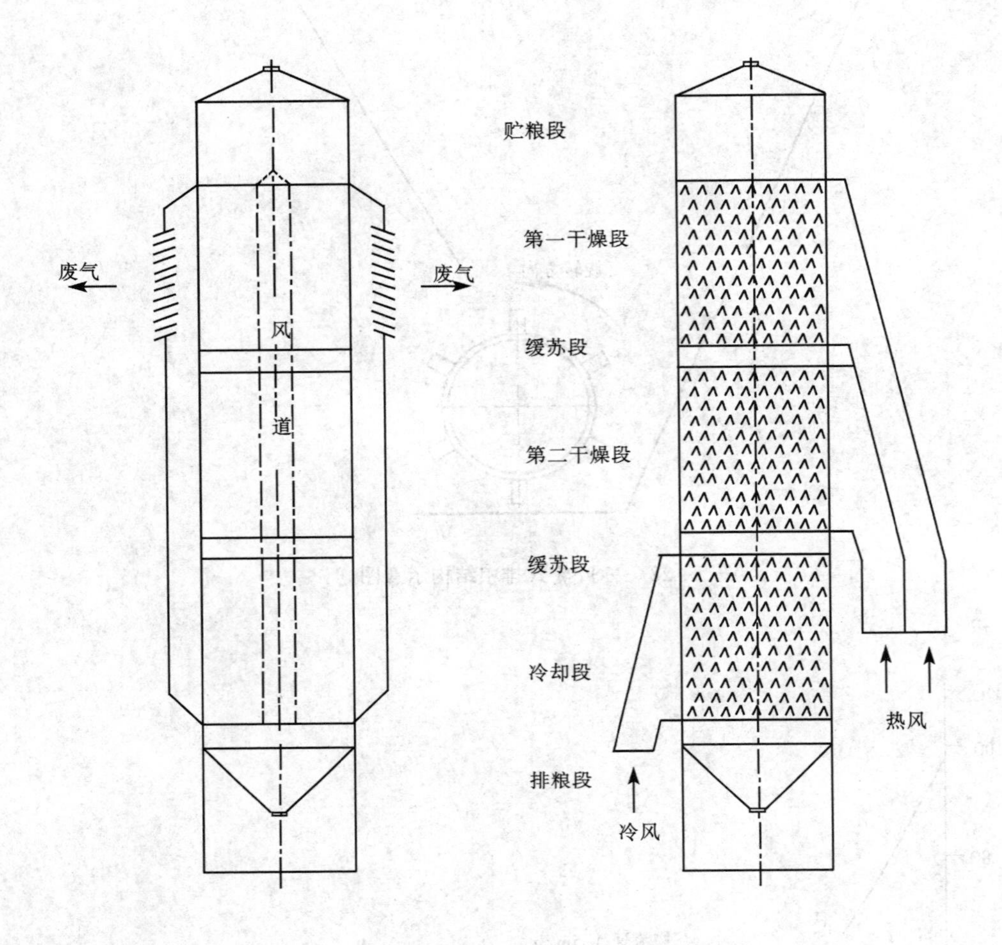

图 5－30　混流干燥机结构示意图

目的，混流干燥中热风及谷物流向如图 5－31 所示。谷物经角状管之间的空隙向下流动，从进气角状管进来的热风一部分向上穿过上部粮层，废气从上面的角状管排出，该部分以逆流干燥为主。另一部分热风向下穿过下部粮层，废气从下面的角状管排出，这部分以顺流干燥为主。其实在热风进入及流出角状管的位置存在错流干燥。

混流干燥机的粮层厚度一般为 200～300cm，干燥介质表观风速 0.3～0.4m/s。粮层较薄，气流阻力小，风机功率也较小。由于谷物流经干燥段时交替地经过高温干燥区和低温干燥区，与顺流干燥机相比风温要低一些，我国一般选用 80～120℃。

角状管的截面形状主要有五角形和三角形两种，进出气角状管交错排列。在确定角状管截面积时，应保证热风在角状管截面上的风速一般不超过 6m/s，避免废气带走粮食。为了在角状管长度方向上达到均匀送风的目的，角状管可以采用变截面形式。

上述混流干燥机采用中间进风方式，也有采用单侧进风方式的，图 5－32 所示的法国拉富谷物干燥机即采用单侧进风方式，且可对干燥下段及冷却段的废气进行循环利用。包括顺流干燥机在内，不论是采用单侧送风还是双侧送风，都要尽量保证热风在气流方向上均匀分布。

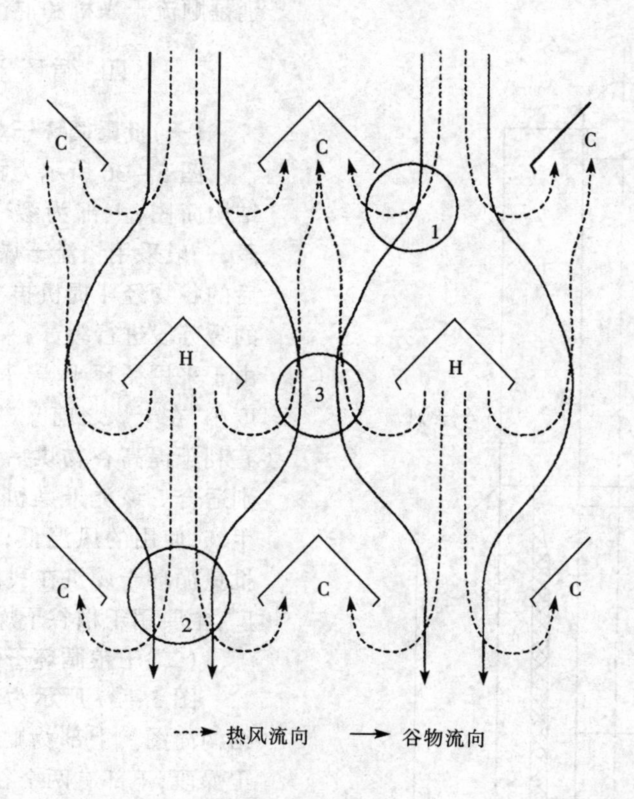

图 5－31　混流干燥中热风及谷物流向示意图

（三）错流干燥机

图 5－33 所示为一错流谷物干燥机的结构示意图，干燥机的内外壁开有通风孔，谷物在重力的作用下向下流动，热风由干燥机内壁垂直穿过粮层，经外壁排出。

由上面的论述可知，谷物在整个错流干燥的过程中靠近内壁的谷物一直处在热风的高温区，而靠近外壁的谷物却一直处在热风的低温区，最终将导致内部谷物过干而外部谷物干燥不彻底，谷物烘后水分不均匀，这是错流干燥机的主要缺点。另外，内部谷物一直处于高温区，将降低谷物的烘后品质。为了解决这些弊端，人们采用了多种方法，其中最常见的是谷物换向器，其工作原理如图 5－34 所示。谷物流经换向器以后外部的谷物转移到内部而内部的谷物转移到外部。不过经过换向器以后，并没有使最外面的谷物转移到最里面，也没有使最里面的谷物转移到最外面。

为了保证谷物的烘后品质，风温不能太高，一般不超过 80℃。为了尽量减少干燥不均匀性，粮层厚度不能太厚，一般为 30cm 左右。

上述错流干燥机的截面为圆形，也有截面采用方形的。如图 5－35 所示，废气经两侧的废气道由上面的百叶窗排出。

错流干燥机具有结构简单、造价低的优点，如果对谷物烘后品质要求不高，选择错流干燥机是明智的。采用顺流干燥机谷物烘后品质好，但是结构较复杂，造价高，电耗也高。混流干燥机介于两者之间。

以上几种高温连续谷物干燥机由于处理量大，降水幅度大，在我国北方地区应用较广，特别是顺流干燥机和混流干燥机。

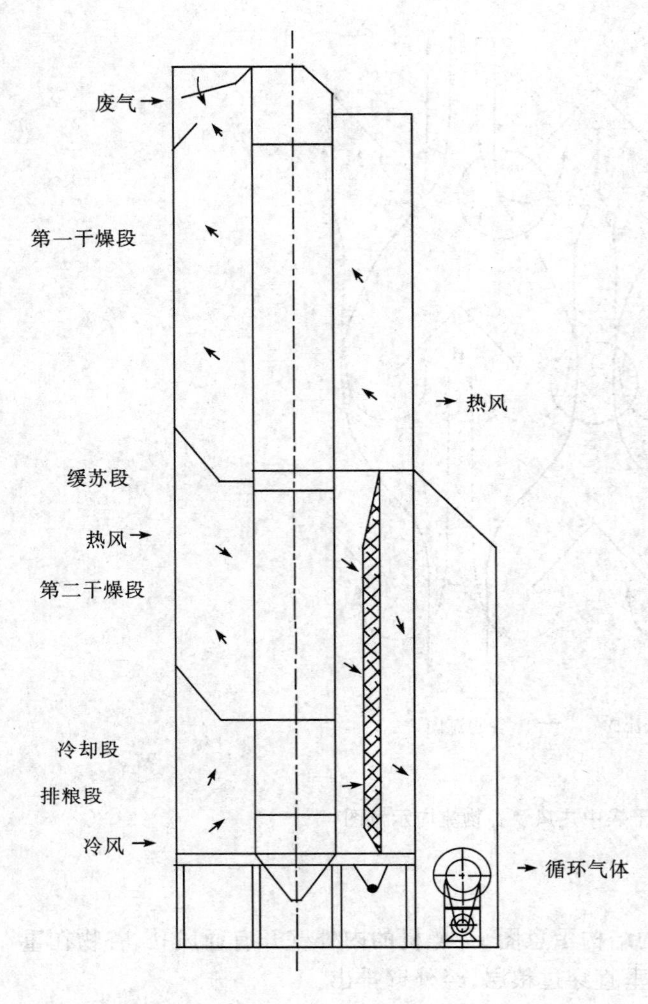

图 5-32　拉富谷物干燥机结构示意图

四、循环干燥机

(一)批量循环干燥机

图 5-36 所示为批量循环干燥机的结构简图,上部为缓苏段,下部为干燥段,一般采用错流干燥的形式,一次干燥后的谷物经斗提机再次进入干燥机上部的缓苏段进行缓苏,平衡谷粒内外水分。由于采用循环干燥,每次干燥的降水幅度小,在干燥之前又进行的充分的缓苏,有利于提高谷物烘后品质,对于稻谷特别适合。该类干燥机产量小,不能连续生产,使用的风温低,以燃油供热为主。批量循环干燥机在我国南方地区应用较广,主要用于稻谷干燥。

(二)干粮循环干燥机

图 5-37 所示为干粮循环干燥机的结构简图。上部为贮粮段,中间为顺流干燥段,下部有两个谷物通道,一个通道用来冷却谷物,而后排出机外,另一个通道则对谷物进行再次加热缓苏,而后经斗提机再进入干燥机,与低温湿粮混合后再参与干燥。在贮粮段,干粮与湿粮接触,高温干粮把热量传递给低温湿粮,同时低温湿粮也把一部分水分传递给高温干粮,在这里高温干粮其实起到固体干燥介质的作用。

该种谷物干燥机的特点是通过调节干湿粮的混合比例,可以使任何高水分的湿粮一次降到安全水分,对高水分粮比较适用。但是由于干湿粮在混合的过程中,两者的水分不可能达到完全平衡,经过干燥以后谷物的平均水分虽然达到安全水分,但会出现部分谷粒水分过低而部分谷粒水分过高的问题。

五、流化床干燥机

图 5-38 为流化床干燥机,其主要结构为倾斜的通风孔板,热风以一定的速度穿过孔板,使谷物流态化,同时带走谷物的水分,废气从上面出口排出。

流化床干燥机结构简单,投资少,但谷物在机内停留时间短,一次降水幅度有限,一般在2%以下。流化干燥机设计和制造的关键是孔板,包括开孔率和开孔形式,流化区开孔率一般为 10%~15%,孔板宽长比一般取 1/6~1/10。空床速度也是流化干燥机设计的一个重要参数,小麦 1.6~2.0m/s,稻谷 1.8~2.8m/s,玉米 2.1~3.2m/s。为了提高干燥的均匀性,可以

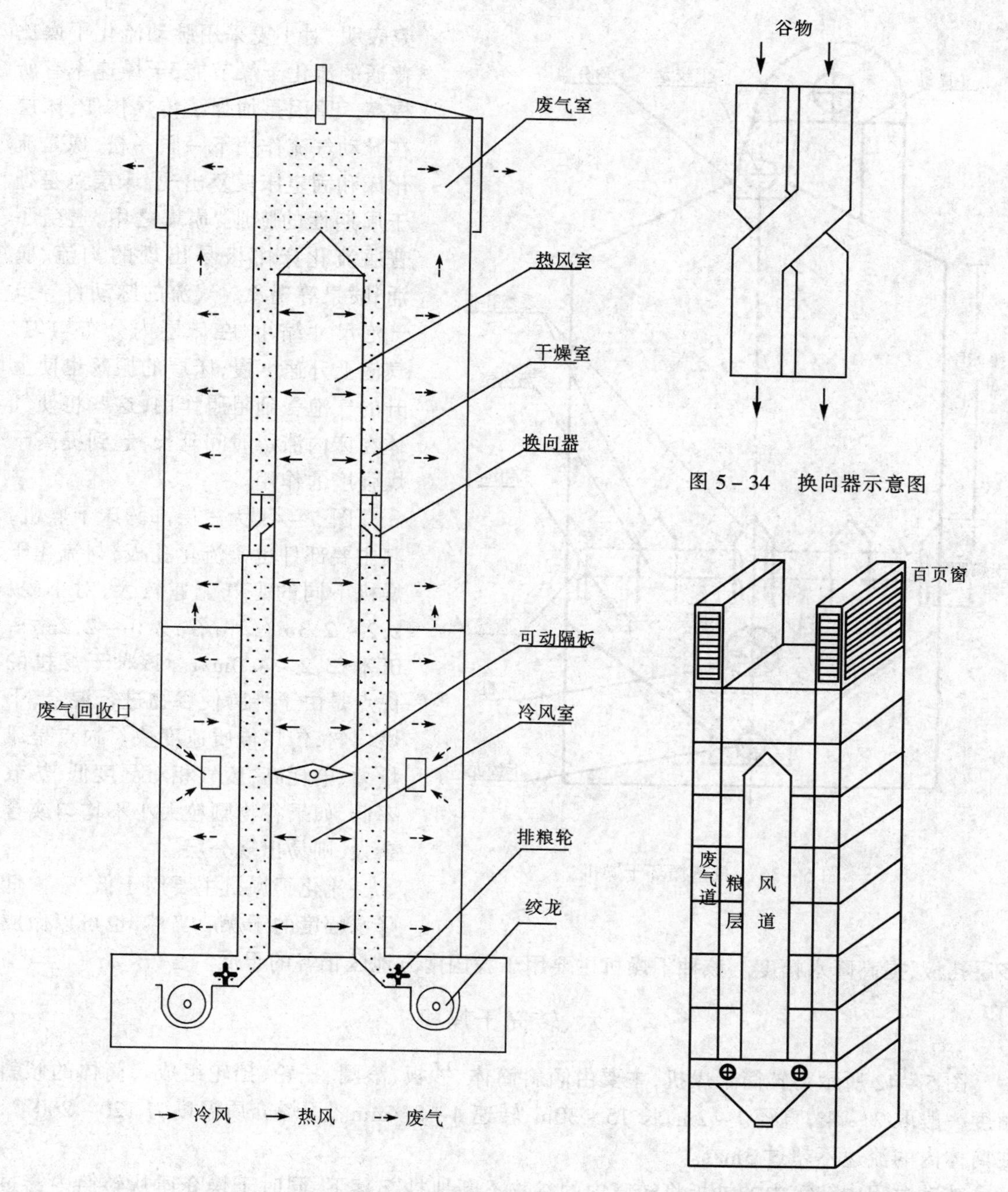

图 5-34　换向器示意图

图 5-33　贝力克 930 型干燥机结构示意图　　图 5-35　方形截面错流干燥机结构示意图

在孔板上每隔一定间距，设置开孔率较高的喷带，谷物经过喷带时上下翻动，起到混合的作用。喷带区的开孔率是流化区的 2 倍以上，一般为 24%~30%。

也有通过孔板的振动使谷物达到流态化的，称为振动流化干燥机（图 5-39）。振动流化干燥机可以适用于粒度差别较大物料的干燥，所使用的气流速度较小，减少耗气量，大粒度物料通过振动而处于流化态。

通过特定装置对流化床进行周期性的送风，即为气流脉动流化床干燥机（图 5-40）。研

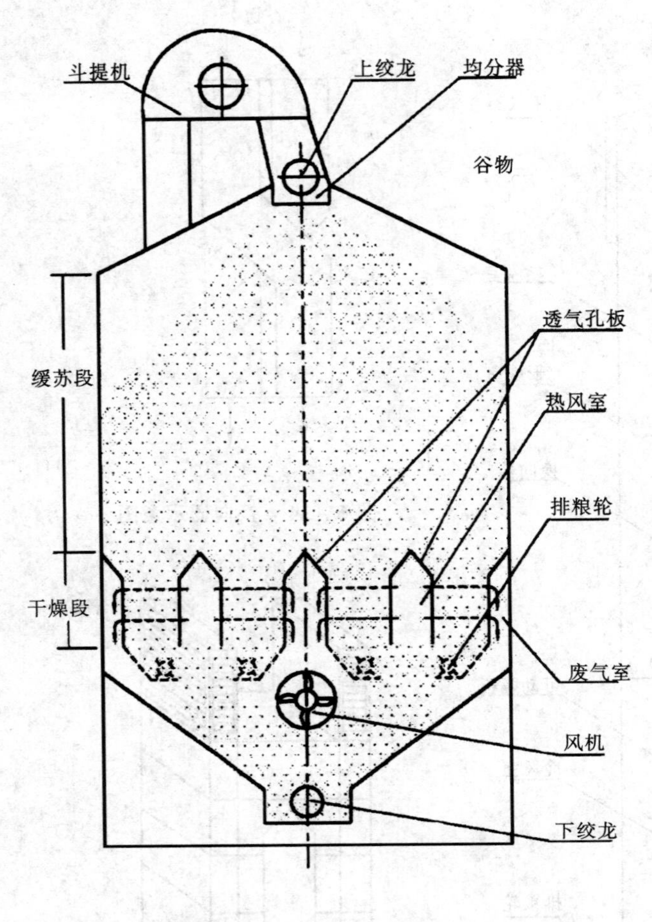

图 5-36　批量循环干燥机

究表明，对小麦采用脉动流化干燥比普通的流化干燥节能，干燥速率有所提高。原因是加强了传热传质，床层在脉动气流作用下一紧一松，像是流化床和固定床反复出现，床层总是处于周期性的膨胀、崩塌之中，避免了普通流化床中极易出现的沟流、腾涌、喷泉等现象。气流的脉动将导致气泡尺寸缩小、在床层内分布均匀，气泡上升速度慢，床层的振荡也使上升的气泡受到阻碍作用，这些将使气体在床内滞留时间延长，起到提高干燥强度的作用。

图 5-41 为三层沸腾床干燥机，其主要部件也是流化孔板，与流化干燥机不同的是气流速较大，对小麦：2.2~2.3m/s，稻谷：2.0~2.2m/s，玉米：3.2~4.0m/s。该种干燥机的优点是由于沸腾使谷物进行混合，干燥均匀，传热传质速度快。缺点是风量大、电耗高，废气相对湿度低，热效率低，如果谷物颗粒大小不均匀或含杂大，则易出现分层。

流化干燥机主要用于低产量、低降水幅度的干燥。当然，也可以做成多层孔板，提高降水幅度。该种干燥机主要用于我国南方地区稻谷的干燥。

六、转筒干燥机

图 5-42 所示为转筒干燥机，主要由倾斜筒体、抄板、滚圈、托轮、挡轮组成。筒体的倾斜角度一般取 2°~4°，直径 1~2m，长 15~30m，转速 4~8r/min。干燥介质温度为 120~200℃，在筒体内的流速不超过 3m/s。

转动过程中转筒内的抄板将转筒内的谷物不断地抄起落下，同时干燥介质从转筒内穿过下落的粮流，使谷物得到干燥。谷物落下以后也将从筒壁通过热传导获得部分热量，谷物经过多次抄起落下，最终干燥到安全水分，从转筒内排出。为了提高热能利用率，应当选择合理的抄板结构和排布形式，使谷物在整个筒体的截面上尽量均匀撒落。该种干燥机目前应用很少。

七、谷物烘后裂纹

谷物的烘后品质越来越受到重视，烘后品质指标主要包括烘后玉米的淀粉提取率、小麦的面筋值含量、大豆的出油率等生化指标，以及烘后玉米、稻谷的裂纹率、破碎率等物理指标。现有的谷物烘后品质指标以裂纹率最为重要，裂纹率高则破碎敏感度增加，谷物在后续的贮藏、

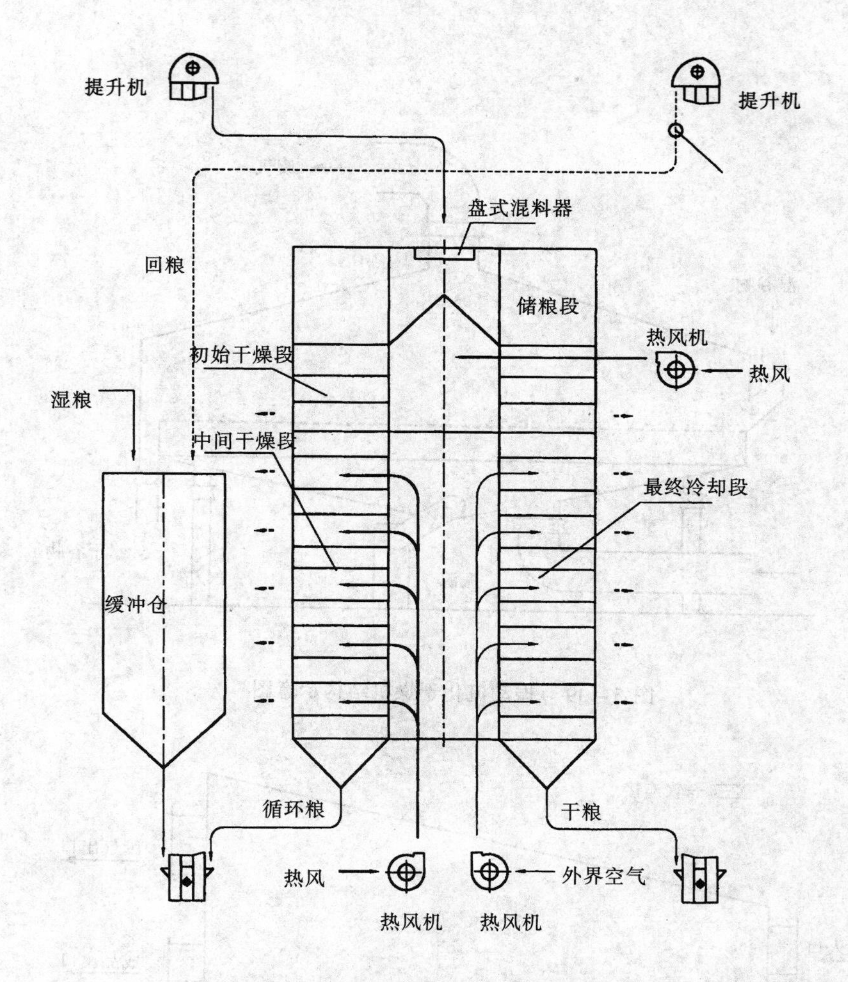

图 5-37　干粮循环干燥机结构示意图

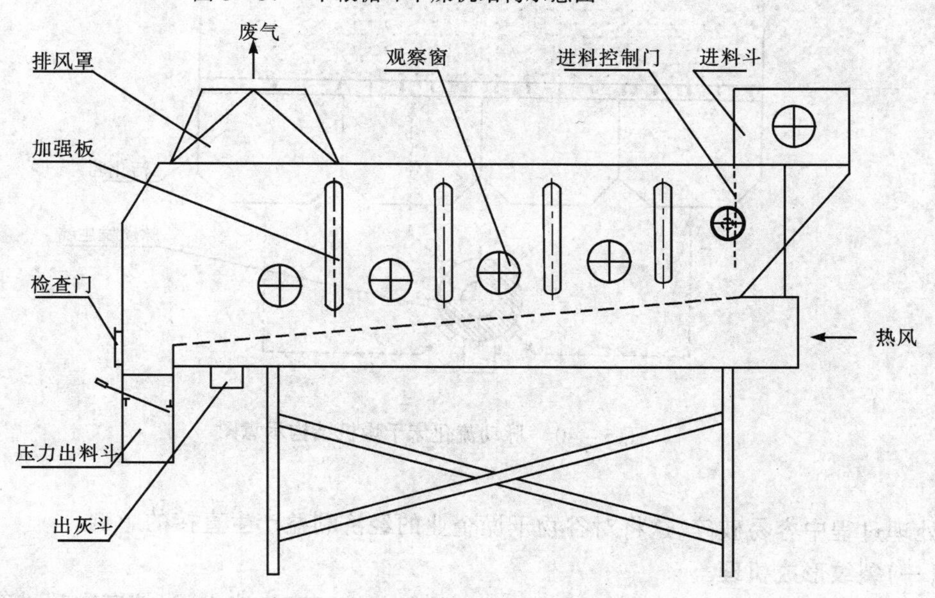

图 5-38　流化床干燥机结构示意图

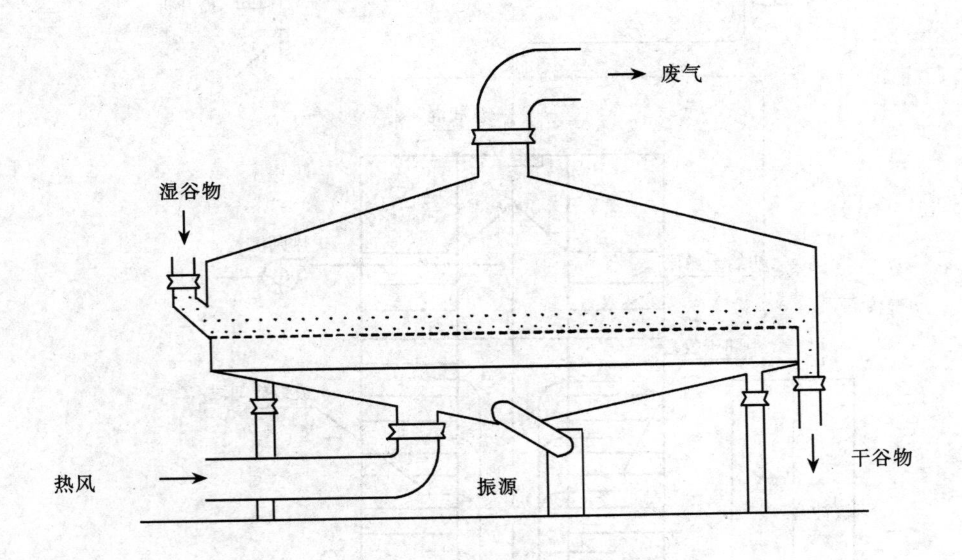

图 5-39　振动流化干燥机结构示意图

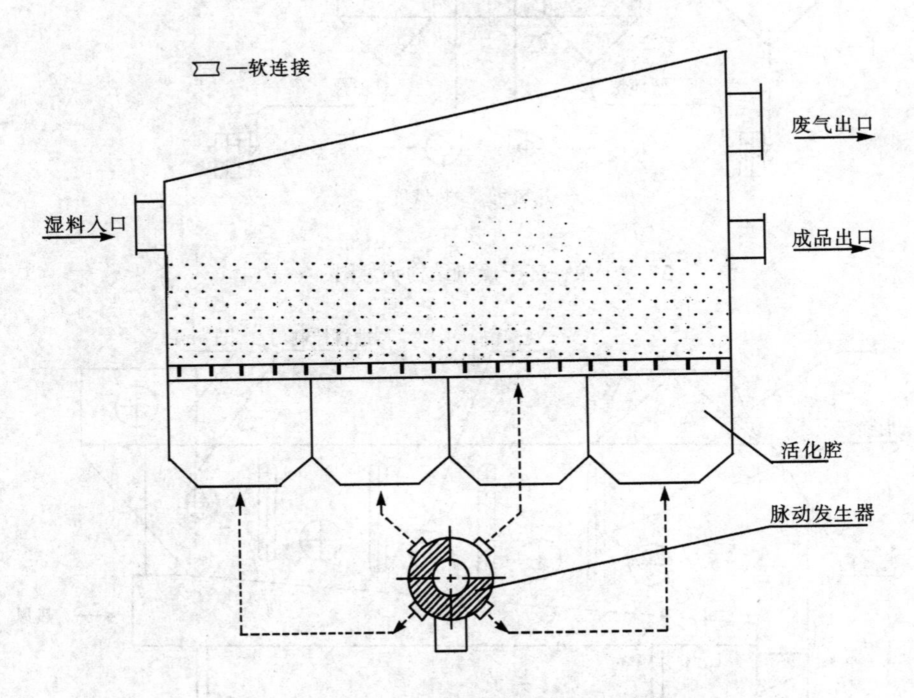

图 5-40　脉动流化床干燥机结构示意图

输送处理过程中容易破碎,这将对谷物干燥企业的经济利益产生直接的影响。

(一)裂纹形成机理

一般认为,谷物干燥过程中由于内外的不均匀收缩而产生应力,当该应力超过谷粒的应力极限时形成裂纹。干燥过程中引起裂纹的主要原因有以下几个方面:谷物自身特性、谷物的初

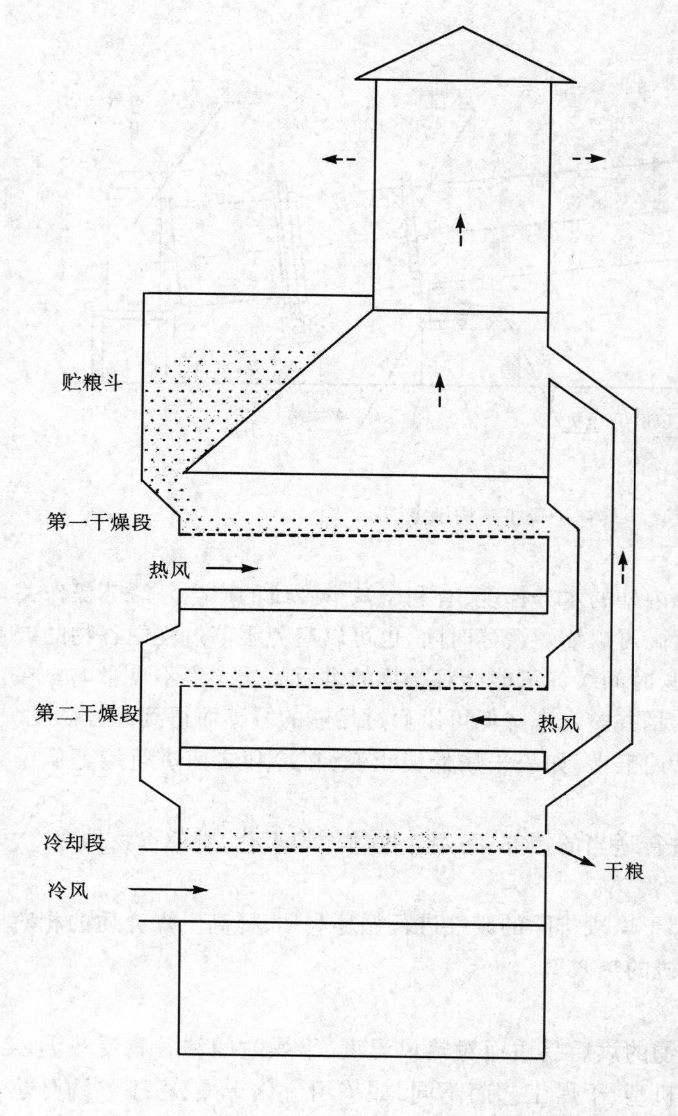

图 5-41　三层沸腾床干燥机结构示意图

始水分、谷物内部的水分梯度、干燥速率、冷却速率、热风温度、热风相对湿度、缓苏时间等。热风温度等干燥工艺参数一方面通过干燥改变了谷物的水分和温度,从而改变了谷粒的力学特性,另一方面通过干燥也使谷物内部产生应力,两者的结合导致裂纹的产生。

由于谷物的主要成分是淀粉,淀粉中的支链淀粉为无定形高分子聚合物,研究表明:谷物干燥及冷却的过程中存在玻璃化转变现象,谷物加热过程中,谷物将由玻璃态转变到橡胶态,在干燥过程中,由于是内部扩散控制阶段,谷粒外部的水分低内部的水分高,谷粒外部可能由橡胶态又进入玻璃态,所以将出现谷粒内部为橡胶态而内部为玻璃态的现象,谷物内外的不均匀膨胀将导致谷物产生裂纹。

在谷物的冷却过程中,谷粒外层进入玻璃态而内层仍处于橡胶态,谷粒内部产生应力,如果冷却速度过快,应力没有足够的时间进行释放,也易导致谷物产生裂纹。

谷物吸湿也是产生裂纹的原因之一,如果干燥工艺参数选择不合理或干燥机结构不合理,谷物在干燥及冷却的过程中都可能出吸湿现象,谷物出机以后如果贮藏环境相对湿度较高也可能出现吸湿现象。

(二)裂纹控制方法

(1)合理干燥速度和干燥时间　干燥速度快则谷粒内外的水分梯度大,易产生裂纹。对稻谷来说,干燥速率一般不超过 1~1.5%/h。谷物长时间暴露于高温介质环境中对烘后品质不利。

(2)合理的干燥介质相对湿度和温度　低温干燥可以减少裂纹的产生,但是,有研究表明对稻谷进行高温干燥时,在谷粒内最大水分梯度出现之前进行高温缓苏可以减少裂纹的产生,其中最大水分梯度出现时间与稻谷的初水分、平衡水分及热风温度有关。用相对湿度高的干燥介质干燥稻谷,产生的裂纹少。C.Bonazzi 等(1997)研究发现,随着介质干燥能力的增加,稻谷烘后的整米率急剧下降,但是,如果采用高温和高相对湿度的介质,干燥能力增加而烘后整米率降低并不明显。稻谷经过相对湿度高的干燥介质干燥后,需要的缓苏时间较短。

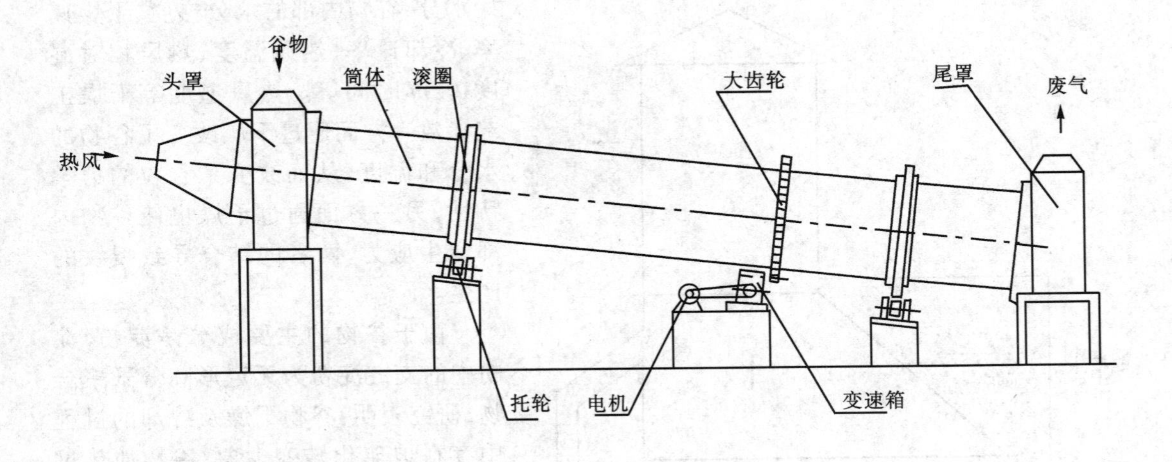

图 5-42　转筒干燥机结构示意图

(3)合理缓苏　通过缓苏降低谷粒内外的水分梯度,有利于减少裂纹的产生。缓苏操作关键在于缓苏温度和缓苏时间,缓苏温度高可以缩短缓苏时间,也可以避免缓苏过程中谷物的玻璃化转变,减少裂纹的产生,但是高温长时间缓苏可能会对谷物的烘后品质产生不良影响。在一定的降水幅度范围内,由干燥引起的稻谷整米率降低可以通过足够的缓苏而得到部分恢复。A.E.Watkins 等(2001)研究发现:对高油玉米,如果采用低温干燥,在冷却之前进行缓苏低反而引起裂纹增加。

(4)合理冷却　谷物在冷却之前进行适当的缓苏,采用合理的冷却工艺,避免谷物的骤冷,可能利于减少裂纹的产生。

(5)废气循环利用　冷却段及下部干燥段排除的废气进行循环利用,提高干燥介质的相对湿度,既利于减少裂纹,又提高了干燥机的热效率。

(三)常见谷物的干燥条件

谷物干燥条件主要是指为保证谷物的烘后品质而对热风温度、干燥时间和谷物受热温度等提出的要求。谷物干燥条件随干燥机型、干燥工艺而不同,如采用流化干燥,由于谷物受热时间短,热风温度可以用的高;与错流干燥相比,顺流干燥中由于谷物处于高温时的时间短,热风温度可以较高。谷物干燥条件的选定还与烘后谷物的用途有关,种用粮要求较高而饲用粮要求较低。表 5-15 所示为美国推荐的谷物允许受热温度。

表 5-15　美国推荐的谷物允许受热温度

谷物品种	粮层深度/cm	允许受热温度/℃		
		饲料粮	种子粮	商品粮
玉米	50.8	82	43.4	54.5
小麦	50.8	82	43.4	60.0
大麦	50.8	82	40.5	40.5
稻谷	45.7	—	43.4	43.4
大豆	50.8	—	43.4	49.0
花生	152.4	—	32.0	32.0
高粱	50.8	82	43.4	60.0

前苏联学者普季秦就谷物允许受热温度与水分含量及受热时间的关系给出如下方程式。

$$\theta = \frac{2350}{0.37(100 - M') + M'} + 20 - \lg t \quad (5-75)$$

关于谷物的干燥条件,随着对干燥机理和品质劣变机理研究的不断深入,其指标也在不断地变化,不应局限于某一固定的经验数据。

八、干燥系统供热设备

干燥系统供热设备主要包括热风炉和换热器。

(一)燃煤热风炉

我国谷物干燥主要以煤为能源。

图 5-43 所示为 JLG 系列燃煤热风炉结构示意图。主要由炉排、出渣机、上煤机、上煤

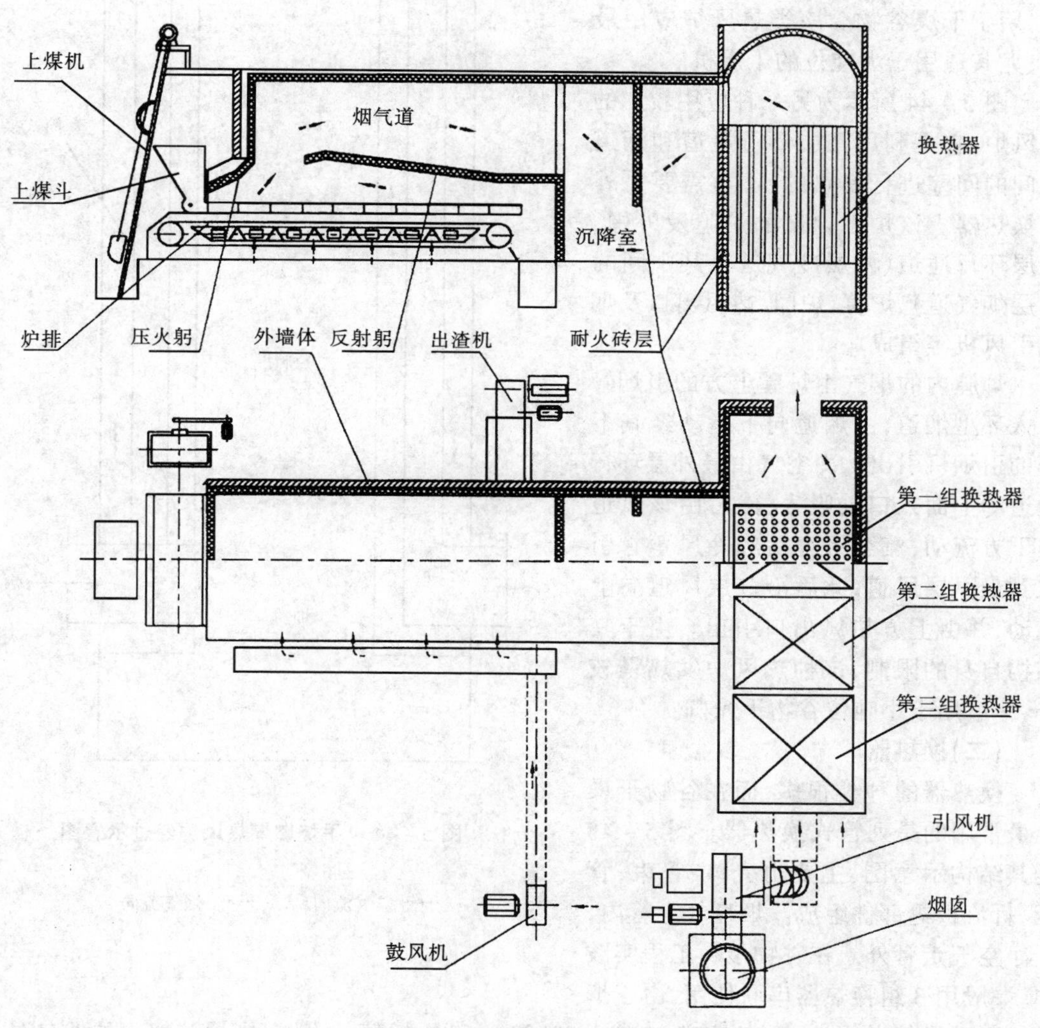

图 5-43　JLG 系列燃煤热风炉结构示意图

烟气　冷风　热风

斗、鼓风机、引风机、反射躬、压火躬、烟气道、沉降室、外部墙体组成。该种热风炉要配换热器。

该种热风炉采用机械式链条炉排，煤经上煤机进入上煤斗，均匀分布在炉排上，随着炉排的转动而不断向后移动，首先进入压火躬点燃，随后进入充分燃烧区，再后进入反射躬，使煤层燃烧完全，最后炉渣落入出渣机内被排出。与此同时，来自鼓风机的空气在引风机负压的拉力下，穿过炉排，其中的大部分氧气供煤层燃烧用，携带煤层燃烧放出热量的炉气，绕过反射躬经烟道进入沉降室，除去大部分烟尘颗粒，而后进入换热器，经三组换热器换热以后，由引风机排出，炉膛在正常燃烧状态下应处于小正压。流经换热器管外的空气经换热以后变为热空气，用于干燥谷物。该类热风炉应用最广，尤其适用于大吨位的干燥机。

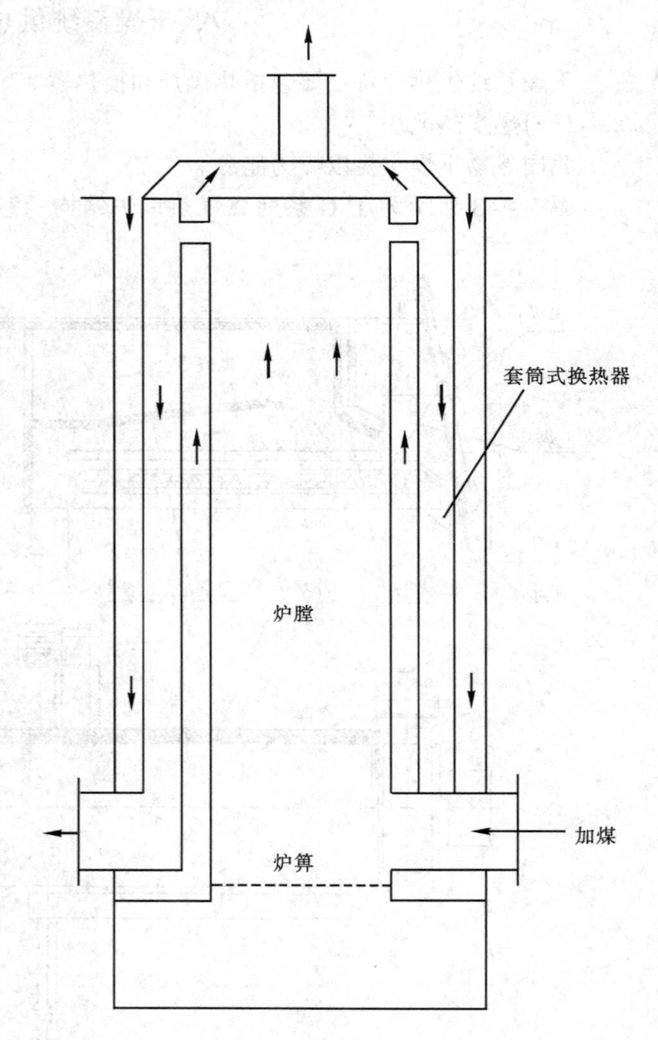

图 5－44　手烧燃煤热风炉经过示意图

图 5－44 所示为另一种应用较广的热风炉，它是利用几层环行风道和烟道之间的间壁进行换热的，不再需要另外的换热器。该炉由内部的炉膛及外围、三层环行通道（两层冷气道及其中间的一层烟气道）、炉箅、炉门、热风出口及烟气引风机等组成。

炉膛内的烟气由炉膛上方的引烟管引入环型烟道，由烟道向下运动经其下部的引烟机引出。冷空气由最外层环行通道的上面入口处吸入，然后由该风道向下方流动，流至下方后经冷风弯管引入到最里层风道，此后沿该层风道向上流动，并由上方热风出口引出。由于其结构自身的限制，该种热风炉发热量较小，一般用于小吨位谷物干燥机。

（二）换热器

换热器的种类很多，而在谷物干燥上最常用的是列管式换热器。图 5－45 是其结构示意图，主要由壳体、管束、管板、折流板等部件组成。烟道气走管内，干净空气走管外。在谷物干燥工程实践中，一般用 3 组换热器串联使用，由于烟道气刚进入换热器时温度较高（750～800℃），容易把第一组换热器烧坏，在入口处改用 500mm 高的不锈钢管是一个有效的改进措施。三维列管式换热器由于极大地增加了换热面积，提高了换热系数。

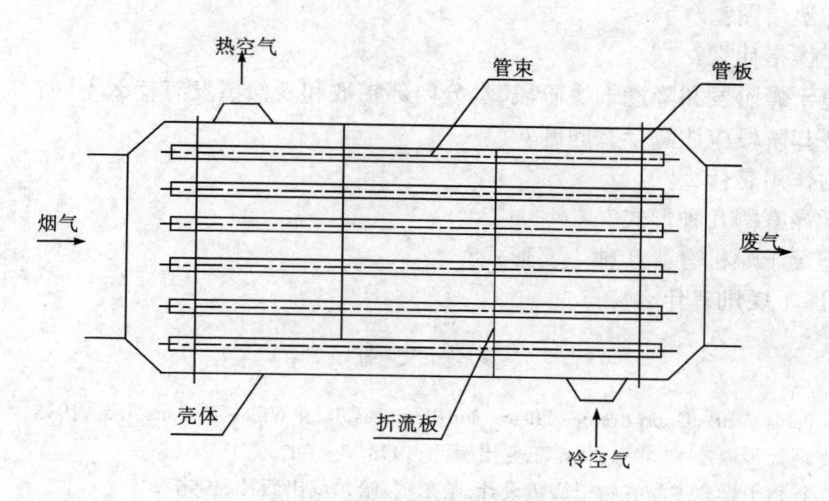

图 5-45　列管式换热器结构示意图

九、谷物干燥系统

一个完整的谷物干燥系统应当包括如下设备：谷物干燥机、热风炉及换热器、皮带输送机、初清筛、烘前仓、斗提机、烘后仓、振动筛、磁选器、在线流量计、除尘系统及配套电控系统，要能够顺利完成进粮、干燥、出粮的功能图 5-46。

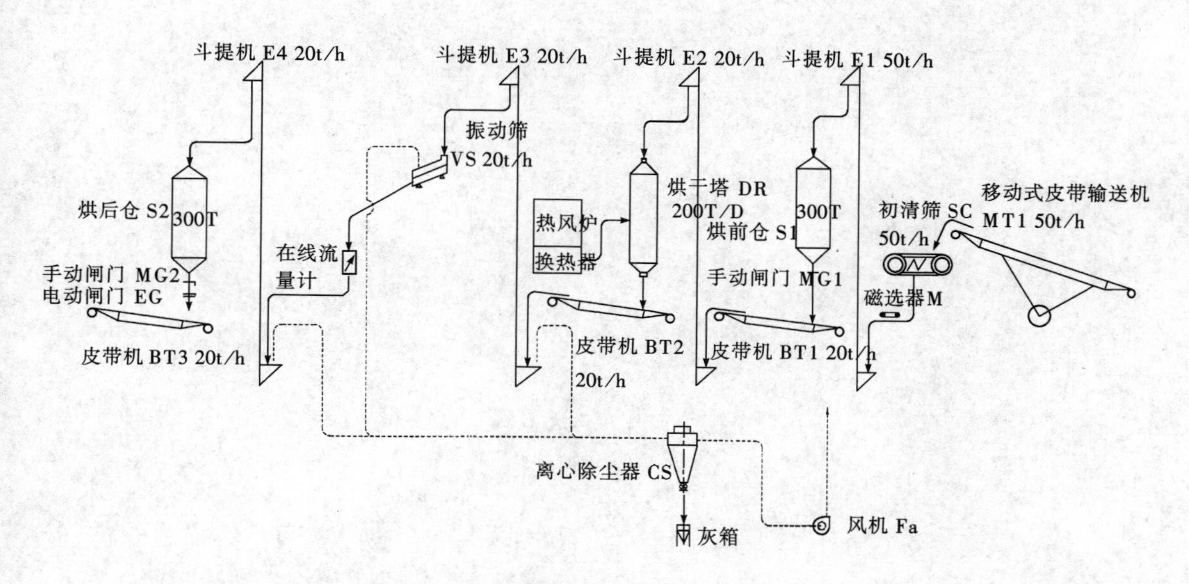

图 5-46　200T/D(降水 14%)玉米干燥系统工艺流程图

复　习　题

1. 试述谷物中水分的存在形式。
2. 水分对谷粒的力学特性有什么影响？

3. 什么叫湿焓图?

4. 薄层干燥指什么?

5. 在恒速干燥阶段和降速干燥阶段,水分内部扩散和表面蒸发有什么不同?

6. 谷物冷却阶段应注意什么问题?

7. 缓苏的作用是什么?

8. 对流干燥有哪几种形式?

9. 高温连续干燥机有哪几种主要形式?

10. 流化床干燥机有什么特点?

参 考 文 献

1. Stanisiaw Pabis et al., Grain drying: Theory and Practices, John Willey & Sons. Inc., 1998

2. 潘永康. 现代干燥技术. 北京:化学工业出版社,1998

3. 王成芝. 谷物干燥原理与谷物干燥机设计. 哈尔滨:哈尔滨出版社,1996

4. 赵思孟. 粮食干燥技术. 郑州:河南科学技术出版社,1991

5. H. T. Olesen, Grain Drying, Innovation Development Engineering Aps, 1987

6. Mujumdar A. S, Handbook of industrial drying, Marcel Dekker Inc., 1995

7. 王相友等. 脉动干燥原理与应用. 北京:中国农业科技出版社,1997

8. S. A. Giner, et al., Cross - flow drying of wheat. A simulation program with a diffusion - baseddeep - bed model and a kinetic equation for viability loss estimation, Drying Technology, 14(7&8), 1625 ~ 1671(1996)

9. Chiachung; Po - chingWu, Thin - layer drying model for roughrice with high moisture conten, J. agric. Engng Res. (2001)80(1), 45 ~ 52

第六章 谷物安全贮藏

第一节 谷物贮藏概述

自从人类社会粮食生产以来,就有粮食的贮藏。据考证,我国粮食的贮藏大约出现在一万年以前,即从旧石器时代的晚期到新石器时代的原始农业形成便出现了粮食贮藏。在距今6700年左右的西安半坡村遗址和距今五千多年的洛阳仰韶文化时期便出现了地窖贮粮。在公元六世纪贾思勰所著的《齐民要术》中记载了“窖麦法必须日曝令干热埋之。”这是以热入仓防止害虫的安全贮粮方法,至今还被人们所采用。

谷物安全贮藏的概念在不同的国家,不同的历史时期含义是不同的,谷物“安全贮藏”的概念也是不断发展的。

一、发达国家粮食贮藏简介

发达国家粮食贮藏的特点是以保持粮食的品质为目的。在贮藏技术方面尽量避免化学药剂的使用,减少化学药剂对粮食的污染,保护消费者的健康。另外,发达国家的粮食贮藏时间比较短,流通较快。立筒仓贮粮所占的比重大,贮粮机械化程度高。

(一)美国

近年来美国的粮食贮藏研究主要集中在以下几个方面:

1. 粮食中气味和挥发性物质的研究

粮食中的挥发性物质和气味与粮食的品质(如新陈粮食之间的气味不同,新鲜大米中的硫醇、甲硫醚较多而陈米中的羰基化合物较多)、霉变、害虫感染等因素有关。如果某种粮食的品质发生了变化,或受感染,或发霉,粮堆就会产生一些特殊的气味或挥发性物质,这些物质可以通过仪器检测出来。目前美国已经对数百个陈粮、新粮、霉粮和虫粮样品进行了研究。对挥发性物质进行了测定,同时找出了气味与挥发性物质之间的关系。进一步通过挥发性物质推断粮食是否有生霉、长虫或品质变化的趋势,以便采取相应的措施。

2. 粮害虫防治方法的研究

在美国由于各种各样的原因,化学杀虫剂的使用越来越多的受到了限制。这是因为有的化学药剂可能造成环境污染,有的会在粮食上形成残留。例如,近年来美国要求对马拉硫磷重新做毒理实验和环境效应试验,这样一来所有的原生产厂家就不再登记生产了;溴甲烷对大气的臭氧层有破坏作用而受到限制,并将被其他化学药剂所替代。

美国对生物杀虫剂的研究开发非常重视,如昆虫信息素(性信息素和集合信息素)已经成为商品在市场上销售;昆虫病原菌和昆虫病毒的研究也十分活跃;苏云金梭状芽孢杆菌作为粮食保护剂也投入市场。

害虫综合治理的实质是充分利用环境因素和自然因素去控制害虫,只有当这些方法失效时才考虑其他人工方法。在这些方法中首选的是生物方法,其次是物理方法,在迫不得已时才使用化学方法。这并不是说化学方法不重要,而是很重要的,但是不能无节制的使用,只有必须时才用(因为化学药剂对人畜的毒性、环境污染以及害虫对化学药剂的抗性问题)。

3. 粮害虫防治专家系统的研究

专家系统的知识来源是科学研究报告、贮粮管理专家的个人意见。对专家系统来说新知识很容易得到补充,使用非常方便,能使仓贮管理人员在各种条件下做出正确的判断。如什么时候需要通风,什么时候需要杀虫,什么时候需要放气、除湿、降温等问题都会得到专家系统的帮助。

4. 生物技术

利用生物技术,特别是基因工程在贮粮害虫防治方面的应用(如不育基因的导入),耐贮藏粮食作物育种等。

5. 其他

粮温变化模型、信息素的研究、贮粮害虫对磷化氢的抗性及其对策方面都有新进展。

(二)英国

贮粮新技术的研究重点在粮食微生物和二氧化碳贮粮方面。包括贮粮的呼吸作用与霉菌的消长关系,水分活度与贮粮真菌毒素形成的关系;气调和熏蒸对粮食微生物的影响。近几年英国推出的一种 Aerogenerator 的产气设备具有良好的贮粮效果,该设备能产生高二氧化碳、低氧环境,对贮粮害虫有高致死率,无副作用。

(三)澳大利亚

近年来主要致力于气调贮粮和熏蒸技术的研究。在气调贮粮方面建立了不同谷物仓库中磷化氢浓度分布预测模型。成功的运用 Siroflo 熏蒸系统,使磷化氢浓度在粮仓内的分布处于最佳状态,使熏蒸的安全性增加,残留降低,费用也降低。贮粮害虫对化学药剂的抗性研究进行的较为深入。

(四)加拿大

近年来,加拿大在粮食贮藏方面的研究主要集中在以下几个方面:

(1)粮害虫生物防治着重于信息素对害虫的诱捕作用和生物气体防治害虫方面。

(2)粮食微生物方面主要是关于毒素的研究,如黄曲霉毒素,桔青霉与肾毒素产生的条件;辐照对真菌毒素产生的影响,感染相似带菌量相同菌相的不同玉米品种在相同贮藏条件下产生黄曲霉毒素的差异。

(3)粮食对二氧化碳的吸附作用以及二氧化碳气调贮粮对粮食品质的影响。

(4)干燥方面的研究主要是就仓干燥,其中包括干燥速度模型,干燥对粮食品质的影响以及避免干燥过热的措施。

二、中国的粮食贮藏技术研究进展

20 世纪 50 年代初期,更多的采用物理机械的方法防治害虫。20 世纪 50 年代末,采用化学保藏稻谷、小麦等方法。20 世纪 60 年代,研究应用塑料薄膜密封充氮缺氧保藏大米的方法。20 世纪 70 年代,用不同的装备和技术充氮、充二氧化碳,缺氧贮藏技术得到了进一步的发展。20 世纪 80 年代,上海、北京等大城市大批量发展了低温贮粮技术,在全国范围内研究推广了单管、多管地槽、通风竹笼和贮气厢式通风降温技术。与此同时"三低"和"双低"贮粮技术得到了应用。进入 20 世纪 90 年代,我国贮粮技术有了较大的发展。

(一)仓贮技术

高水分玉米、稻谷机械通风降水技术日趋完善,原始水分在 16.5% ~ 18% 的粮食可采用辅助加热机械通风技术,可使粮食的水分降到安全水分范围之内。在粮情计算机检测技术,在20世纪90年代初大量研究实验的基础上,现已经在全国范围内大面积推广使用,并取得了良好的经济效益和社会效益;环流熏蒸技术日趋完善;气调贮粮技术从单一的实用技术向机理研究的深度发展,不同气体配比的杀虫效果及其对粮食品质影响的研究进入一个新的层次。

1998年我国政府投入巨额资金修建粮食贮藏仓库,并采用了较为先进的贮粮技术手段(机械通风,环流熏蒸,谷物冷却和粮情计算机监测等)和不同的仓型(如高大平房仓,浅圆仓和高大筒仓等)。粮食仓库的机械化程度在不断提高。

在露天贮粮方面也进行了大量的研究,如露天贮粮器材的选用和性能比较,露天贮粮安全度夏试验,新型露天贮粮围垛和遮盖布的研究,露天囤垛熏蒸技术,防虫防霉双功能涂塑篷布的研制等。尽管国家在粮食贮备方面投入了大量的资金扩大粮食仓容,但是由于近年来我国粮食连年大丰收,仓容仍然不足。露天贮粮在一定的时期内仍然是一个不可缺少的应急贮粮措施。

(二)贮粮害虫防治

贮粮害虫防治,在我国仍然以化学防治为主,特别是磷化氢的使用。但是近年来贮粮害虫对磷化氢的抗性越来越严重。相比之下物理防治和生物防治在我国是一个比较薄弱的环节。

双低贮粮是我国贮粮技术专家对粮食贮藏技术的一个重大贡献。1980年梁权等人报道了贮粮环境中较低的氧气浓度或较高的二氧化碳浓度对磷化氢具有增效作用,即当氧气浓度小于12%或二氧化碳浓度大于4%时可以提高磷化氢的杀虫效果,在过去的几年里大量的研究都证实了这一点。

环流熏蒸技术的实施大大地提高了施药效率,间歇熏蒸有效的维持熏蒸过程的有效杀虫浓度,使得杀虫效果更好。

近年来我国许多学者对磷化氢以外的熏蒸剂也进行了研究(如沼气、乙炔等),并取得了明显的成绩。

(三)农村贮粮技术

虽然我国国库粮食贮藏损失量很低,但农村贮粮技术仍然比较落后,其贮藏过程中的损失高达8%~15%。虽然每户的贮粮量并不大,但总量数目巨大,因此损失量是十分惊人的。此方面的工作应进一步加强。农村贮粮损失比较严重的主要原因包括以下几个方面:

(1)保粮意识较差,缺乏粮食贮藏的基本知识。调查结果显示绝大部分农民虽然年年都在使用杀虫剂,防虫剂,但是对所使用的化学药剂的性质不了解。

(2)粮设施落后,没有正规的贮粮设施或性能良好的贮粮装具。

(3)没有归口管理部门。

(4)贮藏过程中的损失没有引起足够的重视。

(5)缺乏有效的化学药剂和得力的推广措施(熏蒸剂磷化氢虽然在国家粮食贮备库广泛使用多年,但农户应谨慎使用。用户在没有对该熏蒸剂的性质及使用规范搞清楚之前,应禁止使用,以免造成人员伤亡)。

三、贮藏技术发展趋势

粮食贮藏是以减少粮食损失,保持粮食品质为目的的。在粮食贮藏技术发展的初期,粮食贮藏主要以减少粮食损失为主要目的。因此,未来的粮食贮藏将向着保持粮食品质(其中包括加工品质,营养品质,食用品质,种用品质等)方向发展。

低温贮藏是最好的贮藏方法之一,也是未来粮食贮藏技术发展的趋势。但是,低温制冷通常所需要的投入较大,这需要在粮食贮藏品质要求和投入之间找一个平衡点。根据不同的贮粮生态条件,因地制宜选择适当的贮粮温度。

气调贮粮以其无污染的特点,与其他贮粮方法相比具有明显的优势。但是该方法对粮仓的密封性能要求较高,密封性能差的仓房难以达到气调贮藏的要求。

以上两种方法或单独使用,或结合使用在适当的条件下都会收到非常好的贮藏效果。

化学防治方法不管是过去、现在和将来都将在粮食贮藏中起非常重要的作用,虽然化学防治有着不可避免的污染或残留。未来的贮粮害虫防治方法将优先采用生物方法,其次是物理方法,在迫不得已的情况下才采用化学方法,这充分说明化学方法的重要性。

粮食的贮藏和运输将以散装的形式为主,贮运技术将向机械化和自动化的方向发展。

辐射贮粮虽然在我国还实施的非常少,但是在未来的粮食贮藏方面将会起到非常重要的作用。

第二节　粮食贮藏生态系统

粮食是一个组成复杂而具有活性的有机体,其组成远比一般的有机材料复杂。在正常的粮食贮藏过程中,粮食进行着微弱的生命活动,粮食在贮藏过程中并非独立存在,而是以粮堆形式与其他因素相互作用,形成一个人工的贮藏生态系统。粮食的贮藏不同于食品和一般物质的贮藏。大部分食品在加工的过程中往往采取一些措施以利于食品的保藏,同时加工过程钝化了食品中的绝大部分活性成分,使得食品更稳定;一般的物质其化学组成远没有粮食和食品那样复杂,而且通常都没有活性,更重要的是一般物质不直接进入人体。由于粮食组成的复杂性,同时粮食组分之间在贮藏的过程中的相互作用,使得粮食贮藏过程中的变化机理研究难度更大。

Odum(1989)把生态系统定义为:把生物群体及其非生物的环境作为一个有机功能系统,其中包括能量和物质的循环。生物群体包括在一个特定区域内的植物和动物。生态系统是一个敞开体系,其中有能量和物质的不断进出。生态系统的边界可以是人为的。因此,一袋粮食、一个粮仓、一个粮库都可以认为是一个生态系统。

贮粮系统是由粮堆围护结构、粮食籽粒、有害生物和物理因子四部分组成的生态体系。各组成之间有着密切的联系,相互影响,相互作用,构成了一个独特的生态系统。

首先,粮堆是一人工生态系统。人类将粮食和油料贮存于一定的围护结构内,自觉或不自觉(不自愿)地把一些其他生物类群和杂质也带到了这个有限的空间中,形成贮粮生态系统。该系统时刻受到外界生物类群的侵染和不良气候因子的影响。但随着贮粮技术的发展,今天人类已经能够对该系统实现有效控制。无论是生物群落还是环境因子都是可控的。如人们可以通过气调贮藏改变粮堆内气体组成,低温贮藏调节温湿度,并对粮堆中的有害生物进行人为控制,这是贮粮生态系统的一个显著特点,也是区别于自然生态系统的一个重要标志。

贮粮生态系统内没有真正的生产者。粮食是粮堆生物群落的主体,已完成营养制造和能量固定的光合作用,在贮藏过程中只能被动地受消费者及分解者的消耗,同时为了维持自己生理活动还必须自我供应,营养物质只减不增,是一个有限资源。在贮粮生态系统中,之所以将粮食籽粒称为“生产者”,因为它们是食物链中第一个营养级,是粮堆中一切生物的能量和物质的源泉。但这个“生产者”是不生产的“生产者”,只能是物质和能量的贮存者。

另外一方面,贮粮生态系统具有不平衡性。贮粮生态系统由于受强烈的人为活动干扰,在一般情况下处于非生态学稳定状态。消费者的多种层次均处于抑制状态,分解者也同样处于不活动状态。更由于粮食本身的休眠,造成系统本身很少有自我调节和补偿能力(物质循环),整个系统的热焓始终保持下降趋势。一旦压抑消费者的环境因子失控而变得对它们有利,就会很快引起一级消费者(贮粮微生物或植食性贮粮虫、螨)生物量急剧增加,加速该系统热的散失。通过控制环境条件,使贮粮生态系统处于非生态学稳定状态,是粮食安全贮藏的根本。

与成熟生态系统比较,贮粮生态系统受环境干扰大,生物量小,种群层次有限(种群营养水平一般只处于两个层次,一级是粮食,一级是植食性虫螨和微生物,只在管理粗放的粮堆中,才能发现食菌性虫、螨和捕食寄生虫螨的天敌),食物链短,食物网不复杂,个体或物种的波动大,生活循环简单,个体寿命短,种群控制以非生物为主,故粮堆属于未成熟的生态系统。

围护结构可以看做是贮粮生态系统的背景系统(因为很少有无围护结构的粮堆),它决定了贮粮生态系统的"几何"边缘,对贮粮生态系统中生物群落的动态变化及演替有非常密切的关系。围护结构不仅关系外界环境因素对贮粮的作用,也关系到有害生物(害虫及微生物)侵袭粮堆生态系统的可能性及危害程度。不同围护结构的贮粮生态系统,一般都会表现出不同的特征,即表现出不同的贮粮性能。如立筒库仓(结构包括钢混、砖混合钢板仓)、地下仓、房式仓、拱形仓、土圆仓、露天贮粮垛等。它们的气密性、隔热性、防潮性以及隔离有害生物入侵的能力都有所不同。粮食籽粒是贮粮生态系统生物群落的主体,是粮堆生态系统中能量的来源和能流的开端。参与对系统"气候"变化和生物群落演替的调节,是主要因素。在贮藏过程中不能再制造养分,而是处于缓慢的分解状态,可以认为是贮粮生态系统中的特殊"生产者"。不同的粮食由于其子粒结构及组成的差别,表现出不同的贮藏性能。如原粮与成品粮之间的贮藏性能有很大的差别,不同粮种之间的这种差别更是明显。有害生物包括昆虫、螨类及其他节肢动物和微生物,能够适应一般贮粮环境,大部分时间生活于贮粮中。有害生物的活动直接或间接地消耗粮食营养,造成极大损失,导致品质下降,故称有害生物。这些有害生物是贮粮生态系统的消费者,昆虫、螨类及其他动物处于相同的或不同的营养层次,直接或间接地依赖于粮食而生存。微生物是贮粮生态系统的分解者或转化者,通过分泌出酶,将粮食中的营养物质分解。是影响贮粮稳定性及品质的重要因素。

影响贮粮稳定性的非生物因子主要指温度、湿度、气体、水分等。非生物因子的变化都与生物群落的变化或演替有着十分密切的关系。将这些非生物因子控制到理想的水平,就十分有利于粮食的安全贮藏。

所以粮堆生态系统和其他的生态系统一样,也是由生物群落和环境条件构成的,其构成主要是从功能上划分的。

贮粮生态系统与自然生态系统的区别表现在以下几个方面:

(1)能量是由燃料、人类和动物的活动提供的,而不是通过光合作用提供的。粮食及油料是粮堆生物群落的主体,已完成营养制造和能量固定的光合作用,在贮藏过程中只能被动地受消费者及分解者的消耗,同时为了维持自己生理活动还必须自我供应,营养物质只减不增,是一个有限资源。

(2)品种的多样性由于人类的干预而减少。贮粮生态系统受环境干扰大,生物量小,种群层次有限(种群营养水平一般只处于两个层次,一级是粮食及油料,一级是植食性虫螨和微生物,只在管理粗放的粮堆中,才能发现食菌性虫、螨和捕食寄生虫螨的天敌),食物链短,食物网不复杂,个体或物种的波动大,生活循环简单,个体寿命短,种群控制以非生物为主,故粮堆属于未成熟的生态系统。

(3)动植物的选择是人工的而不是自然的。贮粮生态系统中的有害生物受到人为的控制，这是贮粮生态系统的一个显著特点，也是区别自然生态系统的一个重要标志。

(4)这个生态系统通常受到人类的控制，这种控制通常是外部的有目的的，而不是在天然生态系统中通过内部反馈控制的。贮粮生态系统，由于强烈的人为活动干扰，在一般情况下处于非生态学稳定状态。消费者的多种层次均处于抑制状态，分解者也同样处于不活动状态。更由于粮食本身的休眠，造成系统本身很少有自我调节和补偿能力(物质循环)，整个系统的热焓始终保持下降趋势。一旦压抑消费者的环境因子失控而变得对它们有利，就会很快引起一级消费者(贮粮微生物或植食性贮粮虫、螨)生物量急剧增加，加速该系统热的散失。通过控制环境条件，使贮粮生态系统处于非生态学稳定状态，是粮食及油料安全贮藏的根本。

第三节　谷物贮藏过程中的变化

一、影响谷物贮藏稳定性的主要因素

(一)水分

一般来说粮食是能够进行相当长时间的贮存，谷物通常收获时水分较低，若贮存中不受气候影响而又能防止害虫及鼠类的危害则很容易贮存数年。在理想的贮存条件下(低温，惰性气体等)安全贮存期可达数十年。通常谷物一年收获一次，在某些热带地区收获两次，但是谷物的消费则是一年到头在进行，因此实际所有的谷物都要贮存。贮粮方法多种多样，不管采用那种贮存方式，粮食的水分含量总是影响贮粮质量的第一要素。

除非采取特殊措施，否则所有谷物总是含有一些水分。水分多少取决于很多的因素，而且对于任何关心粮食的人都是首先要考虑的。

水分在谷物的安全贮存中也是极为重要的。微生物，特别是某些种类的真菌是谷物劣变的主要原因。三个主要控制着真菌在粮食上生长速率的因素是水分、时间和温度。三个因素中水分是最重要的。在低含水量时，真菌不会生长。但是当水分达到14%或稍微超过这个水平时，真菌即开始生长。当水分含量在14%～20%之间。只要稍微提高水分水平，就会改变真菌的生长速率，同时也会改换真菌品种发展。因此如果要使粮食贮存一段时期，重要的是要了解贮粮任何一部位的水分含量，而不是粮食的平均含水量。因为在实践中，某粮堆的平均含水量可能是14%，而粮堆内的不同部位，或不同的粮粒的含水量可能是很大的。因此在粮食贮藏过程中应该密切注意最高含水量，而不是平均含水量。

人们看到一个仓库中的粮堆表面积似乎是均匀的，就会很容易地联想整个仓库中粮食含水量也是均匀的。事实上这种情况即使有的话，那也是很少的。从一块地上收获的谷物在水分含量上可能由于土壤的不同及成熟度不同而有很大的差异。在单颗粮粒内部每颗粮粒之间在水分含量上可能也确实不一样。如果谷物来自不同地段，则水分含量肯定是不一样的。过去我们总以为经过一定时期，粮堆会趋向平衡。事实上只有当谷物贮存于稳定的条件下才会发生这样的情况，而事实上这种情况不会发生。此外其他一些力量也常常干扰这种平衡。

水分含量的测量即使在最有利条件下也是非常困难的，为了完全正确，必须测出水分，而不是其他易挥发的物质。因此我们不能单纯测量质量的损失，这就意味着要使用费歇尔试剂或等价物。

另外,一个总是非常重要的因素是如何取样进行分析。初看起来,获得均匀的样品似乎是相当简单的,事实上这是极为困难的。当我们买卖粮食时取得一个均匀的或者说平均的样品可能是非常重要的。可是当我们关心的是如何贮存粮食时,这种样品就没有什么价值,或者根本就没有价值。重要的水分水平不是平均数而是那一堆粮食中的最高水分。

如果粮堆中的某一区域有很高的水分含量,那么微生物就会在那里生长。由于新陈代谢的结果,在微生物生长的过程中,它们既要产生水分又要产生热量,从而导致更大的损害。

粮堆中的水分和其周围空气中的水分处于平衡的状态;这种平衡的水分含量被认为是与某一相对湿度的大气相平衡的水分含量。不同种类的谷物,即使是属于同一类型的谷物也可能有不同的水分含量,尽管如此所有谷物都与其粮堆中的空气的相对湿度处于平衡状态。

如图 6-1 所示,处于同一相对湿度空气中的同种谷物也可能有不同的水分含量,这取决于这种谷物是获得还是失去水分。这种现象称为滞后现象。

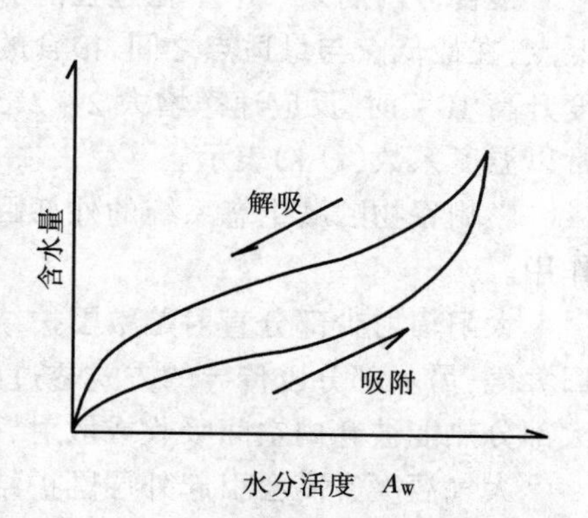

图 6-1　粮食吸附/解吸等温线示意图

粮食的安全贮存水分含量几乎完全取决于该谷物对水分的吸附滞后特性。在贮存中谷物与其周围空气的水分含量逐渐趋于平衡,谷物贮存中最具有损害性的因素之一是霉菌的生长。当谷物的水分含量与相对湿度低于70%的空气相平衡时,霉菌不会生长。主要粮食的最高水分水平通常被认为是:玉米 13%,小麦 14%,大麦 13%,燕麦 13%,高粱 13%,稻谷 12%~13%。像所有的规则一样,本规则也经常也有例外。最高水分将因湿度、粮堆中水分的均匀性以及其他因素而发生变化。

粮食的品质和贮藏稳定性与 A_W 有相当密切的关系,这样关系比与水分含量的关系更密切。A_W 不仅与微生物的繁殖有关,与自动氧化,褐变反应等也密切相关(图 6-2)。

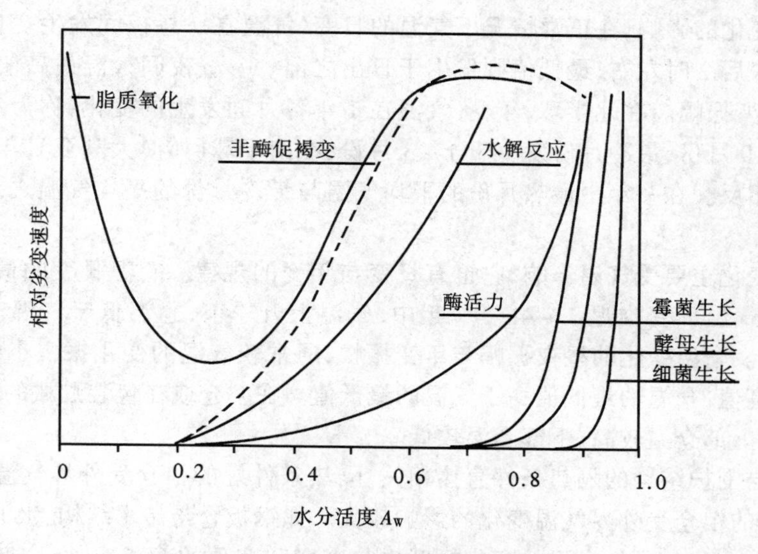

图 6-2　水分活度与粮食劣变速度示意图

简单地说水是粮食劣变的主要因素之一，是欠合理的，因为粮食是活的有机体，在贮藏过程中进行着生命活动，从这个意义上来说，水对粮食贮藏是不可缺少的。有研究表明：大米贮藏过程中，过低的水分对其食用品质的保持是不利的。但是，粮食在贮藏过程中，由于水存在的量及其状态，在一定的条件下却能使得粮食品质发生劣变。

（二）温度

温度是影响粮食安全贮藏的主要因素之一。在粮食贮藏过程中，温度主要影响粮食本身的呼吸作用，同时影响粮食害虫的生长以及粮食微生物的生长。温度对酶促反应有直接的影响，呼吸作用是有酶催化的一系列生化过程，因此呼吸作用对温度变化很敏感。谷物呼吸作用最适温度一般在25～35℃之间。

粮食体内的某一个生化过程能够进行的最高温度或最低温度的限度分别称为最高点和最低点，在最低点与最适点之间，粮食的呼吸强度随温度的升高而加强。根据凡·霍夫定律，当温度升高10℃时，反应速率增大2～2.5倍，这种由温度升高10℃而引起的反应速率的增加，通常以温度系数（Q_{10}）表示。

影响谷物贮藏生态系统的外部因素主要包括太阳辐射、大气温度、地温和生物群落的呼吸作用。

太阳辐射少部分直射贮粮围护结构，引起围护结构表层升温。围护结构的热能一部分返回大气，另一部分以传导的方式透过围护结构，再以辐射、对流或传导的方式向粮堆内部传入。大部分热能被仓内空间吸收或散射，引起仓温升高，这部分能量以对流方式进入粮堆内。

大气温度升高会引起外层围护结构升温，当仓温或粮温较低时，就向里传导热能，引起仓温或粮温升高；另外，热空气可通过门窗及其洞、缝以较快的速度对流，从而引起粮堆温度上升。

地温的变化也会引起粮温的变化，但一般对地上仓影响较小，地下仓影响较大。

贮粮微生物和贮粮害虫的呼吸作用也会影响粮食的温度，在某些条件下这种影响还很大。另外，当贮藏条件发生变化时，粮食自身的呼吸作用也会加剧粮温的上升。

虽然粮堆温度的变化情况比较复杂，但有一定的周期性变化规律。粮温的变化往往受到仓温和外界温度变化的影响，在正常情况下气温的日变（气温在一昼夜间发生变化称为日变）的最高值发生在午后2时左右，最低值则发生于日出之前。一昼夜间气温最高值与最低值之差，称为气温的日变振幅。在北半球，年变（气温在1年各月间发生的变化，称为年变）的最热月份常发生于7～9月份，最冷月份发生于1～3月份；在南半球（如澳大利亚），年变的最热月份正好和北半球相反。在一年中最热月份的平均气温与最冷月份的平均气温之差，称为气温的年变振幅。

通常仓温的变化主要受气温影响，它也有日变与年变的规律。仓温日变的最高值与最低值的出现，通常较气温日变推迟1～4h。一年中，气温上升季节，仓温低于气温；气温下降季节，仓温高于气温。仓温变化的昼夜振幅与年变振幅，通常较气温的变化振幅小，而仓温最高值低于气温的最高值，仓温的最低值高于气温的最低值。在空仓或在包装贮藏的仓库中，仓温高低有分层现象，上部仓温较高，下部仓温较低。

仓温的变化与围护结构的隔热条件直接相关，隔热条件好的粮仓受外界气温变化的影响小，而隔热条件差的粮仓受外界气温变化的影响较大。如钢板仓与砖木结构、水泥仓相比较受外界温度影响较大一些。另外仓温的变化幅度也与仓壁和仓顶的颜色有关，仓壁与仓顶刷白的仓房，仓温要比未刷白的低2～3℃，仓内吊顶的仓温要比未吊顶的低3～5℃。

外界温度影响粮仓温度,而粮仓温度的变化必然影响到粮食温度的变化。但是,由于粮食的导热性较差,粮堆中空气流动十分微弱,因此,尽管粮温的变化也受外温影响,但有其特殊的规律。粮温的日变化也有一最低值和最高值,其出现的时间比仓温最低值和最高值的出现迟1~2h。通常能观察到的粮温日变化的部位仅限于粮堆表层至30~50cm深处;再深处粮温的变化即不明显,特别是近年来兴建的高大平房仓和浅圆仓,即使在一年的高温季节粮堆深层的温度也很低,有的粮堆深层的温度在8~9月份也只有4~5℃或更低。一般情况下,粮堆表面以下15cm处,日变化为0.5~1℃,早晨8:00左右粮温与气温比较接近,适合于粮食入仓。

一般粮温年变的最低值与最高值的发生较气温年变的最低值和最高值推迟1~2个月,地下仓可能迟2~3个月。粮温最高值出现在8~9月份,最低温出现于2~3月份。3月份以后开始升温,9月份以后则开始降温。粮温年变振幅要比气温、仓温小,不同的围护结构,年变振幅也不相同。一般情况下,钢板仓>露天堆垛>土圆仓>塔形仓>房式仓>地下仓。

对常规贮粮来说,不同季节,粮温变化也不相同。在冬季,粮温和仓温高于气温;而在夏季,气温高于仓温,仓温高于粮温。在春秋转换季节,气温、仓温和粮温的变化会发生交错,规律不稳定。由此可见,在某一地区,气温、仓温、表层粮温都呈现一种周期性日、年变化规律,利用这些规律,在适当的条件下可以对粮堆进行通风降温,并对粮堆的围护结构进行适当的隔热处理就会达到比较好的贮粮效果。

(三)气体

氧与水一样都是自然界普遍存在的物质。氧的反应性很强,易于和许多物质起化学反应。

氧能使得粮食中的各种成分氧化,降低营养价值,甚至有时产生过氧化物等有毒物质,在大多数场合下使粮食的外观发生变化。因为粮食是有生命的有机体,一般对生命体来说,多余的氧在大多数场合下是有害的。然而对生命有机体而言氧又是不可缺少的。

通常情况下,谷物在贮藏过程中几乎不可避免的受到氧的影响,即使处于休眠或干燥条件下,谷物仍进行各种生理生化变化,这些生理活动是粮食新陈代谢的基础,又直接影响粮食的贮藏稳定性。呼吸作用是粮食籽粒维持生命活动的一种生理表现,呼吸停止就意味着死亡。通过呼吸作用,消耗O_2、放出CO_2并释放能量。呼吸作用以有机物质的消耗为基础。呼吸作用强则有机物质的损耗大,结果造成粮食品质下降,甚至丧失利用价值。粮堆的呼吸作用是粮食、粮食微生物和贮粮害虫呼吸作用的总和。

呼吸作用分为有氧呼吸和无氧呼吸。

有氧呼吸是活的粮食籽粒在游离氧存在的条件下,通过一系列酶的催化作用,有机物质彻底氧化分解成CO_2和H_2O,并释放能量的过程。有氧呼吸是粮食呼吸作用的主要形式,其总反应式为:

$$C_6H_{12}O_6 + 6O_2 \longrightarrow 6CO_2 + 6H_2O + 2820kJ$$

产生的能量大约有70%贮藏在ATP中,其余的能量则以热能散发出来。这就是为什么呼吸作用是粮食发热的重要原因之一。

有氧呼吸的特点是有机物的氧化比较彻底,同时释放出较多的能量,从维持生理活动来看这是必需的,但对粮食贮藏却是不利的,因此贮藏期间人为的将有氧呼吸控制到最低水平。

无氧呼吸是粮食籽粒在无氧或缺氧条件下进行的。籽粒的生命活动取得能量不是靠空气中的氧直接氧化营养物质,而是靠内部的氧化与还原作用来取得能量的。无氧呼吸也称缺氧呼吸,由于无氧呼吸基质的氧化不完全,产生乙醇,因此,与发酵作用相同。无氧呼吸可用下式表示:

$$C_6H_{12}O_6 \longrightarrow 6C_2H_5OH + 2CO_2 + 117.15kJ$$

一般情况下，粮食在贮藏过程中，既存在有氧呼吸，也存在无氧呼吸。处于通气情况下的粮堆，以有氧呼吸为主，但粮堆深处可能以无氧呼吸为主，尤其是较大的粮堆更为明显；长期密闭贮藏的粮堆，则以无氧呼吸为主。

有氧呼吸与无氧呼吸之间既有区别又有密切的联系，有氧呼吸是无氧分解过程的继续，为此考斯德契夫提出了共同途径学说，即呼吸基质分子的无氧分解是有氧呼吸与无氧呼吸的共同途径。碳水化合物经过糖酵解生成丙酮酸。丙酮酸经无氧呼吸生成乙醇和二氧化碳，并产生能量；丙酮酸经有氧呼吸（三羧酸循环、电子传递和氧化磷酸化）产生二氧化碳、水和能量。

粮食籽粒在贮藏中的呼吸强度可以作为粮食陈化与劣变速度的标准，呼吸强度增加，也就是营养物质消耗加快，劣变速度加速，贮藏年限缩短，因此粮食在贮藏期间维持正常的、低水平呼吸强度、保持粮食贮藏期间基本的生理活性，是粮食保鲜的基础。但强烈的呼吸作用对贮藏是不利的。首先，呼吸作用消耗了粮食籽粒内部的贮藏物质，使粮食在贮藏过程中干物质减少。呼吸作用愈强烈，干物质损失愈大。其次，呼吸作用产生的水分，增加了粮食的含水量，造成粮食的贮藏稳定性下降。另外，呼吸作用中产生的 CO_2 积累，将导致粮堆无氧呼吸进行，产生的酒精等中间代谢产物，将导致粮食生活力下降，甚至丧失，最终使粮食品质下降。呼吸作用产生的能量，一部分是以热量的形式散发到粮堆中，由于粮堆的导热能力差，所以热量集中，很容易使粮温上升，严重时会导致粮堆发热。

影响食粮籽粒在贮藏过程中呼吸作用的因素很多，主要包括以下几个方面：

1. 粮食的种类

一般来讲，胚/籽粒比例大的粮种呼吸作用强，如玉米比小麦的呼吸强度在相同的外部条件下要高；未熟粮粒较完熟粮粒的呼吸作用强；当年新粮比隔年陈粮呼吸作用旺盛；破碎籽粒较完整的籽粒呼吸强度高；带菌量大的粮食较带菌量小的粮食呼吸能力强。

2. 水分

在影响粮食劣变速度的诸因素中，水分是最主要因素。水分对于粮粒呼吸的重要意义在于，水是粮粒呼吸过程中以及一切生化反应的介质。一般情况下，随着水分含量的增加，粮、油籽粒呼吸强度升高，当粮食水分增高到一定数值时，呼吸强度就急剧加强。

3. 温度

在一定的温度范围内，粮食的呼吸作用随温度的上升而增强，当温度上升到一定的程度以后，呼吸作用会随温度的上升而显著下降，这是因为过高的温度对酶的钝化或破坏所致。这个温度的上限在一般谷物中为 45～55℃（与谷物的种类以及品种有关系）。

呼吸作用与温度的关系，通常由温度系数来表示，即温度每升高 10℃呼吸作用所增加的倍数。如发芽小麦在 10℃时的呼吸强度为 0℃时的 2.86 倍。

水分与温度是影响粮食呼吸作用的主要因素，但二者并不是孤立的，而是相互制约的。水分对粮食呼吸作用的影响受温度条件的限制，温度对粮食呼吸作用的影响受含水量制约。在 0～10℃时，水分对呼吸作用影响较小，当温度超过 13～18℃时，这种影响即明显地表现出来。因此在低温时，水分较高的粮食也能安全贮藏，如在我国东北及华北地区，冬季气温很低，高水分玉米（一般含水量为 25%）也可以作短期安全贮藏，夏季气温回升时，必须降水（干燥、烘干）才能安全贮藏。北京大米度夏安全水分为 13.5%，而气温较高的上海就必须控制在 12.0%才能过夏，而现在低温或准低温贮藏大米，水分可高达 15%。

同样，温度对粮食的呼吸作用的影响与粮食含水量有关。水分较低时，温度对呼吸的影响不明显,当温度升高时,温度所引起的呼吸强度变化非常激烈。利用温度、水分对粮食呼吸作用的综合作用,实践中可通过严格控制粮食的含水量,使粮食安全度夏,或在低水分条件下进行热入仓高温杀虫(小麦),保持粮食品质;同样利用冬季气温低的有利条件,降低粮温,使高水分粮安全贮藏。

人们从实践中总结出来的粮食安全水分值称作粮食贮藏安全水分。一般禾谷类粮食的安全水分是以温度为0℃时,水分安全值18%为基点。温度每升高5℃,安全水分降低1%。

4. 粮食贮藏环境中气体成分

氧分压的高低对粮食呼吸强度有明显的影响。通常随着氧分压的降低,有氧呼吸减弱,无氧呼吸加强。

二氧化碳是呼吸作用的产物,环境中 CO_2 的浓度增高时,就会抑制呼吸作用的进行,使呼吸强度减弱。

控制贮藏环境中的气体成分,是使粮食贮藏后仍然保持新鲜品质的重要技术措施,是气调贮藏的基础。

(四)光线

光照在粮食贮藏过程中的作用几乎没有报道。Harrington 指出:紫外线可能缩短收获前的种子寿命和加速贮藏种子的变质。关于这方面报道很少的原因大概是粮食贮藏过程中很少经受光线的直接照射。

日光中的紫外线具有较高的能量,能活化氧及光敏物质,并促进油脂的氧化酸败,油脂在日光的紫外线作用下,常能形成少量的臭氧,与油脂中的不饱和脂肪酸作用时就形成臭氧化物,臭气化物在水分的影响下,就能进一步分解为醛和酸,使油脂酸败变苦。另外,在日光照射下,油脂中的天然抗氧化剂维生素 E 会遭到破坏,抗氧化作用减弱,因此,油脂的氧化酸败速度也会增加。另外,油脂在550nm 附近的黄色可见光谱具有最大吸收。因此,在550nm 附近的可见光对油脂氧化影响很大。

二、谷物贮藏过程中主要组分的变化

(一)蛋白质

粮食在贮藏过程中蛋白质的总含量基本保持不变,一旦发现变化即为质变。研究发现,在40℃和4℃条件下贮藏1年的稻米,总蛋白含量没有明显的差异,但水溶性蛋白和盐溶性蛋白明显下降,醇溶蛋白也有下降趋势。H. Balling 等人报道,大米在常规条件下贮藏,3年后(乙)酸溶性蛋白有明显降低,到第7年,所有样品的酸溶性蛋白含量几乎降低到了原来的一半,可能是部分酸溶性蛋白与大米中糖及类脂相互作用形成其他产物的结果,但另有其他学者则认为是稻米蛋白中巯基氧化为二硫键所致。

大米经贮藏过夏后,蛋白质中的巯基(SH)含量有明显的变化,这种巯基含量在很大程度上反映了蛋白质与大米品质变化的关系。研究表明,随贮藏过程的进行,大米中 SH 基含量逐渐减少,并发现大米在贮藏过程中米饭的 V/H(黏度/硬度比值)与 SH 基含量的变化呈线性关系,回归方程 $y = -0.08 + 4.61x$(相关系数 $r = +0.93$)。而且 SH 基含量的变化超前 V/H 值的变化,说明大米贮藏过程中还存在着蛋白质以外的其他影响大米流变学特性的因素。同时,经还原剂处理的大米,蒸煮的米饭黏度/硬度比值明显提高。

进一步的研究表明,大米贮藏过程中淀粉粒蛋白的量明显增加,这种淀粉粒蛋白量的增加与大米贮藏过程中蛋白质提取率的下降似乎存在着某种关系(表6-1)。

表 6－1　大米密闭贮藏过程中 Osborne 蛋白溶解性的变化（大米整粒）　单位：%

蛋白质组分	贮藏前	在 5℃贮藏 5 个月	在 25℃贮藏 5 个月	在 35℃贮藏 5 个月
清蛋白	0.30	0.38	0.25	0.18
球蛋白	0.67	0.57	0.59	0.45
醇溶蛋白	0.25	0.14	0.08	0.13
谷蛋白	5.25	4.90	4.81	3.74
全蛋白	6.47	5.99	5.73	4.50
不溶性蛋白	1.68	1.87	1.98	3.11
蛋白提取率	79.3	76.1	74.3	59.0

研究表明，小麦在 40℃和自然室温条件下贮藏 3 年，蛋白质总量并没有发生变化，但贮藏过程中盐溶、醇溶蛋白提取率降低，而麦谷蛋白的提取率逐渐增加，这种变化与小麦品质逐步改善密切关联。研究还认为贮藏过程中盐溶、醇溶蛋白部分解聚，低分子质量麦谷蛋白亚基进一步交联，与小麦面团流变学特性密切相关的高分子麦谷蛋白亚基含量增加。

V.Suduarao (1978)报道，新收获的小麦醇溶蛋白含量最高，由于小麦的后热作用，谷蛋白含量逐步增加，贮藏四个月（常规贮藏）的小麦中，谷蛋白与醇溶蛋白的比例从原来的 0.33:0.88 转变为 1.3:1.9。

同时新收获小麦的蛋白质中巯基含量比贮藏四个月后的巯基含量高得多，但二硫键比贮藏后要低得多。

（二）碳水化合物

淀粉在贮藏期间，其含量下降不明显。但随着贮藏时间的延长，淀粉的性质发生改变，主要表现在黏性下降，糊化温度升高，吸水率增加，碘蓝值明显下降。值得注意的是，稻米在贮藏过程中总的直链淀粉没有明显变化，但不溶于热水的直链淀粉含量却随贮藏时间的延长而逐渐上升，这与米饭黏性下降，糊化温度升高相一致。

同黏度一样，不溶于热水的直链淀粉含量变化可作为反映稻米陈化的一个重要指标。贮藏期间碳水化合物的另一个变化是非还原糖含量的下降和还原糖含量的增加，尤其是蔗糖含量的减少较为常见。但由于还原糖和非还原糖的变化不如脂类和胚中酶的变化来得快，所以实际中很少用其作为贮粮安全指标。

淀粉在粮食贮藏过程中由于受淀粉酶作用，水解成麦芽糖，又经酶分解形成葡萄糖，总含量降低，但在禾谷类粮食中，由于基数大（占总重的 80%左右），总的变化并不明显，在正常情况下淀粉的量变一般认为不是主要方面。淀粉在贮藏过程中的主要变化是“质”的方面。具体表现为淀粉组成中直链淀粉含量增加（如大米、绿豆等），黏性随贮藏时间的延长而下降，涨性（亲水性）增加，米汤或淀粉糊的固形物减少，碘蓝值明显下降，而糊化温度增高。这些变化都是陈化（自然的质变）的结果，不适宜的贮藏条件会使之加快与增深，这些变化都显著地影响淀粉的加工与食用品质。质变的机理是由于淀粉分子与脂肪酸之间相互作用而改变了淀粉的性质，特别是黏度。另一种可能性是淀粉（特别是直链淀粉）间的分子聚合，从而降低了糊化与分散的性能。由于陈化而产生的淀粉质变，在煮米饭时加少许油脂可以得到改善，也可用高温高压处理或减压膨化改变由于陈化给淀粉粒造成的不良后果。

还原糖和非还原糖在粮食贮藏过程中的变化是另外一个重要指标。在常规贮藏条件下，高水分粮食由于酶的作用，非还原糖含量下降。但有人曾报道，在较高温度下，小麦还原糖含量先是增加,但到一定时期又逐渐下降,下降的主要原因是呼吸作用消耗了还原糖,使其转化成 CO_2 和 H_2O,还原糖的上升再度下降说明粮食品质开始劣变。

(三)脂质

在贮藏过程中,粮食中的脂类变化主要是氧化和水解。氧化作用产生过氧化物和羰基化合物,水解作用产生脂肪酸和甘油,低水分粮食尤其是成品粮的脂类物是以氧化为主,而高水分粮食的脂类则以水解为主,正常水分的粮食两种解脂作用可以交替或同时发生。贮粮温度升高时,解脂速度加快。脂肪酸的变化对粮食的种用品质、食用品质有影响。稻米在陈化过程中游离脂肪酸增多,使米饭硬度增加,米饭的流变学特性受到损害,甚至产生异味。小麦在贮藏期间,通常在物理性状还未显示品质劣变之前,脂肪酸早已有所升高,而种子生活力显著下降。虽然脂肪酸含量与贮粮品质有很好的相关性,但由于贮粮的原始状况不同及仓贮条件的差异,仅以脂肪酸值的大小作为贮粮品质劣变指标尚欠妥当,而以游离脂肪酸的增长速度作为贮粮变质敏感指标则比较合理。另外,粮食在贮藏期间,极性脂类的分解比游离脂肪酸的增加更为迅速。从理论上讲,测定糖脂及磷脂等极性脂的变化比测定游离脂肪酸的变化更能反映贮粮的早期劣变。但是,粮食籽粒中极性脂的含量甚少,测定方法繁琐,故实际应用起来尚有一定的难度。

粮食中脂类变化主要有两方面,一是被氧化产生过氧化物与由不饱和脂肪酸被氧化后产生的羰基化合物,主要为醛、酮类物质。这种变化在成品粮中较明显。如大米的陈米臭与玉米粉的哈喇味等。原粮中由于种子含有天然抗氧化剂,起了保护作用,所以在正常的条件下氧化变质的现象不明显。另一种变化是受脂肪酶水解产生甘油和脂肪酸。自20世纪30年代以来发现劣质玉米含有较高脂肪酸以来,研究者多用脂肪酸值作粮食劣变指标。特别是高水分易霉变粮食更明显,因为霉菌分泌的脂肪酶有很强的催化作用。

影响水解酸败和氧化酸败的许多因素是相同的,而且在许多情况下氧化酸败是由脂肪最初水解释放出来酯化的脂肪酸所引起的。影响酸败的因素主要包括以下几个方面的内容:

1. 原料质量

原料的质量对谷物及其产品的稳定性有很大影响,物理损伤及在收获前气候潮湿时,粮食污染有脂解性微生物会直接影响其贮藏稳定性。比如说,污染真菌的小麦粉制成的饼干中会有肥皂异味,这是因为真菌中的脂解酶水解饼干中的乳脂所引起的。

2. 加工条件

用抗氧化剂来防止食品中的酶促酸败是不可行的,因此通常采用加热处理来钝化酶,这个条件必须严格控制,首先要“杀死”酶,但又不能使内源性抗氧化剂受到破坏(防止非酶促酸败),因此有必要强调酶对热的敏感性,随水分活度的增大而增大。在一些情况下,热处理可以破坏谷物的某些功能特性,如加热小麦粉会使面筋活性丧失,因此要选择其他方法,对胚强化的小麦粉应把胚分开蒸煮以钝化酶。

3. 贮藏条件

温度:动力学作用,湿度降低反应速度变慢,稳定性增大,脂解作用依赖于油在物料中的扩散作用,在低温条件下(油固化温度以下),这种作用的发生受到限制。

水分活度:脂肪降解可以发生在比大多数谷物本身的水分活度低得多的条件下,如在小麦粉制品中水解酸败可在水分低至5%时发生。然而小麦制品中在环境条件下($A_W=0.65$)的反应速度比在水合物料中要小得多。减少非酶促氧化酸败通常推荐的水分条件是小于5%。

4. 空气

除 O_2 可以防止氧化酸败，但不能防止水解酸败。脂肪氧化有酶促和非酶促两种。仅需少量的氧，通常1%左右就可以发生脂肪氧化。

5. 抑制剂

适合谷物制品的酯酶抑制剂(防止水解酸败)尚未发现。尽管抗氧化剂对脂氧合酶引发的氧化作用无效，但它可以延缓非酶促氧化酸败的发生。

研究发现，300mg/kg的薄荷提取物能有效地抑制麦片和米片的酸败，100mg/kg的香子兰醛对滚筒干燥的小麦片来说是特别有效的抗氧化剂。

6. 颗粒大小

颗粒小表面积大易发现氧化酸败，但颗粒大物理和感觉特性差些，所以两者必须协调起来。

(四)挥发性物质

新鲜粮食与贮藏一段时间后的陈化粮食相比，其挥发性物质的组成与含量有较大差别。陈米中碳基化合物比新米中含量高，特别是高沸点的正戊醛、正己醛含量增加更为明显，这些高沸点的醛类有难闻的陈米味。一般而言，质量好的大米挥发性物质中具有较多的硫化物和少量羰基化合物。米饭的气味取决于这两种化合物含量之间的平衡。与大米相似，小麦中挥发性物质与面包烤制中的香味显著相关。由于挥发物与大米新鲜程度密切相关，国外已将其作为稻米品质劣变的重要指标。我国虽没有将挥发物直接作为品质变化指标，但挥发物的变化对米饭或面包的香味有重大影响，品尝评分值在一定程度上间接反映了挥发物质的变化。

(五)酶

谷物随着贮藏期间的增长，各种酶的活性呈现出不同的变化。当粮食籽粒活力丧失时，与呼吸作用有关的酶，如过氧化氢酶、过氧化物酶、谷氨酸脱羧酶和脱氢酶的活力降低，而水解酶类，如蛋白酶、淀粉酶、脂肪酶和磷脂酶的活性却增加。酶活性的变化趋势在一定程度上能反映贮粮的安全性。由于酶的活性与种子生活力密切相关，并且其活性降低也表现在发芽率减少之前，所以，酶活力可以作为粮食品质劣变的灵敏指标。

随贮藏时间的延长谷氨酸脱羧酶活力下降，特别是在有利于劣变的水分下。酶似乎只在胚中出现，贮藏中酶活力下降的速度依赖谷物的水分含量。林可欧和索恩(1960)发现在谷氨酸脱羧酶和发芽百分率之间存在着对数关系(以 r 表示相关系数，则：小麦，$r = 0.920$；玉米，$r = 0.949$)。在小麦和玉米中这两个相关系数较发芽百分率与游离脂肪酸之间的相关系数(小麦，$r = 0.754$；玉米，$r = 0.433$)高得多。

尽管在谷氨酸脱羧酶与发芽率之间存在高度相关性，但变化时有报道。组成(主要是蛋白质含量)、遗传及环境因素影响其结果，另外，谷氨酸脱羧酶在用作发芽的粮食中作为粮食健全程度的指标比其在用作面包制作及早餐谷物食品生产指标更有用。研究表明谷氨酸脱羧酶试验与脂肪酸度相比是人工干燥和贮藏稻谷更可靠的生活力指标。在五种环境条件下贮藏稻谷和玉米24周，并定期测定发芽，四唑染色加速陈化的作用及谷氨酸脱羧酶活力，谷氨酸脱羧酶活力下降是在发芽率下降之前。

三、微生物所引起的粮食发热与霉变

由于微生物在粮食上的生长繁殖，导致粮堆发热乃至霉变，使粮食发生一系列的生物化学变化，造成粮食品质劣变。

(一)粮堆发热

贮粮生态系统中由于热量的集聚,使贮粮(粮堆)温度出现不正常的上升或粮温该降不降反而上升的现象,称为粮堆发热。引起粮堆发热的因素有很多,但是大多数情况下都与微生物的生长繁殖有关。粮堆发热违反粮温正常变化规律,导致贮粮生态系统内粮食出现异常现象,影响粮食品质。

通过比较粮温与仓温(气温上升时,粮温上升太快,超过仓温日平均量为3~5℃时,可能出现早期发热;气温下降季节,粮温始终不降或反而上升,可能出现发热);对粮温进行横向比较(粮食入仓时,如果保管条件、粮食水分和质量基本相同的同种粮,粮温相差3~5℃以上,则视为发热);对粮温进行纵向比较(每次检查时,与以前记录情况比较,若无特殊原因,温度突然上升,即是发热);通过粮情质量检测,进一步确定粮堆发热。

粮食发热的原因是多方面的,但总的来讲,是贮粮生态系统内生物群落的生理活动与物理因子相互作用的结果。

粮食是贮粮生态系统的主要因子,其代谢活动及品质对发热有一定作用,但因为粮食在贮藏过程中代谢很微弱,所以产生的热量正常情况下不可能导致发热。

有害生物的活动是造成贮粮发热的重要因素,尤其是微生物的作用是导致发热的最主要因素。粮食在贮藏过程中,贮藏真菌逐步取代田间真菌起主导作用,在湿度为70%~90%时,贮藏真菌即开始繁殖,特别是以曲霉和青霉为代表的霉菌活动,在粮堆发热过程中提供了大量的热量,据测定,霉菌的呼吸强度比粮食自身的呼吸强度高上百倍乃至上万倍。如正常干燥的小麦呼吸强度为0.02~0.1mL/g干重24h,而培养2d的霉菌(黑曲霉)则为1576~1870mL/g干重24h。在常温下,当禾谷类粮食水分在13%~14%以下时,粮食和微生物的呼吸作用都很微弱。但当粮食含水量较大时,微生物的呼吸强度要比粮食高得多。粮食水分愈大,微生物的生命活动愈强,这就是高水分粮易于发热的主要原因,另外,贮藏虫、螨也对粮食发热有促进作用,但都没有微生物作用显著。

粮食发热是个连续的过程,通常包括生物氧化三个阶段,即出现—升温—高温。高温继续发展而供氧充足和易燃物质生成积累时,可能达到非生物学的自燃阶段。

粮堆发热出现的条件和时间与粮食质量和贮藏环境有关,通常有四种情况:①粮质过差或由于贮粮水分转移,劣质粮混堆、漏水、浸潮以及热机粮(烘干粮或加工粮)未经冷却处理等原因,粮食可以随时出现发热;②贮粮虫、螨的高密度集聚发生,既可以引起局部温、湿度升高,又为微生物创造了适宜的生态环境,造成贮粮"窝状发热"等;③春秋季节转换时期,出现温差,贮粮结露,出现粮食发热;④一般质量差的粮食发热,多发生在春暖和入夏之后,粮温升高,粮食水分越高,发热出现越早,这就是高水分粮难以度夏的根本原因。

粮食发热主要包括局部发热、上层发热、下层发热、垂直层发热、全仓发热五种类型。

(二)粮食霉变

贮粮发热的继续即引起粮食霉变,通常粮食发热不一定霉变,而霉变往往伴随着发热。一般粮食都带有微生物,但并不一定都受到微生物的危害而霉变,因为除了健全的粮食对微生物具有一定的抵御能力外,贮粮环境条件对微生物的影响,是决定粮食霉变与否的关键。环境条件有利于微生物活动时,霉变才可能发生。

1. 粮食霉变过程和微生物的作用

粮食霉变是一个连续而统一的过程,有一定的规律,其发展的快慢,主要由环境条件对微生物的适宜程度而定。快者一至数天,慢者数周,甚至更长时间。霉变的发展过程,会由于条件的变化而加剧、减缓或中止，所以是可以预防的。

粮食霉变，一般分为三个阶段，即初期霉变阶段（就是大多数贮粮微生物与粮食建立腐生关系的过程）、生霉阶段（是贮粮微生物在粮食上大量生长繁育的过程）和霉烂阶段（是微生物使粮食严重腐解的过程）。通常以达到生霉阶段作为霉变事故发生的标志。

粮食霉变有一定的发展阶段。正确认识和掌握这个过程，以及各阶段的关系和特点，将有助于在贮藏过程中制订有效措施，防止粮食霉变的发生和发展。

2. 粮食霉变的类型

依据贮粮微生物生长发育所要求条件，以及导致微生物活动的原因，可将粮食霉变概括为劣变霉变（因为粮食质量差而易受微生物侵害发生的霉变称为劣变霉变）、结露霉变（因为温差过大或水分过高引起的结露，有利于微生物侵害而发生的霉变，称为结露霉变）、吸湿生霉（因外界湿度大而使粮食吸湿，受微生物感染发生的霉变，称为吸湿霉变）、水浸霉变（因为粮食直接浸水或受雨，使微生物得以侵害而引起的霉变称为水浸霉变）四种。这四种霉变类型的划分是相对的，在粮食霉变发生过程中，环境因素的影响是复杂的，有时虽有侧重，但各种霉变类型往往不是孤立发生的。因此在设计防霉措施或处理方法时，必须充分考虑到这些，以求达到防霉抑菌的双重效果。

粮食发热、霉变后，微生物生理活性增加，某些微生物（如黄曲霉）分泌的真菌毒素使粮食带毒，其中许多是致癌物质。

3. 由微生物引起的粮食品质变化

(1)粮食的变色和变味　粮食的色泽、气味、光滑度和食味都是粮食新鲜程度及健康程度的重要指标。所以从粮食的色泽气味可了解霉变的发生与菌变程度。许多微生物可以使粮食变色。微生物菌体或群落本身具有颜色，存在于粮食籽粒内外部时，可使粮食呈观不正常颜色。如交链孢霉、芽枝霉、长蠕孢霉等具有暗色菌丝体，当这类霉菌在麦粒皮层中大量寄生时，便可使麦粒和胚部变为黑褐色；镰刀菌在小麦和玉米上生长时，由于其分生孢子团有粉红色，所以侵染的小麦、玉米也成粉红色。此外，某些微生物分泌物具有一定的颜色，也能使寄生的基质变色。如黄青霉、桔青霉能分泌黄色色素，紫青霉分泌暗红色色素，构巢曲霉分泌黄色色素，分别使大米变为黄色、赤红色等。禾谷镰刀菌等分泌紫红色色素，可使小麦呈紫红色。

粮食的有机成分在微生物作用下被分解而发生变化，形成有色物质。坏死的粮食组织也带有颜色。如蛋白质分解时产生的氨基化物呈棕色，硫醇类物质多为黄色等。极端发热的粮食呈黑褐色，是由于粮食中积累的氨基酸与族水化合物产生黑色蛋白素的缘故。

变质米是米粒失去原有的色泽而变为红色、黑色、褐色等，表面可出现生霉现象，发出霉臭；轻微的只是失去光泽。变质米是由于在田间受病原菌的侵染，或贮藏期受霉菌的侵染而形成的。如黑蚀米是一种细菌寄生引起的变质米。其病原细菌（Bacterium itoana），在谷粒成熟期前后由颖隙或伤口等处侵入，侵入米粒糊粉层及淀粉组织的上层部分，形成暗褐色病斑。病斑多生于米粒顶端，其侵染虽只在表层组织，但碾白不能除掉，煮饭也不消失。又如红变米是一种节卵孢霉引起的。一般在夏季高温期发生，白米表面产生一点一点的红色，有时为紫红色或暗褐色，经过一个期间，扩展到全面，完全失去米的本来面目。洗涤红变米时，水成暗紫红色。该菌发育的最适温度为24～28℃，最高温度为36℃，最低温度为11℃，17℃以下发育缓慢。受害米对动物无毒性作用。米粒受害后变色深浅与含水量有关系。水分19.6%以下米粒呈红色；水分19.6%～27%呈紫红色至暗紫红色，水分25%～50%呈暗红色乃至暗褐色或灰色，水分15.5%以下的米粒上该菌不能繁殖。此外，某些青霉、曲霉等霉菌侵染大米后，米粒呈黄色至褐黄色,米粒全部变色或呈病斑状。

小麦在贮藏期间胚部往往变为深棕到黑色称为“胚损粒”或“病麦”。变色胚部含有很高的脂肪酸,并且很脆,当磨粉时这种破碎胚进入小麦粉中带来不利影响,使小麦粉中有不明显的黑斑。由20%“胚损粒”的小麦磨成的小麦粉制成的面包体积小风味不好。在实验室内可用各种方法使胚部变成棕色,如热处理、高温结合高水分处理,有毒气体或酸处理,真菌和细菌侵染等等。但试验证明,自然变色的主要原因可能是由于贮藏真菌的侵染。1955年克利斯坦逊从26份商品粮样品(有的含有5%~55%的“病”麦,有的是未变质粮堆中的完好小麦)中拣的“病”麦和完善粒,测定其发芽率和霉菌的种类和数量,病麦上的带菌量比完善粒高。同时霉菌的检出率也高。说明病麦是被贮藏真菌严重感染后,产生胚变色的现象。病麦上的贮藏真菌有局限曲霉、匍匐曲霉、白曲霉和黄曲霉。贝克等人报道:1956年英国小麦收获时,气候冷而湿,有利于芽枝霉生长繁殖。许多小麦被芽枝霉感染,芽枝霉有暗色菌丝,使小麦胚变色。这样的小麦磨出小麦粉的粉色也不好。

微生物引起粮食变味,变质粮食会失去原有的良好风味,并产生种种令人有不快的甚至难以忍受的感觉。粮食的变味包括食味和气味两个方面。微生物的作用是使粮食产生异味的原因之一。微生物本身散发出来的气味,如许多种青霉有强烈的霉味,可被粮食吸附。霉变愈严重粮食的霉味愈浓难以消除。严重霉变的粮食经过加工过程的各道工序制成成品粮,再经过制成食品,仍会感到有霉味存在。

组成粮食的各种有机成分在微生物的分解作用下,生成许多有特殊刺激嗅觉和味觉的物质。如高水分粮食在通风不良条件下进行贮藏时,出于粮食中碳水化合物被微生物发酵利用,便产生某些酸与醇,使粮食带酸味和酒味。严重霉变的粮食,粮食中蛋白质被微生物分解产生氨、氨化物、硫化物、硫化氢:有机碳化物被分解产生的各种有机酸、醛类、酮类等都具有强烈刺激气味。

粮食严重变味以后,一般异味很难除去。轻微异味可以用翻倒、通风、加温、洗涤等方法去除或减轻。还可以用臭氧、过氧化氢等处理去除异味。

(2)粮食发芽率　贮藏真菌的侵染使种子丧失发芽力已是无可置疑的。菲德尔和金氏的豌豆试验很有说服力。豌豆样品分成两组,一组接种几种曲霉菌;另一组不接种,同时放在85%相对湿度和30℃下,经过3~8个月后,接种的发芽率为零,不接种的发芽率在95%以上。克利斯坦逊等人的试验,将水分17%~18%的玉米样品分成两组,一组接种贮藏真菌,另一组不接种,同时放在15℃下2年。结果接种的玉米发芽率为零,没有接种的玉米发芽率为96%。

各种微生物对种子生活力的影响程度不同。据有人试验对豌豆种子伤害最强的是黄曲霉,其次是白曲霉、灰绿曲霉。局限曲霉也有相当大的伤害力。白曲霉的不同菌株彼此在杀死含水量16%~17%的小麦种子的速度上相差极大。镰刀菌、木霉、单端孢霉、灰霉、蠕形菌、轮枝霉等某些种能够形成对粮食种子发芽及幼苗生长有害的毒素。细菌中如马铃薯杆菌、枯草杆菌等类群中,有若干品系能抑制种子发芽。

据克利斯坦逊等人试验,硬粒春小麦,在25℃下贮藏6个月以后,水分由14%以下上升到14.5%以上;贮藏1年后,又上升到14.5%~15.5%。局限曲霉的检出率达到70%~100%。小麦发芽率随贮藏时间的延长,水分的增加和局限曲霉的污染率增加而逐渐降低。另一方面,如果小麦的原始样品没有污染贮藏真菌时,其发芽率比已污染的要高。

在测定发芽率时,必须注意种子应先进行表面消毒,器皿也应消毒和添加无菌水,并在清洁环境中操作,防止外部微生物污染。因为种子外部附着大量的微生物,器皿及水中也有微生物,空气中漂浮着微生物。如果操作不注意,由于水分及温度对微生物生长的有利条件,便会发生生霉不发芽。而并非是霉菌侵染胚部而造成发芽率低。所以这种发芽率降低是假象。

(3)粮食食用品质的变化

①粮食的质量损耗:粮食中的碳水化合物是微生物的呼吸基质和能量的来源。粮食上的微生物特别是霉菌能分泌大量的水解酶,将碳水化合物水解而吸收。粮食在霉变过程中,随着霉菌的增殖,在霉菌淀粉酶的作用下进行活跃的淀粉水解过程,非还原糖水解成还原糖,表现为粮食中淀粉含量降低,非还原糖减少,还原糖增加。还原糖又作为呼吸基质而被利用,最后转化为二氧化碳和水。最终使粮食中的淀粉和糖损失,干重下降。

②脂肪酸增加:粮食在霉变过程中,由于霉菌的脂肪酶的分解作用,将粮粒中的脂肪分解为脂肪酸和甘油,甘油容易继续氧化,而脂肪酸积累致使脂肪酸值增高。由于霉变发生粮食的脂肪酸值与发芽率变化比较明显,所以常用这两项来说明霉变情况。

霉菌能够利用多种脂肪酸作为碳源。如在玉米上接种阿姆斯特丹曲霉培养两周后,脂肪酸值为284.1,培养4周后,脂肪酸值减少到247.9,说明该菌已将脂肪酸进一步分解利用。

克利斯坦逊等人试验:从玉米上分离的寄生曲霉、黄曲霉、白曲霉和阿姆斯特丹曲霉,接种在已抽出油的玉米粉和已抽出油又加入油的玉米粉。在含油的玉米粉中,四种曲霉都能使脂肪酸值升高,当达到一定程度时又下降。脂肪酸值的数量多少,依霉菌种类不同而不同。在已抽油的玉米粉中没有一种霉菌使已抽油玉米粉的脂肪酸值升高。这个试验说明玉米粉的脂肪酸值升高,是由于霉菌的脂肪酶对玉米脂肪的分解作用而形成的。

霉菌种类不同,分解脂肪产生脂肪酸的数量不同。耐吉鲁等人用消毒玉米接种霉菌,两周后,发现接种白曲霉的玉米脂肪酸值为748;接种阿姆斯特丹曲霉的玉米脂肪酸值为384。鹤田理等人从玉米和高粱上分离的七种曲霉,分别接种在表面消毒的玉米上,培养一定时间,测玉米的脂肪酸值。结果说明白曲霉、土曲霉、黄曲霉、谢瓦曲霉、阿姆斯特丹曲霉能使玉米和高粱的脂肪酸值明显升高,杂色曲霉使脂肪酸值升高不明显,局限曲霉几乎不使脂肪酸值升高。并提出要完全控制霉菌生长,在28℃时,相对湿度应控制在68%以下;在18℃时,相对湿度应控制在76%以下。

一般来说粮食霉变发热的劣变程度与脂肪酸值之间有较高的正相关。脂肪酸值和变质粮粒百分比的相关系数为:病麦0.874;热变质小麦0.651;热变质玉米0.670;酸败玉米0.978;点翠玉米0.827。

③粮食霉变中,除去游离脂肪酸的积累外,还有磷酸、氨基酸及有机酸的增加,所以总酸度也会升高。

小麦霉变中,用石油醚提取的脂类含量一般都下降,波梅兰等人报道,达夫托和波梅兰兹(1965)研究在高温高湿条件下霉变的硬粒和软粒小麦,霉菌量从1000/g增加到2000000/g,脂类总量下降40%,非极性脂类下降20%左右,极性脂类仅为正常小麦的1/3。同时,糖脂和磷脂含量迅速下降。

④霉变过程中,测定粮食的总氮量一般变化不显著。但是蛋白质氮的百分率减少,氨态氮和胺态氮的含量增加。说明蛋白质在霉变过程中,蛋白质的分解作用比较旺盛。如西能利的试验;玉米中氨基酸的含量,完好成熟的玉米中通常含游离氨基酸约110mg。而严重霉变玉米中则高达330mg[指中和100g玉米(干重)中游离羧基所需的氢氧化钾毫克数]。

(4)粮食加工工艺品质的变化　稻谷霉变以后,粮粒组织松散易碎,硬度降低,加工时碎米粒及爆腰率增高。严重霉坏的稻谷能用手指捻碎。霉变发热的小麦磨成的小麦粉工艺性能很差,面筋质的含量和质量下降,影响发酵和烘烤性。如霉变小麦磨出的小麦粉,做面团很黏,发酵不良,烘烤出的面包体积很小,横切面纹理和面包皮色都差。如优质小麦制成的面包体积有 720cm^3,而高水分霉变小麦制成的面包体积只有 515cm^3。

(三)粮堆发热霉变的预防

首先,要作好粮食入仓前的备仓工作。粮食入仓前一定要做好空仓消毒,空仓杀虫,完善仓房结构(主要是仓墙、地坪的防潮结构和仓顶的防漏雨)等。

其次,要把好粮食入库关。入库的粮食要"干、饱、净",严禁"三高"粮食入仓。

另外,要作好粮食贮藏的管理工作。粮食的水分含量要在安全水分以下、对水分较高的粮食要及时降水,做好合理通风、适时密闭。

定期对粮食贮藏劣变指标进行测定。发现粮食品质有劣变的迹象时,应对粮食及时处理。

四、由贮粮害虫所引起的粮食品质变化

一般情况下,粮食在贮藏过程中几乎不可避免的受到贮粮害虫的危害。这些危害有时是直接的有时是间接的。

直接危害胚乳:食粮粒胚乳的害虫有玉米象、谷蠹、麦蛾等。

直接危害胚芽:食胚芽的害虫有印度谷蛾、扁谷盗、绣赤扁谷盗等。从胚芽开始食害延至胚乳的有大谷盗、皮蠹虫类、赤拟谷盗等。损坏粮袋、建筑物的害虫有大谷盗、谷蠹、皮蠹虫幼虫等,在木制建筑物上开洞。这也是其他害虫生息和隐匿的场所。

污染粮食:污染粮食的害虫有腐嗜酪螨的生、死虫体,其破片、蜕皮壳、茧、屎、娥幼虫吐的丝等,使粮食的品质降低,而且妨碍杀虫的熏蒸效果。

引起粮堆局部发热:干燥粮堆内有时也会有局部发热现象,这种现象通常是由贮粮害虫的过度繁殖引起的。在其代谢过程发热,堆积的粮食中,即或冬季,有的上升到 40℃。

粮食的发芽率降低:由于贮粮害虫危害胚芽、胚乳,使得粮食丧失发芽力。

第四节　谷物贮藏技术

谷物在贮藏期间,品质变化以及虫、霉的繁殖发育,一般以粮食水分、温度与粮堆中的气体成分为基本条件。这些条件既互相促进,又互相制约。因此,采用适当的贮藏技术,使粮食处于干燥、低温和适当的气体条件下,就能达到安全保粮的目的。

一、机 械 通 风

通风是指使温度相对低的气流穿过谷物,从而控制谷物温度,达到保持谷物品质,或延缓谷物陈化的目的。现代化的通风技术始于第二次世界大战以后,当时谷物产量增加,谷物的贮藏通常达到 1 年以上。同期大型的粮食仓库投入使用,以降低谷物贮藏的成本。

(一)通风的目的

通风的基本目的是使谷物的温度保持一致,同时使谷物的温度降低到安全贮藏标准。通常我们所讲的通风并不包括采用大量的气流运动来干燥谷物。

几乎所有的食品都适合于低温贮藏,虽然谷物并不像其他食品那样易于腐坏,但低温贮藏更能保持其品质。低温贮藏不但能够抑制霉菌的生长,而且还能抑制害虫的繁衍。将谷物冷却到 15℃或更低些时,即可阻止谷物害虫完成其生活用期,免于这些害虫的迅速繁衍和对谷

物的损害。

温度增加通常会加速微生物的繁衍。如果温度不超过细菌生长的最佳点的话,其温度每增加10℃,霉菌便会增加2.5~4.5倍。粮仓贮粮谷物中存在各种霉菌,它们生长的最佳温度范围均在23~40℃左右。有些微生物的生存最佳温度较高,甚至可以在65~75℃的谷物温度中生存。霉菌及其他微生物呼吸产生的热又提高了谷物的温度,同时又促进了微生物的生长。在环境温度比较低的时候,通风可以解决这种不良作用。

谷物的温度不一致时会产生对流气流,导致水分迁移。在季节性气温变化地区,这个问题特别严重。

自然通风能使高达50t以上的散装谷物温度很快均匀地下降到冷却的程度。因为干燥的谷物本身是一种热的不良导体。散装谷物边缘的温度较谷堆中央的温度下降的快。散装谷物的温差造成了气流从高温谷区流向低温谷区。散装谷物内气流的流动方向取决于当环境温度下降时谷温亦下降或当春、夏季环境温度增高时谷温亦增高的情况。

由于温度高时气流中含有的水分较温度低时要高,所以对流气流即从高温谷物中带走水分。当气流通过温度较低的谷物时即被冷却,空气的相对湿度增加到一定的程度,使气流中的水分迁移到了谷物上面。若温差很大,水分就会吸附在低温谷物上面。在温度下降时或在冬季,靠在仓壁处或仓顶部的谷物温度低,而中央的谷物温度则较高。水分含量高的热气流上升,通过低温表面谷物并附着水分。气流在仓壁四周下移,替换自仓中央高温谷物中升起的高温气流,因而使气流形成对流。

在春季和夏季,对流气流运动通常与谷物冷却时相反。温度最低的谷物在中央,而温度较高的谷物则靠着仓壁及仓上部,当仓壁四周的高温气流上升时,即被仓中央谷物中的低温气流所替代。当高温气流自仓上部空间流向下部并接触中央谷物时即被冷却,其相对湿度增加,水分便迁移给凉谷物。水分的迁移速率通常在谷物增温时较谷物降温时慢。

通风还可以消除谷物中的不良气味。通风可消除或减低霉味或由于采用质量不好的干燥机干燥谷物以及采用化学药剂所产生的不良气味。有些气味仅需很短时间的通风即可除去,而有些气味却需要较长时间的通风才能消除。

酸味或发酵的气味以及有机酸味采用通风却很难完全除掉。消除发霉谷物的气味并不能改善霉菌对谷物的损坏情况。

通风能使谷物水分平衡。当大量的各种不同水分含量的谷物堆集在一起时,采用通风即可加快水分迁移和水分平衡。研究表明,对于混堆在一起的干、湿玉米来说,其水分平衡情况不是很明显。

使用通风系统有利于熏蒸剂的使用。通过通风系统即可将熏蒸剂应用于深仓或筒仓中的谷物中。费利普斯(1957)是最早利用通风系统施用熏蒸剂的研究者之一。斯托里在1967年就研究了利用通风系统对平房仓及筒仓对谷物施用熏蒸剂的方法,并在含有熏蒸剂的通风气流的通风熏蒸方式——单向通风与环流通风之间做了比较。

在气温较低的气候条件下收获的谷物一般水分含量较高(如我国东北地区),对这些高水分的粮食可以采用通风的方式来贮藏。例如:玉米若能被冷却其温度保持在10℃以下时,即使高水分也能贮藏。玉米的贮藏时间取决于它的含水量、温度及物理条件。温度越低,其含水量亦可越高。在美国,贮藏冬季收获的、含水量高达16%~18%的玉米是常事。许多筒仓或谷物接收站在收获季节通常设有潮湿谷物仓,以平衡每天所接收的不同含水量的谷物。如果采用通风方式即可迅速将玉米或其他谷物的温度降到10℃以下,这些谷物的含水量即使高达

24%～26%亦可贮藏一段时间，然后再进行干燥处理。

利用通风系统消除谷物干燥后的余热。消除谷物干燥后的余热是干燥通风和仓内冷却系统配合进行的。从干燥角度讲，谷物经干燥后是在一专用冷却仓内冷却的，而就粮仓冷却而言，谷物是在贮藏仓内冷却的。干燥与粮仓冷却所用的气流速度大大高于干燥的贮藏谷物所采用的通风速度。

(二)机械通风系统的组成

贮粮机械通风系统的基本组成部分是通风机，连接风机与粮仓的风管，通风管道，粮堆以及操作控制设备等。

(1)通风机　风机是粮堆通风的关键设备，为系统提供能量，保证粮食降温或降水，从而实现机械通风目的的各项要求。

(2)供风管道　为连接风机与粮堆的管道，保证空气从风机出来以后能进入通风管道。

(3)通风管道　为安装在粮堆内带有孔眼的管道。在粮堆低坪之上的管道称作地上笼，在粮堆低坪之下的管道称为地槽，如果整个粮堆低坪之下全是风室，地坪为一整体筛孔板，则此风室称为空气压力室。

(4)粮堆　指装有粮食的仓库或露天粮堆货位，这是机械通风的对象。

(5)操作控制设备　为对通风风机进行控制的设备，该设备可人工或自动操作。

(三)通风条件的判断与选择

根据不同的通风目的，确定是否可以通风的各种条件组合，我们称为“通风操作条件”。了解操作条件之前，要知道通风原则，并对通风条件进行分析，通风操作条件又分为允许通风的大气条件、结束通风的条件和其他附加条件三类。

1．确定通风的原则

一个机械通风系统组成以后，只是具备了实施机械通风的硬件要素，而何时才应该实施机械通风，还必须取决于以下软件要素——即确定通风的原则。

第一个原则，希望通风达到的目的要与通风具有的功能、通风的合适时机相协调。在生产实际中往往有一些人把机械通风当成灵丹妙药，无论贮粮存在什么问题，都想以“吹”了之，而在效果上可能适得其反。例如，贮粮因虫害而发生局部发热时，采用机械通风降温，虽可以暂时抑制贮粮发热，但势必导致虫害在粮堆中大量扩散，进而引发更为严重的危害，这是一种通风的功能与要达到的目的不协调的错误。又如，在严寒季节进行机械通风降水，这时即使大气的湿度降低，降水的效果也不会十分显著。因为这时粮食和大气的焓值都比较低，水分的蒸发微弱，干燥速度难以提高，这又是一种通风时机与通风目的不协调的错误，所以进行机械通风要“对症下药”，盲目的通风是有害的。

第二个原则，通风时的大气条件应能满足通风目的的需要。例如，降水通风要求大气湿度较低，温度要高，而调质通风则要求大气湿度要高，二者的要求正好相反。一种特定的大气条件参数不可能同时满足所有通风目的的要求，因此必须根据通风的目的来选择不同的通风条件。

第三个原则，确定通风大气条件时，既要保证有较高的效率，又要保证有足够的机会。例如，对降温通风来说，气温低于粮温的温差越大，通风的冷却效果越好，即通风的效率越高。但是，如果要求的温差太大，就使得自然气候中满足这种温差条件的机会大大减少，甚至丧失通风的机会。因此，确定合理的通风温差、湿差，就必须兼顾通风效率和通风机会两个方面。

第四个原则，确定通风的大气条件，应能限制不利的通风副作用。例如，一般要求在降温通风时粮食的水分不应增加。在降水通风或调质通风时，粮食的温度不应超过安全保管的临界温度等等。这就要求通风大气条件中的温度、湿度条件组合要恰当、合理。

第五个原则,通风中必须确保贮粮的安全。例如在通风过程中要严格防止粮堆出现结露等危及贮粮安全的现象发生。

以上五条原则涉及大气的温度、湿度露点,粮堆的水分、温度、露点等参数之间的关系和各种条件的组合,要同时满足以上五个原则就要设法在上述诸多参数中找出最佳的平衡点。

2. 允许通风的大气条件

允许通风大气条件是指在一个通风作业阶段开始以后,满足通风目的要求的大气温度、湿度露点等参数的上限、下限数值。当大气温度、湿度符合该组条件时,则允许启动通风机通风,否则暂停通风——但不一定停止通风作业。

允许通风的温度条件:我国《机械通风储粮技术规程》规定,除我国亚热带地区以外,开始通风时的气温低于粮温的温差不小于 8℃,通风进行时的温差要大于 4℃;考虑到我国广东等亚热带地区四季温差较小,为保证有足够的通风机会,只能牺牲一部分效率,而规定开始通风的温差为 6℃、通风进行中温差为 3℃。

对自然通风降温来说,因为不消耗能源,为获得更多的通风时机,一般仅要求气温低于粮温即可通风。

对降水通风和调质通风要求通风后的粮温不超过该批粮食的安全贮存温度。

允许通风的湿度条件:《机械通风储粮技术规程》中的湿度条件一律使用绝对湿度,这样更为明确,条件的表达方式也更为简洁。

对降水通风的湿度条件《机械通风储粮技术规程》规定:

$$p_{s_1} < p_{s_{21}}$$

式中 p_{s_1} ——大气绝对湿度压力值,kPa

$p_{s_{21}}$ ——粮食水分减一个百分点,且粮食温度等于大气温度时的平衡绝对湿度压力值,kPa

在机械通风中,降水和降温往往是同时存在的。在粮堆中存在两个随气流方向移动的峰面,即冷却前沿和干燥前沿。在冷却前沿之前是尚未冷却的粮食,在冷却前沿之后是已冷却的粮食;对干燥前沿,情况类同。两个前沿的移动速度是不同的,冷却前沿移动速度大大快于干燥前沿。

在通风中往往表现为干燥过程尚在进行,冷却过程已经结束。因此,《机械通风储粮技术规程》为了避免出现因为粮温变化而发生通风效果逆转现象,直接将粮温等于气温作为查定粮食平衡绝对湿度的条件。

另外,将粮食水分减一个百分点,是为了进一步增加通风的湿差,以提高通风效率。

对调质机械通风的湿度条件,《机械通风储粮技术规程》规定:

$$p_{s_2} \geqslant p_{s_{22}}$$

式中 p_{s_2} ——当前粮温下的粮食平衡绝对湿度压力值,kPa

$p_{s_{22}}$ ——粮食水分增加 2.5%,且粮食温度等于大气温度时的平衡绝对湿度压力值,kPa

所使用的平衡绝对湿度曲线是解吸曲线,而同一湿度下对应的吸附曲线平衡水分值一般比解吸曲线低 2%~2.5%,因此将粮食水分加 2.5%作为湿差,就是为了补偿两种曲线之差,确保调质通风中能够有效地增湿。

对降温通风,一般仅要求通风中不增湿,并且可以不考虑干燥前沿滞后的问题,因此通风的湿度条件很简单：

$$p_{s_1} \leqslant p_{s_2}$$

式中　p_{s_2}——当前粮温下的粮食平衡绝对湿度压力

3．允许通风的露点条件

粮食通风中的结露问题有两种类型，一类是气温低于粮堆露点时，粮堆内部散发出的水蒸气遇冷空气而引起的结露，俗称“内结露”。实践证明“内结露”在机械通风中影响并不严重，随着引入粮堆的大量低湿空气将粮堆内的高湿空气带走，结露会很快停止。因此，除自然通风以外，这类结露可以不作为通风控制条件。另一类结露是粮温低于大气露点温度，空气中的水气凝结在冷粮上而引起的结露，俗称“外结露”。这类结露的水分来源于不断引入粮堆的空气。“外结露”在地下粮库等低温型粮库的误通风中屡见不鲜，往往导致影响贮粮安全的严重后果。为防止“外结露”的发生，一般应尽量避免粮温低于大气露点时通风。

4．结束通风的条件

结束通风的条件是指通风的目的基本达到、粮堆的温度、水分梯度基本平衡，可以结束通风作业的条件。

结束降温机械通风的条件：

(1) $t_1 - t_2 \leqslant 4℃$；

(2)粮堆温度梯度小于1℃/m粮层厚度；

(3)粮堆水分梯度小于0.3%水分/m粮层厚度。

结束降水机械通风的条件：

(1)干燥前沿移出粮面(底层压入式通风时)，或移出粮堆底面(底层吸出式通风时)；

(2)粮堆水分梯度小于0.5%水分/m粮层厚度；

(3)粮堆温度梯度小于1℃/m粮层厚度。

结束调质通风的条件：

(1)粮堆水分达到预期值，但不超过安全贮存水分；

(2)粮堆水分和温度梯度同降水通风的梯度要求。

为了达到结束通风的条件，一般在通风目的基本达到后，还应适当延长一段通风时间，使得粮堆内的温度、水分趋于均匀，有利于安全贮藏。在粮层厚度较大，温度、水分不易均匀的场合，有时还需要采用诸如变换压入式/吸入式通风的办法来促使加速均匀。

5．其他附加条件

《机械通风储粮技术规程》规定的附加条件主要有两条：

(1)降水机械通风，要求粮食水分值不超过以下值：

早稻谷:16%	小麦:16%	晚稻谷:18%
大　豆:18%	玉米:20%	油菜籽:12%

这一条限制了降水机械通风的最高粮食水分。主要是考虑到在粮食水分很高时，机械通风降水的效率不是十分理想。为了扬长避短，在粮食水分超过上述标准时，应尽量采用烘干、晾晒等方法，或采用辅助加热通风的方法降低水分。

(2)调质通风只允许在粮食加工前进行，正常保管期间内不得采用。

这一条限制了调质通风使用范围。主要是考虑到调质通风增加了粮食水分，虽然能起到改善粮食加工工艺品质的作用，但对继续保管十分不利，因此必须慎重采用，避免调质通风增水后的粮食继续贮藏。

(四)机械通风的操作管理

在粮食入仓前的检查,需要对风网进行一系列最后检查。主要包括通风管道是否畅通,是否有积水或异物;通风管道衔接部位是否牢固,尤其是吸出式通风系统,要严格检查风道是否漏粮;通风机和防护网固定是否牢固,与风道连接处密封是否良好。

粮食入仓过程中要随时注意不要损坏风网(特别是地上笼风道);采用机械输送入仓的,应采用散粮器,以减轻粮食的自动分级;入粮后要平整粮面,以确保粮堆各处阻力均匀;在通风前要开启仓房门窗,防止通风开始后仓内外空气压力差对仓体建筑造成损坏,同时也给通风时内外空气交换提供通道;通风前要检查设备的接地线是否可靠,电动机和控制电路接线是否正确,防止通风机反转,对大功率的风机要求装备自动控气开关或者其他具备自动继电保护功能的控制器;通风中经常检查通风机运转是否正常,如果电动机温升过高或设备剧烈振动,要立即停机检查。对吸出式通风系统,要经常观察出风口是否有粮粒或异物被吸出。如设备自动停机,一定要先检查停机原因,排除故障后才能重新启动;定期对粮情进行检测(检测时间:降温通风中,温度每 4h 至少测定一次,水分在通风开始时和结束时分别测定一次即可;通风降水中,温度和水分都是每 8h 至少测定一次;调质通风中,温度每 4h 测定一次。水分的测量时间间隔,根据需要的增水量大小确定。增水量小的,每 2h 测定一次;增水量大的,最大间隔为 8h 一次,要注意增水不要过度)。

在通风过程中,每检测一次粮温或水分,都应按照通风的判断条件重新确定一次是否允许继续通风。

(五)机械通风后的隔热保温

粮食机械通风降温作业完成后,为了有效的保持粮食有较长时间的低温,应采取必要的隔热保温措施,以减缓粮食吸热而引起的温升速度,保证在夏季有较低的温度,从而延缓粮食陈化,保持粮食品质及新鲜程度。对条件较好的仓房(建仓时作过隔热保温处理),只需要作好密闭工作。

二、适时密闭

密闭与通风相反,它是通过减少粮食与外界空气接触,避免外温外湿影响和害虫感染,来提高贮粮稳定性的一种措施。具体要求和作法如下:

(一)长期密闭贮藏的粮食的具体要求

长期密闭贮藏的粮食,水分应在安全标准以内,各部位水分、温度基本上一致,没有害虫,杂质少。

(二)密闭压盖的实施时间

要根据目的而定。为了保持低温干燥的密闭压盖,应在春季气温回升以前进行。为了高温密闭杀虫的压盖,应在热粮进仓时随即进行,如小麦趁热入仓,压盖密闭。

(三)密闭方式

密闭方式可分为整仓密闭与压盖密闭两种。

(1)整仓密闭　适宜于密闭条件较好的仓房。方法是将门、窗及一切透气的缝隙加以糊封,只留一个门供检查时进出,门内再挂一层厚的门帘,以防止早晚检查粮情时,外界高温侵入。

(2)压差密闭　对于密闭性能较差的仓房,可用压盖粮面的办法,增强密闭性能。压盖物料要求清洁无虫,压盖物不宜与粮面直接接触,以免杂物混入粮内。压盖应做到平、紧、密、实,以利于隔热隔湿,并防止空隙处结露。压盖物要经常检查,如有返潮现象,应及时更换,以免增加粮堆表层水分,引起发热霉变。

通风与密闭,应严格掌握温湿度变化规律与粮质条件。盲目通风及不适当密闭都会给贮粮安全带来不良后果。

对密闭的粮堆同样要加强检查,注意粮情变化。

三、低温贮藏技术

低温贮藏能抑制虫、霉繁殖和粮食呼吸,增强粮食的耐贮性,易于保持品质。低温贮藏是今后努力发展的一种贮藏方法。

(一)低温贮藏的理论根据

粮食的呼吸作用以及其他分解作用主要受温度、水分的影响。一般水分正常的粮食,只要粮温控制在15℃以下,就能抑制呼吸,使粮食处于休眠状态,延缓陈化,保持品质;粮温在20℃以下,也有明显效果。贮粮害虫一般在25~35℃时,最为活跃,低于这个温度,繁殖增长不快,17℃以下或者更低,就不能完成其生活史,或者不能很快生长发育。微生物的活动,也主要受温度、水分的影响。粮食微生物绝大多数是中温性微生物,它们的生长适宜温度为20~40℃。安全水分标准以内的粮食,粮温在20℃或15℃以下,可以防止发热霉变。例如,小麦水分为13%时,防止霉菌生长的温度为24℃,水分为14%时为21℃,水分为15%时为17℃,水分为16%时为15℃。综上所述,正常水分的粮食,粮温控制在20℃或15℃以下,对延缓陈化、保持品质、抑制虫害繁殖都有良好效果。

(二)低温贮藏技术措施

低温贮藏的技术措施,主要包括如何取得低温和保持低温两个方面。

1. 取得低温的方法

自然通风冷却:在寒冷季节,将仓库门窗打开,结合深翻粮面,挖沟、扒塘,或利用机械设备,通过转仓、风溜等措施,降低粮堆温度。

机械通风冷却:在气温下降季节或寒冷冬季,将外界冷空气送入粮堆,或将粮堆内湿热空气抽出,使粮堆保持均匀一致的低温。

机械通风的形式有多种。一种是压入式(吹风),把风机的出风口和风管相连,使外界冷空气从风管压入粮堆,粮堆内的湿热空气由粮面散发;一种是吸出式(抽风),把风机的吸风口和风管相连,使粮堆内湿热空气从风管内吸出。根据风机连接风管的多少,又分单管通风和多管通风两种。根据风道种类,又分固定式(多用地槽形式)和活动式等不同种类。

2. 保持低温的方法

机械制冷——谷物冷却机:利用制冷设备产生冷气,送入仓房或粮堆中,使粮食处于低温状态。这种方法粮温不会随气温上升而回升,可以人为的控制所需温度,贮粮效果好。

(三)谷物冷却机低温贮粮技术

1. 低温的作用

低温能抑制贮粮的呼吸作用,降低粮食的呼吸损耗,延缓粮食品质陈化,保持粮食的新鲜度和食用品质;控制虫霉对贮粮的危害,避免粮食遭受虫害而造成的损失和防止粮食发热、霉变;有利于解决大米(包括糙米)等成品粮安全贮藏度夏问题;不用或少用化学药剂处理粮食,保持贮粮卫生,防止污染,为绿色食品的生产提供合格的原料;不受自然气候条件的限制,冷却通风可在任何需要的时候使用;谷物冷却机适用于各类具备机械通风系统的仓型,包括高大平房仓、立筒仓、浅圆仓、钢板仓等,对于隔热密闭条件比较好的仓型,使用效果更佳。并可将设备移动到多个库点使用;由于谷物冷却机是将冷却空气直接送入散装粮堆内,冷却空气的温湿度可以人为设定,不但比传统的机械制冷贮粮方式具有更高的冷却效率和节能效果,而且可以根据实际需要设置送入冷风的温湿度;在降低贮粮温度的前提下,可以减少贮粮水分减量损失和合理地提高安全贮粮水分,改善粮食加工工艺品质,增加贮粮和加工及销售环节的综合效益;谷物冷却机低温贮粮技术可以同我国传统的自然低温贮粮技术、机械通风、化学防治等多种技术结合使用,并能获得理想的综合应用效益。

2. 谷物冷却机

谷物冷却机的研究始于前联邦德国。波恩农业工程研究所、联邦粮食加工研究所等单位做了大量的粮食冷却贮藏方面的研究。1958年开始投入工业化生产,到1965年前联邦德国已有8家公司生产该设备(单台设备处理能力为30~500t/d)。目前谷物冷却机的技术已比较完善,能实现微机全自动控制,在西欧获得了较广泛的应用,在德国采用谷物冷却机低温贮藏的粮食,基本上不需熏蒸杀虫。

Hunter等人于20世纪70年代开始,在澳大利亚推广应用冷却方法贮藏小麦。

在美国,1989年开始,Bakker – Arkema及Maier等人对谷物冷却机在得克萨斯、佛罗里达、艾奥瓦、加利福尼亚等州用于粮食低温贮藏进行了试验和计算机模拟研究。Maier等还开发了美国的谷物冷却机,并开始推广使用。

西班牙和意大利的大米加工厂使用谷物冷却机进行稻谷的低温贮藏已有数年的历史。近年来,谷物冷却机低温贮粮在马来西亚、泰国也获得了应用。

到1990年谷物冷却机低温贮粮技术已在世界上50多个国家和地区使用,每年使用此技术保存的粮食达2000万t。

近年来,仅台湾永格公司和瑞典PM – Luft公司就已在台湾销售了60多台谷物冷却机,使用冷却方式贮藏的大米,市场售价要比常规贮存的大米高20%~30%。1992年我国从瑞士苏尔寿公司引进4台KK – 140型谷物冷却机(小型机),其中1台在黑龙江桦南粮库使用8年来效果良好。1999年1月,在云南省盈江县使用2台德国进口谷物冷却机和1台国产化小型机,进行了在平房仓低温贮藏稻谷试验,随后在安徽合肥的平房仓和立筒仓应用国内外谷物冷却机开展了较大规模的谷物冷却机低温贮粮应用对比试验。1999年8月~10月在沈阳和北京使用国产化谷物冷却机在大型浅圆仓、新建高大平房仓中进行了低温贮藏(玉米、稻谷、小麦)试验。

谷物冷却机是一种可移动式的制冷调湿通风机组。该机组由制冷系统、温湿度调控系统和送风系统组成。主要部件有通风机、冷凝器、蒸发器、压缩机、膨胀阀、后加热装置、控制柜和可移动机架及防护板等。

按通风机设置在蒸发器前和后的位置,谷物冷却机分为前置式和后置式两种;按谷物冷却机制冷量区分,通常制冷量在100kW以上的称为大型机,50kW~100kW的称为中型机,50kW以下的称为小型机。

谷物冷却机的工作环境要求尽量避免强阳光辐射,阳光辐射可能导致机器工作不正常或调节失灵,应尽可能地将机器置于建筑物的背荫处或北侧,在夏季应防止电气控制柜直接曝晒;放置谷物冷却机的地坪必须平整,以保证机器放置平稳,排水通畅。

3. 工作原理

外界空气在通风机产生的压力差作用下,经过滤网进入蒸发器,通过热交换被冷却,当被冷却的空气相对湿度超过设定值时，后加热装置对被冷却空气进行加热，将其相对湿度降低到设定要求，再通过送风管道和空气分配器进入粮堆，自下而上地穿过粮层，从而降低粮堆温度，控制湿度，达到低温控湿贮粮目的。

4．谷物冷却机的特点

保持水分冷却通风：通过合理调控送入粮堆冷却空气的温度和相对湿度，在保持贮粮水分的前提下，降低贮粮温度。

降低水分冷却通风：将送入粮堆的冷却空气的相对湿度调节到低于被冷却粮食水分相平衡的相对湿度，在合理的范围内降低贮粮水分，降低贮粮温度。

调质冷却通风：对贮粮水分过低不利于加工的粮食，适当调高送入粮堆冷却空气的相对湿度，将贮粮水分调整到符合保鲜要求和适宜加工的范围。

调湿通风：在不需要制冷通风的条件下，仅使用谷物冷却机的通风和电加热装置或单独使用通风装置，分别完成如下三个功能运作：①将送入粮堆空气的相对湿度调节到低于被通风粮食水分相平衡的相对湿度，在合理范围内降低贮粮水分、降低贮粮温度。②将送入粮堆空气的相对湿度调节到等于或高于被通风粮食水分相对平衡的相对湿度，在确保安全贮粮需要的前提下，充分利用自然低温和湿度条件，实现保持水分通风降温贮粮或调质通风。③单独使用谷物冷却机的通风装置进行机械通风贮粮。

(1)保持水分冷却通风中的温湿度调控　保水冷却通风的技术要点是，在保持原贮粮水分含量的前提下，尽快降低贮粮温度，其技术操作核心是合理调控送入粮堆冷却空气的温度和相对湿度。

为了保持原粮食水分和提高通风效率及降低单位能耗，必须按照被冷却通风的粮食，在不同降温阶段的水分吸附与解吸和平衡水分数值，动态调控送风温湿度指标，以确保原粮食水分不丢失。从目前国内各谷物冷却机应用试点单位取得的初步经验分析，调控送风温湿度指标建议如下：

冷却通风前期送风温度为 12～14℃，相对湿度 80%～85%；

冷却通风中期的送风温度为 10～12℃，相对湿度 80%；

冷却通风后期到停机前：送风温度为 8～10℃，相对湿度 75%～80%（注：若冷却通风时间为 9 天，前、中、后期各为 3 天，但在前期或中期只要同一层次的粮温前一个 12h 的降温速率较后一个 12h 的降温速率明显减弱时，均应尽快调控送风温湿度指标，进入下一期的冷却通风阶段）。

上述送风温湿度调控指标与粮食种类、粮食水分和粮温密切相关，在冷却通风过程中都是一个变化的数值。必须根据设在空气分配器上方的固定取样点，分层、分点取样，每天监测粮食水分变化和粮温变化情况，及时修正送入粮堆冷风的温湿度控制指标。绝对不允许从开机到停机只固定一个温湿度控制指标，以防止贮粮水分丢失或贮粮水分异常增加影响安全贮粮。

送风的相对湿度是通过调控谷物冷却机的“前温”和送风温度实现的。所谓“前温”是指后加热前的冷风温度，设定前温和送风温度（出风口的冷空气温度）后，送风相对湿度就自然定下来，送风温度和前温设定之差为后加热温度。

在环境相对湿度在 50%以上，前温段为 5～8℃时，前温段冷风相对湿度一般在 90%～95%之间，后加热每增加 1℃，相对湿度降低约 5%。

上列数据是在含湿量不变的情况下加热的结果，在实际操作时，应根据设定的送风温度，通过调整前温设置和检测送风相对湿度的结果，采用修正前温设定的方式，获得需要的送风相对湿度，并根据环境湿度的变化对前温设定作必要的调整，以稳定送风相对湿度值。

(2)降水冷却通风中的温湿度调控　降水冷却通风的技术要点是：在确保冷却降温效果的前提下，通过合理调控送风相对湿度，合理地降低贮粮水分。

谷物冷却机的降水通风能力是有限的，一般对一个粮堆冷却通风约 10d，只能降低水分 1% ~ 3%。因此，降水冷却通风的粮食含水量应在 16.5%以内。

降水冷却通风的温、湿度调控指标建议如下：

冷却通风前期送风温度 12 ~ 14℃，相对湿度 70% ~ 75%；

冷却通风中期送风温度 10 ~ 12℃，相对湿度 75%；

冷却通风后期送风温度 8 ~ 10℃，相对湿度 70% ~ 75%。

冷却通风过程中送风温度和湿度相对高时，送风量明显增大，反之则明显减少。因此，没有必要过多的降低送风相对湿度指标，单纯追求降水效果，以避免低湿送风限制冷风送入量而影响降温效果和增加单位能耗及延长冷却通风时间。

在降水冷却通风过程中，每 12h 分层定点取样检测粮食水分，根据取样化验和粮温检测结果，及时分析和调整送风温湿度。

(3)调质冷却通风中的温湿度调控　利用谷物冷却机进行调质冷却通风，将使该设备的制冷通风功能得到较好的发挥，粮堆降温效率相对提高，单位能耗明显下降，但需要冷却通风时间较长(一般在 5d 以上)才能获得较明显的调质效果，而且粮堆下、中层粮食水分增加相对较多，上层增加较少。因此，调质冷却通风应在低温安全贮粮水分范围内或粮食加工前进行，正常保管期间不宜进行。

在空气分配器出风口处和上方分层设固定取样点，并按规定及时取样检测粮食水分(要求每隔 8 ~ 12h 取样检测一次)。

调质冷却通风的温湿度调控指标建议如下：

冷却通风前期送风温度为 12 ~ 15℃，相对湿度 80% ~ 85%。若空气分配器出风口处粮食水分增加过快或变化较小时，必须及时调整送风相对湿度指标，必要时还可以同时修改送风温度指标。在同等送风相对湿度条件下，每降低 1℃送风温度，原绝对湿度降低约 5%。

冷却通风中期送风温度 10 ~ 12℃，相对温度 80% ~ 85%，根据水分检测结果和粮温变化情况及时调整送风温湿度值。

冷却通风后期送风温度 8 ~ 10℃，相对湿度 75% ~ 80%。冷却通风后期约需 24h 送入较低相对温度冷却空气，以平衡粮堆水分，减少或消除水分不均匀的问题。

调质冷却通风后立即出仓加工的原粮，可以参照前期和中前冷却通风温湿度控制指标安排后期冷却通风作业，但调质冷却通风不允许将粮食水分调高到国家规定的指标以上。

在所有冷却通风过程中，严禁向粮堆内送入高于粮温的热空气；冷却通风前、中、后期的送风温度设定后只能逐步向下调整(降温)，而不允许调高送风温度(升温)。

(4)调湿通风中温湿度调控　在环境气温 < 10℃和相对湿度明显偏高时，为充分利用自然低温条件，应关闭谷物冷却机的机械制冷装置，直接使用该设备的通风和电加热装置进行调湿通风。

若环境的相对湿度为 95%，而送风相对湿度要求为 85%左右时，可以将后加热升温调控到 2℃左右，即可获得所需要的送风相对湿度。

若需获得更低的送风相对湿度，可在一定范围内按需要增加后加热温度，即能获得所需的送风相对湿度。

在环境气温 > 10℃,相对湿度偏高而不需要制冷通风的情况下,仍可使用谷物冷却机的通风和电加热装置调控湿度进行送风,当送风的相对湿度调控到明显高于被通风粮食平衡水分的相对湿度时,该项通风具有一定的调质功能,而送风的相对湿度明显低于被通风粮食平衡水分的相对湿度时,具有一定的降水作用。

在环境温湿度条件均不需制冷和电加热调湿即可送风的情况下,可单独使用谷物冷却机的通风装置进行机械通风,具有自动变频调速的通风装置的谷物冷却机型,将获得更理想的通风效果,并比非变频调速的风机更为节省能源。送风温湿度要求按《机械通风储粮技术规程》中的规定执行。

调湿通风无论采用任何温湿度调控送风方式,均严禁向粮堆送入高于粮温的热空气,以防造成粮堆内部结露。

(四)保持低温的方法和注意事项

(1)降温后应做好密闭工作,有条件的可采用粮面压盖的办法。

(2)必须在低温干燥天气进仓查粮,防止高温高湿侵入仓内。

(3)加强检查,防止结露。检查部位着重在粮堆表层、靠墙壁、门口、覆盖物接头处和其他空隙处,随时注意粮堆各层之间和粮温与气温之间的温差,防止结露。

(4)结合改建仓库,将墙壁及仓顶敷设隔热层。目前,我国已试用的隔热材料,有谷壳、膨胀珍珠岩、聚苯乙烯泡沫塑料等,哪一种最经济适用,还有待进一步试验研究。有条件的地区,可因地制宜修建地下仓、半地下仓。

四、气调贮粮技术

在密封粮堆或气密库中,采用生物降氧或人工气调改变正常大气中的 N_2、CO_2 和 O_2 的比例,使在仓库或粮堆中产生一种对贮粮害虫致死的气体,抑制霉菌繁殖,并降低粮食呼吸作用及基本的生理代谢。这种以控制调节环境气体成分为依据,使粮食增加稳定性的技术称为气调贮藏。

实验证明,当氧气浓度降到2%左右,或二氧化碳浓度增加到40%以上,或在高 N_2 浓度下霉菌受到抑制,害虫也很快死亡,并能较好保持粮食品质。

气调贮藏的途径有生物降氧和人工气调两大类,二者各有不同的理论根据。生物降氧是通过粮食生物体的自身呼吸,将塑料薄膜帐幕或气密库粮粒孔隙中的氧气消耗殆尽,并相应积累了高含量的二氧化碳。它们能达到缺氧的机理,是以生物学因素为理论根据的。人工气调则是应用一些机械设备,如燃烧炉、制 N_2 机,它们的燃料可以用木炭、液化石油气、煤油等,亦可用分子筛或真空泵,先抽真空再充入氮气或二氧化碳气体。这些应用催化高温燃料、变压循环吸附、充入、或置换等方法借以改变粮堆原有的气体成分,强化密封系统,使大气达到高浓度的氮,高浓度的二氧化碳或其他气体,因此是以人工气调为依据的。

(一)气调贮藏防治虫害的作用

贮粮害虫的生活条件与所处环境的气体成分、温度、湿度分不开。使用最有效的杀虫气体组成,按粮种提高粮温到一定范围,并按实际情况延长处理时间,均能提高气调杀虫的效果。当氧浓度含量在2%以下,贮粮害虫就能致死。当有高二氧化碳和低氧混合气体同时起作用时就更具毒性。杀虫率所需的时间取决于环境温度,大气温度愈高,达到95%杀虫率所需的暴露时间就愈短,所以高温可以增加气调的效力。此外,在比较低的湿度下处理比在较高的湿度下处理更为有效。因为害虫生存中经常面临的一个重要问题是保持其体内的水分,免于过分散发以确保生命的持续，生活在干燥状态的贮粮害虫，常具有小而隐匿的气门，气门腔中存在阻止水分扩散的疏水性毛等，在正常情况下，所有气门处于完全关闭或部分关闭状态，如果在低氧和一定二氧化碳以及相对湿度为60%以下的干燥空气中，则能促使害虫气门开启，害虫体内的水分因此逐渐丧失。经试验，黄粉虫幼虫在高二氧化碳和低氧浓度下，其失水率较正常状态高出2~7倍。同样观察到贮粮害虫处于1%氧与高浓度氮气混合处理时，其相对湿度与害虫致死呈现负相关。赤拟谷盗、杂拟谷盗、锯谷盗的致死率均随相对湿度降低而显著增加。

气调杀虫的规律与充入气体浓度和处理时间有着密切关系，小麦水分11.5%~12%，粮温30~35℃，密闭12天，含氧量为1.4%~2.4%时，玉米象达到致死程度只须12~30h，氧浓度在2.8%~4.5%时，48h害虫死亡率只占20%，以后随含氧量增高，害虫死亡时间延长。人工气调时，低O_2和高CO_2两种气体相配合时对各种害虫更具增效作用，当粮堆中单一充入36%~80%的CO_2，其杀虫效果随CO_2浓度增高，其毒性增加，杀虫效果就大。当氧含量低于5%，有15%~38%的二氧化碳混合时，对害虫的毒效作用增加，能取得明显的气调杀虫效果。

据斑克斯研究报导、单一CO_2气调杀虫的效果，对不同虫种和虫期的综合防治，与CO_2浓度、暴露时间、温度及湿度有关，CO_2浓度15%时已具防治、抑止虫种发育效果，使各虫期发育滞后7~15d，当CO_2控虫的最低有效浓度>45%时，暴露时间应>153.4h，随湿度的降低，温度的增高，不同虫期的LT50、LT99.5相应减小，不同虫期对其CO_2的忍耐力大小排序为杂拟谷盗>赤拟谷盗>玉米象>米象>谷蠹，不同虫期对CO_2的忍耐力顺序为成虫期>幼虫期>蛹期>卵期。

目前国内外为防止仓库贮粮害虫因使用单一气体气调熏蒸而易产生抗性的问题作了众多的研究，试验证实采用两种或两种以上或与空气混合来控制害虫，效果更为显著，如CO_2与溴甲烷，CO_2与PH_3混合使用，都能提高CO_2对仓库害虫的毒性，据德斯马查利丁报道：就防治赤拟谷盗和杂拟谷盗来说，用25%的CO_2和剂量为50mL/L的磷化氢熏蒸配合，其防治效果明显优于高CO_2或高剂量PH_3熏蒸，也同样适用于防治谷斑皮蠹和谷蠹，这就称为混合气调。

混合气体毒杀仓贮害虫的效果比单一气体好，当采用二氧化碳浓度为40%~60%；氮为20%，氧为20%的气体处理粉班螟卵时，经48h，受试卵全被杀死，可见有氧的存在比纯二氧化碳气体毒力更高。

(二)抑制霉菌的作用

气体对真菌的代谢活动有明显的影响。能理想地将氧降低至0.2%~1.0%，不仅控制了贮藏物的代谢，也明显的影响到真菌的代谢活动。

当粮堆氧浓度下降到2%以下时，对大多数好气性霉菌具有显著的抑制作用，特别是在安全水分范围内的低水分粮以及在粮食相对湿度在65%左右的低湿条件下，低氧对霉菌的控制，其作用尤为显著。但是有些霉菌对氧气要求不高，极能忍耐低氧环境，例如灰绿曲霉、米根霉，能在0.2%氧浓度下生长。当气调粮堆表面或周围结露时，在局部湿度加大的部位就会出现上述霉菌，有些兼厌气性的霉菌如毛霉、根霉、镰刀菌等亦能在低氧环境中生长。

报道资料对刚收获的湿玉米(水分17%~23%)采用缺氧密闭贮藏，由于缺氧的结果，微生物区系逐渐减小，杂色曲霉分生孢子的发芽率降低到20%以下，娄地干酪青霉和烟曲霉等真菌亦不能生长，但水分超过23%的玉米会出现轻微的酒精味，最好在密闭2~3个月以后再进行烘干处理，降低水分至安全贮藏时再继续存放。

粮食上的霉菌对低二氧化碳有较强适应能力，只有当二氧化碳浓度提高到40%以上才能有明显的抑制作用。研究表明温度和二氧化碳等气体对麦氏青霉孢子发芽的交互作用,随着 CO_2 浓度的增加显著地降低孢子的发芽率,虽然此例中氧浓度恒量,二氧化碳已增加到足以单一气调制菌的能力。如果采取低氧气调,应尽可能将粮堆间隙中的氧排除或将氮提高到99%以上,氧控制到0.5%以下才能见效。

气体组成中 CO_2 对真菌的代谢活动有明显的影响,当 CO_2 浓度增加到60%~90%时,能抑制小麦或玉米内的霉菌生长及青霉或黄曲霉毒素的产生,据报道,用二氧化碳贮藏11.8%~25.4%高水分花生仁时,可防止黄曲霉和黄曲霉毒素的形成。

将高水分及低水分两种不同粮食,置空气及氮气中气调贮藏,氮气贮藏能影响霉菌的数量及其种类。氮气气调的谷物霉菌总数较空气贮藏均少。

高水分粮采用人工气调,证明氮气同样能收到抑制霉菌的效果。因此气调贮藏可作为高水分粮的应急贮藏措施,也是可行的。

霉菌类型的演变是:田间真菌如芽枝霉及交链孢霉逐渐减少,贮藏真菌(青霉和曲霉)在各种情况下还会增加。

但在用氮气控制真菌时,采用含 O_2 在0.3%的工业 N_2 中,只能减少霉菌发展速度,只有在纯 N_2;含 O_2 在0.01%时,真菌生长、繁殖才全部被抑制。

氮气抑制黄曲霉毒素的产生,这在湿小麦、花生与湿玉米中均获得证实,而黄曲霉毒素的产量与真菌的生长成正比。

在空气及氮气中,黄曲霉在湿小麦内(水分18%~19%)的生长及黄曲霉毒素B1产量的影响,根据塞检菲尼等试验,在严密的充氮条件下,四种霉菌,其中特别是黄曲霉受到致命作用是显而易见的。

法国曾采用20%左右高水分玉米进行密闭贮藏1年,除假丝酵母有增长趋势外,其他真菌、细菌、乳酸菌均未增长。用粮食的麦角甾醇来衡量菌丝体,说明在自然缺氧开始4~5d后当氧分压降到0.5%时,霉菌和粮食的代谢将受到极大抑制。

(三)降低呼吸强度

呼吸是和生命紧密相联系的,呼吸强度是粮食主要的生理指标。在贮藏期中,粮食呼吸作用增强,有机物质的损耗会显著增加,粮食易劣变。在缺氧环境中,粮食的呼吸强度显著降低,当粮食处于供氧不足或缺氧的环境条件下,并不意味着粮食呼吸完全停止,而是靠分子内部的氧化来取得热能,在细胞内进行着呼吸来延续其生命活动。这种呼吸过程称为缺氧呼吸或分子间内呼吸。

由于正常的呼吸作用是一个连续不断从空气中吸收氧的氧化过程,缺氧呼吸所需氧是从各种氧化物中取得的,即是从水及被氧化的糖分子中的 OH^- 中获得的,与此同时,必须放出 H^+。所以缺氧呼吸是在细胞间进行的氧化过程与还原过程。有氧呼吸和缺氧呼吸两者间的共同途径是相同的,都由复杂的、各种酶参与反应,其中脱氢酶、氧化酶是起着决定性作用的酶。呼吸产物的共同点是都要放出二氧化碳和热能。也都有氧化过程。但当粮食由有氧呼吸方式变为缺氧呼吸方式时,由于粮堆环境中氧受到限制,粮食呼吸强度也相应降低到最低限度。缺氧呼吸时氧化1mol葡萄糖所放出的热量(117kJ)较之有氧呼吸时放出的热量(2821kJ)缩小了30倍。可见缺氧呼吸可降低粮食生理活动,减少干物质的耗损。与此同时,不论缺氧呼吸还是有氧呼吸所产生的二氧化碳都能积累在粮堆中,相对地抑制粮食的生命活动,并抑制虫霉繁殖。但积累高浓度的二氧化碳只有在密闭良好的条件下才能获得。据文献报道,当二氧化碳积累量达40%以上浓度时,就可杀死贮粮害虫,当二氧化碳浓度到70%以上时,绝大部分有害霉菌可被抑制。因此，在实践中缺氧贮藏具有预防和抑制贮粮发热的效果，而且，干燥的粮食采用缺氧贮藏，可以较好地保持品质和贮粮稳定性。因为在干燥的粮食中，它们呼吸的共同途径都是兼有缺氧呼吸，即不仅发生着正常的有氧呼吸，而且还发生缺氧呼吸过程，常常由于整个呼吸水平极其微弱，即使有缺氧呼吸在细胞中进行，它们所形成的呼吸中间产物也是极其有限的、微不足道的，对粮食的品质和发芽力都不致有重大影响。

然而，在高水分粮采用缺氧贮藏技术时，粮粒的呼吸方式几乎由缺氧呼吸替代了正常的呼吸，它虽然产生的能量很低，亦应注意到它的另一方面，缺氧呼吸的最终产物是酒精或其他中间产物及有机酸类。粮食和其他有机体一样，是需要氧维持正常功能的，在长期缺氧条件下，如果由于酒精、二氧化碳、水的积累达到了一种平衡状态或对粮粒的细胞原生质的毒害作用，将会使机体受到损伤或完全丧失生活力，这种现象特别对于高水分粮、种用粮不利。一般来说，粮食水分在16%～16.5%以上，往往就不宜较长时间的采用缺氧贮藏方式，以免引起大量酒精的积累，影响品质。对种子粮来说，氧气供应不足或缺乏时，其呼吸方式由需氧转向缺氧呼吸，即使是偏高一些水分的种子粮，也会由于供氧不足，加速粮粒内部大量氧化作用和不完全氧化产物的积累，并有微生物的参与，以导致发芽率降低和种子寿命的衰亡。所以，缺氧贮藏对粮粒生活力的影响取决于原始水分的多少。水分愈高，缺氧愈严重，保管时间愈长，对发芽率影响愈大。由于种子水分的增高，必然会引起籽粒的强烈呼吸，这时需要更多的氧源来补充才能适应种子生理的要求，但这时处于密闭贮藏条件，氧被消耗，粮粒将因长期缺氧而窒息死亡，特别当水分提高到14%以上时，发芽率有降低到0的可能。这在实践中是应该注意的。

五、缺氧贮藏技术

缺氧贮藏就是粮堆在密封条件下，形成缺氧状态，达到安全贮藏的贮粮方法。缺氧贮藏属于气调贮藏方法的一种。

（一）缺氧贮藏的原理

缺氧贮粮的原理是粮堆在良好密封条件下，利用粮食、仓虫、好氧性微生物的呼吸作用，或者采用其他方法，造成一定程度的缺氧和二氧化碳的积累，使害虫窒息死亡，好氧性微生物受到抑制，粮食呼吸强度降低，从而达到安全贮藏的目的。

1.缺氧贮藏防治害虫

据科学实验和大量的生产实践表明，粮堆含氧量降到2%以下，能够致死各种害虫，降到5%左右，保持一定时间，也有致死和抑制作用。同时，密封粮堆可以防止外界害虫感染。

2.缺氧贮藏制菌防霉

粮堆在缺氧条件下，好氧性微生物受到抑制；有些能耐低氧的霉菌，在缺氧条件下虽可勉强生活，但生长微弱，发育不良。同时，粮堆在密封状态下，防止了外部微生物的感染。因此，缺氧贮藏具有明显的制菌防霉作用。浙江省嘉善县直属库以同批大米分别进行普通保管和缺氧保管，对照贮藏四个月后，经分析带菌量，普通保管的每克为81500个，缺氧保管的为29400个。另外，在缺氧环境中，粮食的呼吸强度显著降低，放出的热量较少，加上缺氧的制菌作用，因而具有预防和制止贮粮发热的作用。

在生产实践中，运用缺氧贮藏的防霉制热作用，对安全水分的大米，防止发热、霉变，安全渡过高温夏季，对水分较高的半安全粮，作为临时保管手段，对高水分粮作为应急措施，都可收到良好效果。

3.缺氧贮藏的品质变化

缺氧贮藏粮食的品质，从目前试验和生产实践情况看，对安全水分粮食基本无影响，有些还略优于常规保管的品质；对高水分粮的影响较为显著，水分越高，影响越大。因此，安全水分的粮食才能长期缺氧贮藏，半安全、不安全粮只能用它作为临时保管手段和应急措施。

(二)脱氧技术

我国目前研制和使用的脱氧技术，有自然缺氧、微生物辅助降氧、燃烧循环脱氧、制氮机降氧等，其中自然缺氧简便易行，是常用的方法。

1. 自然缺氧

自然缺氧，是在密封粮堆中，依靠粮食、微生物和害虫等生物体的呼吸作用，逐渐消耗粮堆中的氧气，增加二氧化碳含量，使粮堆自身达到缺氧。这种方法，操作简便，除塑料薄膜外，不需要其他设备，只要使用得当，操作认真，便可取得良好效果。其适用范围是：安全水分粮食，凡属降氧快，能在一个月左右将粮堆中的氧降至致死(2%以下)或抑制(5%左右)害虫要求的品种；对无虫粮，虽属降氧较慢的品种，也可起到防虫、隔湿的作用。半安全水分粮食，可以作为临时手段，短期贮藏。高水分粮食，可以作为应急处理措施，抑制发热、霉变、生芽。

自然缺氧的速度与效果，同粮食水分和温度、种子后熟、粮堆密封程度等密切相关。降氧速度与粮食呼吸强度成正比，而呼吸强度又受温度、水分的影响。在一定范围内，水分、温度愈高，降氧愈快；反之则慢。为了有利于降氧与保持品质，采用此法长期贮藏的粮食，水分应在安全标准以内，入库后降氧阶段，粮温要在20℃以上。种子的后熟作用，也是影响降氧的一个重要因素。后熟期愈长，降氧效果愈好；反之则差。在生产实践中，新小麦快入库，早密封，降氧效果良好，陈小麦则很差；籼稻谷降氧很困难，这都与后熟作用有关。粮堆密封程度直接影响到降氧速度和低氧保持时间，因此它是搞好缺氧贮藏的基础。粮堆降氧效果差，除品种、水分、温度等因素外，在一定程度上是由于漏气所致。漏气原因有以下几方面：①薄膜质量太差；②薄膜热合不良，检查不细，存在微孔或裂缝；③薄膜与墙身黏合不良，存在着大小不等的气孔；④仓房原有的防潮沥青发生龟裂和剥离；⑤墙身毛细孔太多等。因此，除选用质量较好的薄膜，做好热合与黏合工作外，还应对墙身进行适当改造，提高密闭性能，这十分重要。

2. 微生物辅助降氧

微生物辅助降氧，就是利用微生物的呼吸作用，消耗粮堆内的氧气。各地使用这种方法，对解决低水分稻谷等自身降氧慢的困难，收到一定效果。微生物辅助降氧，一般采用在粮面设置发酵箱的方法。应用的菌种应符合以下条件：①应用安全，对人畜无害，不污染粮食；②呼吸强度大，对氧的要求不严格，脱氧快；③方法简便，易于培养，繁殖速度快；④菌种和培养料容易取得，成本较低。实践表明，以酵母菌(古巴 2 号酵母、04 号啤酒酵母等)、黑曲霉菌、根霉菌较为理想。

3. 燃烧循环脱氧

燃烧循环脱氧，就是将密封粮堆中的空气抽至木炭燃烧炉中，使氧与木炭经燃烧生成二氧化碳，冷却后再送回粮堆，反复循环，达到缺氧。

4. 制氮机降氧

SL－180 型氮气发生器，简称制氮机。这种制氮机是以煤油作燃料，在机内经过高温完全燃烧，生成含氧 0.2%～0.5%、二氧化碳 13%～14.5%的气体，将生成气体充入密封粮堆，置换出空气，使粮堆达到缺氧。

六、"双低"贮粮技术

"双低"贮藏，又称低氧低药量贮藏。这种方法具有操作简便，防治效果好，费用低的优点，深受广大基层保粮职工的欢迎，目前已成为我国粮食贮藏的一项主要技术措施，得到广泛推广应用。"双低"贮藏是气调防治与化学防治相结合的一种方法。由于粮堆处于密封状态，磷化氢气体向外渗漏少，能保持粮堆内具有较长时间的有效浓度；粮堆内含氧量降低，二氧化碳含量增加，恶化了害虫的生态条件，对磷化氢毒效的发挥起了增效作用；在低氧、低药加上低水分的联合效应下，粮食的生命活动和微生物的繁殖受到了抑制，害虫死亡，因而使粮食处于稳定状态，能够安全贮藏。

安全水分的贮粮，凡降氧较困难，用自然降氧法不易达到杀虫、防霉、制热效果的，均可采用"双低"方法贮藏。

为了保障粮食的食用卫生，目前"双低"贮藏使用的药剂只限于磷化铝片一种。

根据"双低"贮藏的要求，一般应先密封降氧，当氧降至适当程度（氧在12%以下、二氧化碳4%～8%为宜），或已不再下降而开始回升时施药，才能发挥低氧低药的联合效应，保证效果。害虫比较严重的粮食，也可边密封，边施药。

施用磷化铝片的剂量，应根据降氧程度、害虫的种类、虫期、虫口密度等具体情况来确定。凡粮堆含氧量降到适当程度，虫种耐药力较弱，虫期较单一，虫口密度小，粮温较高的，每立方米施用磷化铝0.5～1g；降氧情况较差，虫种耐药力较强，虫期较复杂，粮温较低的，每立方米用1～1.5g；虫害密度较大，边密封、边投药的，每立方米可用1.5～2g；最低剂量，每立方米不得少于0.5g。

第五节　小麦和小麦粉的贮藏

小麦具有较好的耐贮性，适合长期贮藏，在正常条件下贮藏3年，仍能保持良好的品质，是一种重要的贮备粮。新收获的小麦，通过贮藏一段时间后，不论种用品质、工艺品质和食用品质，都会得到全面改善。

一、小麦的贮藏特性

（一）吸湿性强

小麦皮薄，组织松软，没有外壳保护，含有大量亲水物质，故容易吸湿。在贮藏期间容易受外界湿度影响而增加含水量。小麦吸湿后麦粒的体积胀大，粒面变粗，容重减轻，干粒重加大，散落性降低，淀粉、蛋白质水解，使用价值降低，容易遭受微生物侵害，引起发热霉变，因而做好防潮工作，保持小麦干燥，是安全贮藏小麦的重要措施。在相同的温湿度条件下，小麦的平衡水分始终高于稻谷，这与小麦籽粒结构及成分的特点有关。不同品种、类型的小麦之间的吸湿能力也有差异。通常小麦的吸湿性与呼吸强度，白皮小麦大于红皮小麦，软质小麦大于硬质小麦，瘪粒与虫蚀粒大于完整饱满粒。红皮小麦的耐贮性明显优于白皮小麦。

（二）后熟期长

小麦具有明显的后熟作用和较长的后熟期。小麦的后熟期一般在2个月左右（以发芽率达80%为完成后熟）。后熟期的长短，因种植季节和品种不同而有差异。如春小麦的后熟期较长，冬小麦的后熟期较短。红皮小麦的后熟期较长，个别品种达3个月，白皮小麦的后熟期较短，个别品种仅7～10d。

后熟中的小麦，呼吸量大，代谢旺盛，会放出大量湿热，并常向粮堆上层转移。因此，一遇气温下降，粮温与气温（或仓温）存在较大温差时，即易出现粮堆上层出汗、结露、发热、生霉等不良变化。小麦的含水量、纯净度和贮藏环境，对于安全渡过后熟期起着十分重要的作用。如果入库小麦水分在13.5%以下，杂质含量少，没有被害虫感染，后熟期间的麦温经过一段时间升高后，仍会自行恢复正常，无须采取特殊处理。如果水分高、含杂多，就会出现小麦后熟期间麦温持久不降和水分分层等不正常现象，严重时还会引起麦堆发热和霉变。

后熟作用完成后，小麦中的淀粉、蛋白质、脂肪等物质得到充分合成，干物质达到最高含量，因而生理活动减弱，品质有所改善，贮藏稳定性也大大提高。

（三）耐高温

小麦具有较好的抗温变能力，在一定的高温和低温范围内部不致丧失生命力，也不致损坏加工的小麦粉品质。小麦较耐高温，水分在17%以上时，干燥温度不超过46℃，水分在17%以下时，干燥温度不超过54℃，酶的活性不会有明显降低，发芽力仍能得到较好的保持，工艺品质良好。但过度的高温会引起蛋白质变性，同时使得其工艺品质下降。充分干燥的小麦在70℃下放置7d，面筋质并无明显变化。小麦水分愈低，其耐热性愈强。这一特性，为小麦采用高温密闭贮藏提供了条件。

（四）易受虫害

小麦无外壳保护，皮层较薄，组织松软，是抗虫性差、染虫率高的粮种，除少数豆类专食性虫种外，几乎所有的贮粮害虫都能侵蚀小麦，其中以玉米象和麦蛾等害虫危害最严重。多种贮粮害虫喜食小麦是因为小麦的成分和构造符合害虫的生理需要和习性。而且小麦成熟、收获、入库时正值高温、高湿季节，非常适合害虫繁育和发展。这时，从田间到晒场（打谷场）以及到仓库的各个环节中，都有感染害虫的可能，一旦感染了害虫就会很快繁殖蔓延，使小麦遭受重大损失。因此，入库后切实做好害虫防治工作，是确保小麦安全贮藏的重要技术措施。

二、小麦的贮藏方法

贮藏小麦的原则是“干燥、低温、密藏”。通常采用的贮藏方法有以下几种：

（一）常规贮藏

常规贮藏小麦的方法，主要措施是控制水分，清除杂质，提高入库粮质，坚持做到“四分开”（水分高低分开、质量好次分开、虫粮与无虫粮分开、新粮与陈粮分开）贮藏，加强虫害防治与做好密闭贮藏等。

（二）热密闭贮藏

热密闭贮藏是我国古代劳动人民在生产实践中总结创造的传统的贮藏小麦的方法，早在1500年前就已广泛推广应用，至今仍为我国产麦地区常用的安全贮藏小麦的有效措施。

（三）冷密闭贮藏

冷密闭贮藏即低温密闭贮藏，也是我国古代劳动人民在生产实践中总结创造的传统的贮藏小麦的方法，很早就已广泛推广应用，至今仍为我国产麦地区常用的贮藏小麦的有效措施。

冷密闭贮藏的操作方法有两种，一是在冬季寒冷的晴天，将小麦出仓外摊开冷冻或利用皮带输送机进行倒仓，并与溜筛结合进行除杂降温，使麦温降至0℃左右或5℃以下，然后趁冷入仓，并关闭门窗进行隔热保冷密闭贮藏；二是在冬季寒冷的晴天，对粮堆进行机械通风，使麦温降低到0℃左右或5℃以下，然后再进行隔热保冷密闭贮藏。通过如此处理的小麦，能有效的抑制虫霉生长繁殖,避免虫蚀霉烂损失;稳定粮情,延缓品质劣变。

采用冷密闭贮藏小麦时,应注意以下几个问题:

(1)采用冷密闭贮藏前,要改善仓贮条件,增进仓房隔热保温性能,并做好仓房、工具、器材、覆盖物的清洁消毒工作,保证无虫。仓房改造的重点在仓顶,办法主要是安装隔热顶棚。隔热材料最好采用聚苯乙烯泡沫塑料板和膨胀珍珠岩,也可采用糠灰、无虫麦糠与无虫谷壳。双层顶棚通常有四种形式,其中以马鞍形为最好。

(2)趁冷入仓时要做到"三冷",即粮冷、仓冷、覆盖物冷,并在塑料薄膜下全面铺垫一层麻袋或硬纸板,以防产生温差引起结露。

(3)冷密闭贮藏的麦堆,采用芦席、麦糠、谷壳、沙包、双层塑料薄膜、膨胀珍珠岩或聚苯乙烯泡沫塑料等材料压盖粮面隔热保冷是保持低温的重要措施。在靠近门窗与粮堆的外围更要认真做好此项工作,以免这些部位的粮温上升,降低低温贮藏的效果。

(4)冷密闭贮藏的小麦,对粮食质量要有一定的要求,一般应选择含杂少、水分低、无虫无霉的小麦进行。对高水分小麦,则应严格掌握控制低温的程度,以免影响小麦的发芽势和发芽率。

(5)冷密闭贮藏的小麦,在贮藏期间仍应坚持进行质量检查。检查工作要在早晚气温低时进行,以免高温侵入仓内,影响麦温上升,降低低温贮藏的效果。

(6)冷密闭贮藏的麦堆,在气温转暖前,要把门窗严格密封(仅留一小门出入,门外再加挂厚棉帘),防止仓外热空气进入仓内,引起麦温上升。但在七八月份,南方的低矮仓库,仓温会由于受辐射热作用而迅速升高,这时如长时间密闭不通风,仓温往往可升至35℃以上,从而会影响麦温迅速升高。因此,在进入盛夏以后,当仓温不断上升时,应在晴天夜间气温低时打开仓房门窗通风换气,次日早晨6时再关闭门窗进行密闭,以散发仓内的积热,防止麦温上升,从而保持低温贮藏的效果。

(四)"双低"贮藏和"三低"贮藏

小麦也可采用"双低"贮藏和"三低"贮藏。

三、小麦粉的贮藏特性

(一)极易感染虫霉

由于小麦粉失去皮层保护,营养物质直接与外界接触,故极易感染虫霉。

(二)吸湿作用和氧化作用很强

小麦粉的总活化面大,吸湿作用和氧化作用都很强。小麦粉虽然孔隙度比小麦大5%~15%,但由于颗粒小,孔隙微,故气体与热传递受到很大阻碍,造成导热性差,湿热不易散失。据试验,同时把同温度小麦与小麦粉从热仓转入冷仓,经2~3d,小麦温度已经降到仓温,而小麦粉4~5d仍没有降到仓温。

(三)极易结块,丧失散落性

粒之间摩擦力较大,长期受压,极易结块,丧失散落性。所以小麦粉在贮藏期间,极易吸湿发生酸败变苦和发热霉变等不良变化,贮藏稳定性很差,比大米更难保管。

(四)粉的"成熟"与"变白"

刚磨好的小麦粉,品质较差,存放一段时间,其品质得到改善,吸水性增大,面筋弹性增加,延伸性适中,做成的面包大而松软,面条粗细均匀等,这种现象称为小麦粉的成熟。与此同时,由于其中所含的脂溶性色素氧化,使得小麦粉变白,从色泽看品质似乎有了提高,而营养价值却有所下降。

(五)酸度增加或变苦

小麦粉的酸度一般随贮藏时间的延长而逐渐增大,温度越高,水分越大,酸度增加越快。这主要是小麦粉中的脂肪分解,脂肪酸及其他有机酸类的增加,使得小麦粉酸度增加。小麦粉在贮藏过程中,脂肪分解,游离脂肪酸氧化,导致小麦粉变味,甚至酸败变哈,严重的变苦。变苦的原因是由于脂肪的氧化分解生成醛和酮引起的。

(六)成团结块

由于小麦粉粉粒间有较大的摩擦力,在贮藏期间堆垛下部小麦粉,常因上中层压力影响,出现压紧现象。如水分超过14%,贮存3~4个月,压紧就会转变为结块。若无发热现象发生,结块经过揉搓,倒袋松散后,不影响品质;若结块同时发热霉变,则粉粒会被菌丝体黏结成团块,品质就显著降低,以致于不能食用。

(七)发热霉变

小麦粉发热霉变主要是由于水分和温度较高时,霉菌大量繁殖危害所引起的。原因是小麦粉水分过高超过安全水分或水分分布不均匀,以及出机热小麦粉未经冷却就入库堆垛,垛内温度较高不易散发所致。小麦粉堆垛发热部位随气候而异,一般春夏季节发热多从上层开始,逐渐向四周发展,秋冬季节发热多从中下层开始,逐渐向四周发展,如堆垛内水分与温度分布不均匀,发热则从水分大、温度高的部位先开始,然后向四周扩散。由外界湿度引起的生霉,一般先发生在堆垛下部的外层。

四、小麦粉的贮藏方法

(一)控制水分

由于小麦粉是比较难贮藏的品种,所以贮藏中要严格控制水分和贮藏温度。一般认为小麦粉水分在13%以下,温度在30℃以下,可以安全贮藏;水分13%~14%,温度在25℃以下,变化较小;水分14%~14.5%,温度在20℃以下,通常可以贮藏2~3个月;水分再高,贮藏期就更短。另外,新出机的小麦粉,温度较高而散热缓慢,不宜立即堆垛。

(二)合理堆垛

堆装小麦粉的仓房和用具必须清洁、干燥、无虫。堆装形式应由存放季节、小麦粉品质等情况决定。干燥、低温的小麦粉可堆成实垛、大堆,减少与空气接触面积。新出机的小麦粉或温度较高的小麦粉宜采用通风垛形式,或小堆,以利降温散湿。不论哪种堆型,堆底层要进行隔潮铺垫,袋口朝内,避免吸湿生霉。对长期存放的小麦粉要适时倒垛,调换上下位置,防止下层结块。不同批次不同质量的小麦粉应避免混同堆垛。感染过虫害的小麦粉,经处理应尽早出库使用,不宜继续贮藏。

(三)低温密闭

在低温条件下,对符合安全水分的小麦粉采用低温密闭贮藏,使其与外界环境隔离,这样能有效地防止吸湿和害虫感染,减少氧化,防止发热酸败变味,保持其较好的品质和新鲜度。

第六节 稻谷和大米的贮藏

一、稻谷的贮藏特性

稻谷具有稻壳的保护,对虫、霉和温湿度的影响起到一定的保护作用,与糙米和大米相比较具有较好的贮藏稳定性。但是如果处理不当,就会出现各种品质劣变问题。

(一)不耐高温,易陈化

由于稻谷籽粒质地疏松,对高温的抵抗力较弱。在烈日下曝晒或在高温下烘干,均会增加爆腰率和变色,降低食用品质与工艺品质。因此,潮湿稻谷最好进行自然干燥,如采用人工加热烘干,则应注意控制加热温度、加热时间、烘干速度和水分变化;以免爆腰率升高,降低加工大米质量。

大量的研究表明,高温能促使稻谷脂肪酸增加,引起品质下降。不同水分的稻谷,在不同温度下贮藏3个月,脂肪酸含量的变化差异较大(表6-2)。在35℃下贮藏的各种水分的稻谷,脂肪酸的含量都有不同程度的增加,加工大米的等级也明显降低。水分与温度愈高,脂肪酸上升、品质下降就愈明显。但水分低的稻谷对高温有较强的抵抗力。

表6-2　不同贮藏温度对稻谷脂肪酸含量(KOHmg/100g干重)的影响*

水分/%	对照	15℃	25℃	35℃
13.2	13.8	21.1	21.7	23.7
15.2	14.6	22.1	23.3	23.3
17.2	16.9	24.4	23.5	44.5
19.6	18.9	24.6	46.8	43.3

*稻谷贮藏时间为3个月。

稻谷在贮藏期间不仅脂肪酸值升高,还会出现(米饭)黏性降低、发芽率下降、盐溶性氮降低和食味变劣等现象,而且酶活性会逐渐减弱。稻谷中所含 α-淀粉酶和过氧化氢酶的活性会随贮藏时间的延长而明显下降所致。

稻谷陈化的速度,对于不同种类和不同水分、温度的稻谷而言是不相同的。通常籼稻较为稳定,粳稻次之,糯稻最易陈化。与小麦相同水分,温度较低的时候,稻谷的陈化速度慢;水分、温度均高时,则陈化速度快。

(二)易发热、结露、生霉、发芽

由于新收获的稻谷生理活性强,所以早、中稻入库后积热难散,在1~2周内上层粮温往往会突然上升,出现发热现象。稻谷发热的部位一般从粮堆内水分大、杂质多、温度高的部位开始,然后向周围扩散。这是因为杂质多的粮食或杂质区含水量高,带菌多、粮粒间的孔隙又被堵塞,所以容易发热、生霉。因此,稻谷入仓前要进行适当的干燥,以降低水分,但要避免曝晒或干燥速度过快;同时在稻谷入仓时,要尽量减少自动分级。

对高温和发热的稻谷,要及时采取降温措施。但是要注意在气候转换季节往往会因粮堆内外温差过大而引起粮堆结露,所以要根据实际情况合理降温。

稻谷萌芽的需水量低(约23%~25%),因此,不论在田间、打谷场或在仓库里,只要受到雨淋、潮湿或结露,水分达25%,温度适宜,通气良好,就会发芽。

(三)易黄变

稻谷在收获期间,遇长时间连续阴雨,未能及时干燥,常会在堆内发热产生黄变。变黄的稻谷称为黄变谷(黄粒米)。稻谷在贮藏期间也会发生黄变,这与它的温度和水分有密切关系。研究表明证明,粮温的升高是引起稻谷黄变的重要因素,水分则是另一个不可忽视的因素。粮温与水分互相影响、互相作用,就会加速黄变的发展,粮温愈高、水分愈大、贮藏时间愈长,黄变就愈严重。黄粒米不论在仓外还是仓内均可发生,稻谷的水分越高,发热的次数越多,黄粒米的含量也越高。黄粒米的发生,一般情况下是晚稻比早稻严重,这是因为晚稻在收割时,气温低、阴雨天多,稻谷难以干燥的缘故。

稻谷黄变后,发芽率下降,米饭黏度降低,酸价升高,碎米增多,品质明显变劣。

二、稻谷的贮藏方法

贮藏稻谷的原则是"干燥、低温、气密"。遵照此原则,在贮藏过程中就能抑制稻谷的呼吸作用与虫霉生长繁殖的能力,减少外界不良因素的影响,避免稻谷发生有害的生理活动与生化变化,防止虫霉感染,从而就能实现安全贮藏,较长期地保持稻谷的品质与新鲜度。通常贮藏稻谷的方法有以下几种:

(一)常规贮藏

常规贮藏是指基层粮库普遍采用的贮藏稻谷的方法,即从稻谷入库到出库的整个贮藏周期内,通过提高入库质量,坚持做到"四分开"贮藏,加强粮情检查,并根据粮情变化与季节变化采取适当措施进行有效防治的贮藏方法。这种方法可以保持稻谷安全贮藏,其主要措施是:

1. 严格控制入库稻谷的水分,使其符合安全水分标准

稻谷的安全水分标准,应随种类、季节与气候条件来确定。一般情况下,粳稻的安全水分可以高一些,籼稻应该低一些;晚稻可以高一些,早稻应该低一些;冬季可以高一些,夏季应该低一些;北方可以高一些,南方应该低一些。稻谷的安全水分界限见表 6-3。

表 6-3　稻谷的安全水分界限

稻谷温度/℃	籼稻水分/%		粳稻水分/%	
	早籼	中、晚籼	早、中粳	晚粳
30 左右	13 以下	13.5 以下	14 以下	15 以下
20 左右	14 左右	14.5 左右	15 左右	16 左右
10 左右	15 左右	15.5 左右	16 左右	17 左右
5 左右	16 以下	16.5 左右	17 以下	18 以下

上述安全水分标准并非绝对的,只是一个参考值,因为安全水分除与温度有关以外,还与稻谷的成熟度、纯净度、病伤粒等都有密切关系。如稻谷籽粒饱满、杂质少、基本无虫、无芽谷、无病伤粒,其安全程度就高;反之,其安全程度就低。

2. 清除稻谷中的有机杂质(如稗粒、杂草、瘪粒、穗梗、叶片、糠灰等)

入库时由于自动分级作用,甚易聚积在粮堆的某一部位,形成杂质区。杂质中的稗粒、杂草和瘪粒含水量高,带菌量多,吸湿性强,呼吸强度大,很不稳定。而糠灰等细小杂质则会减少粮堆的孔隙度,容易促使堆内湿热积聚,导致霉菌仓虫繁殖。因此,入库前应该进行风扬、过筛或机械除杂,使杂质含量降低到最低限度,以提高稻谷的贮藏稳定性。通常把稻谷中的杂质含量降低到 0.5%以下,即可提高它的贮藏稳定性。在稻谷开始收获时就应深入农村做好宣传工作,动员农民及时整理,晒干扬净,使稻谷的水分和杂质含量都低于规定限度,入库时又坚持做到"四分开"贮藏,就有利于确保稻谷安全贮藏。

3. 作到适时通风降温

稻谷入库后,特别是早中稻入库后,粮温高、生理活动旺盛,堆内积热难以散发,容易引起贮粮发热,导致粮堆表上层结露、生霉、发芽,造成损失。因此,稻谷入库后应及时通风降温,缩小粮温与外温或仓温的温差,防止结露。

4. 防治害虫

稻谷入库后，特别是早中稻入库后，容易感染贮粮害虫。因此，稻谷入库后应及时采取有效措施防治害虫。通常多采用防护剂或熏蒸剂进行防治，以预防害虫感染，杜绝害虫危害或使其危害程度降低到最低限度。

5. 密闭贮藏

完成通风降温与防治害虫工作后，在冬末春初气温回升以前粮温最低时，采取行之有效的办法压盖粮面密闭贮藏，以保持粮堆处于低温(15℃)或准低温(20℃)状态，减少虫霉危害，保持稻谷品质，确保安全贮藏。

常用的密闭方式有全仓密闭、塑料薄膜盖顶密闭、干河沙或草木灰压盖密闭等方式。

(二)低温密闭贮藏

由于稻谷的耐热性较差，所以贮藏温度越高稻谷的品质劣变越快。因而在有条件的地方应尽量采用低温贮藏措施。

实现低温的方法有自然低温、机械通风和机械制冷(使用谷冷机或空调)等。

(三)"双低"和"三低"贮藏

对水分在安全标准以内的稻谷，在气温不高的情况下(低温)，可以用塑料薄膜密封粮堆，进行自然缺氧贮藏(低氧)，这就是所谓的"双低"贮藏。如果自然缺氧不能有效的控制贮粮害虫，则可以投入低剂量的化学药剂(磷化铝)，实现"三低"贮藏。

(四)气调贮藏

气调储藏(Controlled atmosphere)有悠久的历史，是从气密贮藏(Airtight storage)发展而来。

在密封粮堆或气密库中，采用生物降氧或人工气调改变正常大气中的 N_2、CO_2 和 O_2 的比例，使在仓库或粮堆中产生一种对储粮害虫致死的气体，抑制霉菌繁殖，并降低粮食呼吸作用及基本的生理代谢。这种以控制调节环境气体成分为依据，使粮食增加稳定性的技术叫气调储藏。

实验证明，当氧气浓度降到2%左右，或二氧化碳浓度增加到40%以上，或在高 N_2 浓度下霉菌受到抑制，害虫也很快死亡，并能较好保持粮食品质。

(五)高水分稻谷特殊贮藏

南方产稻区，在稻谷收获季节，往往会遇上连续阴雨和低温天气，使大批稻谷来不及晒干而发芽霉烂。对这些稻谷通常可以采用：

1. 通风贮藏

一是在安装了通风地槽或通风竹笼等通风设施的仓房里贮存散装稻谷，二是在普通仓房里贮存包装稻谷，可以堆成若干个较小的非字形、半非字形或井字形通风垛，也可堆成通风道形的通风垛，然后选择在气温较高、湿度较低的有利时机进行通风，从而确保安全贮藏。

2. 低温贮藏

将高水分稻谷包装贮存在空调低温仓内，利用窗式空调机作冷源，使仓内温度控制在20℃以下，进行低温贮藏，可以抑制稻谷的呼吸作用，控制虫霉危害，并能安全度过夏季，保持它的品质与新鲜度。

三、大米的贮藏

(一)大米的贮藏特性

1. 失去外壳保护，贮藏稳定性差

大米失去皮壳保护,营养物质直接暴露于外,对外界温度、湿度和氧气的影响比较敏感,吸湿性强,带菌量多,害虫、霉菌易于直接危害,易导致营养物质加速变化;糠粉中所含脂肪易于氧化分解,生成脂肪酸使大米酸度增加。

2. 大米易爆腰

大米贮藏适宜低温、干燥,但不能曝晒或烘干,否则能造成大量爆腰。实践证明:干燥大米急速吸湿或水分高的大米急速散湿,都会造成大量爆腰。据试验,用水分15.64%的粳米在50%的相对湿度条件下摊晾8.5h,降水2.48%,爆腰率由2%增至100%;水分11%的糙米在100%的相对湿度中吸湿2h,全部爆腰。爆腰就是在米粒上出现一条或多条横裂纹或纵横裂纹。裂纹越多,表示爆腰越严重。爆腰的原因:在急速干燥的情况下,米粒外层干燥快,米粒内部的水分向外转移慢,内外层干燥速率不一,体积收缩程度不同,外层收缩大,内层收缩小,因而造成爆裂。在急速吸湿情况下,米粒外层膨胀快,内层膨胀慢,内外层膨胀速率不同,因而也造成爆裂。

由于这些不良因素的存在,所以大米贮藏稳定性差,较稻谷难保管。

(二)大米在贮藏期间变化

1. 热霉变

大米发热霉变与含水量、糠分和碎米含量相关。加工精度低、糠粉和碎米含量高的,吸湿能力强,很容易发热。据实践经验,大米中含糠率超过0.3%时,就容易发热,因为糠粉阻塞米堆孔隙,积热不易散发,糠粉本身又含有大量的脂肪,容易分解氧化。

大米粮堆发热霉变的起始部位:米质均匀的,一般先出现于粮堆上层,包装的先出现于包心和袋口之间;米质不均匀的,一般先出现于质量较差的部位;粮堆向阳或阳光直射部位,也容易出现发热霉变。发热霉变的深度,散堆多发生于粮面以下10~30cm,包装粮堆多发生于上层2~3包,然后逐渐向外扩散。

大米发热霉变的早期现象比较明显,主要有水分增加,硬度、散落性降低,色泽鲜明,有轻微霉味等。感官可以察觉的还有:

(1)出汗　由于大米吸湿性强,带菌量多,粮食微生物的呼吸强烈,局部水分积聚,米粒表面微觉潮润,通常称为"出汗"。

(2)脱糠　米粒潮润,黏附糠粉,或米粒上未碾尽的糠皮浮起,显得毛粗、不光洁,又称"起毛"。

(3)起眼　胚部组织较松,含糖、蛋白质、脂肪较多,菌落首先从胚部出现,使胚部变色,通称"起眼"。留胚的,先变化,色加深,类似咖啡色;去胚的,先是白色消失,出现菌丝体,然后变黄色,再发展变成灰绿色。

(4)起筋　米粒侧面与背面的沟纹呈白色,继续发展成灰白色。通风散热之后愈加明显。此时,米的光泽减退发暗。

大米如果出现起眼和起筋等现象,说明发热霉变已是早期现象的末期,如再不及时处理,就将出现严重霉变。

2. 大米的陈化

大米随着贮藏时间的延长逐渐陈化。由于大米没有皮壳保护,胶体物质易受外界不良条件的影响,加速分解变性,所以大米的陈化发展比稻谷快。大米陈化到一定程度,就会出现陈米气(一种陈米特有的糠酸气),同时食味变劣。

影响大米陈化的条件和因素,主要是水分、温度和贮藏时间,其他如加工精度、糠粉含量及虫霉危害也会影响陈化速度。如水分大、温度高、精度差、糠粉多、陈化进展就快;反之就慢。大米陈化主要表现在色泽逐渐变暗、香味消失、出现糠酸味、酸度增加、黏性下降、煮稀饭不稠汤、食用品质降低。

陈化大米具有特有的"陈米臭",其主要原因是大米陈化过程中挥发性羰基化合物含量增加。戊醛和己醛是形成陈米气的主要成分。在常温条件下,贮藏7个月和一年的大米,其乙醛含量减少,戊醛、己醛含量增加的情况见表6-4。

表6-4　贮藏7个月和一年的大米羰基化合物变化　单位:%

种类	贮藏7个月	贮藏一年
乙醛	63	24
丙醛	2	1
丙酮	5	24
丁酮	1	2
丁醛	1	1
戊醛	4	8
己醛	24	39

新米饭中低沸点挥发性羰基化合物(如乙醛)含量较高,而陈米中高沸点挥发性羰基化合物含量较高,其中戊醛、己醛较为明显,其含量比新米高2倍以上。由此可以推断戊醛和己醛是大米陈化、品质下降、影响米饭风味的主要成分。

(三)大米的主要贮藏措施

1.清除糠杂、控制水分

大米中糠粉含量不超过0.1%,长期贮存的大米,水分应控制在13.5%以内。

2.冷凉入仓、合理堆装

新加工的热机米,应冷却后入仓。粮堆高度应根据水分和粮质情况而定。水分低、质量好的大米,散装可堆高1.5~2m,包装一般不超过10包高。水分大、粮质差的,还应适当降低高度。

3.低温贮藏

其温度要求需根据大米的含水量来确定,水分15.5%左右,控制在15℃以下;水分在15%以内,控制在18℃左右;如水分16%,仓温需控制在5~10℃,或粮堆辅以塑料薄膜密封,形成低温低氧的环境,也能取得较好的效果。

实现低温的方式可以是自然低温、机械通风或机械制冷,根据当地的自然条件和气候条件而定。

4.气调贮藏

气调贮藏是延缓大米陈化的重要、有效的措施之一,其中有自然降氧贮藏,充氮、充二氧化碳贮藏等。另外,利用气调和低温措施对大米贮藏来说是非常有效的。

四、糙米的贮藏

(一)糙米贮藏的一般特点

在稻谷、糙米和大米中,糙米是最难贮藏的类型。这是因为在糙米加工过程中,除去了具有保护作用的稻壳;同时脂质含量高的胚和糠层暴露在外面;另外,糙米加工过程使得脂肪酶、脂肪氧化酶与底物接触的机会增加。因而,与稻谷和大米相比较,糙米的贮藏稳定性更差一些。

糙米在贮藏期间品质易变化，但在低温下贮藏变化比较小。糙米脂类物含量较大米高是因为糙米中保留了胚和糊粉层，糙米的脂类中非极性脂含量高于极性脂，其非极性脂含量比大麦、小麦、黑麦都高得多。由于其脂类物含量高，在贮藏过程中脂肪水解以及在有氧的条件下脂类物会相互作用，引起水解酸败和氧化酸败，导致糙米品质下降，进而酸度增高，糊化物特性发生变化，糙米黏度下降并出现陈米臭。脂类对稻米的糊化物特性值有一定的影响，如脱去糙米中的非淀粉脂就能改善糙米贮藏稳定性。研究人员曾对贮藏在10℃，75%的相对湿度条件下达13年的糙米作脂类物含量分析得出：新鲜稻谷加工出的糙米总脂肪含量为2.90%~3.44%，贮藏13年后，总脂肪含量为2.93%~3.19%，可见低温低湿环境下贮藏的糙米，脂类物含量变化较小。研究人员发现中和100g糙米的游离脂肪酸需20mgKOH时，就是糙米的劣变信号，如在25mgKOH以上，就显示出变质的现象。20世纪70年代国外研究者认为游离脂肪酸增长速率作为糙米变质指标更为可靠。

（二）几种适用于糙米贮藏的方法

1. 糙米的低温贮藏

大量的研究和实践表明低温贮藏法是糙米的最佳贮藏方法。日本从1995年开始普及糙米低温贮藏法，目前已达到300万t糙米的收贮能力（低温仓210万t，准低温仓90万t）。日本为了保持糙米的品质，特别是在越夏时，普遍采用低温贮藏，并要求糙米水分控制在13%以下。日本糙米一般贮藏1年左右，每年5月份糙米都存放在低温仓内。在每年6月，7月，8月，9月的4个月中，对低温仓进行制冷降温，使粮温降至20℃以下（准低温），有的在15℃以下（低温）。在15~20℃的低温仓贮藏的糙米最长保质期为3年。如果低温仓温度常控制在10℃以下，相对湿度在70%以下，糙米的保质期可达5年左右。

研究表明，在4℃温度下冷藏的糙米经10个月后的质量与原始样几乎没有差别。采用低温法保藏糙米，温度控制在16~18℃以下，相对湿度控制在65%~76%之间，每年除6~9月天气较热时开空调，其他月份可将仓温控制在20℃以下，糙米贮藏1年后，米质保持良好。

低温贮藏糙米，可使糙米处于休眠状态，减弱呼吸，糙米呼吸中的干物质损耗、营养成分以及食味值变化微小。

2. 糙米的气调贮藏法

对糙米进行二氧化碳气调贮藏和氮气贮藏表明，充氮贮藏和充二氧化碳贮藏糙米，对其品质变化都有一定的抑制作用，糙米品质比常规贮藏的要好。当充入二氧化碳气体，贮藏温度在30℃的情况下时，糙米在3个月内品质保持良好，而常规贮藏的糙米在30℃温度下贮藏3个月，品质下降明显。

3. 其他糙米保藏法

20世纪80年代日本研究者曾试验过用油对糙米进行减压加热处理，使糙米中的蛋白质凝固稳定，实现长期贮藏，效果很好，并以《公开特许公报》昭60-164431公布。

菲律宾研究者1991年试验用钴辐照处理保藏糙米，辐照剂量分别为1.0kGy，2.0kGy和3.0kGy，试验结果表明，辐照剂量大，糙米的虫霉能完全得到抑制，但辐射剂量大，糙米品质将受到影响。

第七节　玉米的贮藏

玉米是我国主要的粮食作物之一，贮存量大。玉米耐贮性较差，是较难保管的粮种之一，通常不适宜作长期贮藏。

一、玉米的贮藏特性

(一)原始含水量高,成熟度不均匀

玉米的生长期长,我国主要玉米产区在北方,收获时天气已冷,加之果穗外面有苞叶,在植株上得不到充分的日晒干燥,故原始含水量较大,新收获的玉米水分往往为20%~35%,在秋收日照好、雨水少的情况下,玉米含水量也在17%~22%左右。

玉米授粉时间较长,同一果穗的顶部与基部授粉时间相差可达7~10d,因而果穗基部多是成熟籽粒,而顶部则往往是未成熟的籽粒,故同一果穗上籽粒的成熟度很不均匀。未成熟的籽粒未经充分干燥,脱粒时容易受损伤。因此,玉米的未熟粒和破损粒较多,这些籽粒极易遭受害虫与霉菌侵害,甚至受黄曲霉菌侵害而被污染带毒不能食用,造成很大损失。

(二)胚部很大,吸湿性强

玉米的胚部很大。几乎占整个籽粒体积的1/3,占籽粒质量的8%~15%(表6-5)。胚中含有30%以上的蛋白质和较多的可溶性糖,故吸湿性强,呼吸旺盛。正常玉米的呼吸强度比正常小麦的呼吸强度大8~11倍。玉米胚部组织疏松,周围具有疏松的薄壁细胞组织,在大气相对湿度高时,这一组织可使水分迅速扩散于胚内;而在大气相对湿度低时,则容易使胚内的水分迅速散发于大气中。因此,玉米吸收和散发水分主要是通过胚部进行的。通常干燥玉米的胚含水量小于整个籽粒和胚乳,而潮湿玉米的胚含水量则大于整个籽粒和胚乳。整粒玉米水分为12.8%时,胚部水分为10.2%,胚乳水分却为13.2%,胚部的水分明显低于整粒玉米和胚乳的水分;而整粒玉米水分为23.8%时,胚部水分为36.4%,胚乳水分仅为22.4%,胚部的水分大大高于整粒玉米和胚乳的水分。但是,玉米的吸湿性在品种类型之间是有差异的,通常硬粒型玉米的粒质结构紧密、坚硬,角质较多,故其吸湿性比马齿型和半马齿型玉米小。

玉米穗轴含水量的变化比玉米籽粒大,其吸收和散发水分的速度均比籽粒快。玉米果穗的孔隙很大,收获后可以充分利用这一特点,进行自然通风干燥,降低水分后再行脱粒贮藏。

表6-5　玉米籽粒各部分质量比较表

部　位	占总质量百分率/%
果皮与种皮	2~5
胚乳	80~90
胚	8~15

(三)胚部含脂肪多,容易酸败

玉米胚部富含脂肪,约占整个籽粒中脂肪含量的77%~89%,在贮藏期间胚部甚易遭受虫霉侵害,酸败也首先从胚部开始,故胚部酸度的含量始终高于胚乳,增加速度也很快。玉米在温度13℃、相对湿度50%~60%的条件下,存放30d,胚乳酸度为26.3(酒精溶液,下同),而胚部酸度则为211.5;在温度25℃、相对湿度90%的条件下,胚乳酸度为31.0,而胚部酸度则高达633.0。由此可见,玉米的胚部甚易酸败变质。

(四)胚部带菌量大,容易霉变

玉米胚部营养丰富,微生物附着量较大。据测定,经过一段贮藏期后,玉米的带菌量比其他禾谷类粮食高得多。正常稻谷上霉菌孢子约在95000孢子个数/1g干样以下,而正常干燥玉米却有98000～147000孢子个数/1g干样。一般来说,玉米的带菌量比其他粮种都多。玉米胚部吸湿后,在适宜的温度下,霉菌即大量繁育,开始霉变,故玉米胚部甚易发霉。

玉米生霉的早期症状是,粮温逐渐升高,粮粒表面发生湿润现象(出汗),用手插入粮堆感觉潮湿,玉米的颜色较前鲜艳,气味发甜。继而粮温迅速上升,玉米胚变成淡褐色,胚部及断面出现白色菌丝(俗称"长毛"),接着菌丝体再发育产生绿色或青色孢子,在胚部十分明显,通称"点翠",这时会出现霉味和酒味,玉米的品质已变劣。再继续发展,玉米霉烂粒就不断增多,霉味逐渐变浓,最后造成霉烂结块,不能食用。

二、玉米的贮藏方法

玉米的贮藏原则与稻谷、小麦相同,也是"干燥、低温、密藏"。但由于我国玉米主产区北方各省在玉米收获后气温已很低,一般不易保持干燥,较难实现上述原则,加之玉米的耐贮性较差,容易遭受虫蚀霉烂损失,故玉米比稻谷、小麦更难保管,贮藏方法也不同于稻谷和小麦。常用的贮藏方法如下。

(一)降水

由于降低玉米水分对安全贮藏关系十分密切,而且又不完全与降低稻谷、小麦水分相同,为了叙述方便,特将降水列为贮藏方法一并介绍。常用的降水方法有以下几种:

(1)田间扒皮晒穗　田间扒皮晒穗即站杆扒皮晒穗,通常是在玉米生长进入腊熟中、末期(定浆)包叶呈现黄色,捏破籽粒种皮籽实呈现蜡状时进行。田间扒皮晒穗的时间性很强,要事先安排好劳力,适时进行扒皮。扒皮时用手把果穗上的包叶扒掉(一扒到底),让玉米果穗暴露在外,充分利用日光曝晒(晒15d左右),使果穗的水分迅速降低。这种降水方法已在东北各地广泛应用,一般可使玉米水分比未扒皮晒穗的降低5%～7%,并能促使玉米提前7～8d成熟,使其营养成分逐渐增加,籽粒饱满,硬度增强,脱粒时不易破碎,明显提高质量与产量。实践证明,推行田间扒皮晒穗,玉米成熟早、质量好、产量高、水分低,是实行科学种田,促进庄稼早熟、增产增收的一项重要措施。

田间扒皮晒穗的玉米,其水分比未扒皮晒穗的平均多降低6.5%～7.1%;干粒重(干重)增加5%～6%;容重增加5.4%～6%;主要营养成分增减变化趋势与通常不同成熟期的玉米成分变化趋势相同,即脂肪、淀粉增加,粗蛋白相对减少,淀粉增加幅度达4.69%～5.99%,品质明显改善,质量等级大大提高。

(2)通风栅降水　采用特制的通风栅贮存高水分玉米,利用自然风降低玉米水分的方法。

通风栅多采用角钢做成长30m、高4m、宽0.8m的骨架,组装成一个长方形整体,四周贮藏玉米穗,穗贮多用于农村小量贮藏。

(二)玉米粒贮藏

玉米安全贮藏的原则是干燥、低温、密闭。玉米的贮藏技术有常规贮藏、温控贮藏、气控贮藏、三低贮藏等。

由于玉米主产区在我国北部,主要采用的贮藏技术是常规贮藏和温控贮藏(包括通风)。

1. 常规贮藏

玉米多采取常规贮藏,具体操作方法概括起来是:先把玉米晾晒到安全标准水分,除杂提高入库粮质,入仓做到"五分开",入仓后加强管理,防止发热结露,可适时进行通风,密闭。为防止生虫可在入库时施拌防护剂,或生虫后进行熏蒸杀虫。

2. 低温密闭

根据玉米的贮藏特性，除常规贮藏外，最适合于低温、干燥贮藏，其方法有：①干燥低温密闭；②低温冷冻密闭。南方地区收获后的玉米有条件进行充分干燥，在降到安全水分之后除杂入仓，通风降温密闭贮藏。东北地区玉米收获后受到气温限制，高水分玉米降到安全水分比较困难。除了对部分玉米烘干降水外，基本上是采用低温冷冻密闭贮藏。其做法是利用严冬天气(12～2月)，将玉米摊晾冷冻，粮温一般降至-10℃以下(对高水分玉米也能降低部分水分)，然后趁低温采用囤垛密闭贮藏。

为了合理掌握低温高水分玉米烘晒时间，各地在实践中总结出玉米安全贮藏的临界水分温度指标，但各地不甚一致。

高水分玉米低温贮存，粮食安全贮藏是暂时的，在气温回升季节，必须及时烘晒降水。对不同水分的玉米，粮温必须控制，将玉米烘晒到安全标准水分，这样才能确保粮食安全，品质正常。玉米干燥后，降杂降温入仓进行常规贮藏或低温贮藏。

(三)玉米果穗贮藏

玉米果穗贮藏是一种比较成熟的经验，很早就为我国农民广泛采用。玉米果穗贮藏法是典型的通风贮藏，由于果穗堆内空气流动大(孔隙度51.7%)，在冬春季节长期通风中，玉米果穗也可以逐渐干燥。东北经验：收获时籽粒水分为20%～23%，经过150～170d穗贮后，水分降低至14.5%～15%，即可脱粒转入粒贮。

玉米果穗贮藏还有许多优于粒贮的地方，穗贮时籽粒胚部埋藏在穗轴内，仅有籽粒顶部角质暴露在外，对虫霉侵害有一定保护作用。此外，穗轴与籽粒仍保持联系，穗轴内养分在初期仍可继续输送到籽粒内，增加籽粒养分。

但此种方法占用仓容较多，增加运输量，因此不适合国家粮库，农村可以广泛采用。

果穗贮藏容易降低水分，但从六月开始，由于多雨，空气相对湿度高，致使玉米很快吸湿增加水分，所以应掌握水分降到安全标准即可适时脱粒。

玉米带穗入囤时，常常容易带进脱落的籽粒和包叶等，阻塞粮堆孔隙，因此入囤前必须做好挑选清理工作，才能起到穗藏效果。

复 习 题

1. 粮食贮藏今后发展的方向是什么？
2. 试述组成粮食贮藏生态系统的四个部分。
3. 简述影响粮食贮藏稳定性的主要因素。
4. 谷物贮藏过程中会发生哪些变化？
5. 低温贮粮的理论依据是什么？
6. 试述气调贮粮的防治虫害、抑制霉菌和降低呼吸强度的作用。
7. 试述小麦和小麦粉的贮藏特性和贮藏方法。
8. 试述稻谷和大米的贮藏特性和贮藏方法。
9. 试述玉米的贮藏特性和贮藏方法。

参考文献

1. 路茜玉．粮油储藏学．北京：中国财政经济出版社，1999
2. 靳祖训．中国古代粮食储藏的设施与技术．北京：中国农业出版社，1984

3. 王佩祥 . 储粮化学药剂应用 . 北京:中国商业出版社,1997

4. Fields. P. The effect of grain moisture control and temperature on the efficacy of diatomaceous earths from different geographical locations against stored - product beetles. Journal of stored products research. 2000, 36 (10:1 - 13).

第七章 谷物干法加工

第一节 脱壳碾米

一、概 述

稻谷加工工艺流程如图 7-1 所示。

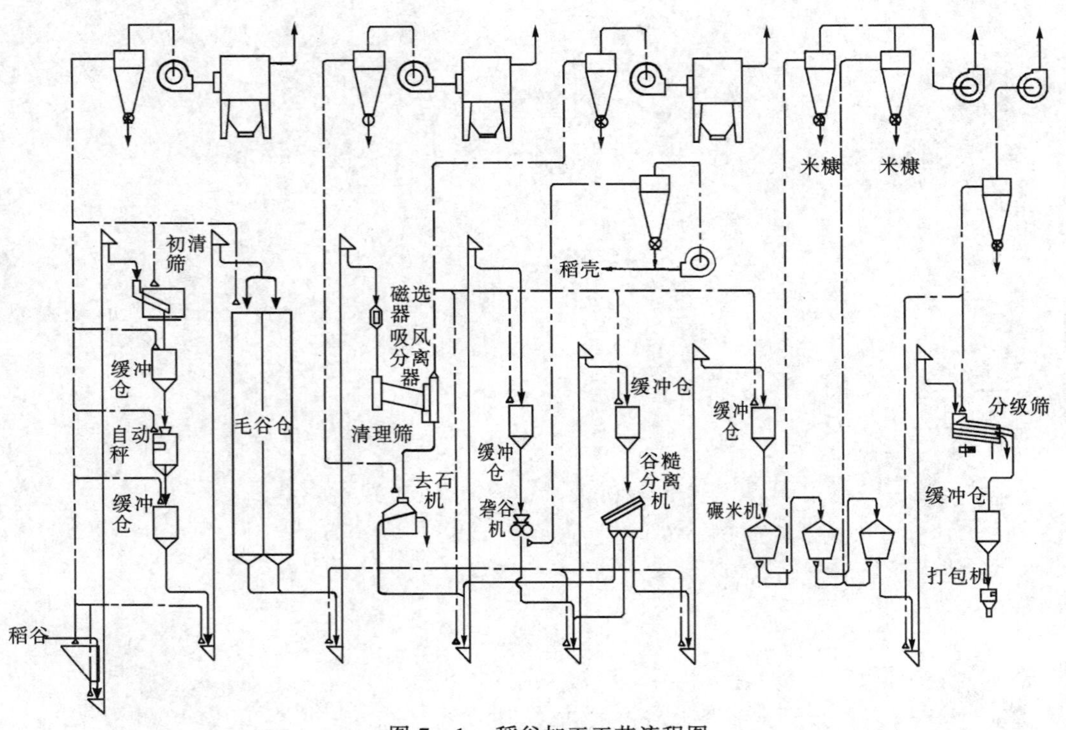

图 7-1 稻谷加工工艺流程图

稻谷经过清理,包括筛选、风选、相对密度去石、磁选等去除各种杂质之后,脱掉稻壳成为糙米。由于脱壳不能一步完成,得到的糙米和稻谷的混合物需要分离,纯的糙米碾去外面褐色的皮层就成为白米。为了提高白米的外观质量,要分出一部分碎米,以提高产品的整齐度;可以对其进行抛光,提高产品的表面光洁度;可以通过色选,分出异色粒,提高产品的均一性。

稻谷加工工艺流程中,还包括一些辅助的环节,如副产品(砻糠、米糠、碎米)的收集及整理、物料输送、缓冲仓、计量、电器控制等。

稻谷清理的基本原理是根据稻谷与杂质之间在粒度、悬浮速度、密度、磁化特性等方面存在的差异,利用一定的手段(机器),使它们朝不同的方向运动,达到分离的目的。

稻谷中的杂质种类很多,习惯上分成尘芥杂质、金属杂质及毒害杂质。

尘芥杂质指有机杂质中除粮谷杂质以外的杂质和无机杂质。“尘”指尘土一类的矿物质，其中包括泥土、砂石、煤屑等；“芥”是草芥，它包括植物的枝叶、穗秆、脱落的种皮、壳和芒，杂草种子和性质相差悬殊的异种作物种籽，以及因病虫害侵蚀和霉烂变质而丧失全部食用价值的同种粮食籽粒。尘芥杂质一般是指粮堆里那些没有食用价值的东西。粮谷杂质指异种粮粒和无食用价值的谷粒。

金属杂质指铁磁性杂质，如：铁钉、螺丝、螺帽等。

毒害杂质指对人体有害的那些杂质，如：霉烂的、带黄曲霉毒素的稻谷、含毒素的一些杂草种子等。

稻谷中比较难除去的杂质有并肩石和并肩泥块，以及稗子。

杂质的危害很大，对产品质量、安全、正常生产以及环境卫生都有影响。

常用的除杂方法有筛选法、风选法、相对密度分选法、磁选法、精选法、色选法等。

二、搓撕脱壳

稻谷加工过程中剥去稻壳的工艺过程称为砻谷。砻谷后大部分稻谷变成了糙米和稻壳，也有一定比例的稻谷没有脱壳。所以，砻下物中包括糙米、稻谷、稻壳、糙碎米和毛糠等。

砻谷是根据稻谷内壳与外壳互相钩合、外表面粗糙、质地脆弱、两顶端孔隙较大等构造特点，给稻谷籽粒施以一定的挤压、搓撕或撞击和摩擦等作用，使稻壳变形、破裂，达到使稻谷脱壳的目的。

现在使用最普遍的砻谷机是胶辊砻谷机(rubber roll sheller)(图 7－2)。稻谷由进料斗，通过流量调节机构，经短淌板匀料和长淌板整流、加速、导向后，进入两胶辊的工作区内进行脱壳，砻下物流经稻壳分离机构，稻壳被吸走，谷糙混合物从出料口排出机外。

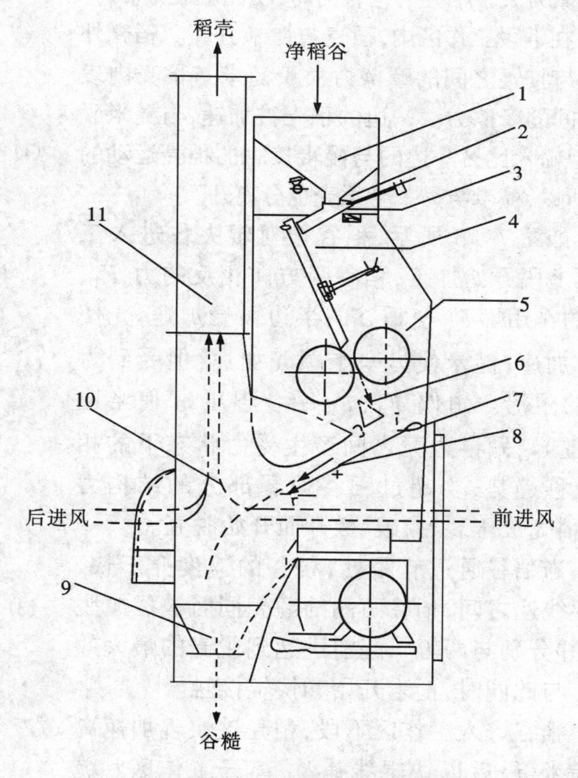

图 7－2　胶辊砻谷机示意图

1—进料斗　2—闸门　3—短淌板　4—长淌板　5—胶辊　6—匀料斗　7—匀料板　8—鱼鳞淌板　9—出料斗　10—稻壳分离室　11—风管

主要工作部件是一对直径相同的橡胶或塑料辊筒。两辊以不同的转速相向旋转，稻谷在通过两辊之间的小于稻谷厚度的一段距离时，受到胶辊的挤压和搓撕作用，完成脱壳的过程。

两辊之间的压力可以调节。压力过大可使米粒变色，并缩短本来就很有限的辊筒寿命。压力过小，则不能达到脱壳目的。

胶辊硬度主要有邵氏 85°±3°、90°±3°两种。数值越大，胶辊越硬。冬季气温低，采用 85°的胶辊，夏季气温高，采用 90°的胶辊。在相同气温条件下，加工较易脱壳的早、中籼稻谷和粳稻谷，可选用硬度较低的胶辊；加工较难脱壳的杂优籼及细小颗粒的粳稻谷，可选用硬度较高的胶辊，以保证砻谷机的工艺性能和减少胶耗。

胶辊有黑色、棕色和白色三种。黑色橡胶的弹力较高，耐磨性良好，硬度受气温的影响较小，价格较低，但在高温下会降低弹力和耐磨性，还容易使糙米沾胶后发黑；棕色橡胶可减少糙米染色，适用于各种气候下使用，性能较好，但价格较贵；白色橡胶性能与棕色橡胶相仿。

（一）脱壳过程的力学描述

两胶辊按不同的转速相向转动，两胶辊之间的径向距离（轧距）小于稻谷的厚度，夹在两辊之间的稻谷，受到两胶辊的挤压力。相对慢辊来说，快辊要把稻谷往下拉，具有带动稻谷一起运动的趋势，实际上使稻谷受到一个向下的摩擦力；相对快辊来说，慢辊有阻止稻谷跟随快辊一起向下运动的趋势，也使稻谷受到一个向上的摩擦力。

不在同一直线上（相差一个厚度）的方向相反的摩擦力同时作用在稻谷上，产生搓撕作用，即将谷粒两侧的谷壳朝相反方向撕裂，使稻谷脱壳。

进入工作区的瞬间，谷粒的运动速度小于两辊的线速度。谷粒被加速。

经过加速达到慢辊的线速度后，相当于谷粒被慢辊托住，快辊相对稻谷作运动。这是因为搓撕动摩擦因数小于搓撕静摩擦因数。

随着两辊间距的减小，挤压力增大，摩擦力迅速增加。到达中心连线时，摩擦力达到最大值。当摩擦力大于稻壳的构合力时，稻壳就裂开。

在下段工作区内，稻壳与糙米分离。稻壳外表面与胶辊之间的摩擦力大于糙米与稻壳内表面之间的摩擦力。一边的稻壳被加速，与糙米脱离；但糙米比另一边的与慢辊接触的稻壳运动的快，所以，糙米与另一半稻壳也分离开。

如图 7－3 所示，稻谷被对辊夹住进入工作区上段开始加工，稻谷受方向相反的力 F_1、F_2 的作用。F_1 使稻谷的半边颖壳加速，壳使糙米加速，糙米使另一半颖壳加速，但受到力 F_2 的阻滞。力偶 F_1、F_2 结合辊压 p 使半边壳、糙米、另半边壳之间产生受力状态下的相对位移趋势，当超过稻谷薄弱部分的结构力时，稻壳被压裂、撕破、搓开而开始脱壳。

当稻谷通过轧距处，稻谷的速度介于快、慢辊线速之间，稻谷两侧的颖壳同时被搓撕脱开，并分别与两辊一起前进达到脱壳的最大效果。与此同时，糙米开始和快辊接触。

稻谷进入工作区下段，稻壳被快辊加速离开糙米，最后以快辊线速 v_1 离开工作区。糙米开始被快辊加速，逐渐离开为慢辊所阻滞的另一半稻壳。完全离开时，力偶 F_1、F_2 对这一颗粒的作用完成，摩擦阻力 F_2 的方向改变为和 F_1 相同，推动稻壳。糙米和快辊脱离接

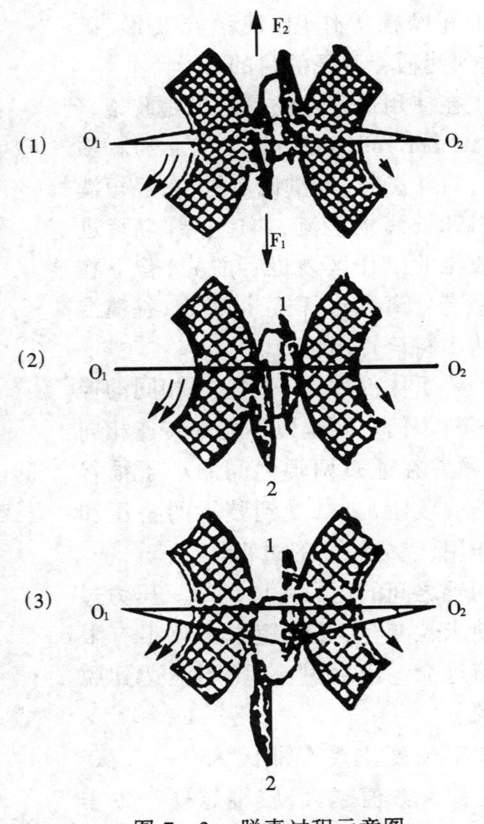

图 7－3　脱壳过程示意图

1—颖壳的右半边　2—颖壳的左半边

触后离开工作区，糙米和快辊接触，加速时间短并为稻壳所阻滞。糙米离开工作区时的速度在快、慢辊线速 v_1、v_2 之间。稻壳和糙米脱开后，以慢辊线速 v_2 离开工作区。

稻谷入辊的方向必须对准两辊轧距中点并位于两辊中心连接的垂直线上。稻谷进入对辊起轧时的受力情况如图 7-4 所示。

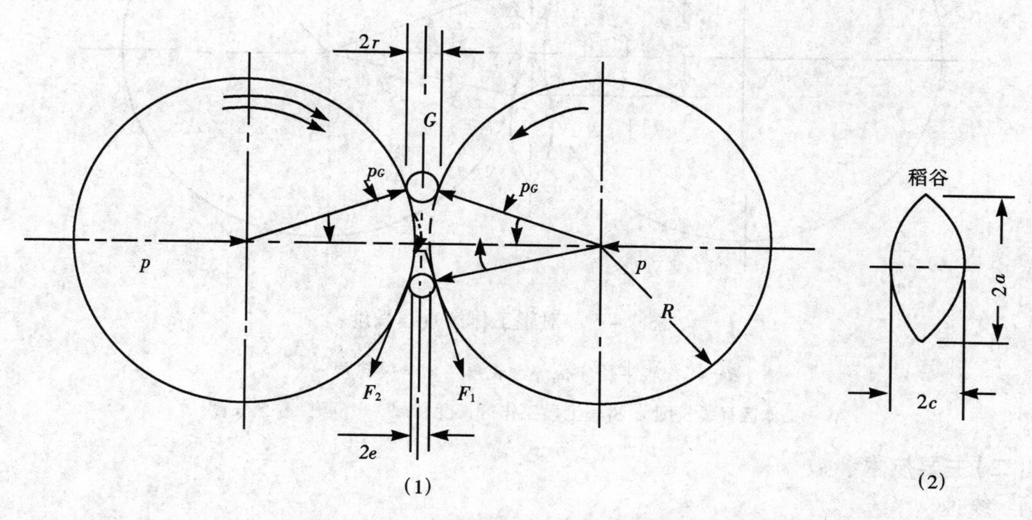

图 7-4　稻谷进入对辊起轧时的受力情况

R—工作辊半径　p—单位辊长辊间压力　F_1—慢辊与物料间的摩擦力　F_2—快辊与物料间的摩擦力　p_G—工作辊对物料颗粒的压力　$2a$—稻谷长度　$2c$—稻谷厚度　$2e$—轧距　r—球形颗粒半径　G—物料颗粒重量

起轧时，快、慢辊的摩擦力方向相同，且

$$2p_G\sin\alpha_q - 2F\cos\alpha_q - G \leqslant 0$$

$$p_G = p\cos\alpha_q$$

$$F = f\,p\cos\alpha_q$$

式中　F——摩擦力

f——摩擦因数

G 很小，略去，得

$$\sin\alpha_q - 2F\cos\alpha_q \leqslant 0$$

$$\mathrm{tg}\alpha_q \leqslant f \qquad f = \mathrm{tg}\phi$$

$$\alpha_q \leqslant \phi$$

起轧角等于或小于稻谷和工作辊面之间外摩擦角，才能被夹住进入工作区。

对辊工作时，从起轧点到终轧点的直线距离称为工作区直线长度 S，如图 7-5 所示，由 S_1、S_2 组成。

$$S_1 = \sqrt{2R(r-e)}$$

式中　R——工作辊半径

r——物料颗粒半径

e——轧距的一半

工作辊直径越大，工作区长度越长。

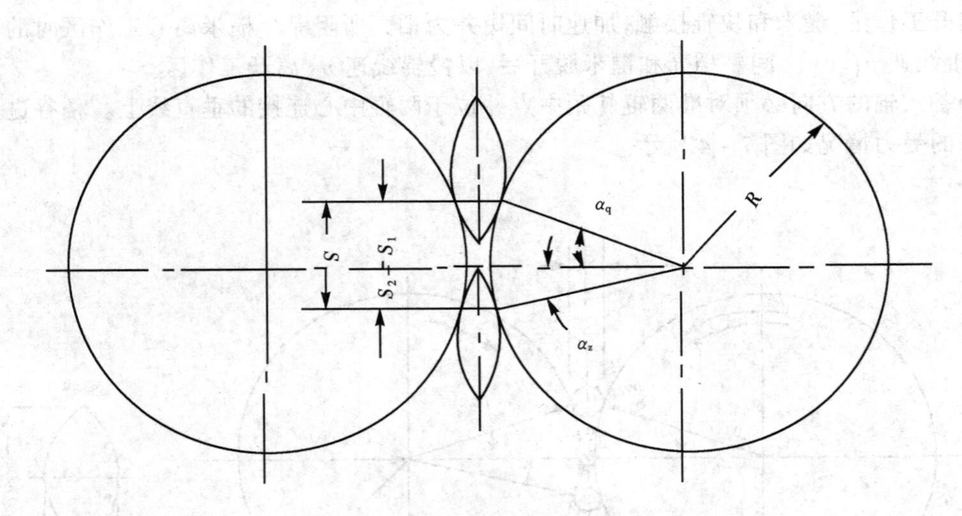

图 7－5　对辊工作区直线长度

R—工作辊半径　α_q—起轧角　α_z—终轧角

S—工作区直线长度　S_1—上段工作区长度　S_2—下段工作区长度

(二)主要技术参数

1. 线速

线速指胶辊工作时的圆周速度。线速高,则流量大、产量高。线速过高,则摩擦次数过多,胶辊会发热变软,脱壳率降低,胶耗增加,振动严重,增加碎米。线速过低,受轧时间太长,胶辊表面会起槽,使脱壳率下降并影响产量。一般情况下,快辊线速为 14.5～17m/s,不超过 18m/s,夏季取低值,慢辊线速为 12～14.5m/s。

2. 线速差

线速差指快、慢辊的圆周速度之差。它是胶辊对稻谷产生搓撕作用的主要原因之一。在辊压一定的情况下,线速差大,搓撕作用强,脱壳率高;线速差过大,碎米增加,易起毛、粘胶染黑。相对位移增大,摩擦作用加强,使胶辊发热。温度升高,胶耗增加,动力增加,引起振动。线速差过小,脱壳率低,增加两辊,特别是慢辊的磨耗。

一般线速差为 2.5～3m/s。干燥、易脱壳的稻谷,壳薄而结构松散的早籼稻谷,取低值,壳薄而结构紧密的晚籼稻谷,取偏高值。

3. 速差率

速差率是线速差与慢辊线速之比。速差率的大小与稻谷在胶辊工作区内的位移长度有密切关系。辊径不变,品种不变,位移长度主要决定于速差率。在线速差保持不变的情况下,速差率随慢辊线速的增减而增减,即调节慢辊的线速(实际上快辊的转速也变)就能调节相对位移长度。

随着胶辊的磨损,线速下降,只要速差率保持不变,脱壳率不一定会下降,但产量会有所下降。

4. 辊间压力

辊间压力的大小与搓撕力的大小有直接的关系。

谷粒接触胶辊后,胶面会产生弹性变形,使胶面产生压陷。压陷的深度与轧距大小、谷粒的大小、橡胶的硬度和使两辊合拢的拉力有关。

使两辊合拢的拉力是辊间压力的重要组成部分。通过调节使两辊合拢的拉力可以调节辊间压力。

决定辊间压力大小的主要依据是压陷深度。物料颗粒在对辊间工作面之间受辊压力 p 的作用,颗粒变形,辊面变形,特别是辊面材料为橡胶时,辊面较软并有弹性,稻谷对辊面的反作用力使辊面变形,稻谷的一部分被压入辊面,陷入辊面的深度称为压陷深度,如图 7-6 所示。

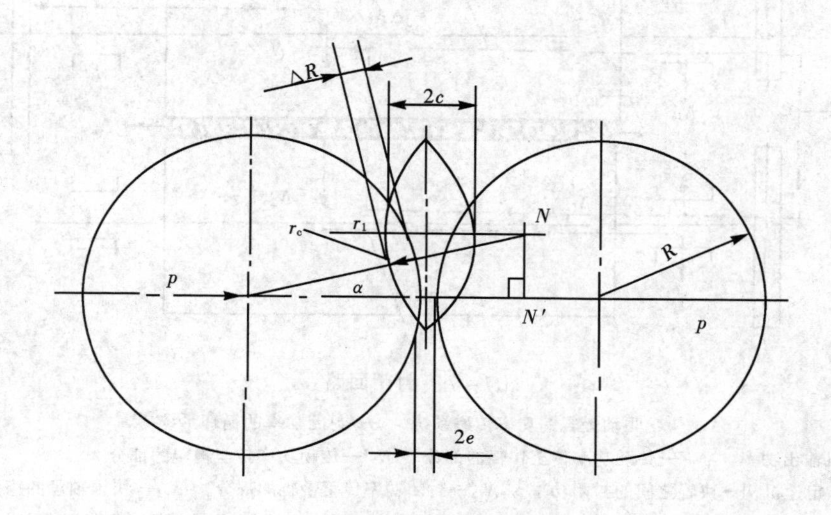

图 7-6　辊面压陷深度

R—工作辊半径　p—单位辊长辊间压力　r_c—稻谷腹面曲率半径　N—r_c 的中心
$2c$—稻谷厚度　$2e$—轧距　ΔR—压陷深度

辊间压力太小,即轧距过大,拉力太小(压砣太轻),脱壳率低;辊间压力太大,即轧距过小,拉力太大(压砣太重),脱壳率高,但增加糙碎,糙米表面起毛、粘胶。增加拉力(增加压砣质量)、减小轧距,挤压力增加,压陷较深,摩擦力大,搓撕作用增强,工作区长度增加,脱壳率提高。

辊间压力的大小应根据稻谷的品种、水分、籽粒大小作适当选取,一般情况下,轧距为 0.6~0.8 mm,辊压为 30~55 N/cm(辊长)。

5. 脱壳率

稻谷本身的物理、化学性质:品种、粒形、均匀性、整齐度、水分、饱满程度;砻谷机的工作参数:辊间压力、线速度、线速差、轧距;砻谷机的操作技术:胶辊安装的同心度、流量大小、稳定情况等会影响脱壳效率。粳稻 80%~90%、籼稻 75%~85%、陈稻 70%~75%、高水分稻谷 65%~70%。

(三)封闭功率

胶辊砻谷机上的一对工作辊(胶辊)是差动对辊。差动对辊由空载转入负载的瞬间,具有足够运动刚性的快辊圆周力使传动出现"短暂的等速趋势",即快辊力图通过物料推动慢辊加速,由于差速传动机构的传动副中存在间隙,使这种加速成为可能。慢辊在瞬间加速过程中,慢辊传动轮必然对传动带(链)产生超前运动,直至带(链)的松边变成紧边,相应的紧边变成松边以后,差速传动机构又重新约束快、慢辊按设定的转速比转动。嗣后的运转中,慢辊的运动不再是通过差速传动机构得到,而是快辊通过物料直接驱动,转化为变相的单辊驱动,快辊既是工作构件,又是传动构件。差速传动机构的功能已不是空载时那样传递运动和动力,转化为仅是使快、慢辊保持设定的转速比作相向运动，差速传动机构实质上已变为“定速机构”。

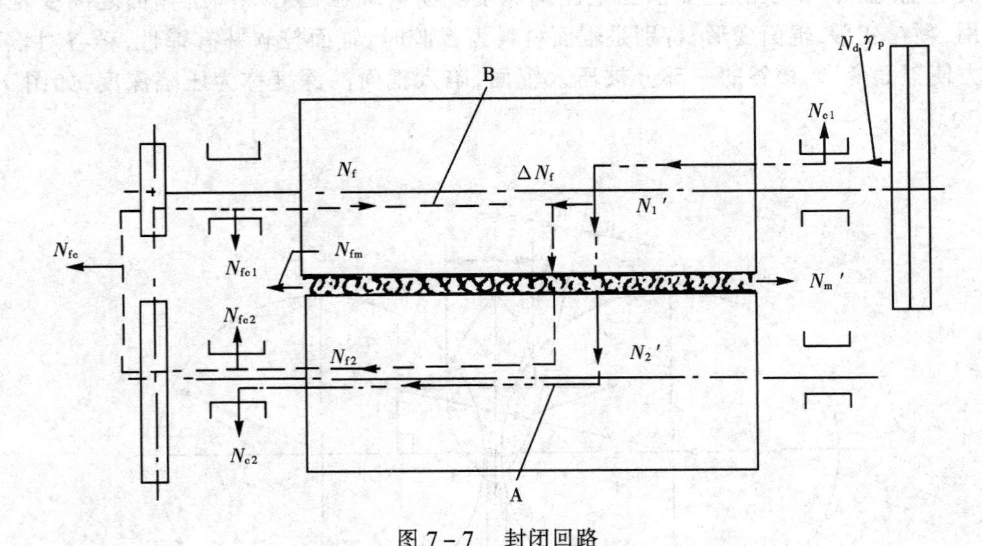

图 7－7　封闭回路

A—快辊驱动慢辊的功率传递系统　B—封闭功率的循环系统

N_d—电动机输出功率　N_1'—传动功率传至快辊的部分　N_2'—传动功率传至慢辊的部分

N_f—慢辊→定速机构→快辊之间的封闭功率　N_{f2}—封闭功率传至慢辊的部分　N_{c1}—快辊轴承的磨损功率

N_{c2}—慢辊轴承的磨损功率　N_{fc1}—传递到快辊的封闭功率　N_{fc2}—传递到慢辊的封闭功率

N_{fc}—传递的封闭功率　N_{fm}—封闭功率在辊面和物料间的损耗　ΔN_f—电动机对封闭系统摩擦损耗的补偿量

N_m'—传动功率纯粹用于研磨物料的部分　η_p—皮带传动效率

定速机构齿轮反面接触和慢辊传动带(链)的松边转变为紧边的瞬间，由于强制等速趋势和定速机构以转速比 i 约束慢辊使其不能加速，因此，在快、慢辊及传动件之间产生弹扭变形及相应的附加的弹扭力矩，导致在快辊→慢辊→定速机构→快辊之间形成力的封闭回路(图 7－7)。

封闭系统一经形成，封闭功率值即与电动机功率无关。封闭功率的大小取决于辊面特性，加工物料的性质和要求，受力状态和运动状态等。

存在封闭功率时，电动机的输出功率应满足物料研磨或脱壳的功率要求，补偿封闭功率在系统中的摩擦损耗。

三、选　糙

砻谷后得到的谷糙混合物要进行分离，纯净糙米去碾米，稻谷回入砻谷机再脱壳。每千克纯净糙米中的稻谷不能超过 40 粒，回砻谷中含糙米不能超过 10%。

谷糙混合物中稻谷和糙米的物理特性，粒度、相对密度、弹性、摩擦因数和悬浮速度等，都有差别，在运动中会产生自动分级，使糙米处于物料的底层而与筛面或分离面充分接触，而稻谷浮在糙米的上面，不能与筛面或分离面相接触，或者不能穿过筛孔，或者与糙米的运动方向相反，从而达到分离的目的。

根据分离过程中起主要作用的物理性质的不同，谷糙分离可以分成两种类型：粒度分选，密度、弹性和表面摩擦因数分选。谷糙分离设备主要有两种：谷糙分离筛和谷糙分离机。

(一)谷糙混合物颗粒流体的流动状态

在谷糙分离设备上流动的谷糙混合物像是由稻谷和糙米组成的颗粒流体。在颗粒流体中,颗粒之间有间距,每个颗粒都在运动,每个颗粒围绕着自身的长、宽、厚方向有运动,其中纵向(长度方向)俯仰运动是较为重要的运动。由于稻谷和糙米表面粗糙程度和相对密度不同,所以,在颗粒流体运动中,稻谷上升,糙米下沉。

使稻谷和糙米产生自动分级,必须有一定的流动速度;谷糙混合物下层糙米要有一定厚度;谷糙混合物各颗粒之间要有一定的间距。如颗粒相互紧贴没有间距,分级很难实现。采用凹凸工作面使颗粒产生较强的纵向俯仰运动;工作面有小于 $1 \times g$ 的垂直加速度;混合物中引入上升气流等,都可以使颗粒产生较大间距。稻谷和糙米在流动中要有纵向俯仰运动。

(二)谷糙混合物在不同状态下的分级运动

不论在哪种流动状态中,由于相对密度不同,糙米趋于下沉挤开稻谷。由于摩擦因数不同,糙米前进速度大于稻谷前进速度,糙米推挤稻谷。

在较光滑的工作面上流动时(图 7-8),稻谷的平均厚度比糙米的平均厚度大 0.5mm 左右,放在同一平面上时,稻谷厚度中心比糙米厚度中心高 0.25mm 左右。当糙米赶上稻谷时,糙米的前端能插入稻谷后端下面,将稻谷抬起。混合物中糙米数量远多于稻谷,所以,稻谷被上抬的机会是极多的。

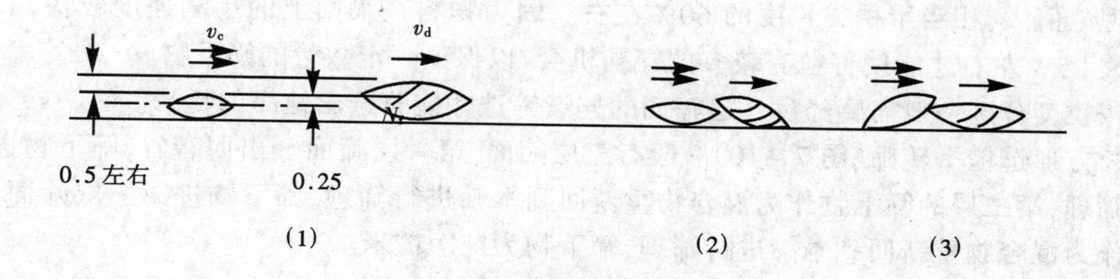

图 7-8　在较光滑的工作面上流动状态

v_c—糙米的前进速度　v_d—稻谷的前进速度

在非振动的、倾斜的、较光滑的工作面上,颗粒的纵向俯仰运动较弱,间距小,糙米的前进速度和稻谷的前进速度都较大,二者速差较小,碰撞次数少,碰撞力小,抬起力小,稻谷被抬起的机会少,所以,自动分级效果较差。

在凹凸工作面上流动时,颗粒纵向俯仰运动较强,颗粒的间距较大,糙米赶上稻谷时的状态有四种,如图 7-9 在(1)、(2)、(3)状态时,糙米前端和稻谷后端离工作面距离之差较大,糙

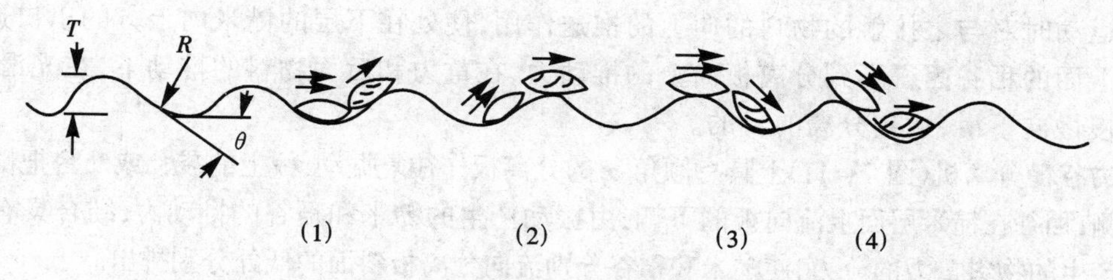

图 7-9　在凹凸工作面上流动状态

T—凹凸面高度　R—凹孔的曲率半径　θ—凹孔的升角

米的厚度小于稻谷的厚度，碰撞时，糙米易于把稻谷上抬。在状态(4)时，糙米会移到稻谷上面去，但这种状态所占比率小。凹凸面的高度应为糙米的平均厚度2.5mm左右，θ角应小于或等于糙米的休止角，R应大于稻谷腹部弧形壳的曲率半径。

(三)粒度分选

在充分自动分级的前提下，根据稻谷和糙米的粒度差别，选择适当形状和尺寸的筛孔，使糙米充分接触筛面而穿过筛孔成为筛下物；稻谷浮在糙米上面，成为筛上物，达到分离的目的。

粒度分选不等于简单的筛分，前提是自动分级。稻谷和糙米在长、宽、厚度上都存在差异，稻谷和糙米的平均长度差为2.0~2.2mm，平均宽度差为0.4~0.6mm，平均厚度差为0.14~0.16mm。长度差别最大，宽度差别次之，厚度差别最小。粒度分选时以长度差别为主，同时考虑宽度差别进行分离。

谷糙分离筛(选糙平转筛)在谷糙自动分级的基础上，利用粒度差别，选用适当的筛孔和配合简单有效的工艺流程使稻谷与糙米分开。

稻谷和糙米在长度方面的显著差别是选择筛孔形状和大小的重要依据，但物料在筛面上的运动形式和运动速度与选择筛孔也密切相关。

谷糙籽粒在选糙筛筛面上运动时，绝大部分谷糙籽粒的长轴与运动方向一致。

从理论上讲，只要筛孔略大于糙米长度的1/2，略小于稻谷长度的1/2，即可使谷糙分离。因为当筛孔长度略小于稻谷长度的1/2时，稻谷就不能穿过筛孔。但在实际应用中，选择的筛孔比理论值大，相当于稻谷长度的60%左右。因为物料在筛面上的运动速度较快，必须将筛孔放大25%左右才能使籽粒有较多的穿孔机会，以保证一定数量的筛下物。

按粒度分选一般需要经过几道筛面的连续筛选才能分选出纯净的糙米。

长方形选糙平转筛(图7-10)一般有三层筛面，第一层筛面分出回砻谷，筛下物进第二层筛面筛理，第二层的筛上物作为混合物重新回到本筛进行筛理，筛下物进第三层筛面筛理，筛上物作为混合物重新回到本筛进行筛理，筛下物为纯净糙米。

(四)密度、弹性和表面摩擦因数分选

由于稻谷和糙米在弹性和表面摩擦因数方面不同，谷糙混合物在分离板上碰撞或摩擦之后，分离板使与之接触的糙米向上运动，在糙米上的稻谷受不到分离板的向上的推动作用，向下滑行，达到分离的目的。

利用稻谷和糙米的相对密度不同、粒度不同以及谷粒和分离面间的摩擦力的相互作用，在双向倾斜、往复振动的分离板上进行谷糙分离的设备称为重力谷糙分离机。这种设备的分离效果受谷糙粒度差别的影响很小，但是单位工作面积的产量比按粒度差别为主的平转谷糙分离筛小很多。

重力谷糙分离机根据稻谷和糙米的相对密度及表面摩擦因数不同，利用双向倾斜往复运动的上凸或下凹(袋孔)分离板的作用，使谷糙混合物形成良好的自动分级，借助于凸台或凹窝(袋孔)运动时对与之接触的物料的向上的推送作用，使处在下层的糙米向上方的出口运动，浮在糙米上面的稻谷因得不到分离板向上的推动力，在重力和后面物料的推动下，在光滑的糙米的上面慢慢向下滑，达到分离的目的。

重力谷糙分离机(图7-11)上具有倾角α的分离板作往复振动，板上的袋孔或凸台把糙米推向板的上侧，稻谷在糙米层面上流向板的下侧；由振动产生的糙米和稻谷的推动力，结合具有倾角γ的斜面产生的物料重力的分力，使糙米和稻谷分别流向分离板斜面的低处分别排出。

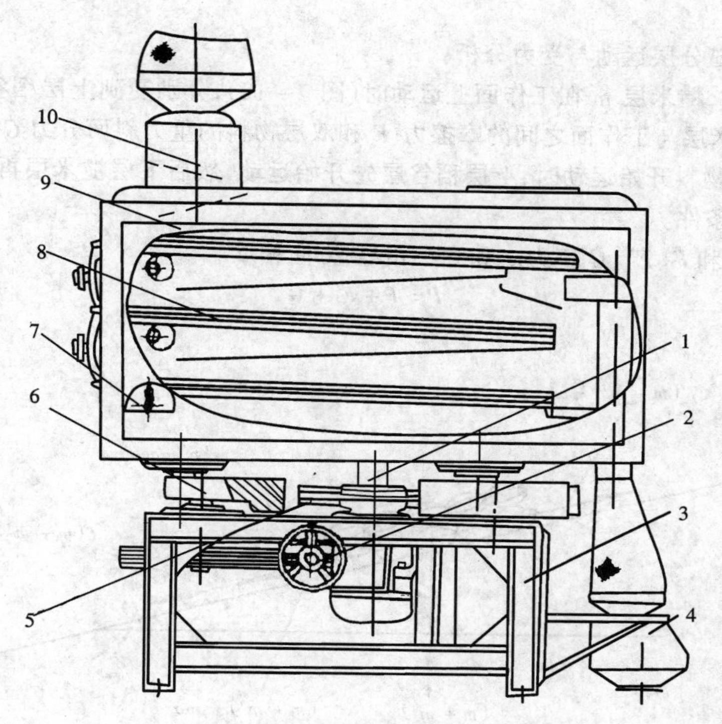

图 7-10　长方形选糙平转筛的结构示意图

1—调速装置　2—调速张紧机构　3—机架　4—出料斗　5—过桥轴传动机构　6—偏心回转机构　7—筛面倾斜角调节机构　8—筛格　9—筛体　10—进料斗

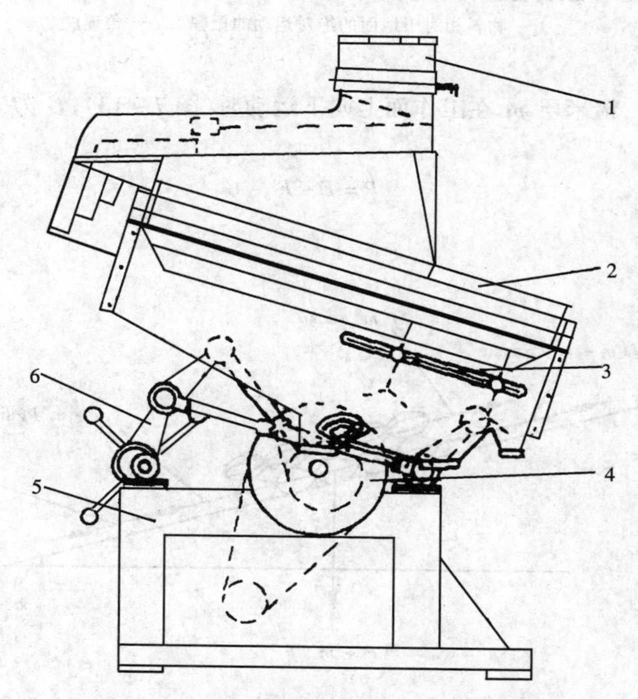

图 7-11　重力式谷糙分离机的结构示意图

1—进料斗　2—分离板　3—出料调节机构　4—偏心传动机构　5—机架　6—角度调节机构

分离板上谷糙分层运动与受力分析：

$\omega t=0\rightarrow\pi$ 时，糙米层 m 在工作面上运动时（图 7－12），分别受到上层稻谷与糙米层之间的摩擦力 F'、糙米层与工作面之间的摩擦力 F 和双层物料的重力斜面分力 G 的作用。

f' 小于 f，当物料开始运动时，上层稻谷层先开始运动，然后下层糙米层再开始运动，这是自动分级必备的条件。

惯性力 P 应和 F、F'、G 三力之和大小相等，方向相反。

$$P=F+F'+G$$

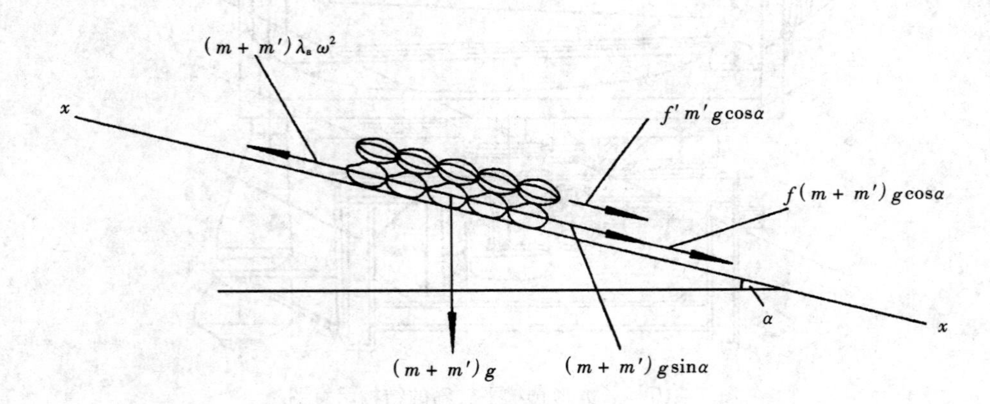

图 7－12　$\omega t=0\rightarrow\pi$ 时，颗粒向上运动状态

m—糙米质量　f—糙米和分离板之间的摩擦因数　m'—稻谷质量　f'—稻谷和分离板之间的摩擦因数

λ_a—物料相对于地面的绝对运动的振幅　ω—角速度

$\omega t=\pi\rightarrow 2\pi$ 时，糙米层 m 在工作面上向下运动时（图 7－13），G 力方向和惯性方向相同，因此

$$P=F+F'-G$$

稻谷层推动力

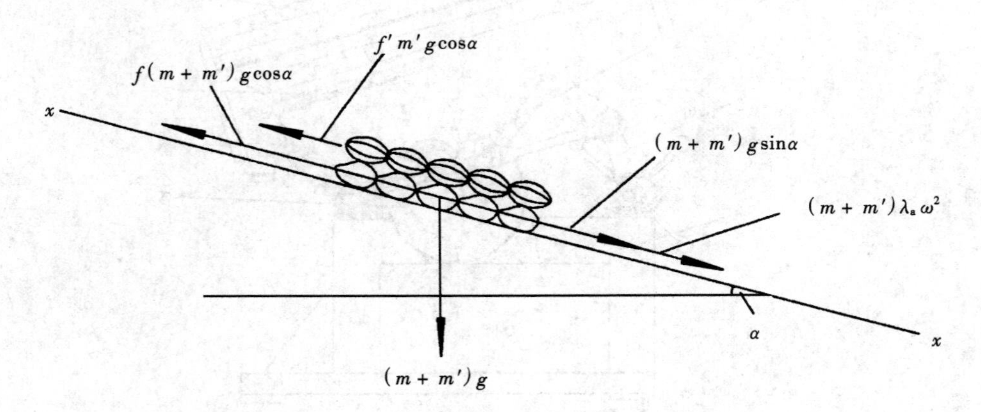

图 7－13　$\omega t=\pi\rightarrow 2\pi$ 时，颗粒向下运动状态

m—糙米质量　f—糙米和分离板之间的摩擦因数　m'—稻谷质量　f'—稻谷和分离板之间的摩擦因数

λ_a—物料相对于地面的绝对运动的振幅　ω—角速度

$\omega t = 0 \to \pi$ 时，稻谷层的推动力向上

$$F_{dcx上} = \frac{\sqrt{2}}{2} m'\lambda_r \omega^2 - f' m' g\cos\alpha - m' g\sin\alpha$$

$\omega t = \pi \to 2\pi$ 时，稻谷层的推动力向下

$$F_{dcx下} = \frac{\sqrt{2}}{2} m'\lambda_r \omega^2 - f' m' g\cos\alpha + m' g\sin\alpha$$

糙米层推动力

$\omega t = 0 \to \pi$ 时，糙米层的推动力向上

$$F_{cgx上} = \frac{\sqrt{2}}{2}(m + m')\cdot\lambda_a \omega^2 - (m + m')\cdot fg\cos\alpha - (m + m')\cdot g\sin\alpha$$

$\omega t = \pi \to 2\pi$ 时，糙米层的推动力向下

$$F_{cgx下} = \frac{\sqrt{2}}{2}(m + m')\cdot\lambda_a \omega^2 - (m + m')\cdot fg\cos\alpha + (m + m')\cdot g\sin\alpha$$

颗粒的运动速度

$\omega t = 0 \to \pi$ 时，颗粒向上运动

$$\upsilon_{dc上} = \frac{F_{dc上}\cdot t}{m'} = \frac{30}{n}\sqrt{\left[\frac{\sqrt{2}}{2} \times \frac{\omega^2 \lambda}{k\cos\alpha + \frac{1}{f}\sin\alpha} - g(\sin\alpha + f'\cos\alpha)\right]^2 + g^2\sin^2\gamma}$$

$$\upsilon_{cg上} = \frac{F_{cg上}\cdot t}{m + m'} = \frac{30}{n}\sqrt{\left[\frac{\sqrt{2}}{2}\omega^2\lambda - g(\sin\alpha + f\cos\alpha)\right]^2 + g^2\sin^2\gamma}$$

$\omega t = \pi \to 2\pi$ 时，颗粒向下运动

$$\upsilon_{dc下} = \frac{F_{dc下}\cdot t}{m'} = \frac{30}{n}\sqrt{\left[\frac{\sqrt{2}}{2} \times \frac{\omega^2 \lambda}{k\cos\alpha + \frac{1}{f}\sin\alpha} - g(\sin\alpha + f'\cos\alpha)\right]^2 + g^2\sin^2\gamma}$$

$$\upsilon_{cg下} = \frac{F_{cg下}\cdot t}{m + m'} = \frac{30}{n}\sqrt{\left[\frac{\sqrt{2}}{2}\omega^2\lambda - g(\sin\alpha + f\cos\alpha)\right]^2 + g^2\sin^2\gamma}$$

四、擦离碾白和研削碾白

糙米营养丰富，但很少有人吃糙米，因为糙米皮层的吸水性、膨胀性差，植酸含量高，消化率低、口感差。我们吃东西并不仅仅是为了营养，而是为了其他的综合性的因素。所以糙米要碾掉皮层，制成白米。

因为白米是整粒消费的产品，既要将皮层碾掉，又要保持米粒完整、光洁，减少碎米，提高出米率，降低动力消耗。

衡量大米加工精度的依据是米粒表面和背沟中的留皮多少。从营养角度看，大米加工精度与大米营养成分的含量成负相关。

糙米在碾米机碾白室中进行碾白是在流动状态下实现的。正在碾白的米粒都在运动，从碾白室进口向碾白室出口连续不断地流动；流动的米粒充满整个碾白室，其形状随碾白室的形状而定，其体积就是碾白室的体积；流动的米粒的间距有可压缩性，增加或减少压力（如增大或减小碾白室出口面积，增加或减少压力门的压砣质量），米粒和米粒的间距就缩小或增大，成品米的精度产生变化，但米粒仍在流动；流动的米粒有黏滞性，在流动的米粒中，刚离开碾白辊表面的米粒速度最大，贴近碾白室壁的米粒速度较小，其径向各层间的米粒速度是不同的，各层米粒间有速差，有摩擦力存在。

糙米在碾米机碾白室中进行碾白是由碰撞、碾白压力、翻滚和轴向输送4个因素共同作用后完成的。

碰撞运动是米粒在碾白室内的基本运动，没有碰撞运动，糙米不能被碾白。

碾白压力是由米粒的速度和碰撞力在碾白室内建立起来的。影响碾白压力的因素是多种的，碾白压力是可以调整和控制的。碾白压力大，碰撞运动剧烈；碾白压力小，碰撞运动就缓和。

米粒在碾白室内碰撞时产生旋转运动，绕米粒短轴旋转称为翻动，绕米粒长轴旋转称为滚动，总的称米粒的翻滚。米粒翻滚的程度是可以控制的。米粒翻滚不够时会使米粒局部碾得过多，称为过碾，影响出米率；亦会使米粒局部碾得不够，在碾制低精度米时，出现糙白不均的现象；米粒翻滚过分时，会使米粒两端被碾去，也会降低出米率。

轴向输送是横式碾米机保证米粒碾白运动连续不断的必要条件。米粒在碾白室内的轴向输送速度在碾白室的不同部位是不同的，速度快的部位碾白程度小，速度慢的部位碾白程度大。轴向输送的速度与碾辊转速和辊型有很大的关系。

(一)碾白过程中的运动和受力

糙米碾成白米的过程是米粒在碾白辊作用下的受力运动过程。米粒流体从碾白室进口到出口所经过的路程是螺旋线状的。在路程的每一个点上的单个米粒有一定的运动速度；碾白室内各点的米粒运动速度不完全一样，在各个点上单个米粒的运动速度亦不完全一样，可以求得一个平均速度。这个平均速度和碾白辊的表面性质(如用金刚砂或钢铁制成)和形状(如光的或有各种式样的筋或槽)有关，和碾白辊、碾白室的结构、工作参数有关。

在碾白运动中，米粒和碾白辊、米粒和米粒、米粒和碾白室外壁之间都发生碰撞现象，其间的作用力和反作用力十分大，作用时间很短。碰撞时，力的大小及时间的长短要看米粒、碾白辊、碾白室外壁的形状、速度及组成材料的弹性性质。

在碰撞一瞬间，碰撞力跟米粒本身的质量相比会显得很大，其大小要根据碰撞物在接触处有无局部性变形而定。

米粒之间的相互碰撞是在周围米粒的作用范围内进行的，是短距离的直线碰撞运动。每个米粒的直线碰撞运动既没有一定的路程，也没有一定的周期，经过一些时间后，米粒可穿过其周围的米粒而转移到另外一些米粒的作用范围内。

擦离碾白时，米粒在较大压力下相互摩擦，除去皮层已被碾白辊剥离松动外，还将继续被剥离。研削碾白时，米粒间压力小，冲击力大，主要除去已被砂辊研削松动的皮层。

碾白室外壁的质量和米粒相比，可视为无穷大，其原来速度为零，碰撞后保持静止，米粒将以原来的速率从外壁上反弹回来。

擦离碾白时，米粒和外壁间压力较大，继续通过摩擦擦离剥除皮层，并从外壁排出剥下的皮层；研削碾白时，米粒对外壁的压力小，通过冲击碰撞摩擦继续除去已松动的皮层，并从外壁排出皮层。米粒从外壁上弹回来，外壁的变形极微小，经过长时间积累后表现为磨损。

米粒和碾白辊碰撞使米粒增加运动速度，能量增加。米粒和碾白辊碰撞的角度不同，碰撞的部位不同，如和碾白辊作垂直碰撞或倾斜碰撞以及和碾白辊的圆周表面碰撞，和筋碰撞或和槽碰撞，米粒所获得的速度和方向都不同，所获得的动能大小亦不同。擦离碾白时增加了压力，研削碾白时增加了速度。这些作用使米粒变形，表现为米粒的皮层被切除、断裂和剥离，同时米的温度升高。

很明显，米粒和碾白辊的碰撞是起决定作用的，如用砂辊，米粒的皮层被切割断裂，断裂的处数较多，有部分皮层被直接研削下来，使米粒在以后的碰撞过程中，只需用较小的作用力达到冲击摩擦、擦离的目的。如用铁辊，情况与砂辊相反，皮层主要靠压力摩擦擦离。

在碰撞过程中，米粒的动能是衰减的，运动速度亦是衰减的，这些衰减的动能和运动速度不断从运动的碾白辊得到补充，使米粒逐步碾白。

米粒和碾白辊碰撞后，继续和其他米粒进行多次碰撞，再和碾白室外壁碰撞或者未经和外壁碰撞就被碰撞回来。在整个碾白过程中，并不是每个米粒都和碾白辊碰撞或和外壁碰撞，每个米粒受碰撞的次数不相同，速度变化和变形情况亦不相同，米粒的加工精度和破碎情况亦不完全相同，由于这个原因导致成品大米可能出现糙白不均和碎米含量变化。

（二）擦离碾白和研削碾白

碾米过程是糙米的皮层与胚乳分离的过程，是糙米皮层剥离的过程。机械碾米过程是一个物理过程，是各种力综合作用的结果。

20 世纪 40 年代初提出了擦离碾白（压力碾白）和研削碾白（速度碾白）的基本理论，把碾米方式分为两种，即擦离碾白和研削碾白。

擦离碾白主要依靠米粒在碾米机的碾白室内与碾米机的辊筒、米筛等构件，以及米粒与米粒之间的强烈的摩擦而产生的擦离作用，使皮层与胚乳分离，将糙米碾成白米。

擦离碾白的条件是机内压力、米粒密度大。特点是机内压力大，籽粒碾白过程中承受的压力大，只适用于碾制籽粒结构紧密、质地坚实的品种，不适用于碾制籽粒结构松脆、耐压强度差的品种；碾制的大米，表面细腻、光洁、米色好；米糠成片状，糠片中淀粉少，有利于榨油；擦离碾白的碾米机，碾白室内米粒密度大，机形小；能用于从稻谷直接加工白米，但碎米多，动力消耗大；结构简单；容易出碎米。

研削碾白（又称速度碾白）类似于砂轮磨刀，主要依靠碾米机内高速旋转的金刚砂辊筒表面的尖锐、坚韧的金刚砂粒对糙米皮层进行不断的磨削和割削，使皮层与胚乳分离，达到碾白的目的。辊筒表面金刚砂粒的尖锐、锋利和辊筒的高转速是研削碾白的重要条件。辊筒线速一般在 15m/s 左右，机内压力小还有利于米粒的翻动。特点是碾白室内的平均压力小，适宜加工强度较差、结构松脆、表面干硬的米粒；碾制出的大米，表面有凹痕，光洁度较差；机形较大。

在碾米机碾白室中正在碾白的米粒流体，应用擦离碾白作用时，碾白压力大，米粒速度小，米粒相互间距离小，近似液体的性质；应用研削碾白作用时，碾白压力小，米粒速度大，米粒相互作用间的距离大，近似气体的性质。

擦离碾白平均压力（米粒的平均密度按 750kg/m^3 计算）

$$p_c = 15.3\lambda^3 \upsilon_2 \omega$$

式中　λ——米粒在流动状态下的容重系数，kg/m^3

υ_2——米粒离开碾白辊的速度，m/s

ω——旋转物体的角速度

研削碾白平均压力（米粒的平均容重按 750kg/m^3 计算）

$$p_y = 2.55\lambda \upsilon_P^2$$

式中　υ_P——米粒平均运动速度，m/s

根据碾白过程运动和受力分析可知，除去糙米皮层的任务是通过下列几方面实现的：米粒和碾白辊接触获得速度和压力时的碰撞；具有速度的米粒在一定碾白压力下相互碰撞；具有速度的米粒在一定碾白压力下和碾白室外壁、碾白室中其他构件碰撞（图 7－14 至图 7－16）。

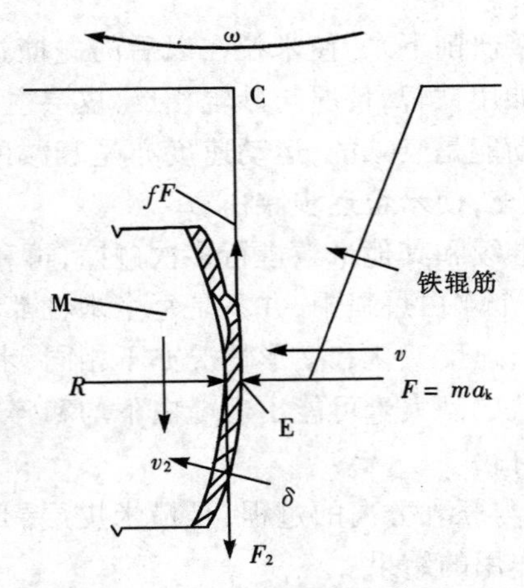

图 7－14　米粒和铁辊筋碰撞

F—米粒 M 相对于动坐标面 CE 运动所引起的葛氏力，垂直于米粒表面
v_2—米粒离开筋面 CE 的速度　F_2—碰撞时的冲击力　δ—米粒皮层厚度　R—米粒对筋的反作用力
ω—旋转物体的角速度　M—米粒　fF—米粒和筋之间产生的摩擦力　CE—动坐标面

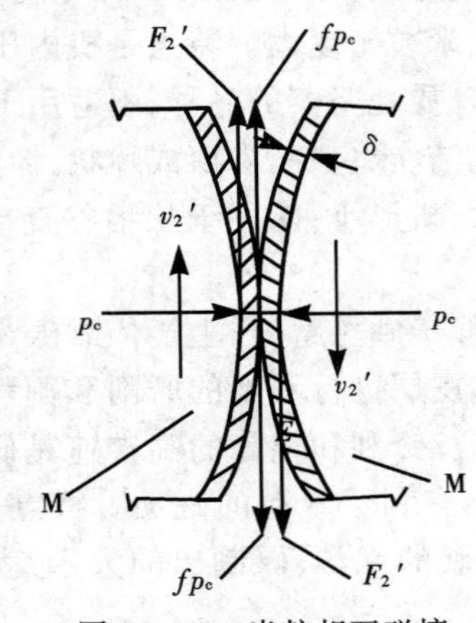

图 7－15　米粒相互碰撞

p_c—擦离碾白压力　v_2'—米粒速度　F_2'— 碰撞时的冲击力　δ—米粒皮层厚度　M—米粒　fp_c—米粒之间的摩擦力

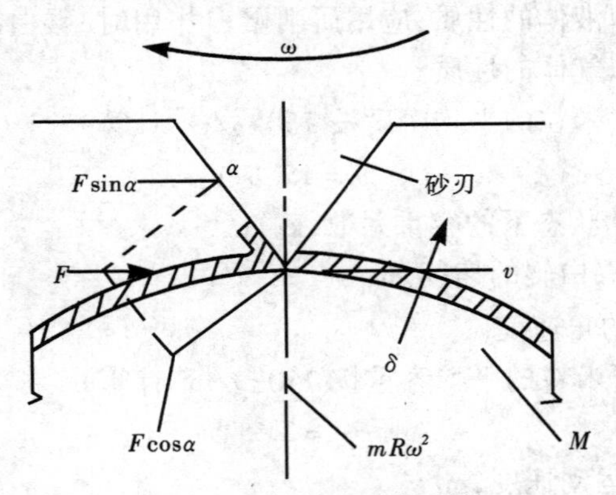

图 7－16　米粒和砂辊碰撞

F—砂刃作用于米粒的冲击力　α—1/2 砂刃夹角　$F\cos\alpha$—砂刃切削皮层的力
$F\sin\alpha$—砂刃除去被切削开的皮层的力　v—砂辊线速　$mR\omega^2$—米粒受砂辊作用时的离心惯性力

米粒在碰撞碾白过程中，有翻转、滚动的运动。米粒必须有翻滚运动才能使米粒各个部位都能有机会均等地接受碾白作用。在碾白过程中，米粒腹部一般易于碾白，背沟部分不易碾白。如米粒翻滚运动差，旋转角度小，次数少，为了碾去背沟部分糠层，便需要加强碾白作用，结果腹部易产生过碾现象，降低糙米出白米率，增加动力消耗。

使米粒产生翻滚运动的方式是多样的，碾白辊上的槽（筋）能引起翻滚，米刀、筛孔、凸点能引起翻滚，喷风也能引起翻滚。

（三）横式碾米机和立式碾米机

碾米机是碾米过程中最关键的设备。糠层是在碾米机里碾去的，而碎米也大多在它里面产生。

糙米通过流量调节阀入碾米机，然后进入碾白室，脱除糠层。在出料端，有一带重砣的压力门。通过改变重砣的位置调节压力门上的压力，调节作用在碾白室内米粒上的压力，控制大米的碾制精度。

碾米机有横式碾米机和立式碾米机两大类。

1. 横式碾米机（图 7－17）

横式碾米机有多种形式，如横式砂辊米机和横式铁辊米机。横式碾米机的碾辊呈水平布置，形成一个横卧的碾白室。横式碾米机一定要有轴向输送功能以保证碾白运动连续不断地进行，而且轴向输送的速度对碾白效果有很大的影响。如果轴向输送速度快，米粒经过碾白室的时间就短；如果轴向输送的速度慢，米粒经过碾白室的时间就长。

横式碾米机的碾辊有砂辊、铁辊之分，如图 7－18 和图 7－19 所示。

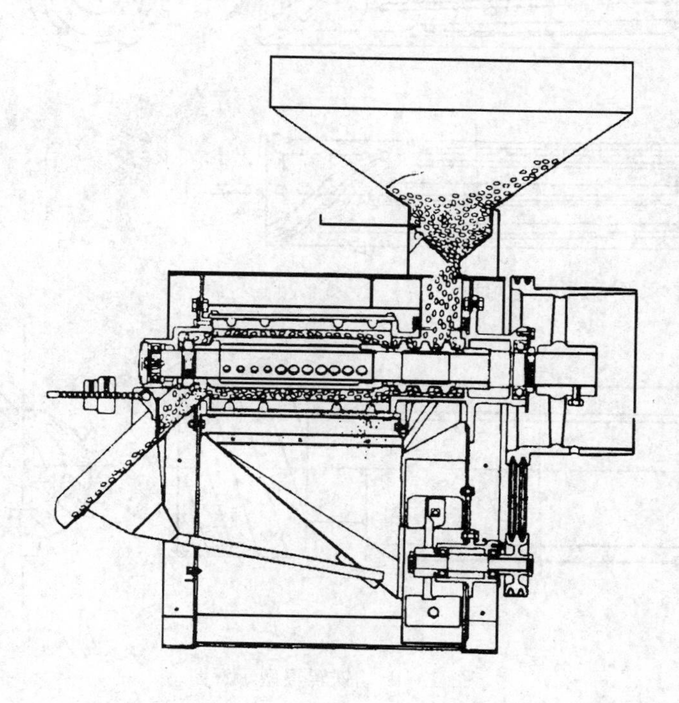

图 7－17　横式碾米机结构示意图

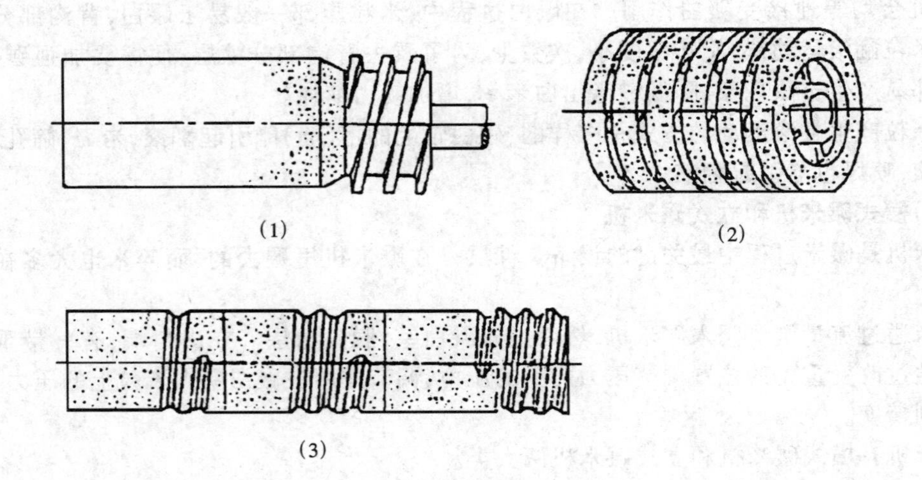

图 7-18　砂辊辊型示意图

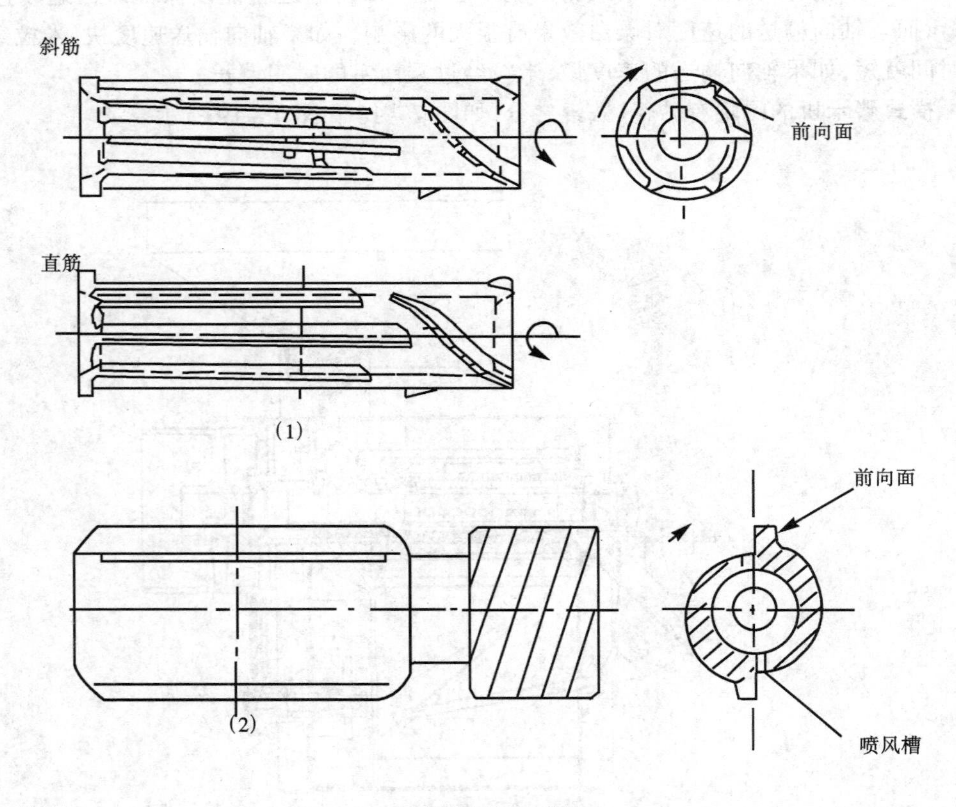

图 7-19　铁辊辊型示意图

2. 立式碾米机(图 7-20)

立式碾米机也有多种形式,有各种立式砂辊碾米机和立式铁辊碾米机。立式碾米机的碾辊垂直安装,形成一个垂直的碾白室,米粒可以从上方进入碾白室,在重力作用下下落,从下方离开碾白室；也可以从下方进入碾白室，在螺旋推进器连续向上推动力的作用下向上运动，从上方离开碾白室，这种结构便于多机组合使用，可省去中间输送设备和避免中间输送设备对米粒的损伤。

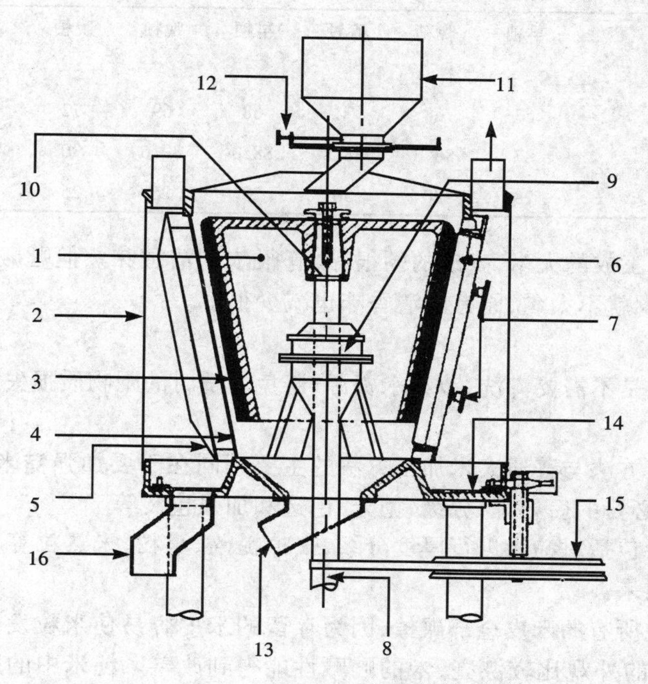

图 7-20　立式碾米机结构示意图

1—砂辊　2—砂辊支架　3—砂辊上的砂层　4—米筛　5—筛架　6—橡胶制动器　7—制动器调节机构　8—可调节轴　9—轴承　10—锁键　11—进料斗　12—流量控制　13—出料口　14—米糠清除机构　15—米糠清除机构传动轮　16—米糠出口

五、稻谷加工的产品和副产品

稻谷加工的产品有整米、碎米、米糠（包括清糠和白糠）、稻壳。正常情况下，谷壳率为20%左右，出糠率约8%，其中白糠约2%，其余70%左右是碎米和整米。碎米率随稻谷品种、工艺流程、设备性能及操作不同会有很大的差异，从3%～35%不等。

（一）普通大米

国家大米质量标准将大米分成四等：特等、标准一等、标准二等、标准三等。决定大米的精度等级的是米粒背沟和粒面留皮的多少。

精制米一般要求做到无石子、无稗子、无稻谷和无糠粉。

稻谷碾米的主要技术指标如表 7-1 所示。

大米绝大多都是整粒食用的，因此，整米出率是一个很重要的技术经济指标。消费者对大米的要求不同地区之间有所不同。有些消费者喜欢吃干而蓬松的米饭，颗粒保持其形状，且相互分离；另一些消费者，喜欢吃比较柔软，颗粒粘连在一起的米饭。

表 7-1　　稻谷碾米的主要技术指标

1　主要产品合格率	按照现行国家标准检验,出厂合格率达到 100%								
质量指标,优质产品水平	主要产品有部级以上优秀产品								
2　主要物质消耗指标	特等	特等	特等	标一	标一	标一	标二	标二	标二
	早籼	晚籼	晚粳	早粳	晚籼	晚粳	早粳	晚籼	晚粳
(1)出品率									
稻出白/% ≥	67	68	71	68	69	72	69	70	73
糙出白/% ≥	87	88.3	88.8	88.3	89.6	90	89.6	90.9	91.3
(2)吨米电耗/(kWh/t)≤	28	30	30	23	25	25	18	20	20

新收获稻谷加工成的大米,煮成的粥很黏,有很浓的清香味。但贮藏一段时间之后,加工出的大米,煮成的粥就不太黏,原有的清香味也减少很多。

(二)免淘米

免淘米的特点是不需要淘洗,节约水资源;避免淘洗时的干物质损失;节约时间;有利于进行营养强化。

免淘米的加工方法与普通大米加工方法的主要不同在于要加强糙米精选,采用多机轻碾方式,对成品进行必要的后处理,分级、抛光、色选和加强包装等。

糙米精选去杂包括对糙米进行厚度分级,去掉糙碎、小粒、未熟粒等,提高籽粒的整齐度,提高碾米的工艺效果。

免淘米要求把所有的米皮全部碾掉,因为存留的米皮容易使米粒发生哈败。把所有的米皮全部碾掉,米粒的外观比较漂亮,米的贮藏性能得到改善。糙米中的脂肪酶和油脂是隔开的。脂肪酶在种皮中。油脂集中在糊粉层、亚糊粉层和胚芽中。经研磨后,隔离作用失去。脂肪酶有可能水解油脂,影响米的贮藏性能。

如果要把所有米皮全部碾去,采用一机碾白或二机碾白,碾白作用就会过分地强烈,使米粒一些部位的胚乳受到损失,并且造成破碎。

白米去糠上光可以改善产品的外观,增加对消费者的吸引力,也能改善它的贮藏性能。

白米抛光能使米粒润色透明,在米粒表面形成一层极薄的凝胶膜,产生珍珠光泽,使外观晶莹如玉。

在有相对运动的米流中加入少量水(或溶剂),由于水洗和摩擦作用将使米粒表面的糠粉去净,同时米粒之间的相互摩擦,会产生热量,使米温升高,达 60℃左右,因为米粒表面有较多的游离水分,会使淀粉产生一定的胶化作用,生成一层极薄的凝胶层。有了这层较为致密的膜,米粒上的淀粉不再会脱落,外观光洁、有光泽。

去除白米中的有色米粒、有色杂质常采用色选的方法,从大量散粒产品中将颜色不正常的或感受病虫害的个体(球、块或颗粒)以及外来夹杂物检出并分离出来。色选所使用的设备是色选机。在不合格产品与合格产品因粒度十分接近而无法用筛选设备分离或密度基本相同无法用密度分选设备分离时,色选机却能进行有效地分离,其独特作用十分明显。

色选是利用物料之间的色泽差异进行分选的。将某一单颗粒物料置于一个光照均衡的地方,物料两侧受到光电探测器的探照。光电探测器可测量物料反射光的强度,并与基准色板(又称背景、反光板)反射光的强度相比较。色选机将光强差值信号放大处理,当信号大于预定值时,驱动喷射阀,将物料吹出,为不合格产品。反之,喷射阀不动作,说明物料是合格产品,沿另一出口排出(图 7－21)。

(三)蒸谷米

自古以来,就有蒸谷米生产,其加工过程是先将稻谷在水中加热,然后干燥。这种工艺的起因很可能是为了促进稻谷脱壳。现在认识到蒸谷米的主要优点可能在于营养价值的提高。稻米中的维生素和矿物质主要集中在皮层,浸泡、蒸谷过程有助于这些营养素随水分转移到米粒内部。

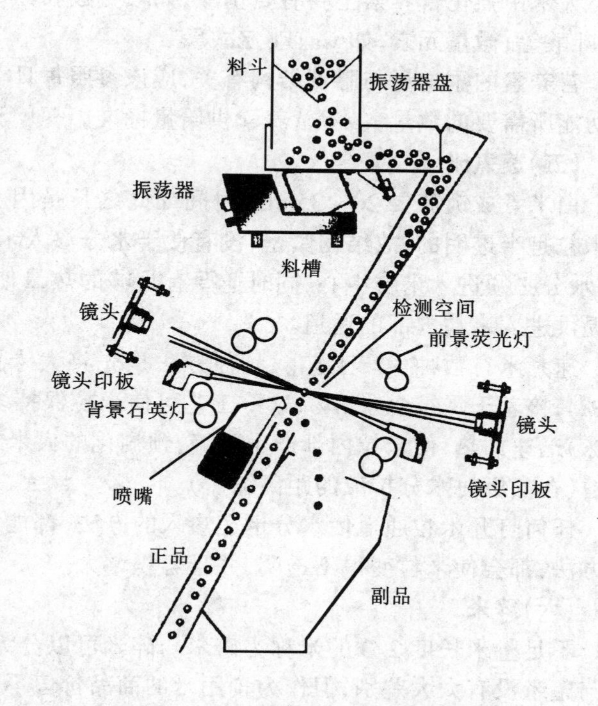

图 7－21　色选机工作原理示意图

蒸谷米的主要消费地区有印度、斯里兰卡和非洲一些地方。

蒸谷由三步组成:浸泡、汽蒸和干燥。浸泡一般在 60℃左右的温度下进行。如果温度低,则需要的浸泡时间较长,这样有可能引起发酵、发芽及其他副作用。浸泡之后,除去多余的水,将湿稻谷用蒸汽加热,使淀粉糊化,同时对稻谷杀菌消毒。淀粉糊化后,胚乳内的维生素即被封住。然后可将稻谷快速干燥至含水约 18%～20%,再用慢速进一步干燥(避免爆腰及龟裂)。

蒸谷米不是速煮米,需要稍长的烹煮时间。蒸谷米既有优点,也有缺点。蒸谷米的主要优点:整米率较高(籽粒有较强的抗破碎能力),抗虫蚀能力较强,营养较丰富(特别是含 B 族维生素较多),蒸煮时不易粘连。蒸谷米的主要缺点:颜色较深,风味稍有不同,比较容易酸败。

(四)强化米

和小麦粉相比,大米的强化是比较困难的。添加到大米中的粉剂营养素经常被消费者洗掉,而且在有些地方,煮米时用过量的水,然后又将煮米水(米汤)倒掉。这样达不到大米营养强化的目的。

大米营养强化最普通的方法是使用抗漂洗的添加剂,涂覆在米粒上。将白米置于慢速旋转的抛光滚筒中,将硫胺素和尼克酸的酸性水溶液喷洒在米粒上,进行涂层处理。借吸风除去水分,再在米粒上喷涂溶于乙醇中的硬脂酸、玉米醇溶蛋白和松香酸。最后撒上焦磷酸铁和滑石粉。

其他强化方法,如使用不溶于水的硫胺素的衍生物或以强化了营养素的其他谷物粉生产人造米。后一种工艺的缺点是如果籽粒外观与普通米有差别,消费者会把它们挑出并丢弃,失去营养强化的意义。

由米粒将各种营养素吸收进去或涂覆于米粒外层制成的产品称为外加营养素强化米。设法保存米粒外层或胚芽所含的多种维生素、矿物质等营养成分制成的米称为内持营养素强化米,如蒸谷米、留胚米等,通过保存大米本身某一部分的营养素来达到营养强化的目的。用营养素与淀粉等制成与米粒相类似的颗粒,这种米称为人造营养强化米。

大米中强化营养素主要有氨基酸,如赖氨酸和苏氨酸;维生素,如维生素 B_1、维生素 B_2、烟酸、叶酸等;微量元素,如 Ca、Fe、Zn 等。

营养素的添加量与膳食结构有关,应该参照每日营养素供给量标准,研究维持人体正常生理功能所需要的数量,参考营养素供给量标准。

(五)速煮米

白米煮成饭需要 20～35min,时间如此之长是因水分向米粒内部扩散缓慢引起的。大多数米粒是半透明的,故结构紧密,没有便于水分渗入米粒内部的空隙或其他通道。为了煮成米饭,水分必须进入米粒中心,同时还要有足够的热量使淀粉糊化。因此,生产速煮米就要为水分提供进入米粒内部的通道。

速煮米有数种生产工艺。一种方法是先将大米预煮至含水约 60%(煮熟的米饭约含水 80%),接着干燥至含水 8%,这一工艺可使米粒保持多孔结构;另一种方法是将干大米(含水 10%)迅速加热,使米粒内部产生裂缝,预糊化的大米经滚轧或冲压后,干燥成为一种较扁平的米粒(在煮饭时水分扩散的距离缩短)。

任何打开米粒通道使水分迅速渗入的方法,都能缩短蒸煮时间。用于生产速煮米的大多数方法,都会使米粒变得不透明,并且容积增大。

(六)碎米

不足整米长度 2/3 的米称为碎米。碎米可以分为大碎和小碎,更小的称为粞,虽然化学成分与整米没有太大差别,但作为食用米的商品价值不高,主要是作工业用粮,利用其中的淀粉。

(七)米糠

米糠是稻谷加工的副产品。米糠是从糙米上碾下的皮层、米胚和少量胚乳。米糠可以分成清糠和白糠两部分。清糠主要是果皮外层,白糠是内层,含有糊粉层细胞和少量的淀粉质胚乳。由于加工工艺不同,米糠和白糠的量有较大的变化。米糠的一般化学成分如表 7－2 所示。

表 7－2　　米糠和白糠的成分　　单位:%

水分	粗蛋白(N×5.95)	粗脂肪	碳水化合物	膳食纤维	灰分
10～15	12～17	13～22	35～50	23～30	8～12

米糠是 B 族维生素的良好来源,但维生素 A、维生素 C 或维生素 D 的含量很少或不含。

米糠是一种油源。通过压榨或浸出得到的米糠毛油,经精炼后是非常高级的食用油脂。因为米糠油中含有蜡,成分比较复杂,所以米糠油的精炼要求比较高。

米糠中的纤维、蛋白质含量很高,还含有丰富的抗氧化物质,具有很高的开发利用价值。

(八)稻壳

稻壳占稻谷质量 20% 左右,但由于密度小,体积很大。稻壳坚韧、粗糙、木质化,摩擦力大,营养价值低,不利用就成为危害环境的废物,稻壳的化学成分见表 7－3。

表 7－3　　稻壳的化学成分　　单位:%湿基

水分	戊聚糖	纤维素	粗脂肪	含氮量	灰分	木质素
10～12	16～20	26～36	0.4～0.8	0.2～0.5	18～20	20～24

稻壳主要作能源利用,稻壳煤气可以作为动力燃料发电,燃烧产生的热能可用于干燥作

业、暖房等；稻壳可用作牲畜饲料填充物、土壤调节物、食用菌培养基、苗床等；碳化稻壳灰可用来生产水玻璃、白炭黑、活性炭和钢水保温剂等，稻壳水解可生产糠醛化工产品等。

稻壳中的灰分，绝大部分（94% ~ 96%）是二氧化硅。

第二节　多道研磨制粉

制粉是一种古老的技术。制粉的目的是除去麦皮（麸皮），即果皮、种皮、珠心层和糊粉层；小麦胚也常被除去，因为小麦胚的脂肪含量较高，影响小麦粉的贮藏性能，也对面团性质产生不良影响。

麸皮和小麦胚中富含蛋白质、B 族维生素、矿物质和脂肪等，小麦粉中这些营养成分的含量却低于小麦的原有含量。

小麦制粉的过程就是将小麦各个解剖学部分尽可能彻底地分离开来。小麦多道研磨制粉包括清理、水分调节、研磨、筛分等工序。

一、小麦水分调节

小麦水分调节（tempering）包括给小麦添加水分（着水），使加入的水分均匀分散，以及静置（润麦）三个环节。

小麦水分调节是把一定量的水加入经过初步清理的小麦中，并使水分均匀地分布到每粒小麦的表面上，经过一定的静止时间，使麦粒表面的水分渗透到麦粒的内部，使麦粒内部的水分重新调整以改善小麦的制粉性能。

通过小麦水分调节可以：调整小麦的水分；降低胚乳的强度，使其易于磨碎；增加皮层的韧性，在制粉时不致破碎成小的碎片；使皮层与胚乳容易分离；一定程度上改善小麦粉的食用品质；保证小麦粉的水分。

“润麦”是让着了水的小麦静置一段时间，使水分从外向里渗透、扩散，在麦粒内部建立合理的水分分布。

水分进入麦粒的渗透作用与润麦的效果有密切的联系。着水之后水分随即就集中在皮层和胚中，水分使横细胞和管状细胞打开，细小的毛细管强有力地束缚着水分。接着，水分渗透到麦粒的背部区域，最后渗透到腹沟区域。扩散作用从麸皮向麦粒的所有部分发展。不同品种的水分吸收率是不同的，但其吸收方式是基本相同的。

在皮层没有妨碍水分渗透的因素。胚乳的外层，特别是刚好在糊粉层下面的那些细胞，是控制水分吸收速率的区域。结构紧密的胚乳吸收水分比较慢。小麦的蛋白质含量和硬度对水分吸收有影响。水分在麦粒内均匀分布所需的时间是不同的，蛋白含量较低的、不透明的软麦籽粒大约需要 6h，蛋白含量高的、玻璃质的硬麦籽粒需要 24h 以上。

水分含量高的麸皮比较有韧性，不易破碎，在制粉时能保持较大的块状，这有利于皮层的除去。水分对胚乳的作用是使其软化，对磨粉有利。水分可能裂解或削弱与小麦硬度有关的蛋白质和淀粉的结合。

水分向麦粒内部渗透实际上是一个扩散过程，故提高温度可使其速度加快。但是，加热可使小麦面筋变性。通常要避免温度高于 45℃。故意使用较高的温度，则不仅是为了加速吸水速度，而是要使面筋部分变性，这样可改变面筋的特性。热处理后的面筋的延伸性减小。

(一)小麦水分调节的理论依据

籽粒结构的不均匀性使水分调节对小麦加工品质产生显著影响:小麦籽粒各组成部分的化学成分的分布是极不均匀的。淀粉全部集中在胚乳内,皮层和胚内不含淀粉。在小麦的剖面图上,从胚乳中心到外围,面筋的数量逐渐增加;胚部含脂肪最多,纤维素主要分布在皮层中,糊粉层中的矿物质含量高达10%。

水分对小麦加工工艺的影响十分明显。水分太低籽粒坚硬,不易磨细;水分太高筛理又困难。水分影响小麦皮层的韧性。当水分从12.7%增加到16.5%时,小麦皮层的纵向抗破坏力增加10%,横向抗破坏力增加50%,抗破坏力达胚乳抗破坏力的3~5倍。这是研磨时能够保持麦皮完整的基础。

水加到小麦中以后,由于水分梯度的存在,水分将从外往里迁移,但由于各种成分在麦粒内的分布的不均匀性和吸水能力、吸水速度的不同,使胚乳的内部结构发生一系列变化。由于吸水后的膨胀有先有后,有大有小,由应变产生应力,在界面上就会发生一定程度的位移,在断面上形成微小的裂纹,使胚乳的抗破坏强度下降,容易磨碎。

着水以后麦粒的物理变化可分为三个阶段:

(1)开始阶段　1h以内。由于麦粒的果皮上有大量的毛细管、孔和空隙,在最初的几秒钟内就能吸收3%~5%的水分。

(2)松散阶段　延续5~16h。由于水分梯度的存在,产生内部应力,使胚乳结构上出现微细裂纹。水分沿着裂纹加速向内部胚乳转移。

(3)松弛阶段　需要2~3d时间。水分逐渐按麦粒的内部结构重新分配,内部应力逐渐减小,水分分布趋于合理。

具有吸湿性是水分调节的基础:小麦的吸湿能力随各组成部分的结构和化学成分不同而不同。胚含糖分较多,是经常湿润的部分,吸收水分快;皮层含有大量纤维素,吸水较快,胚乳含有大量淀粉,故吸水较慢。因此,水分在小麦各组成部分中的分布是不均匀的。一般总是胚的水分含量最高,皮层次之,胚乳的水分最低。

皮层吸水后,韧性增加,脆性降低,其抗机械破坏的能力增加了。有利于在研磨过程中保持麸片的完整和刮净麸片上的胚乳,有利于保证小麦粉的质量和提高出粉率。

水分渗透重建内部水分分布:小麦着水后,如果平均水分是14%,其中绝大多数麦粒的水分为13.5%~14.5%,但低的只有12%,高的可达34%。即使在同一粒麦籽中,由于各部分的组成不同,水分分布很不均匀。必须在一定的条件下,按照各自的吸水能力和原有的水分不同,作水分的重新分配。一方面,使麦粒之间水分分布均匀;另一方面,让水分渗透到皮层和胚乳中去,在麦粒内部进行分配,并引发相应的物理和化学变化。

水分的渗透与小麦的品质、温度等有直接的关系。硬质小麦的水分渗透慢;温度高时,水分渗透快。

吸水后的膨胀导致组织结构发生变化:在水分调节过程中,皮层首先吸水、膨胀,糊粉层和胚乳相继吸水膨胀。由于三者吸水膨胀的先后不同,在麦粒横断面的径向方向会产生微量位移,从而使三者之间的结合力受到削弱,使皮层和胚乳容易分离,皮层容易剥刮干净。

皮层、胚乳和胚吸水后体积膨胀,经8~12h后,体积膨胀基本停止。

小麦胚乳中所含的淀粉和蛋白质是交叉混杂在一起的。蛋白质吸水能力强(吸水量大),吸水速度慢,淀粉粒吸水能力弱(吸水量小),吸水速度快。由于两者吸水速度和能力的不同,膨胀的先后和程度不同,从而引起淀粉和蛋白质颗粒位移,使胚乳结构松散,强度降低,易于磨细成粉。经过适当的水分调节，小麦的抗破坏能力要比水分调节前降低10%左右。

水热传导作用：短时间内将小麦加热，使皮层的温度高于胚乳的温度，皮层的水分即随着热的移动而移动；与此相反，如果把小麦冷却，可使胚乳内部的水分随热的外导而向外扩散。因为小麦是一种毛细管多孔体。在毛细管孔体中，水分子的扩散是随着热的流动方向而转移的。这种现象一般称为水热传导。

（二）加水及加水量

小麦水分调节有室温水分调节和加温水分调节之分。

室温水分调节指在室温条件下，加室温水或加温水（冬天），不给小麦加温的水分调节方法。其特点是：工艺简单，效果比较好，能够满足制粉工艺的要求。

在特别寒冷的地方，小麦的温度在0℃以下进入比较温暖的环境，表面会结薄冰，难以加工。应该先进行暖麦，把小麦的温度升到2～6℃后进行清理。着水前再进行一次暖麦，把小麦的温度升到25℃左右。

冬天比较寒冷的季节，使用加温水有利于水分的渗透。

加温水分调节指在室温条件下，给小麦加水后，让小麦通过水分调节器（烘麦机）加热后才去润麦仓的水分调节方法。其特点是：可以缩短润麦时间，这样润麦仓的仓容比较小，对高水分小麦也能进行水分调节，一定程度上还改善小麦粉的食用品质，但是增加设备比较多，费用高。

小麦水分调节（着水和润麦）可以一次完成，也可以两次、三次完成。一般在经过毛麦清理以后进行。也可采用预着水、喷雾着水的方法。

杜伦小麦与一般的小麦不同，其硬度大，结构特别紧密，水分的渗透速度很慢，一般分3次进行着水和润麦。

加工高精度、低灰分的小麦粉时，在入磨前进行喷雾着水，补充小麦皮层因润麦后清理所损失的水分，增加皮层的韧性，有利于提高小麦粉的粉色。喷雾着水的着水量为0.2%～0.5%，着水后存放20～30min。

加水量可以通过下式进行计算：

$$W = \frac{(M_2 - M_1)}{100 - M_2} \times Q$$

式中　W——加水量，kg/h

Q——小麦流量，kg/h

M_1——加水前小麦的水分，%

M_2——加水后小麦的水分，%

Q是常数，M_1与原料有关，在小麦粗清、清理时，会使小麦损失少量的水分，一般为0.1%～0.3%，与麦路的长短、吸风的强弱有关。M_2是设定的水分。要考虑入磨麦的最佳工艺水分、光麦清理和制粉过程中水分损失和小麦粉的水分指标。所以小麦调节中的加水量决定于：

（1）小麦的原始水分和类型　原料小麦的原始水分会有差异，一般正常情况下，小麦的原始水分在12.5%左右。

小麦的类型指是硬麦还是软麦。制粉工艺上对硬麦和软麦的入磨水分有不同的要求。硬麦需要加入较多的水才能使胚乳充分软化。软麦只需加入较少的水就能使胚乳充分软化，如果加的水过多，则会造成剥刮和筛理困难的问题。

（2）小麦粉的水分要求　小麦粉的水分要求有两方面的意义，一方面，符合小麦粉标准中的水分要求，不能超过，但也不能过低，它直接关系到小麦粉厂的经济效益；另一方面，要考虑到小麦粉的安全贮存，特别是高温、潮湿的季节和地区。

加工过程中的水分蒸发：小麦粉的水分与入磨小麦的水分是不同的。一般小麦粉的水分含量高于麸皮的水分含量，但喷雾着水后，麸皮的水分含量可能比小麦粉的水分含量稍高。相关因素很多，如：制粉方法（粉路的复杂程度）；研磨的松紧程度；小麦类型（硬麦还是软麦）；剥刮率和取粉率的大小；气力输送的风量和混合比；小麦粉的粗细度要求；小麦的入磨水分含量；气候条件，温度和湿度等。

空气湿度对研磨物料的水分有影响，并使加工过程中大、中、小颗粒的比例发生变化，影响各种筛理设备的筛理效率。高湿度对制粉过程的影响包括：进入各道皮磨的粗细物料比例有变化；麸皮更加难于剥刮干净；清粉机筛上物的数量会增加；心磨系统的取粉率会降低；各种设备的筛理效率下降。进而影响出粉率和小麦粉的吸水率。由于水分含量高，心磨提出的小麦粉的淀粉破损率较低，但小麦粉的粉色能有所改善。

(3)空气温度对制粉生产的影响　气温低，正常的蒸发损失稍微降低。由于研磨物料比较松散，制粉性能比较好，有利于筛理和分级。所以，冬季和夏季要作一些调整，在夏季要仔细地放粗某些关键的筛绢，在较冷的时期重新加密这些筛绢。

在高温、高湿气候条件下，制粉生产比较困难。温度15℃，相对湿度70%的气候条件对制粉生产比较适宜。

(4)小麦粉的加工精度要求　入磨小麦的水分较低时生产的小麦粉，由于麸屑和小麦胚的污染比较严重，粉色差而灰分高。而入磨小麦的水分较高时生产的小麦粉，由于麸屑和小麦胚的污染少，粉色好而灰分低。所以，加工质量较高的等级粉与专用粉时，应采用较高的入磨小麦水分；加工质量较低的小麦粉时，应采用较低的入磨小麦水分。加工高质量的等级粉与专用粉时，可在入磨前进行喷雾着水。

制粉耗用的功率最少，制取的粉的品质最好，出率最高时的小麦水分称为入磨麦的最佳工艺水分。入磨麦的最佳工艺水分是入磨小麦的平均水分，不同品质的小麦应有合理的水分分布，同一粒小麦的内部也要有合理的水分分布。制粉工艺上对硬麦和软麦的入磨水分有不同的要求。硬麦需要加入较多的水才能使胚乳充分软化。软麦只需加入较少的水就能使胚乳充分软化，如果加的水过多，则会造成剥刮和筛理困难。

一般地，硬麦的最佳入磨水分为15.5%～17.5%；软麦的最佳入磨水分为14.0%～15.0%；杜伦麦可调至更高的含水量。

（三）润麦时间

润麦时间指小麦着水以后在仓里放置的时间。放置的目的是让水分从麦粒的外面向里面渗透，使水分在麦粒内部的分布趋于符合制粉工艺的要求。

润麦时间与水分渗入麦粒速度有关。水分渗入麦粒速度与下列因素有关：

(1)麦粒的温度　麦粒的温度越低，水分的渗透越慢。因此，在冬季要稍微增加润麦的时间。

(2)小麦的原始水分　一般认为，水分低的小麦吸收水分比较快，所需润麦时间比较短。实际上并非如此。麦粒的水分越低，所需润麦时间越长。因为水分渗入的速度慢。“预先着水”是指在加工前期先将小麦的水分先提高到12%左右，再在清理车间进行着水润麦，既快又好。

(3)小麦的蛋白质含量　蛋白质的吸水能力影响水分在麦粒中的渗透速度。蛋白质比未破损的淀粉能多吸2～3倍的水，但蛋白质的吸水速度比较慢。

(4)小麦的硬度　硬麦胚乳的紧密结构好像是一道屏障，阻碍水分的运动，使水的渗透速度减慢。软麦胚乳比较疏松,易于吸收加入的水分。

小麦用打麦机清理时,外果皮受到破坏。因此,水分比较容易渗透到外果皮下面去,尤其是麦粒麦毛一端的背部。一道打麦后,1min 浸泡时间里的总的吸水量增加大约 1%。连续 6 道打麦后,总吸水量增加约 2%。另外,紧随打麦处理之后,吸取的水分会沿麦粒背部迅速进入接近麦皮的胚乳之中。打擦过的小麦胚乳这一部分只要需 5h 就能达到平衡。而未打擦过的小麦要 15h。水分渗透到胚乳外层中心的速度以及达到整粒小麦水分平衡的速度,在经过打擦和未经过打擦的小麦之间并没有根本的不同。

如果把小麦放在大量的水中,相当多的一部分水分是在 20 ~ 30s 之内吸附到小麦表皮上的。如果加入小麦中的水分不能在 20 ~ 30s 之内均匀分散的话,之后很难再使它均匀分散。

除非采用强力混合,麦粒上水分的表面张力通常会阻碍麦沟的湿润。

润麦前先将小麦压裂,可使水分迅速渗透到小麦粒中去,可以降低小麦粉灰分含量,改善面筋性质,特别是使水分较低的小麦大大缩短润麦时间,减少润麦仓仓容。

(5)实际润麦时间　经过润麦,小麦的水分只能是大致相同。润麦时间太短,胚乳不能完全松软,胚乳结构不均匀,研磨时轧距不容易调节,会出现研磨不透,筛理困难的现象。润麦时间太长,会导致小麦表皮水分蒸发,使小麦表皮变干,容易破碎,影响制粉性能。

实际润麦时间一般掌握在硬麦 24 ~ 30h,软麦 16 ~ 20h。

(四)着水机

着水机承担两个任务,一是定量加水,二是使加入的水均匀地分散开。最简单的做法是用水笼头加水,用绞龙使水分分散,缺点是加水量不能自动调整。常用的着水机有着水混合机和强力着水机等。

自动水分调节装置是用电容、近红外(NIR)、微波等方法测出小麦的水分,与设定的水分值比较后,调节加水量控制阀,使加水后的小麦水分保持稳定。

1. 着水混合机

着水混合机的结构如图 7 - 22 所示。

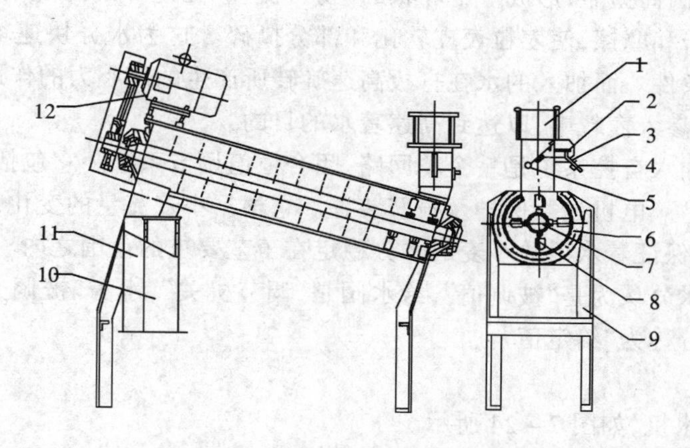

图 7 - 22　着水混合机的结构示意图

1—进料口　2—感应开关　3—均流调节板　4—重锤　5—着水喷管　6—工作筒体　7—主轴
8—扇形桨叶　9—机架　10—水分测量装置　11—出料管　12—电机

着水混合机通常与微波水分自动控制仪或湿度测量水分控制系统配套使用,能自动而精确地控制水量，能把一定量的水正确地加入小麦之中，并通过绞龙混合器的充分搅拌，使水分均匀地分布在每一粒小麦上。着水混合机结构轻巧简单，动力消耗低，与蒸汽配合使用，着水量可达7%，对低水分小麦可一次着水达到工艺要求，不必进行二次着水。在不用蒸汽的情况下，一次加水量可达4%。

2. 强力着水机

强力着水机的结构如图7－23所示。

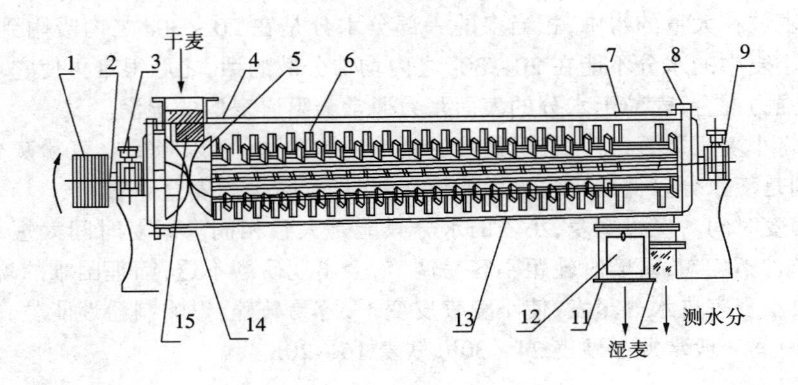

图7－23　强力着水机的结构示意图

1—传动轮　2—主轴　3—进口端轴承盖　4—进水管
5—螺旋推进器　6—打板　7—活络门　8—出口端盖　9—出口端轴承座
10—水分检测管　11—出料口　12、15—观察窗　13—筒体　14—卸料门

强力着水机的主要工作机构是一个密闭的筒体和置于筒体内的高速旋转的打板叶轮。由于打板数目众多，并以16～19m/s线速运转，小麦和水从切向进入圆筒之后，被打板连续地打击，并将小麦沿工作圆筒抛撒，形成一个环状的"物料流"。在这样的环境中，每一粒小麦都能受到多次强烈的撞击和摩擦，使麦粒表皮软化和部分撕碎。这为水分快速均匀地渗透到麦粒的各个部位创造了条件。而加入的水在打板高速旋转所产生的离心力的作用下，均匀撒开，与小麦充分混合接触，渗入麦粒中，以达到高速着水的目的。

强力着水机的加水自控系统是一个单回路、闭合恒值调节系统。它包括加水装置、湿麦水分检测装置、调节装置、电机过载保护及报警装置。它根据小麦流量的变化，原始水分的高低，自动调节着水量，以保证着水后的小麦的水分稳定在工艺要求的范围之内。在调节过程中，一般把着水后的小麦水分认为是"被调值"，给水阀是"调节机关"，水为"被调介质"，而工艺规定的着水后的小麦水分称为"给定值"。

3. 喷雾着水机

SJM型喷雾着水机，如图7－24所示。

小麦进入料筒后，推动挡板向下转动，启动水气电磁阀的微动开关，使雾化喷头开始喷水，使麦粒得到水雾均匀喷洒。桨叶式输送机一方面对小麦进行搅拌，提高着水均匀度，另一方面将小麦送入磨前麦仓。

(五)润麦仓

小麦着水后，需要有一定的时间让水分向小麦内部渗透以使小麦各部分的水分重新调整。

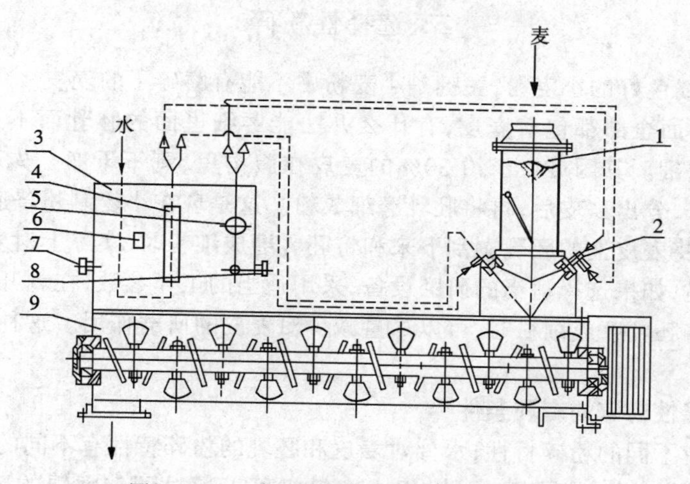

图 7-24　SJM 型喷雾着水机结构示意图

1—挡板　2—雾化喷头　3—水气控制装置　4—流量计　5—气压表
6—水气指示灯　7—水量控制阀　8—气压调节阀　9—搅拌输送机

这个过程在润麦仓中进行。

润麦仓的截面大都是方形的，一般截面为 2.5m×2.5m 或 3.0m×3.0m。仓的内壁要求光滑，仓的四角做成 15～20cm 的斜棱，以减少麦粒膨胀结块的机会。由于湿麦的流动性差，仓底要做成漏斗形，斗壁与水平夹角一般为 55°～65°。润麦仓的出口有单出口和多出口两种。

单出口润麦仓的出口一般设在仓底的中心。卸料时，料仓中心部分的籽粒比靠近筒壁的物料更容易流动，在四角上的物料则因受到较大的摩擦力以及离仓中心较远流动更困难。物料下落后造成的空缺主要由仓内上层物料补充。中心部分物料流动了很多，靠近筒壁的物料才逐渐缓慢地流动，不能做到先进先出，导致润麦时间不一致；如果小麦进仓时已有自动分级现象，饱满的小麦落在仓的中心，大部分轻质麦和轻杂堆积落在靠近仓壁处，结果是早期流出的小麦比后期流出的小麦容重高、杂质少。通常仓内最后四分之一的小麦，其品质差异相当显著。筒仓越大，自动分级造成的影响越严重，对生产和小麦粉质量有影响。

多出口润麦仓在一定程度上可以克服单出口润麦仓的上述缺陷，使仓四周的小麦和中心的小麦具有相同的流动特性，做到先进先出，防止产生自动分级，保证润麦时间和小麦品质的一致性。多出口润麦仓有 4 出口、9 出口几种形式，其结构如图 7-25 所示。

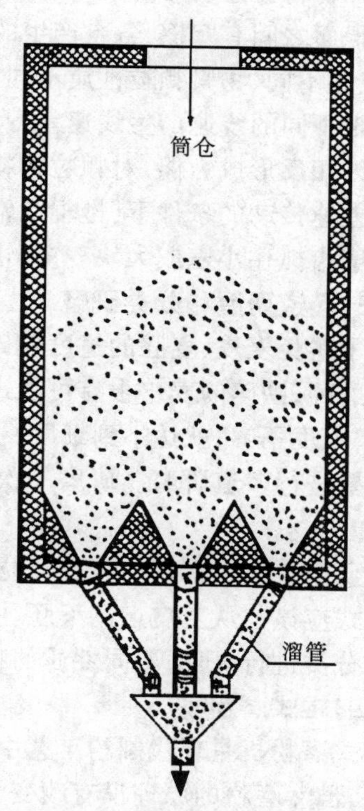

图 7-25　多出口润麦仓的结构示意图

二、选择性粉碎

生产灰分低、粉色好的小麦粉,关键是小麦粉中不能有磨碎了的麦皮。

小麦胚乳的外面全部都包着麦皮,有什么办法能磨细里面的胚乳而不过分破碎麦皮呢?先剥皮,再破碎、磨细。其困难在于约30%的麦皮在腹沟里,剥不干净。先剥开麦粒,将麦皮上的胚乳剥刮下来,分出麸皮后,再将胚乳磨细成粉。这是现在小麦制粉普遍采用的方法。

在剥开麦粒、将麦皮上的胚乳剥刮下来和将胚乳磨成细粉时,实际上对麦皮和胚乳都会有研磨的作用。但是,如果选择适当的研磨设备,采用适当的工作参数,在剥开麦粒、将麦皮上的胚乳剥刮下来和将胚乳磨成细粉时,可以尽量减少对麦皮的研磨作用。这种研磨方式称为"选择性粉碎"。

(一)小麦选择性粉碎的有利条件

麦皮和胚乳有不同的粉碎特性;水分对麦皮和胚乳的粉碎特性有不同的影响;挤压、剪切、撞击对麦皮、乳胚的破碎作用是不同的;辊式磨粉机可以通过调整磨辊的工作参数调整对麦皮、胚乳的研磨作用。

(二)有速差的对辊的研磨作用

辊式磨粉机的主要工作机构是一对相向异速转动的轧辊——磨辊。磨辊表面按特殊的工艺要求进行加工,或者按螺旋线刨削形成齿槽,或者经喷砂处理加工成无泽面状,配合一定的磨辊直径、磨辊转速、快慢辊转速比,使经过水分调节的小麦,在研磨过程中的破碎程度能够被有效控制,尽量减少麦皮、麦胚的破碎,为生产低灰分小麦粉创造条件。

颗粒物料被差动对辊夹住后,两辊之间的压力使颗粒压向磨辊表面,颗粒本身受压变形,颗粒和辊面之间有摩擦,各自产生的力组合形成摩擦力。磨辊表面性状和材质不同、辊压大小不同、线速不同、物料颗粒性质不同,摩擦力大小不同。

两辊不同的线速产生线速差。从颗粒被磨辊夹住开始的加工过程中,快慢两辊摩擦力的方向始终相反形成力偶,对颗粒物料产生搓撕、研磨作用。

在差速传动的条件下,慢辊常常称为"承托辊"。小麦或中间物料通过磨辊间的工作区时,慢辊的磨齿抓住小麦或大块麦皮,快辊的磨齿则切割或剪开麦粒,刮下胚乳。

(三)多道研磨和分类研磨

为了避免麦皮、麦胚的过度破碎,用辊式磨粉机进行研磨时也不能过于强烈,否则,麦皮难免会被磨碎,磨碎的麦皮很有可能进入粉中,影响灰分和粉色。但是,小麦粉的细度要求比较高,研磨强度不够,就达不到细度要求。所以只能采取逐步将胚乳从麦皮上剥刮下来的办法,这就需要进行多道研磨。研磨一次,筛分一次,再研磨,再筛分,直到把胚乳都分出和磨成细粉。

在研磨过程中刮下的胚乳颗粒等,只要磨碎达到小麦粉的细度要求就能成为产品,它们的研磨方式应该与从麦皮上刮下胚乳不同,重点应该在磨细成粉方面。所以,小麦制粉过程中的研磨要分类进行,研磨不同性质的物料,选用不同的技术条件。

(四)辊式磨粉机

辊式磨粉机是现代制粉工艺中最关键的设备,设计、制造、使用辊式磨粉机已有一百多年的历史,虽然磨粉的原理没有改变,但机器本身已发生了巨大的变化,从原来比较粗放的加工设备变成了一种相当精密的加工机械,性能全面提高,结构精巧、紧凑,机、电、气结合在一起。

磨粉机有单式和复式之分。单式磨粉机有一对磨辊,复式磨粉机是两对或四对磨辊左右独立对称地组合在一个机体内。一台复式磨粉机的两个部分可以处理相同的物料，也可以分别处理不同的物料。含四对磨辊的磨粉机称为八辊磨粉机。在八辊磨粉机中，上一对磨辊的磨下物料直接导入下一对磨辊研磨。

复式磨粉机有液压控制和气压控制两种。气压控制的磨粉机已成为主流产品。液压控制磨粉机，为了保持控制的灵敏度，冬、夏季要用不同牌号的液压油，给使用带来一定的麻烦；液压装置结构较复杂，对维修的技术要求高；若液压元件的加工精度达不到要求，则会漏油，污染环境。

磨粉机上的磨辊有倾斜和水平排列两种形式。在磨粉机的侧视图上，如果磨辊倾斜排列，两支(一对)磨辊的轴心连线与水平线夹角呈一定的角度(45°、31°或 25°)；如果磨辊水平排列，两支(一对)磨辊的轴心线是水平的。磨辊平置与斜置相比，磨粉机宽度较大，物料较易进入研磨区，因而单位产量较高，磨下物料的运动轨迹离中心位置较近，离前方检查门较远，因而开启检查门时，磨下物料不易飞离磨膛。

辊式磨粉机的总体结构如图 7 – 26 所示。

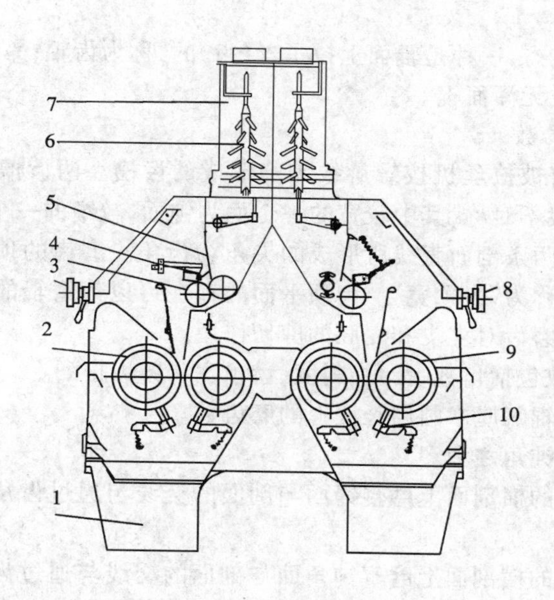

图 7 – 26　辊式磨粉机的总体结构示意图

1—机座　2—导流板　3—喂料辊　4—喂料门传感器　5—喂料活门
6—存料传感器　7—存料筒　8—磨辊轧距调节手轮
9—磨辊　10—清理磨辊的刷子和刮刀

辊式磨粉机上的两支磨辊转速不同，其中一支称为快辊，另一支称为慢辊。快辊支承在机座两端的轴承上，慢辊支承在活动轴承臂内的轴承上。当较大的颗粒通过两辊之间的狭窄部分时，除了压破作用之外，还有因速差而产生的剪切作用。

磨辊要承受很大的径向压力，并且表面与物料产生强烈的摩擦作用，所以，表面温度达到 80℃以上。磨辊表面要有足够的硬度和强度，并具有良好的导热性能。

磨辊辊体是双金属离心浇铸出来的，一般都是半辊压合空心磨辊(图 7 – 27)。磨辊外层为含有镍、铬元素的激冷白口铸铁,合金白口厚度为10~30mm,内层为灰口铸铁。磨辊表面硬度66~78HS。

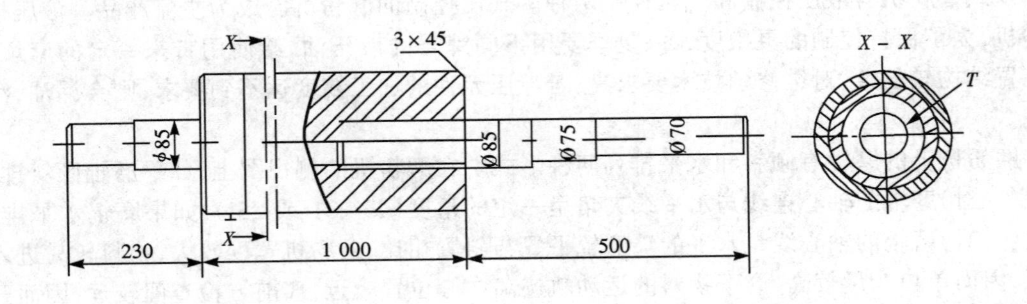

图7－27 磨辊结构示意图

T—合金白口层深度

磨辊表面有两种状态,一种是辊面上拉了丝(齿)的,称为齿辊;另一种是表面比较光滑的,不拉丝的,称为光辊,或无泽面辊。

1. 齿辊表面技术参数

齿辊的辊体表面有被拉丝机按螺旋线刨削形成的齿槽。两齿槽之间的突出部分成为磨齿。磨齿的两个面一般不对称,其中较宽的一个面为钝面,较窄的一个面为锋面。在磨辊的横剖面上,钝面和锋面的两条剖面直线所形成的夹角为齿角。磨齿的顶端保留一个很窄的平面——齿顶平面,其宽度称为"齿顶宽"。齿顶平面的存在可以使磨辊的圆柱形避免在拉丝时破坏,还可以缓和研磨时磨齿对麦皮和麦胚的剪切作用。

齿辊表面技术参数包括齿数、齿角、斜度、齿顶宽和磨齿排列。

(1)齿数 就是磨辊每厘米圆周长度上的磨齿数。

(2)齿角 锋角与钝角之和。

(3)锋角 在磨辊的横剖面上磨辊锋面与剖面的交线与通过齿角顶点的磨辊半径形成的夹角。

(4)钝角 在磨辊的横剖面上磨辊钝角面与剖面的交线与通过齿角顶点的磨辊半径形成的夹角。

(5)磨齿斜度 磨齿齿槽和磨辊中心线不是平行的,一般成一角度,用百分数表示。斜度是同一磨齿在辊体两端圆周上的距离(弧长)与辊体长度之比。磨齿不能没有斜度,而且快慢辊在磨粉机上就位时,必须使两辊磨齿的倾斜方向一致,以使两辊的磨齿齿顶在研磨区交叉(交叉点呈菱形分布),避免齿顶与齿顶相遇,造成对物料的极不均衡的研磨作用。

(6)齿顶宽 磨齿顶的"平面"对于小麦粉灰分和皮磨粉的产量都有决定性的、直接的影响,齿顶宽大的磨齿耐磨,使用寿命较长。

(7)排列 快慢辊齿角有四种相对位置:锋对锋(S－S),快辊磨齿锋面向下,慢辊磨齿锋面向上;锋对钝(S－D),快辊磨齿锋面向下,慢辊磨齿钝面向上;钝对锋(D－S),快辊磨齿钝面向下,慢辊磨齿锋面向上;钝对钝(D－D),快辊磨齿钝面向下,慢辊磨齿钝面向上。

2. 光辊表面技术参数

光辊表面呈磨砂(无泽面)状态,是磨辊磨光后,用碳化硅等磨料进行喷砂处理加工而成的。磨辊表面十分光滑，会引起物料在两辊间滑动，浪费很多输入功率。

光辊喷砂后的粗糙度为 3.5～4.5μm。使用一段时间后，喷砂粗糙度为物料摩擦所消耗，随后是因摩擦而形成的研磨粗糙度，一般为 1.5～2.5μm。

光辊两端有 1/1000～2/1000 的锥度，是为了纠正磨辊达到工作温度时，两端产生较大膨胀，导致轧距不一致的现象。强烈的研磨作用会产生大量的热。这些热会引起磨辊辊体膨胀。靠两端的轴承处，发热比较厉害，膨胀较多。因为磨辊两端是实心的，只能朝一个方向膨胀。磨辊的中心是空的，可以向双向膨胀。在研磨压力下磨辊会有轻微的弯曲应变。这些因素会使磨辊的外形发生变化，使磨辊两端比中部凸出，在生产中出现两端轧距紧而中间松的现象，使磨辊全长上的研磨效果不均匀。

为了纠正这种情况，采用中凸度加工和锥度加工两种方法(图 7－28)。根据磨辊温升和两辊间压力等，选用较大的中凸度/锥度，或选用较小的中凸度/锥度。

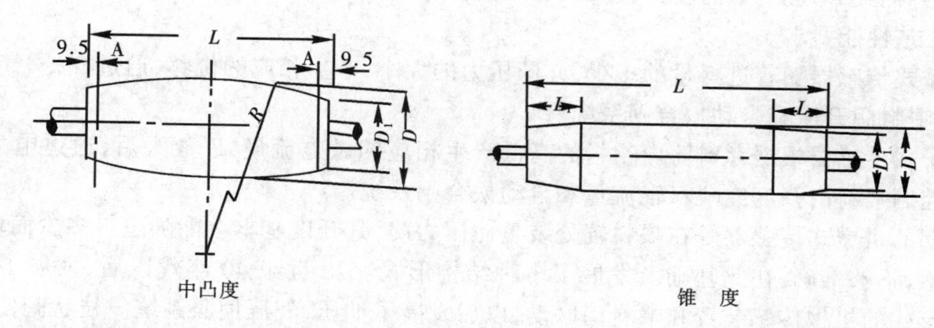

D—磨辊原直径　D_1—加工出中凸度后 A 处的直径　A—测量 D_1 的位置　L—磨辊长度

D—磨辊原直径　D_1—加工成锥度后的直径　L_1—锥度部分长度　L—磨辊长度

图 7－28　光辊结构示意图

辊式磨粉机成对的两支辊的转速是不同的。快辊由电动机通过三角带直接传动，慢辊由快辊通过链传动或斜齿轮传动或齿形带、齿槽带等形式传动。速比由大、小链轮，或大、小齿轮，或大、小齿槽轮的齿数决定。

新磨辊直径一般为 250mm，磨损到 225mm 时报废。快、慢辊中心距随磨辊直径磨损程度而变化；生产中磨辊松合闸时，两辊中心距变化有 3mm 多；改变转速比时需要改变传动轮的直径，也会影响传动轮系中的有关中心距。快慢辊的差速传动在保证其功能的前提下，必须能适应这些变化。

齿轮传动的使用历史较久。一般齿轮传动的轮中心距是固定的，这是保证高的传动效率、低振动、低噪声的必要条件。磨粉机齿轮差速传动不具备这种条件，所以发展了高齿、斜齿和新的齿面曲线，在材质和热处理方面提高齿的强度，以适应不定中心距的工况。但为了适应全部中心距变化，需备有一套不同齿数的齿轮 19 个。

为取代齿轮传动而发展了滚子链传动，能满足中心距变化的要求。多数部位的磨粉机采用双排链，重荷载部位采用三排链。需备有不同齿数的链轮 12 个，以满足不定中心距的工况。再调节链条的张紧程度，使各个链轮齿厚中心处于同一平面内和润滑油存量、分布、防漏等方面都有比较严格的技术要求。在生产中经过多次维修、换辊后，噪声大、漏油严重。

齿轮和滚子链传动机构中都有密封的传动箱，箱内装有润滑油。

双面圆弧齿同步带传动能够满足功能和两辊中心距变化的要求，备有不同齿数的圆弧齿轮 8 个就能适用于不定中心距工况。最显著的优点：不需要传动箱和润滑油，运转时噪声低、振动小，制造要求简化。生产中存在的问题是启动过快或超负荷时传动带跳齿，严重时损坏传动带，皮带有时跑偏。

齿楔带传动能够满足功能和两辊中心距变化的要求。和双面圆弧齿同步带传动相比，除保持相同优点外，传动轮系中的轮数从 4 个减少为 3 个，其中慢辊为齿槽轮，其他为多楔带轮。由于带的楔面在快速启动时或超负荷时可以打滑，避免了跳齿和带的损坏，以及由于楔的作用克服了跑偏现象。超负荷时，楔面滑动影响转速比，正常生产时没有影响。

磨粉机的研磨机构是关键部分，其中松合闸和研磨的配合是最紧要的。

当存料筒内有足够物料时，喂料活门自动开启，喂料辊自动运转，两磨辊在运转状态下自动合拢，研磨区域处于工作状态；反之，喂料机构自动停止供料，两磨辊松闸。

传感器能感知进料量的多少，传出相应的动作和电流信息，经放大后，通过机、电、气、液完成各种工艺性能要求。

机械式传感器随着进料量的多少，亦即压力的大小，产生相应的位移，通过杠杆、气压或液压，控制喂料门开度和自动松合闸系统。

电子式传感器根据存料筒内物料的高低产生相应的微电流量，以放大后，通过电力、气压或液压控制喂料门开度或喂料辊流量和自动松合闸系统。

早期的机械式传感器是在喂料辊处装重砣压力门，其开度基本上能随进料多少而增减，但不够灵敏，不够准确，在此基础上发展了多种结构形式。20 世纪 40 年代以后，发展了板状阀等多种形式的机械传感装置和喂料门联动，以后发展了油压、气压伺服系统。枝状阀使用时期较长，比较可靠和有效，一直沿用到现在。

20 世纪 70 年代，电子式传感器风行了一个短暂时期，因为在灵敏可靠，使用寿命和操作维修方面存在问题，就不使用了。进入 20 世纪 80 年代，磨粉机流行“全气动”，可以避免因电火花引进的粉尘爆炸，不用电子传感，除电动机输入动力外，全部气动，到目前为止，实践证明是可靠的。20 世纪 90 年代以后，又有采用电子传感器的。

三、逐道研磨

制粉过程是研磨→分级（筛分）→研磨→分级（筛分）的过程。

每台磨粉机后面都配有筛理系统，对磨下物进行筛分，含胚乳较多的大麸片送往下一道皮磨进行研磨，各种粒度的麦渣和麦心送往清粉机进行精选，得到的纯净麦心送往心磨磨细成粉。如图 7－29 所示。

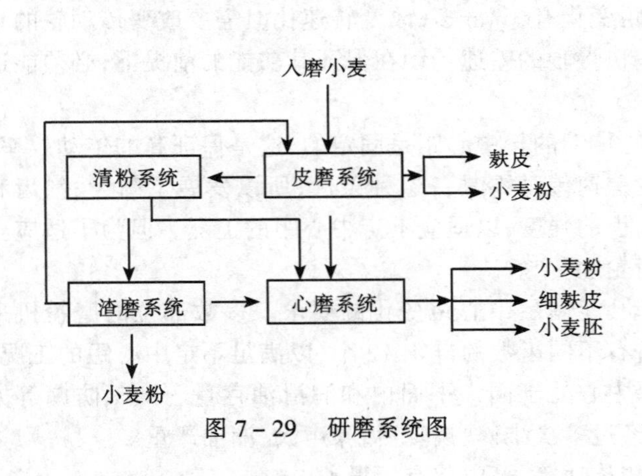

图 7－29　研磨系统图

小麦制粉的第一步是要把胚乳提取出来，与麦皮和小麦胚分开，这在很大程度上是在皮磨系统完成的。胚乳分离之后，再就是将胚乳磨成细粉，这是在心磨系统完成的。

中等粒度的胚乳颗粒及含有麸皮颗

粒,被送往清粉机,进行分级,轻的麸皮颗粒被气流带走,分级后的麦心和麦渣分别送往心磨或渣磨。

一般地,将小麦研磨分成为三个系统:皮磨系统、心磨系统、渣磨系统。

(一)皮磨系统

皮磨系统的任务是剥开麦粒并将胚乳颗粒刮下来,尽量保持麸皮完整,少出皮磨粉。

1Bk(第一道皮磨,简称一皮)是制粉研磨的第一步,在剥开麦粒时要刮下部分粗麦渣,麸皮成片状,以利于后道处理。理想的、完善的皮磨系统应只生产大麸片和粗麦渣,而不产生细麸粉。实际上,细麸粉的产生是不可避免的,但应尽量减少皮磨细粉的比例。质量低劣的细麸粉是影响小麦粉品质的因素之一。

皮磨过程是逐步进行的,以便得到最佳的分离效率。这样有利于使刮下物料的各种特性相对地明显,以利于进一步处理。每一道皮磨刮下的物料的数量是受到限制的,通常调节到该皮磨进机物料的一个预定的百分数。皮磨磨辊一定要细心调整,使每一道磨都剥刮下正确数量的胚乳,以达到所需要的物料分配,避免设备和管道的超载,以及平筛因喂料不足而引起的"筛枯"。皮磨不应产生大量的粉,因为皮磨粉的灰分比心磨来的粉高得多。1Bk 和 2Bk 的调整尤为重要。如果能正确地剥开麦粒,并产生洁净的粗渣,对于质量方面带来的有利影响将在整个制粉工艺流程中的各个部分反映出来。如果切碎麸皮,碎屑混入剥刮出的胚乳,以后各道必定受到极大的影响,特别是处理混杂物料的磨辊,防止麸皮污染比较困难。如果心磨物料等质量很次,需要加密筛绢以保证质量,并增加筛理面积以筛出这些麸屑,在这种情况下,平筛的处理量会下降。

皮磨系统一般由 4~5 道组成。2Bk 以后可以分粗、细,5Bk 一般只设细皮磨。

各道皮磨的工作重点略有不同。1Bk、2Bk:剥开表皮,制取颗粒,少出小麦粉,少出麸屑;3Bk:剥刮麸片(刮净胚乳),提取部分大麸皮(硬质小麦);4Bk:继续剥刮(紧研磨),但不能"切丝"。

皮磨系统的道数的设置与小麦原料的情况和出粉率要求有关。加工硬麦为主的粉路,可以设 4 道皮磨。加工软麦为主的粉路一般要设 5 道皮磨。

设五皮细磨可增加粉路的适应性。细麸多经过一次研磨可适当出些粉,提高出粉率。

皮磨系统全部采用齿辊。

(二)心磨系统

心磨系统的任务是将皮磨系统剥刮下来,经筛理分级、清粉提纯的麦渣、麦心磨细成粉,尽可能轻地研磨麸屑和麦胚,并经筛理后把它们与粉分离。

心磨系统是逐步研磨的过程。各种粒度不同的胚乳颗粒,通常称为粗渣、中渣、小渣、麦心等,不可能一次研磨成粉,只能逐步将它们磨细,每道研磨出一定量的粉,未达到小麦粉细度要求的物料送到下一道去继续研磨,同时分出少量的麸屑和麦胚,防止它们影响后路心磨系统的粉的质量。

尾磨也是心磨系统的组成部分,但它的任务是专门处理心磨系统前、中、后路平筛筛上物。这些物料,麸屑、小麦胚较多,通过尾磨的较轻的研磨作用,使麦皮与胚乳分开,提取部分麦心和小麦粉。

心磨系统的道数一般为 9~10 道。

心磨一般采用光辊。采用光辊的磨粉机的辊间压力比较大,致使胚乳颗粒在两辊之间通过时,不可避免地要产生许多胚乳片(粉片),有的粉片是相当明显的,有些是不容易看出来的。如果粉片不打散的话,就不能通过粉筛,会一直往后推,影响出粉率。这些粉片虽然不大,但有一定的强度。在平筛中筛理时,不会破碎,不能通过粉筛。所以光辊研磨以后,要配备撞击松粉机或打板松粉机,用以击碎经光辊研磨后产生的片状物,提高筛理效率。有的心磨系统还配备爪式粉碎机或高速撞击机,不仅有利于物料的筛理,还可以提高取粉率。

光辊研磨也有速比,不是单纯的挤压作用,对胚乳具有一定的剪切作用。光辊并不很"光",光辊研磨实际上是一种把颗粒撕破或剪切而不是压碎。这种作用有助于胚乳粒相互分离和从麸皮和麦胚碎片中分离胚乳。剪切作用也使一定量的淀粉破损。

心磨系统的目的是将麦心磨成细粉,并除去上道工序所残留的麸皮和小麦胚。

(三)渣磨系统

渣磨系统的任务是用较轻的研磨,使麦皮与胚乳分开,使麦渣、麦心得到提纯,为心磨提供较多、较好的物料,以利于出好粉和提前出粉。这些物料,送往下道皮磨粒度太小,送往心磨不够纯净。

经渣磨处理后,不仅物料的粒度变小,而且经筛理后分成三个部分:稍含胚乳的麸皮和麦胚粗粒,将送往后路细皮磨或下一道渣磨处理;粒度变小但更均匀的渣,将送往前路心磨;干净的麦心,将送往前路心磨。

虽然研磨过程以生产渣为目的的,不可避免地要产生少量的粉。

渣磨的道数为1~3道。硬麦多些,软麦少些。

渣磨有两种不同的形式:细齿辊渣磨(scratch)和光辊渣磨(sizing)。

1. 细齿辊渣磨

细齿辊渣磨使用较大的齿角,较轻的研磨将麦渣上的小块麦皮刮或擦下来,使麸皮和麦胚仅受最少损伤,趋于压平麸皮,而不是压碎。细齿辊渣磨具有与皮磨相类似的功能。在不损伤和不破碎麸皮、麦胚的前提下,得到胚乳(尽可能以渣的形式)。

2. 光辊渣磨

光辊渣磨与细齿辊渣磨的不同在于它不是利用细磨齿"刮"、"擦"掉麦渣上粘着的小块麦皮,而是用光辊的挤压力压碎麦渣,同时压平麦皮和麦胚,然后再经筛理分开。

渣磨使用光辊可以减轻麸皮和麦胚的破损,防止轧碎麦皮和麦胚污染小麦粉,提出的胚乳的质量比较好。但是麸皮和麦胚被研压成片,而片上的胚乳含量通常较高,分离麸皮、胚芽片上的胚乳更加困难。

与细齿辊渣磨相比,光辊渣磨的流量较小。

对1Bk、2Bk磨下物的分析表明,麸皮及胚乳和小麦胚的混合物对纯胚乳的污染,主要是在粗渣中。粗渣在前路心磨磨碎前,需要分出胚乳以外的物质。研磨纯净的胚乳是得到低灰分小麦粉的重要先决条件。

使用渣磨后的一些变化可满足制粉的特别要求:①经分级和筛理后的渣进入清粉机可以进一步提高质量,生产颗粒粉时尤其应该这样;②清粉机中后部出来的物料可以进入渣磨系统作进一步的处理,使各种物料分开,所获得的纯净的胚乳可以并入前面清粉机分出的纯净物料中;③渣磨齿形的改变可以影响产品的粒度;④渣磨磨辊的成功运用在很大程度上取决于它的缓和的研磨作用。

四、麦路与粉路

(一)麦路——小麦清理工艺流程

虽然不同的小麦加工厂所采用的清理方式和清理工序的道数各有不同,但某些基本工序却是必要的。

初清

毛麦→自动秤→初清筛→磁选设备→毛麦仓

毛麦清理

毛麦仓→小麦搭配→高效振动筛→磁选设备→卧式打麦机→高效振动筛→相对密度分级去石机→滚筒精选机→着水混合机→润麦仓

光麦清理

润麦仓→磁选设备→卧式打麦机→高效振动筛→自动秤→喷雾着水机→净麦仓→磁选设备→入磨

小麦清理流程简称麦路。小麦的清理流程要适应使用的小麦的品种和质量情况,保证达到入磨净麦的质量要求。所以,小麦清理流程中各工序必须齐全,各种清理设备的数量要足够,不能超负荷运行,对某些数量多,危害大的杂质(如砂石、荞籽、赤霉病粒、黑穗病粒等)应加强清理。

清理流程包括:筛选、风选、去石、精选、打麦、磁选、小麦搭配、小麦水分调节、计量、通风除尘等环节。

小麦从毛麦仓到水分调节前的清理过程称毛麦清理。毛麦清理的任务是集中清除小麦中的各种杂质,使其降到入磨净麦的含杂标准以下。为了提高毛麦清理效果,首先应清除数量多、影响大、易清理的大、中、小杂质,使小麦的含杂量显著降低,然后再清除那些与小麦的物理特性相近和较难清理的杂质,如:并肩石、荞籽等,并对小麦的表面也进行清理。

小麦水分调节一般是在小麦中的尘芥杂质降至0.3%以下,小麦已进行过精选和一次表面清理以后进行。

清理设备在流程中的先后次序是遵循先易后难的基本原则。一般把去石机放在头道筛后,精选放在毛麦清理中。

小麦清理的第一步,一般都是磁选、筛选和风选,使小麦在一进车间就除去其中大部分铁磁性杂质、大杂、小杂和轻杂质,从而减少铁磁性杂质对后续设备的危险性,减少灰尘的产生,并充分发挥后续清理设备的作用。

几乎所有的小麦清理流程中都设置两道表面清理工序,第一道设在毛麦清理阶段,第二道设在光麦清理阶段。

进行第一道表面清理时,小麦的水分较低,麦粒表面和腹沟内的尘土比较容易与小麦分离。小麦中尚未除去的泥块、不完善粒等被打碎,从而产生一些小杂质和轻杂质。这些新生成的杂质一部分可以通过打麦机的筛孔与小麦分离。而撞击吸风打麦机等设备,可以借助吸风除去一些轻杂质。但表面清理设备本身不可能把这些杂质基本除去,因此,第一道表面清理设备之后必须后续一道筛理和吸风设备。

经过水分调节后,小麦水分有所增加,所以韧性增加,抗破坏力加大,即使采用较大的打击力,碎麦亦不会显著增加。因此,第二道表面清理可以用较强的作用力,除了能进一步清理小麦的表面和腹沟外,还可以打掉部分麦毛,打下部分果皮。第二道表面清理产生的小杂质大部是悬浮速度较小的有机杂质,因此,打麦后可以只配一道风选,但是,对含杂较多的小麦,打麦后应该安排筛选和风选,以充分保证入磨麦的纯度。

在整个清理流程,磁选一般设3~4道。第一道磁选设在第一道筛理设备之前或之后,最后一道磁铁可设在小麦入磨之前。一般地,在具有高速转动机构的设备前应设一道磁选,以防止铁磁性杂质对机器的损伤和火灾危险。因此,在表面清理设备之前应设磁选。如果第一道表面清理设在去石和精选之后,由于小麦已经过筛理和磁选,又经过了去石和精选(去石和精选也可以除去粒度与小麦相似或略大于小麦的铁磁性杂质),在第一道表面清理之前的磁选可以省略,第二道表面清理设备前的磁选一般不能省略。

小麦搭配加工是现代小麦制粉的通常做法。通过小麦搭配使入磨小麦满足制粉工艺上的要求,使一定时间内加工的原料的品质基本一致,以稳定工艺过程和生产操作,保证小麦粉的质量,得到最高的出粉率,充分合理地使用各种小麦,取得最好经济效益。

制粉厂若用单品种小麦加工会有很多弊端:面筋质数量过低使成品无法达到质量标准,或过高使原料的面筋质形成一定浪费;全部红麦加工会由于加工精度难以合格而大大降低出率,全部白麦加工可能会由于灰分难以合格而降低出率;降落数值过高或过低的小麦不适于加工用于生物发酵食品的小麦粉等。对于这些现象,若将面筋质过高、过低的两种小麦或小麦粉按比例搭配,就可以产生互补作用,使成品符合质量要求。同理,红麦、白麦或它们的小麦粉搭配有利于出率的提高。降落数值过高或过低的小麦或它们的粉搭配也有利于使成品符合质量要求。

合理搭配小麦可以使它们的某些质量指标取长补短,能够充分利用廉价的原料小麦。

普通小麦有硬麦、软麦、红麦、白麦之分,它们的制粉性能是不同的。

硬麦胚乳质地硬,不易磨碎,磨时耗能大,磨下物中粗粒多、细粉少,散落性好,容易筛理,产量高。硬麦胚乳与麦皮容易分开,麸皮容易刮干净,麸中含粉少,出粉率高。硬麦通常蛋白质含量高,需要加入较多的水来软化胚乳,所以入磨水分相对较高。硬麦的结构紧密,水分渗透速度慢,需要较长的润麦时间。

软麦在齿辊的作用下,胚乳细胞很容易分离,磨碎后的物料粒度细,呈不规则形状的碎片,筛理时容易糊堵筛面,影响筛理效率。麸片比较大,胚乳不易与麦皮分开,较难刮净胚乳,水分超过14.5%时,更加困难,筛理也是这样。麸中含粉多,影响出粉率。软麦胚芽质地软而脆,难于提取。因为软麦结构疏松,不需要加入太多的水来软化胚乳,相反,如果加入的水太多,会造成筛理和麸皮剥刮困难,所以软麦的入磨水分相对较低。软麦的水分渗透速度比较快,只需要较短的润麦时间。

全部软麦去研磨,产量低,出粉率低,动力消耗高。

小麦皮层的颜色对小麦粉的粉色也有影响。白麦的制粉性能比红麦稍好一些。生产标准粉时,红麦和白麦的出粉率相差约2.5%;生产等级粉时,红麦和白麦的出粉率相差约1.5%。

新麦后熟期尚未完成,胚乳与麦皮不容易分离,筛理也困难,容易堵塞筛面。

不同用途的小麦粉有不同的质量要求。只用一种小麦进行加工,或者是不能满足小麦粉的质量要求,或者是制粉性能不佳,或者是经济上不合理。不同小麦品质具有互补性。

小麦与其小麦粉同名品质指标之间的数量关系:特制一等粉的湿面筋含量为原料小麦湿面筋的1.39倍左右,标准粉为1.27倍左右。有资料报道,灰分为0.55%~0.69%小麦粉的蛋白质(干基)百分数值比原料小麦平均低0.9(0.5~1.3)。

混合小麦与其小麦粉同名品质指标之间的数量关系:符合加权平均规律(呈线性关系)的指标:小麦、小麦粉品的面筋含量、蛋白质、灰分、粉质测定仪吸水量等指标,搭配前后的数量呈线性关系,可以用多元一次方程式计算搭配比例。

不符合加权平均规律(呈非线性关系)的指标:小麦、小麦粉的粉质、拉伸指标、降落数值等,搭配前后的数量呈非线性关系。制定搭配方案时可以先按线性关系初步估算,然后在实验室按计算的配方搭配后进行测试(小麦需要有实验磨粉机),再进行调整。

(二)粉路——制粉工艺流程

逐道研磨的小麦制粉方法已被普遍认可和广泛应用。这种制粉方法按出粉主要部位的不同,有心磨出粉工艺和前路出粉工艺之分,或者称为长粉路和短粉路;也有先碾去部分或大部分麦皮后逐道研磨的制粉的做法,称为剥皮制粉法,或分层研磨工艺、脱皮制粉工艺。

1. 基本工序

小麦制粉的基本工序,除研磨之外,还包括筛分、清粉、麸皮处理等工序。

磨下物料的分级、粉的取出都是通过筛分实现的。筛分主要是按粒度分级,但兼有质量分级的作用。

软麦粉的筛理要比硬麦粉的筛理困难得多。软麦能磨成粒度很小的小麦粉,因此人们以为它是很容易筛理的。但实际情况显然并非如此,小的粉粒因相互作用集聚成团,以致不能通过筛绢。由于小麦粉颗粒表面的水分和脂肪,还有颗粒粗糙表面的摩擦力使颗粒通过筛孔变得很难。软麦粉颗粒的表面比硬麦粉颗粒的表面要粗糙些。

(1)筛分　习惯上,按粒度将磨下物分成麸片、麦渣、麦心、粗粉和细粉几类,如果分得比较细的话,再将麸片分成大麸皮和小麸片;麦渣分成粗麦渣、中麦渣和细麦渣;将麦心分成粗麦心、中麦心和细麦心。

磨下物的分级的主要依据表面上粒度,实质上是质量,是麦皮含量的多少和灰分含量的高低。通过粒度控制的方法来保证分出的物料的质量。

皮磨系统磨下物的物理与化学特性前路与后路相差甚远。前路皮磨磨下物的粒度范围大,化学特性与小麦相似,所以要求分级多、分级细。后路皮磨磨下物的粒度范围仍然较大,但胚乳含量已大大降低,灰分含量较高,所以分级不必过多。

心磨系统的磨下物的物理特性是粒度范围较小,化学特性是胚乳含量高,灰分低。前路心磨磨下物中含细粉多,后路心磨磨下物中麦皮含量逐步增多。所以,心磨系统的磨下物筛分重点在于筛出细粉,同时分出少量麦皮,防止污染后路心磨的物料。

渣磨系统的磨下物的物理特性是粒度范围较小,化学特性是胚乳含量较高,细粉较多,麦皮数量不少,灰分含量的差距比较大。筛分要求是分级与筛粉并重。

高方平筛是现代制粉工业中最主要的、最广泛采用的筛分设备。

高方筛的筛格短小轻便,方形筛格通用性大,分级比较多,筛面利用率高,筛面更换方便,产量大,筛理效率高,结构紧凑,占地面积小。

经过近百年的发展,高方筛在结构、性能方面有了很大的进步,所以型号很多,如:早期的有立轴偏心传动高方筛,现在普遍应用的无立轴自衡传动高方筛(电动机安装在筛体上,随筛体一起回转,利用平衡重块产生的离心力,带动筛体运转。开、停时,通过共振区的振幅比较大,时间较长,完全静止后才能重新启动,以防回转半径过大);再如:较早使用的木结构高方筛和现在普遍使用的全钢结构高方筛。

FG 型高方筛总体结构见图 7 – 30,筛格结构见图 7 – 31。

高方筛的总体结构都是一个传动架和两个筛箱、两根横梁联结,整个筛体悬吊起来运转。每个筛箱都分隔为 2、3 或 4 个仓,每仓叠放 16 ~ 30 层筛格。筛格都为正方形,安装筛网的筛面格是嵌装入筛格的,可以互换。筛格的下面有清理块防止筛孔堵塞,筛下物用推料块排出筛格。筛格内部靠筛面格周围有 1 ~ 4 个供物料下落用的狭长方形内通道,筛格四周和筛箱壁之间形成 1 ~ 4 个供物料下落用的狭长方形内通道。每仓内叠置筛格的压紧都采用垂直和水平两个方向的机构实现。传动基本都采用筛体内部安装电动机实现。筛体的水平回转运动都是

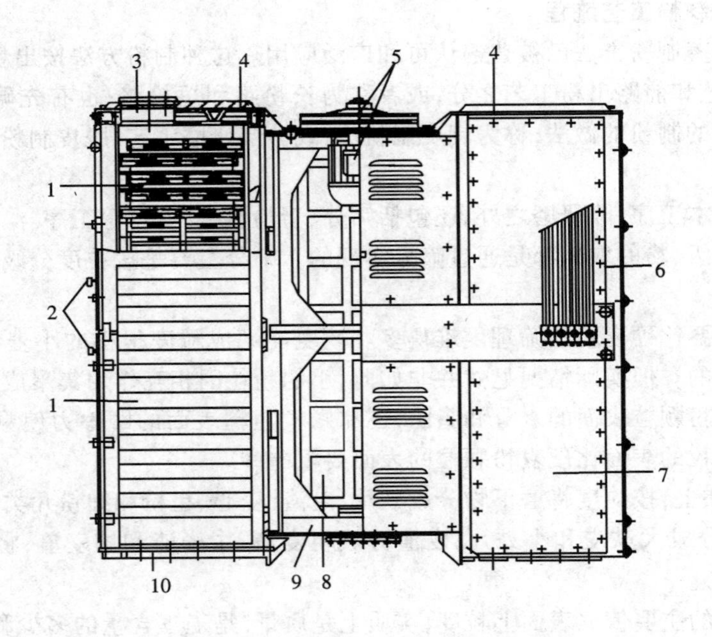

图 7－30 FG 型高方平筛的结构示意图

1—筛格 2—筛门 3—进料口 4—筛格压紧装置 5—传动机构
6—吊杆 7—侧门 8—偏重块 9—机架 10—出料口

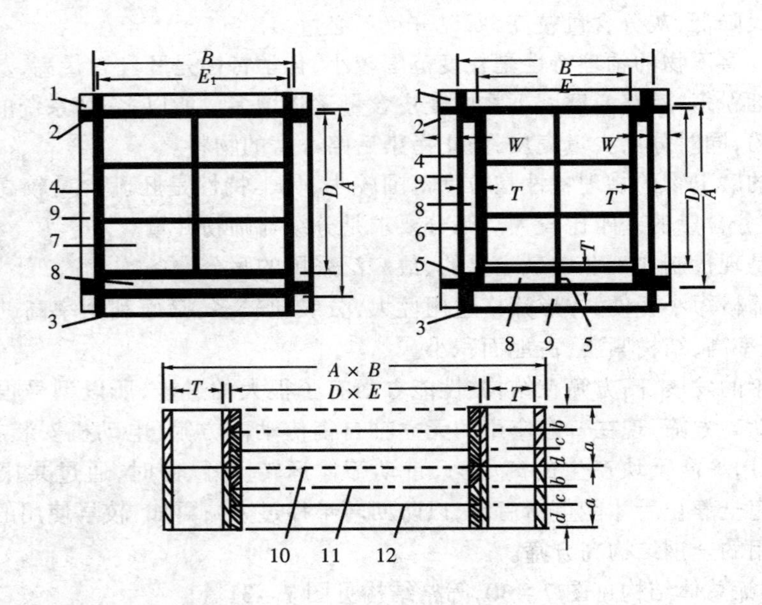

图 7－31 高方平筛筛格结构示意图

1—筛箱 2—筛箱内密封木条 3—筛门 4—筛格 5—筛格加强块 6—标准筛面格
7—扩大型筛面格 8—内通道 9—外通道 10—筛网 11—清理块托网 12—底板
$A \times B$—筛格长×宽 $D \times E$—筛面格长×宽 E_1—扩大型筛面格宽 T—内通道宽 W—外通道宽
a—筛格高度 b—筛面格高度 c—筛下物料层高度 d—筛上物料层高度

由旋转的偏重块的离心惯性力激发的。

每个仓平筛的上部有1个或2个进料口,可以进一种物料,也可以进两种物料。底部有出料口,老式高方筛有7个出口,新式高方筛有8个出口。

平筛的设计都是使偏重块的重心与筛体的重心位于同一水平面内。所以在同一水平面内的筛体的惯性力与偏重块的惯性力大小相等,方向相反。

筛体的质量确定以后,偏重块的重力和偏重块重心到主轴轴心的距离会影响筛体的平面圆运动半径。筛体运动半径确定以后,筛体内物料留存得较多(流量较大)的平筛应该有较大的偏重块重力或偏重块重心到主轴轴心的距离。

(2)清粉　清粉指对皮磨和渣磨剥刮下来的经过平筛分级的麦渣和麦心进行处理:除去夹杂在中间的麦皮,获得纯洁的粒度更均匀的物料送往心磨。清粉能够分选仅仅利用筛理不能分开的、粒度很相似的颗粒,能够区分那些由于物料的悬浮速度十分相近而不能单纯用吸风来分离的颗粒。

制粉过程是一个取所需之胚乳,分出麦皮的一个过程。目前的制粉方法和技术还不可能完全地将胚乳和麦皮分开,在制粉过程中不可避免会破碎麦皮。通过清粉使进入心磨系统的物料的纯度、质量提高;使物料的均匀性提高,将有利于提高研磨效率和多出好粉,这就是清粉的目的。

皮磨平筛送给渣磨的粗粒大部分是渣粒,但其中有部分是麦心,还有部分麸屑。而在皮磨平筛送给心磨的粗粒里,大部分是麦心,其中部分是渣粒,还有些麸屑。这种互混现象对于制造高等级小麦粉是一个很不利的因素。因为心磨前路(尤其1M和2M)的出粉率较高,轧距小,因此混杂在其中渣粒上的麦皮和麸屑易被研磨成更小的麸屑,在筛理过程中进入小麦粉,降低小麦粉的精度,亦减少高精度粉的出粉率;而麦心混入麦渣减少了皮磨系统送给心磨系统的麦心数量,使整个制粉过程的关键出粉部位出粉量降低,整个粉路的出粉率也随之下降。对平筛提取的粗粒、粗粉进行清粉,可基本分出小麸屑,粗粒、粗粉的进一步按质分级,可降低心磨入磨物料灰分。

通过清粉可使质量最好的小麦粉料流的灰分降低0.04%。如果要得到灰分低于0.45%的小麦粉,不进行清粉是困难的。

清粉的专用设备是清粉机,总体结构如图7-32所示。

清粉机的工作机构是略带倾斜地作往复运动的筛面,并有气流自筛面的下方穿过筛面。在整个筛面长度上,筛网的规格一般分成四段,筛孔自进口端至出口端渐大。来自平筛粒度相近的物料由喂料机构送上筛面后,筛面的振动使物料自动分级,气流的悬浮作用加强了自动分级作用,使清粉机筛面上的物料大体能这样自下而上分层:最小的麦心、较大的麦心、较小的渣粒、较大的渣粒、较重的麦皮、较轻的麦皮。选择适当的筛孔大小和气流速度可使上述分层物料分别成为前段筛下物、中段筛下物、后段筛下物、筛上物、吸出物,从而达到按质量兼粒度分级目的。

为了加强清粉机对物料的按质分级的作用,清粉机上的筛面是两层或三层叠置起来工作的。

清粉机上的筛面的运动是纵向运动和垂直运动的结合,使颗粒作抛掷运动,不同大小和密度的颗粒,其抛掷的水平距离和高度亦不同,使不同性质的颗粒得到分离。筛面下有上升的空气流穿过筛孔,对每一颗粒产生一个向上的、与重力方向相反的力,使颗粒呈半悬浮状态,空气流作用的大小与不同颗粒空气阻力的大小有关,颗粒离开筛面浮起的高度不同,使颗粒彼此分离。筛分、振动抛掷和吸风三者结合的效果与仅用筛分或仅用吸风有明显的不同,能够使大小

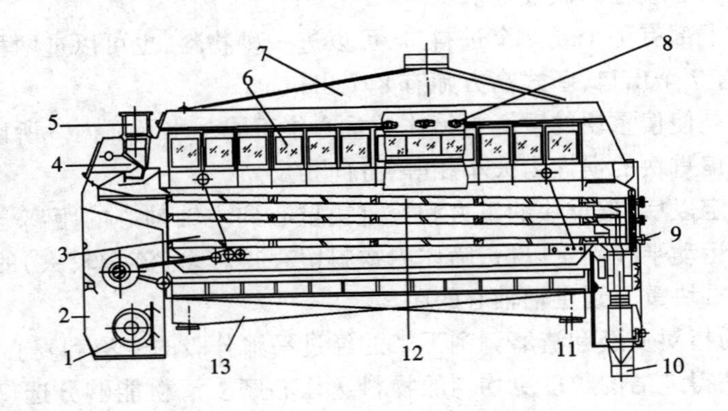

图 7－32　清粉机结构示意图

1—电机　2—机架　3—振动筛架　4—料流控制器　5—进料口
6—观察窗　7—吸风罩　8—气流控制阀　9—筛格压紧装置
10—筛上物出口　11—筛下物出口　12—筛体　13—淌料斜斗

近似的颗粒和悬浮速度接近的颗粒很好地分离。

清粉机筛面上的物料是上升还是下沉,决定于这样几个参数:颗粒粒度、相对密度、空气阻力(悬浮速度)。一定粒度的颗粒,麦皮越多、胚乳越少、相对密度越小,空气阻力越大。

清粉机筛体的往复运动(偏心传动或振动电机传动),配合上升气流的悬浮作用,筛面上有一定厚度的料层(铺满整个筛面),自动分级很容易形成。

随着物料沿着筛面向下运动,较纯净较小的胚乳颗粒逐步筛出,留下其余大粒纯净胚乳和小粒混在一起。由于这种原因,在清粉机的出口端的分离是不明显的。

对两层或三层的清粉机来说,上层筛面的筛上物是较轻的麸皮,中间或底层的筛上物是较重的麸皮。多层筛面能增加产量并改善空气量的分布,使清粉机的效率提高。

密度较大的麦胚不能由清粉机分出。麦胚、纯净大胚乳及带皮胚乳颗粒混在一起。

清粉机上层筛面应在气流的配合下,留住小麸片,使之成为筛上物,让低灰分的物料逐段地成为筛下物。第二、第三筛面则以较小一些的筛孔维护这样的分级。

清粉机的筛面上配备的筛孔必须与来料穿过和留存的筛孔大小相适应。两层筛面清粉机的筛网配置见表 7－4。

第一段筛面的筛孔应比来料在平筛中留存的筛孔大一些,保证进机物料中最细的、纯净的胚乳颗粒可以通过;最后一段筛面的筛孔应比来料在平筛中通过的筛孔大一些,保证进机物料中最大的纯净的胚乳都有可能穿过筛孔。

表 7－4　　两层筛面清粉机的筛网配置情况

物料名称	粒度/μm	筛面	清粉机筛孔配备/μm			
			头段筛面	第二段	第三段	尾段
粗　渣	1036/516～452	上层	800	850	950	1036
		下层	710	800	850	1036

续表

物料名称	粒度/μm	筛面	清粉机筛孔配备/μm			
			头段筛面	第二段	第三段	尾段
细　渣	516～452/285	上层	450	500	560	600
		下层	425	475	530	560
B麦渣	714/300～285	上层	500	600	714	850
		下层	390	475	560	670
麦　心	300～285/200	上层	311	348	376	418
		下层	300	330	356	397
粗　渣	20W①/40W	上层	30GG②	26GG	22GG	18GG
		下层	32GG	28GG	24GG	20GG
细　渣	40W/64GG	上层	42GG	40GG	38GG	32GG
		下层	44GG	42GG	40GG	34GG

注:①W——金属丝筛网。
②GG——双料丝织筛网。

清粉机筛面必须有足够的长度,以便使物料在筛面上经过时有充分的时间彻底分层,同时必须使筛面的纵向从头到尾保持连续的较纯的胚乳层,以防不纯物料接近和穿过筛孔。如果整个筛面与最粗的尾段筛面一样粗,则大部分纯胚乳颗粒,不论大的、小的,都将穿过前段筛面,而其余的筛面则接触到不纯的物料。如果一律都是较细的筛面,则大的胚乳颗粒不能全部穿过而成为筛上物。在逐步放粗的清粉机筛面上,只有最细的胚乳颗粒能够在前段筛面筛出。颗粒越大,其筛出的位置越靠后。最大的颗粒留在筛面上,直至近尾段为止。当然,胚乳颗粒层逐渐向尾端变薄,但这是不可避免的。前端筛面得到的小颗粒胚乳特别纯。因为当它在筛面上时,粗胚乳颗粒粗保护它免受混杂。粗胚乳颗粒层则没有这样的屏障。如前面已经阐述的那样,有点下沉到小的混合颗粒层的趋势。由于这种下沉,以及胚乳颗粒层向尾端变薄,有些混合颗粒就在尾段筛出。这部分筛面的筛出物必然不如前段筛出物纯洁。通常借助于装在集料斗中相应的活门,使较纯的物料与不纯的物料分开。要是最粗的筛段阻止最大的胚乳颗粒进入较纯的物料,它们就能穿过任何筛段。

(3)麸皮处理　在小麦制粉过程中,末道皮磨和心磨平筛均送出胚乳已基本刮净的片状或屑状麸皮。残留在这些麸皮上的胚乳,有的与麸皮的结合已不像原来那样紧密;有的已是粉粒,但黏在麸皮上。设法取下这些胚乳对提高出粉率很有利。但不宜继续用磨粉机研磨这些麸皮,所以采用打或刷的办法处理这些麸皮,取下胚乳,甚至糊粉层。

打麸机内高速旋转的打板将含麸物料抛向冲孔筛板或编织筛面,由于撞击和摩擦作用,不规则的麸片表面上残存的胚乳可以得到分离。

2. 制粉方法

(1)前路出粉法　是20世纪50年代根据生产"八一粉"和"标准粉"的实际需要提出一种制粉工艺,与中路出粉法有明显的不同,工艺流程简化,麸渣混磨混筛,心磨全部采用齿辊,皮磨道道刷麸,不用清粉机,增加磨辊转速和动力,提高研磨剥刮率,放粗粉筛筛网,在前路皮磨和心磨大量出粉。单位产量高、小麦粉出率高、小麦粉灰分高、吨粉电耗低。

1Bk大量出粉法和前路均匀出粉法是两个典型的代表。

①1Bk 大量出粉法的工艺特点:粉路短,研磨系统少。只有皮磨和心磨系统,一般不设渣磨。皮磨 3~4 道,心磨一般为 3 道。

磨辊接触长度分配:皮磨系统占总长度的 60%~70%,心磨系统占总长度的 25%~40%,1Bk 占总长度的 35%~40%,1M 占总长度的 15%~25%。

1Bk 的单位流量 600~800kg(小麦)/cm·24h。

1Bk 大量出粉,出粉率达 1Bk 流量的 40%左右。

单位产量高,一般为 6~6.5kg(小麦粉)/cm·h。

皮磨操作紧,各道的研磨强度大。在研磨过程中麸皮受到较大严重的破碎而混入小麦粉,所以,小麦粉中含麸星较多,粉色差。

②前路均匀出粉法的工艺特点:粉路较长,有皮磨、心磨和渣磨三个系统。皮磨为 4 道,心磨为 4~5 道,渣磨为 1~2 道。

磨辊接触长度分配:皮磨系统占总长度的 40%~50%,心磨系统占总长度的 35%~45%,渣磨系统占总长度的 10%~15%。

1Bk 的单位流量 800~1000kg(小麦)/cm·24h。

1Bk 出粉量占本道流量的 15%~20%,2B 出粉量 10%~15%,1M 出粉量 20%~25%,前路三道的总出粉量约占 1Bk 流量的 50%~60%。

单位产量较高,一般为 4~4.5kg(小麦粉)/cm·h。

皮磨操作较松,各道的研磨强度较缓和。在研磨过程中麸皮的破碎较前路出粉法明显改善,小麦粉中含麸星较少,粉色较好。

前路出粉法适合于生产标准粉,也能生产特制粉,但生产特制一等粉的出率较低,净麦出率为 65%~68%。

(2)中路出粉法(心磨出粉法)　粉路长,有皮磨、心磨、渣磨、尾磨和清粉五个系统。皮磨 4~5 道,心磨 6~7 道,尾磨 1~2 道,渣磨 2~4 道,清粉 2~4 道,适合于磨制低灰分、高精度小麦粉,心磨出粉工艺也称为等级粉粉路。

皮磨系统磨辊接触占总长度的 35%~40%,心磨系统占总长度的 45%~50%,其中 1Bk 磨辊接触长度占总长度的 6%~8%,1M 占 10%~12%。

1Bk 的单位流量一般为 800~1200kg(小麦)/cm·24h。

前路皮磨的轧距比较松,1Bk 出粉量占本道流量的 2%~7%。心磨系统出粉多,1M、2M、3M 出粉占本道流量的 40%~50%,其余各道的出粉占本道流量的 20%~30%。

单位产量低,一般为 2.5~3.5kg(小麦粉)/cm·h。粉色好,好粉的出粉率高,特制一等粉的出粉率可达 70%~75%。

心磨出粉工艺的特点:

①皮磨提渣,心磨取粉:尽可能保持麸皮的完整,尽可能减小麸屑的产生。使胚乳细粉和麸皮较好分离,较少互混,提高高精度小麦粉的出率。

用轻研细分的方法保持麸皮的完整,减少麸屑的产生。为了减少研磨时麦皮的破碎,要做好水分调节,使麦粒的胚乳与麦皮、麦胚的抗破坏力有显著差异。

各道磨粉机分工明确,皮磨的任务主要是剥刮麸片,以 4~5 道完成剥开小麦和剥刮麸片的任务。客观上,每一次研磨,都会得到一定比例的细粉。

心磨视来料灰分的高低确定其取粉率。心磨的来料是皮磨和渣磨平筛分出的小粗粒和粗粉,其间或多或少夹带着麸屑。进入 1M 和 2M 磨的物料是粉路中所有入磨物料中灰分含量最低的，若来料是经清粉机精选过的，灰分一般为0.60%左右，通过一道研磨及随后的松粉，出粉量可达本道流量的60%左右，这是粉路各系统最高的出粉量。

渣磨着重于使渣粒上的麦皮和胚乳分离，希望通过渣磨制取纯净的麦心，研磨过程产生一定量的细粉是难免的。

②磨下物分级很细：1Bk和2Bk平筛及其再筛(DIV1)把中间产品分成麸片、大粗粒、小粗粒和粗粉；2Bk平筛把麸片分成大小两种，分别进入3Bkc和3Bkf磨研，4Bk也分设粗皮磨和细皮磨；有的粉路同时设1S、1Mc、1Mf，分别处理大粗粒、小粗粒和粗粉；在心磨系统设1~2道尾磨，除接受上一道心磨的来料外，还专为收集本道前2~3道心磨的高灰分含量的筛上物，以较低的出粉量进行研磨。

对中间产品进行比较细致的分级，可使进入各对磨辊研磨的物料在粒度、品质方面均匀一致，因而磨齿技术特性的设计和研磨操作有很好的适应性和针对性，有利于提高出粉率。

③用清粉机精选粗粒和粗粉：典型的心磨出粉工艺是设置4道清粉工序，粉路图见图7-33。

第一道清粉(P1)，处理的物料是1Bk和2Bk平筛分出的，穿过18W、留存CQ12~14筛号的大粗粒。清粉后的结果是：麸屑被吸出，混杂在粗粒中的麸片成为第一层筛面的筛上物，根据同质合并、同粒合并的原则并入3Bk(对于3Bk分设粗细磨的粉路，应并入3Bkf)；第二层筛面的筛上物受小麦品质和操作的影响，可能是以大渣粒为主，也可能是以小麸片为主，根据实际情况送入3Bk或1S磨(清粉机筛上物的出口设有调节流向的活门)；第一段筛面的筛下物一般是纯净的麦心，送入1M磨；其余三段筛面的筛下物和底层筛面的筛上物一般是渣粒，送往1S磨。清粉机的筛面下方沿整个长度方向有多个翻板，每个翻板都可以把这一段筛下物导向前段或后段物料的出口，可根据物料的质量调节。

第二道清粉(P2)，处理物料是1Bk和2Bk平筛分出的小粗粒(CQ12~CQ14/CQ21~CQ23)。清粉后的结果是：麸屑被吸出；底层前2段或前3段筛面的筛下物为纯净的麦心，送往1M或2M研磨(在溜管上装设分流器)；底层后段筛下物大都是渣粒，送往2S或1S；第三层筛面的筛上物可分别去1S、4M和7M磨，操作时可利用出口活门作适当调整。

第三道清粉(P3)，来料是DIV1分出的留存CQ21~CQ23的粗粉。清粉机前2段或前3段筛面的筛下物为纯净的麦心，送往2M；后段筛下物为带着麦皮的粗粉，送往1S或2S；筛上物可分别去1S、4M和7M磨，操作时可利用出口活门作适当调整。

第四道清粉(P4)，来料是3Bk的留存CQ12~CQ22的粗粒。清粉机前段筛下物去1M；后段筛下物去1S，筛上物分别去4M和4Bkf。

④渣磨、心磨采用无泽面辊：渣磨、心磨采用无泽面辊(光辊)，磨下物用松粉机处理，是高效能制粉法的一项技术关键，也是心磨出粉工艺的关键之一。用无泽面辊研磨得到的小麦粉与用齿辊研磨得到的小麦粉相比，粒度小、粉色好；经过喷砂处理的无泽面辊与未经喷砂处理的光辊相比，物料较易进入研磨区，因而能适应较大的流量。特别是心磨采用无泽面辊，可在来料灰分很低的前路心磨多出好粉，为心磨中后路逐渐降低出粉量，减少麦皮的破碎创造条件。

(3)分层碾磨制粉　在小麦入磨前碾皮(剥皮、脱皮)，一般碾去5%~8%(占小麦质量)，基本脱除小麦的果皮、种皮和糊粉层，小麦的色素基本集中在种皮中，使小麦的制粉特性发生很大的变化。

采用分层碾磨制粉工艺可以省去传统工艺的小麦表面清理工序；显著缩短润麦时间，甚至只用一个润麦仓进行动态润麦即可；分层碾麦为麦皮的分层利用创造了条件；简化粉路，不需

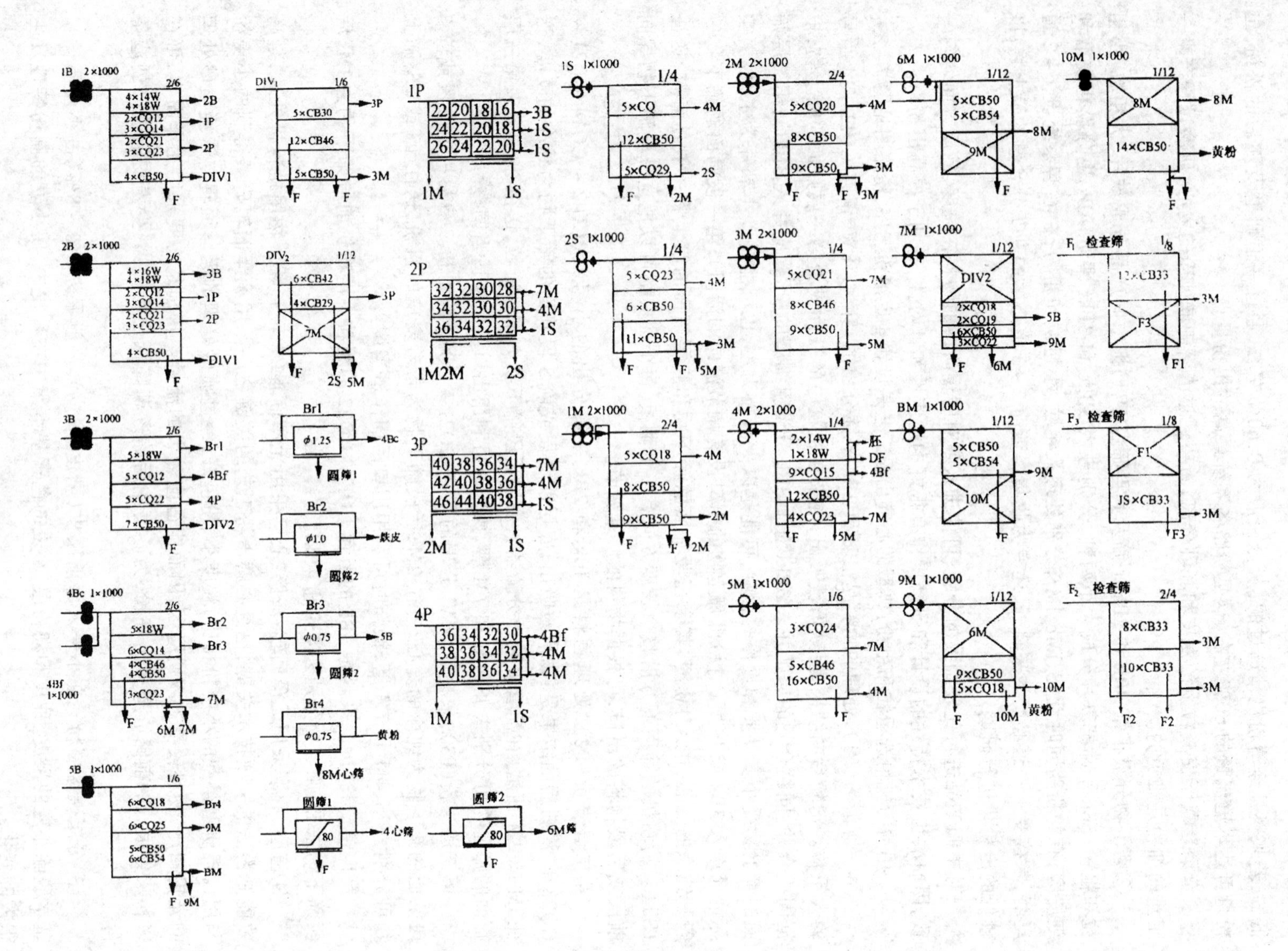
1B 2×1000
2B 2×1000
3B 2×1000
4Bc 1×1000
4Bf 1×1000
5B 1×1000
DIV1
DIV2
Br1
Br2
Br3
Br4
1P
2P
3P
4P
1S 1×1000
2S 1×1000
1M 2×1000
2M 2×1000
3M 2×1000
4M 2×1000
5M 1×1000
6M 1×1000
7M 1×1000
BM 1×1000
9M 1×1000
10M 1×1000
检查筛
圆筛1
圆筛2
黄粉

图 7-33　粉路图

渣磨和清粉系统；皮磨和心磨系统也可缩短；有利于出粉率的提高；对于发芽和霉变小麦的加工，可以大大减少发芽和霉变对成品小麦粉的不良影响；节省建厂投资；电耗比传统工艺略高；剥下的果皮水分较高。

小麦腹沟处的皮是无法脱去的，这部分的皮约占麦皮的30%。腹沟内部的麦皮，在头道皮磨研轧时，不直接与磨齿相接触，可以避免麦皮过分破碎。但脱皮后的小麦，皮层变得薄而脆，强度大大降低，易碎，剥刮困难。

剥皮制粉工艺的重点是麦沟剩余麦皮不损伤并尽快与胚乳分离。

脱皮麦的1Bk磨下物中皮、心、粉料比较多，渣较少。皮料的粒度与质量差异较大，皮层较厚的往往片也较大，皮层较薄的片也较小，应分别处理。

1Bk磨的磨齿比传统制粉密，磨辊技术特性、研磨道数、剥刮率、取粉率等都与传统制粉方法有不同。

剥皮制粉同样存在麸中含胚乳，粉中含麸的问题。

对剥皮制粉而言，用灰分指标控制小麦粉质量，有糊粉层问题。是否允许糊粉层磨入小麦粉，与小麦粉灰分有关。

3. 麦胚的提取

具有正常入磨水分的小麦，其麦胚呈现出良好的塑性，麦皮呈现出良好的韧性，胚乳酥松。麦皮、胚乳、麦胚不同的结构力学性质，加上空气动力学性质差异（麦心的悬浮速度约为1.8m/s、麸片0.5～1.0m/s、麦胚约为1.5m/s），使工艺上有可能把它们较好地分离开。在心磨出粉法的粉路中，一般可提取0.3%麦胚（占入磨麦质量），约占麦胚总量的20%，麦胚的纯度可达90%以上。

尽管小麦清理时一般都经过两次干法表面清理（打麦），但绝大部分小麦胚还是完好地留在麦粒的皮层内。小麦经1Bk研磨后，一部分胚仍在麸片的麦皮和胚乳之间，随麸片进入2Bk磨；一部分胚脱离小麦。脱离小麦的胚大部分都是完整的，基本上是与18W/32W的粗粒混合在一起进入清粉机P1。2Bk的磨下物料中也会有一些脱离麸片的完整胚，它们也随大粗粒进入P1。

由于麦胚的悬浮速度介于麦心和麸片之间，所以进入P1的麦胚绝大部分又随麦渣进入1S研磨。由于1S的研磨较轻，出粉较少所以韧性很好的麦胚一般不会被磨碎，又随1S筛的上层筛上物进入1T磨。1T磨的物料是细麸和粗粉的混合物，灰分含量2%左右。1T的研磨应尽可能避免细麸进一步破碎，因此不仅采用无泽面辊，而且控制速差在80～90r/min，以减少剪切作用的影响。1T磨的这种技术特性，加上低流量（不超过200kg/cm·24h），较紧的轧距使麦胚延展成一个薄片，成为16～20W的筛上物，很容易与细麸和粗粉分离。

1T是提胚效果最好的位置。除1S外，P2、1M、2M、2Bkf、3Bkf的物料中也会混入一些麦胚。1M、2M中的麦胚会随上层筛上物进入1T磨，与1S的麦胚合并。1Bk、2Bk的粗筛若采用20～22W，会有少量麦胚留在送往2Bkf、3Bkf的物料中，它们与麸片的分离较困难。

在心磨系统的前中路，顺序后推的麦心中也会有少量被切碎的麦胚，它们被送至2T。若2T具有延展麦胚的条件，可以在2T平筛设适当筛号的粗筛捕捉麦胚。

有些粉路把提胚的部位设在1S和2S系统，这时1S、2S系统的物料必须经清粉或其他设备除去其中的小麸皮等，以保证提出麦胚的纯度。1S和2S磨应该是低流量、紧轧距、小速差。

五、通用小麦粉与专用小麦粉

(一)通用小麦粉

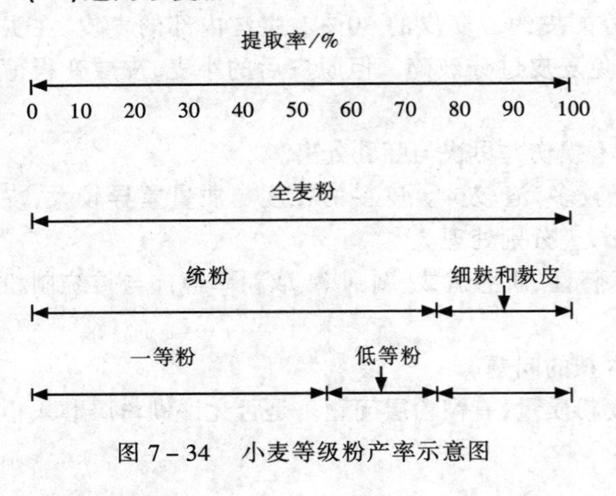

图 7-34 小麦等级粉产率示意图

粉路中出来的所有粉都混在一起,这样的粉称为统粉(Straight - grade flour),这种粉的出率,依据不同的精度要求(粉色和灰分)可以达到 70% ~ 85%不等(图 7-34)。

前路心磨系统生产的小麦粉,粉色白、麸星少、灰分低、品质比较好,约占小麦粉总出品率的 45%。来自后路皮磨和心磨系统的小麦粉,灰分含量高,颜色深。

麸皮加细麸合计 25% ~ 28%,麸皮约占 15%,细麸约占 10% ~ 13%。胚芽可成为另一种产品,提取率为 0.2% ~ 0.5%。

将粉路中各出粉点的小麦粉按灰分含量的高低,由低到高顺序排列,后面列出各出粉点的出粉率。以累计出粉率为横坐标,加权平均灰分为纵坐标,做出一条曲线,这条曲线称为累计出粉率 - 灰分曲线,如图 7-35。

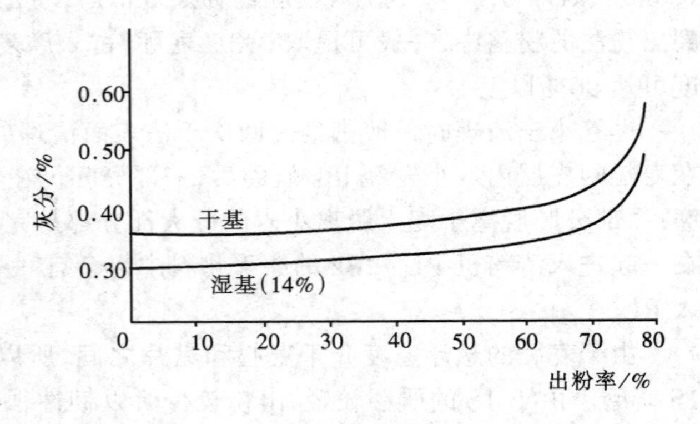

图 7-35 累计出粉率 - 灰分曲线

随累计出粉率增加,灰分值越来越高。这是因为后路来的小麦粉质量越来越差。不同的原料,不同的工艺,设备条件和不同的操作方式,累计出粉率 - 灰分曲线是不同的。通过分析,比较累计出粉率 - 灰分曲线可以看出制粉工艺和操作方式是否合理。原则上,出粉率最高,灰分最低时绘出的累计出粉率 - 灰分曲线最佳。

长、短粉路加工同种原料得到的累计出粉率 - 灰分曲线是明显不同的,但出粉率高到一定程度后又趋于相似。

小麦粉一般都通过 10xx 筛绢(筛孔约为 136μm)。小颗粒的粒径在 1μm 以下,大的可达 200μm 左右(因为稍大于筛孔的小麦粉颗粒能通过筛绢)。在显微镜下,能观察到小麦粉主要是由蛋白质和淀粉两部分组成的,较小的颗粒由间质蛋白质或黏附着蛋白质的小淀粉粒所组成。因此,小的颗粒蛋白质含量高,随着粒度增大,游离淀粉粒的比例增大,蛋白质含量下降。那些中等大小的颗粒主要是由嵌在蛋白质间质中的淀粉组成,就像整粒胚乳那样,其蛋白质含量与原始小麦粉相等。

将小麦粉按粒度大小分类,可以得到高蛋白小麦粉(颗粒小于 17μm),低蛋白小麦粉(颗粒大于 35μm)以及蛋白质水平与原始小麦粉相等的一种小麦粉(颗粒 17 ~ 35μm)。小麦粉的分级一般采用气流分级技术。

软麦粉的气流分级效果优于硬麦粉,这是因软麦的质地所致,软麦生产的粉粒度小。在硬麦粉中,蛋白质和淀粉容易继续结合在一起。针磨(pin mill)在减少颗粒粒度方面很有效。但由于高速旋转,针磨会产生较多的破损淀粉,对小麦粉品质有一定影响。

根据国家标准 GB1355 - 1986《小麦粉》,小麦粉分成特制一等粉、特制二等粉、标准粉和普通粉 4 个等级。主要是按加工精度——灰分、色泽等的不同来划分的。

一般将加工精度高于标准粉的各个等级的小麦粉称为等级粉。

标准粉是出粉率比较高(80% ~ 85%)、加工精度比较低的小麦粉。由于标准粉的出粉率要求比较高,因此,允许有比较高的灰分、比较差的粉色,即允许部分麸屑混入粉中。

等级粉要求的加工精度相对比较高:灰分低、粉色好。生产这样的小麦粉,必须防止麸屑混入粉中。采用生产标准粉的制粉工艺来生产等级粉是不合适的。所以等级粉的制粉工艺比较复杂,粉路比较长,心磨磨粉机采用光辊,使用清粉机等。

小麦粉国家标准(GB1355 - 1986)所列的质量指标有:加工精度、灰分、粗细度、面筋质、含砂量、磁性金属物、水分、脂肪酸值、气味和口味。不同等级小麦粉的差别主要在加工精度和灰分指标方面。

小麦粉的加工精度以粉色麸星表示。粉色指小麦粉的色泽。麸星指混入小麦粉中的粉状麸皮。粉色高低、麸星多少,反映加工精度的高低。

小麦粉的色泽是一项非常重要的外观质量指标。

正常的小麦粉不是很白的,带一点浅黄色。有两个原因:①粉中存在少量麦皮,它使小麦粉呈褐色或灰褐色,混在粉中的麦皮不仅有显而易见的"微粒",还有难以分辨的细粉末,使小麦粉的外观发暗;②自然存在于小麦胚乳中的黄色色素、胡萝卜素、叶黄素等,这些色素在制粉过程中是去不掉的。

加工精度高的小麦粉主要是由麦心制成的,面筋质量相对较好,食用品质较好。小麦粉的色泽与胚乳的色泽有关。胚乳所含的色素与小麦的品种、蛋白质的含量有关。一般蛋白质含量高的小麦粉不是很白的,略带黄色。

小麦粉经高温灼烧后留下的残余物称为灰分。

灰分指标对小麦制粉有特殊的意义:麦粒的不同组成部分即麦皮、麦胚和胚乳的灰分含量有明显的差异,麦皮、麦胚的灰分含量(5% ~ 10%)比较高,胚乳的灰分含量(0.3% ~ 0.5%)很低。通过测定小麦粉的灰分值来衡量小麦粉的加工精度,反映小麦粉中含麦皮的多少。小麦粉灰分含量高,说明粉中含麸星多,加工精度低,小麦清理效果差。

麦粒中灰分含量最高的部分,其纤维素和半纤维素含量也最高,但测定灰分比测定纤维素简捷。

普通小麦灰分(矿物质)含量约为 1.5%,但灰分在麦粒中的分布是不均匀的,内胚乳可能仅含 0.3%,而皮层可能含 6%。由于灰分测定比较简单,且能重复验证,因此,可用测定灰分含量来很方便地分析小麦粉中的含麸量。然而,小麦胚乳中灰分的含量天生就是变化的,因此灰分的小范围变化并不一定表明有不同含量的麸皮存在。

通常,灰分本身并不影响小麦粉的特性,因此,灰分含量有无意义存在着争议。有些普遍采用粉色试验替代灰分试验,认为粉色是更有意义的指标。但是,不可否认,高的灰分仍然是小麦粉中存在麦皮的一个标志。

粗细度指小麦粉的颗粒大小。国家小麦粉质量标准中规定的粗细度要求是必须能通过指定的筛绢，实际上是规定了粉粒必须小于规定的尺寸，但没有对小麦粉的平均颗粒大小作出规定。小麦粉的粗细度对食用品质有一定的影响，如吸水率、吸水的均匀性等。小麦粉的粗细度对其色泽也有一定的影响，颗粒细的，感官上白一些。但小麦粉越细，研磨所消耗的动力就越多。

面筋质是小麦粉品质的主要指标之一。小麦粉中面筋质数量的多少和质量的高低，对小麦粉的适用性(对各种面制品的生产和品质)有重要影响。

各种不同的面制食品对面筋质数量和质量的要求是各不相同的，有的要求数量多，筋力强，有的要求数量少，筋力弱。根据我国大部分地区的面食习惯或小麦粉的主要用途，作为通用小麦粉对面筋质也有一定的要求，不能太低。

小麦粉中含粉状细砂的质量称为含砂量。小麦粉含砂量高，影响食用品质，会造成牙碜的后果。混入小麦粉中的磁性金属物有碍人体健康。各种等级的小麦粉都有严格的含砂量和磁性金属物含量上限限制，不能超过。

水分含量是小麦粉的一项很重要的指标，允许有一定范围的升降幅度。水分含量过高，小麦粉不耐贮藏，易变质，特别是在高温潮湿的环境下容易出问题；水分含量过低，影响粉色和出粉率。

小麦中含有2%左右的脂肪，加工成小麦粉后，脂肪含量在1%以下。

虽然小麦粉的脂肪含量不高，但小麦粉与空气接触的表面积很大，脂肪容易氧化、分解。脂肪的氧化、分解会使小麦粉中的游离脂肪酸量增加，这是劣变的开始，进一步发展会产生令人生厌的“哈味”。脂肪酸值与小麦粉的新鲜程度或贮存时间有一定的关系。在正常情况下，小麦粉的保质期一般为3个月。

小麦和小麦粉都有一定的吸附能力，存放不当，特别是与有不良气味的物质混放，会严重影响小麦粉的气味，甚至口味。

小麦粉是生活必需消费品，与广大消费者的利益和生命安全有直接关系，所以小麦粉标准是强制性国家标准，必须达到规定的要求，特别是水分、卫生指标和质量等。

(二)专用小麦粉

面制食品不仅种类很多，而且各种面制食品的特性千差万别。所以各种面制食品对小麦粉的要求也是截然不同的。通用小麦粉不可能同时完全满足各种面制食品对粉的各种要求。于是，出现了各种专用小麦粉，简称专用粉。

专用小麦粉与通用小麦粉之间的主要不同在于用途的针对性。比如：面包专用粉就特别适合于制作面包，面筋含量高，面筋筋力强；饼干专用粉特别适合于制作饼干。因为专用小麦粉是根据各种面制食品对粉的特定要求组织生产的，并且十分强调粉质的稳定和均衡，品质更有保证，使用也方便。

专用小麦粉的种类很多。各种专用粉之间的主要差别在于粉中蛋白质(面筋)数量和质量的不同。面制食品对小麦粉蛋白质(面筋)数量和质量的要求可以分成三种类型：面筋多而强；面筋中等数量和质量；面筋少而弱。所以，专用小麦粉按蛋白质(面筋)数量和质量的不同分为：强力粉、中力粉、薄力粉或高筋粉、中筋粉、低筋粉。比较而言，小麦粉中蛋白质(面筋)的质量比数量更加重要。

按用途不同，专用小麦粉可分为：面包粉、馒头粉、面条粉、饺子粉、饼干粉、糕点粉等。

1988年国家颁布实施了高筋小麦粉质量标准(GB8607－1988)和低筋小麦粉质量标准(GB8608－1988)。

1993年原商业部发布了专用小麦粉行业标准(SB/T10136～10145/1993)。规定了面包专用粉、面条专用粉、馒头专用粉、饺子专用粉、发酵饼干专用粉、酥性饼干专用粉、蛋糕专用粉、酥性糕点专用粉、自发粉以及小麦胚(胚片、胚粉)的质量标准。每种专用粉都分成两个等级:一等为精制级专用小麦粉;二等为普通级专用小麦粉。

除了通用小麦粉的质量指标外,专用小麦粉的质量指标里增加了"粉质曲线稳定时间"、"降落数值",对湿面筋含量作了范围规定。并把面制品的品质作为评价专用小麦粉质量的基本依据。

用小麦粉制作食品,一般先要和成面团,所以,相对来说,面团性质比蛋白质或面筋数量和质量与食品品质有更直接的关联。因此,面团流变学特性测定(粉质曲线、拉伸曲线、吹泡示功曲线测试)已成为小麦和小麦粉品质评价的重要内容。

粉质仪是根据揉制面团时会受到阻力的原理设计的。在定量的小麦粉中加入水,在恒定温度下开机揉成面团。根据揉制面团过程中混合搅拌刀所受到的阻力,由仪器自动绘出一条特性曲线,即粉质曲线(farinogram),如图7－36所示。

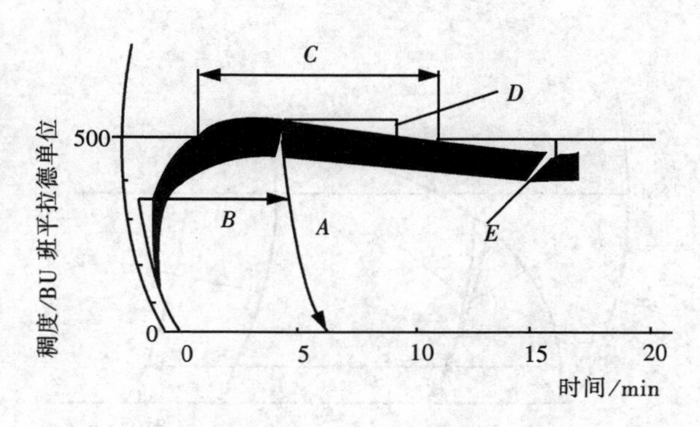

图7－36　粉质曲线

A—面团最大稠度　B—面团形成时间　C—面团稳定时间
D—面团坚韧性指数　E—面团弱化程度(衰减度)

从粉质曲线上可以得到吸水率、面团形成时间、稳定性、衰减度、评价值等参数。

吸水率是指面团最大稠度处于500BU ± 20BU时所需加水量,以占14%湿基小麦粉质量的百分数表示,准确到0.1%。以正式测定时一次加水量(在25s内完成)为依据。

小麦粉的吸水率高,则做面包时加水量大,不仅能提高单位质量小麦粉的面包出品率,而且能做出松软、存放时间较长的优质面包。但也有吸水率高的小麦粉,做出的面包质量不好的情况,所以并非吸水率越高越好。一般面筋含量多质量好的小麦粉,吸水率较高。

面团形成时间是指从零点(开始加水)直至面团稠度达到最大时所需揉混的时间,准确到0.5min。一般软麦的弹性差,形成时间短,在1～4min之间,不适宜做面包;硬麦弹性强,形成的时间在4min以上。

稳定性指曲线首次穿过500BU(到达时间)和离开500BU(衰减时间)之间的时间差,准确到0.5min。如果曲线最大稠度时不是准确地集中在500BU标线,如在490BU或510BU,必须在490BU或510BU处画一条平行于500BU的线,用这条线来测取达到和离开的时间差。也有用曲线图形中心线到达和离开500～20BU的时间进行计算的。

面团的稳定性好,反映其对剪切力降解有较强的抵抗力,也意味着其麦谷蛋白的二硫键牢固,或者这些二硫键处在十分恰当的位置上。稳定时间越长,韧性越好,说明面筋强度越大,面团性质好。稳定性是粉质仪测定的最重要指标。曲线的宽度反映面团或其中面筋的弹性,曲线越宽,弹性越大。

衰减度,又称软化度、弱化度,指曲线最高点的中心与达到最高点后12min时曲线中心之间的差值。衰减度反映面团在搅拌过程中的破坏速率，也就是对机械搅拌的承受能力，也代表面筋的强度。数值越大，面筋越弱，面团容易向四周塌陷。

评价值指曲线到达最高处后开始下降算起，12min后的评价计记分，刻度为0~100。评价计是粉质仪特制的一种尺，它根据面团形成时间和面团衰减度等给粉质图一个单一的综合记分。一般认为，强力粉的评价值大于65，中力粉的评价值为50~65，弱力粉的评价值小于50。

根据粉质曲线可以对小麦粉的品质作出大致的判断：面团形成时间和稳定时间短，急速从500BU线衰退，属弱力粉；面团形成时间和稳定时间较长，属中力粉；面团形成时间和稳定时间长，衰减度小，属强力粉；在正常的粉质仪搅拌速度(60r/min)下，稳定时间长达20min以上者，属筋力很强的小麦粉。

将通过粉质仪制备好的面团揉搓成粗短的面条，将面条两端固定，中间用钩向下拉，直到拉断为止，抗拉阻力以曲线的形式自动记录下来，作为分析面团品质的依据。

拉伸曲线如图7－37所示，可以反映麦谷蛋白赋予面团的强度的抗延伸阻力，以及麦醇溶蛋白提供的易流动性和延伸性所需要的黏合力。

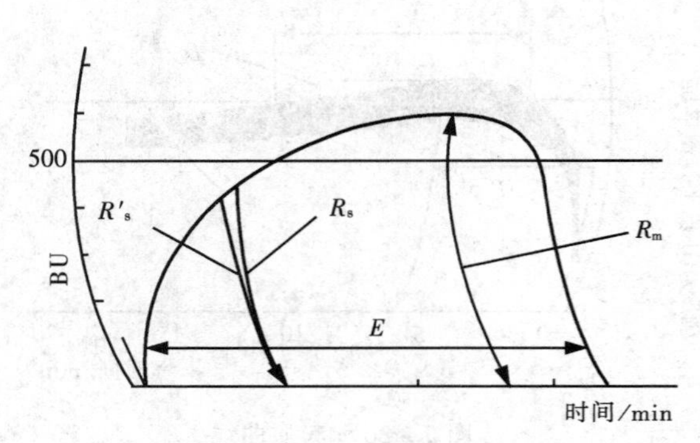

图7－37　拉伸曲线

R'_s—延伸阻力(抗拉力)　R_s—校正阻力

R_m—最大阻力　E—延伸性

从拉伸曲线(extensogram)上可以得到面团抗拉伸阻力、面团延伸性、拉伸比值、最大抗拉阻力、能量、抗拉伸强度等参数。

面团抗拉伸阻力指曲线开始后在横坐标上达到5cm位置的高度，以BU表示。

面团延伸性指曲线在横坐标上的长度以mm或cm表示。

拉伸比值(形状系数)指面团抗拉伸阻力与延伸性之比。

最大抗拉阻力指曲线最高点的高度，以 R_m 表示。

能量指曲线所包围的面积，可用求积仪测量，以 cm^2 表示，代表面团强度。

抗拉伸强度指最大抗拉伸阻力与面团延伸性的比值。比值小，意味着抗拉性，延伸性大。

反映小麦粉特性的最主要的指标是能量(曲线所包围的面积)和拉伸比值。能量越大，面团强度越大。

根据拉伸曲线可以对小麦粉作出大致的判断：面团抗拉伸阻力小于200BU，延伸性也小，在155mm以下，或延伸性较大，达270mm，抗拉伸阻力小于200BU，属弱力粉；抗拉伸阻力较大，延伸性小，或抗拉伸阻力中等，延伸性小，属于中力粉；面团抗拉伸阻力大，达350~500BU，延伸性大或适中，在200~250mm，属于强力粉；抗拉伸阻力达700BU，而延伸性只有115mm左右，属于筋力很强的小麦粉。

吹泡仪的测定原理与拉伸仪类似，都是根据面团变形所用比功、抗拉伸阻力和延伸性来测定面团的性质。不同的是，它用吹泡的方式使面团变形，而不是拉伸。

吹泡示功曲线(alveogram)如图7－38所示。曲线的最大高度和横坐标长度分别表示抗变形阻力(张力)和延伸性的数值，以mm为单位。吹泡示功图的重点在曲线下所包括的面积上。由面积可以换算成1g面团变形直至破裂所需要的比功。

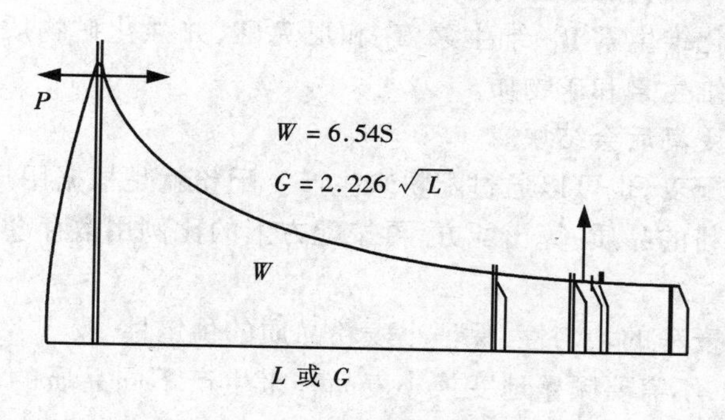

图 7-38　吹泡示功曲线

P—吹泡过程中所需最大压力　*W*—吹泡所用的功　*L*—破裂点的平均最大横坐标　*G*—充气指数

根据吹泡仪测得的数值可以对小麦粉作出大致的判断：大于280erg（$1erg = 10^{-7}J$），属强力粉；200~280erg，属中力粉；小于200erg，属于弱力粉。

降落数值主要反映的是小麦粉中α-淀粉酶的活性。在正常情况下，小麦粉中α-淀粉酶的活性是很低的。但在发芽的时候，活性会大大增加。如果α-淀粉酶的活性很高，会分解淀粉产生大量糊精使食品的内部发黏；如果α-淀粉活性太低，也会出现一些问题。一般制作发酵类面食制品，小麦粉应提供一定数量的可发酵糖，以满足酵母生长、繁殖的需要，产生足够的气体使面团起发。通常小麦粉中只含有很少量的糖，不够酵母的需要量，要靠淀粉酶把淀粉分解为可发酵糖。如果小麦粉中的淀粉酶不够，就不能分解出足够的可发酵糖，发酵过程比较缓慢。

在制粉过程中，胚乳中的淀粉颗粒有一小部分会被损伤，损伤程度因碾磨强度和小麦硬度的不同而异。软质小麦制粉时，淀粉损伤比较少。由于测定方法不同，淀粉损伤的含量可能不同。用酶法测得的损伤淀粉的含量为2%~3%。经典的测定淀粉损伤的方法，基于损伤淀粉对真菌α-淀粉酶的敏感性。

淀粉损伤有不同的类型。一颗淀粉粒能破裂成两颗，这样的淀粉粒显然是损伤的，但仍然有双折射现象，不溶于水，对酶不敏感。制粉过程中产生的更典型的淀粉损伤是淀粉粒失去双折射现象，用刚果红着色后在显微镜下观察可以看出有“阴影”，对真菌α-淀粉酶敏感。

制作面包时必需有受损伤的淀粉才行，大概是由于在配方中加少量糖或不加糖，使损伤淀粉能增强产气力；然而，如果添加足够的糖，从增强产气力的观点来看，损伤淀粉的含量不重要。损伤淀粉增加面团的吸水率。如果有足够的酶存在，损伤淀粉还会使面包产生弱的侧壁和黏性的面包瓤。软麦小麦粉用作制甜酥饼的小麦粉时，损伤淀粉是一个很强的消极因素。

小麦粉厂可对小麦粉进行某些处理，如漂白。最常用的漂白剂是过氧化苯酰，将其干粉添加至小麦粉中进行为期2d的漂白。它对小麦粉没有改善作用，仅漂白小麦粉中的色素。糕点粉用氯气处理，它能立即破坏色素而得到很白的产品。氯对面包小麦粉是有害的，但对糕点小麦粉却有益。未用氯气处理的小麦粉，不能制作高糖糕点（含糖量多于小麦粉）。用氯气处理小麦粉时，其pH下降。pH较低对小麦粉本身并无益处，但为了解气体和小麦粉之间的反应程度提供了途径。

小麦粉在贮藏过程中能慢慢变白（可能是空气氧化的结果），而且还陈化（即熟化）。某些氧化剂可用作小麦粉的熟化剂,包括偶氮甲酰胺、丙酮过氧化物、二氧化氯和溴酸钾,所有这些试剂都能使小麦粉制作面包的性能得以改善。

小麦粉中可以强化维生素 B_1、维生素 B_2 和尼克酸,并强化矿物质铁,其目的是为了补充出制粉损失掉的部分维生素和矿物质。

小麦粉颗粒外部受潮后会结块。

专用粉可以通过配麦,也可以通过配粉来生产。配粉就是根据用户对小麦粉质量的要求,结合配粉仓内的基本粉的品质,算出配方,再按配方上的比例用散存仓内的基本粉配制出要求的小麦粉。

配粉可以提高小麦粉的均匀性,保证小麦粉品质的稳定性。

有了配粉的条件,不需要频繁地变换小麦品种来生产不同品质的小麦粉以满足不同的要求,操作稳定,生产效率提高,可以通过调整配方来配制各种小麦粉,满足不同的需要;由于小麦粉是散存的,可以采用高速打包机和多台打包机,集中时间打包,可进行散装发放,还方便小麦粉添加剂的使用。

要具有配粉的功能,必须具备一定的条件。总体上,实现配粉功能要创建一个系统,由收集基本粉、保质处理、基本粉散存、成品小麦粉配制、成品小麦粉打包和散装发放、面的输送、吸尘以及管理(包括计算机管理)等环节构成。这个配粉系统与小麦清理和制粉部分有联系,但又是相对独立的。

基本粉散存是配粉的前提。如果没有基本粉散存在那里,配制小麦粉就无法进行。

散存在粉仓里的基本粉,是配制小麦粉的原料,一些基本的数据必须掌握,否则没有计算的依据,也无法实施小麦粉的配制。

基本粉是配粉的基础,因此基本粉的指标一定要稳定。为了使基本粉的指标稳定,原料要稳定,流量要稳定,清理效率要稳定,研磨、筛理操作也要稳定。

基本粉散存,首先要将基本粉收集起来。

不同原料(如蛋白质数量和质量不同、降落数值不同等)加工成小麦粉要分别收集起来;同一种原料加工的不同加工精度(粉色、灰分等)和不同蛋白质数量和质量的小麦粉也要分别收集起来。

同一种入磨原料,粉路中可以出 15 ~ 30 种小麦粉。这 15 ~ 30 种小麦粉,在色泽、灰分、细度、蛋白质数量和质量方面存在差异,水分也不同。通过合理调配,可组成 2 ~ 3 种基本粉。4 种以上没有多大的意义,因为粉的种类太多,各种粉之间的差别就不大,工艺上也有难度。

基本粉在进散存粉仓前要进行一些处理,包括:磁选、检查、计量、杀虫等保持处理。

磁选用于清除小麦粉中可能含有的磁性金属物。

检查用于防止因筛网破损使大量麸星进入小麦粉,或检出偶然落入小麦粉中的异物。

计量可以掌握各种基本粉的数量,并传输给控制室,计算出粉率和知道各散存仓中小麦粉的数量。

杀虫用杀虫机(Entoleter)来实现。小麦粉中可能含有能通过粉筛筛网的虫卵,经杀虫机处理,将虫卵撞碎,有利于小麦粉的贮藏,一般可保证 4 周内小麦粉不滋生虫害。

各类专用小麦粉的生产有共性的技术,也有一些特别措施。

生产高筋粉的小麦,蛋白质含量应达 13.0% ~ 13.5%,保证小麦粉有 $\geqslant$12.2% 的蛋白质含量。角质率 70% 以上,湿面筋含量 26% 以上的小麦可以用来加工高筋粉。小麦胚乳中所含的蛋白质约占小麦全粒的 80%。小麦的面筋含量比该麦磨出的小麦粉的面筋含量低 3.6% ~

7.4%。

高筋粉与中筋粉联产可以降低对原料筋力的要求。生产高筋粉，如果原料不能完全符合要求，可以在某些系统提取一部分，如：收集皮磨后路平筛来的粉，剩余部分作为中筋粉。

中筋类专用小麦粉的品种比较多，有面条专用粉、馒头专用粉、饺子专用粉、发酵饼干专用粉等。

选择中等硬度的原料小麦，进行搭配加工。

采用中路出粉（轻研细分）的制粉方法，保证加工精度，提高出粉率。并保证小麦粉质量的稳定。

使用小麦粉添加剂。如：海藻酸钠、魔芋精粉能提高面条的黏弹性，增加面筋强度和延伸性。羧甲基纤维素能增加面团的黏性和凝胶性，并增加面条的光泽。对生产油炸方便面来说，可减少面条的吸油量，减少油耗。活性面筋粉能增加面筋含量，提高面条的黏弹性。葡萄糖酸内酯能提高面条的黏弹性，增加面筋强度和延伸性。维生素C能改善面筋的性能，使面筋的筋力增强。食盐能使面团面筋紧缩，改善面条的弹性和外观，添加量1.5%～2.0%，太多会使面条脆弱易断。碱水——碳酸盐（碳酸钠、碳酸钾）或磷酸盐（磷酸钠、磷酸钾）的溶液，使面团收敛。

低筋类专用小麦粉有酥性饼干专用粉、糕点专用粉、蛋糕专用粉等。

生产低筋粉的小麦的蛋白质含量应在10.5%以下，以保证小麦粉的蛋白质含量在10.0%以下。

角质率40%以下，湿面筋含量20%以下的小麦可以用来加工低筋粉。

中筋粉和低筋粉联产可以降低对原料筋力的要求。生产低筋粉时，如果原料不能完全符合要求，可以在某些系统，如：前路心磨平筛提取一部分，剩余部分作为中筋粉。

选择质量比较好的软麦作为原料，或硬麦、软麦按一定的比例进行搭配加工。

采用中路出粉（轻研细分）的制粉方法，保证加工精度，提高出粉率。并确保小麦粉质量的稳定。

在不同出粉部位提取部分面筋含量比较低，粉色好能满足要求的小麦粉。

使用小麦粉添加剂，如：还原剂、半胱氨酸、二氧化硫处理、氯气处理，添加乳酸等都能使面筋变性，弹性降低。木瓜蛋白酶能切断蛋白质的肽链。弱化面筋。

其他专用小麦粉，如：油炸食品用小麦粉的生产方法与面包专用粉基本相同，选用优质硬麦作为原料来加工，粉色的要求相对较低。

冷冻食品（面制品）种类很多。除了要满足各种面制品对小麦粉的要求以外，还要考虑冷冻食品在冷冻、解冻以后某些特性的保持问题。如：皮类食品解冻后的破裂问题。

选择优质中筋小麦（白麦）为原料加工冷冻食品用小麦粉。

自发粉的"自发"实际上是其中的膨松剂在一定的条件（水分和温度）下发生反应，产生CO_2气体。再通过加热，使面团内的CO_2气体膨胀，面团就涨发，形成松软的多孔结构。在此过程中，如果CO_2气体的产生是化学反应的结果，这种膨松方式称为化学膨松。如果面团中的CO_2气体是面团中酵母发酵产生的，就称为生物膨松。

化学膨松一般都采用复合膨松剂。复合膨松剂由碳酸盐类和酸性物质组成。

常用的碳酸盐类是碳酸氢钠。它的作用是与酸反应产生CO_2气体。酸性物质的种类比较多。可以是有机酸及其盐类、酸性磷酸盐和明矾类等。酸性物质的作用是与碳酸盐发生中和反应或复分解反应而产生气体，并降低成品的碱性。碳酸氢钠受热发生如下的反应：

$$2NaHCO_3 \rightarrow CO_2 \uparrow + H_2O + Na_2CO_3$$

碳酸氢钠分解后残留的碳酸根会使成品呈碱味，影响口味。使用不当，还会使成品表面呈黄色斑点。所以，需要有酸性物质存在。使用恰当的酸性物质还有利于提高膨松剂的效率。

配制自发粉的小麦粉应该选用中等硬度的小麦原料，入磨小麦的水分控制稍低一些，确保小麦粉的水分不要超过14%。

第三节　其他谷物加工

一、玉米制粉

玉米粒大，质地比较硬，胚比其他谷物大(约占玉米粒的10%左右)。玉米胚中脂肪含量高达30%以上。为了延长玉米加工产品的保质期，一定要把玉米胚分出来，否则就会酸败。

玉米干法加工的产品有玉米粗粒(玉米糁)、玉米粉，副产品有玉米胚和玉米皮。

去除玉米皮和玉米胚的有效的方法是使用脱胚机。通过摩擦去掉玉米的皮层，并使玉米胚脱落下来。玉米去皮脱胚之前要进行水分调节，以提高去皮脱胚的效率。

除去了玉米皮和玉米胚的玉米胚乳，采用类似小麦制粉的方式，用辊式磨粉机将玉米胚乳加工成理想粒度的粗粒或玉米粉。如果玉米加工的产品水分比较高，一般需要进行干燥，以达到安全水分标准。

(一)玉米提胚

玉米干法加工的关键在于玉米的脱皮、脱胚部分。脱皮、脱胚的目的，一方面是因为脱皮、脱胚生产的玉米糁、玉米粉纤维含量和脂肪含量低，口感好，容易保管，而且应用面更广，如：用于生产膨化小食品、用于酿造啤酒和生产酒精等；另一方面，提取玉米胚芽可用于榨取玉米胚油，脱脂玉米胚芽可用于生产高蛋白玉米胚芽粉等。

玉米脱皮、脱胚及提胚的工艺有多种，有完全干法脱胚提胚工艺，半湿法脱胚提胚工艺，湿法脱胚提胚工艺，混合法脱胚提胚工艺和全湿法脱胚提胚工艺等。

1. 完全干法脱胚提胚

完全干法脱胚提胚是指生产的玉米糁、玉米粉、玉米胚和玉米皮都不需要进行干燥的加工工艺。在玉米加工过程中，不进行水汽调节，或只加很少量的水。

完全干法脱胚提胚工艺包括清理、破碎、分级、提胚四个主要工序，玉米原料经清理后，不进行着水处理，或只将水分调整到约14.5%，在撞击式脱胚机中进行脱胚，用相对密度分级机提胚。通过脱胚机的撞击作用使玉米胚和其余部分分离，由分级筛将撞击后的物料按粒度大小分成几个组分，未破碎和破碎不完全的玉米粒重新送回脱胚机，粗粒部分包括玉米胚经风选后去重力分级机提胚，小颗粒和玉米粉可以根据不同用途送去磨粉或打包。

完全干法脱胚提胚工艺的优点是不必对玉米胚和其他产品进行干燥，玉米胚提取率较高，能制得多达50%的优质玉米粗粒粉，适用于啤酒生产，产品无黑点，贮藏期长，操作简单，能耗低。缺点是玉米糁、玉米粉中的脂肪含量与湿法脱胚相比较高，脱皮率较低。

玉米干法提胚的关键设备是脱胚机和玉米胚分离设备。要将玉米胚提取出来，首先要使玉米胚与胚乳脱离，然后进行分级分选，才能得到比较纯洁的玉米胚。

玉米的性质对提胚效果有很大的影响，玉米应该是新鲜、没有霉变、没有受过潮和籽粒饱满的。

2. 半湿法脱胚提胚/调湿脱胚提胚

半湿法脱胚提胚,或称调湿脱胚提胚,生产的玉米糁、玉米粉不需要烘干,但玉米胚芽和玉米皮需要烘干。玉米原料经清理后先用水或蒸汽对玉米进行处理,然后进行脱皮、脱胚及提胚。

玉米经清理后加入一定量的水,热水或蒸汽,使玉米的水分达到约 18%,然后静置一段时间,再进行脱皮、脱胚,也可进行两次水汽调节。采用专用的去皮脱胚机(破糁脱胚机)磨掉玉米的外皮,把玉米粒打成两块或多块,使胚芽从玉米粒上脱落下来,然后进行分级、提胚和磨粉。

半湿脱胚提胚工艺的脱皮率和提胚率比较高,玉米糁和粗粒粉中的纤维含量低,粗大的去皮粗粒粉,可用作加工玉米片的原料。但由于玉米胚、玉米皮的水分含量比较高,需要进行烘干处理,能耗比较大。

3. 湿法脱胚提胚

湿法脱胚提胚工艺生产的产品玉米糁、玉米粉、玉米胚和玉米皮都需要进行干燥。但又不同于生产淀粉的加工工艺。玉米经清理后,为了得到柔软、有弹性的玉米胚,先进行第一次水分调节,添加 1% ~ 3%的水。加水量和静置时间特别重要。水分调节时间太短,脱胚过程中不容易分出胚上的皮;水分调节时间太长,水分渗透到胚乳中,给脱胚造成困难。软质玉米的最佳水分调节时间大约为 10 ~ 14h,硬质玉米的时间是 14 ~ 18h。

第二次水分调节,添加大量的水分以便去除玉米的皮层。第二次加水后,经过大约 10min 的静置后,进入脱胚机脱胚。在摩擦和撞击作用下,脱掉皮层和胚。经过筛理、吸风等,分出玉米皮和玉米胚,胚乳则磨到要求的粗细度。

由于在两次水分调节中加了较多的水,所有产品必须经过干燥系统干燥。

湿法脱胚的主要优点是可以生产大量适用于啤酒生产的粗粒粉,其脂肪含量低于 0.9%;可以不用相对密度分级机提胚。

生产玉米淀粉时,也能提取玉米胚。玉米经亚硫酸溶液长时间浸泡后,玉米胚的分离、提取相对容易,提取率和纯度较高,但玉米胚水分含量很高,必须进行干燥。

(二)玉米制粉工艺

玉米制粉的目的是得到高品质的玉米糁或者玉米粉,大多数情况下,希望提高玉米糁的出品率,减少玉米糁中的脂肪含量,避免黑色斑点(根冠)混入,多出玉米粗粉而少出细粉,保持玉米胚的完整,提高玉米胚的脂肪含量。

玉米干法加工工艺包括:清理、水分调节、脱胚、干燥与冷却、分级与磨粉等工序。

1. 清理

玉米清理包括:筛选、磁选、打击与吸风、干法相对密度去石与分级、静电分离等。

玉米的杂质含量一般为 1.0% ~ 1.5%。去除杂质是保证产品纯度的需要,也是确保生产安全,维护机器、设备免遭破坏的需要。除并肩杂质外,玉米籽粒与杂质之间存在比较显著的差别,清理相对比较容易。

玉米清理中比较特殊的问题是清除鼠类的排泄物,其大小与玉米粒相仿,用筛理方法清理效率不高。静电分离效率可达 90% ~ 100%。

筛选是玉米清理的主要方法。常用的筛理设备有振动筛和平面回转筛。

振动筛清理玉米时,第一层、第二层清理大杂质,第三层清理小杂质。筛孔配备:第一层筛面,直径 17 ~ 20mm 的圆孔;第二层筛面,直径 12 ~ 15mm 的圆孔;第三层筛面,直径 2mm 的圆孔。为保证清理效果，筛面上的料层厚度不超过 2cm。

平面回转筛清理玉米时，第一层筛面用直径 17～20mm 的圆孔，清除大杂质；第二层筛面用直径 2.2mm 的圆孔，清除小杂质。

去石一般采用干法去石，主要使用吸式相对密度去石机。

玉米粒大、扁平，流动性差，悬浮速度高，使用一般的吸式相对密度去石机时，技术特性参数要作适当调整，增加去石筛板的斜度、筛体的振动次数以及吸风量。从鱼鳞孔穿过的风速应达 14m/s 左右，使玉米在去石筛板上呈悬浮状态。

磁选一般采用永磁筒或永久磁钢，以清除玉米中磁性金属杂质，避免金属进入设备，影响安全生产和成品质量。

用洗麦机对玉米进行充分的洗涤，可以除去玉米表面的泥灰和微生物，并能清除并肩石。在洗涤玉米时，要根据玉米的原始水分，调节洗程的长度，避免玉米在水槽中逗留时间太长，吸收水分过多，对加工工艺不利。洗玉米的污水必须经处理以后才能排放，否则污染环境。

玉米的悬浮速度比较高，达 12m/s 左右，因此，用风选设备，如：吸风分离器，可有效地去除玉米中的轻杂质。为了不使玉米随杂质一起从吸风分离器吸走，吸口风速应控制在 6～8m/s。

玉米清理一般采用两筛、一去石、一磁选的工艺组合。

2．水汽调节和脱皮

玉米胚和玉米胚乳是由皮层包裹着的。脱皮后便于胚与胚乳的分离，可提高脱胚效率；将玉米籽粒的皮大部分脱掉后，生产的玉米糁不粘连皮，产品质量比较好；玉米外皮，有可能被有害物质污染，脱皮后研磨，有利于提高产品的纯度。

玉米的脱皮分为干法和湿法两种。玉米干法脱皮是玉米经过清理后，不经过水汽调节工序，直接进入脱皮设备进行脱皮。这种方法适用于在秋季加工刚收购的高水分玉米（18%以上）。玉米清理后，经水汽调节机（图 7－39）脱皮的，称湿法脱皮，这种方法在玉米加工中（特别是提胚制糁）采用较为普遍，尤其是加工低水分玉米，必须采用湿法脱皮，否则严重影响脱皮效率和提胚率。

玉米水分调节，采用冷水、热水或蒸汽。用撞击脱胚机或辊式磨粉机脱胚时，玉米水分控制在 15%～16%；当采用贝尔脱胚机（Beall degerminator）时，玉米水分要加大到 20%～22%。玉米加水后，静置 1～2h，也有静止 16～24h 的。如果采用蒸汽加湿，可经短时间静置或直接进入脱胚机。玉米脱胚前进行第二次加水，加水量 0.5%～1.5%，静置 10～20min，以增加胚、皮层和根冠的韧性，然后进入脱胚机。

脱皮设备有横式金刚砂脱皮机、立式金刚砂脱皮机等。

横式金刚砂脱皮机一般两台串联使用。经过每道脱皮机后，会产生少量的碎粒。这些碎粒以及脱下的胚要及时地分离出来，以免进入下道脱皮机或破糁脱胚机时，受到进一步的破碎而影响脱皮效率，并使提胚率下降。

玉米脱皮后一般用平筛或平面回转筛进行分级，用吸风分离器分出玉米皮。

3．玉米破糁和脱胚

玉米经剥皮破糁机（图 7－40）破碎，应分成 4～6 瓣，粒形要整齐，近似方形；在破碎后的混合物中，要尽量减少整粒和接近整粒的大碎粒，并减少粉和小糁的数量；脱胚效率高，保持胚的完整，不受过分损伤。

4．提糁与提胚

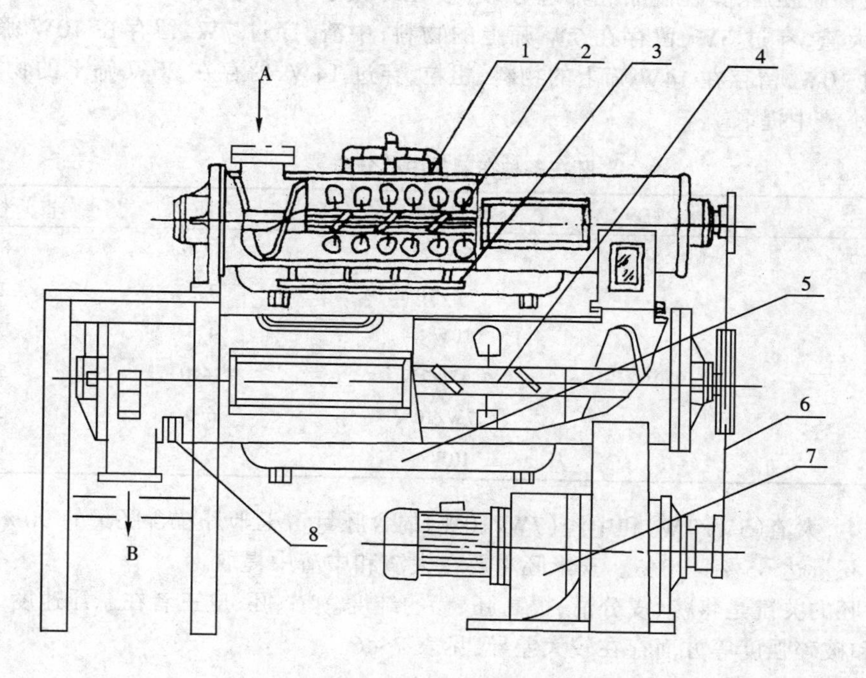

图 7－39　玉米水汽调节机

1—进水管　2—湿润绞龙　3—进汽管　4—调和绞龙　5—预热汽包
6—传动链条　7—减速电机　8—泄水孔　A—进料口　B—出料口

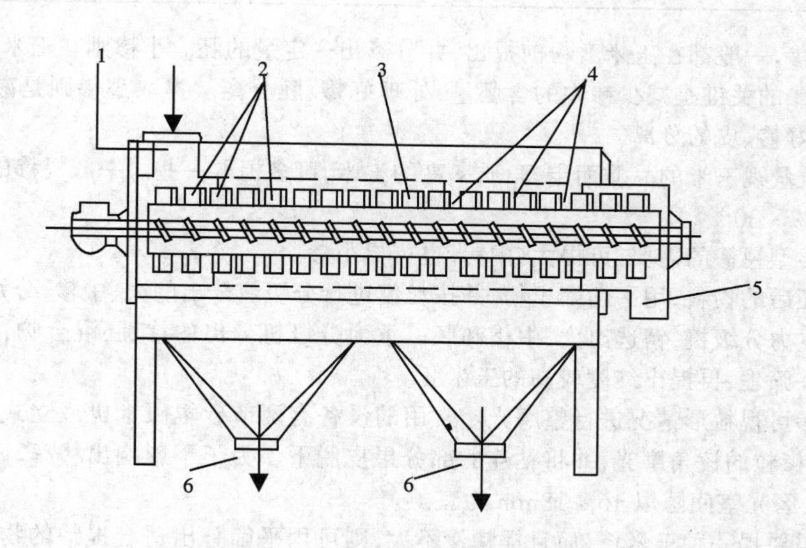

图 7－40　玉米剥皮破糁机

1—进料口　2—进料端打板　3—中间打板　4—出料端打板　5—玉米出口　6—碎皮出口

玉米经破糁脱胚后,其在制品经筛理分级,按粒度大小可分为:大碎粒,留存在4.5~5W筛上的物料;大渣,穿过5W,留存在7W筛上的物料;中渣,穿过7W,留存在10W筛上的物料;小渣,穿过10W,留存在14W筛上的物料;粗粒,穿过14W,留存在20W筛上的物料;糁从大渣、中渣和小渣中提取。

表7-5　胚在各种在制品中的分布　单位:%

品　种	玉米含胚率	在制品类别	含胚率	占玉米含胚率
马齿型	11.5	5W/7W	17.0	8.2
		7W/10W	8.3	2.4
		10W/-	4.3	0.9
硬粒型	9.0	5W/7W	14.0	5.3
		7W/10W	6.0	2.2
		10W/-	4.5	1.0

表7-5中,大渣(5W/7W)和中渣(7W/10W)的含胚量占玉米籽粒含胚量的90%以上,其中,大渣中含胚量达65%~70%。玉米胚主要在大渣和中渣中提取。

提糁、提胚的关键是将糁、皮分清,提高胚、糁的纯度。糁、胚、皮三者在悬浮速度、密度、几何形状大小和破碎强度等方面存在较大差异,见表7-6。

表7-6　玉米糁、玉米胚、玉米皮的物理特性

名　称	破碎强度/(kg/cm^2)	密度/(g/cm^3)	悬浮速度/(m/s)
胚乳	10~30	1.30~1.35	12~13
胚	20~50	0.78~0.98	7~8
皮	-	-	2~3

大糁、中糁,一般都在玉米磨粉前提出,并分离出一定量的胚。小糁则在玉米磨粉时提取。提取大糁、中糁的关键是减少糁中的含胚量,处理好糁、胚分离。提取小糁则是减少小糁中的含皮量,处理好糁、皮的分离。

提糁的数量视玉米的品质而定,角质率高的玉米,可多提取一些。一般提糁的数量占玉米总质量的20%~30%。

提糁的类型视糁的需要,可提大、中糁,也可提小糁。

破糁脱胚后的物料,用平筛筛出粉,并按粒度进行分级。分出的大、中糁,分别经风选器吸去皮后进入重力分级机,精选出大、中糁和胚。重力分级机分出的糁、胚混合物,进入压胚机,经两次压胚并筛理,再提出纯度较高的玉米胚。

提取的糁可视粒形情况进行整磨光。常用的设备有两节砂辊碾米机或立式碾米机,依靠碾削作用,将糁粒的棱角磨光,并将粘连的部分果皮脱下。为了不影响出糁率,砂辊一般采用30号金刚砂,磨光室间隙以15~18mm为宜。

如果只需要提一种玉米糁,而且提糁量不大,则可用平筛分出适合提糁的物料,进入重力分级机精选胚和糁。分出的胚、糁混合物可合并进入压胚机处理。

5. 磨粉

经提糁和提取部分玉米胚后,其余的物料进入磨粉部分。通过研磨将玉米胚乳磨碎成糁或粉,同时经对辊压扁将部分玉米胚筛分出来。磨粉部分使用的设备主要有辊式磨粉机和平筛。

磨粉过程分为皮磨、压胚磨、心磨和次心磨四个研磨系统。经各道研磨后的物料去平筛筛理和吸风处理。皮磨系统的作用是从玉米碎粒上剥刮下胚，并尽量保持胚的完整，同时，将大碎粒逐道研磨成玉米渣。在磨粉机操作上，前路研磨系统的研磨作用力较后路小，即采用不太强烈的研磨，使胚损伤程度降至最低程度，以提高玉米胚的出油率和降低玉米渣的脂肪含量。

筛理设备采用高方平筛。由于玉米粉的颗粒较大，易于筛理，故筛理长度不需要很长。采用高方平筛筛理，用 12 格筛格即可。筛面采用钢丝筛网。提胚用粗筛的筛号为：1Bk 为 8W ~ 9W，2Bk 为 9W ~ 12W，3Bk 为 12W ~ 14W，4Bk 为 14W ~ 16W。粉筛筛号为：提取粗粉时用 20W ~ 32W，提取细粉时用 40W ~ 54W。

全部磨粉机总平均流量（以进入 1 皮磨物料量计算）为 200 ~ 300kg/(cm·24h)，筛理设备总平均流量（以进入 1Bk 物料量计算）为 2000 ~ 3000kg/(cm^2·24h)。

提胚和磨粉是联合进行的，一般采用 4 ~ 5 道皮磨。如果采用 4 道皮磨，一般在 1Bk、2Bk 提胚，也有采取道道提胚的。小糁则可在 1Bk、2Bk 中提取。

为提高玉米粉的质量，可将各系统平筛分级筛面分出的物料（28W/50W），经清粉机精选，然后按筛下物的粒度和质量分成四类产品：玉米碎粒、玉米渣、粗粉、细粗粉。这些产品，或者送去打包，或者送往下道作进一步处理，其化学成分见表 7 – 7。

表 7 – 7　　玉米及其研磨产品的化学成分　　单位：%

名　称	出品率	水　分	蛋白质	脂　肪	灰　分	纤　维	碳水化合物
玉米	100	10.8	10.0	4.3	1.5	1.7	71.7
渣	40	14.0	9.0	0.8	–	–	–
粗粉	30	12.0	8.9	0.8	1.0	1.2	72
玉米粉	5	12.6	7.1	1.3	0.6	0.9	77.5
胚	14	10.8	13.0	12.5	3.6	4.1	56.0
玉米皮等	11	11.0	9.4	0.7	0.3	6.6	72.0

二、燕麦压片

大部分燕麦用作家禽或其他动物的饲料，仅有 10% 的燕麦加工成食品供人们消费。燕麦依颜色分类，用于碾制加工的燕麦为白燕麦。

燕麦是带壳收获的，外壳约占总重的 25%，燕麦脱去外壳之后称为燕麦米。燕麦米很像小麦或黑麦籽粒，所不同的是胚芽含有一个长盾片以及籽粒被毛状体（茸毛）覆盖。燕麦米的脂肪和蛋白质含量比大多数其他谷物都高，它们也是好几种酶的良好来源。不利的一面是脂肪酶系活性很强，如果不使脂肪酶系钝化，其加工产品仅有很短的货架寿命。

燕麦加工时，第一步是清理除去了一般外来种子、茎秆及粉尘。清理也包括除去复粒燕麦，这种复粒燕麦的主外壳下包着第二粒燕麦，两粒燕麦米都发育不良，从而含壳率高。清理时还要除去针状燕麦（籽粒一般很细、米小或无米）及轻燕麦（粒度正常，但米小或无米）。除去的次质燕麦可作为饲料销售。

清理之后，将燕麦加热处理或干燥。加热处理一般在一个大的用蒸汽加热的敞口锅内进行，加热 1h 左右，使燕麦温度达到约 93℃，降水 3% ~ 4%。加热处理可使燕麦稍带受人欢迎的焙烤香味。除改变风味之外，干燥还使得外壳变脆，从而易于除去，而且还钝化了解脂酶。

若想生产出货架寿命长的产品,使这些酶变性失活是很关键的。

经加热处理的燕麦,再按大小分级并脱壳。通常用碟片精选机将燕麦分成长粒和短粒,两者分别脱壳,不要混在一起。目前使用最普通的脱壳机是冲击式脱壳机。燕麦进入高速转子的中央,将燕麦抛向固定在机内周的橡皮衬圈上。该橡皮衬圈可减少破碎,并有助于外壳与米粒的分离。由脱壳机剥离的外壳较轻,借吸风作用足以将其除去,注意不要除去带有外壳的燕麦米的小米粞。然后用筛分或碟片精选机将未脱壳的燕麦与燕麦米分离开来。谷糙分离机也能用来分离未脱壳的燕麦,以便再次脱壳。谷糙分离机的分离效果非常好,但产量很有限。

生产老式燕麦片必须使用无壳燕麦米,通常用台式相对密度精选机处理一次。生产燕麦片时,将燕麦米汽蒸后立即压片。为了生产速煮燕麦片,先将燕麦米切碎,然后汽蒸并压成薄片。切碎的目的是将每粒燕麦米切成均匀的3~4段。切碎机由一多孔转鼓构成,燕麦米以其端部钻入孔内,从而被固定在转鼓外表的刀片切断。切割后再用与制整粒燕麦片相类似的方式进行汽蒸和压片。用碎燕麦米生产的燕麦片很薄,烹调时,水分扩散的距离短得多,因此,这种薄片是速煮型的。如果生产即食燕麦片,麦片必须更薄。麦片越薄,烹调越快,但其形体消失得也越快,使产品很快变成糊状。

在压片之前,在大气压力下用蒸汽汽蒸有若干作用。首先,它使燕麦米变得柔韧,可减少在压片作业过程中产生破碎,同时还促使酶变性失活,从而防止产品酸败。

压片之后,用空气冷却薄片,并除去在切碎和压片过程中产生的外壳屑,然后将燕麦片包装在通气型容器里。通气型包装可使空气流通,排除贮藏时产生的哈味。即使酶已钝化,还会产生少量哈味。如果采用通气包装,货架寿命比较长。

燕麦的加工产品除燕麦片(有各种厚度)外,还有燕麦粉,是切碎和压片过程中产生的副产品,可用于婴儿食品和早餐谷物食品。燕麦壳(约占燕麦的25%),可用作高纤维饲料的组分或用来生产糠醛。

三、大麦脱壳精碾

大麦主要用于饲料或制麦芽,用于精碾的大麦数量很少。大麦的外壳很牢地粘连在果皮上,难于脱去,故一般只能精碾。精碾是一种摩擦加工方式,用一个摩擦面摩擦麦粒表面以除去外壳和果皮。大麦精碾加工出的大麦精米是多种汤的配料。大麦精米也能磨成粉,用于婴儿食品和早餐谷物食品。

大麦是带壳收获的,精碾时,除去外壳、果皮、种皮和糊粉层,剩下的胚乳部分相当完整,然后用锤式粉碎机将大麦精米加工成粉,或以整粒胚乳用于汤中。精碾设备有一个研磨表面,可将谷粒的外层擦掉,故精碾是一个摩擦过程,除皮的程度可借其在机器中停留时间的长短加以控制。

复 习 题

1. 什么是水分调节,其目的是什么?
2. 硬麦和软麦哪一种需要较长的调节时间?为什么?
3. 什么是制粉厂的皮磨系统?
4. 什么是清粉机;它是怎样工作的?
5. 皮磨磨辊和心磨磨辊有什么不同?
6. 为什么软麦粉的筛分比硬麦粉难得多?

7. 小麦粉灰分含量高意味着什么?

8. 过氧化苯酰是什么? 它对小麦粉有何作用?

9. 可以在小麦粉中使用的添加剂有哪些?

10. 为了制备自发粉,在小麦粉中要添加哪些物质?

11. 玉米干法加工的产品是什么? 有什么用途?

参考文献

1. 姚惠源．谷物加工工艺学．北京:中国财政经济出版社,1999

2. 顾尧臣．粮食加工设备工作原理、设计和应用．武汉:湖北科学技术出版社,1998

3. LARSON, R 1970. Millmg. Pages 1 – 42 in: Cereal Technology. S. A. Matz, ed. Avi Publishing Co., Westport, CT.

4. LOCKWOOD, J. F. 1952. Flour Milling, 3rd ed. The Northern Publishing Co., Ltd., Liverpool.

5. SCOTT, J. H. 1951. Flour Milling Process, 2nd ed. Chapman and Hall, Ltd., London.

6. WELLS, G. H. 1979. The dry side of corn milling. Cereal Foods Worid 24:333,340 – 341.

7. ZIEGLER, E, and GREER, E. N. 1971. Principles of milling. Pages 115 – 199 in: Wheat: Chemistry and Technology, 2nd ed. Y. Pomeranz, ed. Am. Assoc. Cereal Chem., St. Paul, MN.

第八章 谷物湿法加工

谷物湿法加工通常致力于使皮层和胚与胚乳完全分离，得到相应的产品。谷物湿法加工的主要产品是淀粉、蛋白质等。谷物湿法加工产品的纯度比较高。常见的谷物湿法加工可生产玉米淀粉、小麦面筋蛋白及小麦淀粉、米淀粉及水磨米粉等，副产品有皮渣、胚芽等。

第一节 玉米淀粉的生产

自然界中含有淀粉的农作物和野生植物很多，但适合工业化生产淀粉的原料却不多。生产淀粉的原料必须产量大，淀粉含量高，价格低，易于贮藏和加工，副产品能够充分利用。玉米是生产淀粉的理想原料。

玉米经清理去杂后，在亚硫酸溶液中浸泡之后破碎，分离出玉米胚芽，再将玉米胚乳磨细，分离出玉米皮，从淀粉和蛋白质的混合悬浮液中分离出蛋白质，洗涤淀粉，从中分离出可溶性物质后，进行机械脱水和干燥，制成玉米淀粉。玉米淀粉生产流程如图 8-1 所示。

一、原料的选择与清理

玉米原料中可能含有各种杂质，为了保证产品质量和安全生产，保护机器设备，必须从玉米中清除各种杂质，可以采用筛选、相对密度去石去杂等方法。

生产淀粉，一般选用马齿型和半马齿型玉米，其淀粉不低于 70%，油脂含量不低于 4.5%，发芽能力不低于 55%，千粒重 210~220g，籽粒密度不低于 700kg/m^3，水分不超过 15%。

二、玉 米 浸 泡

玉米浸泡是玉米淀粉生产中的重要工序之一。浸泡的效果直接影响以后各道工序以及产品的质量和产量。玉米浸泡的适宜条件与玉米品种、类型及贮藏时间等因素有关。一般操作条件为：将玉米淹没在含有 0.1%~0.2%SO_2 的水中，温度控制在 48~52℃，浸泡时间为 30~50h。浸泡结束时玉米含水约 45%，充分软化，可用手挤压来检查玉米粒是否泡好。

玉米浸泡的目的是为了降低玉米籽粒的机械强度，削弱胚乳中淀粉颗粒间保持的连结，通过浸泡使玉米籽粒吸水膨胀，使皮层、胚芽、胚乳易于分离。为了达到上述目的，需要一定浓度的亚硫酸水溶液来浸泡玉米。亚硫酸水溶液是通过燃烧硫磺，产生二氧化硫气体并溶解于水中形成的。使用二氧化硫有两个目的：①抑制腐败微生物的生长；②亚硫酸氢盐离子与玉米间质蛋白质的二硫键起反应，从而降低蛋白质的分子质量，增强其亲水性和可溶性，使淀粉易于从蛋白质间质中释放出来，淀粉得率提高。在浸泡过程中，水中的二氧化硫被玉米吸收，亚硫酸溶液浓度逐渐降低，到浸泡结束时，浸泡液中亚硫酸的浓度降到 0.01%~0.02%，pH 上升至 3.9~4.1。浸泡水温度为 48~55℃。这是因为低温浸泡，玉米吸水慢，时间长，所以，适当提高浸泡温度可以缩短浸泡时间，但超过 55℃会造成玉米淀粉糊化，不利于淀粉提取和影响淀粉质量。浸泡时间一般为 60~70h。一般硬质玉米和贮藏时间较久的玉米浸泡时要求亚硫酸浓度、温度都高一些、时间长一些。

在工业化生产中，浸泡玉米使用浸泡罐，这些罐之间的联系及组合方式可形成不同的浸泡工艺。有静止浸泡法、逆流浸泡法和连续浸泡法。

(1)静止浸泡法　静止浸泡法的浸提效果不理想，一般很少采用。

(2)逆流浸泡法　逆流浸泡法是把几个或十几个浸泡罐用管路连接起来，组成一个相互之间的浸泡液可以循环的浸泡罐组。工艺的基本过程是：在新装罐的玉米中注入已经浸泡过玉米的亚硫酸水溶液，而已经浸泡过较长时间的玉米中，再注入新鲜的亚硫酸水溶液。罐与罐之间通过泵使浸泡液实现有规律的逆流循环，即将浸泡液逆着新装进玉米的方向，依次从一个罐泵入另一个罐。到一定时间，最后装入玉米的尾罐的浸泡水被泵出。这样在浸泡过程中，玉米和浸泡液中可溶性物质总是保持一定的浓度差，用这种工艺，浸泡水中可溶性物质的浓度可达到7%～9%，玉米籽粒中的可溶性成分被充分浸提，为以后工序的操作创造好的条件。玉米浸泡液的进一步浓缩也可节省能源。

(3)连续浸泡法　在逆流浸泡的基础上，罐内装入的玉米通过卸料口和空气升液器也实现罐与罐之间的循环，并且与浸泡液的循环方向相反，这样进一步加大了玉米浸泡水之间可溶性物质的浓度差，可达到理想的浸泡效果。但是连续浸泡法工艺、设备布置比较复杂。

浸泡好的玉米籽粒含水量应达到40%～46%，籽粒中可溶性物质的含量不高于1.8%，100g干物料用0.1mol/L的NaOH标准溶液的量不高于70mL。玉米籽粒各组成部分的吸水膨胀情况是不同的，浸泡后胚芽的含水量高达60%，胚乳及其他部分含水量只有32%～43%。

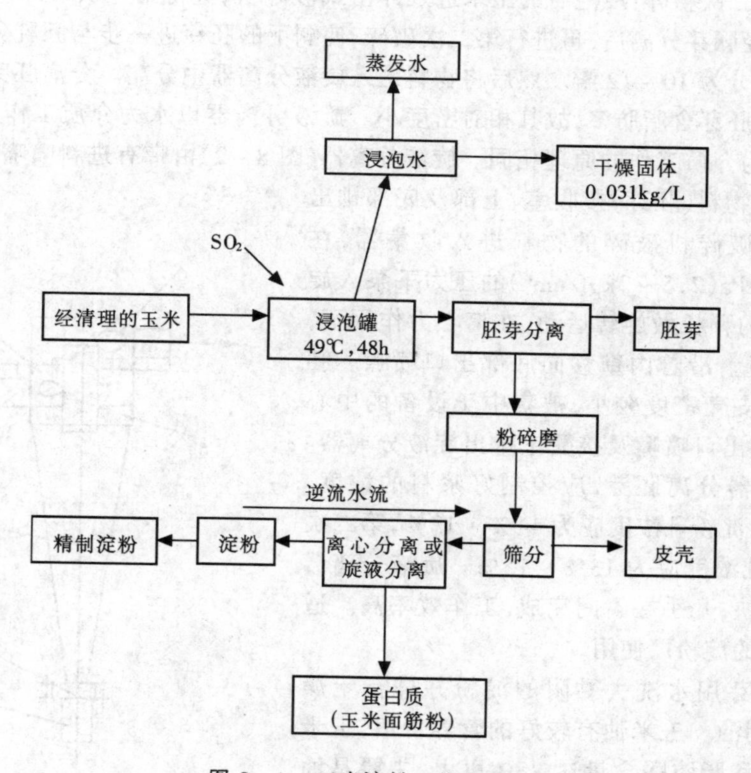

图8－1　玉米淀粉工艺流程图

浸泡过程中，玉米籽粒各部分所含的化学成分的比例和含量都会发生相应的变化，约有

6%的成分溶于水中,见表 8-1。

表 8-1　　玉米浸泡前后干物质的变化　　单位:%

玉米成分	各组分含量(干物质质量)	
	浸泡前	浸泡后
淀粉	69.80	74.7
蛋白质	11.23	8.42
纤维素	2.32	2.48
脂肪	5.06	5.40
戊聚糖	4.93	5.27
可溶性糖	3.1	1.73
灰分	1.63	0.52
其他物质	1.52	1.48

三、玉米籽粒的破碎和胚芽的分离洗涤

玉米经过浸泡之后,将软化的玉米在粉碎机中加水粗碎,其目的是破碎玉米籽粒,使胚芽脱离而又不被磨成碎片。由于浸泡,胚芽膨胀并有韧性。为了使胚芽脱离籽粒,需经两次粉碎,即粗粉碎和二次粉碎:浸泡后的玉米进入冲击式破碎机,进行第一次破碎。将玉米籽粒破碎成 4~6 瓣,经胚芽分离后,再进行第二次破碎,使剩下的胚芽进一步与胚乳分离。第二次破碎,使玉米籽粒分为 10~12 瓣。然后将物料送入旋液分离器中分离。分离胚芽是基于相对密度的不同,由于胚芽含脂肪多,故其相对密度小。旋液分离器以水为介质工作,其原理与旋风分离器以空气为介质工作的原理相同。旋液分离器(图 8-2)由带有进料喷嘴的圆柱室、壳体(分离室)、液状物料(胚芽)接收室、上部及底部排出喷嘴组成。由破碎机破碎的物料进入收集器,在 245.2~294.2kPa(2.5~3kgf/cm^2)的压力下泵入旋液分离器。重的颗粒做旋转运动,在离心力作用下,抛向设备的内壁,沿着内壁移向底部出口喷嘴。胚芽和部分玉米皮壳密度较小,被集中于设备的中心部位,经过顶部出口喷嘴及接受室排出旋液分离器。利用旋液分离器分离胚芽,应控制好浆料的浓度。第一次分离时,淀粉乳浓度应为 11%~13%,第二次分离时,淀粉乳浓度应为 13%~15%。旋液分离器分离胚芽速度快,几乎在瞬间完成,工作效率高。适合于规模较大的淀粉厂使用。

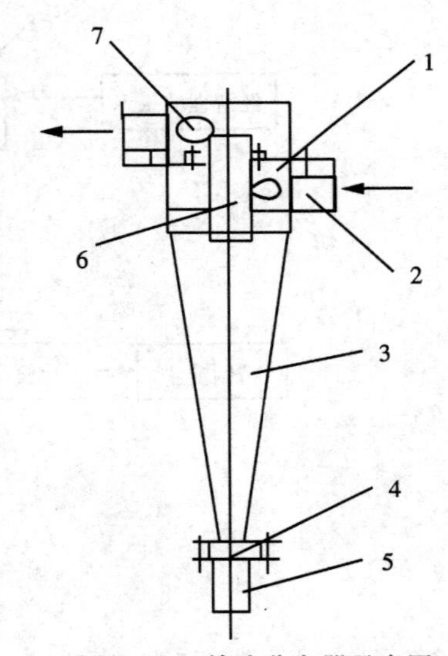

图 8-2　旋液分离器示意图

1—圆柱室　2—进口　3—壳体　4—可换喷嘴　5—连接管　6—胚芽出口　7—胚芽接收室

收集的胚芽用水洗去黏附的淀粉并进行干燥后,可以用于制油。玉米油有较好的营养价值,玉米胚芽油的不饱和脂肪酸含量达 85%以上,主要是油酸和亚油酸,人体吸收率为 97%以上;玉米胚芽油中含有谷维醇,还富含维生素 E,被称为保健油。近 20 多年来,玉米胚芽油的生产有较快的增加,已成为主

要的食用植物油之一。我国玉米产量虽占世界第二,但玉米胚芽油产量很小,主要是玉米加工过程中大量的玉米胚芽随着下脚料排出,未能得到合理利用。

玉米胚芽位于玉米籽粒一侧下部,其质量虽然只占籽粒的 10%~15%,但是是玉米中成分最好的部分,是玉米粒生长发育的起点。玉米胚中集中了玉米粒中 84%的脂肪、83%的无机盐、65%的糖和 22%的蛋白质。玉米胚芽的成分随着品种的不同,有较大幅度的变化。大致的范围如表 8-2 所示。从玉米胚的成分可知,玉米胚除了含有较多的脂肪以外,还含有蛋白质和灰分,此外还含有磷脂、谷维醇、肌醇磷酸苷、蛋白质水解物及糖类等。

表 8-2 玉米胚芽的化学成分 单位:%

粗蛋白	脂肪	淀粉	灰分	纤维素
17~28	35~56	1.5~5.5	7~16	2.4~5.2

玉米胚和其他油料一样,在制油过程中也需要经过清理、轧胚、蒸胚和压轧等过程。浸出法制油是先进的制油方法,出油率高,也有利于饼粕的利用。但受玉米胚的数量的限制,一般是采用压榨法制油,工艺过程如下:

玉米胚→预处理→热处理→轧胚→蒸炒→压榨→毛油

玉米毛油的精炼过程如下:

毛油→水化脱胶→碱炼→水洗→脱水脱色→过滤→脱臭→玉米精炼油

玉米油的精炼损耗率为 10%左右。精炼玉米油的外观浅黄、清亮、透明,色度(罗维明红)最大为 3,游离脂肪酸在 0.25%以下,烟点为 230~240 ℃。

四、纤维的分离和洗涤

经过破碎和胚芽分离之后,浆料中含有淀粉颗粒、蛋白质和粗细纤维(粗渣和细渣)等。为了得到纯净的淀粉,要把悬浮液中的粗、细渣滓分离出去。分离的方式是将浆料用泵在 245kPa 的压力下经一道压力式脱水曲筛脱出部分浆水,然后再经细磨进一步磨碎,以达到粗细纤维与蛋白质的进一步分离,再用 6~7 道 120 目压力曲筛逆流洗涤和分离,用新鲜水冲洗最后的粗淀粉乳,同时充分冲洗纤维(图 8-3),以最大限度回收淀粉。

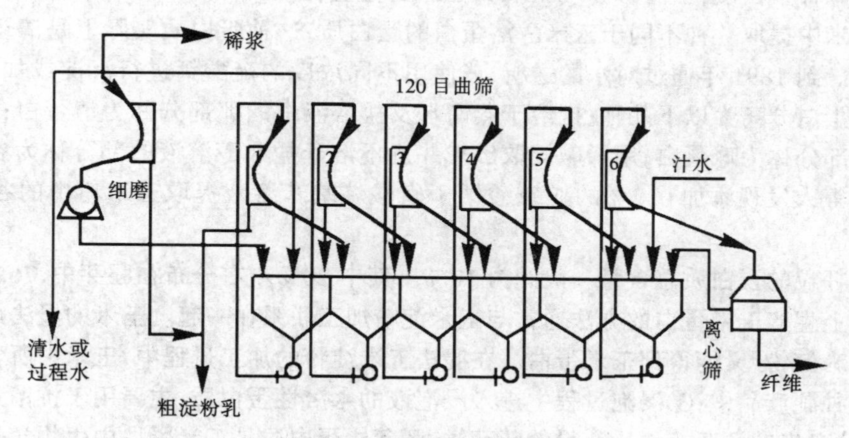

图 8-3 纤维的分离洗涤流程

1,2,3,4,5,6—120 目曲筛

曲筛带有弧形筛面,物料以很大的压力从一端注入曲筛的内弧面,淀粉乳从圆弧形筛面筛出。渣滓沿弧形筛面下滑至另一端排出(图 8-4)。截留在曲筛上的纤维从末道曲筛排出,通过离心机把纤维的水滤去一部分,最后通过螺旋脱水机脱水。水分降低到 36%左右再送入干燥工序。

在纤维的分离洗涤过程中,浆液温度应保持在 45～55℃,二氧化硫的浓度为 0.05%,pH 为 4.3～4.5。保持一定浓度的二氧化硫是为了抑制悬浮液中微生物的活动。从第 1 道曲筛得到的筛下物淀粉乳液,应含有 10%～14%的干物质,细渣的含量不应超过 0.1%。从最后一道曲筛排除的筛上物皮渣中,游离淀粉不应超过 4.5%。纤维中结合淀粉的含量则取决于玉米浸泡的程度和浆料细磨时的磨碎程度。

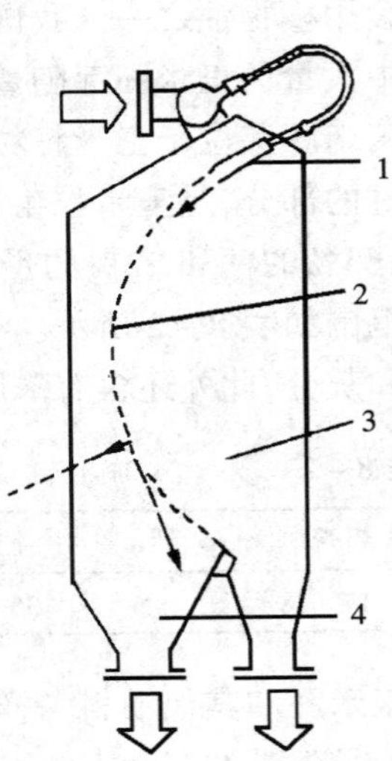

图 8-4　曲筛示意图

1—进料喷管　2—曲筛筛面
3—筛上物　4—筛下物

五、淀粉与蛋白质的分离

经过上道工序所得到的粗淀粉乳,除含淀粉外,还含有较多的杂质。其化学组成如表 8-3 所示。为了获得高纯度淀粉,特别是适合制取针剂葡萄糖和变性淀粉的需要,必须对粗淀粉进行精制,精制主要是分离蛋白质。分离的依据是淀粉的相对密度大于蛋白质,因此可采用大型连续离心分离机或旋液分离器将它们分离开来。分离所得到的相对密度较小的麸质中含有 60%～70%的蛋白质(干基)。

表 8-3　淀粉乳的化学组成(以干物质计)　单位:%

成分	淀粉	蛋白质	脂肪	灰分	水溶性物质	二氧化硫
含量	88～92	6～10	0.5～1.0	0.2～0.4	2.4～4.5	0.035～0.045

19 世纪初人们就开始研究玉米蛋白的分离方法。1821 年 Goy-hom 用 70%的乙醇从玉米中提取一种蛋白质,当时称为“zein”,即玉米醇溶蛋白。1877 年 Weyl 等人用 10%氯化钠水溶液从玉米中提取一种不同于玉米醇溶蛋白的蛋白质,这种蛋白质实际上是清蛋白和球蛋白的混合物。到 1891 年通过对水的透析,或使用不同浓度的硫酸钙进行沉淀或加热的方法,将上述盐溶蛋白分离为以下几种:把溶于蒸馏水及盐溶液中的那部分称为清蛋白;把溶于盐,微溶于水的部分称为球蛋白;用稀碱提取出来并且不溶于盐和醇溶液的部分称为谷蛋白。1950 年 Foster 等人发现添加 0.2%的亚硫酸钠于磺酸烷基苯溶液提取玉米粉中的谷蛋白率可达 95%以上。

玉米籽粒的蛋白质总含量一般约为 10%。其中 20%左右分布在胚芽中,76%分布于胚乳中。工业上生产玉米蛋白的方法通常与玉米淀粉加工联系在一起。玉米的湿法加工既能获得很纯的玉米淀粉,又能得到玉米蛋白。在湿法玉米淀粉的加工过程中,玉米中所含蛋白质分别存在于三种副产品中:①浸泡过程中进入浸泡液的水溶性蛋白质,主要用于抗菌素生产的营养源;②经分离出的胚芽榨油后获得的胚芽饼,胚芽饼蛋白质是玉米蛋白中生物学价值最高的蛋白质,目前主要用做饲料,低温浸出的胚芽粕可以制取玉米胚芽蛋白乳饮料;③从淀粉乳分离蛋白质时得到的玉米黄浆水,经过滤得到的不溶于水的玉米蛋白粉,蛋白质含量在 60%以上,主要是醇溶蛋白,因其缺少赖氨酸、色氨酸等人体必须氨基酸,生物学价值较低,过去主要作饲料蛋白出售。用60%酒精处理的玉米醇溶蛋白具有很强的耐水性、耐热性和耐脂性。在食品工业上,玉米醇溶蛋白可以用做被膜剂,可延长食品的货价寿命。

六、淀粉的洗涤精制

上一步分离出的淀粉乳中,还含有较多的蛋白质,为了排除可溶性物质,降低淀粉的酸度,提高悬浮液的浓度,必须再次离心分离或用旋液分离器进行提纯。这里所用旋液分离器的工作原理与分离胚芽时所用旋液分离器的工作原理相同,然而,这时所用旋液分离器的尺寸要小得多,并且数量很多,串联使用。其流程如图8-5所示。从旋液分离器出来的淀粉,最后含蛋白质低于0.3%,可用来制作变性淀粉,也可转化成糖浆或干燥成普通淀粉出售。淀粉乳洗涤的次数,取决于淀粉乳的质量和湿淀粉的用途。生产干淀粉所用的湿淀粉通常清洗2次,生产糖浆用清洗3次,生产葡萄糖用清洗4次。淀粉乳清洗时,温度为40~50℃。最后一次清洗之后,淀粉的酸度应不高于25mL(以100g干物质消耗0.1mol/L NaOH计)。清洗后的淀粉乳中,可溶性物质的含量应降至0.1%以下。

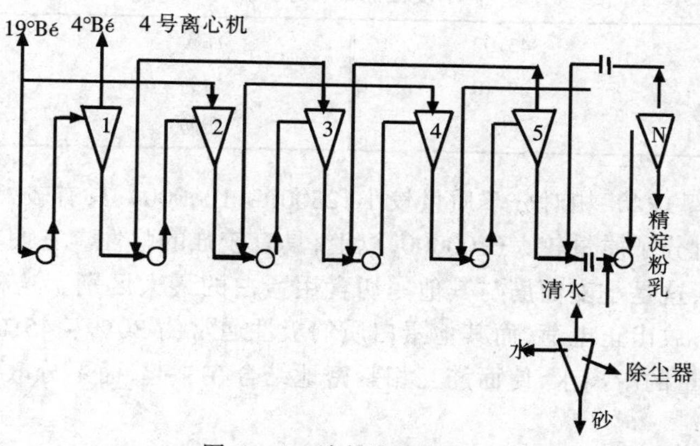

图8-5　淀粉洗涤流程

1,2,3,4,5…… N—旋液分离器

七、淀粉的干燥

经过前面工序得到的纯净的湿淀粉乳,浓度一般为36%~38%。如果不是直接用来生产淀粉糖,则需进行脱水干燥。淀粉乳的脱水干燥一般分为两步,即机械脱水和气流干燥。

机械方法脱水在离心式过滤机中进行,可排除淀粉乳中总水分的73%,干燥能排除总水分的15%,还有大约14%的水分残留在干淀粉中。从离心机中出来的脱水淀粉,含水量约37%~38%,这些水分均匀地分布在淀粉各部分之中。因此,只有用干燥的方法才能排除这些水分。

气流干燥是目前淀粉干燥广泛应用的方式。气流干燥的空气温度可加热到140~160℃,湿淀粉在热空气中分散良好,干燥的有效面积很大,淀粉粒中的水分瞬间汽化,大部分热量消耗在水分汽化上,淀粉本身的温度一般不超过60~65℃。所以,可保证淀粉的质量。经气流干燥后,淀粉的含水量可降低至12%~14%左右,符合商品淀粉的含水量标准。

第二节　小麦面筋蛋白与小麦淀粉的生产

一、小麦面筋蛋白

早在1745年意大利科学家Beceari就从小麦中分离出小麦蛋白质——小麦面筋，之后小麦淀粉和面筋的生产技术得到了迅速发展。我国生产小麦面筋的历史很早，如烤麸、水面筋等，很早就是我国人民的食品之一。

小麦面筋的价值在于其活性。所谓小麦面筋是指小麦粉经过水洗，分离出的不溶于水的络合蛋白质，新提取的小麦面筋呈胶状，脱水后为乳白色粉末，与水混合后仍能恢复其原有的活性。不是所有的小麦蛋白质都是小麦面筋，只有那些不溶于水，并与水混合后能生成一种紧密的可以膨胀的有黏弹性物质的小麦蛋白质，才称为"小麦面筋"。它是一种天然植物蛋白，其蛋白质含量在75%左右。主要化学成分为麦醇溶蛋白(gliadin)与麦谷蛋白(glutenin)，两者的比例接近1:1。小麦面筋的化学成分如表8-4所示。

表8-4　小麦面筋的化学成分　　单位：%

成分	含量	成分	含量
麦胶蛋白	43.02	淀粉	6.45
麦谷蛋白	39.10	糖类	2.13
其他蛋白	4.41	脂肪	2.80

麦胶蛋白分子呈球状，相对分子质量较小(25000~100000)，具有较好的延伸性；麦谷蛋白分子为纤维状，相对分子质量较大(100000)以上，具有较强的弹性。它们在液体中即使水分过剩仍然具有黏弹性，这是小麦面筋与其他一切食用蛋白的最大区别。这种特异性是由于小麦面筋极性低(10%)，放出正电荷，而其他蛋白质的极性通常为30%~45%，放出负电荷。因此小麦面筋能排出过量的游离水，使面筋互相紧密地结合在一起，而不分散，具有成团、成膜和立体网络的功能。

高质量的面筋可吸收两倍面筋量的水，小麦面筋的这种吸水性可以增加产品得率，并可延长食品的货价期。小麦面筋的吸水性和黏弹性相结合就产生"活性"，所以小麦面筋的粉状产品被称为谷朊粉或活性面筋粉。小麦面筋在干燥前烧煮，则会产生不可逆变性，不再具有吸水性和黏弹性。

活性面筋粉的质量指标见表8-5。

表8-5　活性面筋粉的质量指标

项目	用特制粉生产的活性面筋粉	用标准粉生产的活性面筋粉
颜色	淡黄	淡黄
气味	正常	正常
吸水率/%	150	130
粗蛋白(干基N×5.7)/%	75	75
灰分/%	<1	<1.2
水分/%	7~10	7~10

二、小 麦 淀 粉

生产小麦淀粉，主要是因为能同时生产有价值的小麦面筋，而不是因为对小麦淀粉有任何特殊的需求。在湿法制备小麦面筋过程中，由于水合作用，小麦面筋形成一个黏聚性很强的黏聚体，因此能把淀粉分离出来。

洗涤面筋产生的小麦淀粉乳由两部分组成：主体部分在工业上称为 A 淀粉，A 淀粉含有大颗粒的晶体淀粉粒及一部分小颗粒球形淀粉粒；另一部分称为 B 淀粉，由小的淀粉粒、戊聚糖或细胞壁物质及损伤的淀粉粒组成。以小麦粉为原料生产面筋和淀粉的缺点之一是小麦粉含有在干法加工过程中所产生的损伤淀粉。淀粉又称为尾淀粉或刮浆淀粉（squeegee），含量可达淀粉总量的 20%，价值要比 A 淀粉低得多。

小麦淀粉制取过程中不使用二氧化硫，原因有两个：①由于仅用水即能软化小麦粉颗粒，从而使蛋白质和淀粉分离，故不需使用二氧化硫；②二氧化硫能损坏活性小麦面筋的活性，从而降低其使用价值。

三、谷朊粉和小麦淀粉的生产工艺

谷朊粉的生产可以分成两大部分：先分离出湿面筋，再对湿面筋进行干燥。面筋的分离方法有湿法、干法、溶剂法等多种方法，见表 8－6。工业上以小麦粉为原料分离小麦面筋技术如表 8－6 所示。目前普遍采用的是湿法分离，其基本原理是利用面筋蛋白与淀粉两者相对密度不同进行离心分离。谷朊粉的生产工艺过程如下：

小麦粉 —加水揉合→ 湿面团 —水洗→ 湿面筋 —脱水→ 造粒 → 干燥 → 面筋粒 → 粉碎 → 面筋粉

表 8－6　小麦面筋分离技术

<table>
<tr><td rowspan="11">小麦面筋生产方法</td><td rowspan="9">湿法</td><td rowspan="8">小麦粉</td><td rowspan="4">物理法
——用水使小麦粉形成面筋</td><td>马丁法（Martin process）</td></tr>
<tr><td>菲斯卡法（Fesca Process）</td></tr>
<tr><td>拜特法（Batter Process）</td></tr>
<tr><td>雷肖法（Raisio Process）</td></tr>
<tr><td rowspan="2">化学法
——调 pH 分离面筋</td><td>碱法（Alkalic Method）</td></tr>
<tr><td>氨法（Ammonia Method）</td></tr>
<tr><td rowspan="2">酶法
——用酶水解提取面筋</td><td>胃蛋白酶法</td></tr>
<tr><td>α－淀粉酶法</td></tr>
<tr><td colspan="3">小麦粒</td></tr>
<tr><td colspan="4">干法——小麦粉的空气分离法</td></tr>
<tr><td colspan="4">溶剂法——小麦粉或小麦粒的溶剂分离法</td></tr>
</table>

（一）马丁法

将小麦粉和水以 0.4:(0.6～1)的比例在绞拌器内混合揉成面团，放置 0.5～1h 左右，再用水冲洗，去除淀粉和浆液即得面筋。这种古老的操作方法，作业简便，面筋得率高，质量好（若分离软麦粉可添加少量的无机盐，尤其是 NaCl）。但是，马丁法在水洗过程中有 8%～10%，甚至 20%可溶性盐类，蛋白质，游离糖类等物质随水流失，而且用水量大，一般为小麦粉质量的 10～17 倍。马丁法是一种传统方法。

马丁法工艺过程如下：

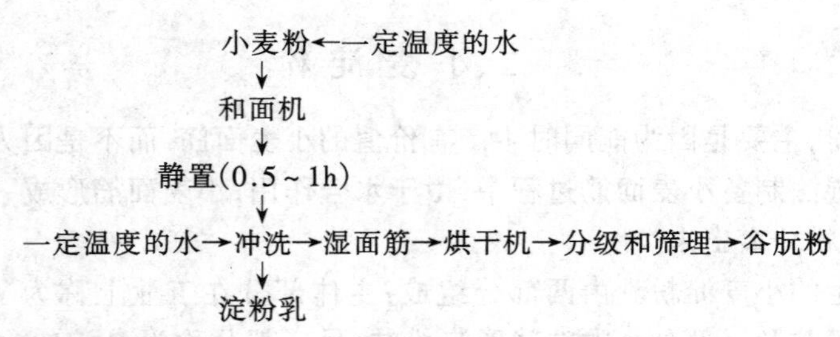

(二)拜特法——连续式工艺

拜特法产生于第二次世界大战期间,也可称为变性马丁法,它与马丁法的区别在于熟面团的处理,马丁法是水洗面团得到面筋,拜特法是将面团浸在水中切成面筋粒,用筛子筛理而得到面筋。

拜特法工艺过程如下:

小麦粉+水→和面机→静置→切割泵→振动筛→面筋→泵→振动筛→湿面筋

↓

淀粉乳

具体操作是将小麦粉与水(水温40~50℃)连续加入双螺旋搅拌器,外螺旋叶将物料搅入底部而内螺旋叶以相反方向作用。水与小麦粉的比例范围是0.7:1和1.8:1(软麦粉0.7:1和1.2:1,硬麦粉1.2:1和1.6:1,蛋白含量很高的小麦粉可高达1.8:1)。混合后的浆液静置片刻之后进入切割泵,同时加入冷水(水与混合液之比是2:1~5:1),在泵叶的激烈搅拌下面筋与淀粉分离,这时的面筋呈小粒凝乳状,经60~150目振动筛筛理,筛出面筋凝乳,再用水喷洒使面筋从筛上落下,这时获得的面筋其干基蛋白质含量为65%,经第二道振动筛水洗后的面筋其干基蛋白质含量为75%~80%(干基)。此法的用水量最多为小麦粉质量的10倍,比较经济,而且设备较马丁法先进。

(三)雷肖法

将小麦粉与水以1:(1.2~2.0)比例放在卧式搅拌器内混合成均匀的液浆,用离心器将液浆分成轻相(面筋相)和重相(淀粉相)两部分,淀粉相经水冲洗后干燥得一级淀粉;面筋相用泵打入静置器,在30~50℃静置10~90min,使面筋水解成线状物,如果温度超过60℃,面筋就会部分或全部变性凝固,但低于25℃不能水解。最后再加水进入第二级混合器,并激烈搅拌混合生成大块面筋后分离取出。

这种方法的特点是不但可以得到纯淀粉,而且可以得到非常纯的天然面筋,面筋的蛋白含量在80%以上;工艺时间短,细菌污染极小;用少量水,工艺水可以循环利用。

雷肖法工艺过程如下:

水 ↓ 小麦粉→混合器→卧式混合器→离心器→水洗器(水 ↓)→干燥→一级淀粉

离心器 ↓ 静止器←工艺水

静止器 ↓ 干燥←分离器←二级混合器←工艺水

分离器 ↓ 干燥器←离心器←工艺水

(四)旋水分离法

将小麦粉与水以1:1.5的比例充分混合后用泵导入旋水分离器,分离器内温度为30~50℃,轻相面筋在分离器内形成线状,用筛(孔径0.3~0.2mm)滤出轻相(面筋),并将重相淀粉从浆水中分离出来,为使淀粉与纤维分离,最后一道工序要用新鲜水洗,洗出 A 级淀粉,余下的浆液再经过旋水分离器和筛网提出 B 级淀粉及可溶性物质。

(五)全麦粒分离法

近年来,对用小麦而不是用干法加工的小麦粉生产面筋和淀粉进行了多次尝试。以整麦粒为原料具有若干优点:①可省去干法加工的工本费用并避免干法加工所产生的损伤;②在购买小麦的时候,能详细说明所需小麦的类型及蛋白质含量,从而保证了产品的质量。化学法与酶法均以全麦为原料,通过加水和添加剂浸泡,分离出面筋、淀粉、麸皮和胚芽四种物质,这种全麦分离在工艺过程中需添加一定量的试剂从而提高成本。

不添加任何化学试剂的全麦分离法的工艺过程如下:

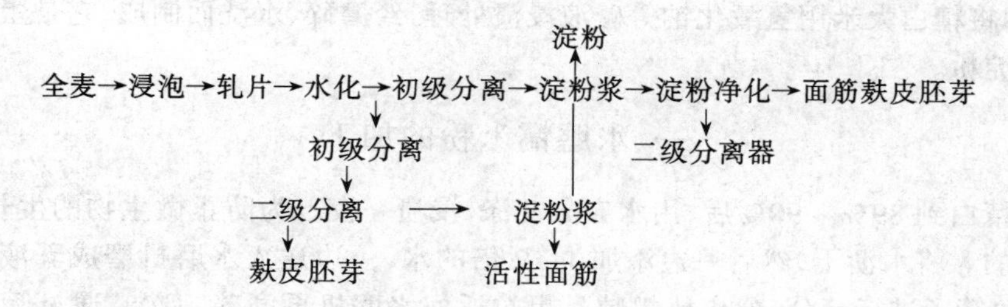

四、小麦面筋粉的干燥

小麦粉湿法分离所得的面筋必须干燥才能成粉,但如果温度控制不当,生产出的小麦粉就失去活性。20 世纪 60 年代工业上普遍采用的干燥方法之一是气力式环形烘干机,其生产的面筋粉粒细,色浅黄,活性好,水分 10%(质量分数),蛋白质 80%(质量分数干基)。

干燥小麦面筋的其他方法:

(1)真空干燥　真空干燥是生产活性面筋的最早方法之一。湿面筋在真空干燥之前必须先切成小块装入盘内,加热后面筋块要膨胀,盘与盘之间要留有余地,面筋干燥后取出再磨成面筋粉。这种面筋粉为淡色,绝大部分保持自然活性。

(2)喷雾干燥　为了保证面筋能顺利喷出,需先稀释再由泵打入喷嘴,使之喷出细物质活性面筋粉。稀释试剂常为氨、二氧化碳和有机酸等。

(3)圆筒干燥　圆筒干燥分双圆筒和单圆筒,喷雾干燥的面筋液亦可用于这种形式干燥并可添加氨、二氧化碳和醋酸,这是一种分散干燥法,干燥后的面筋变性最少。

(4)冷冻干燥　冷冻干燥的面筋粉生产面包时烘焙性能损失最小,面包体积最大。若冷冻前采用干冰和液氨就能生产出白色、高质量的面筋粉。

第三节　米粉的加工

米粉在米制品中占有重要地位,它的产量大,品种多。我国米粉以选料上乘、做工精细、洁白油润、韧滑爽口为特色,远销东南亚、澳大利亚、新西兰和欧美诸国。

大米淀粉以复粒形式牢牢地包含在蛋白质间质中,单个淀粉粒很小(直径为 4~8μm),呈多角形,是粒度最小的淀粉,可用于化妆品和变性淀粉的生产原料,虽然没有大规模的生产,但因其独特的功能特性和较高的附加值日渐为研究者所重视,如用变性米淀粉制备脂肪替代品等。

大米蛋白由于其独特的低过敏特性,可用于婴儿食品的制备,也有较好的开发应用前景。

与玉米、小麦和马铃薯淀粉相比，当前稻米淀粉的价格较高，因而其用途受到限制。T.J. Schoch将其用途归纳为化妆用粉、纤维织物的上浆剂、制作果冻和布丁的原料。在欧盟国家，低直链稻米淀粉用于婴儿食品、专用纸、照相纸和洗衣业。非食品用途主要是利用米淀粉颗粒较小这一优点。

制造淀粉有两种方法，一种是像用马铃薯和甘薯制造淀粉那样，经过磨碎和水洗以分离淀粉的方法；另一种是玉米淀粉制造中采用的经亚硫酸、碱等浸泡处理后，通过磨碎、水洗而获得淀粉的方法。用米制造淀粉也可以采用这两种方法。但是，米与薯类不同，其蛋白质含量较高，因而用这两种方法制得的产品蛋白质含量不同。水磨糯米粉按薯类淀粉的制造方式生产，主要以糯米作原料，将其精白、用水浸渍、磨碎而制成。纯大米淀粉用与制造玉米淀粉相类似的方法生产，将精白大米用氢氧化钠等碱液浸渍处理，经磨碎、水洗而制成，它是蛋白质含量比前者少的纯淀粉。

一、水磨糯米粉的加工

糙糯米精白到89%～90%后，用水充分洗涤，浸渍一夜。为防止微生物的生长繁殖，也有用流水浸渍的。将水沥干，然后一边添加1～2倍的水，一边送入水磨机磨成乳液。此乳液用80～100目的筛子进行筛分，分离掉粗粒。粗粒返回水磨机再磨碎一次。通过筛孔的乳液送往压榨机，脱水到含水分40%～45%成为生粉。此生粉经切成小方块整形之后，用60℃左右的热风进行干燥即为产品。工艺过程如下：

精米→水洗→水浸渍→水磨→筛分→糯米淀粉乳液→压榨→整形→干燥→成品
　　　　　　　　　　　　↓
　　　　　　　　　　　白渣

水磨糯米粉大多作为糕点原料被用来制作团子、皮糖。黏性的强弱是水磨糯米粉质量的重要因素。原料米的种类以及淀粉的粒度对其黏性的强弱有较大影响。因此，在为制造水磨糯米粉而设定各个工序时必须充分考虑粒度分布。原料米要考虑吸水量和吸水分布。吸水少的米粒外围部分容易形成粗粉，内侧部分由于吸水多容易成为细粉。用米粒内外吸水性能不同的旱稻制得的粉，比用水稻制得的粒度粗，只能制出做硬团子的水磨糯米粉，而用水稻则容易制出粒度均匀而物理性能弱的偏黏的制品。水浸渍的条件也要加以考虑，如用高温长时间进行浸渍，这样由于米粒组织软化，粒度分布变得均匀，就容易变成细粉，物理性能便减弱，一般在30℃浸渍8h或在5℃浸渍12h以上的其物理性能较好。水磨时的加水量也能对粒度分布带来影响，加水量少，粒度细。一般以米量的1～2倍为最好。

二、米淀粉的加工

通过水磨制造的水磨糯米粉，其蛋白质含量是比较高的。这是由于米中的蛋白质分布在细胞壁和淀粉粒的外围，而且蛋白质中大部分是碱溶性的谷蛋白，它不溶于水，所以单用水磨、水洗不能将其除去。因而要制造高纯度的大米淀粉，需要通过碱、表面活性剂甚至利用超声波来除去蛋白质。用碱浸法时，由于碱的浓度会给一部分淀粉带来损伤，因而在实验室里常采用表面活性剂或超声波法，不过在实际制造时，要考虑以经济为主，所以采用了费用便宜的碱法。其工艺流程如下：

精米→碱处理→磨碎→筛分→分级处理→水洗→脱水→干燥→粉碎→成品
　　　↓
　　碱废液→高蛋白渣→饲料

将精白米放在0.2%～0.5%氢氧化钠溶液（以下简称碱液）里浸渍，碱液的用量为米的两倍左右。在浸渍过程中,每隔 6h 搅拌一次,共浸渍 24h,搅拌以空气搅拌效果为好。经过浸渍,米粒中 50%的蛋白质可被溶出,米粒软化,用手即可将其破碎。在经过浸渍的米粒中加入 1~2 倍量的碱液,用磨碎机进行水磨。乳液用 150 目筛将粗粒筛去。粗粒液可以再次送入磨碎机磨碎,但这一部分的蛋白质含量较高,可以作饲料。筛分完的淀粉乳液,放入沉淀槽通过沉淀法进行粒度分级,分级处理完的淀粉乳用水洗型的喷嘴分离器水洗 4~6 次,以除去蛋白与碱。水洗过的淀粉乳经离心式脱水机或过滤式脱水机脱水取得湿粉,然后用流动式干燥机进行干燥,最后经粉碎机粉碎便成产品。

三、水磨糯米粉与米淀粉的用途

水磨糯米粉是传统中式糕点的生产原料,用来做汤圆、团子、年糕、皮糖点心等。

米淀粉是一种颗粒微小的天然有机物,主要是以生淀粉的形式直接加以使用:做印像纸用,能很好地吸着碱性色素,而且能够很好固定在纸表面的凹处,可以获得印字和印像鲜明、不易擦掉的照片和拷贝;在制造化妆品方面,它能很好的固定在皮肤的凹点,化妆的剥落少;在食品和橡胶工业上作为手粉、撒粉等润滑剂用。

复 习 题

1.玉米湿法加工的主要产品是什么?

2.为什么在玉米浸泡期间要添加二氧化硫?

3.玉米湿法加工中,采用什么原理从蛋白质中分离淀粉?

5.何谓活性小麦面筋?

6.简述小麦面筋制备的基本工艺流程。

7.小麦面筋的基本组成是什么? 各有何特点?

8.A、B 两种小麦淀粉之间有什么区别?

9.为什么在小麦湿法加工中不使用二氧化硫?

10.简述米淀粉的生产及应用。

参 考 文 献

1. 余刚哲 . 稻米化学加工储藏 . 北京:中国商业出版社,1994

2. 周世英,钟丽玉 . 粮食学与粮食化学 . 北京:中国财政经济出版社,1986

3. ANDERSON, R. A. Corn wet milling industry. Pages 150 – 170 in: Corn: Culture, Processing and Products. G. E. Inglett, ed. Avi Publishing Co., Westport, CT.1970.

4. BERKHOUT, F. The manufacture of maize starch. Pages 109 – 134 in: Starch Production Technology. J. A. Radley, ed. Applied Science Publishers, London.1976.

5. KNIGHT, J. W., and OLSON, R. M. Wheat starch: Production, modification, and uses. Pages 491 – 506 in: Starch Chemistry and Technology, 2nd ed. R. Whistler, J. N. BeMiller, and E. Paschall, eds. Academic Press, Orlando, FL.1984.

第九章　谷物加工副产品的利用

第一节　植物化学素

研究发现谷物、蔬菜、水果、豆类等植物可减少某些慢性常见疾病，如肿瘤、心脏病、中风、糖尿病与高血压发病的危险性，部分原因是由于植物中维生素、微量元素及酶的抗氧化和清除自由基的作用，还有一部分原因是植物中所含的尚未完全研究清楚的物质，这些物质也有促进健康的作用，称为植物化学素(phytochemicals)。

植物化学素是植物中有生物活性的物质。其中绿色的是叶绿素，黄色、红色与橙色的是类胡萝卜素，蓝色、紫色与艳绿色的是生物黄酮。类胡萝卜素有600多种，生物黄酮有4000多种。这些物质能给予植物颜色、香味，并防止植物患病。人类食用以后也能防止某些疾病，维持健康。

一、类胡萝卜素

类胡萝卜素中最主要的是β-胡萝卜素，它在体内能转变成维生素A，因此又称维生素A前体。体外试验、动物试验、临床验证和大规模的流行病学干预试验都证明，β-胡萝卜素有抗氧化、清除自由基以及防治癌症的作用。大剂量的β-胡萝卜素能使心血管疾病的危险因素降低1/3。最近还有一个非常重要的发现，若每天给予艾滋病患者β-胡萝卜素18mg，4周后CD-4细胞总数显著增加，CD-4与CD-8细胞的比值有所改善，总淋巴细胞数增加，表明β-胡萝卜素还有治疗艾滋病的作用。

二、生 物 黄 酮

(一)生物黄酮的作用

由于自由基生命科学的进展，使具有很强的抗氧化和清除自由基作用的黄酮类化合物受到空前的重视。黄酮类化合物参与磷酸与花生四烯酸的代谢、蛋白质的磷酸化作用、钙离子的转移、自由基的清除、氧化还原作用、螯合作用和基因表达。生物黄酮对健康的好处有：抗炎症、抗过敏、抑制细菌(抗感染)、抑制寄生虫、抑制病毒、防治肝病、防治血管疾病、防治血管栓塞、防治心与脑血管疾病、抗肿瘤、抗化学毒物(包括诱导肿瘤的化学毒物)等。

目前，很多著名的抗氧化剂和自由基清除剂都是黄酮类化合物。

(二)生物黄酮的基本结构

生物黄酮的基本结构见图9-1。它是由两个苯环与中间一个含有氧的吡喃环结合而成。由这一结构可衍化成多种化学结构，并且可从单聚体、双聚体、低聚体到几百个单聚体结合而成的多聚体，形成几千种黄酮化合物。食物中主要的黄酮化合物为黄烷酮、黄酮、黄烷醇、花色素、儿茶素和双黄烷。一些谷类

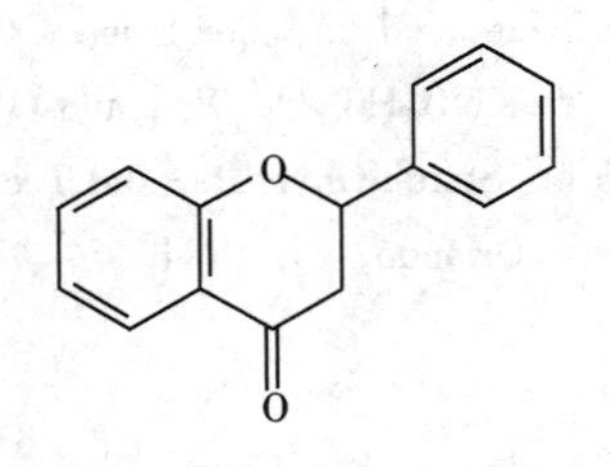

图9-1　生物黄酮的基本结构

中所含的各种黄酮见表 9-1。黄酮类物质因其结构与雌激素类似，具有微弱的雌激素样作用，故称为植物雌激素。这种雄激素作用，在一定情况下会表现出抗雌激素活性，这种作用取决于动物体内雌激素水平，对于雌激素水平较低的个体表现出雌激素样作用，而对于雌激素水平较高的个体则呈现抗雌激素作用。

表 9-1　一些谷物、蔬菜和水果中主要黄酮

品名	黄酮	黄烷醇	花色素	儿茶素	双黄烷
稻米	√		√		
小麦	√		√		
玉米		√	√	√	√
燕麦	√		√	√	√

(三)生物黄酮的营养作用

1. 儿茶素能促进动物的生长，增加细胞中酶的功能

人在紧张与应激环境下，服用黄酮能消除紧张。

2. 抗氧化和清除自由基的作用

黄酮是植物性食物中最具有抗氧化作用的成分之一。例如从茶叶中提取的茶多酚就有很强的抗氧化作用，含有黄酮类化合物的食物有较长的贮存期。

3. 对重金属有螯合作用

黄酮能螯合重金属形成复合物，使重金属不危害人体。因此在重金属污染环境中生活工作的人服用黄酮类化合物可防止重金属中毒。

4. 抗肿瘤作用

生物黄酮有对抗肿瘤细胞疯长的作用，而且对致癌因子和促癌因子有生化抑制作用。能防止肿瘤的发生和抑制肿瘤生长。

5. 与维生素 C 的协同作用

维生素 C 是水溶性维生素，它很不稳定，很容易被氧化与破坏。有时对水果或蔬菜不恰当的洗涤与烹调可以使维生素 C 破坏殆尽。食物中的黄酮是使维生素 C 稳定和不容易被破坏的最重要的物质。黄酮还能加强维生素 C 的抗氧化和清除自由基的作用。黄酮能使维生素 C 在动物体中抗坏血病的作用加强。

6. 生物黄酮是微生物抑制剂

实验证明，生物黄酮对葡萄球菌、大肠杆菌、痢疾杆菌和伤寒杆菌有抑制作用，对病毒(如流感病毒、肠炎病毒)也有抑制作用。因此，它有很强的抗感染和抗炎作用。

三、纤　维　素

纤维素是碳水化合物的另一种形式。这种形式的碳水化合物不会被人体所消化，它经过胃肠道，最后作为粪便的一部分直接排出体外。虽然纤维素不能被人体消化吸收，但它也有重要功能：①它能吸收水分，使粪便膨胀变软，防止便秘与痔疮；②高纤维素膳食能使粪便较快地经过肠道并清洁肠道，因而能预防大肠癌的发生；③纤维素能与产生胆固醇的物质结合，降低胆固醇在体内的含量。过去，由于对膳食纤维的认识与分析技术的局限，往往只看到食物中的粗纤维，而这只是膳食纤维的一部分。按目前的认识，膳食纤维是人体消化酶所不能分解的碳水化合物和木质素。膳食纤维大部分是多糖，但在结构上和能够被人体吸收的淀粉有明显的

差异。膳食纤维包括植物细胞壁与细胞内的多种物质，如纤维素、半纤维素、果胶、木质素，细胞内的胶质(gum)及黏胶(mucilage)。在2000年以前，我们的祖先就察觉到食物中既有营养素，也有非营养素成分，但它们都是对机体有作用的物质，因此把食物分为寒、凉、热等性质，并利用食物的这种性质防病治病。例如便秘这种症状被认为是热的疾患，所用的食物都是富含膳食纤维的凉性解热食物，如芭蕉。

膳食纤维可以分为可溶性与不可溶性两大类。虽然各种纤维有其独特的作用，但根据目前的观察，食物中的纤维多数不是单一种类的，似乎可溶性纤维的作用明显一些。简单的归类见表9－2。虽然大多数膳食纤维的基本结构是以葡萄糖为单位，但膳食纤维葡萄糖单位的连接却与淀粉有很多不同之处，以致人体的消化酶不能将其分解。最近发现这类物质在结肠可被肠道的微生物所分解与利用，尤其是膳食纤维被分解为短链脂肪酸(SCFS)的情况下，人体也可以吸收其中的一部分能量。据Cummings的估计，肠道每日可产生200～300mmol的短链脂肪酸。因为短链脂肪酸能很快被吸收，故餐后可在门静脉中测到4μmol/L的脂肪酸。结肠的细胞可以很快地利用这类脂肪酸，尤其是丁酸盐。一些研究认为丁酸可以影响肠道细胞的染色体结构，并认为可能对癌症有防治作用。而丙酸则可进入门静脉，并在肝脏被廓清，这种脂肪酸可能对肝的脂肪代谢有作用，并对葡萄糖代谢产生影响，有一些实验证明它可以防止醋酸分子进入，因而阻碍了胆固醇的合成。醋酸是肠道细菌代谢的主要产物，可以很快被分解成二氧化碳，因此，有人认为短链脂肪酸是一种可用的细胞能源，虽然这种作用还不很清楚。

表9－2　膳食纤维素的生理和营养生化作用

性质	纤维素类型	生理功能	营养生化作用
细菌降解	多糖，细菌作用取决于其可溶性	在结肠内分解多糖，产生短链脂肪酸及细菌代谢物	扩大粪便容积取决于降解程度；增加容量，取决于小细菌增殖。短链脂肪酸能产生能量，并能降低结肠内环境pH
保持水分	果胶、黏胶、β－葡聚糖、部分半纤维素	膨胀肠内容物，增加黏性，有利于细菌起作用	使胃排空的速度和营养素吸收的速度减缓，使胃肠道的容积增加，也使降解增加
吸收或与有机分子结合	果胶、黏胶、木质素、复合膳食纤维如麦类麦麸	与胆酸结合，并与消化酶反应	增加胆酸排泄，使小肠消化的速度降低

(一)膳食纤维的黏性

果胶、β－葡聚糖、各类胶质以及海藻多糖等，都可以在肠道形成有高度黏性的液体，肠道因而变得有黏性，并引起胃排空速度减慢。在小肠内，这种黏性液体可以减少食物之间的混合，减少肠道的酶与食物的接触，从而使营养物质进入肠黏膜细胞的数量也减少，这可使糖耐量呈现一种较迟钝的反应，也就是说膳食纤维可以使血糖指数 (glycemic index)下降。

(二)膳食纤维的持水作用

不同的膳食纤维有不同的持水作用，这与各种纤维的可溶性有较大的关系。例如纤维素与木质素是不溶的，故对水的保持作用较小；羧甲基纤维素可以使持水力加大10倍；果胶、β－葡聚糖及一些半纤维素对水有很大的保持作用。对于膳食纤维来说，若其性质为黏性，能高度保持水分，有高溶解度，到了大肠就更易为细菌所作用，同时使粪量加大。

(三)膳食纤维与胆酸的结合力

体内、体外试验都证明，膳食纤维对胆酸有结合力。麦胚、古柯胶(guar gum)、魔芋、葡甘露聚糖(konjac glucomanan)、脱乙酸壳多糖(chitosan)以及分离的木质素胶都可与胆酸结合。人体试验证明,果胶、古柯胶、燕麦麦麸、小麦麦麸等都可以使粪便中的胆酸排出量增加。有的学者认为,增加胆酸的排出就增加胆固醇的转换率与排出,最后能降低血中胆固醇含量。同时,一些纤维素与胆酸结合,加上磷脂的参与,可以减慢机体对脂肪的吸收。

(四)膳食纤维的胃肠道功能

膳食纤维无疑对胃肠道功能的正常化起重要作用。在有足够的膳食纤维摄入时,可使人体肠道内的粪便保持一定的量,以及正常的排出肠道时间。国际生命科学研究小组建议,每日膳食纤维的适宜量为20g。估计每1g小麦麦麸能增加粪重(5.7±0.5)g,每克水果及蔬菜能增加粪重(4.9±0.9)g。

便秘、肠室室、肠激惹性综合症等疾病,是增加膳食纤维的适应症。更重要的是,经过流行病学的观察,大量的实例证明膳食纤维有助于预防肠道癌及其他一些癌症。估计膳食纤维有利于减少、稀释肠道中的致癌物质,减少其停留时间,以及减少肠道对致癌物质的吸附作用。

当然,膳食纤维也不是越多越好,因为过多会干扰人体对营养物质的吸收。中国古代对膳食构成的说法是"五谷为养,五果为助,五畜为益,五菜为充",科学证明这是正确的。

四、燕麦的β-葡聚糖

自从发现经常作为早餐的放在牛奶中食用的谷物燕麦有丰富的纤维素,具有很多保健功能以后,已经开展了不少对燕麦保健功能的研究。

(一)燕麦能降低心脏病的发病率

1997年1月22日在美国联邦注册中食品与药物管理局宣布:"作为低饱和脂肪酸和低胆固醇膳食,燕麦的可溶性纤维可能能降低心脏病的危险性"。这是1990年美国政府通过营养标签和教育法案以后,继宣布"低饱和脂肪酸、胆固醇可能能降低心脏病的危险性","低钠膳食可能能降低高血压","正常运动和补钙可能能降低骨质疏松症","低脂肪与多吃水果蔬菜可能能减少癌症","补充叶酸可能能减少婴儿的神经管生长缺陷"以后,宣布一种食物——燕麦能降低心脏病的发病率。

为什么燕麦能降低心脏病的危险性?一种说法是由于吃燕麦是用低脂肪、低胆固醇的碳水化合物代替了饱和脂肪酸和胆固醇。但严格的控制试验和综合分析表明,即使吃低脂肪膳食,服用燕麦还是能使血中的总胆固醇继续降低。即便将各项燕麦干预试验的膳食中饱和脂肪酸和多不饱和脂肪酸估算出来,也不能说明血总胆固醇的降低是由于膳食中饱和脂肪酸降低的缘故。

燕麦降低血总胆固醇主要是由于它含有丰富的可溶性纤维素。燕麦所含的纤维素,其中52%不可溶,48%可溶,可溶的纤维素主要是β-葡聚糖。一系列的人体试验证明,燕麦所以能降低血总胆固醇,主要原因是燕麦中含有的可溶性纤维素即β-葡聚糖。在肝脏中胆固醇能转变成胆酸,这些胆酸到达小肠能帮助脂肪消化。当服用燕麦时,燕麦的葡聚糖在肠中能形成胶状物质将胆酸包围。由于胆酸被包围,很多胆酸便不能通过小肠肠壁被吸收再回到肝脏,而是通过消化道被排出体外。因此当肠内食物消化需要胆酸时,肝脏只能吸收血中的胆固醇来补充被丢失的胆酸,于是降低了血中的胆固醇。这是服用燕麦能降低血总胆固醇的主要机制。此外,燕麦的可溶性纤维素在大肠内,可被肠内寄生的细菌发酵成短链脂肪酸。这些脂肪酸被大肠吸收,可以降低肝脏合成低密度脂蛋白胆固醇。以上是燕麦降低胆固醇和低密度脂蛋白胆固醇的独特的机制。

要降低血总胆固醇和低密度脂蛋白胆固醇，必须有3g的纤维素，即0.75g的β-葡聚糖，需要吃一杯半或一大碗燕麦片才能达到这一剂量。此外，并不是所有的燕麦品种都有如此丰富的可溶性纤维素，例如新西兰生产的燕麦，由于它所含β-葡聚糖不高，因此降低胆固醇的效果不好。我国也有不少燕麦片在市场销售，经过临床试验证明能降低血脂，并经卫生部批准作为保健食品。但血中的甘油三酯受膳食中脂肪含量影响很大，如一个时期多吃脂肪便会升高，而少吃便会降低。需要对这些燕麦的可溶性纤维素进行分析，以便决定哪一种品牌的燕麦具有显著的降血胆固醇功能。

（二）燕麦对糖尿病有防治作用

20世纪80年代后半期到90年代，医学与营养工作者发现食用燕麦能减少动脉粥样硬化、高血压、糖尿病与肥胖的危险性。这些疾病都与体内胰岛素水平的升高有关，也是心血管疾病和脑血管疾病的危险因子。血脂的升高、对胰岛素的拮抗、葡萄糖耐量的异常和高血压被称为X综合征或导致死亡的四项症状。目前X综合征不但在西方发达国家而且在我国也广为流行。与X综合征有关的糖尿病，在我国，尤其在大城市发病者已越来越多，死亡率也越来越高。一些糖尿病危险因子较高的人，若吃高糖和生糖指数较高的食物，很容易患糖尿病。而食用燕麦或纤维素较多的食物，由于不易使血糖升高，因此不容易患糖尿病。

将燕麦或含有丰富纤维素食物中的可溶性纤维素β-葡聚糖或果胶纯化服用，在临床试验中能显著降低餐后的血糖。健康人或瘦弱的糖尿病患者吃高碳水化合物或高纤维素食物要比高脂食物更能降低空腹血葡萄糖和血胰岛素的水平。燕麦的麦麸是所有高纤维素食物中改善血葡萄糖和胰岛素水平较好的食物。在老年患者中，身体外周组织（例如肌肉）对胰岛素灵敏度的降低，是葡萄糖耐量降低、血脂升高、血压增加的主要原因，也是老年糖尿病患者不易治愈的原因之一。但服用燕麦却能增加身体外周组织对胰岛素的灵敏度，因而增加了胰岛素对糖尿病的治疗效果，并且也使体内血糖更易受到控制。

1995年进行了燕麦中的β-葡聚糖制成药物Oatrim对中度高胆固醇血病人的临床试验。用部分Oatrim替代了若干食物，如面包、甜食、肉卷和汤类中的碳水化合物和脂肪。在食用试验食物5d后，进行了葡萄糖耐量试验。结果不论是糖耐量试验和胰岛素反应都有显著改善。在长期观察中，由低生糖指数食物组成的膳食，不论对胰岛素依赖型（Ⅰ型）还是非胰岛素依赖型（Ⅱ型）糖尿病都能有效地控制血糖。健康人与糖尿病病人食用从燕麦麦麸中提取的可溶性纤维素β-葡聚糖或燕麦麦麸本身都能降低餐后的血糖和血胰岛素水平。燕麦降低血葡萄糖水平的有效作用主要是燕麦β-葡聚糖的黏稠度。

最近有人认为糖尿病病人不能一味吃高碳水化合物的食物。有时高碳水化合物食物也会升高餐后血糖和胰岛素的水平，降低血中的高密度脂蛋白胆固醇和升高血甘油三酯。因此美国糖尿病学会在1994年提出“关于膳食中碳水化合物的热量百分比必须根据每个糖尿病患者的不同危险因素分别计算”。进一步研究发现，高碳水化合物膳食所以能使血糖升高，主要是这些碳水化合物中纤维素太少的缘故。当将纤维素高的碳水化合物加入到膳食中以后便不会发生血糖升高的现象。常用的纤维素高的碳水化合物有燕麦和燕麦麦麸，它们能抑制餐后的血糖和胰岛素的升高，不使高密度脂蛋白胆固醇降低和甘油三酯增加。

食用不同食物以后血糖反应的高低用生糖指数表示，其中燕麦和燕麦做成的食品是属于低或中度生糖指数的食物。一般谷物加工过程（如稻米、小麦、玉米）去除了外壳以后，它们的生糖指数会增加。

燕麦的可溶性纤维β-葡聚糖所以能改善血糖反应，主要是由于下面的机制：可溶性纤维在胃肠道中形成一黏性膜，使食物营养素的消化吸收过程变慢，并在整个消化道中进行消化吸收。胃的排空、肠的蠕动以及营养素消化吸收的变慢减轻了血糖和胰岛素的反应。其他的假说包括：在大肠中短链脂肪酸的产生与吸收，这也对血葡萄糖的消耗与代谢产生系统影响；胃肠道激素的分泌也间接影响了胰岛素的分泌，同时加强了与胰岛素受体的结合。

五、三磷酸肌醇

三磷酸肌醇是植酸盐降解过程中的最重要的一种中间产物。根据磷酸基团位置分布的不同，三磷酸肌醇有多种同分异构体，比较常见的有：肌醇 1,2,6 - 三磷酸、肌醇 1,4,5 - 三磷酸、肌醇 1,2,3 - 三磷酸、肌醇 1,2,5 - 三磷酸、肌醇 1,3,4 - 三磷酸等，分别简写为 I(1,2,6)P_3、I(1,4,5)P_3、I(1,2,3)P_3、I(1,2,5)P_3。

（一）三磷酸肌醇的结构

三磷酸肌醇的结构分析可以采用核磁共振方法。磷酸基团的取代位置不同会改变环己六醇环上各元素的化学环境，因此，不同三磷酸肌醇异构体都有独特的 NMR 图谱。常见三磷酸肌醇的结构式如下：

肌醇 1,2,5 - 三磷酸

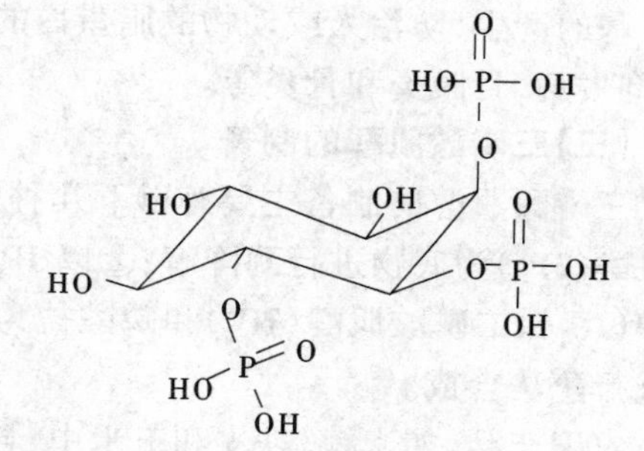

肌醇 1,2,6 - 三磷酸

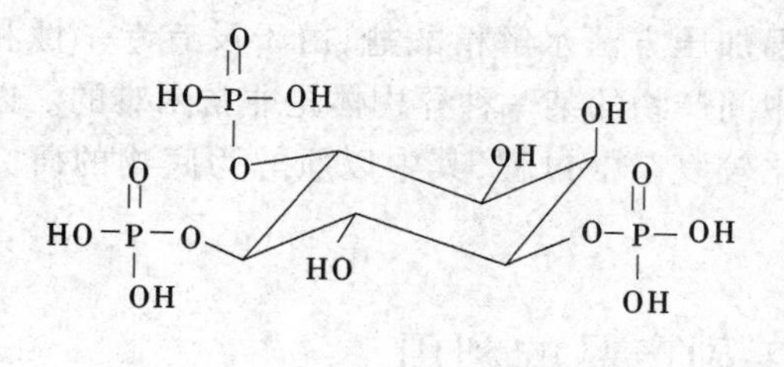

肌醇 1,4,5 - 三磷酸

肌醇 1,2,3 - 三磷酸

（二）三磷酸肌醇的功能

不同三磷酸肌醇异构体的功能具有很大的差别，I(1,2,6)P_3（简称 PP56）是一种生理功能卓著的三磷酸肌醇。

消炎：PP56 对急性和慢性两类完全不同的炎症具有明显的抗消炎作用，能够降低烧伤皮肤的水肿和局部性贫血，可用于预防和治疗人或其他动物的组织损伤。组织损伤是指体外或体内具有某一生理功能的细胞受到损伤，它包括很多方面，比如小动脉和毛细血管扩张等。组织损伤的临床表现为痛、发热、发红、肿胀或失去生理功能。导致组织损伤的原因很多，包括机械的、免疫的和化学原因等，微生物如病毒也能导致组织损伤，受热、火、射线、寒冷和风吹也能导致组织损伤。PP56的一种功能是阻止或减轻不同类型细胞的细胞膜损伤，尤其是血小板和内皮细胞膜、巨噬细胞、白细胞。PP56还能增加细胞的稳定性，减少细胞变形，从而改进细胞的功能。

降糖：PP56对链唑霉素诱导老鼠产生的糖尿病具有良好的疗效，以PP56为主的IP_3对糖尿病及其综合症具有良好的疗效。

降血压：PP56已是目前最有前途并正在开发的非肽类神经肽Y（NPY）受体拮抗剂，它可抑制Ca^{2+}内流和细胞内磷酸肌醇的形成，中断NPY受体的信息传递，从而抑制NPY的作用。已经发现PP56对突触后膜Y1和Y2受体均有作用，并且这种作用具有高度的特异性，它对其他神经肽的信息传导则无影响。临床应用结果发现，PP56可以使高血压病人运动时血压上升的幅度明显减小，初步证实了NPY受体拮抗剂的降血压作用。

镇痛：PP56可以作为止痛药。大多数的止痛药或麻醉剂具有副作用，有的还会使人产生恶心和呕吐的现象。PP56具有良好的镇痛效果。

另外，PP56及其他IP_3异构体可抑制前列腺肥大组织的增长，可用于治疗逆转录病毒所至的疾病，包括对艾滋病病毒所导致的感染，消除体内镉和铝产生的副作用，抑制或减少体内自由基的产生，防治人或动物的脂蛋白的异常，可预防、减轻和治疗骨科病，如骨质疏松、软骨病、佝偻病、骨膜炎和骨炎等。

（三）三磷酸肌醇的制备

三磷酸肌醇的制备主要有以下几种方法：①以四磷酸肌醇（IP_4）、五磷酸肌醇（IP_5）、六磷酸肌醇（IP_6）为底物进行酶降解；②以IP_4、IP_5和IP_6为底物进行非酶降解；③以肌醇、一磷酸肌醇（IP_1）、二磷酸肌醇（IP_2）和磷酸盐为底物进行化学合成；④以肌醇、IP_1、IP_2和磷酸盐为底物进行酶法合成。

农副产品，如米糠、麸皮和玉米中，含有丰富的植酸盐（即IP_6），经酶法或非酶方法水解可以生成IP_5、IP_4、IP_3、IP_2、IP_1和肌醇。酶主要是植物和微生物来源的植酸酶和磷酸酯酶，利用这些酶可以定向水解植酸盐获得所需要的产物，是一种较好的制备三磷酸肌醇的方法，对农副产品的增值具有重要意义。非酶水解即采用加温加压方法水解植酸盐，由于没有专一性和特异性，所制备的产物中含有多种异构体，要获得中间产物的某一种异构体是非常困难的。以肌醇、IP_1、IP_2和磷酸盐为底物来合成IP_3是一个比较复杂的过程，其中以肌醇为底物的研究较多，也可以用奎尼酸来合成IP_3。

第二节　稻谷加工副产品的利用

一、稻谷加工的副产品

（一）米糠

米糠是糙米碾白过程中被碾下的皮层及少量米胚和碎米的混合物。我国年产米糠达到900万t左右，为一种量大面广的可再生资源。

就我国米糠的利用而言，主要用作米糠油和菲丁的原料，这两项米糠利用总和也仅占全国米糠总产量的15%左右。其余75%的米糠几乎全部用来作为饲料。米糠直接作饲料存在许多缺点。首先，米糠含油率为13%～16%，猪饲料含油量应在2%左右，尤其饲育瘦肉型猪，含油量更不宜高。而且,游离脂肪酸含量达20%以上的米糠很普遍,但猪对米糠中的游离脂肪酸不能吸收。第二,米糠中通常含有10%左右的植酸钙镁,为常见天然资源中植酸含量最高者。植酸是营养阻障剂。第三,米糠中粗纤维含量为6%~14%,而单胃动物的食物中纤维含量最高只能达6%,故不适合单独作饲料;第四,米糠油脂中不饱和脂肪酸含量很高,猪饲料中米糠量太多,会影响猪肉的品质。

(二)稻壳

稻壳又名砻糠或大糠,稻谷的出壳率约为加工原粮的20%,我国年生产稻壳3000万t左右。稻壳坚韧粗糙,木质化程度高,摩擦力大,营养价值低。我国除少量稻壳用于燃烧发电和稻壳制板等外,绝大部分稻壳未加以利用。

(三)米胚

米胚在稻谷籽粒中所占比例为2.0%~2.2%,以糙米计为2.6%~2.9%。由于胚与胚乳连结不很牢固,在制米时容易脱离而进入米糠中。全国米胚的蕴藏量估计可达10万t以上。

(四)碎米

碎米是按照国家大米质量标准中有关含碎率的要求,在大米成品分级时得到的副产品。不同稻谷品种、贮藏时间和加工工艺出的碎米出品率变化较大,一般为大米成品的30%~40%。碎米通常用来制造淀粉、米粉和配合饲料,或作为发酵工业的原料,生产酒精、丙酮、丁醇、柠檬酸等产品。

二、米糠和米胚的性质

新鲜米糠色泽呈黄色,风味呈米香味,具鳞片状不规则结构,吸水性强,容重为72~75g/L。米胚作为谷物籽粒的初生组织和分生组织,是籽粒生理活性最强的部分。我国医学古籍对米糠的保健功效称为"味甘平、无毒,具有通肠、开胃、下气、磨积块"功能。米胚是有生命的物质,被营养学家誉为长寿因子、长青素。

与精白米相比,米糠和米胚中蛋白、脂肪、膳食纤维、维生素和矿物质等营养素的含量高得多(表9-3、表9-4和表9-5),说明稻谷中的这些营养素主要分布在皮层和胚中,在胚乳中含量较少。

表9-3　　米糠、米胚和精白米的主要化学成分　　单位:%

种类＼成分	水分	粗蛋白(N×5.95)	粗脂肪	碳水化合物	膳食纤维	灰分
米糠	10~15	12~17	13~22	35~50	23~30	8~12
米胚	10~13	17~26	17~40	15~30	7~10	6~10
精白米	12~16	6~9	0.7~2	72~80	1.8~2.8	0.6~1.2

表9-4　　米糠、米胚和精白米的维生素含量

维生素＼种类	米糠	米胚	精白米
β-胡萝卜素/IU	317	98	痕量
维生素C/(μg/g)	21.9	25~30	0.2
维生素D/IU	20	6.3	痕量
维生素E/IU	36.5	21.3	痕量

续表

维生素 \ 种类	米糠	米胚	精白米
维生素 B_1/(μg/g)	10 ~ 28	45 ~ 76	痕量 ~ 1.8
维生素 B_2/(μg/g)	1.7 ~ 3.4	2.7 ~ 5.0	0.1 ~ 0.4
维生素 pp(烟酸)/(μg/g)	240 ~ 590	15 ~ 99	8 ~ 26
维生素 B_5(泛酸)/(μg/g)	28 ~ 71	3 ~ 13	3.4 ~ 7.7
维生素 B_6(吡哆醇)/(μg/g)	10 ~ 32	15 ~ 16	0.4 ~ 6.2
维生素 B_{12}/(μg/g)	0.005	0.011	0.001
维生素 K/(μg/g)	2.1	3.6	痕量
叶酸/(μg/g)	0.5 ~ 1.46	0.9 ~ 4.3	0.06 ~ 0.16
维生素 H(生物素)/(μg/g)	0.16 ~ 0.47	0.26 ~ 0.58	0.005 ~ 0.07
肌醇/(μg/g)	4600 ~ 9270	3725 ~ 4700	100 ~ 125

表 9－5　　米糠、米胚和精白米的矿物质含量　　单位:μg/g

种类 \ 元素	钙	铁	镁	锰	钾	锌
米糠	250 ~ 1310	130 ~ 530	860 ~ 12300	110 ~ 880	13200 ~ 22700	50 ~ 160
米胚	510 ~ 2750	110 ~ 490	6000 ~ 15300	120 ~ 140	3800 ~ 21500	100 ~ 300
精白米	46 ~ 385	2 ~ 27	170 ~ 700	10 ~ 33	140 ~ 1200	3 ~ 21

(一)脂肪及类脂物

米糠中脂肪含量为 13% ~ 22%,与大豆含量相当。米胚中的脂肪含量则更高,一般在30%以上。米糠油脂和米胚油脂的脂肪酸组成特点都是不饱和脂肪酸的含量高于饱和脂肪酸,二者大致比例为 80:20(表 9－6)。必需脂肪酸是脊椎动物维持健康所必需的,自身不能合成的,要从食物中摄取的脂肪酸。米糠油富含亚油酸、亚麻酸等必需脂肪酸,是一种潜在的理想食用油脂。

表 9－6　　米糠油和米胚油的脂肪酸组成　　单位:%

脂肪酸	米糠油	米胚油
蔻酸(14:0)	0.4 ~ 1	0.2 ~ 0.3
软脂酸(16:0)	12 ~ 18	18 ~ 22
棕榈油酸(16:1)	0.1 ~ 0.5	0.2 ~ 0.3
硬脂酸(18:0)	1 ~ 3	0.5 ~ 0.8
油酸(18:1)	40 ~ 50	37 ~ 44
亚油酸(18:2)	29 ~ 42	32 ~ 44
亚麻酸(18:3)	1 ~ 3	0.3 ~ 1.6
花生酸(20:0)	0.1 ~ 0.3	0.1 ~ 0.4

米糠油除上述中性脂类外,还含有少量类脂物。类脂物也称脂质,是一类用有机溶剂(如乙醚、石油醚、苯、氯仿、甲醇等)自动物、植物或微生物的组织和细胞中萃取出的物质,包括脂肪酸衍生物、甾醇、萜烯、胡萝卜素、长链脂肪醇、长链脂肪烃、油溶性维生素等化合物。米糠油中类脂物的特点是种类多、含量高(表 9－7)。这类物质在油脂精炼的下脚料常常得到富集,是综合利用的重要内容。

表 9-7　　　　　　　　　　　米糠油和米胚油的脂类组成　　　　　　　　　　　单位:%

种类		米糠油	米胚油
非甘油酯皂化物	中性脂类	88~92	80~85
	脂肪酸、脂肪醇酯	1~1.5	
	谷维素	1.8~3.0	1.0~1.13
不皂化物	胡萝卜素、类胡萝卜素	200~300mg/kg	1.3
	叶绿素	10~110mg/kg	
	总甾醇	3~3.5	2.5~4.5
	烃	0.3~0.5	
	维生素 E	0.1~0.15	0.2~0.25
结合脂类	磷脂	0.4~0.6	6~7
	糖脂	2.5~5.6	2~3
	糖苷	<0.1	
	脂蛋白	0.1	
	甾醇脂	0.1~0.3	

谷维素:数种脂肪醇与阿魏酸成酯的混合物。阿魏酸分子结构式如下:

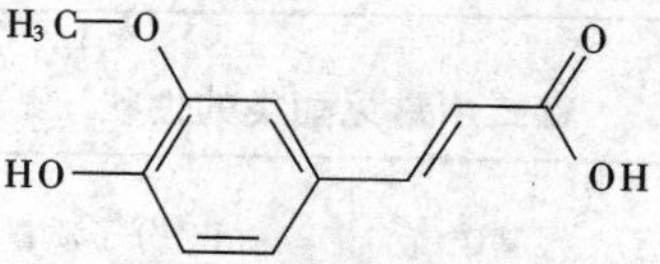

谷维素也存在于谷类植物籽粒中,在籽粒的皮层和胚芽中含量较高,其他部分含量极微。谷维素在米糠皮层中的含量为0.3%~0.5%,在米糠毛油中的含量为1.8%~3.0%,属目前生产的植物油中最高者,其他植物油,如玉米胚芽油、小麦胚芽油、稞麦糠油、亚麻油、菜子油等,虽然也有阿魏酸酯存在,但含量很低。所以,谷维素都是从毛糠油中提取。毛糠油中谷维素的含量与稻谷种植的气候条件、稻谷品种及米糠取油的工艺条件的不同而略有高低。如寒地稻谷的米糠含谷维素量高于热带稻谷,高温压榨与溶剂浸出所得毛油中谷维素的量比低温压榨高。我国中部、北部的晚稻米糠油的谷维素含量在2.5%~3%,南部早稻米糠油的谷维素含量在1.8%~2.3%。

在米糠油谷维素中,环木菠萝醇类阿魏酸酯的含量高达75%~80%,而甾醇类阿魏酸酯含量为15%~20%(表9-8)。

表 9-8　　　　　　　　　　　米糠油中阿魏酸酯的组成　　　　　　　　　　　单位:%

类别	组成	含量
环木菠萝醇类	环木菠萝醇阿魏酸酯	8~10
	环木菠萝烯醇阿魏酸酯	25~30
	24-甲基环木菠萝醇阿魏酸酯	35~40
	24-亚甲基环木菠萝醇阿魏酸酯	2~3
	24-甲基环木菠萝烯醇阿魏酸酯	0.2~0.5
	25-乙氧基环木菠萝醇阿魏酸酯	0.5~1.0
	25-羟基环木菠萝醇阿魏酸酯	微量
	环米糠醇阿魏酸酯	微量
甾醇类	β-谷甾醇阿魏酸酯	6~8
	菜油甾醇阿魏酸酯	10~12
	豆甾醇阿魏酸酯	1~2

目前已知的谷维素主要药理和临床疗效:为一种植物神经调节剂,对植物神经功能失调有

较好疗效;具有抗高血脂和抑制自体合成胆固醇的作用;具有抗脂质氧化的作用;对肠胃神经官能症有调节改善作用;被列为脂溶性维生素,对动物生长有促进作用。

糠蜡和三十烷醇:米糠油中含有3%~5%左右的糠蜡,常温时结晶析出成雾状悬浮于油中,温度升高时则逐渐溶于油中呈透明状。

糠蜡是高级脂肪酸与高级一元醇所组成的酯类混合物。精制的糠蜡系白色或淡黄色固体,有一定的硬度,无黏性,且具有电气绝缘性能。糠蜡的化学成分随加工方法和米糠来源的不同而有较大差异,一般以 C_{22} 和 C_{24} 的饱和脂肪酸与 C_{28}、C_{30}、C_{34} 和 C_{36} 的饱和脂肪醇的酯为主,还含有少量其他酯(表9-9)。糠蜡中常见酯类的性状见表9-10。

表9-9　糠蜡中常见脂肪酸和脂肪醇　单位:%

类别 \ 碳链	C_{18}	C_{20}	C_{22}	C_{24}	C_{26}	C_{28}	C_{30}	C_{32}	C_{34}	C_{36}	C_{38}
饱和脂肪酸	2.3	1.5	24.7	62.0	2.0						
饱和脂肪醇				9.4	9.1	16.9	19.4	9.1	16.0	14.1	1.0
不饱和脂肪酸(一个双键)	0.1~0.5	0.2	1.2	1.8	0.2~0.6	0.3~0.6	0.4~0.8	2.4~7.2	0~0.2		

表9-10　糠蜡中常见酯类的性状

酯类名称	羧基碳链	羟基碳链	相对分子质量	熔点/℃	皂化价
蒙旦酸蜂花酯	C_{28}	C_{30}	845.51	86~87	66.7
蒙旦酸蒙旦酯	C_{28}	C_{28}	817.46	85	68.8
蜡酸虫蜡酯	C_{26}	C_{32}	845.51	89	66.7
蜡酸蜂花酯	C_{26}	C_{30}	817.46	87	68.8
蜡酸蒙旦酯	C_{26}	C_{28}	789.40	83.5	71.3
蜡酸蜡酯	C_{26}	C_{26}	761.35	75.5~81	73.6
木焦酸蜂花酯	C_{24}	C_{30}	789.40	83	71.3
木焦酸蒙旦酯	C_{24}	C_{28}	761.35	81	73.6
木焦酸蜡酯	C_{24}	C_{26}	733.30	79	76.6
山嵛酸蜂花酯	C_{22}	C_{30}	761.35	82	73.6

糠蜡作为酯类可以水解,但只能在碱性介质中进行,水解速率也较油脂缓慢和困难。

糠蜡的用途很多,可用于电器的绝缘涂料、皮革、木材、纸张的浸润剂,水果喷洒保鲜剂,药剂,化妆品,家具、地板的磨光剂,模铸体、蜡纸、蜡笔、复写纸、皮鞋油、唱片以及高温作业精密仪器的润滑剂等。

糠蜡含有高级脂肪醇55%左右,高级脂肪醇中含有三十烷醇20%左右,是提取三十烷醇很有价值的原料。三十烷醇是一种新型天然植物生长调节剂,对植物的生长和发育具有特殊的调节和控制作用。据报道,用0.01~0.1mg/kg三十烷醇溶液(相当于一亩地用量1~10mg三十烷醇)喷洒农作物,根据作物的不同,增产幅度达8%~63%,平均产量增加12%。

维生素E:维生素E代表了8种天然存在的脂溶性营养素,即 α-、β-、γ-、δ-生育酚四个同系物和 α-、β-、γ-、δ-生育三烯酚四个同系物。维生素E可以看作是色满的衍生物,它们的命名是根据色满环上甲基取代的位置和数目。生育三烯酚在化学结构上与生育酚非常接近,差别就在于侧链不同。生育酚的侧链为叶绿基或称植基;而生育三烯酚则具有一个法呢基或称不饱和植基的侧链，含有三个构型为全反式的双键(图 9-2)。

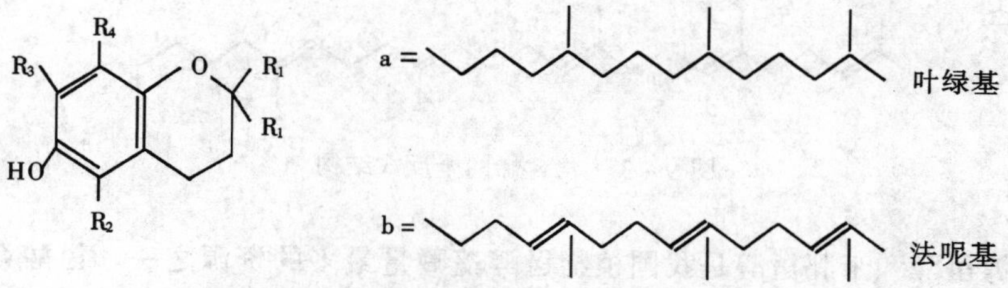

a = 叶绿基

b = 法呢基

图 9-2　生育酚和生育三烯酚的化学结构式

注：

R_1	R_2	R_3	R_4	名称	缩写式	相对分子质量
a	CH_3	CH_3	CH_3	α-生育酚	α-T	430
a	CH_3	H	CH_3	β-生育酚	β-T	416
a	H	CH_3	CH_3	γ-生育酚	γ-T	416
a	H	H	CH_3	δ-生育酚	δ-T	402
b	CH_3	CH_3	CH_3	α-生育三烯酚	α-T_3	424
b	CH_3	H	CH_3	β-生育三烯酚	β-T_3	410
b	H	CH_3	CH_3	γ-生育三烯酚	γ-T_3	410
b	H	H	CH_3	δ-生育三烯酚	δ-T_3	396

由表 9-11 可以看出，虽然米糠中生育酚和生育三烯酚的总量不算太丰富，但生育三烯酚，特别是 γ-生育三烯酚的含量在所列谷物中是最高的。

表 9-11　生育酚和生育三烯酚在各种谷物及其外皮中的含量　单位：mg/kg

谷物及其外皮	生育酚					生育三烯酚					$T+T_3$
	α-T	β-T	γ-T	δ-T	%-T	α-T_3	β-T_3	γ-T_3	δ-T_3	%-T_3	
麦胚	239	90			72	30	100			20	459
麦麸	16	10			28	13	55			72	94
玉米	6		45		86	3		5		14	59
燕麦	5	1			32	11	2			68	19
黑麦	16	4			47	15	8			53	43
白米	1		1		42	1		2		58	4
糙米	6	1	1		35	4		1		65	22
米糠	3	15	4	2	27	1	14	22	29	73	90
大麦	2	4		1	31	11	3	2		69	23
大麦麸	11	16	36	4	42	36	25	19	11	58	158

烃类：米糠油中不皂化物所含烃类化合物的含量一般为 5%~10%。总烃中角鲨烯含量约占 50%~60%，角鲨烯异构体约占 5%~10%，还有一些 C_{17}~C_{37}的奇数碳烃和 C_{16}~C_{36}的偶数碳烃。橄榄油和米糠油的角鲨烯含量较其他植物油高，一般 100g 橄榄油或米糠油含有 300mg 以上的角鲨烯。角鲨烯即三十碳六烯，为开链的三萜烯分子，其中六个双键皆非共轭，但系全反式(图 9-3)。角鲨烯是生物体代谢中不可缺少的物质，在脏器、皮肤的脂质中均有

一定量的角鲨烯。近年来的研究表明,角鲨烯具有降血脂、降胆固醇等生理活性。

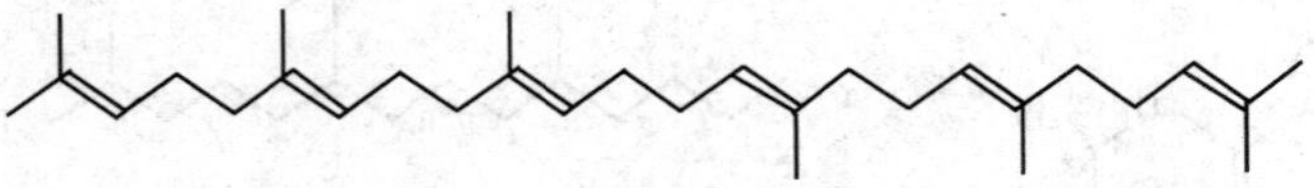

图 9-3　角鲨烯的全反式结构

甾醇:米糠甾醇和米胚甾醇是我国植物甾醇蕴藏量最多的资源之一。甾醇系由三萜(烯)醇类、4-甲基甾醇类、甾醇类三种环状醇所构成[三萜(烯)醇类约为 28%,4-甲基甾醇类约为 10%,甾醇类约为 43%]。米糠油不皂化物中含甾醇约 81%左右。所有甾类化合物都有一个环戊烷多氢菲的核心结构,简称甾核(图 9-4)。如在甾核第三位上有一个羟基即为甾醇。米糠油甾醇中约 55%～63%为 β-谷甾醇(图 9-5)。米糠油不皂化物的药理作用与其含有的甾醇密切相关。

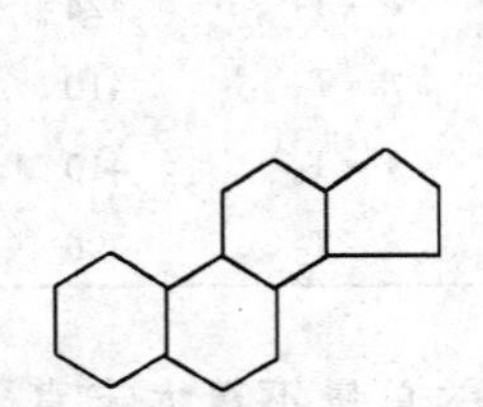

图 9-4　环戊烷多氢菲结构式

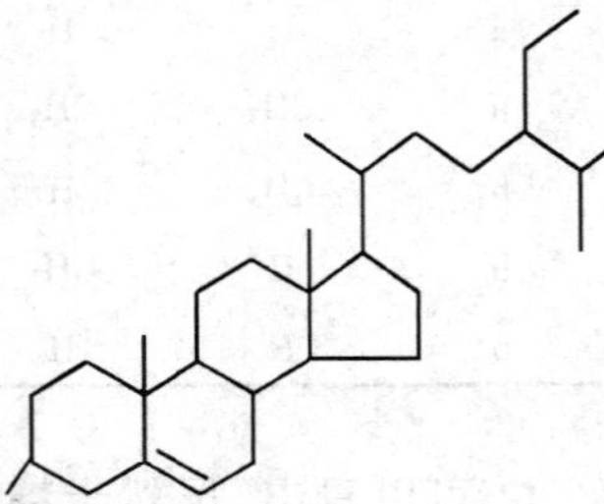

图 9-5　β-谷甾醇结构式

植物甾醇是一类有生理价值的物质,可用于合成调节水、蛋白质、糖和盐代谢的甾类激素;植物甾醇作为治疗心血管疾病、皮肤鳞癌和顽固性溃疡的药物已被应用或正在作临床试验。用氧化谷甾醇法生产的雄甾-4-烯-3,17-二酮,是类固醇药的中间体,可用以制造包括口服避孕药和治疗高血压等大量类固醇药。甾醇还可作为养蚕时代替桑叶的混合饲料添加剂,增进蚕的食欲。此外,甾醇还应用于化妆品工业等。

磷脂:磷脂也称磷酸甘油酯或甘油磷酯,是由甘油基、磷酸、脂肪酸、胆碱、乙醇胺或肌醇等结合而成。纯净的磷脂无臭无味,在常温下为一种白色固体物质。但磷脂往往由于制取或精制方法、产品种类、贮存条件等不同而具有淡黄色至棕色,并呈可塑性至流动性。磷脂不溶于水、丙酮、乙酸甲酯等极性溶剂,可溶于脂肪烃、芳香烃、卤化烃类有机溶剂,如乙醚、苯、三氯甲烷、石油醚等。

(二)植酸盐

植酸的学名为肌醇六磷酸,分子式为 $C_6H_6[OPO(OH)_2]_6$。在一般植物体的 pH 条件下,植酸分子中 12 个氢原子的解离能力很大,容易部分或全部被金属离子取代,如 Ca^{2+}、Mg^{2+}、K^+、Na^+ 等金属离子,结合形成复盐,称为肌醇六磷酸盐,即植酸盐或菲丁(phytin)。植物体中的植酸盐为内消旋的肌醇六磷酸盐,其结构如图 9-6 所

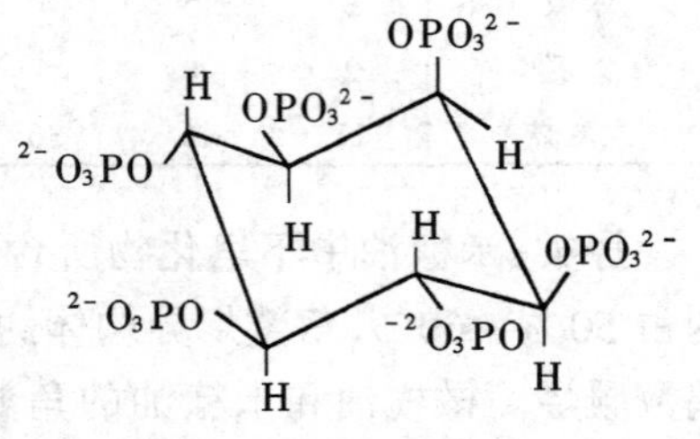

图 9-6　内消旋肌醇六磷酸盐的构型

示。在植酸盐中，碱土金属元素约占10%～14%，碱金属元素约占4%～5%。植酸盐的特征是富含有磷、钙、镁等元素，如米糠中约有75%～85%的磷及80%～90%的钙镁存在于植酸盐中，因此，植酸盐也称为植酸钙镁。

植酸盐广泛存在于禾谷类植物种子的皮层、糊粉层和胚芽中。不同作物的种子，植酸盐含量也不同。如表9－12所示，米糠中植酸盐含量较高，是提取植酸盐最合适的原料。

表9－12　几种主要粮食种子及其制品的植酸盐含量（干基）　单位：%

品种	含量
米糠	9.5～11
糙米	1.0～1.2
米胚	0.9～1.0
小麦	0.6～0.7
麦麸	2.0～5.0
玉米	1.31～1.5

一般有植酸盐存在的部位，同时也有植酸酶的存在。植酸酶是磷酯酶类中的一种，它能使植酸盐（或植酸）分子的磷酸基团逐个水解下来，生成磷酸盐（或磷酸）和肌醇。米糠、麦麸是提取植酸酶的良好原料，其他如霉菌、酵母菌也含有植酸酶。植酸酶作用的最适pH为5.5，最适温度为55℃。当pH＜3.2或＞7.2时，植酸酶不发生作用。植酸酶对干燥的和冬眠的种子中的植酸盐也不发生水解作用。当籽粒发芽时，植酸酶的活力倍增，使大量磷酸从植酸盐分子中游离出来，源源不断地供幼芽的生长发育之用，同时籽粒中的植酸含量下降。燕麦发芽试验证明，种子中植酸盐水解程度与幼芽中磷酸甘油、1,6－磷酸果糖、ATP等含磷化合物的增加成正比。这说明植酸盐在种子中起着贮藏能量和养分的作用，也是种子灰分含磷量高的原因之一。

利用植酸对金属离子强烈的螯合作用，可以用作酿造用水的加工剂、酒类和食醋等产品的除金属剂、金属盖子的防锈剂；酒类酵母培养时，植酸盐代替磷酸钾可使酵母增殖，乙醇含量增加，风味更加醇香；在油脂工业上，植酸可用于精制高纯度的大豆油；植酸钙经精制后可用于医药工业，配成内服药，可促进人体新陈代谢，恢复体内磷的平衡，有补脑，治疗神经炎、神经衰弱等作用。从米糠或脱脂米糠提取的植酸盐，一般含有20%以上的肌醇，故米糠来源的植酸盐普遍用作生产肌醇的原料。

（三）肌醇

肌醇系环己六醇族的六羟基环己烷，即环己六醇，是一种糖醇。若机体缺乏肌醇时，会引起脱毛症和发育不良，因此，一般将其视为维生素。按立体结构化学而论，肌醇可有9种顺式、反式立体异构体。但来自于自然界的肌醇，以植酸和植酸盐等形式普遍存在于植物种子、微生物、高级动物和人体中。

肌醇的用途：肌醇具有与生物素、维生素B_1等相类似的作用，被广泛用于医药工业。在各种维生素缺乏时，肌醇是肠内微生物的生长因子，能刺激维生素的微生物合成。肌醇可作为多种维生素制剂的组分，也可单独使用，或与胆碱、蛋氨酸和其他抗脂肪肝药物混合，用以治疗脂肪和胆固醇代谢的失调。目前医药上多用来治疗肝脏硬化症、脂肪肝、四氯化碳中毒等疾病。据报道，肌醇还具有降低血液中胆固醇、增强肝功能和防止脱发等作用。人对肌醇的日需要量为1～2g。在发酵和食品工业中，肌醇还能促进各种菌种的培养。

(四)多糖

米糠中无氮浸出物占33%~56%,其中主要为淀粉、纤维素和半纤维素。一部分半纤维素构成了水溶性米糠多糖。水溶性米糠多糖与一般均聚糖不同,是一种结构复杂的杂聚糖,由木糖、甘露糖、鼠李糖、半乳糖、阿拉伯糖和葡萄糖等组成。它不仅具有一般多糖的生理功能,而且具有降血糖、降胆固醇等的功能,它溶解性能好、颜色浅淡,可与多种食品配伍。不溶性的纤维素和半纤维素也是具有一般生理功能的膳食纤维,完全可以作为一种保健品来开发。

(五)γ-氨基丁酸

20世纪末,日本科学家发现,米胚富含γ-氨基丁酸(γ-aminobutyric acid, GABA),含量达250~500mg/kg。这一含量是糙米中GABA含量的5倍、是大米的25倍,即γ-氨基丁酸富集于分生组织胚芽中。如进行萌发处理,含量可达3500~4000mg/kg。如果将富集GABA的米胚进一步抽提、分离、精制,则可使GABA的含量达5000~8000mg/kg。GABA的结构式如下:

$$NH_2CH_2CH_2CH_2COOH$$

GABA是中枢神经系统主要的抑制性神经递质,介导了40%以上的抑制性神经传导。在人体内GABA贮存于神经末梢囊泡,神经冲动导致的末梢Ca^{2+}内流能促其释放。与GABA相互作用的受体亚型有三种,即$GABA_A$、$GABA_B$和$GABA_C$,其中$GABA_A$受体除了GABA结合位点外,还有抗惊厥剂、抗焦虑剂的结合位点,具有重要的药理学意义。GABA具有活化脑血流、强化氧供量、增强脑细胞代谢、活化肾功能、改善肝功能、防止肥胖、促进乙醇代谢、消除体臭等生理功能。GABA中还含有抑制脯氨酸内肽酶产生的脑功能有关肽分解亢进的有效成分,从而防止神经细胞痴呆症(包括早年性痴呆症)。GABA作用于延髓的血管运动中枢,抑制抗利尿激素后叶加压素分泌,扩张血管从而使血压降低。

三、米糠的利用

米糠综合利用的途径很多,主要有两条途径(图9-7),一是米糠的脱脂利用,即米糠先经脱脂,再分别进行米糠油和糠饼的综合利用;二是米糠的全脂利用,即米糠不经脱脂的利用。

(一)米糠的稳定化

米糠含有丰富蛋白质、脂类、维生素和矿物质等,含有许多酶类、微生物、昆虫和杂质等。所以,米糠品质极易劣变。米糠利用首先要解决米糠品质的稳定化问题。

米糠品质劣变的主要原因是米糠中的酶类,即脂肪分解酶和氧化酶。脂肪分解酶存在于谷物籽粒的种皮中,而脂肪位于糊粉层、亚糊粉层和胚芽中,它们因处于不同部位而不发生作用。谷物籽粒一旦碾磨后,酶和脂肪一起进入米糠而相互接触,水解反应立刻发生,脂肪分解酶使脂肪迅速分解出游离脂肪酸,在氧化酶的作用下,促使米糠发生酸败。米糠存放时间越长,存放的温度越高,米糠的游离脂肪酸含量和酸价就越高,酸败米糠提取的油颜色深暗、酸价高并带有浓烈的米糠味,出油率也随之下降(表9-13)。

表9-13　米糠新鲜程度对出油率和品质的影响

存在时间(常温)	酸价	气味	压榨出油率/%	毛油精炼率/%
当天	<10	正常	12.5~13.5	84~91
3~5天	15~18	浓烈糠味	10~11	72.8~76
7~10天	20~25	同上	8~11	63~70
15~18天	28~30	同上		56~58.8

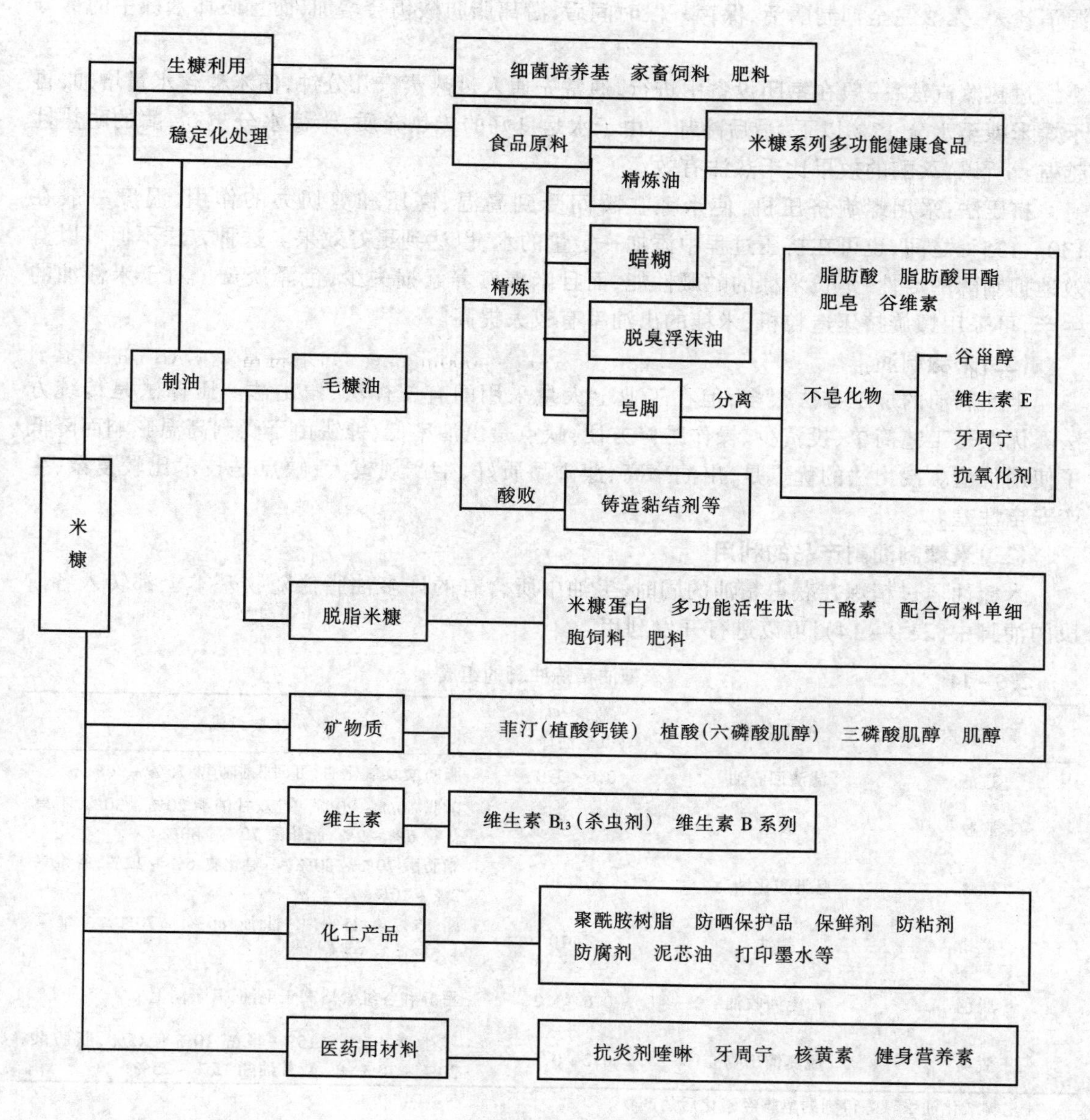

图 9－7　米糠综合利用图

米糠中的脂肪分解酶已经得到深入研究，该酶经分离提纯后测定，分子质量为 40000u 左右，最适 pH 为 7.5～8.0，最适温度为 37℃。

米糠稳定化的目的主要是达到有效抑制和钝化米糠脂肪分解酶的活性，稳定方法包括冷冻法、化学处理法、辐照法、微波法和热处理法等。从经济和技术可行性上考虑，热处理法被普遍采用。

米糠在稳定化之前，一般需进行清杂处理，清除掉米糠中可能混有的石子、泥块和金属等杂质，以保护设备和提高米糠的质量。

干热法：工业上可采用烘箱、振动流化床、气流干燥器、隧道式烘箱等设备来进行，目的是通过减少物料水分，达到抑制酶的活性的目的，具有设备投资少、简单易行的特点。缺点是能源消耗大，无法完全抑制酶活，保存一段时间后，游离脂肪酸仍会增加，而且破坏米糠中的部分营养素。

过热蒸汽法：一般在密闭设备中进行，通常先通入过热蒸汽几分钟，使米糠含水量增加，再干燥米糠至水分12%以下，最后冷却。由于水是良好的传热介质，米糠水分越高，酶的耐热性越差。所以，灭酶的效果比干热法有效。

挤压法：采用螺旋挤压机，使米糠在瞬间受到高温、高压和剪切力的作用，温度一般在130～135℃之间，也可在挤压过程中添加一定量的水，以达到更好效果。这种方法不但可以有效地抑制酶的活性，延长米糠的贮藏性能，而且米糠营养素损失少，色泽淡黄。对于米糠油的生产，可采用螺旋挤压造粒机，米糠的出油率有较大提高。

(二)米糠制油

米糠制油的加工方法很多，但在工业上大量采用的有压榨法、浸出法。压榨法是传统方法。优点是工艺简单、投资少、操作维修方便；缺点是出油率低，糠饼由于受到高温影响而降低了使用价值。浸出法的优点是，出油率高、糠饼品质好、生产规模大；缺点是技术比较复杂，生产安全性差。

(三)米糠制油副产品的利用

米糠油通过精炼在获得精油的同时，毛油中所含有的许多油脂伴随物基本上都转入各阶段的油脚中(表9－14)，可以进行开发利用。

表9－14　米糠油精炼油脚的组成

精炼阶段	油脚名称	数量/%(以毛油计)	主要组成
过滤	滤渣回收油	0.6～3.0	脂肪酸及氧化油，可回收脂肪酸75%～80%
脱胶	胶脂	3～5	磷脂10%～20%，单、双甘油酯20%～30%，不皂化物6%～9%，脂肪酸70%～80%
碱炼	皂脚酸化油*	20～30	脂肪酸70%～80%，不皂化物6%～12%，谷维素2%～10%
脱蜡	蜡油	5～10	蜡15%～25%，中性油60%～70%，谷维素1.5%～2.5%
脱色	白土回收油	0.6～1.2	甾醇和谷维素略高于毛油，其余同上
脱臭	脱臭馏出物	0.2～0.5	维生素E5%～15%，甾醇10%～15%，脂肪酸20%～30%，单、双甘油酯15%～25%

* 皂脚酸化油系碱炼得到的皂脚经酸化后的产物。

1.制取谷维素

谷维素即阿魏酸酯，具有酚类物质的性质，因此它可与氢氧化钠反应生成酚钠盐，这样其亲水性能大大增加，易被碱性皂吸附。毛糠油通过两次碱炼，可使油中80%～90%的谷维素富集于皂脚中，达到捕集的目的。利用谷维素能溶于碱性甲醇而糠蜡、脂肪醇、甾醇等不皂化物不能溶于其中的特点，使谷维素钠盐与黏稠物质和不皂化物分离。最后，用有机酸酸化谷维素钠盐，使其成为谷维素成品。

2.制取甾醇

甾醇在皂脚和脱臭馏出物这两个米糠油精炼油脚产品中得到富集。这里先介绍传统的甾醇制取方法，即以皂脚为原料提取谷维素的过程中，通过甲醇碱液皂化，使甾醇浓集于析出的皂渣中，皂渣就成为提取谷甾醇的好原料。提取原理是用丙酮萃取甾醇，再经过滤、脱溶浓缩、脱色重结晶等物理过程制得甾醇成品。

3. 制取糠蜡

从米糠油精炼的脱蜡工序获得的副产品是蜡糊，它还含有较多的杂质。从蜡糊中提取糠蜡有压榨皂化法和溶剂萃取法两种方法。溶剂萃取法所得糠蜡质量较好，得率较高，脱蜡油的回收也比较充分，并能节约烧碱，减轻劳动强度。但溶剂消耗量大，设备较复杂，防火防爆条件要求严格；压榨皂化法则设备简单，维修费用低。但产品得率较低，糠蜡和米糠油损失大，蒸汽耗用大，产品的纯度、光泽、硬度等均较溶剂萃取法为差。

4. 制取三十烷醇

由于米糠蜡的生产工艺、设备、存放环境和时间等条件的不同，使得米糠蜡的质量不一致。所以提取三十烷醇的原料以精制糠蜡较好，并要求皂化价不大于 82，酸价不大于 3，丙酮不溶物不低于 95%，熔点在 78℃以上，碘价在 15 以下。三十烷醇的制取工艺大致为：

米糠精制蜡→皂化→萃取→酸洗→分馏→结晶→成品

5. 制取脂肪酸

由米糠油皂脚可提取和分离混合脂肪酸、硬脂酸、油酸等脂肪酸产品。这些脂肪酸的用途十分广泛，可用于合成洗涤剂、制皂、保护和装饰用涂料、润滑脂、防水防蚀剂、化妆品、医药制剂、食品乳化剂、矿物浮选剂、增塑剂和纺织助剂等。提取脂肪酸的原料一般采用毛糠油头道碱炼的皂脚，二道碱炼的皂脚可作为制取谷维素的原料。

6. 制取维生素 E 和甾醇

脱臭馏出物是维生素 E 和甾醇含量最丰富的米糠油精炼过程的油脚，一般含有 5% ~ 15%维生素 E 和 10% ~ 15%甾醇，是制取维生素 E 和甾醇的极佳原料。其工艺流程如下：

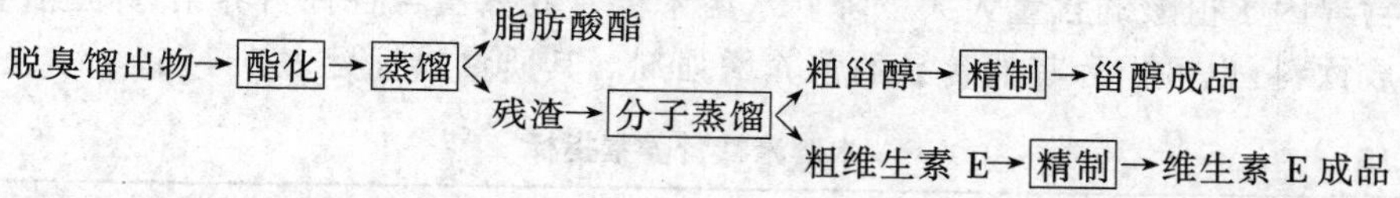

脱臭馏出物→酯化→蒸馏→脂肪酸酯
蒸馏→残渣→分子蒸馏→粗甾醇→精制→甾醇成品
分子蒸馏→粗维生素 E→精制→维生素 E 成品

7. 制取蛋白质和水溶性多糖

米糠不仅是谷物外皮中蛋白含量较高的植物蛋白资源，而且其蛋白是一种高营养价值的蛋白，米糠蛋白的氨基酸组成与 FAO/WHO 的建议模式较接近。它的应用性功能，如乳化性、溶解性、稳定性等，可与大豆分离蛋白相媲美。因此，米糠蛋白是理想的营养保健食品的蛋白质强化剂和功能性蛋白。水溶性米糠多糖与一般均聚糖不同，是一种结构复杂的杂聚糖，它不仅具有一般膳食纤维的生理功能，而且具有降血糖、降胆固醇等防治老年心血管疾病的功能，它溶解性能好、可与多种食品配伍。

提取蛋白质以蛋白变性程度较低的脱脂米糠作为原料较适合，如浸出米糠，蛋白提取率较高。蛋白质和水溶性多糖的提取工艺流程如下：

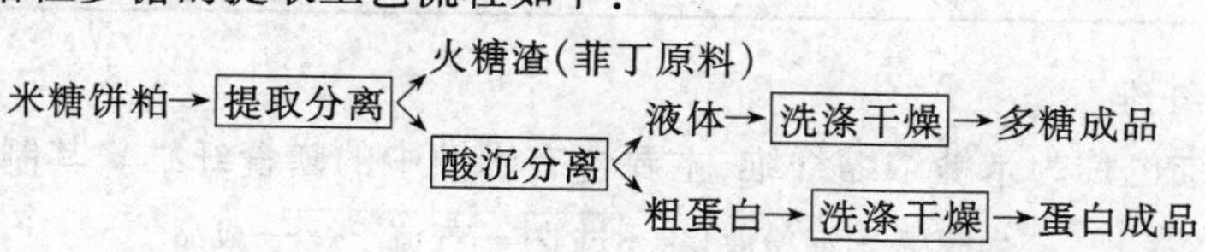

米糖饼粕→提取分离→火糖渣（菲丁原料）
提取分离→酸沉分离→液体→洗涤干燥→多糖成品
酸沉分离→粗蛋白→洗涤干燥→蛋白成品

8. 制取菲丁及其水解物

菲丁提取：菲丁的提取方法很多，如醇类沉淀法、金属盐分离法、稀酸萃取碱中和沉淀法等。工业生产上普遍采用后一种方法。即用无机酸或有机酸浸泡原料，然后用碱中和，使菲丁沉淀出来。如作为药物使用，则还需进一步精制。由于脱脂米糠饼粕的植酸盐含量比其他谷物或油料种子高,所以脱脂米糠是制取菲丁的首选原料。实验证明,提取蛋白和多糖后的米糠渣中菲丁得到富集,含量较米糠饼粕提高7%以上,而且生产菲丁时酸浸泡液中蛋白、多糖和矿物质的含量也有较大幅度的下降,有利于提高产品中菲丁的含量以及菲丁生产肌醇的精制过程。制取菲丁工艺流程如下:

提取蛋白和多糖后的米糠渣↘
米糠饼→粉碎↗ 酸浸过滤 → 渣(饲料)
酸浸过滤 → 中和→压滤→膏状菲丁→精制—药用植酸钙

肌醇制取:目前国内外都以菲丁为原料,用水解方法生产肌醇,所采用的工艺路线和操作条件有多种。现介绍国内普遍采用的肌醇生产路线。

菲丁→打浆—水解→中和过滤→脱色浓缩→结晶分离→精制干燥→成品

(四)米糠食品

挤压稳定化后的米糠组织结构疏松,具有微甜滋味并略有坚果风味,已不具米糠所特有的令人难以接受的口感,是一种营养丰富、生理功能卓越的食品原料。

1. 水溶米糠营养素

水溶米糠营养素也称为米糠精或全能稻米营养素,它富含了米糠中水溶性的营养素,其制取工艺流程如下:

米糠→精选→提取→固液分离 → 米糠渣
固液分离 → 提取液→浓缩→调制均质→喷雾干燥→成品

由于提取过程中采用了适合植酸酶作用的条件,米糠内源性的或外加一部分的植酸酶使成品中抗营养因子植酸的含量大大下降。水溶米糠营养素富含各种营养素,味道甘美,可直接食用和制成饮料,也可作为其他食品的营养增强剂。其质量指标见表9-15。

表9-15　水溶米糠营养素指标

项　目	指　标
蛋白质/%	7~12
脂肪/%	25~32
膳食纤维/%	3~6
灰分/%	≤7
水分/%	≤7
细菌总数/(个/g)	≤10,000
大肠杆菌/(个/g)	≤3
沙门氏菌	不得检出

2. 米糠营养纤维

米糠营养纤维也称为米糠浓缩纤维,主要含有米糠中的膳食纤维。其制取工艺如下:

米糠渣→淀粉液化→过滤→气流干燥→成品

米糠纤维营养素富含米糠多糖,具有清理肠胃、降低血脂、减肥通便等功能,可作为纤维食品及各类食品(焙烤食品、休闲食品及糕点)的功能性添加剂。米糠营养纤维的质量指标见表9-16。

表 9-16 米糠营养纤维质量指标

项目	指标
蛋白质/%	≤15
脂肪/%	≤20
膳食纤维/%	≥40
灰分/%	≤15
水分/%	2~7
细菌总数/(个/g)	≤10,000
大肠杆菌/(个/g)	≤3
沙门氏菌	不得检出

(五)米糠蛋白的利用

1. 米糠蛋白的提取

米糠蛋白的营养价值虽然较高,但在天然状态下,由于它与米糠中植酸、半纤维素等的结合会影响其消化与吸收。天然米糠中蛋白质的 PER(蛋白质功效比)为 1.6~1.9,消化率为 73%,但经稀碱液提取的米糠浓缩蛋白的 PER 可达 2.0~2.5,与牛奶中的酪蛋白接近(PER2.5),而消化率可高达 90%。因此,为了提高米糠蛋白的利用价值,将其从天然体系中提取出来不失为一种上策。

由于米糠蛋白含有较多的二硫键,以及与植酸、半纤维素等聚集作用,米糠蛋白较难被普通溶剂(如盐、醇和弱酸等)提取出来。另外,米糠的稳定化处理条件、米糠粕的脱溶方式对米糠蛋白的溶解性也可产生较大影响。pH 是影响米糠蛋白溶解度的最重要因素之一。米糠蛋白的等电点在 pH4~5 之间,低于此 pH 范围,米糠蛋白的溶解度仅有小幅上升。但在 pH > 7 时,米糠蛋白的溶解度可显著上升,pH 大于 12 时,90% 以上的米糠蛋白可溶出。因此,过去米糠蛋白的提取中常用较高浓度的 NaOH。碱法提取虽然简便可行,但在碱液浓度过高的情况下,不仅影响到产品的风味和色泽(蛋白提取物的颜色深暗),蛋白质中的赖氨酸与丙氨酸或胱氨酸还会发生缩合反应,生成有毒的物质(对肾脏有害),丧失食用价值。NaCl 浓度对米糠蛋白的溶解度也有一定影响,在较低浓度(0.1mol/L)下有促进米糠蛋白溶解的作用;而在较高浓度(1.0mol/L)下又会降低蛋白质的溶解性。二硫键解聚试剂 Na_2SO_3 和半胱氨酸对米糠蛋白提取率的增加有明显作用。物理处理方法对米糠蛋白提取率也有影响,米糠被磨细后,提取液中蛋白质的含量会略微增加,均质后还会进一步增加,所以利用物理方法来增进米糠蛋白的提取率也是可行的。

利用各种酶制剂(蛋白酶、糖酶、植酸酶等)对提取米糠蛋白的研究显示,蛋白酶是提高米糠蛋白提取率的有效手段。在 pH9,45℃作用条件下,水解度(DH)为 10% 时,米糠蛋白的提取率达到 92%,与对照组相比提取率可增加约 30%。在 Na_2SO_3 和/或 SDS 存在下,DH 为 2% 时,蛋白质的提取率也可从 74% 提高到 80% 以上。经过蛋白酶部分水解的米糠蛋白,其功能性质也发生了一些有利的变化,溶解性显著增加,乳化活性和乳化稳定性也均有提高,适合于各种加工食品特别是那些需在酸性条件下具有较高溶解性和乳化性的食品。利用风味酶则可解决米糠蛋白经酶解后产生的苦味问题,Flavourzyme 是由两种内肽酶和外肽酶组成的复合酶,能去除蛋白水解时产生的苦味疏水残基。提高米糠蛋白的水解度,利用现代分级技术(如膜分离、高压液相制备色谱等)还可制备一些新的高附加值产品,如谷氨酸类的鲜味物质。膜分离技术不仅具有良好的脱盐和纯化效果,还能除去蛋白制品中的植酸和磷酸肌醇,并在透过液中可回收这些功能性成分。木聚糖酶和植酸酶也能提高米糠蛋白的得率,在二者联合作用下,米糠蛋白的得率从34%上升至75%。如采用碱性蛋白酶和Na_2SO_3、SDS从米糠中提取蛋白质,提取率达到92%,然后采用超滤的方法浓缩蛋白,蛋白得率为87.2%;采用植酸酶、纤维素酶从米糠中提取蛋白,提取率也达到92%。

2. 米糠蛋白的应用

米糠蛋白及其系列水解物,可以用在很多食品上,如焙烤制品、咖啡伴侣、搅打奶油、糖果、填充料、强化饮料、小吃、汤料、酱料、肉卤以及其他调味品。米糠蛋白不仅可作为营养强化剂,它在食品中应用还可使一些功能特性得到改善,如结合水或脂肪的能力、乳化性、发泡性、胶凝性等。具体应用有:用于液体或半固体物料中的稳定化和增稠作用;用在蛋糕糊和糖霜中的发泡作用;用在肉制品中的乳化、增稠及黏结作用。作为蛋白质类添加剂,因为是副产品的综合利用,米糠蛋白的一个优势还在于它的价格较低,将它添加到肉、乳制品中可降低产品的成本。日本化妆品行业利用米糠蛋白的衍生物(乙酰化多肽钾盐)作为化妆品的配料,它有很好的表面活性,且对皮肤的刺激性小,对毛发的再生和亮泽有显著效果。

另外,控制蛋白酶的水解作用生成具有生理活性的功能肽,是目前国内外食品医药领域研究的热点。利用酪蛋白、大豆蛋白、玉米醇溶蛋白等原料生产具有促进钙吸收、降低血压、醒酒以及增强免疫作用的功能肽。日本有研究报道以大米中的清蛋白为原料,通过酶解作用生成有增强免疫功能的活性肽(八肽)。但米糠蛋白中清蛋白的含量是米蛋白的6~7倍,若能利用米糠中的清蛋白开发这种活性肽,将更为经济可行。此外,米糠蛋白和米蛋白含有丰富的谷氨酰胺和天门冬酰胺,通过蛋白酶(Alalase)的水解作用和脱酰胺作用,使部分肽键水解,生产谷氨酸类的风味增强剂,开发出可取代味精的风味增强剂。

四、米胚的利用

米胚在碾米过程中进入米糠,可采用风选和振动筛结合的方法分离得到米胚。米胚中富含各种酶,应及时进行酶的钝化处理,保证米胚的食用质量。一般在真空环境中120℃加热15~30min,得到灭酶的水分5%以下的全脂米胚。

全脂米胚就是一种产品,可单独使用。由全脂米胚还可制取米胚粉、脱脂米胚等产品。米胚产品可作为食品的添加物,制作如胚芽糕点、胚芽面包、胚芽面条、胚芽饼干等食品。

米胚毛油以浸出提取为宜,采用淡碱、弱碱多次碱炼的方法可确保米胚油的食用质量和营养质量,一般可达到酸价0.5以下,维生素E超过250mg/100g,谷维素1%以上。

米胚油是天然维生素E含量最高的油品,而且富含谷维素和植物甾醇,使得米胚油的保健作用更加突出。

五、碎米的利用

(一)利用途径

利用米蛋白的低过敏性、高的营养性、好的消化性,经酶处理生产蛋白质含量高达20%~50%的米粉食品。这种高蛋白米粉特别适合作婴儿断奶食品,其营养成分与全脂牛乳十分相似,不仅满足婴儿食品的要求,而且还易于消化吸收。

酶水解制成功能性饮品,如Rice Choice和RiceX等产品,具有柔和的风味、良好的营养性和一定的保健功能。

酶解清蛋白制成功能性多肽(Oryzatensin),具有拮抗鸦片的功能。

酶水解米蛋白分离出具有替代谷氨酸钠(MSG)的风味肽。

用碎米可以作乳酸饮料。在米粉中加入曲或淀粉酶使其液化和糖化,以促进乳酸菌的繁殖生长来制作乳酸菌饮料。

用碎米酿造是近年来的研究新课题。经试验,在低温下用米粉的高浓度糖液与酵母进行微弱发酵,可制成一种具有啤酒样风味、色调和发泡性,而又不含乙醇(啤酒含乙醇3%~5%)的碳酸饮料。

碎米也用作发酵工业的原料,利用其中的淀粉生产酒精、丙酮、丁醇、柠檬酸等。碎米还可用来熬糖,制作米粉和配合饲料等。

碎米通常用来制造淀粉。由于碎米淀粉颗粒细小,特别适合于化妆品作填充料。在纺织工业上应用于纺织品的上浆。

(二)米蛋白提取

大米胚乳的内部结构紧密,淀粉颗粒细小,并几乎全部以复粒形式存在;蛋白质与淀粉颗粒包络结合紧密,在胚乳中呈现1~3μm大小的颗粒结构,加之蛋白的80%以上为分子质量很大的谷蛋白,分子间通过二硫键和疏水基团进行交联而凝聚,仅能溶解于pH小于3或大于10的溶液中,因此与其他谷物相比,米蛋白的分离较为困难。许多研究者采用不同的溶剂提取米蛋白的结果如表9-17所示。

提取米蛋白常用的方法有碱法、酸法和酶法。碱法具有提取率高、成本低、对脂质有很好的抽提效果等特点,蛋白质的回收可采用等电点沉淀法,适用于工业的生产。目前碱法提取仍是提取米蛋白最普遍的方法。许多研究表明,以较高的料液比,用0.1mol/LNaOH碱液,可提取米粉中93%以上的米蛋白。其他提取剂或者提取率不高,或者蛋白质受到溶剂的污染,明显不具有生产和利用的价值。

表9-17　不同溶剂提取米蛋白质的提取率　单位:%

溶　剂	蛋白提取率
0.014mol/L $CuSO_4$, 0.004mol/L Na_2SO_3, 0.05mol/L NaOH	97
0.1mol/L KOH	97
0.1mol/L NaOH	97
0.078mol/L NaOH	95
0.05mol/LNaOH	91
0.015mol/LNaOH	80
0.02mol/L 铜氨溶液,0.05mol/L Na_2SO_3	79
0.5% 十二烷基硫酸钠(SDS)	67
4%的乳酸	47
0.0075mol/LNaOH	39
0.1mol/L 甘氨酸缓冲液(pH1.9)	38
二氯乙醇	32
0.1mol/L 醋酸	28
0.2mol/L 盐酸胍	28

注:2mL溶剂+100mg100目米粉振荡提取6h;除二氯乙醇外,其余均为水溶液。

传统上胚乳蛋白的提取大多采用碱法或作为淀粉水解的副产品,虽然高浓度的碱液可以提取大部分的谷蛋白,但碱处理可能会使蛋白发生一些化学性质的变化,产生一些有害物质,如赖氨酰胺丙氨酸(lysinoalanine)等。作为食品加工助剂的酶,因其作用条件温和,在加工过程中不会产生有害物质,也可避免碱法的缺点。酶反应的液固比较小,有利于提取液中固形物含量的提高,降低能耗。各种新型工业分离技术的应用为酶法提取米蛋白的工业生产创造了条件。

酶法可分为蛋白酶法和淀粉酶法。蛋白酶提取米蛋白是利用蛋白酶对米蛋白的降解和修饰作用,使其变成可溶的肽类而被提取出来。蛋白质多肽链水解为短肽链,可提高蛋白的消化率,1985年日本特许公报上提及用酸性蛋白酶提取米蛋白,提取率可达90%以上,提取蛋白质后的大米用来生产淀粉,可使淀粉产品质量明显提高;用961米曲霉酸性蛋白酶和537宇佐美曲霉变种酸性蛋白酶,蛋白的提取率分别达到75%和80%;用胃蛋白酶从大米渣中提取蛋白质,采用最佳工艺条件的蛋白提取率为72%。采用淀粉酶水解大米淀粉,生产麦芽糊精的同时,可获得米蛋白。经链霉蛋白酶(pronase)处理米谷蛋白得到的水解物,在pH2~12范围内,溶解性增加的同时,乳化性和起泡性得到改善。

六、发 芽 糙 米

我国古代人民发现某些植物籽粒经萌发后,其营养价值得到较大提高,具有强壮身体的作用,如在我国食用绿豆芽和黄豆芽已有5000多年的历史。我国古代药物学经典之作对谷芽的药效记载较多,如《本草纲目会纂》称之"可消烦和中、益精健脾、止泄止泻、促进消化";《日化本草》则称之"可补中、壮筋骨、益肠胃"。

(一)发芽糙米中功能性成分的变化

发芽糙米系指糙米经过发芽至适当芽长的芽体,主要由幼芽和带皮层的胚乳两部分构成。萌发的方法是,将糙米置于足够的水分、适宜的温度、充足的氧气的条件下,吸水膨润,胚芽萌发,突破种皮,长成新的个体。

糙米发芽实质上是糙米活性化。糙米芽体是具有旺盛生命力的活体。糙米中含有大量酶,如α-淀粉酶、β-淀粉酶、β-葡聚糖酶、戊聚糖酶、麦芽糖酶、纤维素酶、半纤维素酶、蛋白酶、核酸酶、脂肪酶、磷脂酶、植酸酶、醛酸脱氧酶等,以结合态贮存于胚及皮层中。当糙米的水分增加到一定程度时,使部分贮藏物质变为溶胶;同时,酶由结合态转化为游离态,发生酶解作用,籽粒中不溶于水的物质转化为可供胚芽利用的物质。因此,糙米发芽实质上是一个生物化学反应的过程。

研究证明,发芽可改变糙米的化学成分。发芽糙米中的生理活性成分,与糙米相比,种类更多,含量更丰。糙米以水为介质,发芽3d后,可溶性糖增加3倍;可溶性蛋白质增加13.8%;维生素C由发芽前未检出提高至17.8mg/kg;维生素B_2由0.56mg/kg增加到1.9mg/kg;维生素E由132mg/kg提高到335mg/kg;谷胱甘肽由36.4mg/kg提高到94.8mg/kg;发芽糙米中的GABA是糙米的3倍,是大米的5倍;发芽糙米中的镁、磷、钙、锌、铁、硒等微量元素的含量也大大超过糙米,而且萌发过程中由于植酸酶的作用,糙米中的植酸盐发生水解,使矿物质释放出来而呈游离态,有利于机体的消化吸收。

据资料报道,长期食用发芽糙米,对人体机能和代谢的平衡、疏导、调节十分有益,可有效治愈或缓解了不少疑难疾症,甚至不治之症。总之,发芽糙米的营养价值及生理调节功效,大大超过了糙米,更远胜于大米。

(二)发芽糙米的利用

糙米发芽过程中得到活化的纤维素酶及半纤维素酶,作用于皮层中的纤维素和半纤维素,使其发生部分酶解,从而使糙皮层得到软化。因此,炊煮方便,特别是与大米互配后煮饭,其口感与大米饭相似,可作主食用。作主食用的发芽糙米的食用方法:如旨在食养目的,可按20%~30%比例与大米混配后做饭;旨在食疗目的,混配比例可增至50%,甚至更高一点。

主食用的发芽糙米,其芽长以0.5~1.0mm为宜。在流通环节中有两种形态:①湿润品,发芽终止后,制品真空包装,置于冷藏库备用;②干制品,终止发芽后,芽体经低温干燥至接近原糙米的含水量后真空包装或充氮气包装。前者生产成本低,但在流通过程中需要冷藏链,经营成本高,制品具有生命力,活性好;后者生产成品高,需配低温干燥机,但流通环节要求低,方便,活性的优劣主要是严格控制干燥温度。

功能性配料用的发芽糙米,其芽长可较主食用的发芽糙米长些,以1.5~2mm为宜。按其用法不同也可分为两种:鲜芽,发芽终止后,将鲜芽湿法磨浆,直接用于配料;干芽,发芽终止后,将鲜芽低温干燥至水分(15±0.5)%,粉碎成干燥的芽粉体备用。

第三节　小麦加工副产品的利用

一、小麦加工副产品

(一)麦麸

小麦加工副产品主要为麦麸。麦麸是小麦籽粒皮层和胚的总称,皮层由表皮、外果皮、内果皮、种皮、珠心层和糊粉层等六层组成。麦麸的出品率一般为小麦的15%~25%。

(二)麦胚

麦胚在制粉时进入麦麸和次粉中。通过提胚手段,可以得到纯度较高的麦胚。麦胚富含优质蛋白和脂肪。

(三)次粉

次粉也称为尾粉,是全部通过CQ20筛的外层胚乳、麦屑和少量麦胚所组成的混合物,出品率一般在10%~20%。

二、小麦胚的利用

(一)麦胚中的营养素

麦胚约占小麦籽粒质量的3%,而麦胚中蛋白质、脂肪、矿物质和维生素含量分别占小麦的8%、20%、8%和6%左右,即在麦胚中富含蛋白质、脂肪、矿物质和维生素这四类营养素。小麦制粉时,合理的工艺可提取麦胚0.3%~0.5%(以小麦计)。麦胚呈乳黄色。与小麦相比,麦胚的蛋白质和脂肪含量高得多(表9-18),而碳水化合物含量较低,且不含有淀粉。麦胚蛋白主要由清蛋白、球蛋白、谷蛋白、醇溶蛋白构成。麦胚不仅蛋白质含量高,而且各种必需氨基酸也较丰富(表9-19),其营养价值不比鸡蛋蛋白逊色。赖氨酸是小麦粉的限制性氨基酸,而麦胚中赖氨酸的含量是小麦粉的7倍,因此麦胚蛋白是一种优质蛋白质。

表9-18　麦胚和小麦的化学成分比较　单位:%

种类＼成分	水分	粗蛋白	粗脂肪	粗纤维	碳水化合物	灰分
麦胚	14.0	28.2~38.4	14.4~16.0	4.0~4.3	14.5~14.8	5.0~7.0
小麦	13.5	8.8~12.0	1.8~2.0	2.5~2.7	68.5~70.0	1.7~1.8

麦胚是天然维生素的丰富来源(表9-20)。特别是维生素E在麦胚中得到富集。小麦含有丰富的B族维生素,但在各部分的分布极不均匀。硫胺素在麦胚中最丰富,烟酸在糊粉层中最多,吡哆醇集中在糊粉层和麦胚中。麦胚中含有10%以上的脂肪,其中不饱和脂肪酸占80%以上,其脂肪酸组成见表9-21。麦胚还含有丰富的二十八烷醇(10mg/100g左右)、磷脂(0.8%~2.0%)和不皂化物(2%~6%,其中甾醇占60%~80%),无胆固醇。

表9-19 麦胚蛋白与其他食物的必需氨基酸含量比较 单位:%

氨基酸	麦胚	小麦粉	鸡蛋	牛肉	大米
蛋白质含量	30	10	12	20	7
赖氨酸	1.85	0.26	0.72	1.44	0.14
苏氨酸	1.10	0.33	0.72	0.93	0.28
色氨酸	0.29	0.22	0.21	0.21	0.20
蛋氨酸	0.85	0.15	0.43	0.51	0.14
缬氨酸	1.18	0.46	0.86	1.10	0.40
亮氨酸	2.50	0.76	1.18	1.46	0.66
异亮氨酸	0.87	0.39	0.63	0.77	0.25
苯丙氨酸	1.21	0.49	0.86	1.10	0.40

表9-20 麦胚和小麦中维生素含量比较 单位:mg/100g

维生素 \ 种类	小麦	麦胚
维生素E		27~30.5
维生素B_1	0.38~0.45	1.6~6.6
维生素B_2	0.08~0.13	0.43~0.49
维生素B_3(烟酸)	5.0~5.4	4.4~4.5
维生素B_5(泛酸)	0.9~4.4	0.7~1.5
维生素B_6(吡哆醇)	0.41	3.6~7.2
叶酸	0.05	0.21
胆碱	211	265~410
维生素H(生物素)	0.01	0.02
肌醇	341	852

表9-21 麦胚脂肪酸组成 单位:%

种类		含量
不饱和脂肪酸	亚油酸(18:2)	44~65
	亚麻酸(18:3)	4~10
	油酸(18:1)	8~30
饱和脂肪酸	棕榈酸(16:1)	11~16
	硬脂酸(18:0)	1~6
	花生酸(20:0)	0~1.2

(二)麦胚中的生理活性成分

麦胚作为具有生命活力的植物胚胎,它除了富含优质的蛋白质、脂肪、维生素和矿物质等营养精华外,还含有多种生理活性物质,如天然生育酚、谷胱甘肽、麦胚凝集素、二十八碳醇和脂多糖等，具有开发保健功能食品的物质基础。《本草纲目》中记载麦胚可治心悸失眠，养心安神，养肝气，止泻，降压，健胃。麦胚及其制剂具有抗动脉粥样硬化，显著降低人体血清总胆固醇、低密度脂蛋白、血脂，显著提高高密度脂蛋白的功效，麦胚黄酮类提取物具有诱导人体乳腺癌细胞凋亡的作用，麦胚制剂能改善糖尿病患者心脏功能，麦胚水溶性和盐溶性提取物能提高机体的免疫功能，发酵麦胚制剂能增强目前被广泛用作抗肿瘤剂的两种药物——5 - FU 和 DTIC 的治疗效果，并且能减轻由这两种药物导致的食欲减退、体重下降等副作用。

1. 谷胱甘肽

(1)谷胱甘肽的化学物理性质　谷胱甘肽(L - Glutathione 或 GSH 等)的化学名为 *N* - (*N* - L - γ - Glutamyl - L - cysteinyl) glycine，即 *N* - (*N* - γ - 谷氨酰 - L - 半胱氨酰)甘氨酸，由谷氨酸、半胱氨酸和甘氨酸通过肽键缩合而成的肽，其分子结构如下：

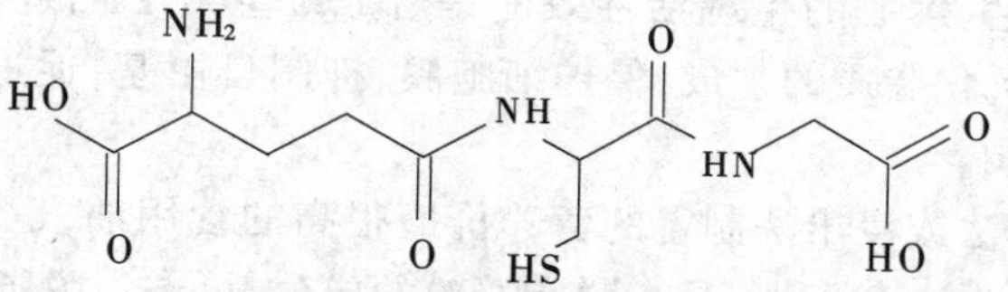

其中谷氨酸以 γ - 羧基与半胱氨酸的 α - 氨基所形成的肽键与一般的肽键显然不同。谷胱甘肽相对分子质量 307.33，熔点 189 ~ 193℃，晶体呈无色透明细长柱状，等电点 5.93，由于含有一个活泼的巯基(- SH)，故极易被氧化，两分子还原型谷胱甘肽脱氢后以二硫键(- S - S -)相连便成为氧化型谷胱甘肽。在生物体内起重要功能作用的是还原型谷胱甘肽。文献报道麦胚中的谷胱甘肽含量高达 98 ~ 107mg/100g。

(2)谷胱甘肽的功能　谷胱甘肽是人体内一种重要的自由基清除剂，具有抗氧化、还原体内过氧化物、延缓衰老，保护人体细胞免受氧化损坏，促进婴幼儿的发育，解毒、增强免疫力等作用。

谷胱甘肽的重要生物学功能与谷胱甘肽的分子结构有密切关系，例如谷胱甘肽分子中的巯基参与中和氧自由基、解毒等重要功能；所含的 γ - 谷氨酰胺键能维持分子的稳定性，并参与转运氨基酸；谷胱甘肽可以中和氧自由基，减轻心肌和消化道组织损伤，因而可有效地保护心脏和显著地减少放疗后腹泻的发生。

谷胱甘肽是组织中主要的非蛋白质的巯基化合物，能稳定含巯基的酶和防止血红蛋白及其他辅因受氧化损伤。谷胱甘肽也参与使维生素 E 恢复到还原态的作用，缺乏或耗竭谷胱甘肽会促使许多化学物质或环境因素产生中毒作用或加重其中毒作用，这可能与增加氧化损伤有关，因而谷胱甘肽量的多少是衡量机体抗氧化能力大小的重要因素。

谷胱甘肽作为食品添加剂可提高营养，加强食品风味及防止变质，可制成复合治疗和保健的药品用于人体保健。

在面制品加工中加入谷胱甘肽或与蛋白水解酶合用可减少和面时的用水量、改善面团的流变特性、大范围控制面团黏度、降低面团强度而使得混合及挤压成型变得容易，并可缩短产品的干燥时间；在面条加工中，加入谷胱甘肽作为酪氨酸酶的抑制剂，可以防止不愉快的色泽变化；在谷类和豆类混合制粉时，加入谷胱甘肽作还原剂能保持原有和所需的色泽；在富含蛋白质的大麦粉、豆粉中加入谷胱甘肽可有效地防止酶促和非酶促的褐变；谷胱甘肽还能抑制氨基酸与葡萄糖加热下产生有色及有害物质。

在奶酪生产中加入谷胱甘肽和其他添加剂，可增强风味，提高奶酪质量和加快奶酪的成熟;在酸奶中加入谷胱甘肽能起到抗氧剂的稳定质量作用;在酪蛋白、脱脂奶粉、婴儿奶粉中加入谷胱甘肽可有效地防止酶促和非酶促的褐变。

谷胱甘肽具有抗氧化作用,在鱼类、肉和禽类食品加工中加入可抑制核酸分解、强化食品的风味并大大延长保鲜期。谷胱甘肽可以较有效地防止冷冻鱼片的鱼皮褪色、鱼肉的褐变;在保持和增强新鲜海鲜的特有风味上也有重要作用;在与谷氨酸、核酸类呈味剂混合共存时,会有很强的肉类风味。

水果、蔬菜类食品加工中加入谷胱甘肽可以有效地防止褐变并保持原有的诱人色泽、味道和营养。例如,苹果和土豆的加工产品、苹果汁、葡萄汁、菠萝汁、橘汁和柚汁的酶促和非酶促褐变的防止。

2. 维生素 E

麦胚油中的天然维生素 E 的生理活性效能是合成维生素 E 的近 30 倍,具有较强的抗氧化功能,在体内防止过氧化脂质的生成,保护细胞膜,抑制自由基,促进人体新陈代谢,延缓机体的衰老,改善肝脏功能。

麦胚油是通过压榨法或浸出法制得的营养价值很高的食用油,也可作为天然化妆品的原料。脱脂胚的营养成分也十分丰富,具有脱脂奶粉的成分,可作为脱脂奶粉的代用品。

3. 二十八烷醇

二十八烷醇是天然存在的高级醇,主要存在于糠蜡、麦胚油、蔗蜡及蜂蜡等天然产物中。二十八烷醇化学名称是 1 - 二十八烷醇或 *n* - 二十八烷醇(Octacosanol),俗名蒙旦醇(montanyl alcohol)或高粱醇(koranyl alcohol),结构式 $CH_3(CH_2)_{26}CH_2OH$,分子式 $C_{28}H_{58}O$,相对分子质量 410,外观为白色粉末或鳞片状晶体,熔点 81 ~ 83℃,可溶于热乙醇、乙醚、苯、甲苯、氯仿、二氯甲烷、石油醚等有机溶剂,不溶于水,对酸、碱、还原剂稳定,对光、热稳定,不吸潮,无毒,LD_{50}为 18000mg/kg(小鼠口服)。

研究发现二十八烷醇具有增强耐力、精力和体力,提高肌力,改进反应时间、反射和敏锐性,强化心脏机能,消除肌肉疼痛、降低肌肉摩擦,增强对高山反应的抵抗性,改变新陈代谢的比率,减少必要的需氧量,刺激性激素,降低收缩期血压等功效。二十八烷醇是一种理想的运动食品强化剂。

4. 其他一些生理活性成分

(1)黄酮类物质　麦胚中的黄酮类化合物主要是黄酮和花色素。

黄酮类化合物参与磷酸与花生四烯酸的代谢、蛋白质的磷酸化、钙离子的转移、自由基的清除、氧化还原作用、螯合作用和基因表达。黄酮类化合物的主要生理活性为:调节毛细血管的脆性和渗透性,保护心血管系统;具有很强的抗氧化作用,是一种有效的自由基清除剂;具有金属螯合能力,影响酶和膜的活性。

麦胚黄酮类提取物能明显抑制人乳腺髓样癌细胞株 Bcap - 37 的生长、克隆形成和 DNA 合成能力,均呈现明显的剂量与效应关系,并随作用时间延长其效果增强,麦胚黄酮类提取物可能是通过抑制了 Bcap - 37 细胞 DNA 的合成而降低其生长和繁殖的能力。

(2)凝集素　麦胚凝集素指麦胚中能与专一性糖结合,能借氢键和疏水相互作用特异地结合 *N* - 乙酰葡糖胺和 *N* - 乙酰神经氨酸及其衍生物和寡聚糖的蛋白质或糖蛋白。麦胚凝集素具有抗微生物和抗诱变性等多种生物效应,是当前研究最多、应用最广的凝集素之一。麦胚凝集素与脂肪细胞反应,有类似胰岛素的作用,能激活葡萄糖氧化酶,降低血糖含量,能诱导巨噬细胞溶解肿瘤细胞,刺激人体的 *T* - 细胞分泌白细胞介素 - 2(IL - 2)。麦胚凝集素在医学领域、生物化学、免疫学和组织细胞学中被广泛应用。

(3)脂多糖和胆碱　麦胚脂多糖有增强人体免疫功能等作用。此外,麦胚中胆碱的含量高达265~410mg/100g,可在体内生成乙酰胆碱,具有加深大脑皮层记忆力的作用。

(4)酶类　麦胚中还含有多种具有生物活性的酶类,如含Se的谷胱甘肽过氧化酶,是一种效果极好的天然抗氧化剂,其抗氧化能力比维生素E强500倍,是一种延缓衰老、防癌的有效的功能因子。

(三)麦胚的利用

麦胚利用比较初级的产品是麦胚片和麦胚粉。麦胚一般是先采用烘烤法或远红外加热灭酶处理,再进行脱脂。脱脂麦胚片或粉可作为面包、饼干的配料,可使面包、饼干等产品的皮色、风味和营养价值得到改善和提高。麦胚粉添加到方便面中,不仅可以提高方便面的蛋白质、各种矿物质及维生素的含量,还可以改善它的口感。

麦胚油因对人体具有特殊效用制成胶囊,作为保健食品出售,以不同的剂量供应给不同的年龄及不同健康状况的消费者食用。麦胚油一般采用低温浸出或CO_2超临界萃取。与传统的压榨法、浸出法相比,超临界CO_2萃取出油率高、操作稳定、产品质量好、活性物质不被破坏、无污染。

麦胚蛋白的利用主要集中在两个方面:①制备麦胚分离蛋白,采用碱提酸沉的方法得到麦胚分离蛋白,用作食品制造中的功能性配料;②生产麦胚蛋白饮料,利用麦胚蛋白优良的营养特性和乳化功能,生产液体的或者固体的植物蛋白饮料。此外,还有将麦胚蛋白水解制取氨基酸,制造调味品方面的利用。

三、麦麸和次粉的利用

(一)麦麸和次粉中的营养素

在不同加工精度的小麦粉、次粉和麦麸的出品率是互补的,它们之间的比例及化学成分见表9-22。

表9-22　不同出粉率时副产品的化学成分*

单位:%

副产品		出品率	粗蛋白	粗脂肪	灰分	粗纤维
次粉	出粉率85%	10	12.6	4.7	5.1	10.6
	出粉率80%	12.5	14.3	4.7	4.7	8.4
	出粉率70%	20	15.4	4.7	3.5	5.2
麦麸	出粉率85%	5	11.1	3.7	6.1	13.5
	出粉率80%	7	12.4	3.9	5.9	11.1
	出粉率70%	10	13.0	3.5	5.1	8.9

*以水分13%为基准。

如表9-22所示,生产低出粉率的小麦粉时,麦麸和次粉有较高的营养成分。在同一出粉率时,次粉中蛋白质、脂肪含量高于麦麸。由于种皮和糊粉层的细胞壁厚宽,麦麸和次粉中粗纤维含量较高。

与小麦粉相比,麦麸不仅蛋白含量较丰富,而且营养价值较高,清蛋白和球蛋白含量高于醇溶蛋白和谷蛋白(表9-23),赖氨酸含量高达0.6%(表9-24)。由于小麦籽粒中B族维生素多集中于糊粉层和胚中,麦麸中B族维生素含量很高。小麦麸是叶酸很好的来源(表9-25)。不同种类的小麦麸中叶酸含量不同,硬麦比软麦可提取更多的叶酸。麦麸中钙磷含量极不平衡，钙含量为0.16%，而磷为1.31%，钙磷比例几乎呈1∶8(表9-25)。因此，麦麸用作饲料，含钙量不足是一个很大的缺陷。

表9-23　麦麸蛋白和小麦粉蛋白的组成　单位：%

蛋白	清蛋白	球蛋白	醇溶蛋白	谷蛋白
麦麸蛋白	18~32	12~35	8~18	13~29
小麦粉蛋白	5~10	4~8	58~68	20~30

表9-24　麦麸蛋白的氨基酸含量　单位：%

氨基酸	含量	氨基酸	含量	氨基酸	含量
赖氨酸	0.6	苏氨酸	3.0	脯氨酸	13.2
胱氨酸	2.2	蛋氨酸	2.3	色氨酸	0.9
亮氨酸	6.4	异亮氨酸	6.0	苯丙氨酸	2.5
酪氨酸	3.1	氨	6.1	丝氨酸	0.1
谷氨酸	46	甘氨酸	1.0	丙氨酸	2.5
精氨酸	4.30	天门氨酸	1.4		

表9-25　麦麸中维生素及微量元素含量　单位：mg/kg

维生素								矿物质							
胡萝卜素	维生素B_1	维生素B_2	维生素B_3	维生素B_5	维生素E	胆碱	叶酸	钙	镁	磷	铁	铜	锰	锌	钴
4.4	7.9	3.1	208.6	29	10.8	1077	1.65	1615	5650	13050	170	2.3	165	90.2	0.1

从麦麸中分离蛋白质的方法主要有干法和湿法两种。干法的分离要点是对粉碎后的麦麸进行自动分级(风选)，得到高蛋白含量的轻质麦麸，同时其他营养素也在其中获得富集。麦麸经气流分级分离获得的得率为14%的轻质麦麸与原始麦麸相比，蛋白质含量由14.9%提高到22.1%，所有必需氨基酸相应得到提高，其中赖氨酸提高44%；脂肪含量由2.7%提高至6.1%；矿物质含量由6.9%提高到14.7%，相应地钙、钾、锌、铜、铁、镁和磷等矿物元素含量分别提高24%、76%、89%、107%、109%、123%、142%；维生素也有较大程度的提高，其中核黄素含量提高44%，硫胺素提高94%，烟酸提高117%；可溶性纤维由2.4%提高到5.2%，而粗纤维由49.2%下降至24.9%。轻质麦麸可作为烘焙食品的营养强化剂。

湿法分离蛋白方法为：

麦麸→浸泡→粉碎→提取→离心→上清液酸沉蛋白→水洗→干燥→麦麸蛋白

麦麸蛋白可作为浓缩蛋白，直接作为蛋白质添加剂应用于食品行业，以增加蛋白质含量，提高食品的营养价值和质构特性等，也可将麦麸蛋白进行改性，提高麦麸蛋白的功能特性，或生产蛋白水解产品。

麦麸蛋白具有鸡蛋蛋白的功能，可作发泡剂用于面包、糕点的制作，并能防止食品老化；麦麸蛋白用于鱼肉、火腿肠时，可增加产品的弹性和保油性；麦麸蛋白可作乳化剂，制作乳酪或高蛋白乳酸饮料。

麦麸中酶类丰富，含量较高的有β-淀粉酶、植酸酶、羧肽酶和脂肪酶等。β-淀粉酶也称糖化酶，可作为饴糖、啤酒和饮料生产上的糖化剂。麦麸中β-淀粉酶的活力约为每克5×10^4单位左右。植酸酶是一种能促进植酸或植酸盐水解成肌醇和磷酸的一类酶的总称。植酸酶既能将植酸磷转化为无机磷，促进磷的吸收，又能解除植酸对钙、镁、铁等矿物元素机体吸收的抑制。

麦麸中 β－淀粉酶的制备工艺如下：

小麦麦麸→浸泡→盐析纯化→β－淀粉酶制剂

β－淀粉酶制剂可制成液态产品，也可低温干燥成固体产品。

麦麸可作为微生物的培养基。麦麸经蒸煮加曲，发酵生产淀粉酶，1kg 麦麸可生产 0.25kg 淀粉酶；以麦麸为主，配以小麦粉代替大豆制作酱油，不仅减低制作成本，而且酱油味鲜液浓，其谷氨酸含量达 46%；以麦麸为原料，添加极少营养盐和产酶促进剂，进行固态发酵法生产植酸酶。1g 干麸曲中植酸酶活性达 40000μ 以上。经水提浓缩即为液体酶，酶活性达 25000u/mL。如进一步用食用酒精处理，可制成食品级植酸酶。

（二）麦麸中的多糖

小麦麦麸中含有较多的碳水化合物，达 50%左右，主要为细胞壁多糖，另外还含有 10%左右的淀粉，主要是麦麸上粘连的胚乳。小麦麦麸中的多糖主要是指细胞壁多糖（cell wall polysaccharides），又称非淀粉多糖（non－starch polysaccharides），它是小麦细胞壁的主要组成成分。细胞壁多糖有水溶性和水不溶性之分，它主要由戊聚糖、（1→3，1→4）－β－D－葡聚糖和纤维素所组成。用一般提取溶剂制备的细胞壁多糖主要为戊聚糖和（1→3，1→4）－β－D－葡聚糖，另外还含有少量的已糖聚合物。戊聚糖，又称阿拉伯木聚糖，它是非淀粉多糖最重要的一种组分，也是细胞壁多糖的最重要成分。

麦麸由于直接食用口感和风味较差，过去几乎都用作饲料。19 世纪以来，随着制粉技术的发展，人们宁愿使小麦营养成分的利用率降低，却对小麦粉精白度的要求越来越高。随着科技的进步，人们对麦麸成分及功能有了更深的认识。麦麸中富含纤维素、半纤维素、木质素，是构成膳食纤维的成分。小麦麦麸具有抗衰老、减肥、增加大肠蠕动、预防大肠癌的发生、减少胆固醇的体内合成、降低血糖水平等重要生理功能。已有小麦粉厂在生产出粉率为 72%的精制小麦粉中，掺入麦麸和次粉，配制成小麦粗粉（wheat meal），供食品厂制作小麦粗粉面包。也有直接将麦麸粉碎后，制作麦麸面包和麦麸饼干等食品。同时，麦麸多糖具有较高的黏性，并且具有较强的吸水和持水特性，可用做食品添加剂，作为保湿剂、增稠剂、乳化稳定剂等。另外，麦麸多糖具有较好的成膜性能，可用来制作可食用膜等。含麦麸的健康食品日益受到欢迎。

制备麦麸膳食纤维的常用方法为：

麦麸→粉碎→酶解淀粉→水解蛋白→灭酶→漂白处理→麦麸膳食纤维

小麦麦麸中所富含的纤维素和半纤维素，是制备低聚糖的良好资源。小麦麦麸中的低聚糖具有良好的双歧杆菌增殖效果和低热值性能。

小麦麦麸中低聚糖的一般制备工艺如下：

小麦麦麸→酶解淀粉→水解蛋白→低聚糖酶转化→过滤脱色→离子交换→浓缩干燥→产品

小麦麦麸所制备的低聚糖可用作双歧杆菌增长因子应用于健康食品。具有低热值性能，是糖尿病、肥胖病、高血脂等病人的理想保健产品。

（三）麦麸中的抗氧化物

现代医学证明，结肠癌的发生与肠壁脂质氧化所产生的自由基有直接关系，脂质过氧化所产生的自由基在肿瘤形成的起始和促成阶段都起重要作用。谷物中含有较多的抗氧化物，这些物质主要是一些酚酸类或酚类化合物，主要存在于谷物外层，总量可达 500mg/kg，其中最主要的抗氧化物是阿魏酸。小麦麦麸具有抗氧化活性和清除自由基的作用,因此,小麦麦麸对肠道肿瘤和肠道癌症有预防作用。小麦麦麸中主要功能性抗氧化剂为阿魏酸、香草酸、香豆酸。小麦麦麸中游离碱溶阿魏酸含量在0.5%~0.7%左右,可以将这部分物质富集出来,作为天然的抗氧化剂。麦麸抗氧化物的制备工艺如下:

小麦麦麸→[95%乙醇提取]→[过滤]→[滤液真空蒸馏浓缩]→[低温干燥]→抗氧化提取物

该提取物具有非常好的抗氧化特性,所以是一种较好的天然抗氧化剂。

除上述之外,还可从麦麸中制备植酸、植酸酶、木质素等。

(四)次粉的利用

如表9-22所示,在同一出粉率时,次粉与麦麸相比蛋白质和脂肪较高、粗纤维较低。因此,次粉具有较高的能量和营养价值,是一种良好的饲用资源。在预混合饲料生产中,由于次粉的颗粒较小,是维生素、矿物质等饲料中微量成分的良好载体,可确保微量预混料在饲料中混合均匀度。胚乳含量较高的次粉可进一步加工制造面筋、蛋白、淀粉,或制造酱油、醋、酒。次粉还常用于培养食用菌。

第四节　玉米加工副产品的利用

一、玉米加工的副产品

玉米加工一般先通过干法或湿法提胚方法,得到主产品胚乳和副产品胚芽。如生产淀粉,胚乳再经粉碎、磨浆和分离,得到淀粉乳主产品和玉米浆、胚芽、麸质等副产品。

(一)胚芽

与其他谷物胚芽相比较,玉米胚芽的体积和质量占整个籽粒的比例都较大,体积约占1/4左右,质量约占11%~12%,胚芽的脂肪含量较高,一般在34%以上。目前玉米胚芽的主要利用为榨取胚芽油,得到的糠饼用作饲料。

(二)玉米浆

玉米浆是玉米湿法加工过程中浸泡液的浓缩物。玉米浆中干物质的得率一般为玉米的4%~7%。玉米浆一般作为饲料或发酵培养基处理。玉米浆中蛋白质含量高,还含有维生素B、矿物质、菲丁和色素等。

(三)玉米皮

玉米皮一般由玉米的皮层及其内侧的少量胚乳组成,纤维含量较高。玉米的皮层约为籽粒的5.3%左右,但一般中小型玉米淀粉厂的玉米皮产率达到玉米原料的14%~20%。这主要是由于设备和技术方面的原因,玉米破碎分离程度不高,造成玉米皮内侧的淀粉未被完全剥离,玉米皮夹带着不少淀粉,如玉米皮产率为20%时,淀粉含量达到40%。所以,玉米皮也常作为生产酒精或柠檬酸的原料,还可作为饲料处理。

(四)麸质

麸质是玉米湿法生产淀粉过程中淀粉乳经分离机分离出的沉淀物,也称黄浆水。其干物质含蛋白质60%以上,故又称为玉米蛋白粉,出品率为玉米的3%~5%。但因其缺乏赖氨酸、色氨酸等人体必需氨基酸,生物学效价较低,常作为低价值饲料蛋白出售。

二、玉米胚的利用

玉米胚是玉米种子的生命部分,其质量虽只占籽粒的10%~15%,但营养价值比胚乳高。

玉米胚集中了玉米籽粒中22%的蛋白质、83%的矿物质和84%的脂肪。玉米胚的化学成分随玉米品种的不同,有较大幅度的变化。如表9-26所示,玉米胚的粗脂肪含量特别高,整个玉米籽粒脂肪的80%以上存在于玉米胚中,其中还包括少量磷脂、谷固醇等成分。玉米脂肪约含72%的液体脂肪和28%的固体脂肪,所以玉米脂肪为半干性油。玉米油甘油酯的脂肪酸主要由不饱和脂肪酸组成(表9-27),含量可达85%以上,其中亚油酸和花生四烯酸是人体的必需脂肪酸。婴儿成长特别需要必需脂肪酸,玉米精制油常作为母乳化奶粉的油脂配料。

表9-26 玉米胚的化学成分

单位:%

成分	粗蛋白	粗脂肪	淀粉	碳水化合物	粗纤维	灰分
含量	17~28	35~56	1.5~5.5	5.5~8.6	2.4~5.2	7~16

表9-27 玉米油脂肪酸组成

单位:%

脂肪酸	含量
棕榈酸	8~19
硬脂酸	<3.6
油酸	19~45
亚油酸	34~62
花生四烯酸	<0.4
廿四烷酸	<0.2

玉米油含有丰富的非甘油三酯物质,如磷脂(1.1%~3.2%)、不皂化物(如表9-28所示)等。不皂化物中富含维生素E、角鲨烯和甾醇。甾醇主要由谷甾醇组成。这些生理活性物质具有良好的保健作用。玉米精制油曾作为医疗保健油脂在药房销售。据报道,长期食用各种植物油对人体血清胆固醇降低的作用分别是:米糠油18%;玉米油16%;向日葵油13%。

表9-28 玉米油的不皂化物含量和组成

油的碘价	油的皂化价	不皂化物含量/%	不皂化物组成/%					
			烃	角鲨烯	脂肪醇	三萜酸	维生素E	甾醇
111~130	189~192	2~2.5	1.4	2.2	5.0	6.7	0.102	81.3

玉米胚虽然营养丰富,但含有较多的脂肪酶,能加速脂肪的分解。故一般玉米胚需通过灭酶处理后作为食品原料或通过制油得到玉米油和脱脂饼粕,再分别加以进一步利用。

玉米胚的制油与其他油料一样,先采用浸出法或压榨法制得毛油,再经精炼即可获得味纯色清的精油。富含营养物质和性质稳定的精制玉米油。浸出法是近代先进的制油技术,出油率高,胚芽粕利用效果也好,适合于规模较大的玉米胚提油。精制玉米油是生产调合营养油、色拉油、烹调油、人造奶油、蛋黄酱等食用油脂产品的上好原料。

玉米胚制油后,获得的玉米胚芽饼,其主要化学成分见表9-29。玉米胚芽饼是一种以蛋白质为主的营养物质,是较好的营养强化剂。但由于玉米胚芽饼往往含有玉米纤维,特别是胚芽饼有一种异味,所以一般均作为饲料处理。如果胚芽分离效果好,胚芽的纯度很高,而且以溶剂浸出法制油,那么这样获得的玉米胚芽粉经过脱溶脱臭处理后,就成为一种风味、加工性能和营养价值均良好的食品添加剂,可在糕点、饼干、面包中使用,也可制作胚芽饮料或制取分离蛋白。在面包中添加胚芽粉达20%时,面包的蛋白质含量大大提高,而且外观、膨松度、口感等指标均与原来无多大差异。

表 9-29　　玉米胚芽饼的主要成分　　单位:%

成分	水分	粗蛋白	粗脂肪	粗纤维	灰分	无氮浸出物
含量	7.5~9.5	23~25	3~9.8	7~9	1.4~2.6	42~53

三、玉米皮的利用

玉米皮为玉米籽粒的种皮部分。玉米加工淀粉时,由于胚乳和皮层的分离不可能很完全,所以作为产品的玉米皮往往夹带着一些附着在玉米皮层内侧的淀粉。所以,商品玉米皮的产量一般达到玉米的14%~20%。如表9-30所示,纤维素和半纤维素的总含量几乎占到玉米皮一半,说明玉米皮是膳食纤维的良好来源或是制取膳食纤维的良好原料。表9-31给出了玉米皮稀酸水解产生的单糖经衍生化后,用气相色谱法测定的分析数据,说明玉米皮中多糖(即纤维素和半纤维素)主要由葡聚糖、木聚糖和阿拉伯聚糖构成,还有少量半乳聚糖和甘露聚糖,而且戊聚糖(阿拉伯糖和木聚糖)和己聚糖(葡聚糖、半乳聚糖和甘露聚糖)在多糖中差不多各占一半。

表 9-30　　玉米皮的化学成分　　单位:%

成分	淀粉	纤维素	半纤维素	蛋白质	灰分	未知成分
含量	23	11	38.2	11.8	1.4	14.6

表 9-31　　玉米皮的多糖成分　　单位:%

多糖种类	阿拉伯聚糖	木聚糖	葡聚糖*	半乳聚糖	甘露聚糖
含量	13.3	21.3	32	5.1	0.5

*32%葡聚糖中23%来自玉米皮中残余淀粉。

1.膳食纤维制取

膳食纤维的来源十分广泛。玉米皮是从玉米加工过程中分离出来的纤维物质。玉米皮在未经生物、化学、物理加工前,难以显示其纤维成分的生理活性,必须除去玉米皮中的淀粉、蛋白质和脂肪等杂质,获得较纯净的玉米质纤维,才能成为膳食纤维,用作高纤维食品的添加剂。此外,玉米皮如不经加工,不仅缺乏生理活性,而且会影响食品的口感。研究证明,玉米纤维的活性成分主要是半纤维素,特别是可溶性纤维。

据报道,采用酶制剂水解玉米皮,使其中的淀粉、脂肪和蛋白质等杂质降解而除去,精制的玉米纤维中半纤维素含量可达60%~80%。动物试验表明,对抑制血清胆固醇的上升有明显效果。用于饼干中,添加量为2%时,可使面团易于成型,产品口感好;用于豆酱、豆腐、肉制品中,能保鲜和防止水的渗出;用于粉状制品(如汤料),可作风味物质的载体。

2.饲料酵母制取

随着养殖业的发展,我国配合饲料生产量迅速增加。目前配合饲料的原料中,最紧缺的是饲料蛋白,特别是动物性蛋白。我国每年花费大量外汇进口鱼粉。为了扩大动物性蛋白饲料的来源,除了畜禽加工和皮革加工的下脚料制取饲料蛋白外,开发单细胞蛋白(主要是饲料酵母)是一个部分代替鱼粉的有效方法。例如,采用味精废液和酒精废液制取饲料酵母的方法已投入生产。但由于各种废液营养物浓度太低,单位体积设备所得产品量较低,导致能耗和成本较高。

玉米皮含有丰富的糖类,含量达50%以上,而且糖类中六碳糖和五碳糖约各占50%。如果玉米皮用来制取酒精，只能利用其六碳糖，总糖的利用率较低。而饲料酵母，如热带假丝酵母，对六碳糖和五碳糖均能利用。饲料酵母对玉米皮水解液中糖类的转化率约45%，即最终产品中饲料酵母的含量可达22.5%。玉米皮水解液的含糖量可达5%以上，采用流加法可有效地提高饲料酵母的得率，从而降低产品成本。

四、玉米浆的利用

玉米用亚硫酸溶液浸泡时，玉米籽粒中约15%的蛋白质、60%的矿物质和50%左右的水溶性糖类被溶出。同时由于亚硫酸和因乳酸菌繁殖而产生大量乳酸的存在，浸泡液的酸度较高（pH2～4），使部分溶出物发生水解或酸化作用，如部分蛋白质水解成氨基酸。这些水溶性物质组成了玉米浸泡水的主要成分（表9－32）。

玉米浆是固形物浓度为70%左右的玉米浸泡水浓缩物，为暗棕色的膏状物。玉米浸泡水的浓缩不仅减小了体积，增加了浓度，而且方便了储运。玉米浆化学成分的特征是蛋白质、灰分和乳酸含量高，还含有一定量的糖类。

（一）发酵培养基

如表9－32所示，玉米浸泡水和玉米浆富含有蛋白质、可溶性氨基酸和矿物质等营养物质，可作为发酵培养基用于抗生素和味精等生产。

表9－32　　玉米浸泡水的成分

成　分	含量/（mg/mL）	干基含量/%
固形物	40～60	
悬浮物	<5	<10
可溶物	>35	>80
灰分	10～11	19
磷	4～4.5	6.5
钾	2～2.5	3.5
镁	1～1.5	2
钙	0.3～0.4	0.5
总酸	7～12	18
乳酸	5～10	16
挥发酸	1	1.5
蛋白质	16～30	45
氨基酸	8～12	17
总　糖	6～8	11
还原糖	4～6	8
植　酸	4	5
B族维生素	0.7～1.5	2

（二）蛋白制取

玉米浸泡水在浓缩之前，其固形物含量很低，一般为4%～7%，如要浓缩成玉米浆，则需消耗较多能量。玉米浸泡水制取饲料蛋白时，原液不必浓缩可直接用于提取蛋白，其工艺流程如下：

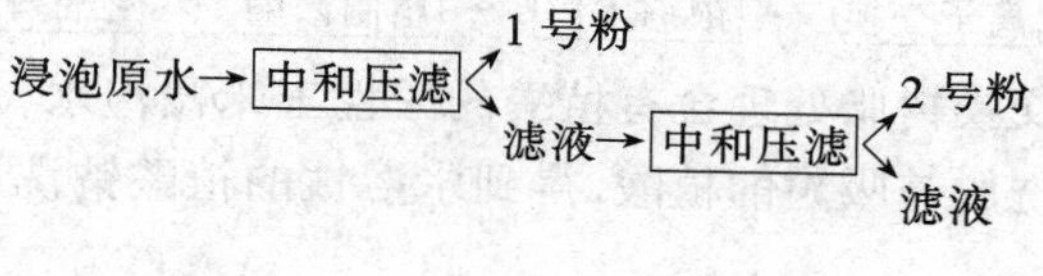

浸泡原水→中和压滤→1号粉；滤液→中和压滤→2号粉；滤液

浸泡水经两次中和压滤,滤饼烘干后分别得到1号粉和2号粉。第一次中和采用氢氧化钠溶液调节浸泡水pH4.5~5.0,即产生沉淀。压滤后的滤液再用氢氧化钙悬浊液调节pH8.0~8.5,又产生第二次沉淀。第二次压滤后的滤液仍可作饲料酵母的培养液,如直接排放污染负荷(COD)已减少70%以上。两次中和所得沉淀中各种成分含量及提取率见表9-33。

表9-33　玉米浸泡水碱中和产品中各种成分含量及提取率　单位:%

项目	1号粉		2号粉	
	提取率	含量	提取率	含量
固形物	25	88.2	40	87.8
蛋白质	25	41.2	40	23.6
灰分	25	42.7	30	53.1
磷		28.8		45.3
其他		16		23
总糖	0		10	
乳酸	30		50	

根据氨基酸分析(表9-34),1号粉和2号粉不仅是蛋白质和矿物质饲料的原料,而且精制后有可能成为食品添加剂。

表9-34　玉米浸泡液碱中和产品的蛋白质氨基酸分析　单位:%

种类 氨基酸	1号粉	2号粉	鸡蛋	FAO/WHO模式
赖氨酸	21.75	15.3	5.6	5.5
蛋氨酸+胱氨酸	11.0	8.3	6.3	>3.5
缬氨酸	13.5	12.5	6.8	5.0
苏氨酸	9.5	9.8	5.2	4.0
亮氨酸	18.0	19.8	9.3	7.0
异亮氨酸	7.0	6.0	5.0	4.0
色氨酸	2.5	2.0	1.6	1.0
苯丙氨酸+酪氨酸	13.0	12.8	5.6	>6.0

(三)菲丁及肌醇制取

菲丁是植物有机磷化合物的贮藏体,对谷物种子发芽、生长有重要作用。玉米、糙米和米糠中菲丁含量分别约为1.3%、1.1%和12%。十几年前,美国、意大利、日本等国就进行玉米浸泡水制取菲丁的研究,但由于玉米浸泡水中菲丁含量较低,需在浸泡水中加入大量碱土金属盐沉淀菲丁,沉淀中蛋白质、多糖、灰分含量较高,使得在过滤、精制工艺上有不少困难,而且产品得率低,制取成本高。因此,玉米浸泡水制取菲丁不太适宜采用米糠制取菲丁的工艺。进入20世纪90年代后,国外采用离子交换树脂这一新型分离材料,对玉米浸泡水制取肌醇的工艺进行革新研究,获得成功。

玉米浸泡水制取肌醇的工艺路线:

浸泡水→ [离子交换] → [浓缩水解] → [精制浓缩] → [结晶干燥] → 成品

采用合适的阴离子交换树脂处理含有植酸的酸性玉米浸泡水,使植酸吸附在树脂上。然后用氢氧化钠碱性液体洗脱被吸附的植酸,得到水溶性的植酸钠洗脱液。这样就避免了采用碱土金属盐沉淀菲丁以及菲丁纯化等工序，而且植酸钠洗脱液中蛋白质、多糖和灰分的含量微乎其微，高纯度的植酸钠为高产率的肌醇制取提供了条件。新工艺不仅操作简单，而且树脂可再生重复使用，生产成本低。制得植酸钠后，再按常规方法加压水解、精制得到肌醇，产率比原先方法提高 6~7 倍，生产人员可减少 1/4，经济效益明显提高。

五、玉米蛋白粉的利用

1989 年，我国玉米淀粉的产量为 132 万 t，1999 年增加到 470 万 t，年平均增长 13.5%，相应玉米蛋白粉的年产量为 44.86 万 t。长期以来，玉米蛋白粉被大量应用于饲料工业，作为蛋白质和类胡萝卜素的主要来源。多年来，研究人员对玉米蛋白粉进行了广泛的研究，得到了玉米醇溶蛋白、玉米蛋白寡肽等产品。

玉米蛋白粉又称麸质或黄粉子。它是从淀粉乳分离蛋白时得到的黄浆水的干燥物。根据加工工艺的不同，玉米蛋白粉的化学组成有较大的变动范围(表 9-35)。玉米蛋白粉所含的蛋白质大部分为醇溶蛋白，具有很强的耐水性、耐热性和耐脂性，在食品工业中醇溶蛋白可作为被膜剂，即在食品表面形成一层涂膜，具有防潮、防腐、防氧化和增加光泽等功能，达到延长食品货架寿命和美观的目的。醇溶蛋白还可作为药物的载体或囊膜，具有缓释药物的功能，达到平衡药物浓度、延长药物作用时间的目的。

表 9-35　玉米蛋白粉的化学组成

单位：%

成分	蛋白质	淀粉	脂肪	纤维	灰分
含量	50~70	15~25	3~8	8~15	2~10

(一)醇溶蛋白制取

玉米蛋白粉制取醇溶蛋白有两条工艺。一是两步法，先用烃类溶剂脱去玉米蛋白粉所含有的脂肪和部分色素，然后用醇类萃取、分离和精制醇溶蛋白；二是一步法，直接用异丙醇萃取得到醇溶蛋白。一步法工艺简单、操作方便安全。

一步法的工艺流程如下：

浸出→[离心]→[冷却沉淀]→[干燥]→成品

用含有 0.25%氢氧化钠的 88%异丙醇水溶液在 60℃浸提玉米蛋白粉，离心分离残渣。然后，将澄清的浸出液冷却到 -15℃，醇溶蛋白沉淀于底部，分去上清液得到含 30%左右的醇溶蛋白，脱溶干燥后得到醇溶蛋白粉产品。产率约为玉米蛋白粉的 20%~24%。此法获得的醇溶蛋白约含有 3%~4%的脂肪，可用异丙醇水溶液进一步处理，使脂肪含量降至 1%~2%。这种玉米醇溶蛋白不仅易溶于 90%的乙醇，而且可溶于碱性溶液，因而可以纺丝，用甲醛处理后成很好的纤维。

(二)谷氨酸制取

在各种不同原料的蛋白质中，以小麦面筋的谷氨酸含量最高，达 35%，而大豆蛋白质的谷氨酸含量只有 18%，玉米蛋白粉的谷氨酸含量居中，为 22.1%。所以玉米蛋白粉可以是生产调味料的原料。此外，谷氨酸在医药上也有很重要的用途。谷氨酸虽然不是必需氨基酸，但在氮代谢中，谷氨酸与酮酸发生氨基转移作用而生成其他氨基酸。脑组织只能氧化谷氨酸，而不能氧化其他氨基酸。当葡萄糖供应不足时，谷氨酸可作为脑组织的能源来源。因此，谷氨酸对改进和维持脑机能是必要的。谷氨酸对于神经衰弱、记忆力衰退、肝昏迷等疾病有一定疗效。

由于玉米蛋白粉的氨基酸构成中，谷氨酸含量较高，是提取谷氨酸的良好原料。谷氨酸和其他氨基酸一样，分子中既有羧基基团又有氨基基团，是典型的两性化合物。在一定条件下，可解离成带正电荷的阳离子或带负电荷的阴离子：

$$\underset{pH < pI}{R-CH(COOH)(NH_3^+)} \underset{H^+}{\overset{OH^-}{\rightleftharpoons}} \underset{pH = pI}{R-CH(COO^-)(NH_3^+)} \underset{H^+}{\overset{OH^-}{\rightleftharpoons}} \underset{pH > pI}{R-CH(COO^-)(NH_2)}$$

当溶液的 pH 小于谷氨酸等电点（$pI3.22$）时，谷氨酸的净电荷为正，反之为负。在一定的 pH 条件下，利用离子交换树脂可有效地把谷氨酸从氨基酸混合物中分离出来，其制取工艺为：

玉米蛋白粉→水解脱色→离子交换→精制干燥→成品

醇溶蛋白不仅含有较多的谷氨酸，而且还富含亮氨酸。亮氨酸是必需氨基酸，在医药和临床方面有重要用途。可利用亮氨酸等电点（$pI5.98$）与谷氨酸的等电点差异较大的特点，进行 pH 梯度洗脱分离谷氨酸和亮氨酸，分别得到谷氨酸和亮氨酸洗脱液，再进行精制可获得谷氨酸和亮氨酸两种产品。

（三）食品制作

玉米蛋白粉是从玉米加工中分离得到的，可以作为食品的配料，以提高食品的蛋白质含量，并且玉米蛋白质具有鲜艳的黄色，可以改善食品的色泽。但是玉米蛋白粉有些不愉快的风味，一般先进行脱臭处理后，才能作为食品的配料。

玉米蛋白粉的脱臭处理一般采用有机溶剂，使脂肪和异味溶于其中。常用的溶剂为乙酸乙酯和水（94:4）的二元溶剂，在料水比 1:8、温度 70℃的条件下，萃取 0.5 ~ 1h。分离后蛋白质用热水洗涤残余溶剂，最后真空低温干燥得到安全无异味的玉米蛋白粉。

脱臭处理后的玉米蛋白粉可制造许多食品。例如，以玉米蛋白粉为主料，配以奶粉、砂糖、淀粉，混匀后经均质、巴氏灭菌、冷却、硬化制成的冰淇淋，色泽鲜黄，口味良好，并可降低产品成本。添加玉米蛋白粉的香肠不仅口感好，而且弹性和保水性达到原有产品的水平。玉米蛋白粉还可代替大豆发酵制酱和酱油，产品完全符合国家规定的指标。

由于玉米蛋白粉为非全价蛋白，使用时要考虑食品的氨基酸平衡。如大豆中含硫氨基酸相对较少，而玉米蛋白粉中赖氨酸、色氨酸较少，玉米蛋白粉与大豆粉的配伍可达到氨基酸互补的目的。用 37% 的玉米蛋白粉和 63% 的大豆粉的复配物，其氨基酸构成可与联合国粮农组织和世界卫生组织推荐的氨基酸模式相接近（表 9 - 36）。

表 9 - 36　玉米蛋白粉与大豆粉复配物的氨基酸构成　单位：%

种类 氨基酸	37%玉米蛋白粉与63%大豆粉的复配物	鸡蛋	FAO/WHO 模式
赖氨酸	5.5	5.6	5.5
蛋氨酸 + 胱氨酸	3.5	6.3	>3.5
缬氨酸	5.3	6.8	5.0
苏氨酸	4.3	5.2	4.0
亮氨酸	6.4	9.3	7.0
异亮氨酸	5.3	5.0	4.0
苯丙氨酸 + 酪氨酸	6.5	5.6	>6.0

（四）类胡萝卜素的制取

20 世纪 60 年代起就对玉米籽粒及玉米蛋白粉中的类胡萝卜素进行了定性、定量研究，确定玉米籽粒中类胡萝卜素的含量为 19～30mg/kg。在湿法玉米淀粉生产过程中，可得固形物含量为 3%～5% 的麸质。麸质经脱水干燥后得到的玉米蛋白粉中富集了玉米类胡萝卜素，含量为 200～390mg/kg。玉米类胡萝卜素主要由两大类类胡萝卜素构成：胡萝卜素（carotene）和叶黄素（xanthophylls）。其中胡萝卜素包括 α－胡萝卜素（α－carotene）和 β－胡萝卜素（β－carotene）；叶黄素包括玉米黄素（zeaxanthin）、黄体素（lutein）、新黄质（neoxanthin）、金莲花黄素（trollixanthin）和隐黄素（cryptoxanthin）。

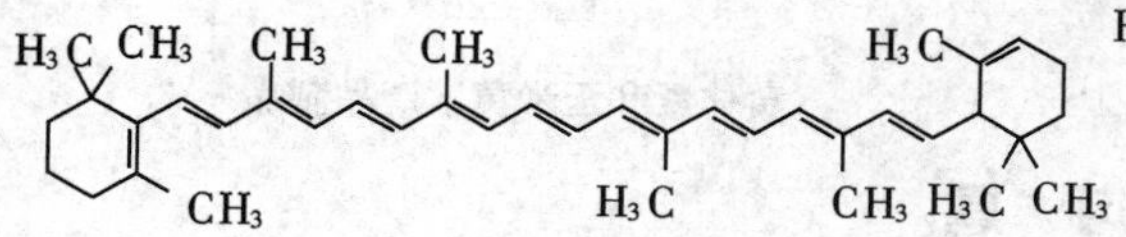

α－胡萝卜素 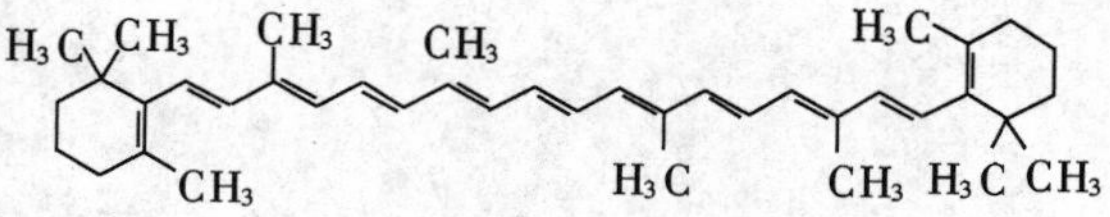　　β－胡萝卜素

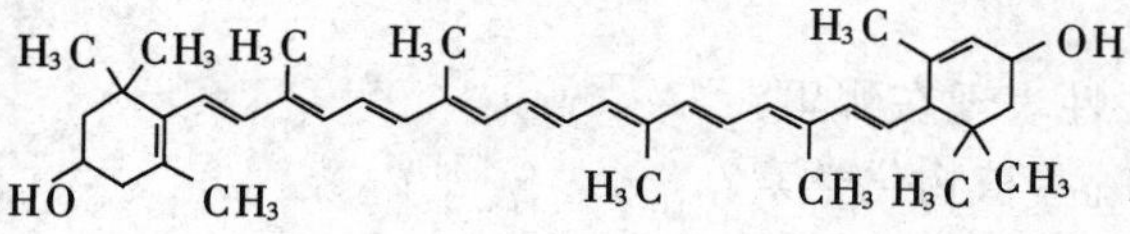

黄体素 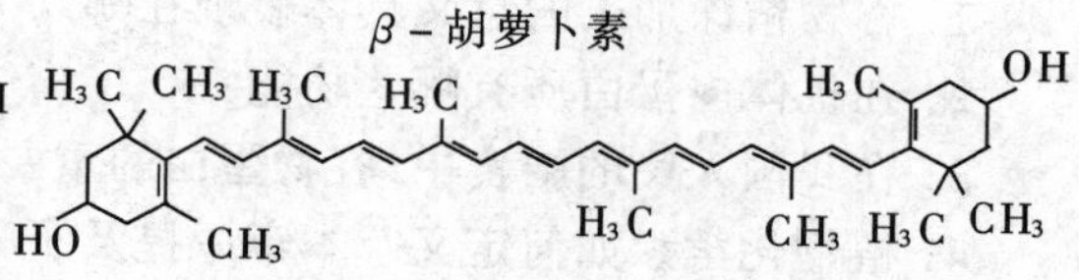　　玉米黄素

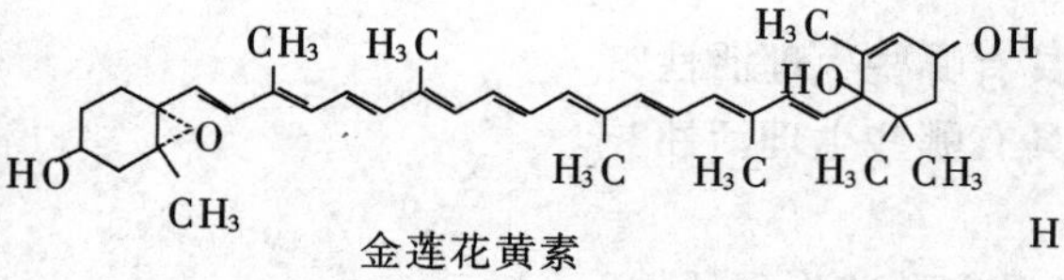

金莲花黄素 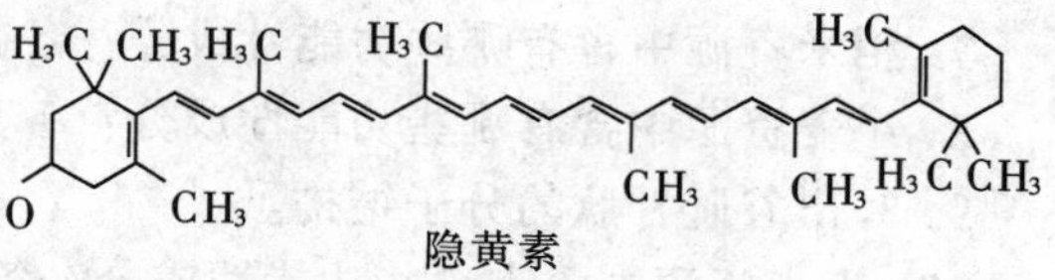　　隐黄素

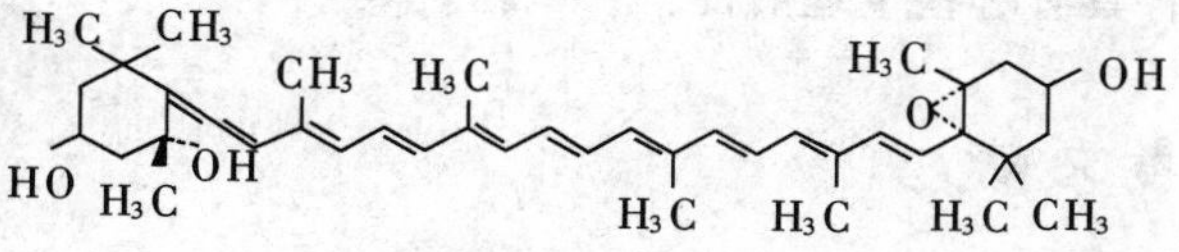

新黄质

20 世纪 80 年代以来的研究发现，类胡萝卜素类物质除具有良好的着色性外，还具有很多生理功能，如抗氧化、抗溃疡、抗癌、抗衰老、保护视网膜、预防心血管疾病等。研究表明，玉米类胡萝卜素具有保护视力、防止肌肉退化、减少心血管疾病和癌症发病危险等生理功能。

黄体素（3，3′－二羟基－α－胡萝卜素）和玉米黄素（3，3′－二羟基－β－胡萝卜素）是自然界广泛存在的类胡萝卜素，属于含氧胡萝卜素——叶黄素。黄体素和玉米黄素二者互为同分异构体，在玉米蛋白粉中具有较高的含量。黄体素和玉米黄素的分子结构决定了其具有强抗氧化能力。在体内，它们虽不具有维生素 A 活性，但却是人体可利用的重要的强抗氧化剂，可通过猝灭单线态氧、清除自由基等抗氧化行为来保护机体组织细胞。近年来流行病学的研究发现，黄体素具有保护视力功能，尤其是在预防老年黄斑变性，改善老年人视力方面具有独特的功效。老年黄斑变性（Age－related Macular Degeneration，AMD）是老年人尤其是 65 岁以上老年人常见的眼部疾病，是导致失明的主要原因之一（仅次于白内障），目前还没有有效的治疗措施。研究发现，黄体素和玉米黄素对于预防 AMD 的发生、防止 AMD 引起的眼部疾病和白内障是非常有效的，同时还可以改善视觉功能。为了保护视网膜细胞的精细结构不被破坏，黄体素和玉米黄素会被逐渐消耗掉，必须及时得到补充。玉米黄素可通过黄体素在视网膜内的代谢而产生,机体不能自身合成黄体素,只能依靠外界摄取。因此,黄体素的补充显得尤为重要。如果能够每天摄入 5.8~6mg 黄体素,则可使发生 AMD 的可能性降低 43%。另外,黄体素和玉米黄素在预防癌症尤其是乳腺癌的发生、抑制肿瘤的发展、降低心肌梗死的发病率方面也具有独特的功效。1995 年,美国 FDA 已批准黄体素作为食品补充剂用于食品饮料中。

提取类胡萝卜素及黄体素和玉米黄素的工艺流程如下:

浓缩麸质水
玉米蛋白湿粉 } → 调浆 → 酶解 → 离心分离 → 干燥 → 类胡萝卜素提取 → 膜分离纯化 → 玉米类胡萝卜素粗制品 → 柱层析 → 黄体素和玉米黄素产品制品
玉米蛋白干粉

复 习 题

1. 谷物精深加工的意义具体表现在哪几个方面?
2. 在机体内蛋白质有哪些功能?
3. 在我国人民的膳食中,谷物蛋白的重要性表现在哪里?
4. 植物化学素如何定义? 本章中提及了哪些植物化学素?
5. 三磷酸肌醇具有哪些生理功能?
6. 维生素 E 包含哪些同系物?
7. 稻米资源中含有哪些功能性成分? 各具有哪些生理活性?
8. 小麦资源中含有哪些功能性成分? 各具有哪些生理活性?
9. 写出谷胱甘肽的分子结构。
10. 玉米资源中含有哪些功能性成分? 各具有哪些生理活性?

参 考 文 献

1. 李正明等. 植物蛋白生产工艺与配方. 北京:中国轻工业出版社. 1998
2. 陈仁惇. 营养保健食品. 北京:中国轻工业出版社. 2001

第十章　谷物中功能性成分的提取与分离方法

在生物化学及其相关学科中应用的各种技术统称为生化技术。主要是指生物体内物质及其代谢产物，特别是生物大分子的分离、检测、制备与改造技术。

近三十多年来，生物科学在理论与应用方面都取得了惊人的进展。取得这种进展的原因是多方面的，其中重要的原因之一是生化技术的重大发展。生化技术的发展过程可以追溯到半个多世纪以前。1925年，Svedberg设计的超速离心机，以及随后建立并逐步发展起来的色谱技术、电泳技术及其他分离、检测技术，迅速地促进了生化分离技术的进展，从而使生物化学的研究工作从整体水平、细胞水平提高到分子水平。要在分子水平上对某种生物体内物质进行研究和应用，首先必须把该物质从细胞内提取出来，并使之与其他物质分离，这就得借助于各种生化分离技术。

现代生化分离技术不仅是生物化学工作者进行研究工作必不可少的手段，也是其他相关学科，如食品科学、酶学、营养学、微生物学、分子生物学、分子物理学、分子遗传学、医学、药物学等进行基础研究的重要工具。同时与食品工程、生物工程、生物化工、生物制药、微生物工程、发酵工程、酶工程、生化工程等息息相关。

第一节　生物细胞破碎

生物大分子是指在生物体内存在的具有特殊生物学功能的高分子化合物，主要包括蛋白质、酶、核酸、多糖和脂类。其中蛋白质(包括酶)和核酸是生命现象的基本体现者，是生命运动的物质基础，对其结构和功能的研究已成为探索生命奥秘的焦点。为了研究生物大分子的结构、功能和各种特性，开发各类具有生理活性的功能因子及其健康食品，就必须获得高纯度的、完整的生物大分子。大多数生物大分子都存在于细胞之内，为了把它们从细胞内提取出来，就需将细胞或组织破碎，然后再进行生物大分子的分离纯化。

表10-1　　破碎细胞的作用和方法

作用		方法	
机械	液体剪切	超声波　机械搅拌压力	
	固体剪切	研磨	杆和臼　球磨机
		压力	Hughes压榨机　'X'压榨机
非机械	脱水	空气干燥　真空干燥	冷冻干燥　溶剂干燥
	溶胞作用	物理作用	渗透冲击　压力释放　冻结和融化
		化学作用	阳阴离子洗涤剂　抗生素　甘氨酸
		酶作用	溶菌酶和有关的酶噬　菌体溶胞　抗菌素

破碎的方法很多，按照是否存在外加作用力可分为机械法和非机械法两大类。表10-1中所列方法除机械法中高压匀浆器和研磨机(disintegrator)不仅在实验室被广泛采

用,且已经在工业生产中应用,超声波法普遍地用于实验室规模,非机械法则大都处在实验阶段,如酶溶法、化学渗透法目前实验室研究开发相当活跃,其他压榨法、冷冻融化实验室经常使用,但工业化应用受到诸多因素的限制。故人们现在还在寻找新的激光破碎法、高速相向流撞击法、冷冻 - 喷射法等。对于不同的生物体,或同一生物体的不同细胞,由于各自的结构不同,细胞破碎的条件和方法也有所不同,必须根据具体情况进行选择,以便达到预期的效果。

一、机械破碎方法

通过机械运动所产生的剪切力的作用,使细胞破碎的方法称为机械破碎法。常用的有下列几种:

(一)高速组织捣碎机

利用高速旋转的叶片所产生的剪切力将组织细胞破碎。叶片的转速可高达 10000r/min,适用于较脆嫩的组织细胞的破碎。操作时,首先将欲捣碎的组织细胞悬浮于水或其他液状介质中,配成稀糊状液体,然后放置于捣碎机玻璃筒内,不能装得太多,以免溅出筒外。固定好筒盖后,将调速器调节在最低速位置,开动电动机后,逐步加速至所需速度,破碎一定时间后,停机,从筒内取出捣碎液。

(二)高压匀浆器

所用设备结构图见图 10 - 1,它由高压泵和匀浆阀组成。主要利用液相剪切力与固定表面撞击所产生的应力,使细胞破碎。阀与阀座的形状、二者之间的距离、操作压力和循环次数等因素都对破碎效果有影响。

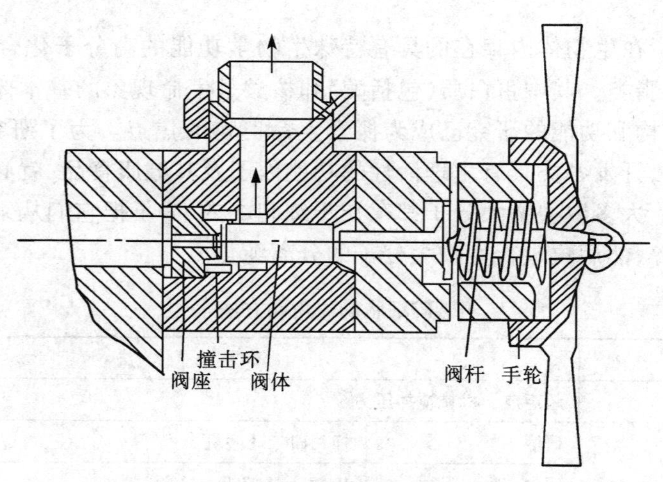

图 10 - 1　高压匀浆器的排出装置

(三)珠磨机

珠磨机有多种形式。Netzsch LME20 珠磨机用于大规模破碎细胞效果很好,主要利用在快速搅拌振荡下,细胞和助磨剂相互摩擦碰撞而破碎。破碎程度取决于振动速度、菌体浓度、助磨剂用量、大小以及接触时间等。具体结构见图 10 - 2。珠磨机常用于微生物和植物细胞的破碎。

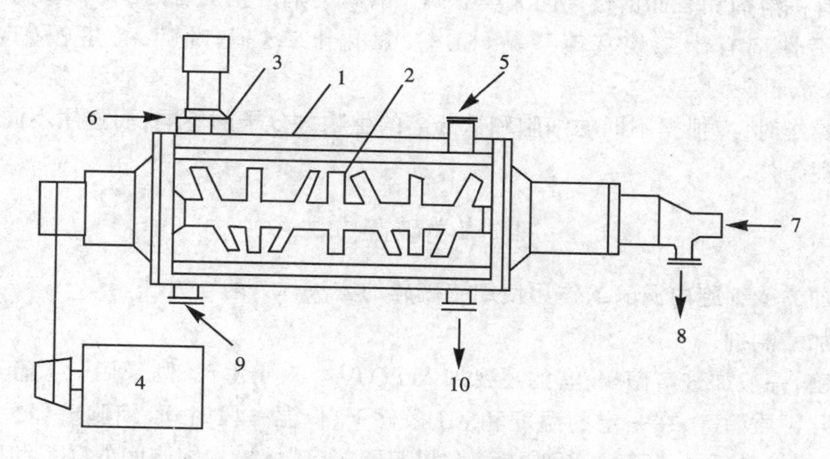

图 10－2　Netzsch LME20 珠磨机

1—附有冷却夹套的圆筒形磨室　2—附有冷却装置的搅拌轴和圆盘　3—环形振动狭缝分离器
4—变速电机　5、6—料液进口和出口　7、8—搅拌部分冷却剂进口和出口
9、10—磨室冷却剂进口和出口

二、物理破碎方法

通过各种物理因素的作用，使组织细胞破碎的方法，统称为物理破碎方法。常用的物理因素有：温度、压力、超声波等。

（一）温度差破碎法

把待破碎的样品通过温度的反复变化而使细胞破碎。操作时，可将样品投入沸水中，在90℃左右的温度下维持数分钟，然后立即置于冰浴中迅速冷却。也可将样品冷冻至－18℃左右，使其冻结，然后迅速升温，均可将细胞破碎。上述操作可反复进行，使细胞破碎更完全。

（二）压力差破碎法

通过压力的变化，使细胞内与细胞外所受的压力不同，而使细胞破碎。例如：可将细胞悬浮于蒸馏水中，利用细胞内外渗透压的不同使细胞破碎。也可用 30MPa 左右的水压或气压将细胞压碎，或在加压后急速减压而使细胞破碎。

（三）超声波破碎法

频率超过人耳可听范围（16～20kHz）的波，即频率为 20kHz 以上的波称为超声波。通过超声波的作用，使细胞结构解体，而使细胞破碎。

超声波细胞破碎器一般由超声波发振器、振动子和喷嘴三部分组成。一般在超声波发振器上有时间控制和功率控制两个指示器，可根据需要进行调整和控制。喷嘴有不同的规格，可根据样品的量而进行选择。

超声波破碎多用于微生物细胞的破碎，然而不同的微生物细胞所要求的破碎条件是不同的。此外要注意避免样品中气泡的存在。一些对超声波敏感的生物大分子，在处理时，要仔细选择条件，以免变性。

三、化学破碎方法

通过化学试剂的作用，使细胞膜的结构改变或破坏，使细胞膜的透过性改变。常用的化学试剂可分为有机溶剂和表面活性剂两大类。属于有机溶剂的主要有丙酮、甲苯、丁醇、氯仿等；常用的表面活性剂有十二烷基硫酸钠(SDS)、氯化十二烷基吡啶、特里顿(Triton)、吐温(Tween)和去氧胆酸钠等。

在实际操作时,应根据不同的细胞和欲分离的生物大分子的不同,而选用不同的化学试剂和不同的处理条件。

四、酶学破碎方法

通过外加的或细胞内源酶的作用使细胞破碎的方法称为酶学方法。

(一)外加酶制剂

对于细菌,一般加进溶菌酶,有的还要加入EDTA。对于酵母,则采用β-葡聚糖酶,而霉菌则要加进几丁质酶等,在一定的温度和pH条件下,保温一段时间,细胞壁即被破坏。对于植物材料,一般加进纤维素酶、半纤维素酶和果胶酶等,破坏植物细胞间的联系和破坏细胞壁,而达到细胞破碎的目的。

(二)自溶法

将欲破碎的细胞在一定的pH条件和适宜的温度下保温一定的时间,通过细胞本身存在的酶系的作用,将细胞破坏,使胞内物质释出的方法,称为自溶法。动物细胞的自溶温度一般选在0~4℃,而微生物细胞的自溶多在室温条件下进行。自溶时,为了防止外来微生物的污染,可以加进少量的防腐剂,如甲苯、氯仿、叠氮钠等。

第二节　色谱分离技术

色谱分离是利用混合物中各组分的物理化学性质(分子的形状和大小、分子极性、吸附力、分子亲和力、分配系数等)的不同,使各组分以不同程度分布在两相中,其中一个相是固定的,称固定相,另一个相是流动的,称为流动相。当流动相流过固定相时,各组分以不同的速度移动,而达到分离。

色谱分离技术是现代分离科学中最伟大的成就之一。早在20世纪初就已得到应用。1903年用于植物色素的分离,1931年用氧化铝柱分离了胡萝卜素的两种同分异构体,显示了色谱分离技术的高分辨力,1944年,英国生物化学家马丁因发明以滤纸作为支持物的纸色谱的杰出成就,而荣获诺贝尔化学奖,随后他又创建了气相色谱技术。以后色谱技术的发展越来越快,相继出现了薄层色谱、薄膜色谱、离子交换色谱、凝胶过滤色谱、亲和色谱、高压液相色谱、蛋白质快速液相色谱等。

色谱分离技术操作简便,样品可多可少,既可用于实验室的实验研究,又可用于工业生产,还可与其他分析仪器配合,组成各种自动分析仪器,广泛地应用于各个领域。

色谱分离的种类很多,可按不同的方法分类:

(1)按流动相的状态分类。用液体作为流动相的称为液相色谱,以气体作为流动相的称为气相色谱。

(2)按固定相的使用形式分类。可分为柱色谱、纸色谱、薄层色谱、薄膜色谱等。

(3)按分离过程所主要依据的物理化学性质分类。可分为吸附色谱、分配色谱、离子交换色谱、分子排阻色谱、亲和色谱等。

一、吸附色谱

吸附色谱是利用吸附剂对不同物质的吸附力不同、而使混合物中的各组分分离的方法。吸附色谱分离技术是各种色谱技术中应用得最早的一类。由于吸附剂来源丰富，价格低廉，易再生，装置简单，又具有一定的分辨率等优点，故至今仍广泛应用。

(一)吸附色谱原理

任何两个相之间都可以形成一个表面。其中一个相的物质或溶质在两相间的表面上的密集现象称为吸附。凡能够将其他物质聚集到自己表面上的物质，都称为吸附剂。能聚集于吸附剂表面的物质称为被吸附物。吸附剂一般为固体或液体，而在吸附色谱中应用的吸附剂一般为固体。

固体为什么有吸附作用呢？这是因为固体表面的分子(离子或原子)与固体内部分子所受的吸引力不相等。固体内部的分子所受的分子间的作用力是对称的，而固体表面的分子所受的力是不对称的。向内的一面受内部分子的作用力较大，而表面向外的一面所受的作用力较小，因而当气体分子或溶液中溶质分子在运动过程中碰到固体表面时就会被吸引而停留在固体表面上。物质在吸附剂表面的吸附情况可用吸附等温线描述(图 10-3)。

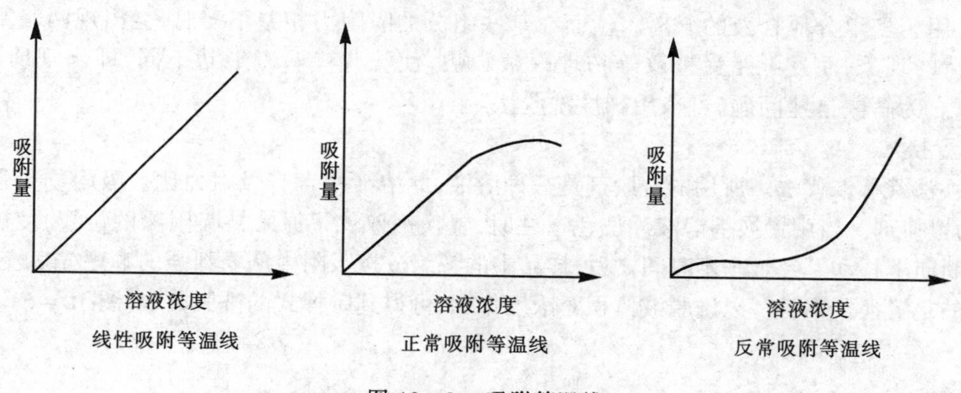

图 10-3　吸附等温线

吸附剂与被吸附物分子之间的相互作用是由范德华力所引起的，其特点是可逆的，即在一定的条件下，被吸附物可以离开吸附剂表面，这称为解吸作用。

吸附色谱通常采用柱型装置——吸附色谱柱，图 10-4 所示为简单的玻璃管吸附色谱柱。下端垫一层棉花或玻璃纤维，管中装入吸附剂(例如：氧化铝、活性炭、硅胶等)。

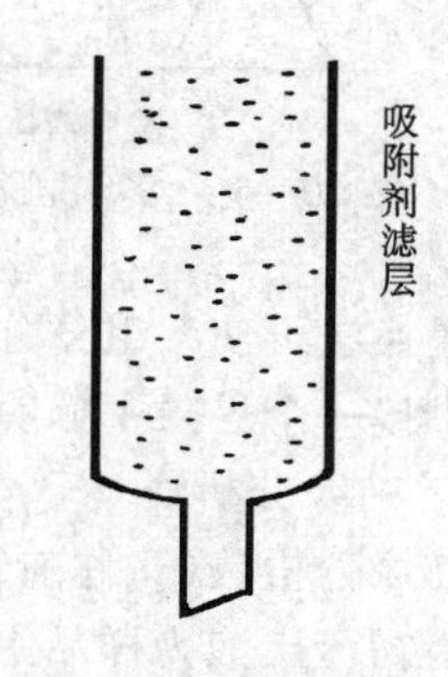

图 10-4　吸附色谱柱示意图

色谱分离时样品自柱顶加入，当样品溶液全部流入吸附色谱柱后，再加入溶剂冲洗。冲洗的过程称为洗脱，加入的溶剂称为洗脱剂。在洗脱过程中，柱内不断地发生解吸、吸附，再解吸、再吸附的过程。即被吸附的物质被溶剂解吸而随溶剂向下移动，又遇到新的吸附剂颗粒，重新把该物质自溶剂中吸附出来，后面流下的溶剂又把物质解吸而向下移动，然后再被下层吸附剂所吸附。如此反复进行，经过一段时间以后，该物质向下移动至一定距离。此距离的长短与吸附剂对该物质的吸附力以及溶剂对该物质的解吸(溶解)能力有关。不同的物质由于吸附力和解吸力不同,移动距离也不同。吸附力弱而解吸力强的物质,移动距离就较大。经过适当的时间以后,不同的物质各自形成区带,每一区带就可能是一种纯物质。如果被分离的是有色物质的话,就可以清楚地看到色带。如果被吸附的物质没有颜色,可用适当的显色剂或紫外光观察定位,也可用溶剂将被吸附物从吸附柱洗脱出来。以洗脱液体积对被洗脱物质浓度作图,可得到洗脱曲线。

(二)洗脱方法与洗脱曲线

用溶剂或溶液从吸附柱中把被吸附物洗脱下来的方法主要有三种。三种洗脱方法所用的洗脱剂不同,其洗脱曲线也不一样。

1. 溶剂洗脱法

溶剂洗脱法是目前应用最广泛的方法。溶剂洗脱法采用一种或几种混合溶剂作为洗脱剂。

操作时,在加入样品溶液后,连续不断地加入洗脱剂进行冲洗,最初的流出液为纯溶剂,然后是吸附力最弱的组分,以后逐次出现的物质是按吸附力由弱到强的顺序分别洗出,吸附力量强的物质最后洗脱出来。把各组分分别收集起来,即可达到分离目的。用洗脱液体积对物质浓度作图,可得到洗脱曲线(图 10－5)。

溶剂洗脱法在二组分之间,通常有一段“空白”,即流出液为纯溶剂,所以各组分能够很好分离,适用于多组分混合液的分离。然而在某些组分的吸附力相差不多时,会出现两峰重叠或界限不清的现象,而且可能受扩散等物理因素影响,使洗脱峰两侧形状不同,即出现所谓“拖尾”现象。为解决这些问题,可采用梯度洗脱法。

2. 置换法

置换法又称取代法。所用的洗脱剂是一种溶液,此溶液中含有吸附力比被吸附物更强的物质,称为置换剂。当用置换剂溶液冲洗色谱柱时,置换剂取代了原来被吸附物的位置,使被吸时组分不断向下移动。经过一定时间之后,样品中的各组分按吸附力从弱到强的顺序先后流出,最后流出的是置换剂本身。以洗脱液体积对浓度作图,可得到阶梯式的洗脱曲线(图 10－6)。

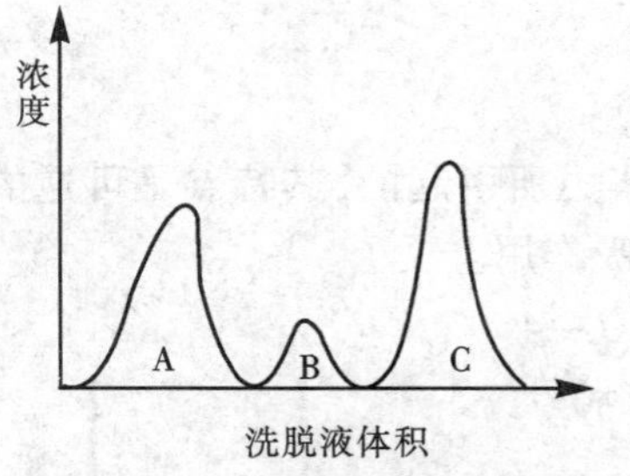

图 10－5　溶剂洗脱液的洗脱曲线

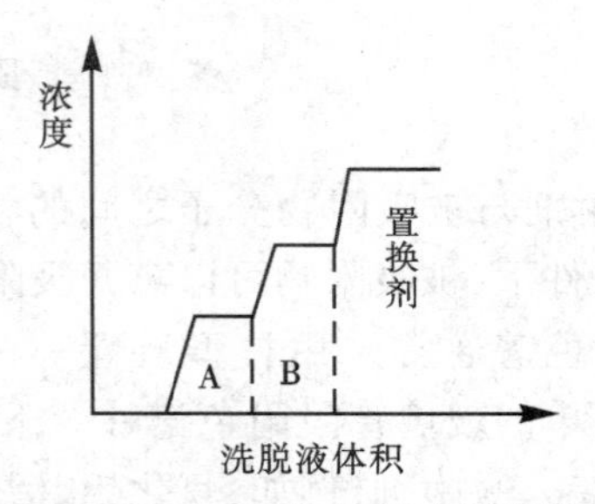

图 10－6　置换法的洗脱曲线

置换法可使各组分分离,每一阶梯只有一种组分,且可求出各组分的浓度,然而由于各组分一个接一个界限不分明,交界处互相混杂,分离并不理想。

3. 前缘分析法

前缘分析法(又称前缘洗脱法)是连续向吸附柱内加入样品溶液,即洗脱剂为样品溶液本身。最初流出液为样品中的溶剂,不含组分溶质。当流过一定体积的样品溶液后,吸附剂不能再吸附,即达到饱和状态,吸附力弱的组分开始流出,其浓度比样品溶液中该组分的浓度高。

随后样品中各组分按吸附力由弱到强的顺序先后被饱和而流出，最后流出液与样品液组分完全相同，其洗脱曲线如图10－7所示。

如图10－7所示，前缘分析法的洗脱曲线也是阶梯形的。第一个阶梯只含有吸附力量弱的组分A，第二阶梯含有A和B，第三阶梯含有A、B、C三种组分，最后的一个阶梯含有样品中的所有组分。由此可见，只有A组分才是单一的。所以此法不是理想的分离方法，仅作为分析研究之用。

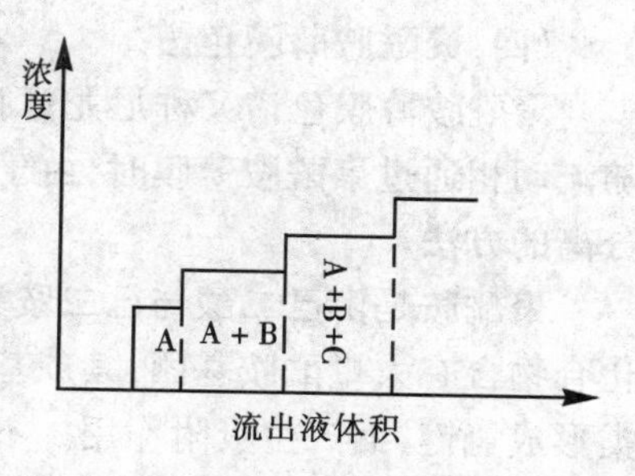

图10－7　前缘分析法的洗脱曲线

(三)吸附剂与洗脱剂的选择

吸附色谱中的主要问题是选择适当的吸附剂和洗脱剂。选择适当就可达到好的分离效果，否则就难于达到分离目的。

1．吸附剂的选择

吸附剂的选择是吸附色谱的关键。然而对吸附剂的选择尚无一定的法则，可根据前人的经验或通过小样试验来确定。

吸附剂的种类很多，可分为无机吸附剂和有机吸附剂。在吸附色谱中常用的无机吸附剂有氧化铝、活性炭、硅胶、碳酸盐、碱土金属的氧化物以及陶土、白土、泡沸石等。有机吸附剂有蔗糖、乳糖、淀粉、菊粉、纤维素等。

吸附的强弱与吸附剂以及被吸附物的性质有密切关系，同时受吸附条件以及吸附剂的处理方法的影响。一般说来，非极性物质易被非极性表面吸附，极性物质易被极性表面吸附，溶液中溶解度越大的溶质越难被吸附。

用作吸附色谱的吸附剂，应具有下列性质：

(1)吸附剂应有适当的吸附力，表面积大；

(2)吸附剂对被分离物有足够的分辨力，即对不同物质的吸附力有所不同；

(3)吸附剂对被吸附物的吸附应是可逆的，即在一定的条件下可以解吸，以便洗脱；

(4)吸附剂不会溶解在所采用的溶剂中，也不会引起被吸附物的化学改变；

(5)吸附剂颗粒均匀，在操作时稳定，不会破裂。

许多吸附剂能直接应用，但也有的需作预处理，以除去杂质和增加吸附力，提高色谱分离效果。例如：氧化铝需经过加热处理，以除去吸附的水分，称为“活化”。活化时，将氧化铝铺在铝质盘内，于400℃高温下加热6h，使氧化铝的含水量在0～3%之间，而得到Ⅰ级或Ⅱ级氧化铝。但活化温度不宜过高，否则会破坏氧化铝的内部结构；活性炭作为吸附剂时，在用前需于150℃加热干燥4～5h，以除去被吸附的气体。有时还需先经过酸处理(加入2mol/L盐酸，水浴加热30min，滤干，水洗至pH5～6)，以除去含有的各种金属离子，然后再加热干燥。

2．洗脱剂的选择

洗脱剂的选择要注意如下几点：

(1)洗脱剂不与吸附剂起化学反应，不会使吸附剂溶解；

(2)洗脱剂对样品中各组分的溶解度大，黏度小，流动性好，容易与被洗脱组分分开；

(3)洗脱剂的纯度要高，免受杂质影响。

常用的洗脱剂有饱和烃、醇、酚、酮、醚、卤代烷以及水等。极性较大的洗脱能力较强。

(四)聚酰胺薄膜色谱

聚酰胺薄膜色谱又称尼龙薄膜色谱,是吸附色谱的一种。聚酰胺薄膜色谱是指样品溶液随流动相通过聚酰胺薄膜时,由于聚酰胺与各极性分子产生氢键吸附能力的不同而将各组分分离的方法。

聚酰胺是由己二酸与己二胺聚合而成或由己内酰胺聚合而成的高分子化合物。该高分子化合物含有大量酰胺基团,其羰基可与含羟基物质形成氢键,其亚氨基又可与硝基化合物或醌类形成氢键,而产生吸附作用。不同的物质由于形成氢键的能力不同,故吸附力也不同,通过吸附和洗脱就可达到分离的目的。

聚酰胺薄膜色谱只适用于极性分子的分离。如酚类、醌类、硝基化合物、氨基酸及其衍生物、核酸类物质等。特别是在蛋白质的化学结构分析中,氨基酸衍生物,如 DNS(二甲氨基苯磺酰) - 氨基酸、DNP(二硝基苯) - 氨基酸等的分析,灵敏度高,分辨力强,操作方便,速度较快。洗脱时,洗脱剂取代被吸附物与聚酰胺形成氢键,而使被吸附物解吸。

各种化合物与聚酰胺形成氢键的能力主要由物质的分子结构所决定。此外也与所使用的溶液有关。一般用水作溶剂时形成氢键的能力最强,故容易吸附,难于洗脱。在有机溶剂中形成氢键的能力较弱,在碱性溶液中形成氢键的能力量弱,所以洗脱剂最好选用碱性溶液,如二甲基甲酰胺(DMF)溶液、稀氢氧化钠溶液或稀氨水等。

(五)其他吸附色谱

除了上述吸附柱色谱和聚酰胺薄膜色谱以外,还有薄层吸附色谱、气相吸附色谱(气固色谱)等,它们的原理均与吸附柱色谱原理相同,只是固定相的形式和流动相的选择有所不同。

薄层吸附色谱是将作为固定相的吸附剂涂布于支持板(一般为玻璃板)上,制成薄层而进行的色谱技术。

气相吸附色谱,又称气固色谱,所采用的流动相是气体,固定相是固体吸附剂。

二、分 配 色 谱

分配色谱是利用各组分的分配系数不同而予以分离的方法。

分配系数是指一种溶质在两种互不相溶的溶剂中溶解达到平衡时,该溶质在两相溶剂中的浓度比值。在色谱条件确定后分配系数是一常数,以 K 表示。分配色谱中,通常采用一种多孔性固体支持物(如滤纸、硅胶、纤维素粉、淀粉、硅藻等)吸着一种溶剂作为固定相,这种溶剂在色谱过程中始终固定在多孔支持物上。另一种与固定相溶剂互不相溶的溶剂可以沿固定相流动,称为流动相。当某溶质在流动相的带动下流经固定相时,该溶质在两相之间进行连续的动态分配,其分配系数 K 如下:

$$K = \frac{\text{固定相中溶质浓度}}{\text{流动相中溶质浓度}}$$

分配系数与溶剂和溶质的性质有关,同时受温度、压力的影响。所以不同物质的分配系数不同。而在恒温恒压条件下,某物质在确定的色谱系统中的分配系数为一常数。

(一)纸色谱

纸色谱是一种分配色谱,是 20 世纪 40 年代发展起来的一种生化分离技术。由于设备简单,操作方便,所需样品量少,分辨力一般能达到要求等优点而广泛用于物质的分离,并可以进行定性和定量分析。其缺点是展开时间较长。

1. 原理

纸色谱是以滤纸为支持物。一般滤纸能吸收22%~25%的水，其中6%~7%的水是以氢键与滤纸纤维上的羟基结合，一般情况下较难脱去。纸色谱实际上是以滤纸纤维的结合水为固定相，而以有机溶剂(与水不相混溶或部分混溶)作为流动相。展开时，有机溶剂在滤纸上流动，样品中各物质在两相之间不断地进行分配。由于各物质有不同的分配系数，移动速率也就不相同，从而达到分离的目的。

溶质在滤纸上移动的速率可用 R_f 表示：

$$R_f = \frac{\text{溶质斑点中心的移动距离}}{\text{溶剂前沿的移动距离}}$$

R_f 决定于被分离物质在两相间的分配系数以及两相间的体积比。由于在同一实验条件下，两相体积比是一常数，所以 R_f 决定于分配系数。不同物质的分配系数不同，R_f 也不相同，由此可以根据 R_f 的大小对物质进行定性分析。

2. 影响 R_f 的主要因素

影响 R_f 的因素很多，主要有下列几方面：

(1)物质的结构和极性　物质的结构不同，其分子的极性不一样，物质在水和有机溶剂两相中的溶解度就不相同。分配系数的不同可通过 R_f 反映出来。所以物质的结构和分子极性是影响 R_f 的主要因素。极性较强的物质，在水中的溶解度较大，其 R_f 就较小；相反，极性较弱的物质，在有机溶剂中的溶解度较大，其 R_f 就大些。例如，中性氨基酸的极性弱于酸性氨基酸和碱性氨基酸，所以中性氨基酸的 R_f 较大，脂肪酸随碳链的增长，极性逐渐减弱，所以其 R_f 逐渐增大。

(2)滤纸　不同的滤纸，其厚薄程度、纤维松紧度各不相同，因此滤纸纤维结合的水量不一样，两相的体积比也就不同。所以同一种物质在不同型号的滤纸上进行色谱时，所得到的 R_f 也不相同。

此外，滤纸上所含的杂质也会影响 R_f，必要时要进行预处理，以去除杂质的影响。例如：可用0.01~0.4mol/L的HCl处理滤纸，以除去滤纸上的金属离子，然后再用水洗至中性。

色谱滤纸由高纯度的棉花制成。滤纸应质地均一，厚薄一致，纤维松紧度适中，具有一定的机械强度，并具有一定的纯度。国产新华滤纸、日本东洋滤纸等均经常被采用。

(3)溶剂　同一物质在不同的溶剂系统中进行色谱分析时，R_f 不同。在同一溶剂系统，但溶剂组分的比例不同时，R_f 也有差别。因此，溶剂的配制和使用必须严格，才能使 R_f 的重现性好。

溶剂系统的选择应考虑被分离的物质在该溶剂系统中的 R_f 在0.05~0.85之间，样品中被分离组分的 R_f 之差最好大于0.05。

有些溶剂系统必须新鲜配制才能使用。例如正丁醇-乙酸-水溶剂系统放久易引起酯化反应，需即配即用。

色谱展开所用的溶剂要求纯度较高。若纯度不够，则需经过预先处理后才能使用。处理的方法因溶剂的性质不同而不同。常用的处理方法有：酸、碱抽提，水洗涤，重蒸馏，脱水干燥等。举例如下：

①苯酚：蒸馏，收集180℃的馏分。

②乙酸：在冰醋酸中以1%的比例加入重铬酸钾，蒸馏，收集118℃的馏分。

③正丁醇：先后用2.5mol/L硫酸溶液和5mol/L氢氧化钠溶液洗涤，再用无水碳酸钾脱水，用磨口蒸馏器蒸馏，收集117℃的馏分。

(4)pH　溶剂、滤纸和样品的 pH,都会影响物质的解离,从而影响物质的极性和溶解度,使 R_f 改变。

溶剂的 pH 还会影响流动相的含水量。溶剂的酸碱度大,吸水量多,使极性物质的 R_f 增加;反之则降低。

为了避免或减少 pH 对 R_f 的影响,可将滤纸和溶剂用缓冲溶液处理,使之保持一定的 pH,通过调节溶剂或样品溶液的 pH,使 pH 保持恒定。

(5)温度　温度能影响物质在两相中的溶解度,即影响分配系数。温度也影响滤纸纤维的水合作用,即影响固定相的体积。同时在多元溶剂系统中,温度将显著地影响溶剂系统的含水量,即影响流动相的组分比例。因此,温度的改变使 R_f 变化很大,为此,色谱必须在恒温条件下进行。

某些对温度敏感的溶剂系统,最好不要配成饱和溶液。如水饱和的酚溶液,可改成酚:水=4:1或 5:1 等。

(6)展开方式　同一物质在其他色谱条件完全相同的情况下,用不同的展开方式进行色谱时,所得到的 R_f 也有所不同。用下行法展开时,R_f 较大;用上行法展开时,R_f 较小;用圆形滤纸色谱时,由于内圈较外圈小,限制了溶剂的流动,R_f 也较小。

(7)样品溶液中杂质　样品溶液中存在杂质时,有时对 R_f 有所影响。例如:氯化钠的存在会影响氨基酸的 R_f 等。

3. 纸色谱的操作方法

欲进行分离的样品进行纸色谱时,一般需经过样品处理、点样、平衡、展开、显色和定性定量分析等六个步骤。

(1)样品处理　用作纸色谱的样品,应尽可能除杂纯化。调节到一定的 pH,浓度太低的可用真空浓缩以提高浓度,浓度太高则需稀释。

(2)点样　将滤纸裁成适当大小,用铅笔在距线边 2cm 左右划一直线(称为原线),线上每隔 2~3cm 划一圆点(称为原点)。然后用点样器(定性分析可用普通毛细管,定量分析需用血球计数管或微量注射器)轻轻点在原点上。样品点的直径约 0.3~0.5cm。点样的量应根据纸的长短以及样品的性质来决定,一般每一样品的量为 5~30μg。点样一般采用少量多次方法,每点一次必须用冷风或温热的风吹干,然后再点第二次。每次点样的位置应完全重合,否则会出现斑点畸形现象。

(3)平衡　点样以后展开以前,先将滤纸与色谱缸用配好的溶液系统的蒸汽来饱和,这个过程称为"平衡"。若不经平衡,滤纸可能未被水汽饱和,色谱缸可能未被溶剂蒸汽饱和,那么在色谱过程中,滤纸会从溶剂中吸收水分,溶剂也会从滤纸表面挥发,从而使溶剂系统的组成发生改变,严重时纸上会出现不同水平的溶剂前沿,严重影响色谱效果。平衡一般在密闭的色谱缸内进行。

(4)展开　平衡结束后,将滤纸靠样品点的一端浸入溶剂中,溶剂液面距原线距离约 1cm,此时即开始展开。当溶剂前沿到达滤纸另一端 0.5~1cm 处时,展开结束,取出滤纸,在溶剂前沿处做一标记,晾干或用冷风吹干。

按溶剂在滤纸上流动的方向不同,展开有三种方式。即上行、下行和环行三种(图 10-8)。

①上行法:将滤纸点样的一端向下浸入溶剂中,溶剂因毛细管作用从下向上流动。上行法操作简单,重现性好,是最常用的展开方法,但展开时间较长。

②下行法:在色谱缸上部有一盛展开剂的液槽,将滤纸点样的一端朝上浸入槽中,溶剂主

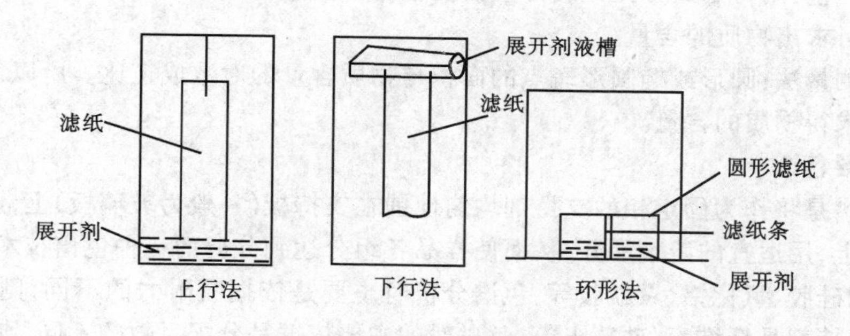

图 10-8　纸色谱的各种展开方式示意图

要靠重力作用自上而下流动。下行法比上行法快速，但 R_f 的重现性较差，斑点也易扩散。

③环行法（又称水平法）：在一张圆形的滤纸上进行色谱。滤纸水平放置，样品点样于距圆心 1cm 左右的环形线（原线）上。溶剂由滤纸条弓向圆心，然后不断向四周水平方向流动。由于溶剂向圆周方向扩散，所以展开的图谱呈弧形。用环行法展开时，最好使用无方向性的特制滤纸。

如果环行法展开时，滤纸不断绕圆心转动，则称为离心色谱法。此时由于离心力的作用，可缩短展开时间。

如果样品组分较多，用一种溶剂系统不能将组分物质全部分开时，可在展开后将滤纸转动90°角，再用另一种溶剂系统进行第二向展开，这称为“双向展开法”（图 10-9）。双向展开法也可分为上行法和下行法两种。

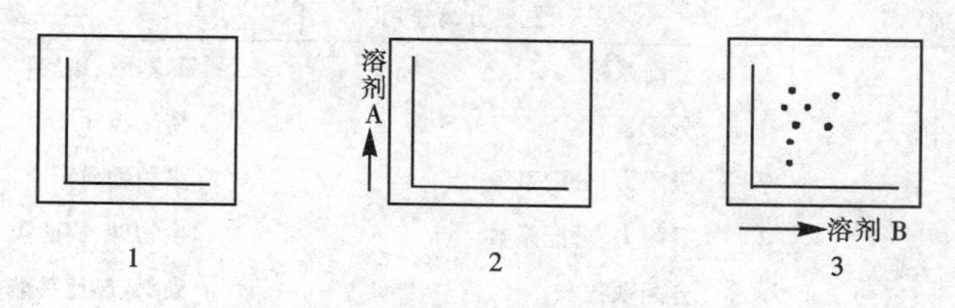

图 10-9　双向展开法

(5)显色　样品展开后，各组分已被分离。为了看清各斑点的所在位置，必须进行显色。根据物质的性质不同，可采用不同的显色方法。常用的有显色剂显示和紫外光显示等。

①显色剂显示：某些化学试剂能与被分离物质生成有颜色的化合物，可作为该物质的显色剂。显色可用喷雾法、浸渍法或涂刷法。

②紫外光显示：有些物质有紫外光吸收性质，如核苷酸类物质。有些物质受紫外光照射会发出荧光，如维生素 B_1、维生素 B_2 等，所以可在紫外光照射下观察到被分离物质的斑点。

(6)定性分析　斑点显示出来后，根据测量和计算出各斑点的 R_f，就可以对物质进行定性。

(7)定量分析　对被分离的物质进行定量的方法很多，常用的有剪洗比色法、直接比色法和面积测量法等。

①剪洗比色法：将斑点剪下，用适当的溶剂洗脱后，通过分光光度计进行比色定量。

②直接比色:用特制的分光光度计直接测量滤纸上斑点颜色的浓度,画出曲线,由曲线所包含的面积可求出物质的含量。

③面积测量法:圆形或椭圆形斑点的面积与物质含量的对数成正比。所以,可用测量斑点面积的方法求得物质的含量。

(二)薄层色谱

薄层色谱是将作为固定相的支持剂均匀地铺在支持板(一般为玻璃板)上,成为薄层,把样品点到薄层上,用适宜的溶剂展开,从而使样品各组分达到分离的一种色谱技术。如果支持剂是吸附剂,如硅胶、氧化铝、聚酰胺等,色谱分析时主要是依据吸附力的不同,则称为薄层吸附色谱;如果支持剂是纤维素、硅藻土等,色谱时的主要依据是分配系数的不同,则称为薄层分配色谱;同理,如果支持板上铺上离子交换剂,色谱的主要依据是离子交换作用,则称为薄层离子交换色谱;薄层若由凝胶过滤剂制成,主要依据相对分子质量的大小而分离的则称为薄层凝胶色谱等。这几种薄层色谱的原理各不相同,但其操作技术却大同小异,这里主要讨论薄层分配色谱。

薄层色谱的操作与纸色谱相似,但比纸色谱有更多的优越性。薄层色谱速度快,一般仅需15~30min,混合物易分离,分辨力比纸色谱高10~100倍,它既能分离0.01μg的微量样品,又能分离500mg甚至更多的样品作制备用。薄层的制备可规格化,样品滴加后可立即展开,不受温度影响等。其缺点是 R_f 的重现性比纸色谱差,对生物大分子物质的分离效果不太理想。

1. 支持剂的选择与处理

用作薄层色谱的支持剂种类很多,常用的有纤维素及其衍生物、硅藻土、氧化铝、硅胶、聚酰胺以及钙和镁的磷酸盐等(表10-2)。使用时应根据欲分离物质的种类进行选择。

表10-2　　薄层色谱常用支持剂的主要用途

支持剂	主要分离作用	主要分离物质
纤维素	分配系数	氨基酸、染料
硅藻土	分配系数	糖　类
硅　胶	吸附力、分配系数	多种物质
氧化铝	吸附力、分配系数	生物碱、固醇类
硅胶-氧化铝	分配系数	染料、巴比妥酸盐
硫酸钙	吸附力	脂肪酸、甘油酯
磷酸钙	吸附力	类胡萝卜素、维生素E类
聚酰胺	氢键吸附	氨基酸
DEAE纤维素	离子交换、分配系数	核酸、氨基酸
葡聚糖凝胶	凝胶过滤	蛋白质、核酸

使用的支持剂,要求颗粒大小适当。颗粒大,展开速度快。但颗粒过大时,展开速度过快,分离效果不好;而颗粒过小,则展开速度太慢,往往出现拖尾现象。一般有机类支持剂如纤维素粉的颗粒为70~140目(直径0.1~0.2mm),薄层厚度为1~2mm;无机类支持剂如氧化铝、硅胶等的颗粒一般为150~300目,薄层厚度为0.25~1mm。

支持剂的含水量和酸碱度往往影响薄层色谱的分离效果,为此在使用前要根据情况加以适当的处理。

(1)硅胶　硅胶($SiO_2 \cdot nH_2O$)具有网状多孔结构。内部可吸收多量的水分,称为结合水;

表面亦可吸附多量的水，称为游离水。这两种水的含量对色谱效果有很大影响。当硅胶的含水量高于16%～18%时，没有吸附活性，只能作分配薄层色谱使用。在温度100℃左右加热时，可除去游离水，游离水越少，则吸附活性越高；在温度120℃以上加热时，可将结合水除去，使网状结构破坏而失去吸附能力。此外，硅胶是略带酸性的物质，适用于酸性和中性物质的分离。碱性物质能与硅胶作用而分离效果不好，欲使碱性物质分离，可改变硅胶的酸碱性。例如用稀碱或一定pH的缓冲液制成碱性或一定pH的薄层，也可在硅胶中加入一定量的氧化铝（碱性）制成薄层。此外，硅胶常加入5%～20%的石膏或淀粉，再制成薄层。

（2）氧化铝　氧化铝是微碱性物质，适用于碱性和中性物质的分离。酸性物质能与氧化铝作用但分离效果不好，可用稀酸或缓冲液处理以制得酸性或一定pH的氧化铝。若加入6%的冰醋酸，可制得pH为4.5的氧化铝。

2. 薄层板的制作

将支持剂均匀地涂布在玻璃板上而成薄层板。所用玻璃板要求表面平整、光滑，用前应洗净、干燥。常用的薄层板有硬板（湿板）与软板（干板）之分。在支持剂中加入黏合剂（煅石膏、淀粉、羧甲基纤维素钠盐等），所制成的薄层板为硬板，而不加黏合剂制成的薄层板为软板。硬板粘牢在玻璃板上，喷显色剂时不会冲散，可以直立展开，而软板只能接近水平展开。

薄层板常用的制作方法有以下几种：

（1）浸涂法　将玻璃板在调好的支持剂浆液中浸一下，使浆液在玻璃板上形成薄层。

（2）喷涂法　用喷雾器将调好的浆液喷在玻璃板上，形成薄层。

（3）倾斜涂布法　将调好的支持剂浆液倒在玻璃板上，然后将玻璃板前后左右倾斜，使支持剂漫布于整块玻璃板上而形成薄层。

（4）推铺法　在一根玻璃棒的两端适当距离处分别绕几圈胶布条，胶布条的圈数视所需薄层厚度而定，然后把准备好的支持剂倒在玻璃板上，用玻璃棒压在玻璃板上，将支持剂均衡地向一个方向推动，而成为一薄层。

上述方法中，推铺法既适用于干板的涂布，亦适用于湿板涂布。其他方法均用于湿板制作。湿板制作中的一个重要环节是调浆，调浆是将支持剂加进蒸馏水或缓冲液，调成有稠性的浆液。支持剂与蒸馏水或缓冲液之比一般为1:2至1:2.5。调浆时要调和均匀，但不宜用力过猛，以免产生气泡而影响分离效果。

薄层板涂好后，让其自然干燥后方能使用。若为吸附薄层色谱，制好板后还需加热活化，目的是使其减少水分而具有一定的吸附能力。

3. 点样

点样操作与纸色谱相似。点样前，先将制好的薄层修整一下，然后在距一端2cm左右处划一原线，并每隔2cm左右划一原点。样品用合适的溶剂溶解（一般用氯仿、乙醇等有机溶剂溶解），不宜用水溶解。因为水会影响吸附薄层色谱的分离效果。点样可用微量注射器，或微量吸管、毛细管。点样量一般在50μg之内，点样体积不宜超过20μL。

点样可将样品液直接点在薄层板的原点上，也可点在圆形滤纸片上（直径2～3mm），再把滤纸片小心地放在薄层板原点上，并加少许可溶性淀粉糊，使滤纸片粘牢在薄层板上。

4. 展开

薄层色谱的展开需在密闭的容器中进行。展开方式与纸色谱一样，有上行法、下行法和环行法等，但软板薄层只能近水平展开（与水平成10°～20°）。

薄层色谱所用展开剂主要是低沸点的有机溶剂，一般采用2～3种组分的多元溶剂系统。

展开剂的选择是根据被分离物的极性、溶剂的极性以及支持剂的特性三方面来考虑。分配薄层色谱展开剂的选择与纸色谱相似。吸附薄层色谱展开剂的选择则与吸附柱色谱的洗脱剂的选择相同。

5. 显色

薄层色谱展开后，如果样品本身有颜色，就可直接看到它们的斑点所在位置。若是无色物质，则需加以显色。显色方法与纸色谱一样，可用显色剂显色，或用紫外光显色。此外，如果薄层板是由无机物制成的，还可以用强腐蚀性的显色剂，如硫酸、硝酸、铬酸或它们的混合物，这些强酸几乎可以使所有有机化合物变为碳，而成黑色斑点，但不能用于定量分析。

6. 定性与定量分析

薄层色谱法与纸色谱一样，用 R_f 表示被分离物质在薄层上的位置，与已知标准物质的 R_f 对照，可进行定性分析。

定量分析时，可把斑点所在位置的支持剂连同物质一起刮下，然后用适当溶液将其从支持剂上溶解下来，再测定其含量。

(三)气相色谱

气相色谱是以气体作为流动相的一种色谱方法，既可用作样品组分的定性分析，亦可用作定量分析。气相色谱根据其固定相的不同可分为气固色谱和气液色谱两种。

气固色谱的固定相为固体吸附剂，其分离的主要依据是吸附剂对被吸附物的吸附力不同，所以又称为吸附气相色谱，其原理与吸附柱色谱的原理相同，仅应用于少数气体与低相对分子质量碳氢化合物的分离。

气液色谱的固定相为液体，其分离的主要依据是分配系数的不同，又称为分配气相色谱，实际应用较普遍。故此，这里主要介绍分配气相色谱。

气固色谱和气液色谱的固定相和分离原理各不相同，但基本流程和操作方法大同小异。

1. 气相色谱的基本流程

气相色谱的流动相是气体，称为载气。载气一般由高压气瓶供给，经过减压、净化后，携带着气态样品进入色谱柱，色谱柱内充填了固定相。当流动相流经固定相时，样品中各组分以不同速度移动而得到分离。分离后的各组分先后流出色谱柱进入检测器，变为一定的电讯号，经放大器后，在记录仪上给出流出曲线(色谱图)，进而进行定性和定量分析(图 10－10)。

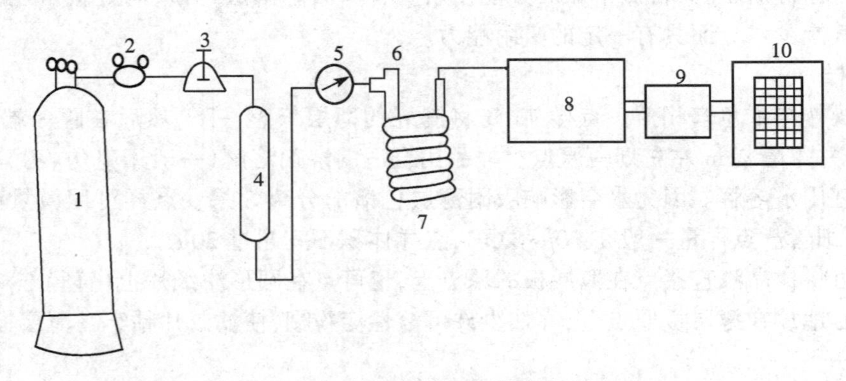

图 10－10　气相色谱基本流程示意图

1—载气气瓶　2—减压阀　3—调节阀　4—净化干燥管　5—压力表　6—进样口
7—色谱柱　8—检测器　9—放大器　10—记录仪

2. 气相色谱操作方法

(1)固定相的选择与处理　气相色谱的固定相是决定分离效果的主要因素,必须根据被分离样品的特性进行选择和处理。吸附气相色谱的固定相是装填或涂布于色谱柱中的固体吸附剂。分配气相色谱的固定相是装填于色谱柱中的涂渍在担体表面的固定液或直接涂渍在色谱柱内壁的固定液。固体吸附剂的选择和处理与吸附柱色谱相同,请参阅吸附色谱部分。这里仅介绍分配气相色谱固定相的选择与处理。

①担体的选择与处理:担体是一种惰性固体,其作用是支持固定液。选择担体的要求是表面积大,无吸附性能或吸附能力很弱,有一定的热稳定性和机械强度。现在普遍采用的是硅藻土担体,粒度60~80目为宜。

将天然硅藻土直接煅烧制成的称红色担体;若加入助溶剂后再煅烧制成的称白色担体。红色担体和白色担体的化学组成和内部结构基本相同,但表面结构不同。红色担体表面孔穴多,孔径小,表面积大,机械强度好,但其表面吸附性较大;白色担体的表面吸附性能较弱,但表面孔径较大,表面积较小。红色担体用于分离非极性和弱极性物质,而白色担体用于分离极性物质。若欲分离高极性或腐蚀性气体,则要选用非硅藻土型担体,如四氟乙烯担体、玻璃球担体等。

②固定液的选择与涂渍:固定液的选择与分离效率有极为密切的关系,是分配气相色谱成功与否的关键。固定液应是高沸点的有机化合物,在要求的操作温度下没有挥发性,并对被分离的组分有一定的溶解能力。可以用作固定液的物质很多,如各种烷烃、聚乙二醇、硅酮树脂、邻苯二甲酸酯、甘油、聚酯等。使用时应根据被分离物质的特性进行选择。一般来说,分离极性物质,采用极性固定液;分离非极性物质,则采用非极性固定液。当样品组分复杂时,可采用混合固定液。

将固定液涂渍于担体表面,一般采用静态涂渍法。将一定量的固定液(固体或液体)溶解于某种挥发性溶剂中(氯仿、丙酮、甲醇等),然后将一定量的担体倒入混匀,再在一定温度下让溶剂均匀挥发,溶剂挥发完后,固定液即在担体表面形成一层薄而均匀的液膜。涂渍过程的温度切不可过高,以免溶剂挥发过快而涂渍不均匀,也不可猛烈搅拌,以免担体破碎或液膜损伤。固定液占担体的质量百分比一般为10%~30%。

③色谱柱的装填与老化处理:色谱柱一般用金属或玻璃制成,长度一般为1~5m,内径一般为3~8mm。

在装填之前应将色谱柱洗净,烘干。装填时要求均匀、紧密,不留空隙。但不能猛烈敲击振动,以免使担体破碎。一般装填方法有下列几种:

抽气装填法:在色谱柱后接一真空泵,一边抽气一边装进涂渍了固定液的担体,必要时可接上干燥装置。这是常用的装填方法,对螺旋形长柱装填尤为适宜。

振荡装填法:将色谱柱安置在振荡器上,边振荡边装填。但不宜振荡过猛,以免担体破碎。

敲击装填法:某些用较低沸点的固定液涂渍的担体,不宜用抽气装填法。可一边轻轻敲击一边装填。但不要敲击过猛,以免造成担体破碎或使色谱柱变形。

色谱柱装填好以后,需经老化处理方能使用。老化处理的目的是彻底除去填充物中的残余溶剂和某些挥发性杂质,并使固定液更均匀牢固地分布在担体表面。老化处理的方法是把装填好的色谱柱装置于色谱仪中,通入载气,用较低的载气流速,在略高于操作柱温而低于该固定液的最高使用温度的条件下,处理十几至几十小时,直到记录纸上的基线平直为止。

(2)流动相的选择与处理　气相色谱的流动相称为载气。常用的载气有氢气、氦气、氮气、氩气等。

载气的选择主要根据所使用的检测器和载气流速决定。如用热导池检测器时,应选择热导系数较大的氢气或氦气作为载气。用氢焰检测器时多采用氮气为载气。此外还要考虑气流速度,若采用较低的载体流速,应选择相对分子质量较大而扩散系数较小的气体(如氮气等)作载气;而当载气流速较大时,则可采用相对分子质量较小而扩散系数较大的气体(如氦气等)作载气。

(3)样品处理与进样方法　样品在进入色谱柱前必须变为气体。因此,不同的样品要进行不同的处理,进样方法也有所不同。气体样品可用注射器吸取一定量后,穿过密封硅橡胶片直接送入,也可通过特制的六通阀进样;液体样品可用微量注射器将一定量的样品送入气化室,变为气体后由载气带进色谱柱;固体样品可用适当的溶剂溶解后按液体进样方法进样。有些物质难于气化,必须先将其转变为易挥发的衍生物,再进行气相色谱。例如,将氨基酸转变为氨基酸的酯类等。

(4)色谱条件的选择与控制　在进行气相色谱时,下列因素对色谱效果有很大影响。

①气体流量的选择:气相色谱中,气体的流量对分离效果有明显的影响。在色谱柱确定之后,气体的流量决定于气体的流速。

载气流量:载气流量的大小直接影响分离的速度和效果。载气流量大,分离速度较快,但过快时分离效果不好;载气流量小时,分离效果较好,但速度较慢。载气的流量应根据分离条件通过实验进行选择,一般最佳载气流量应针对最难分离的两种物质进行选择。一般内径为4mm左右的色谱柱,载气流量以30~80mL/min较为合适。

氢气和空气流量:用氢焰检测器时,除了载气以外,还要选择好氢气和空气的流量。氢气流量要与载气流量相配合,两者之比一般为1:1至1:1.5左右。

空气的流量对氢焰检测器的灵敏度有影响。当空气流量较小时,由于氢气和样品氧化不完全而使检测器灵敏度降低,此时,灵敏度随空气流量的增大而增大。但空气流量大于某一数值后,灵敏度与空气流量的关系曲线趋于平缓。若继续增大空气流量,则使噪音显著增大。一般空气与氢气的流量比为(10~15):1。进样量较大时需增大空气流量。

②温度的选择:色谱柱的温度高低对分配系数和组分在两相中的扩散系数都有影响,因而影响分离效果。实验证明,柱温较低时,物质之间的保留值相差较大,故可获得较好的分离效果。

色谱柱的温度一般选择在样品各组分的平均沸点左右或稍低一些。对于组分沸点相差较大的样品,可采取程序升温的方法。所谓程序升温是指按预先编排好的程序使柱温逐步升高。程序升温的温度范围一般为60~150℃。色谱柱的使用温度应低于固定液的最高使用温度50℃左右,而且必须保持均匀稳定,色谱柱不同位置的温度差不得超过1℃。

使用热导池检测器时,热导池应装在温度恒定的恒温炉内。恒温炉温度不能低于色谱柱温度,以免样品在热导池内冷凝。恒温炉不同位置的温差应在±0.1℃之内。

使用氢焰检测器时,离子室的温度应保持在50℃以上,以防止积水。含水分多的样品或进样量过大时,要特别注意离子室的温度。若温度降低至50℃以下会影响灵敏度,甚至会使氢火焰熄灭。

③进样温度、进样时间和进样量:进样温度要保证样品在进入色谱柱前是气体,故汽化室温度不能低于柱温。对于液态或固态样品,要求迅速汽化,故汽化室温度一般比柱温高50℃左右。进样时间要求尽可能短,否则进样时间太长会影响分离效果。进样量不能过多,一般液

体样品的最大进样量不超过 10μL，气体样品不超过 10mL。

(5)检测器的选择　气相色谱的检测器是测定流出气体组分及其含量的装置。检测器的要求是能迅速地反应组分的变化，噪声低，基线平直，有良好的稳定性和足够的灵敏度，同时应结构简单，有较宽的温度适应范围，重现性好等。气相色谱的检测器可分为累积式和差示式两大类。

累积式检测器又称为积分式检测器，其测定组分的量时是以累积方式记录的，得到的是组分的总量，其色谱图含有若干个阶梯，每下阶梯代表一组分，如图 10-11 所示。属于累积式检测器的有滴定色谱检测仪和电导色谱检测仪等。累积式检测器可以直接算出样品组分含量，常用于定量分析。但其灵敏度不够，应用范围不如差示式检测器广泛。

差示式检测器又称为微分式检测器，通过测定组分的某一性质而测出组分的浓度。当进入检测器的载气不含组分时，记录讯号成一平直的基线；当载气中含有某组分时，记录讯号呈现不同高度的色谱峰。当组分出完后，讯号又恢复至基线。其色谱是峰曲线，如图 10-12 所示。

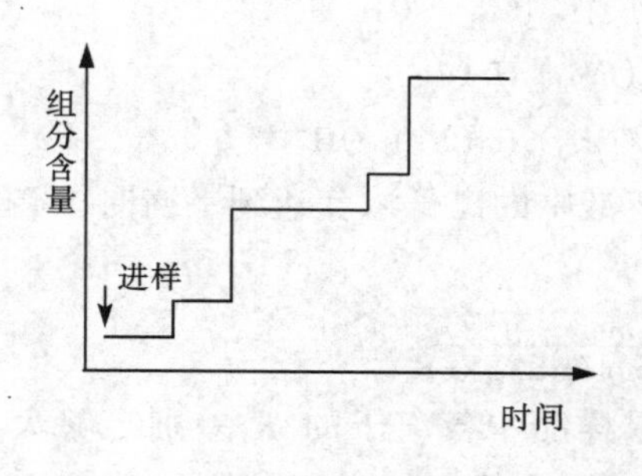

图 10-11　累积式检测器色谱图

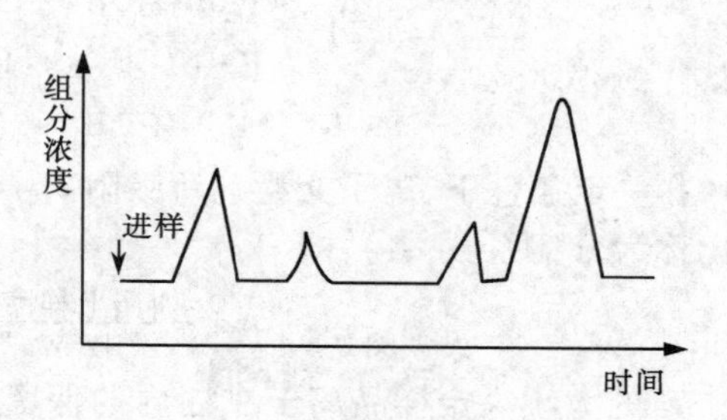

图 10-12　差式示检测器色谱图

差示式检测器有许多种。诸如：热导池检测器、氢火焰离子化检测器、放射性离子化检测器、气体密度检测器、碱火焰电离检测器、火焰光度检测器等。这里仅介绍最常用的热导池检测器和氢火焰离子化检测器。

热导池检测器是气相色谱中使用最早而且是广泛应用的检测器，其特点是结构简单、操作稳定、线性范围宽，但灵敏度一般，*Mg*（最小检出量，即检测器能够鉴别的物质在载气中的最低浓度）为 $10^{-4} \sim 10^{-3}$mg/mL。热导池检测器属于浓度检测器，可以检测出载气中不同组分的浓度变化情况。这是基于无组分的纯载气与有不同组分的载气之间有不同的热导系数。当通过热导池的气体组分及浓度发生变化时，可引起热敏元件上的温度发生变化，由此而引起电阻值的变化。这种电阻值的变化信号可用惠斯登电桥测量，经过放大后在记录仪上记录下来。所得到的信号大小可以衡量各组分的浓度。

氢火焰离子化检测器简称氢焰检测器，其特点是有效体积小、反应快、效率高、线性范围宽、温度条件要求不高。氢焰检测器的灵敏度特别高，*Mg* 为 $10^{-6} \sim 10^{-7}$mg/mL，*Ms*（敏感度，即能够鉴别的单位时间内引入检测器的物质最小量）为 10^{-12}g/s，比热导池检测器的灵敏度高 1000 倍左右，是目前应用最广泛的检测器之一。

三、离子交换色谱

离子交换色谱是利用离子交换剂上的可解离基团（活性基团），对各种离子的亲和力不同而达到分离目的的一种色谱分离技术,广泛应用于各种物质的分离纯化,并可与其他技术结合,制成各种自动分析仪,是最普遍采用的生化分离技术之一。

(一)离子交换剂的选择与处理

离子交换剂是含有若干活性基团的不溶性高分子物质,即在不溶性母体上引入若干可解离基团(活性基团)而成。用作为不溶性母体的高分子物质通常有:苯乙烯树脂、酚醛树脂、纤维素、葡聚糖、琼脂糖或其他聚合物。

引入不溶性母体的活性基团,可以是酸性基团,如磺酸基($-SO_3H$),磷酸基($-PO_3H_2$),亚磷酸基($-PO_2H$),羧基($-COOH$),酚羟基($-OH$)等。引入酸性基团的交换剂可离解出 H^+,与其他阳离子交换,这类离子交换剂属于阳离子交换剂。

$$R-AH+Na^+ \rightarrow R-ANa + H^+$$

引入不溶性母体的活性基团,也可以是碱性基团,如季胺[$-N^+(CH_3)_3$],叔胺[$-N(CH_3)_2$],仲胺[$-NHCH_3$],伯胺[$-NH_2$]等含氨基的基团。引入含氨基碱性基团的交换剂,可与 OH^- 结合后,与其他阴离子交换,这类离子交换剂属于阴离子交换剂。

$$R-N^+(CH_3)_3OH^- + Cl^- \rightarrow R-N^+(CH_3)_3Cl^- + OH^-$$

$$R-N(CH_3)_2 + H_2O \rightarrow R-N^+(CH_3)_2H\cdot OH^-$$

$$R-N^+(CH_3)_2H\cdot OH^- + Cl^- \rightarrow R-N^+(CH_3)_2H\cdot Cl^- + OH^-$$

在一定条件下,离子交换剂所吸附离子浓度和在溶液中的离子浓度达到平衡时,两者浓度之比称为分配系数(K),即

$$K=\frac{\text{树脂上样品离子的浓度(mol/g 树脂)}}{\text{溶液中样品离子的浓度(mol/mL 溶液)}}$$

K 的大小决定样品离子在柱内的保留时间。如果样品中各离子的 K 差别足够大,这些离子通过离子交换色谱就可以得到分离。各种离子对离子交换剂的亲和力各不相同。一般说来,亲和力随离子的价数与原子序数增加而增加,而随离子水化膜半径的增加而降低。

强酸型阳离子交换剂(含有磺酸基 $-SO_3H$ 等)对各种正离子的亲和力次序为:

$Fe^{3+} > Al^{3+} > Zn^{2+} > Cu^{2+} > Ni^{2+} > Co^{2+} > Fe^{2+} > Ba^{2+} > Cr^{2+} > Ca^{2+} > Mg^{2+} > Cs^+ > Rb^+ > K^+ > Na^+ > H^+ > Li^+$

弱酸型阳离子交换剂(含有羧基 $-COOH$,酚羟基 $-OH$ 等)对氢离子(H^+)的亲和力特别高。因此转为氢型时很容易,仅需很少量的酸即可。

强碱性阴离子交换剂〔含季胺 $-N^+(CH_3)_3$ 等〕对各种负离子的亲和力次序为:

柠檬酸根 $> SO_4^{2-} > Cr_2O_4^- > I^- > NO_3^- > CrO_4^- > Br^- > SCN^- > Cl^- > HCOO^- > OH^- > F^- > CH_3COO^-$

弱碱性阴离子交换剂对氢氧根离子(OH^-)有较高的亲和力,易于转变为羟型。

1. 离子交换剂的选择

选择离子交换剂时应考虑下列因素:①样品离子带何种电荷;②离子的浓度;③被分离物质相对分子质量的大小;④离子与交换剂的亲和力大小;⑤离子交换剂及欲分离物质的物理化学特性等。

一般说来,阳离子只能被阳离子交换剂吸附,阴离子只能被阴离子交换剂吸附;亲和力大的易于吸附,难于洗脱,亲和力小的难于吸附,容易洗脱;相对分子质量小的物质可用交联度高的交换树脂进行交换,分子较大的宜用交联度低的交换树脂,高分子胶体物质宜用纤维素类交换剂。对酸、碱、温度敏感的物质,需要控制好这些环境条件。

2. 离子交换剂的处理

出厂的离子交换剂一般都是干燥的，使用前要用水浸泡 2h 以上，使之充分吸水膨胀。同时由于交换剂中含有一些水不溶性的杂质，或使用几次后，杂质增加，一般要用酸、碱处理。处理可以采用以下方法：干燥离子交换剂用水浸泡 2h 以上，充分吸水膨胀后减压抽除气泡，倒去水，用大量去离子水洗至澄清。去水后，用 4 倍于离子交换剂体积的 2 mol/L HCl 浸泡，可缓慢搅拌。4h 后，除去酸液，用去离子水洗至中性，再加 4 倍体积的 2 mol/L NaOH 缓慢搅拌 4h，除去碱液，用去离子水洗至中性后备用。

为了使离子交换剂带上我们所希望的离子或者在交换剂使用以后得以“再生”而重复使用，可以通过转型处理。即用适当的试剂处理，便离子交换剂所带的可交换离子转变为我们所需要的离子。例如，阳离子交换剂用 NaOH 处理，可转为 Na^+ 型，用 HCl 处理，则转为 H^+ 型；阴离子交换剂用 NaOH 处理转为 OH^- 型，用 HCl 处理转为 Cl^- 型等。

（二）离子交换剂的装柱

离子交换可以在离子交换槽中间歇操作，也可以将交换剂装进离子交换柱，连续进行交换。装柱时必须注意交换剂在柱内分布均匀，严防有气泡或裂缝产生。

装柱的方法有干法和湿法两种。干法装柱是将干燥的离子交换剂慢慢倒入柱内，或者一边振荡一边加进离子交换剂，使之装填均匀，然后再加进溶液。由于干法装填容易出现气泡，所以一般采用湿法装填。湿法装柱是在柱内先保持一定体积的溶剂，然后将处理好的树脂与溶剂一起边搅拌边倒入保持垂直的色谱柱中，使树脂慢慢连续沉降，而装填成均匀无气泡、无裂缝的离子交换柱。

（三）离子交换色谱的操作

离子交换色谱的操作过程包括上柱、洗脱与收集和树脂再生三大步骤，可循环反复进行。

1. 上柱

离子交换柱准备好后，离子交换剂经转型成所需离子，用溶剂或缓冲液进行平衡。然后将样品液加进交换柱，即所谓上柱。上柱时要注意样品的 pH 和温度、离子浓度等条件，使样品中不同离子得到分离。同时要注意控制流速，流速太快，分离效果不好；流速太慢，则影响分离速度。当流速太慢时，如交换剂的颗粒很细、色谱柱细长等情况下，为加快色谱速度可采用在柱进口加压或在柱出口抽气减压的方法。在较高压力下进行色谱，称为高压液相色谱（HPLC）。

2. 洗脱和收集

上柱完毕后，采用适当的洗脱液，将吸附在离子交换剂上的离子逐次洗脱下来。

不同的样品应选用不同的洗脱液和不同的洗脱条件。原则上，洗脱液中应含有与交换剂的亲和力较大的离子，以便把吸附在交换剂上的样品离子交换下来。样品中含有多种离子时按各离子与交换剂的亲和力不同，亲和力小的首先被洗脱出来，然后是亲和力较大的被洗脱出来。洗脱液的流速大小也会影响物质的分离，要通过试验确定适宜的流速。

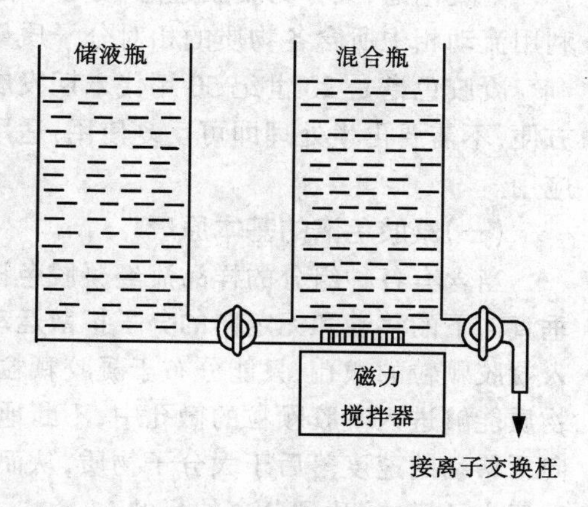

图 10－13　梯度洗脱装置

有些多组分的样品，用一种洗脱液往往达不到良好的洗脱效果，为此可采用多种洗脱液进行洗脱。

其中常用的为梯度洗脱。

梯度洗脱法是洗脱过程中，洗脱液中的某些成分按一定规律变化，进而使洗脱液的性质逐步改变的洗脱方法。洗脱液若按浓度的不同组成一个系列，例如：0.01mol/L，0.02mol/L，0.03mol/L……这称为浓度梯度。洗脱液的变化若按 pH 的不同组成一个系列，例如：pH3.0，pH3.5，pH4.0……这称为 pH 梯度。梯度的变化可以是递增的，也可以是递减的。

若采用梯度混合装置（图 10－13），可以建立连续的梯度变化系列，称为连续梯度洗脱。在梯度洗脱过程中，贮液瓶和混合瓶的液面始终保持在同一水平高度。当两个瓶的溶液体积相等时，形成线性梯度；当贮液瓶的体积大于混合瓶体积时，为凸面性梯度；而当贮液瓶体积小于混合瓶体积时则为凹面性梯度（图 10－14）。

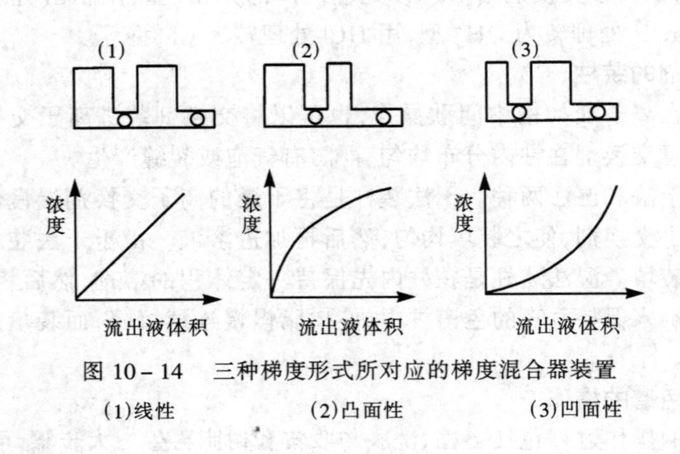

图 10－14　三种梯度形式所对应的梯度混合器装置

(1)线性　(2)凸面性　(3)凹面性

3. 再生

洗脱后，为了使交换剂恢复原状，以便再次使用，离子交换剂需经过再生处理。一般再生只是进行转型处理即可。但反复使用多次后，含较多杂质的离子交换剂，再生时要先经酸、碱处理，然后再进行转型处理。

四、凝 胶 色 谱

凝胶色谱，又称为凝胶过滤、分子排阻色谱或分子筛色谱。它是指以各种凝胶为固定相，利用流动相中所含各物质的相对分子质量不同而达到物质分离的一种色谱技术。

凝胶色谱是 20 世纪 50 年代末期发展起来的一种快速简便的分离技术，其设备简单，操作方便，不需要再生处理即可反复使用，适用于不同相对分子质量的各种物质的分离，得到广泛应用。

(一)凝胶色谱的基本原理

当含有各种组分的样品流经凝胶色谱柱时，各组分在柱内同时进行着两种不同的运动，即垂直向下的移动和无定向的分子扩散运动（布朗运动）。大分子物质由于分子直径大，不易进入凝胶颗粒的微孔，只能分布于凝胶颗粒的间隙中，所以以较快的速度流过凝胶柱；而小分子物质能够进入凝胶颗粒的微孔中，不断地进出于一个个颗粒的微孔内外，这样就使小分子物质向下移动的速度落后于大分子物质，从而使样品中各组分按相对分子质量从大到小的顺序先后流出色谱柱，达到分离的目的。

为了定量地衡量样品中各组分的流出顺序，常用分配系数 K_a 来分析：

$$K_a = \frac{V_e - V_o}{V_i}$$

式中　V_e——洗脱体积,表示某一组分物质从加进色谱柱到最高峰出现时,所需的洗脱液体积

V_o——外体积,即为色谱柱内凝胶颗粒之间空隙的体积

V_i——内体积,即为色谱柱内凝胶颗粒内部微孔的体积

当某组分的 $K_a = 0$ 时(即 $V_e = V_o$),说明该组分分子完全不进入凝胶颗粒微孔,洗脱时最先流出;若某组分的 $K_a = 1$(即 $V_e = V_o + V_i$)时,说明该组分分子可自由地扩散进入凝胶颗粒内部的微孔中,洗脱时,最后流出;若某组分的 K_a 在 0~1 之间,说明该组分分子介乎大分子和小分子之间,洗脱时 K_a 值小的先流出,K_a 值大的后流出。

上述 V_e、V_o 和 V_i 可以通过实验测出,具体方法如下:内体积 V_i 可以从凝胶的干重和吸足水后的湿重求得,也可用小分子物质(如氯化钠和硫酸铵等)实际测量而得到 $V_o + V_i$;外体积 V_o 可用相对分子质量很大的物质溶液(如血红蛋白、印度黑墨水、相对分子质量为 200 万的蓝色葡聚糖-2000、铁蛋白等)通过实际测量求出。也可以从下式间接计算:

$$V_O = V_t - V_i - V_g$$

式中　V_g——凝胶基质体积

V_i——内体积

V_t——色谱柱内凝胶床的总体积,可通过测量柱内径和凝胶床高度计算出来,即

$$V_t = \frac{1}{4}\pi R^2 h$$

洗脱体积 V_e 可通过加进某一组分后实际测量而得,也可以在已知 K_a 后计算出来。即

$$V_e = V_o + K_a \cdot V_i$$

在一般情况下,凝胶对组分没有吸附作用。当洗脱液的体积等于 $V_o + V_i$ 时,所有组分都应该被洗脱出来,即 K_a 的最大值为 1。然而在某种情况下 K_a 会大于 1。这种反常现象说明这一色谱过程不是单纯的凝胶色谱,其中可能还有吸附或离子交换等作用。

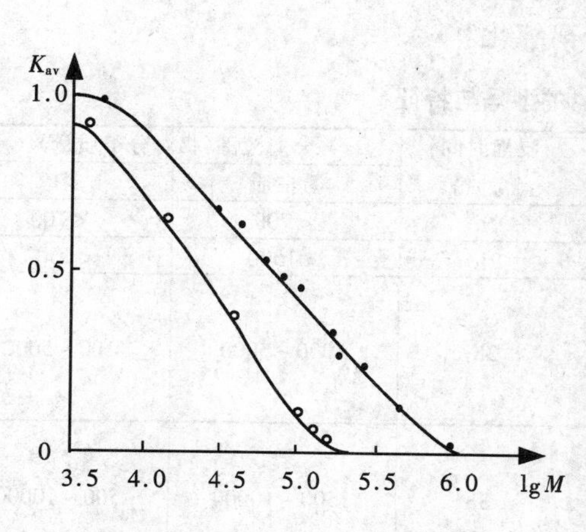

图 10-15　球蛋白选择曲线

·—葡聚糖凝胶 G200　◦—葡聚糖凝胶 G100

对于同一类型的化合物而言,凝胶色谱的洗脱特性与组分的相对分子质量成函数关系,洗脱时按相对分子质量由大到小的顺序先后流出。组分的洗脱体积 V_e 与相对分子质量(M)的关系可用下式表示:

$$V_e = K_1 - K_2 \lg M$$

式中　K_1, K_2——常数

若以组分的洗脱体积 V_e 对组分相对分子质量的对数($\lg M$)作图,可得一曲线,其中主要部分成直线关系。以此为标准曲线,可以通过测定某一未知组分的洗脱体积,而从标准曲线中查得其相对分子质量。在实际应用中多以相对洗脱体积 K_{av}($K_{av} = V_e / V_t$)对 $\lg M$ 作图,所得曲线称为选择曲线(图 10-15),曲线的斜率说明凝胶的特性。每一类型的化合物,如蛋白类、多糖类等都有各自特定的选择曲线。测定

时,未知相对分子质量的组分应位于直线部分为宜。若不在直线部分,可选用另一种凝胶重新试验。

(二)凝胶的选择与处理

凝胶的种类很多,其共同特点是内部具有微细的多孔网状结构,其孔径的大小与被分离物质的相对分子质量大小有相应的关系。现把常用的几种凝胶介绍如下:

1. 聚丙烯酰胺凝胶

聚丙烯酰胺凝胶是一种人工合成凝胶,由丙烯酰胺($CH_2=CH-CONH_2$)与甲叉双丙烯酰胺($CH_2=CH-CONH-CH_2-NHCO-CH=CH_2$)共聚而成。商品名称为生物胶-P(Bio-Gel P)。聚丙烯酰胺凝胶是完全惰性的,适宜于各种蛋白质、核苷酸等的分离纯化。缺点是不耐酸,遇强酸时酰胺键会水解,一般在pH2~11的范围内使用。

2. 葡聚糖凝胶

葡聚糖凝胶一般由相对分子质量为$(4\sim20)\times10^4$的葡聚糖交联聚合而成。最著名的是由法玛西亚(Pharmacia)公司生产的商品名为Sephadex的葡聚糖凝胶。Sephadex有多种型号和规格(表10-3),因具有良好的化学稳定性等优点,已成为凝胶色谱中最常用的一种凝胶,耐碱性较好,在0.01mol/L盐酸中放置半年不受影响,干胶在120℃以下加热不受影响,故广泛用于各种物质的分离纯化。

3. 琼脂凝胶和琼脂糖凝胶

琼脂凝胶是一种天然凝胶,有较大的孔隙,允许较大的分子渗入,因此其工作范围大于聚丙烯酰胺凝胶和葡聚糖凝胶,其最大缺点是含有磺酸基和羧基,带有大量电荷,洗脱时要使用较高离子强度的洗脱液而影响产品纯度。

若将琼脂进一步纯化,可除去带电荷的琼脂胶而得到不带电荷的琼脂糖。琼脂糖可制成各种型号的琼脂糖凝胶。瑞典法玛西亚公司出品的琼脂糖凝胶商品名为Sepharose,主要有三种型号(表10-4),适用于某些蛋白质和多糖的分离纯化。

表10-3 葡聚糖凝胶(Sephadex)的型号与特征

型号	干颗粒直径/μm	吸水量/(g水/g干胶)	溶胀度/(mL/g干胶)	浸泡时间(常温)	分离范围(相对分子质量)	
					蛋白质	多糖
G10	40~120	1.0±0.1	2~3	2h	<700	<700
G15	40~120	1.5±0.2	2.5~3.5	2h	<1500	<1500
G25 粗 中 细 超细	100~300 50~150 20~80 10~40	2.5±0.2	4~6	2h	1000~5000	100~5000
G50 粗 中 细 超细	100~300 50~150 20~80 10~40	5.0±0.3	9~11	3h	1500~10000	500~10000
G75 超细	40~120 10~40	7.5±0.5	12~15	12h	3000~80000 3000~70000	1000~50000
G100 超细	40~120 10~40	10±1.5	15~20	3天	4000~150000 4000~100000	1000~100000
G150 超细	40~120 10~40	15±1.5	20~30	3天	5000~300000 5000~150000	
G200 超细	40~120 10~40	20±2.0	30~40	3天	5000~600000 5000~250000	1000~200000

表 10－4　琼脂糖凝胶(Sepharose)的型号与特性

琼脂糖凝胶型号	琼脂糖含量/%	湿颗粒直径/μm	分离范围(相对分子质量)	
			蛋白质	多糖
Sepharose 2B	2	60～200	7×10^4～40×10^6	1×10^5～20×10^6
Sepharose 4B	4	60～140	6×10^4～20×10^6	3×10^4～5×10^6
Sepharose 6B	6	45～165	1×10^4～4×10^6	1×10^4～1×10^6

凝胶的选择主要是根据欲分离物质的相对分子质量的大小。凝胶颗粒直径的大小对色谱柱的流速有一定影响，选择凝胶时注意颗粒大小应比较均匀，否则流速不稳定，从而影响分离效果。

商品凝胶是干燥的颗粒，使用前需将凝胶悬浮于5～10倍量的洗脱液中充分溶胀。常温溶胀需较长的时间；而热法溶胀，即将凝胶加进洗脱剂后在沸水浴中逐渐升温至近沸，只需2～3h便可充分溶胀，还可达到消毒灭菌和排除凝胶内气泡的目的。溶胀后采用倾泻法除去微小颗粒，并经减压排气，即可装柱。

(三)装柱

在柱内先充满洗脱剂(一般用水或缓冲液作洗脱剂)，然后在搅拌下缓缓而连续地加入浓稠的凝胶悬浮液，使之自然沉降，直至达到所需的高度为止，注意不能有气泡或裂纹存在。凝胶沉集后，将多余的溶剂放出，使液面刚好与凝胶表面一致。然后在凝胶表面放一片滤纸或薄尼龙布，以防使用时凝胶被冲起，再通过2～3倍凝胶床体积的溶剂使柱稳定。

新装好的柱要检查其是否均匀，可用肉眼对光检查，也可用大分子的有色物质，如铁蛋白、印度黑墨水、蓝色葡聚糖－2000等的溶液过柱，看色带是否均匀、平整地下移。

要注意在柱装好后，任何时间都不能使液面低于凝胶表面，否则会影响分离效果。

(四)加样与洗脱

加样是凝胶色谱中的一个重要步骤。要使样品均匀地进入凝胶床，在溶剂液面恰好与凝胶表面相平时加进样品。当样品进入凝胶床，样品波面到达凝胶床表面时，加进洗脱液。样品溶液的浓度大些为好，但样品的黏度不能过大，以免影响分离效果。加进的样品体积不能过大，通常样品体积为凝胶床总体积的1%～10%。制备时样品量可达20%～30%。

洗脱用的液体应和凝胶溶胀时以及凝胶柱平衡时所用的液体完全相同，否则会引起凝胶体积的变化而影响分离效果。洗脱液的流速需稳定在适宜的范围内，不能时快时慢。洗脱液应定量地分步收集。

在凝胶床暂时不用时，可加少许防腐剂[如0.02%叠氮钠(NaN_3)溶液，0.002%的洗必泰(hibitane)溶液等]，以防止凝胶床染菌。也可加热灭菌后于低温条件下保存或用乙醇使凝胶脱水干燥后保存。

五、亲 和 色 谱

亲和色谱是利用生物分子间所具有的专一而又可逆的亲和力而使生物分子分离纯化的一种色谱技术。具有专一而又可逆的亲和力的生物分子是成对互配的，主要的有酶与底物、酶与竞争性抑制剂、酶与辅酶、抗原与抗体、DNA与RNA、激素与其受体等。在成对互配的生物分子中，可把任何一方作为固定相，而对样品溶液(流动相)中的另一方分子进行亲和色谱，达到分离纯化的目的。例如，酶与其辅酶是成对互配的，既可把辅酶作为固定相，使样品中的酶分离纯化,也可把酶作为固定相,使样品中的辅酶分离纯化。

(一)配基与偶联凝胶的选择与处理

在亲和色谱中,作为固定相的一方称为配基(ligand)。配基必须偶联于不溶性母体(matrix)上。可用于亲和色谱的不溶性母体(又称载体或担体)主要有琼脂糖凝胶、葡聚糖凝胶、聚丙烯酰胺凝胶、纤维素等。

当用小分子作为配基时,由于空间位阻而难于与不溶性母体偶联,或难于与配对分子亲和结合,为此通常在不溶性母体和配基之间接入不同长度的连接臂(space arm)。要使不溶性母体与配基偶联或通过连接臂与配基偶联,都必须首先使母体活化。即通过某种方法(如溴化氰法、叠氮法等),使母体引入某一活泼的基团,才能与配基偶联。活化后的不溶性母体(包括带连接臂的)已有商品出售、瑞典法玛西亚公司出产的活化母体其商品名为偶联凝胶(coupling gel)。偶联凝胶可以很简单地与所需的配基偶联,不需要特殊的设备和复杂的化学反应。

(1)溴化氰活化的琼脂糖凝胶 4B(CNBr - activated sepharose 4B)　通过自发反应可安全、简便、快速地与含有伯胺基的配基偶联。

(2)氨基琼脂糖凝胶 4B(AH - sepharose 4B)　含有六碳(C_6)长度的连接臂,可与含有羧基的配基偶联。

(3)羧基琼脂糖凝胶 4B(CH - sepharose 4B)　含有六碳(C_6)长度的连接臂,可与含有氨基的配基偶联。

(4)活化的羧基琼脂糖凝胶 4B(Activated CH - sepharose 4B)　含有六碳连接臂和一个活化的酯化基团,可自发地与含有氨基的配基偶联。

(5)环氧活化的琼脂糖凝胶 6B(Epoxy - activated sepharose 6B)　含有一条长的亲水连接臂,用于与含有羟基、氨基或巯基的配基偶联。

(6)活化的巯基琼脂糖凝胶 4B(Activated thiolsepharose 4B)　含有一分子谷胱甘肽作为连接臂,用于与含有游离巯基的蛋白质配基可逆地偶联。

(7)巯丙基琼脂糖凝胶 6B(Thiopropyl sepharose 6B)　含有一个较短的亲水连接臂(2 - 巯丙基,$-CH_2CHSH-CH_2-$),用于与含有巯基的蛋白质或其他小分子配基可逆地偶联,也可以与重金属离子、烷基和芳香基反应,并且可进一步与含有 C = O、- C = C -、- N = N - 键的化合物反应。

在进行亲和色谱之前,首先要根据被提取物质的特性,选择与之配对的分子作为配基,然后根据配基的大小和所含基团等特性选择适宜的偶联凝胶,再在一定条件下使配基与偶联凝胶接合。例如,欲从样品中分离某一辅酶,必须选择与之配对的酶作为配基,然后根据作为配基的酶含有氨基这一性质,可选用活化的羧基琼脂糖凝胶 4B(Activated CH - sepharose 4B)作为偶联凝胶。再按下述方法将配基与偶联凝胶连接起来:

①将需要量的 Activated CH - sepharose 4B 在冰冷的 1 mmol/L HCl 之中浸泡 l5min(每 g 干燥偶联凝胶用 200mL HCl),然后用玻璃滤器除去盐酸;

②将配基溶解于 pH8.0 的偶联缓冲液(0.1mol/L $NaHCO_3$ 溶液中含有 0.5mol/L NaCl)。

③将偶联凝胶与配基混合,先在室温下静置 1h,再在 4℃条件下维持 4h,即连接完毕,除去偶联缓冲液。

④用高 pH 缓冲液[含有 0.5mol/L NaCl 的 0.05mol/L Tris 缓冲液(pH8.0)]和低 pH 缓冲液[含 0.5mol/L NaCl 的 0.05mol/L 甲酸缓冲液(pH4.0)]先后冲洗,即可使用。也可泡在缓冲液中置于 4~8℃冰箱中保存备用。

(二)亲和色谱的操作条件

亲和色谱一般采用柱色谱。装柱方法与凝胶色谱相同,色谱操作与离子交换色谱相似。但由于亲和色谱的对象都是生物分子,必须注意操作的条件。为防止生物大分子变性,亲和色谱常在低温(4℃)下进行。亲和色谱柱所用的平衡缓冲液应与样品缓冲液一致,pH 一般在近乎中性的范围内。上柱时流速应尽可能缓慢。上柱后,用大量平衡缓冲液洗去杂质,然后用洗脱液洗脱亲和物。洗脱时的条件应与上柱吸附时相反,目的是减弱配基与亲和物之间的亲和力,使亲和物洗出。洗脱结束后,继续用洗脱液洗涤,直至无亲和物为止。然后用平衡缓冲液使亲和色谱柱平衡,即可重复使用。暂时不用时,亲和色谱柱应置于4℃低温中保存。

第三节 离心分离

离心分离技术是借助于离心机旋转所产生的离心力,根据物质颗粒的沉降系数、质量、密度及浮力等因素的不同,而使物质分离的技术。

随着食品科学、生物化学和生物工程的发展,离心分离技术已在研究和生产中广泛应用。特别是超离心技术已成为分离、纯化、鉴别各种生物大分子的重要手段之一。随着超离心技术的不断发展,离心机的种类已多种多样,各有特点。在离心方法上出现了差速离心、密度梯度离心和等密梯度离心等。运用这些技术,不仅可分离得到各种具有生理活性的生物大分子。在离心分离时,需根据欲分离物质以及杂质的大小、密度和特性等不同选择适当的离心机、离心方法和离心条件。

一、离心机的种类与用途

离心机有多种多样。按分离形式可分为沉降式和过滤式两大类;按操作方式有间歇、连续和半连续之分;按用途有分析用、制备用及分析与制备两用之别;按结构特点则有管式、吊篮式、转鼓式和碟式等多种;通常转速可分为常速(低速)、高速和超速三种。

(一)常速离心机

常速离心机又称为低速离心机,其最大转速在8000r/min以内,相对离心力在10000×g以下,此类离心机在实验室和工业上广泛应用,主要用于分离生物细胞、培养基残渣等固形物,也用于粗结晶等较大颗粒的分离。常速离心机的分离形式、操作方式和结构特点多种多样,可根据需要选择使用。

(二)高速离心机

高速离心机的转速为10000~25000r/min,相对离心力达10000~100000×g,主要用于分离各种沉淀物和细胞碎片等。为了防止高速离心过程中温度升高而使活性物质变性失活,有些高速离心机装备了冷冻装置,称为高速冷冻离心机。

(三)超速离心机

超速离心机的转速达25000~80000r/min,最大相对离心力达500000×g,甚至更高一些。

超速离心机的精密度相当高。为了防止样品液溅出,一般附有离心管帽;为防止温度升高,均有冷冻装置和温度控制系统;为了减少空气阻力和摩擦,设置有真空系统。此外,还有一系列安全保护系统、制动系统及各种指示仪表等。

超速离心机按其用途有制备用超速离心机、分析用超速离心机和分析及制备两用离心机三种。制备用超速离心机主要用于生物大分子等的分离纯化;分析用超速离心机可用于样品纯度的检测、沉降系数和相对分子质量的测定。为此,分析用超速离心机一般都装有光学检测系统、自动记录仪和数据处理系统等。

分析用超速离心机用于样品纯度检测时,是在一定的转速下离心一段时间以后,用光学仪器测出各种颗粒在离心管中的分布情况,通过紫外吸收率或折光率等判断其纯度。若只有一个吸收峰或只显示一个折光率改变,表明样品中只含一种组分,样品纯度很高。若有杂质存在,则显示含有两种或多种组分的图谱。

沉降系数是指在单位离心力的作用下粒子的沉降速度,以 Svedberg 表示,简称为 S,其量纲为秒($1S = 1 \times 10^{-13}$s)。利用分析用超速离心机可测定物质的沉降系数,根据离心机转速、离心时间和粒子移动的距离,按下列公式求出:

$$S = \frac{\ln X_2 - \ln X_1}{\omega^2 (t_2 - t_1)}$$

式中 ω——角速度

t_1、t_2——离心时间,s

X_1、X_2——分别为 t_1 和 t_2 时,运动粒子到离心机转轴中心的距离,cm

沉降系数与相对分子质量有一定的对应关系,所以通过测出粒子的沉降系数后,可通过下列公式计算出物质的相对分子质量:

$$M = \frac{RTS}{D(1 - \overline{u}\rho)}$$

式中 M——物质的相对分子质量

R——气体常数

T——温度,K

S——沉降系数,s

D——粒子扩散系数

$\bar{u}$——粒子的偏比容(溶质粒子密度的倒数)

ρ——溶剂密度

二、离心方法的选择

对于常速和高速离心机,由于所分离的颗粒的大小和密度相差较大,只要选择好离心速度和离心时间,就能达到分离效果。若样品中存在两种以上大小和密度不同的颗粒,则需采用差速离心。而在超速离心中,离心方法可分为差速离心、密度梯度离心和等密度梯度离心等。

(一)差速离心

采用不同的离心速度和离心时间,使沉降速度不同的颗粒分批分离的方法称为差速离心。操作时,采用均匀的悬浮液进行离心,选择好离心力和离心时间,使大颗粒先沉降,取出上清液,在加大离心力的条件下再进行离心,分离较小的颗粒。如此多次离心,使不同沉降速度的颗粒分批分离。

差速离心所得到的沉降物是不均一的,含有较多杂质,需经过重新悬浮和再离心若干次,才能获得较好的分离效果。差速离心主要用于分离那些大小和密度差异较大的颗粒。操作简单、方便,但分离效果较差,并使沉降的颗粒受到挤压。

(二)密度梯度离心

密度梯度离心是样品在密度梯度介质中进行离心,使沉降系数比较接近的物质得以分离的一种区带分离方法。

为了使沉降系数较接近的颗粒得以分离,必须配制好适宜的密度梯度系统。密度梯度系统是在溶剂中加入一定的溶质制成的。这种溶质称为梯度介质。梯度介质应有足够大的溶解度,以形成所需的密度,不与分离组分反应,而且不会引起分离组分的凝集、变性或失活。通常用于密度梯度离心的梯度介质有蔗糖、甘油等。使用最多的是蔗糖密度梯度系统,其梯度范围是:蔗糖浓度5%~60%,密度1.02~1.30g/cm。

密度梯度可分为线性梯度、凹形梯度和凸形梯度等。密度梯度离心常用的是线性梯度。密度梯度的制备一般采用密度梯度混合器。配制时将稀液置于贮存室B,浓液置于混合室A,两室的液面必须在同一水平上。开动搅拌器后,同时打开阀门a和b,流出的梯度液经过导液管小心地收集在离心管中。也可把稀液置于A室,把浓液置于B室,但此时梯度液的导液管必须直插到离心管底,让后来流入的浓溶液将先流入的稀溶液顶浮起来,形成由管口到管底逐步升高的密度梯度。离心前,把样品小心地铺放在预先制备好的密度梯度溶液的表面。离心后,不同大小、不同形状、有一定的沉降系数差异的颗粒在密度梯度溶液中形成若干条界面清楚的不连续区带。

在密度梯度离心过程中,区带的位置和宽度随离心时间的不同而改变。离心时间越长,由于颗粒扩散而使区带变得越宽。为此,适当增大离心力而缩短离心时间,可以减少由于扩散而导致的区带扩宽现象。

(三)等密度离心

当欲分离的不同颗粒的密度范围处在离心介质的密度梯度范围内时,在离心力作用下,不同浮力密度的物质颗粒或向下沉降,或向上漂浮,一直移动到与它们各自浮力密度恰好相等的位置(等密度点)上形成区带。这种方法称为等密度梯度离心,或称为平衡等密度离心。

上述密度梯度离心方法中,欲分离的颗粒并未达到其等密度位置,而等密度梯度离心则要求欲分离的颗粒处于密度梯度中的等密度点上。为此等密度梯度离心所采用的离心介质及其密度梯度范围与密度梯度离心有所不同。等密度梯度离心常用的介质是铯盐,如氯化铯(CsCl)、硫酸铯(Cs_2SO_4)、溴化铯(CsBr)等。也可采用三碘苯的衍生物等作为离心介质。

在以氯化铯为介质时,产生所需起始密度的CsCl的质量,可按下列公式计算:

$$a = 137.48 - \frac{138.11}{d}$$

式中 a——每100mL样品液所需加入的CsCl克数

d——所需制备的CsCl溶液在25℃的密度

离心操作时,先把一定浓度的介质溶液与样品液混合均匀,也可将一定质量的结晶铯盐加到一定量的样品液中使之溶解。然后在选用的离心力作用下,经过足够时间的离心分离,铯盐在离心场中沉降,自动形成密度梯度,样品中不同浮力密度的颗粒在其各自的等密度点位置上形成区带。必须注意的是在采用铯盐等重金属盐作为离心介质时,它们对铝合金的转子有很强的腐蚀性,要防止介质溅到转子上。使用后要将转子仔细清洗和干燥。

当欲分离的颗粒的浮力密度已知时,也可不用密度梯度来进行等密度离心。方法是先将样品在适当的离心力作用下离心,使较重的颗粒都沉降除去。然后将含待分离颗粒的上清液悬浮在与其浮力密度相同的介质溶液中,再进行离心,直至所需的颗粒沉降到离心管底。

三、离心条件的确定

离心分离的效果好坏与诸多因素有关。除了上述的离心机种类、离心方法、离心介质及密度梯度等以外,主要的是确定离心机的转速和离心时间。此外还要注意离心介质溶液的 pH 和温度等条件。

(一)离心力

离心分离是借助于离心机产生的离心力使不同大小、不同密度的物质颗粒分离的。物质颗粒在离心场中所受到的离心力的大小,决定于颗粒的质量(m)和离心加速度(a_c)。

$$F_c = ma_c$$

离心加速度的大小取决于转子的转速和颗粒的旋转半径。

$$a_c = \omega^2 r$$

式中　ω——转子的角速度,rad/s

r——旋转半径,即颗粒到旋转轴中心的距离,cm

若转速以惯用的每分钟转数(r/min)来表示,则

$$\omega = \frac{2\pi n}{60}$$

代入上式,得到:

$$a_c = \omega^2 r = \frac{4\pi^2 n^2 r}{3600}$$

式中　n——转子每分钟转数,r/min

在说明离心条件时,低速离心通常以转子每分钟的转数表示。如在较高速度离心时,特别是在超速离心时,往往用相对离心力来表示。

相对离心力(RCF)是指颗粒所受的离心力与地心引力(重力)之比。即

$$RCF = \frac{F_c}{F_g} = \frac{ma_c}{mg} = \frac{4\pi^2 n^2 r}{3600 \times 980.6}$$

将有关数字代入上式,简化为:

$$RCF = 1.12 \times 10^{-5} n^2 r$$

式中　RCF——相对离心力,g

n——转子每分钟转数,r/min

r——旋转半径,cm

g——重力加速度,980.6cm/s^2

由此可见,离心力的大小与转速的平方成正比,也与旋转半径成正比。在转速一定的条件下,颗粒离轴心越远,其所受的离心力越大。在离心过程中,随着颗粒在离心管中移动,其所受的离心力也随着变化。在实际工作中,离心力的数据是指其平均值。即是指在离心溶液中点处颗粒所受的离心力。

(二)离心时间

在离心分离时,除了确定离心力以外,为了达到预期的分离效果,还需确定离心时间。离心时间的概念,依据离心方法的不同而有所差别。对于差速离心来说,离心时间是指某种颗粒完全沉降到离心管底的时间;对等密度梯度离心而言,离心时间是指颗粒完全到达等密度点的平衡时间;而密度梯度离心所需的时间则是指形成界限分明的区带的时间。

对于密度梯度离心和等密度梯度离心所需的区带形成时间或平衡时间,影响因素很复杂,可通过试验后确定。

颗粒的沉降时间是指颗粒从离心样品液面完全沉降到离心管底所需的时间,又称澄清时间。沉降时间决定于颗粒沉降速度和沉降距离。对于已知沉降系数的颗粒,其沉降时间可由

下列公式计算：

$$t=\frac{1}{S}(\frac{\ln r_2-\ln r_1}{\omega^2})$$

式中　t——沉降时间，s

S——颗粒的沉降系数，1×1.0^{-13}s

ω——转子角速度，rad/s

r_1、r_2——分别为旋转轴中心到离心管底和样品液面的距离，cm

上式中括号部分可用转子的效率因子 K 表示。即

$$K=\frac{\ln r_2-\ln r_1}{\omega^2}=St$$

转子的效率因子 K 与转子的半径和转速有关。生产厂家已在转子出厂时标出了最大转速时的 K，由此可以根据 $\omega_1^2K_1=\omega_2^2K_2$ 算出其转速时的 K。对于具有某一沉降系数 S 的颗粒来说，K 越低，其沉降时间越短，转子的使用效率就越高。

在 S、r_1 和 r_2 确定后，ω^2t 是一常数，即在离心机及其转子选定后，r_1 和 r_2 不变。对于某种物质颗粒（S 确定）的沉降起决定作用的是转子的转速 ω 以及沉降时间 t。操作时可采用较低的转速，离心较长的时间；或采用较高的转速，较短的离心时间，而得到相同的 ω^2t 。例如：用 10000r/min 的转速离心 10min，计算得 $\omega^2t=(\frac{2\pi n}{60})^2t=6.5785\times10^8(\mathrm{s}^{-1})$；如果用 5000r/min 的转速离心 40min，ω^2t 为 $6.5766\times10^8(\mathrm{s}^{-1})$，两者基本相等。

对于不知其沉降系数的球形颗粒，可按下式估算其沉降时间：

$$T=4.5\times\frac{\mu}{\omega^2d^2(\rho-\rho_0)}\ln\frac{r_2}{r_1}$$

式中　T——沉降时间，s

μ——介质溶液的黏度（薄），g/(cm·s)

ρ，ρ_0——分别为颗粒和介质溶液密度，g/cm^3

d——颗粒平均直径，cm

r_1、r_2——分别为旋转轴中心到离心管底和样品液面的距离，cm

（三）温度和 pH

为了防止欲分离物质的凝集、变性和失活，除了在离心介质的选择方面加以注意外，还必须控制好温度及介质溶液的 pH 等离心条件。离心温度一般控制在 4℃左右，对于某些热稳定性较好的酶等，离心也可在室温下进行。但在超速或高速离心时，转子高速旋转时会产生热量，从而引起温度升高。故必须采用冷冻系统，使温度保持在一定范围内。离心介质溶液的 pH 应该是处于酶稳定的 pH 范围内，必要时可采用缓冲液。另外，过酸或过碱还可能引起转子和离心机的其他部件的腐蚀，应尽量避免。

第四节　超临界流体萃取

一、基本原理和方法

超临界流体萃取（supercritical fluid extraction, SCFE）是一种新型的萃取分离技术，它是利用超临界流体（supercritical fluid, SCF），即其温度和压力略超过或靠近临界温度（T_c）和临

界压力(p_c)介于气体和液体之间的流体作为萃取剂,从固体或液体中萃取出某种高沸点或热敏性的成分,以达到分离和提纯的目的。作为一个分离过程,超临界流体萃取过程介于蒸馏和液-液萃取过程之间。可以这样设想,蒸馏是物质在流动的气体中,利用不同的蒸汽压进行蒸发分离;液-液萃取是利用溶质在不同的溶剂中溶解能力的差异进行分离;而超临界流体萃取是利用临界或超临界状态的流体,使被萃取的物质在不同的蒸汽压力下所具有的不同化学亲和力和溶解能力进行分离、纯化的操作,即此过程同时利用了蒸馏和萃取的现象——蒸汽压和相分离均起作用。

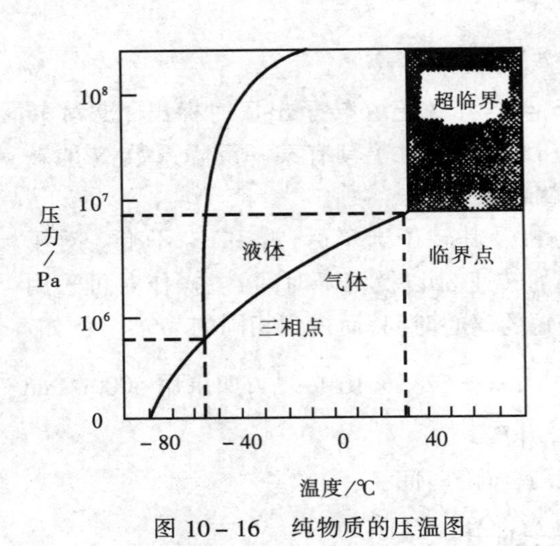

图 10-16　纯物质的压温图

一纯物质的临界温度(T_c)是指该物质处于无论多高压力下均不能核液化时的最高温度,与该温度相对应的压力称为临界压力(p_c),这可在图 10-16 纯物质的压温图中表示出来。在压温图中,高于临界温度和临界压力的区域称为超临界区。如果流体被加热或被压缩至高于临界点时,则该流体即成为超临界流体。超临界点时的流体密度称为超临界密度(ρ_c)。

所谓超临界流体是指温度和压力均在本身的临界点以上的高密度流体,具有和液体同样的凝聚力、溶解力,但其扩散系数又接近于气体,是通常液体的近百倍,因此超临界流体萃取具有很高的萃取速度。按照分离对象与目的不同,选定超临界流体萃取中使用的溶剂,表10-5列出了一些萃取剂的超临界物性。

表 10-5　一些萃取剂超临界物性

流体名称	临界温度/℃	临界压力/MPa	临界密度/(g/cm³)	流体名称	临界温度/℃	临界压力/MPa	临界密度/(g/cm³)
乙烷	32.3	4.88	0.203	氨	132.4	11.28	0.236
丙烷	96.9	4.26	0.220	二氧化碳	31.1	7.38	0.460
丁烷	152.0	3.80	0.228	二氧化硫	157.6	7.88	0.525
戊烷	296.7	3.38	0.232	水	374.3	22.11	0.326
乙烯	9.9	5.12	0.227	氟利昂 13	28.8	3.90	0.578

由于超临界流体萃取和传统的溶剂萃取相比,具有一系列优点(表 10-6),所以它是一项具有特殊优势的分离技术,特别适用于提取或精制热敏性和易氧化的物质。

表 10-6　超临界流体萃取与液体溶剂萃取的比较

超临界流体萃取法	液体溶剂萃取法
(1) 可选择萃取挥发性小的物质,生成超临界相	在要分离的原料中加入溶剂形成二相
(2) 萃取能力由 T、p 控制,夹带剂研究不多	萃取能力由温度及混合溶剂浓度控制,压力无影响
(3) 在常温、高压(5~30MPa)下操作,可处理对热不稳定的物质	在常温、常压下进行
(4) 溶质、溶剂易于分离,改变压力温度即可	溶质与溶剂分离常用蒸馏法,存在对热稳定性问题
(5) 黏度小,扩散系数大,易达到相平衡	扩散系数小,有时黏度相当高
(6) 超临界相溶质浓度小	萃取相为液体,溶质浓度一般较高

作为萃取剂的超临界流体必须具备以下条件:①萃取剂需具有化学稳定性,对设备没有腐蚀性;②临界温度不能太低或太高,最好在室温附近或操作温度附近;③操作温度应低于被萃取溶质的分解温度或变质温度;④临界压力不能太高,可节约压缩动力费;⑤选择性要好,容易得到高纯度制品;⑥溶解度要高,可以减少溶剂的循环量;⑦萃取剂要容易获取,价格要便宜。

另外,当在医药、食品等工业上使用时,萃取剂必须对人体没有任何毒性,这一点也是很重要的。到目前为止,在表10-5中列出的、已研究过的萃取剂中,二氧化碳因其无毒、无臭、不燃、价廉易得、临界温度不高且接近室温、临界压力适中等优点,是天然产物和生物活性物质提取和分离精制的理想溶剂。

单一组分的超临界溶剂有较大的局限性,其缺点是:①某些物质在纯超临界气体中溶解度很低,如超临界 CO_2 只能有效地萃取亲脂性物质,对糖、氨基酸等极性物质,在合理的温度与压力下几乎不能萃取;②选择性不高,导致分离效果不好;③溶质的溶解度对温度、压力的变化不够敏感,使溶质从超临界气体中分离出来时耗费的能量增加。

针对上述问题,在纯气体溶剂中加入与被萃取物亲和力强的组分,以提高其对被萃取组分的选择性和溶解度,这类物质称为夹带剂(entrainer)。例如由 CO_2 和乙醇(夹带剂)组成的混合溶剂萃取脂肪酸,可以增加溶解度。夹带剂可分为两类:一是非极性夹带剂,二是极性夹带剂,二者所起的作用机制各不相同。

夹带剂可以从两个方面影响溶质在超临界气体中的溶解度和选择性。一是溶剂的密度;二是溶质与夹带剂分子间的相互作用。一般来说,少量夹带剂的加入对溶剂气体的密度影响不大,甚至还会使超临界溶剂密度降低。影响溶解度与选择性的决定因素是夹带剂与溶质分子间的范德华作用力或夹带剂与溶质之间特定的分子间作用,如形成氢键及其他各种化学作用力等。另外,在溶剂的临界点附近,溶质溶解度对温度、压力的变化最为敏感,加入夹带剂后、混合溶剂的临界点相应改变,如能更接近萃取温度,则可增加溶解度对温度、压力的敏感程度。

超临界流体萃取过程基本上是由萃取阶段与分离阶段所组成的,如图10-17所示。

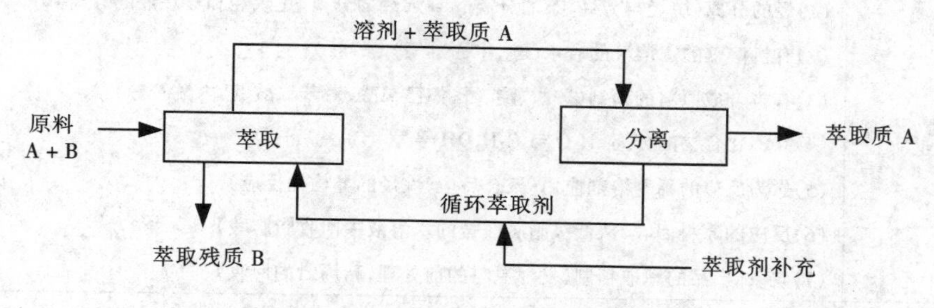

图10-17 超临界流体萃取基本过程

分离方法基本上可分为三种:①依靠压力变化的萃取分离法(等温法、绝热法) 在一定温度下,使超临界流体和溶质减压,经膨胀、分离,溶质经分离槽下部取出,气体经压缩机返回萃取槽循环使用;②依靠温度变化的萃取分离法(等压法) 经加热、升温使气体和溶质分离,从分离槽下部取出萃取物,气体经冷却、压缩后返回萃取槽循环使用;③用吸附剂进行萃取分离法(吸附法) 在分离槽中,经萃取出的溶质被吸附剂吸附,气体经压缩后返回萃取槽循环使用。

二、超临界流体萃取的应用

如今，由于所用的萃取剂是气体，容易除去，所得到的萃取产品无残留毒性，超临界流体萃取技术已成为一门新的分离技术，应用领域相当广泛，特别对分离或生产高经济价值的产品，如食品、药品和精细化工产品等有着广阔的应用前景。表 10 – 7 列出了超临界气体萃取在各领域中的应用情况。

表 10 – 7　　超临界流体萃取的应用实例

工业类别	应用实例
食品工业	(1)植物油的萃取(大豆、棕榈、花生、咖啡等) (2)动物油的萃取(鱼油、肝油) (3)食品的脱脂(马铃薯片、无脂淀粉、油炸食品) (4)从茶、咖啡中脱除咖啡因，啤酒花的萃取等 (5)香料的萃取 (6)植物色素的萃取 (7)含酒精饮料的软化 (8)油脂的脱色脱臭
香料工业和化妆品工业	(1)天然香料的萃取、合成香料的分离、精制 (2)烟草脱烟碱 (3)化妆品原料的萃取、精制(界面活性剂、单甘酯等)
医药工业	(1)原料药的浓缩、精制和脱溶剂(抗生素等) (2)酵母、菌体生成物的萃取(γ – 亚麻酸、酒精等) (3)酶、维生素等的精制、回收 (4)从动植物中萃取有效药物成分(生物碱、维生素 E、芳香油等) (5)脂质混合物的分离精制(甘油酯、脂肪酸、磷酯)
化学工业	(1)烃的分离(烷烃与芳烃、萘的分离、α – 烯烃的分离、正烷烃和异烷烃的分离) (2)有机溶剂的水溶液的脱水(醇、甲乙酮等) (3)有机合成原料的精制(羧酸、酯、酐，如己二酸、对苯二酸、己内酰胺等) (4)共沸化合物的分离(H_2O 与 C_2H_5OH 等) (5)作为反应的稀释溶剂应用(聚合反应、烷烃的异构化反应) (6)反应的原料回收(从低级脂肪酸盐的水溶液中回收脂肪酸) (7)农、林产品的萃取精制(发酵原料的前处理，萜烯蜡的回收)
其　他	(1)超临界流体色谱 (2)活性炭的再生

第五节　膜分离技术

膜分离技术的大规模商业应用是从 20 世纪 60 年代的海水淡化工程开始的。目前除大规模用于海水、苦咸水的淡化及纯水、超纯水生产外，还用于食品工业、医药工业、生物工程、石油、化学工业、环保工程等领域。

一、膜

1. 膜的定义

在一种流体相间有一层凝聚物质，把流体相分隔开来成为两部分，这层物质就称为膜。膜可以是完全可透过性的，也可以是半透性的，但不应该是完全不透性的，同时还必须具有高度的渗透选择性。

2. 膜材料

用于制备高分子膜的材料主要有以下几类：①纤维素酯类；②缩合聚合物类（聚砜类）；③聚烯烃及其共聚物；④脂肪族或芳香族聚酰胺类聚合物；⑤全氟磺酸共聚物和全氟羧酸共聚物；⑥聚碳酸酯；⑦无机材料等。

二、膜分离技术的类型和特性

1. 膜分离对象粒子的大小

膜分离过程及其膜的孔径选用应根据被分离对象的大小来决定。动植物体内含有多种生物体、可溶性大分子和电解质等成分，其主要组成的尺寸大小列于表 10－8。

表 10－8　动植物体内可能存在的主要成分及其大小

组分	相对分子质量	尺寸大小/μm	组分	相对分子质量	尺寸大小/μm
酵母和真菌		1～10	酶	10^4～10^6	$(0.2～1)\times10^{-2}$
细菌		0.3～10	抗体	300～10^3	$(0.6～1.2)\times10^{-3}$
胶体		0.1～1	单糖	200～400	$(0.8～1)\times10^{-3}$
病毒		0.03～0.3	有机酸	100～500	$(4～8)\times10^{-4}$
蛋白质	10^4～10^6	$(0.2～1)\times10^{-2}$	无机离子	10～100	$(2～4)\times10^{-4}$
多糖	10^4～10^6	$(0.2～1)\times10^{-2}$			

2. 膜过程的分类和特性

已有商业应用的膜技术主要是微滤、超滤、反渗透、电渗析、渗析、气体膜分离和渗透汽化。前四种液体分离膜技术在膜和应用技术上都相对比较成熟，称为第一代膜技术，20 世纪 70 年代末走上工业应用的气体分离膜技术为第二代膜技术，20 世纪 80 年代开始工业应用的渗透汽化为第三代膜技术。其他一些膜过程，大多处于实验室和中试开发过程。

膜分离过程的实质是物质透过或被截留于膜的过程，依据滤膜孔径的大小而达到物质分离的目的，故可按分离粒子或分子大小给以分类。表 10－9 列出已工业应用膜过程的基本特征。

(1)微滤(MF)　微滤是以多孔细小薄膜为过滤介质，压力为推动力，使不溶物浓缩过滤的操作。微滤是筛分过程，属于精密过滤。微滤目前主要用于制药工业的除菌过滤，电子工业集成电路生产所用水、气、试剂的过滤及超纯水生产的终端过滤，微滤技术在食品生产中的应用正在进入工业化，在明胶、葡萄糖、果汁和白酒等制造过程中，可使产品更加澄清卫生，许多食品厂已代替硅藻土过滤。

表 10－9　已工业应用膜过程的分类及其基本特性

过程	分离目的	透过组分	截留组分	透过组分在料液中含量	推动力	传递机理	膜类型	进料和透过物的物态	简图
微滤 MF	溶液脱粒子 气体脱粒子	溶液 气体	0.02～10μm 粒子	大量溶剂 少量小分子溶质 大分子溶质	压力差约 100kPa	筛分	多孔膜	液体或气体	进料 → 滤液(水)
超滤 UF	溶液脱大分子 大分子溶液脱小分子	小分子溶液	1～20nm 大分子溶质	大量溶剂 少量小分子溶质	压力差 100～1000kPa	筛分	非对称膜	液体	进料 → 浓缩液；滤液
纳滤 NF	溶剂脱有机组分 脱高价离子 软化 脱色 浓缩 分离	溶剂 低价小分子溶质	＞1nm 溶质	大量溶剂 低价小分子溶质	压力差 500～1500kPa	溶解扩散唐纳效应	非对称膜或复合膜	液体	进料 → 高价离子 溶质(盐)；溶剂(水) 低价离子
反渗透 RO	溶剂脱溶质 含小分子溶质溶液浓缩	溶剂 可被电渗析截留组分	0.1～1nm 小分子溶质	大量溶剂	压力差 1000～10000kPa	优先吸附 毛细管流动 溶解－扩散	非对称膜或复合膜	液体	进料 → 溶质(盐)；溶剂(水)
渗析 D	大分子溶质溶液脱小分子 小分子溶质溶液脱大分子	小分子溶质或较小的溶质	＞0.02μm 截留	较小组分或溶剂	浓度差	筛分 微孔膜内的受阻扩散	非对称膜或离子交换膜	液体	进料 → 净化液；扩散液 ← 接受液
电渗析 ED	溶液脱小离子 小离子溶质的浓缩 小离子的分级	小离子组分	同性离子 大离子 水	少量离子组分 少量水	电化学势 电渗透	反离子经离子交换膜的迁移	离子交换膜	液体	浓电解质；产品(溶剂)；阳极；阴极；阴离子交换膜；进料；阳离子交换膜

(2)超滤(UF)　超滤是一种以压力差为推动力,按粒径选择分离溶液中所含的微粒和大分子的膜分离操作。超滤的分离机理一般也认为是筛分作用,但超滤的分离是分子级的,它可截留溶液中溶解的大分子溶质,透过小分子溶质。超滤多采用错流式操作。在小批量生产中也采用重过滤(diafiltration)操作,超滤膜的寿命与膜清洗的频率有关,在使用合理的情况下,一般为1~3年。超滤技术最成功的应用是在食品工业。从牛乳加工所形成的乳清中回收蛋白是超滤在食品加工中规模最大的应用领域。超滤还广泛用于高纯水的生产及生物制品。如酶、蛋白、激素等的提取和纯化,果汁的澄清,明胶的浓缩,食用油的精炼,蛋白质的回收等。超滤已广泛用于浓缩葡萄糖氧化酶、胰蛋白酶、凝乳酶、果胶酶等酶制剂,用于浓缩以基因工程菌生产的新物质如干扰素、生长激素、人胰岛素等生物制品。

(3)反渗透(RO)和纳滤(NF)　反渗透又称逆渗透,是一种以压力差为推动力,从溶液中分离出溶剂的膜分离操作。反渗透的分离传质现象常用溶解扩散机理来解释,即透过组分选择性溶解在膜料液侧,然后在膜两侧静压差推动下,扩散透过膜。

纳滤也是一种以压力差为推动力,传递性能介于超滤和反渗透之间,纳滤膜是在反渗透膜基础上发展起来的。因具有纳米级的孔径,故名“纳滤”,截留相对分子质量范围为200~1000的粒子。对NaCl的截留率一般只有40%~90%,对二价离子特别是阴离子截留率可大于99%,纳滤膜对一价、二价阴离子截留率上的差别,许多情况下由唐纳效应所至。随着料液中二价离子(如SO_4^{2-})浓度的增加,由于唐纳平衡,一价离子将进入透过液侧。纳滤膜的另一特征是膜本体带有电荷,这是它在很低压力下仍具有较高脱盐性能和截留相对分子质量为数百的膜也可脱除无机盐的重要原因。例如日东电工的NTR-7520膜为正电荷膜,NTR-7450为负电荷膜。

纳滤膜在低价离子和高价离子的分离方面有独特功能,因此反渗透膜主要用于脱盐,而纳滤更适用于水的净化和软化,如脱除水中含有的三卤甲烷中间体THM(加氯消毒时的副产品,为致癌物质)、低分子有机物、农药、色素和易结垢的硫酸盐、碳酸盐、氟、硼、砷等有害物。由于纳滤膜具有截留相对分子质量较大(>1000)组分(浓缩)的同时,使小分子(<200)组分(如盐类)透过(分离)的特点,在食品工业中,它常用于大豆乳清排放水中的低聚糖的回收,大豆蒸煮液的循环利用,蔬菜汁及果汁的高浓度浓缩,葡萄汁的浓缩制备葡萄酒,糖溶液的浓缩,单糖的精制,土豆淀粉生产过程排放水的处理,发酵过程水处理,咖啡萃取液的浓缩,酒精蒸馏排放水的处理,麦芽糖、环糊精以及天冬酚胺的回收精制,奶酪乳清中乳酸的回收,水产加工过程中蛋白质的回收和氨基酸的分离浓缩等。当乳清浓缩脱盐时,经纳滤后,被截留的乳清返回系统稀释后继续浓缩脱盐,透过的溶液被排掉,这样直到乳清中盐度降到要求。用纳滤还可进行多肽、多糖等的回收、浓缩。肽和多肽可通过包括色谱柱纯化,再通过热蒸发方式抽真空进一步浓缩。由于过低的肽浓度(0.1%~0.5%),蒸发过程持续时间太长就可能破坏提纯的产品,同时还会消耗大量的有机/水淋洗液。若用纳滤如MPT膜浓缩,不但可以克服以上不足,而且也可将非常小的有机污染物和低相对分子质量的盐分除去。另外,几种纳滤膜(如NF-1014S、NF1001T、NF-1015S、NF-1016S膜),综合应用在维生素B_{12}的回收和纯化中,可改进现有的工艺,提高回收率和产品纯度,并降低溶剂消耗,减小环境污染等。

(4)电渗析(ED)　电渗析是在直流电场作用下利用荷电离子膜的反离子迁移原理(与膜电荷相反的离子透过膜,同性离子则被膜截留)从水溶液和其他不带电组分中分离带电离子的膜过程,它在膜分离技术领域是比较老的一员。

电渗析在食品和医药工业的应用是近年来的一大热点,发展极迅速,大多数都是利用电渗析脱盐或将某组分分离、提纯出来。乳清含有丰富的蛋白质、乳糖、维生素及矿物质，采用电渗析部分脱盐可使其组成与人乳相近，用作婴儿食品。

(5)无机膜的应用　无机膜的应用是当前膜技术领域的一个研究开发热点。无机膜是指以金属、金属氧化物、陶瓷、碳、多孔玻璃等无机材料制成的膜。这种膜具有高温下热稳定性好，化学性质稳定，耐酸碱，耐有机溶剂，允许使用苛刻的清洗条件等优点。这些正是聚合物膜所欠缺的。它的缺点是，性脆，需特殊构型和组装体系，密封也困难些，目前造价也较高。

目前的无机膜多为有孔膜，孔径在 0.004～100μm 之间，起微滤和纳滤作用，已在乳品工业、酿酒业、果蔬加工、生物化工等领域中得到应用。

果汁澄清是无机膜最成功的应用例子。无机膜可用蒸汽消毒和高压反冲洗，且抗微生物腐蚀能力强，比高分子膜更适用于果汁澄清。膜的寿命可超过 10 年，这是聚合物膜无法比的。无机膜在酒类的澄清、杀菌方面有很大市场。用 0.5μm 的微滤膜取代啤酒生产中的巴氏杀菌，可提高啤酒质量。在扎啤生产中用无机膜除菌、澄清，可保持其鲜啤的风味和酒花的清香、苦味，并可延长保质期。用 0.2μm 的氧化铝膜过滤葡萄酒、黄酒等都取得很好效果。无机超滤膜还可用于浓缩乳清，制乳清蛋白。

三、膜分离的优点

由于膜分离技术在分离物质过程中不涉及相变、无二次污染，又由于分离中具有生物膜浓缩富集的功能，同时它操作方便、结构紧凑、维修费用低，易于自动化，因而它是现代分离技术中一种效率较高的分离手段。

各种膜过程具有不同的机理，适用于不同的对象和要求。但有其共同点，如过程一般较简单，经济性较好，往往没有相变，分离系数较大，节能，高效，无二次污染，可在常温下连续操作，可直接放大，可专一配膜等，在一定条件下可以取代传统的过滤、吸附、冷凝、重结晶、蒸馏和萃取等分离技术，所以膜分离技术是现代分离技术中一种效率较高的分离手段。由于膜过程特别适用于热敏性物质的处理，在食品加工、医药、生化技术领域有其独特的适用性。

一般来说，采用能透过气体或液体的膜分离技术对下述体系进行分离具有特殊的优越性：①化学性质及物理性质相似的化合物的混合物；②结构的或取代基位置的异构物混合物；③含有受热不稳定组分的混合物。当利用常规分离方法不能经济、合理地进行分离时，膜分离过程作为一种分离技术就特别适用了。它也可以和常规的分离单元结合起来作为一个单元操作来运用，例如，膜渗透单元操作可用于蒸馏塔加料前破坏恒沸点混合物。大规模分离过程的装置及系统，其设计思想在化学工程中是特殊的。

当然，膜分离技术也存在有一定的问题，例如：①在操作中膜面会发生污染，使膜性能降低，故有必要采用与工艺相适应的膜面清洗方法；②从目前获得的膜性能来看，其对耐药性、耐热性、耐溶剂是有限的，故应用范围受限制；③单采用膜分离技术效果有限，因此往往都将膜分离工艺与其他分离工艺组合起来用。

食品工业是膜分离技术应用的重要领域，随着纳滤膜、无机膜等新型膜的开发，应用范围将不断扩大。

复　习　题

1. 生物细胞破碎的方法有哪些？

2. 本章中介绍了哪些色谱分离技术？

3. 用作吸附色谱的吸附剂,应具有哪些性质?
4. 影响纸色谱 R_f 的主要因素有哪些?
5. 选择离子交换剂时应考虑哪些因素?
6. 何谓梯度洗脱法? 有哪些形式?
7. 简述凝胶色谱的基本原理。
8. 何谓凝胶色谱柱的内体积和外体积?
9. 简述亲和色谱的基本原理。
10. 何谓差速离心、密度梯度离心和等密度梯度离心?
11. 简述超临界流体萃取技术的基本原理。
12. 超临界流体萃取与传统的溶剂萃取相比,具有哪些优点?
13. 何谓超临界流体萃取中的夹带剂?
14. 已商业应用的膜技术有哪些?
15. 膜分离过程有哪些特点?

参考文献

1. 王湛. 膜分离技术基础. 北京:化学工业出版社. 2000
2. 郭勇. 现代生化技术. 广州:华南理工大学出版社. 1996
3. 严希康. 生化分离技术. 广州:华南理工大学出版社. 1996
4. 李建武等. 生化实验原理和方法. 北京:北京大学出版社. 1994